木材超分子科学导论

卢 芸 编著
李 坚 主审

科学出版社
北京

内 容 简 介

本书重点阐述了木材超分子科学的概念、研究框架、研究意义及未来研究趋势；从木材组分间非共价键相互作用、木材纤维素聚集效应、细胞壁超分子结构解译、木材超分子结构调控、木竹超分子界面构筑五个方面详细地介绍了木材超分子科学的研究范畴；概述了木材超分子科学在木材气凝胶、超强木质材料、木竹电极材料、木基弹性材料、可塑瓦楞木板、木质透明材料、木竹纳米发电材料、木竹电磁功能材料、木基水凝胶等绿色新材料方面的研究现状和应用前景。

本书可供木材科学、林产化工、高分子材料、生物质材料、纳米材料、新能源材料、环境工程等相关行业的专业研究、开发和生产人员阅读参考，也可作为高等院校相关专业教师和学生的参考书籍。

图书在版编目(CIP)数据

木材超分子科学导论/卢芸编著. —北京：科学出版社，2024.5
ISBN 978-7-03-076808-7

Ⅰ.①木… Ⅱ.①卢… Ⅲ.①木材-超分子结构 Ⅳ.①S781

中国国家版本馆 CIP 数据核字（2023）第 205717 号

责任编辑：张淑晓　孙静惠 / 责任校对：杜子昂
责任印制：赵　博 / 封面设计：东方人华

科学出版社 出版
北京东黄城根北街 16 号
邮政编码：100717
http://www.sciencep.com
北京建宏印刷有限公司印刷
科学出版社发行　各地新华书店经销

*

2024 年 5 月第 一 版　开本：720×1000　1/16
2025 年 1 月第二次印刷　印张：31 1/2
字数：643 000
定价：180.00 元
（如有印装质量问题，我社负责调换）

序

从古至今，在漫长的人类生存、进步和发展过程中，木材始终相伴左右。木材不仅是世界公认的四大原料之一，人类生产生活不可或缺的重要资源，而且对自然科学和社会科学的产生与发展发挥了无可替代的作用。进入工业时代之后，随着木材的应用领域不断扩展，人们迫切需要了解木材的各种性质，从而诞生了木材科学学科。木材科学发展至今，已成为综合性的交叉学科，传统木材科学的研究已经基本成熟，从宏观到细胞壁尺度上的理论趋于完善，对于木材科学的研究开始深入到分子层面。

木材是由多种分子聚集而成的天然高分子聚合物。作为天然的聚集体结构，木材原本就具备记录信息、传递信息、加工信息的多种功能。但一直以来，为了保持木材在使用过程中的稳定性，常常通过改性措施人为遏制其对环境的响应。为了使木材发挥智能性，适应多样性、复杂化的各类信息系统，必须对木材天然聚集体结构、聚集效应、超分子相互作用进行深入解析。通过对木材超分子结构、界面的调控，优化原本性能并赋予其新的功能，使木材服务于更为广阔的、发展极其迅速的各类信息系统。

基础研究是整个科学体系的源头，是所有技术问题的总机关。应对国际科技竞争、实现高水平科技自立自强、推动构建新发展格局、实现高质量发展，迫切需要我们加强基础研究，从源头和底层解决关键技术问题。中国林业科学研究院木材工业研究所卢芸研究员多年从超分子微观角度研究木材特性。这个方向属于基础性、前瞻性研究，可从源头解决木材加工和利用中的关键理论问题，对推动木材科学与技术的发展具有重要意义。在研究过程中，她积累了较为丰富的实验经验和数据，提出了有关木材超分子基础理论的框架和内涵，加深了木材科学领域的研究深度，填补了木材科学领域的空白，并催生了由她编著的《木材超分子科学导论》的问世。

本书阐述了木材超分子科学的概念，从木材组分间非共价键相互作用、木材纤维素聚集效应、细胞壁超分子结构解译、木材超分子结构调控、木竹超分子界面构筑五个方面详细介绍了木材超分子科学研究范畴，并且概述了木材超分子绿色新材料的研究现状和应用前景。该书的出版必将给木材科学研究注入新的活力，大大拓展木材在软机器人、能源催化、生物医药、环境净化等领域的应用，推动木材从传统应用材料向高附加值材料方向发展。

该书可作为相关领域广大科研工作者、企业研究人员、高等院校教师和学生的参考用书。

李 坚

中国工程院院士

东北林业大学教授

前　言

木竹材作为绿色、低碳、自然形成的天然生物质材料，具有可再生、可降解的环境友好特性。在国家"双碳"目标和全球可持续发展的背景下，大力发展木竹基绿色新材料，通过木竹材的结构调控和功能挖掘，实现木竹基新型材料在建筑、能源、环境等领域的广泛应用具有重要意义。

木材超分子科学是一门复合型学科，在木材科学和超分子科学理论基础上，与物理学、材料科学、生命科学、信息科学、环境科学、纳米科学等学科高度交叉融合。木材超分子科学是分子层面的木材科学，从超分子科学角度解决木材应用基础研究中的科学问题。木材超分子科学的发展，必将给木材科学研究注入新的活力，推动木材从传统应用材料向高附加值材料方向发展。

习近平总书记强调"加强基础研究，是实现高水平科技自立自强的迫切要求，是建设世界科技强国的必由之路"。基础研究是所有科研问题的总抓手，是所有技术问题的总机关。据此，本书聚焦木材科学基础理论研究前沿，从木材组分间非共价键相互作用、木质纤维素聚集效应、细胞壁超分子结构解译、木材超分子结构调控、木竹超分子界面构筑、木竹超分子绿色新材料六个方面构建了木材超分子科学理论体系。

全书共7章，由卢芸研究员编著，由李坚院士主审。付宗营、周心乙、姚思思、韩申杰、梁振炫、王凯、玉霞、吴桐、张永跃、蒋向向、张恩浩、谢非凡、胡极航、陈佳星、李珈瑶、殷敏、郭骁煊、魏永行、查晓燕、韩佳伟、张珂齐进行资料收集和整理工作。本书得到了国家自然科学基金优秀青年科学基金项目"木材超分子结构诠析与优异功能构筑"（32122058）的大力支持，在此表示衷心的感谢。

限于编者水平，书中恐难以避免疏漏、不妥之处，恳请同行和读者不吝赐教。

作　者

2024年3月

目 录

1 概论 ·· 1
1.1 木材科学与超分子科学的发展 ·· 2
1.1.1 木材科学的发展 ··· 2
1.1.2 超分子科学的发展 ·· 3
1.1.3 木材科学领域的超分子科学 ·· 4
1.2 木材超分子科学定义、框架及研究意义 ·· 8
1.2.1 木材超分子科学定义 ··· 8
1.2.2 木材超分子科学框架 ··· 9
1.2.3 木材超分子科学研究意义 ·· 9
1.3 木材超分子科学研究内容 ·· 10
1.3.1 木材超分子结构解译 ··· 11
1.3.2 木材分子间的相互作用 ··· 11
1.3.3 木材超分子体系构筑 ··· 13
1.3.4 木材超分子聚集效应 ··· 15
1.4 木材超分子绿色新材料 ·· 16
1.4.1 木材气凝胶 ·· 17
1.4.2 超强木质材料 ··· 17
1.4.3 木竹电极材料 ··· 18
1.4.4 木基弹性材料 ··· 18
1.4.5 木质透明材料 ··· 19
1.4.6 木基纳米发电材料 ··· 19
1.4.7 木竹电磁功能材料 ··· 20
1.4.8 木基水凝胶 ·· 20
1.5 结论与展望 ·· 21
参考文献 ··· 22

2 木材组分间非共价键相互作用 ·· 24
2.1 木材中的非共价键 ··· 25
2.1.1 木材中的非共价键类型 ··· 25
2.1.2 组分间的非共价键作用 ··· 31

2.2 非共价键相互作用的表征方法 ································ 39
2.2.1 表征分析法 ································ 39
2.2.2 成分分析法 ································ 40
2.2.3 性能分析法 ································ 43
2.2.4 理论计算 ································ 44
2.2.5 纤维素和基质成分之间的相互作用表征 ················ 47
2.3 非共价键动态响应 ································ 49
2.3.1 自适应 ································ 49
2.3.2 自愈合 ································ 54
2.4 本章小结 ································ 59
参考文献 ································ 60

3 木质纤维素聚集效应 ································ 64
3.1 聚集体理论 ································ 64
3.1.1 聚集体概述 ································ 64
3.1.2 聚集体特性 ································ 65
3.2 木质纤维素聚集结构 ································ 68
3.2.1 纤维素 ································ 68
3.2.2 半纤维素 ································ 75
3.2.3 木质素 ································ 82
3.2.4 其他组分 ································ 87
3.3 聚集效应 ································ 88
3.3.1 磷光 ································ 88
3.3.2 荧光 ································ 90
3.3.3 结构色 ································ 92
3.3.4 光致发光 ································ 94
3.3.5 聚集诱导发光 ································ 95
3.4 基于聚集效应的应用展望 ································ 98
3.4.1 催化助剂 ································ 98
3.4.2 光子材料 ································ 98
3.4.3 能源存储 ································ 99
3.4.4 生物医药 ································ 99
3.5 本章小结 ································ 99
参考文献 ································ 100

4 细胞壁超分子结构解译 ································ 105
4.1 各类细胞壁层结构 ································ 105

4.1.1　薄壁细胞 106
　　　4.1.2　厚壁细胞 111
　　　4.1.3　应力木中的细胞壁 113
　4.2　细胞壁聚集体薄层结构特征 118
　　　4.2.1　S_1 层纤维素聚集体空间结构 119
　　　4.2.2　S_2 层纤维素聚集体空间结构 123
　　　4.2.3　细胞壁 S_2 层聚集体薄层的分离 127
　4.3　细胞壁微纤丝和微纤丝角 130
　　　4.3.1　微纤丝 130
　　　4.3.2　微纤丝角 133
　4.4　细胞壁超分子结构解译表征方法 141
　　　4.4.1　拉曼光谱成像 142
　　　4.4.2　散射衍射技术 146
　　　4.4.3　成像技术 148
　　　4.4.4　荧光技术 150
　　　4.4.5　计算建模 153
　　　4.4.6　其他表征方法 154
　4.5　本章小结 154
　参考文献 155
5　木材超分子结构调控 159
　5.1　超分子结构调控方法 160
　　　5.1.1　物理调控方法 161
　　　5.1.2　化学调控方法 167
　　　5.1.3　生物调控方法 173
　　　5.1.4　协同调控方法 176
　5.2　细胞结构调控 177
　　　5.2.1　薄壁细胞调控 178
　　　5.2.2　管胞调控 180
　　　5.2.3　木纤维调控 182
　　　5.2.4　导管调控 183
　　　5.2.5　射线细胞调控 185
　5.3　细胞壁结构调控 186
　　　5.3.1　壁层结构调控 186
　　　5.3.2　纹孔调控 188
　　　5.3.3　纳米孔隙调控 189

5.3.4 细胞壁表界面改性 ⋯⋯⋯⋯⋯⋯⋯⋯⋯⋯⋯⋯⋯⋯⋯⋯⋯⋯⋯ 191
5.4 细胞壁化学组分调控 ⋯⋯⋯⋯⋯⋯⋯⋯⋯⋯⋯⋯⋯⋯⋯⋯⋯⋯⋯ 192
5.4.1 超分子结构调控 ⋯⋯⋯⋯⋯⋯⋯⋯⋯⋯⋯⋯⋯⋯⋯⋯⋯⋯⋯ 193
5.4.2 纤维素调控 ⋯⋯⋯⋯⋯⋯⋯⋯⋯⋯⋯⋯⋯⋯⋯⋯⋯⋯⋯⋯⋯ 194
5.4.3 木质素、半纤维素、胶质层等化学组分调控 ⋯⋯⋯⋯⋯⋯⋯⋯ 195
5.5 本章小结 ⋯⋯⋯⋯⋯⋯⋯⋯⋯⋯⋯⋯⋯⋯⋯⋯⋯⋯⋯⋯⋯⋯⋯ 196
参考文献 ⋯⋯⋯⋯⋯⋯⋯⋯⋯⋯⋯⋯⋯⋯⋯⋯⋯⋯⋯⋯⋯⋯⋯⋯⋯ 198

6 木竹超分子界面构筑 ⋯⋯⋯⋯⋯⋯⋯⋯⋯⋯⋯⋯⋯⋯⋯⋯⋯⋯⋯⋯⋯ 201
6.1 木竹材表界面概要 ⋯⋯⋯⋯⋯⋯⋯⋯⋯⋯⋯⋯⋯⋯⋯⋯⋯⋯⋯⋯ 202
6.1.1 木竹材表界面结构特征 ⋯⋯⋯⋯⋯⋯⋯⋯⋯⋯⋯⋯⋯⋯⋯⋯ 202
6.1.2 木竹材表界面物化性质 ⋯⋯⋯⋯⋯⋯⋯⋯⋯⋯⋯⋯⋯⋯⋯⋯ 204
6.1.3 木竹材表界面相关理论 ⋯⋯⋯⋯⋯⋯⋯⋯⋯⋯⋯⋯⋯⋯⋯⋯ 210
6.1.4 木竹材表界面结构的影响因素 ⋯⋯⋯⋯⋯⋯⋯⋯⋯⋯⋯⋯⋯ 214
6.2 木竹超分子表界面测试与表征 ⋯⋯⋯⋯⋯⋯⋯⋯⋯⋯⋯⋯⋯⋯⋯ 216
6.2.1 结构类测试与表征 ⋯⋯⋯⋯⋯⋯⋯⋯⋯⋯⋯⋯⋯⋯⋯⋯⋯⋯ 217
6.2.2 性能类测试与表征 ⋯⋯⋯⋯⋯⋯⋯⋯⋯⋯⋯⋯⋯⋯⋯⋯⋯⋯ 218
6.2.3 组分类测试与表征 ⋯⋯⋯⋯⋯⋯⋯⋯⋯⋯⋯⋯⋯⋯⋯⋯⋯⋯ 222
6.3 木竹超分子表界面组装 ⋯⋯⋯⋯⋯⋯⋯⋯⋯⋯⋯⋯⋯⋯⋯⋯⋯⋯ 226
6.3.1 单分子层组装 ⋯⋯⋯⋯⋯⋯⋯⋯⋯⋯⋯⋯⋯⋯⋯⋯⋯⋯⋯⋯ 226
6.3.2 多分子层组装 ⋯⋯⋯⋯⋯⋯⋯⋯⋯⋯⋯⋯⋯⋯⋯⋯⋯⋯⋯⋯ 234
6.4 本章小结 ⋯⋯⋯⋯⋯⋯⋯⋯⋯⋯⋯⋯⋯⋯⋯⋯⋯⋯⋯⋯⋯⋯⋯ 243
参考文献 ⋯⋯⋯⋯⋯⋯⋯⋯⋯⋯⋯⋯⋯⋯⋯⋯⋯⋯⋯⋯⋯⋯⋯⋯⋯ 244

7 木竹超分子绿色新材料 ⋯⋯⋯⋯⋯⋯⋯⋯⋯⋯⋯⋯⋯⋯⋯⋯⋯⋯⋯⋯ 247
7.1 木基气凝胶 ⋯⋯⋯⋯⋯⋯⋯⋯⋯⋯⋯⋯⋯⋯⋯⋯⋯⋯⋯⋯⋯⋯⋯ 247
7.1.1 概述 ⋯⋯⋯⋯⋯⋯⋯⋯⋯⋯⋯⋯⋯⋯⋯⋯⋯⋯⋯⋯⋯⋯⋯ 247
7.1.2 制备方法 ⋯⋯⋯⋯⋯⋯⋯⋯⋯⋯⋯⋯⋯⋯⋯⋯⋯⋯⋯⋯⋯ 261
7.1.3 性能表征 ⋯⋯⋯⋯⋯⋯⋯⋯⋯⋯⋯⋯⋯⋯⋯⋯⋯⋯⋯⋯⋯ 272
7.1.4 应用领域 ⋯⋯⋯⋯⋯⋯⋯⋯⋯⋯⋯⋯⋯⋯⋯⋯⋯⋯⋯⋯⋯ 290
7.2 超强木质材料 ⋯⋯⋯⋯⋯⋯⋯⋯⋯⋯⋯⋯⋯⋯⋯⋯⋯⋯⋯⋯⋯⋯ 304
7.2.1 概述 ⋯⋯⋯⋯⋯⋯⋯⋯⋯⋯⋯⋯⋯⋯⋯⋯⋯⋯⋯⋯⋯⋯⋯ 304
7.2.2 制备方法 ⋯⋯⋯⋯⋯⋯⋯⋯⋯⋯⋯⋯⋯⋯⋯⋯⋯⋯⋯⋯⋯ 307
7.2.3 性能表征 ⋯⋯⋯⋯⋯⋯⋯⋯⋯⋯⋯⋯⋯⋯⋯⋯⋯⋯⋯⋯⋯ 316
7.2.4 应用领域 ⋯⋯⋯⋯⋯⋯⋯⋯⋯⋯⋯⋯⋯⋯⋯⋯⋯⋯⋯⋯⋯ 321
7.3 木竹电极材料 ⋯⋯⋯⋯⋯⋯⋯⋯⋯⋯⋯⋯⋯⋯⋯⋯⋯⋯⋯⋯⋯⋯ 326
7.3.1 概述 ⋯⋯⋯⋯⋯⋯⋯⋯⋯⋯⋯⋯⋯⋯⋯⋯⋯⋯⋯⋯⋯⋯⋯ 326

  7.3.2　制备方法 ·· 330
  7.3.3　性能表征 ·· 334
  7.3.4　应用领域 ·· 345
 7.4　木基弹性材料 ·· 349
  7.4.1　概述 ··· 349
  7.4.2　制备方法 ·· 350
  7.4.3　性能表征 ·· 360
  7.4.4　应用领域 ·· 365
 7.5　可塑瓦楞木板 ·· 369
  7.5.1　概念 ··· 369
  7.5.2　制备方法 ·· 373
  7.5.3　性能表征 ·· 379
  7.5.4　应用领域 ·· 389
 7.6　木质透明材料 ·· 393
  7.6.1　概述 ··· 393
  7.6.2　制备方法 ·· 397
  7.6.3　性能表征 ·· 406
  7.6.4　应用领域 ·· 411
 7.7　木竹纳米发电材料 ·· 416
  7.7.1　概述 ··· 416
  7.7.2　制备方法 ·· 423
  7.7.3　性能表征 ·· 430
  7.7.4　应用领域 ·· 436
 7.8　木竹电磁功能材料 ·· 438
  7.8.1　概述 ··· 438
  7.8.2　制备方法 ·· 440
  7.8.3　性能表征 ·· 448
  7.8.4　应用领域 ·· 457
 7.9　木基水凝胶 ··· 462
  7.9.1　概述 ··· 462
  7.9.2　制备方法 ·· 464
  7.9.3　性能表征 ·· 475
  7.9.4　应用领域 ·· 483
 7.10　本章小结 ··· 485
参考文献 ··· 486

1 概　　论

　　木材与人类相伴的历史最为久远，与人类社会的发展息息相关。自人类诞生以来，木材与人类始终相依相伴，对人类自然科学和人文科学的产生与发展做出了无与伦比的贡献。从最久远的钻木取火、照明取暖到烹饪食物，木材将人类从茹毛饮血的时代带入文明发达的时期；从建筑房屋作为遮风挡雨的栖身之所到用作纸张记录人类的发展历程，木材在人类文明的进化史中建立了不可磨灭的功勋。木材在人类生产和生活中扮演着重要的角色，不仅是迄今世界公认、用途广泛的四大原料（木材、钢材、水泥、塑料）之一，而且千百年来从经济、社会、文化、生态等领域渗透到人们生活的方方面面。由于木材具有质量轻、强度高、保温隔热等特点，一直是深受人们喜爱的建筑材料之一，因此古建筑中有大量的木结构建筑。木材由于具有密度小、抗冲击和耐久性等特点，在古代被广泛用作船筏的材料。而木材的质感、纹理和颜色使得它们非常适用于制作家具。木材还可以被用于制作工具、器具等，服务于人类的生产和生活。此外，木材是造纸的主要原材料，纸张记录人类的文明，使得木材成为文化的一种载体。综上而言，过去、现在木材始终与人类相依相伴，而未来木材也必将长久伴随着人类社会的发展，这种长久的伴随将依托于人类对木材科学的深入研究和认知。

　　国际木材科学院对木材科学的界定是：木材科学是研究木质化的天然材料及其衍生制品的一门生物的、物理的、化学的学科和加工利用的科学基础。木材科学研究始于 20 世纪初，最先在英国和德国兴起，之后在美国、俄罗斯、澳大利亚、印度等国相继开展起来。1906 年，美国 Tiemann 提出了纤维饱和点的概念，这是木材性质研究的重大发现。1924 年，英国牛津大学出版社出版了 Jone 主编的《木材结构和识别》，为木材的科学识别提供了理论依据。1936 年，德国木材学家 Kollmann 出版了《木材工艺学》一书。1949 年，Brown、Panshin 和 Forsaith 合著《木材工艺学教科书·第一卷　美国商用木材的结构、识别、缺陷和利用》，1952 年出版《木材工艺学教科书·第二卷　美国商用木材物理、力学和化学性质》，这本教材对木材结构、性质给出了全面阐述。1989 年，Zobel 出版的英文专著 *Wood Variation: Its Cause and Control* 引起了广泛重视。我国木材科学研究的开拓者之一唐耀先生自 1931 年就专心于中国木材的研究，1936 年发行了由他撰写的《中国木材学》一书，这是我国第一部木材学专著。新中国成立后，我国木材科学的研究工作得到了迅速、全面发展，在木材构造性质、木材利用、木材防护、木材改性等方面取得了长足进步。1985年成俊卿先生主编的《木材学》，是一部国内外高水平的木材领域的巨著。结合当代木材科学的进展，李坚院士主编的《木材科学新篇》和《木材科学》等专著，内容新颖，展示了木材科学研究前沿。木材科学发展至今，已发展为综合性的交叉学科，传统木材科学的研究已经基本成熟，从宏观到细胞壁尺度上的理论已相对完善，对于木材科学的研究应该向分子尺度过渡，并且应该注重分子间的相互作用和天然高分子聚合物的聚集效应，因此木材超分子科学应运而生。

木材是由多种分子聚集而成的天然高分子聚合物，微纳米级分子尺度上的研究不能局限于单一组分、单一分子，而应当聚焦在多分子间组装与相互作用而成的聚集体结构。木材作为具有天然的聚集体结构材料，原本就具备记录信息、传递信息、加工信息的多种功能，如年轮气候学记录当地环境信息、树木中的自适应组织、树木生长过程中的信号传递及物质传输等。但是几千年来，人对木材的利用仅仅局限在作为一种材料，并且为了保持其使用过程中的稳定性，通过改性等措施人为遏制其对环境的响应。当前，随着对聚集体及超分子相关知识的认识不断深入，木材中的聚集体结构、聚集效应、超分子相互作用、超分子体系的开发并拓展木质部细胞记录信息、传递信息、加工信息的多种功能，并且对外界信息的处理不仅局限在范围有限的天然环境中，而是将其服务于更为广阔的、发展极其迅速的各类信息系统中，包括软机器人、能源催化、生物医药、环境净化等。为了使木材发挥智能性，适应多样性、复杂化的各类信息系统，必须通过对木材超分子结构和界面进行调控，优化原本性能并赋予其新的功能，构筑新型木基超分子体系，使得木材更好地服务于人类。木材超分子科学基于木材科学及超分子科学的理论基础，将超分子科学的概念引入木材科学研究中，同时与物理学、材料科学、生命科学、信息科学、环境科学、纳米科学等学科高度交叉融合。木材超分子科学的发展，必将给木材科学研究注入新的活力，拓展木材应用领域，推动木材从传统应用材料向高附加值材料方向发展。

1.1 木材科学与超分子科学的发展

1.1.1 木材科学的发展

木材科学是研究木质化的天然材料及其衍生产品，以及为木质材料的加工利用和森林经营管理技术提供科学依据的一门生物的、化学的和物理的科学[1]。木材研究可以追溯到远古时代，但系统性的理论研究主要从十九世纪二三十年代开始，特别是进入二十世纪中后期，其研究内容与其他学科的交叉融合，研方法及分析测试手段的进步和突破，使得木材科学研究更加丰富和前沿，带来新的生机[2]。

木材是一种天然高分子复合材料，其复杂性体现在多尺度分级结构上，这一结构涵盖了从宏观组织结构到细胞及细胞壁结构，再到纳米级聚集体结构，最后至亚纳米级分子结构的多个层次（图 1-1）。木材宏观组织结构的研究主要解决木材实际应用中的技术问题，主要研究方向包括木材水分及干燥、木材保护与改良、木制品与木结构、木材重组与复合等。细胞及细胞壁结构研究主要从细胞层面研究木材性质与加工利用的内在联系，为解决宏观尺度技术难题提供理论依据，主要研究方向包括木材解剖构造、木材解离与组装等。纳米级聚集体结构、亚纳米级分子结构主要从分子层面对细胞及宏观木材的构效关系进行解释，主要研究木材三大素的结构、排列取向，三大素间及其与其他大/小分子间的交联互作[3]。

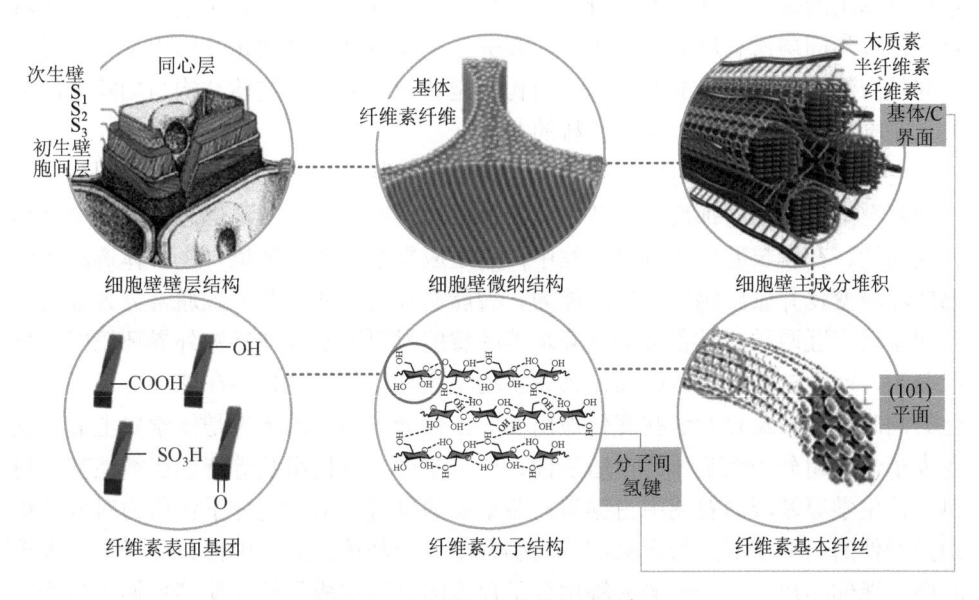

图 1-1 木材细胞壁分级结构*

1.1.2 超分子科学的发展

"超分子"这一术语在 20 世纪 30 年代中期被提出，用来描述由配合物所形成的高度组织的实体。从普遍意义上讲，任何分子的集合都存在相互作用，所以常

---

* 本书彩图以封底二维码形式提供。

常将物质聚集后这一结构层次称为"超分子"。超分子科学是在超分子化学基础上发展而来,"超分子化学"概念最先由诺贝尔化学奖获得者法国科学家 J. M. Lehn 提出,他指出:"基于共价键存在着分子化学领域,基于分子组装体和分子间键而存在着超分子化学"[4]。超分子化学是基于分子间的非共价键相互作用而形成的具有一定结构和功能的分子聚集体化学,通过其与物理学、材料科学、生命科学、信息科学、环境科学、纳米科学等学科的交叉融合而发展成为超分子科学[5]。超分子科学被认为是 21 世纪新概念和新技术的重要源头之一,主要研究范畴包括分子间非共价键的弱相互作用(如氢键、配位键、静电作用、范德瓦耳斯力、亲水/疏水相互作用等),几种作用力协同效应下分子聚集体的自组装,以及超分子组装体结构与功能之间的关系[6, 7]。

超分子组装体构筑的驱动力包括氢键、配位键、π-π 相互作用、电荷转移、分子识别、范德瓦耳斯力、亲水/疏水作用等非共价键的弱相互作用。研究非共价键弱相互作用的本质,认识非共价键相互作用可逆性、弱的相互作用和方向性等特点,挖掘不同层次有序分子聚集体内和分子聚集体之间的弱相互作用是如何通过协同效应组装形成稳定的有序高级结构,是认识超分子组装体结构与功能之间的关系、制备超分子组装体功能材料的关键。

自然界包含无数个组成复杂、结构精密的各类型"机器",从大河山川到一草一木直至细胞病毒,都离不开各个元器件的协调配合进而实现信息传输、交互等特定功能。在漫长的自然进化过程中,为适应复杂的生存环境,生命体逐渐具备感知环境变化并做出相应反应的能力。智能交互材料的交互方式通常分为被动交互和主动交互两种。具备被动交互功能的智能材料通常只能感知外界环境的变化或刺激,而无法做出有效回馈;具备主动交互功能的智能材料在感知外界环境变化的同时,能够及时对这些变化做出回应。超分子科学的出现是化学史上的一次重大革命:超分子组装体的自适应性、分子柔性、有机组装等特性在智能交互材料、仿生学等领域的发展中占据着日益重要的位置。借助超分子作用力对分子级别元器件的精准控制,科学家们成功制备了分子马达、分子电梯、分子车、人造肌肉、迷你芯片、分子机器人等由分子尺度的物质构成且能行使某种加工功能,实现环境感知、人工交互等一系列智能器件。

1.1.3 木材科学领域的超分子科学

木材作为天然高分子材料,无论是在树木生长过程中还是木材加工利用过程中,都离不开非共价键的作用。非共价键作用存在于木材科学中的方方面面,包括木材中的超分子结构、超分子组装、超分子调控及木材超分子智能化体系等。因此,非共价键对木材的物理力学性质和加工性能具有重要影响。

（1）木材中的超分子结构

木材主要依靠高分子物质间的非共价键相互作用形成宏观组织，因此木材超分子结构贯穿于木材的多尺度结构中。木材主要成分纤维素的超分子结构主要包括在纤维素生物合成后葡萄糖分子的翻转、构象排列，葡萄糖分子内和分子间氢键形成的高度结晶结构，纤维素分子链中结晶和无定形态共存的两相结构，高分子链聚集成为基本纤丝并在细胞壁中进一步交联排列成微纤丝[8-10]。

木材科学通常将细胞壁分为胞间层、初生壁和次生壁，而从超分子科学的角度出发，木材细胞壁可以看作由大量聚集体薄层聚集形成的实体结构，因此可认为木材细胞壁的基本组成单元是聚集体薄层。细胞壁聚集体薄层本身就是介于壁层尺度和分子尺度之间的一种典型的木材超分子结构，这也是木材超分子结构研究的核心对象。

（2）木材中的超分子组装

木材中的超分子组装主要包括三大素自身的超分子组装及三大素间的超分子组装。木材纤维素分子链由于含有大量羟基，相邻纤维素分子链间可产生大量分子间氢键，形成有序自组织聚集体，特别是相邻糖链间形成的氢键，可使纤维素分子形成稳定的片层结构，这些片层结构在范德瓦耳斯力和疏水力等次级键作用下自发有序地紧密堆积，即天然结晶纤维素。木质素前驱体——苯氧自由基单体能以不同的内消旋形式存在，造成了木质素在各层级上的异质性和无序性。尽管如此，高分子系统的尺度不变性基本原理的可行性证明了木质素大分子同时也具备一定的内部有序性。在生物合成过程中，木质素内部相互作用力随着空间结构的不规则性和功能多样性的逐步增强而增大，这种增强的相互作用力促使木质素大分子进行动态自组装。木质素超分子结构就是木质素大分子在这种增强的相互作用力下进行动态自组装而形成的[11]。木材三大素间的超分子组装，主要是具有双亲性的半纤维素通过氢键与纤维素之间建立物理连接，相邻的纤维素微纤丝通过半纤维素木葡聚糖交联黏结形成多糖基质。纤维素和半纤维素木葡聚糖的组装行为过程可以通过Langmuir吸附等温线表达，木葡聚糖以单分子层的形式附着在纤维素微纤丝表面[12, 13]。半纤维素与木质素之间既存在物理连接，同时也存在酯键、醚键、苷键等共价键化学连接。

（3）木材中的超分子调控

木材的超分子调控主要是对木材中的氢键等非共价键进行调控，主要调控手段除了化学组分的调控外，还应包括木材湿热软化、木材高温热处理物理调控方法[14-16]。

木材湿热软化主要通过极性水分子与纤维素的无定形区、半纤维素中的羟基形成新的氢键结合，从而使得分子链间的距离增大，以及在热量的协同作用下，细胞壁分子链获得足够的能量而产生剧烈运动，达到软化木材的目的，可明显提高木材的塑性。此外，软化后的木材中半纤维素和纤维素分子链段之间相互靠近形成新的氢键结合，从而可以实现细胞壁定型的目的。

木材高温热处理主要是高温作用下耐热性能较差的半纤维素发生降解，而释放的有机酸作为一种催化剂又可加速半纤维素及纤维素无定形区的降解，从而使得木材中吸湿性羟基显著减少和结晶区比例增加，可有效改善木材的尺寸稳定性[17]。此外，木材热降解过程中生成的乙酸、甲酸、酚类化合物等可有效阻止或延缓腐朽菌的生长，从而增强耐腐性。

（4）木材超分子界面构筑

木竹材是一种多孔、各向异性的天然三维生物聚合物复合材料。木竹材界面是一个二维受限的环境，能在分子水平上限制分子的构型、排列等，因而很容易组装得到形貌和结构皆可控的有序超分子组装体。木竹材表面的化学组分含量及其分布、表面电荷和表面自由能等表面性质研究的可行性，直接关系到木竹材加工复合材料的界面性能，从而影响到木竹材功能化材料的应用领域及应用范围。通过对木竹材体系超分子表界面现象实际采用的物理量进行分析和研究，在一定程度上对固体表面性质及其与其他表面之间的相互作用进行解析，为木竹材表面性质研究提供了可靠的基础。

可以将木竹材超分子表界面组装分为单分子层组装与多分子层组装两个大方向。单分子层组装包括无机分子单层组装和有机分子单层组装。无机分子单层组装根据硅烷、金属纳米颗粒等无机分子与木竹材表界面之间超分子作用力的不同，又可分为利用范德瓦耳斯力将一些异质材料吸附到纳米颗粒表面的表面吸附法；将一种物质沉积到粒子表面，形成无化学结合的异质包覆层的表面沉积法；使原来亲水疏油的界面变成亲油疏水的表面接枝改性法；在两种或多种不同材料的界面上建立强化学和物理联系的偶联剂法等。多分子层组装由于微观层级的来源不同，可分为多分子层自组装和多分子层层组装。多分子层自组装是指将木材本体采用自上而下的方法进行剥离然后重新组装。多分子层层组装是指将Pickering乳液等不同来源、不同物化性质的层级进行组装，根据不同层级之间作用力的差异，可分为静电引力组装、氢键作用组装和配位键作用组装三种。当前木竹材表界面构筑的应用范围越来越广泛，从涂胶、刷漆等宏观调控手段，到接枝共聚等微观调控手段，表界面组装在生命科学、分子电子学、信息科学、材料科学、生物技术及其功能材料等方面的开发和利用上具有广阔的应用前景。

（5）木材超分子智能化体系

木材是一种自然智能响应性生物材料，具备感知、驱动和控制三项基本要素，具有生物系统独有的三大自律机制：结构自组织、损伤自修复和环境自适应[18-21]。木材在数万年的进化过程中发展出独特的多尺度分级和天然的精细分级多孔结构,这都是智能性响应的结构基础。木材的干缩湿胀就是典型的水分子作用下木材结构智能化的一种表现。愈伤组织是树木生长过程中的智能化响应体现。当树木产生深层伤口时,树木会封闭损伤或感染的组织以防止对健康组织的扩大侵袭,伤口边缘的细胞逐渐硬化包围创伤面,让里面的组织死亡,并使树木正常生长[22]。这说明木材自身具备自愈合的结构基础,可以通过超分子体系构筑形成自愈合功能。木材的纤维素、半纤维素和木质素构成了木材精妙的微结构,并且提供了许多活性官能团,为木材超分子智能化体系构筑奠定了优良的基础。

木材的智能响应和自适应性发生在木材的多层级结构上,从分子组成到壁层结构、细胞尺度、组织尺度,直至宏观木材,整个过程中蕴藏着木材的超分子动态变化。

(6)木材超分子结构表征技术

木材超分子结构的研究发展离不开先进表征技术。目前,在组织及微米尺度,木材的结构解析已较为完整,而在纳米尺度上,由于表征技术困难,对木材超分子结构的解译尚不明晰。因此,发展先进表征技术和计算建模方法对理解木材细胞壁的组成、结构和超分子相互作用等至关重要。长期以来,光学显微镜和电子显微镜[如扫描电子显微镜(SEM)、透射电子显微镜(TEM)]被广泛应用于木材科学领域,成为人们研究木材微观结构和超微观结构的有力工具。X射线衍射、X射线断层扫描、拉曼光谱、电子显微镜、原子力显微镜、核磁共振波谱和中子衍射等表征方法使木材的结构和微观行为能够在微米及纳米尺度上被识别到。同时,需要更多维度及高分辨率的技术手段揭示木材的超分子结构,这些尖端表征手段包括拉曼显微镜、散射衍射技术、成像技术、荧光技术、计算建模及定量图像分析。具有高分辨率时间和长度尺度的先进表征技术可以帮助可视化木材功能材料在静止或某些条件(如拉伸、压缩、弯曲、高温、水或其他化学溶液)下发生的各种化学和物理过程。每一种表征技术都有其独特的测量原理,用于解译木材超分子尺度的组成和结构。表1-1总结了部分关于木材超分子科学结构的表征方法。

表1-1 木材超分子科学结构表征方法

木材超分子结构	表征结构	表征方法
组分结构及组成	纤维素晶型 结晶度 微晶形态 微纤丝角 半纤维素类型 木质素结构	偏振光显微镜(PLM) 激光共聚焦显微镜(CLSM) 原子力显微镜(AFM) 电子显微镜(EM) X射线衍射(XRD) 近红外光谱(NIRS) 拉曼(Raman)光谱 原位掠入射广角X射线散射(GIWAXS)

续表

木材超分子结构	表征结构	表征方法
组分间相互作用	非共价键作用（氢键、范德瓦耳斯力、疏水力等） 共价键交联 水分子作用（羟基可及度等）	扫描电子显微镜（SEM） 透射电子显微镜（TEM） 原子力显微镜（AFM） X 射线衍射（XRD） 核磁共振（NMR） 拉曼（Raman）光谱 傅里叶变换红外光谱（FTIR） 质谱分析（MS） 凝胶渗透色谱法（GPC） 计算模拟
聚集体结构	聚集体薄层形貌特征 纤维素与基质排列状态 微纤丝力学行为	中子散射 固体核磁共振波谱（SSNMR） X 射线光电子能谱（XPS） 小角 X 射线散射（SAXS） 共振软 X 射线散射（RSoXS） 超分辨率荧光显微镜（SRFM） 原子力显微镜（AFM） 多色三维随机光学重构超分辨率显微镜（3D-dSTORM） 分子动力学模拟 定量图像分析
细胞壁壁层及孔隙结构	壁层形貌 纹孔结构 孔隙率 比表面积	计算模拟 近场扫描光学显微镜（NSOM） 激光扫描共聚焦荧光显微镜（LSCM） 原子力显微镜（AFM） 固体核磁共振波谱（SSNMR） 全自动比表面及孔隙度分析（BET） 定量图像分析

1.2 木材超分子科学定义、框架及研究意义

木材超分子科学是基于木材科学及超分子科学的理论基础，将超分子科学的概念引入木材科学研究中。超分子科学与木材科学的交叉融合，推动了木材科学分子层面的研究，为木材超分子科学的发展奠定了基础。

1.2.1 木材超分子科学定义

木材超分子科学是针对木材分子间的非共价键相互作用而形成的聚集体结构，主要研究聚集体的结构特征，分子间的相互作用机制及超分子体系构筑等的科学。

1.2.2 木材超分子科学框架

木材超分子科学是一门复合型学科，是在木材科学和超分子科学理论基础上，同时与物理学、材料科学、生命科学、信息科学、环境科学、纳米科学等学科高度交叉融合。它涉及比分子本身复杂得多的化学、物理和生物学特征，而这些分子是通过分子间非共价键作用聚集、组织在一起。因此，木材超分子科学是以木材分子间的非共价键相互作用而形成的聚集体为主要研究对象，从超分子的结构解译、分子间的相互作用，以及基于超分子界面组装的超分子体系构筑、聚集效应四个方面进行系统研究（图 1-2）。旨在从超分子科学角度解决木材应用基础研究中的科学问题，形成木材超分子科学理论，并且通过超分子界面组装与调控构筑新型木基超分子体系。

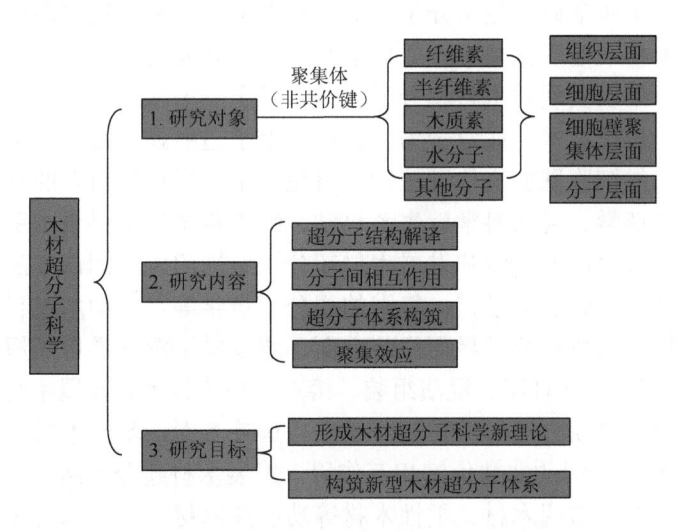

图 1-2 木材超分子科学研究体系

1.2.3 木材超分子科学研究意义

木材超分子科学是在木材科学和超分子科学理论基础上提出，旨在从超分子科学角度解决木材应用基础研究中的科学问题。

1.2.3.1 理论基础研究意义

基于木材超分子科学的理论和方法，围绕木材中分子间相互作用所组装的复杂层级结构，从组织、细胞、细胞壁聚集体、分子等层面上对木材的超分子结构进行解译，研究分子间非共价键的相互作用和集团作用，依据超分子组装与聚合、范德瓦耳斯异质结构构建等新理论，有序构筑木竹材细胞表面、内腔、横截面，以及细胞壁层级结构的界面；结合量子化学、分子动力学模拟共价键与非共价键协同的动力学过程与热力学规律，揭示分子间结合能、分子相互作用、基团活性等定量信息；从超分子层面深入认识木材超分子界面的分子组装与组装体功能，阐明木材超分子界面的结构、性质、构效关系及外界条件变化下的演变规律。通过上述研究构建木材超分子科学理论体系，从超分子科学角度认知木材应用基础研究中的科学问题，推动木材科学研究的理论新高度。

1.2.3.2 应用技术研究意义

木材超分子科学研究是从分子层级上对木材结构和功能关系的深入解析。当前传统的木材波谱表征技术，如傅里叶变换红外光谱、拉曼光谱等成像技术表征的分辨率难以实现对木材超分子在纳米甚至亚纳米级的组分结构解析；而木材原位结构表征技术，如原子力显微镜、电子透射显微镜和扫描电子显微镜等难以突破木材细胞壁的实体壁垒。木材超分子科学作为新兴的交叉学科，其研究需借鉴物理学、材料科学、生命科学、纳米科学等学科技术手段。木材超分子结构解译方面，要探索和发展木材超分子结构的表征测试方法，如半导体拉曼增强光谱、单分子力学谱、氢键的超分子谱学等，推动木材科学表征技术的发展和进步。木材超分子界面组装方面，通过采用湿化学自还原反应、熔融挤出、化学处理、3D打印、浸渍组装、溶剂置换等技术，发展木材多层级结构的超分子界面组装新方法。木材超分子结构调控方面，基于木材三大素、水分子、其他大/小分子间的非共价键相互作用，发展木材超分子结构调控新技术，为制备超强木材、透明木材、柔性木材等功能性木材，以及木材多领域、高附加值利用提供核心技术支持。

1.3 木材超分子科学研究内容

木材超分子科学研究内容主要包括以下四个方面：①木材超分子结构解译；②木材分子间的相互作用，包括木材三大素间的非共价键结合、木材与水分子的相互作用机制、木材与其他分子的非共价键相互作用；③木材超分子体系构筑，包括木材超分子结构的调控、木材智能化体系构建；④木材超分子聚集效应。

1.3.1 木材超分子结构解译

木材是由许许多多的空腔细胞所构成，实体是细胞壁，木材细胞壁的结构往往决定了木材及其制品的性能[23]。木材超分子科学的研究内容之一就是揭示木材细胞壁超分子结构变化和化学成分演变对产品性能形成的作用机制，建立结构-特性-功能关系。木材细胞壁的各部分常常由于化学组成的不同和微纤丝排列方向的不同，在结构上分出层次。通常可以将木材细胞壁分为初生壁（P）、次生壁（S）和胞间层（ML）。在次生壁上，由于纤维素分子链组成的微纤丝排列方向不同，又可明显地分出三层，即次生壁外层（S_1）、次生壁中层（S_2）和次生壁内层（S_3）[1, 24]。随着木材超分子科学的研究逐步深入，发现木材次生壁中层还存在聚集体薄层的亚结构，聚集体薄层本身就是介于壁层尺度和分子尺度之间的一种典型的木材超分子结构，是木材超分子结构研究的一类对象。如何实现木材超分子聚集体薄层的精准解离、结构的精准解译及回溯木材聚集体薄层的堆砌机制，是木材超分子科学的重点研究内容之一。

1.3.2 木材分子间的相互作用

1.3.2.1 木材三大素间的非共价键结合

木材纤维素、半纤维素、木质素分子之间的非共价键作用不仅组装形成了细胞壁构造，还影响着木材的物理、化学及力学性质。纤维素的基本组成单位是链状纤维素分子，这些链状分子通过分子链内和分子链间氢键连接聚集形成基本纤丝，基本纤丝再通过氢键及分子间作用力进一步交联，形成尺度更大的微纤丝，基本纤丝和微纤丝都是属于纤维素的超分子结构[1]。半纤维素与纤维素纤丝相连同样以氢键为主要作用力。半纤维素与木质素既存在氢键交联，也存在酯键、醚键等化学交联。木质素大分子的形成主要分为两个阶段，木材细胞首先合成了木质素单体，木质素单体进一步聚合形成木质素大分子。在木质素的生物合成过程中，木质素大分子的空间不规则性和多功能性逐渐增加，导致分子内相互作用力增加，在此作用下，木质素大分子动态自组装形成木质素超分子[25]。有关木材三大素的结构已有诸多报道，然而三大素分子通过非共价键组装成超分子聚集体的过程和机制尚不明晰。木材三大素间的相互作用关系属于超分子组装的研究内容，是木材超分子科学的重要组成部分。

1.3.2.2 木材与水分子的相互作用机制

木材是一种具有吸湿性的多孔天然高分子材料，水分影响着木材多方面的性能。木材中的水分主要以自由水、吸着水及毛细管水三种形式存在[1,26]。自由水存在于木材的细胞腔和细胞间隙中，与木材之间结合不紧密，相互作用微弱；吸着水存在于木材细胞壁的无定形区域，通过氢键与木材中的游离羟基等亲水活性基团形成牢固结合；毛细管水是在相对湿度较高条件下凝结在木材毛细管系统中的水分，主要存在于细胞尖端及纹孔塞塞缘处。干缩湿胀现象是水分影响木材性质的典型案例，湿胀是由于水分子与细胞壁组分分子上游离的羟基等活性基团形成氢键结合，或水分子作用下木材分子链之间原有的氢键被打开，新产生的活性羟基不断与水分子形成新的氢键结合，进而使木材分子链之间的距离增大，宏观上表现为湿胀。而干缩则是一个与湿胀相反的过程，主要是氢键的断裂，水分子的脱离及相邻木材分子链之间的距离缩小。

目前木材与水分子关系研究仍主要集中于木材宏观结构中水分含量、状态和分布表征，尚未深入细胞壁微观构造中水分子的定量时空演变及分子结构解析。水分子与木材主要化学成分间的相互作用，均是通过非共价键的结合或断裂，而水分子与三大素间的相互作用对木材超分子结构、界面组装及构筑都会产生重要影响。因此，木材与水分子的相互作用机制是木材超分子科学研究的重要组成。

1.3.2.3 木材与其他分子的非共价键相互作用

除了木材三大素分子间，以及其与水分子间的非共价键相互作用外，木材与其他分子间的非共价键作用也是制备各种功能材料的重要途径。基于氢键作用，聚丙烯酰胺与脱木素的木材形成了木材水凝胶，高度有序的纤维素超分子作为刚性骨架，与聚丙烯酰胺分子链之间的交联结构使该水凝胶的拉伸强度高达 36 MPa，可以作为纳米流体导管实现类似生物肌肉组织的离子选择性传输功能[27]。基于范德瓦耳斯力相互作用可构筑木质纤维素基异质复合界面，通过木质纤维素与碳酸钙/聚甲基丙烯酸甲酯矿化沉积，实现增强增韧的仿贻贝复合材料，其杨氏模量高达约 14 GPa；并将木质纤维素与电气石/二氧化钛矿化沉积，可实现负氧离子释放[28]。因此，木材与其他大分子/小分子的非共价键相互作用，是木材超分子科学的组成部分，为人工林木材的微纳尺度高值化利用提供了理论基础。

1.3.3 木材超分子体系构筑

1.3.3.1 木材超分子结构的调控

木材的结构调控是实现其功能化利用的关键，主要是通过非共价键动态调控，从而实现木材的多种功能。例如，利用水分对木材孔隙的调控，将质硬、易折的木材转变成可弯折、可塑形的柔性材料，使木材可以被加工成不同形状的 3D 结构。3D 成型木材的强度是天然木材的 6 倍，可与铝合金等轻质高强材料相媲美，从而通过非共价键调控实现木材的塑性加工[29]。根据木材中纤维素结晶区不对称的结构，使得木材形变后引起压电效应，将机械能转化为电能。孙建国等利用白腐菌降解木材中的木质素，腐化木材的天然结构，通过提高纤维素结晶区的形变能力，从而得到高压缩性的腐化木材料。腐化木中的纤维素在压力作用下产生较大形变，电荷释放量也随之提高，边长为 15 mm 的腐化木立方块可输出 0.85 V 电压[30]。通过非共价键进行木材结构调控是拓宽木材应用领域，实现木材高附加值利用的重要途径。

1.3.3.2 木材智能化体系构建

天然木材的多层级结构和高度各向异性为设计先进材料、构建仿生功能体系提供了灵感。研究人员以树木中的蒸腾作用和多孔结构为灵感，设计了蜂窝流体系统，并采用 3D 打印技术构建了仿生木材细胞蜂窝结构的开放蜂窝系统[31]。该仿生系统可以通过设定"细胞"单元类型、尺寸和相对密度来控制气、液、固多相物质的流动、运输和反应过程。彭新文教授团队以纤维素纳米纤维和木质素为原料，采用"冷冻浇筑"法构建了与木材管胞结构类似的弹性碳气凝胶，该碳气凝胶表现出优异的机械性能，包括高压缩性（压缩应变高达 95%）和抗疲劳性[32]。俞书宏院士团队受到天然木材优异力学性能的启发，利用木屑等生物质中天然的纤维素纳米纤维，将其暴露在木屑颗粒表面，这些纳米纤维通过离子键、氢键、范德瓦耳斯力等相互作用结合在一起，微米级的木屑颗粒也被这些互相缠绕的纳米纤维网络紧密地结合在一起形成高强度的致密结构，这种结构特征带来了高达 170 MPa 的各向同性抗弯强度和约 10 GPa 的弯曲模量，远超天然实木的力学强度，同时表现出优异的阻燃性和防水性[33]。基于木材的智能化结构仿生构建的新材料，具有天然木材的优异特性，而通过非共价键的调控使得其更加接近木材本身的结构与性能。图 1-3 示意了一些木材非共价键调控应用。

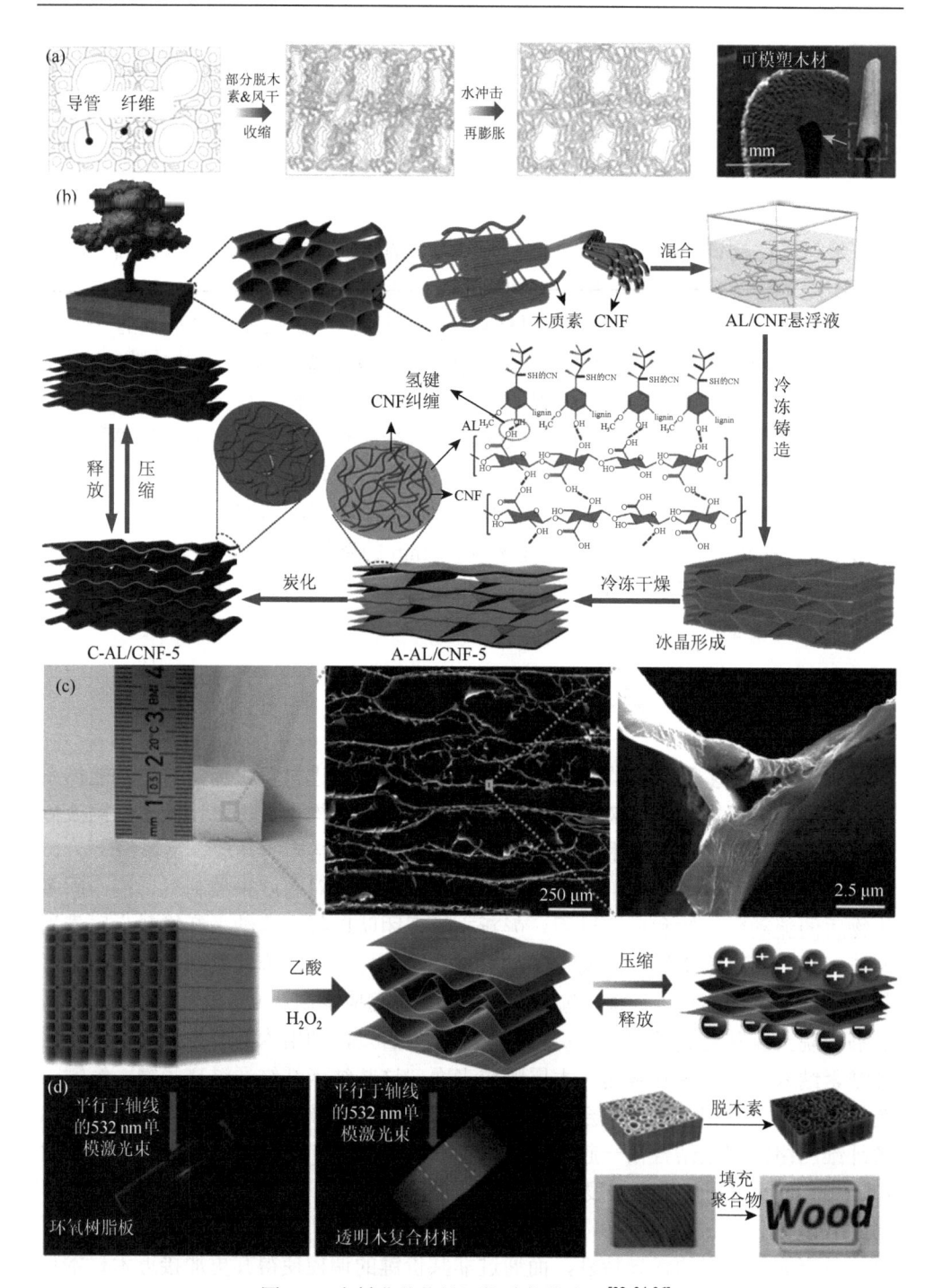

图 1-3 木材非共价键调控功能化应用[32, 34-36]

（a）高柔性木材；（b）木材衍生碳气凝胶；（c）木材压电材料；（d）透明木材

1.3.4 木材超分子聚集效应

1.3.4.1 纤维素聚集效应

木材中的组分在超分子尺度上可以通过非共价键作用形成独特的聚集态结构。对于纤维素,分子链上丰富的羟基基团在相邻葡萄糖分子间通过分子内或分子间氢键连接,形成了强大的氢键网络。同时,范德瓦耳斯力在其中也不可忽视,它们共同作用使得纤维素分子链平行堆叠,聚集成横截面为 3~5 nm,长度超过几百纳米的基本纤丝。在半纤维素中,3 倍螺旋的木聚糖与纤维素(110)晶面通过静电相互作用结合,形成稳定木聚糖初始构象(3_2 倍螺旋构象)的氢键网络。2 倍螺旋构象的木聚糖与纤维素晶体的其他表面发生更多的非共价键相互作用,其中主要是色散相互作用,同时,一些木聚糖还可以通过疏水作用转化为 2_1 倍构象。而木质素倾向于形成疏水性和无序的纳米结构域,其表面通过非共价键相互作用优先结合 3 倍螺旋构象的木聚糖,同时木质素也有一部分直接与纤维素表面和 2 倍螺旋构象木聚糖的连接处结合。纤维素基本纤丝相互交织在一起,同时嵌入半纤维素、木质素等基体物质中,形成螺旋形的微纤丝束,构成了细胞壁中的聚集态结构。除此之外,在木质纤维素及木材衍生材料中也存在组分的自聚集现象。微晶纤维素聚集会形成胆甾液晶结构,木质素在木质素芳香环的分子内相互作用驱动下会聚集成木质素纳米颗粒。目前对木材组分的聚集结构的研究尚不明晰,解析其特殊结构成为木材超分子科学研究必不可少的一部分。

1.3.4.2 聚集效应

聚集结构的特性赋予了木材独特的效应,包括磷光、荧光、结构色及聚集诱导发光等。这些聚集发光效应可以归因于组分中的特殊官能团及非共价键作用。纤维素中自发有序排列的胆甾型液晶手性向列结构使其表现出结构色这种特有的光学效应。通过诱导纤维素纳米晶形成稳定阵列结构,使其产生虚态跃迁从而产生光致发光现象。纤维素还可以产生超长室温磷光现象,可以通过精确调节结晶度变化来调节微晶纤维素的超长室温磷光发射特性。在木聚糖中,多种氧簇的存在使其表现出激发波长依赖性和延迟时间依赖性颜色可调谐余辉。聚集的簇构成了多样的发光中心,同时木聚糖的大分子结晶构象能有效限制分子运动,稳定三重激发态,最终导致木聚糖独特的长寿命颜色可调谐室温磷光现象的产生。木质素中的真实发光基团源自其荧光团间的聚集耦合态。此外,木质素还存在分子内聚集诱导荧光增强现象，即当荧光团聚集时，其荧光信号会得到增强。在酶解木质素形成的 J 型堆积体中，苯环结构单元中的电子形成离域共轭体系，这种结构特点赋予了木质素聚集诱导发光（AIE）效应。因此，不同组分的聚集结构赋予了木质素特殊的光学效应，通过对聚集结构的调控可以实现聚集效应的动态调整，为制备先进光学材料奠定了基础。

1.3.4.3 聚集效应的应用前景

木材超分子自聚集特性及聚集效应为木材的高值利用打开了思路。组分的自聚集使木材超分子可以在催化助剂、能源存储等领域发挥优势。对纤维素纤维链进行原位、可控的分子化设计，构建结构与性能可调节的纤维素分子链自组装材料可用于制备高性能智能化器件。基于自聚集形成的木质素纳米颗粒的多分散性、比表面积大等优良特性，加上木质素自身紫外吸收性、可降解等优良性能，可以将木质素纳米颗粒作为填料助剂应用于复合材料中，对于提高复合材料的性能具有重大现实意义。另外，聚集发光的特殊效应使木材及其衍生物在光子材料领域发挥着巨大优势。酶解木质素可制备成聚集诱导发光的荧光薄膜，应用于检测甲醛蒸气。纤维素纳米晶体（CNC）可自组装形成具有结构色的薄膜已经引起科学界和其他领域的极大兴趣，成为生产可持续的光子颜料的潜在候选工艺。由此可见，基于木材超分子聚集效应设计新材料，可以充分利用并调控组分的聚集结构，赋予其优良特性，从而实现宏观材料性能的突破发展。

1.4 木材超分子绿色新材料

木材超分子科学理论体系的不断发展和完善，无论对传统的木材加工行业还是对绿色新材料领域均具有极大的推动和促进作用。木材超分子科学理论在高附加值木材产品制备和新型木基功能材料研发方面具有广阔的应用空间，其产业应用涉及建筑、环境净化、能源、军事、生物医药、缓冲包装、电子器件、智能装备、服装等多个领域。木材超分子科学将从结构解析、组分相互作用、构效关系等方面为木材超分子绿色新材料的开发提供理论支撑，为新材料的实际加工生产提供新策略、新思路。在本书中，主要围绕木材气凝胶材料、超强木质材料、木竹电极材料、木基弹性材料、木质透明材料、木竹纳米发电材料、木竹电磁功能材料、木基水凝胶材料（图 1-4）对木材超分子绿色新材料进行概述，并对其潜在的应用领域进行简介。

图 1-4　木材超分子绿色新材料

1.4.1　木材气凝胶

通过将木材次生壁超微结构中的纤维素微纤丝充分解离可以使细胞壁解构，形成木材细胞壁结构骨架。木材气凝胶，是将一些质轻的、多孔的、接近气凝胶材料基本条件的天然木材，通过细胞壁膨化、局部溶解再生、干燥等步骤，制备成保留木材各向异性结构的新型气凝胶材料。木材气凝胶的制备主要包括两个主要步骤：木材细胞壁的膨化和木材无应力干燥。采用"自上而下"策略可制备木材气凝胶：首先利用化学溶剂脱除天然木材中的木质素和半纤维素基质，再通过合适的干燥方式即可得到木材气凝胶材料。与天然木材相比，木材气凝胶具有导热系数低，孔隙率高，可调、可控性，机械性能良好，且可降解、可再生等优点，使得其在很多领域具有广泛的应用或潜在的应用前景，如保温隔热、环境保护、吸声和能量存储等领域。

1.4.2　超强木质材料

通过调控木材孔隙结构、木材纤维素间非共价键的种类与数量，利用超分子界面构筑可以将木材转变为新型的超强木材和可塑瓦楞木板。超强木材是一种木基超强材料，具有高于天然木材几倍甚至十几倍的力学强度；可塑瓦楞木板是一种新型木质缓冲包装材料，其拉伸强度和压缩强度分别比原始天然木材高出近 6 倍和 2 倍，具有超高刚度并可以支撑超过自身 5000 倍的质量而不发生明显变形。以天然木材为原料，首先利用物理或化学预处理来增加木材塑性或通过组分调控来疏解木材孔隙，然后通过外力对预处理后的木材孔隙进行压缩或聚合物的浸渍与负载，可制得超强木材。另外，通过干燥加水冲击的方式形成独特的褶皱细胞壁结构，在热压和组装黏合后可得到可塑瓦楞木板。超强木材具有高强度、高硬度、各向异性、低导热性等优势；可塑瓦楞木板具有高强度、超高刚度、低导热性、良好的柔韧性、可塑性等优势。优异的力学性能和导热性使得超强木材和可塑瓦楞木板在建筑、军工、交通、体育、包装等领域有着巨大应用潜力。

1.4.3 木竹电极材料

木竹材可以利用超分子结构在多孔通道的表面上进行各种物理和化学反应并与导电材料融合，转化为潜在的绿色木质电极材料。木竹电极材料是一种利用竹纤维和木质素等天然材料制成的具有一定的电化学活性，能实现电化学反应发生的新型电极材料。木竹电极材料主要利用酸碱反应使木竹材料表面的羟基、羧基等官能团暴露出来，增加其表面活性；利用高温和高压使木竹材料表面形成一定的孔隙结构，增加其比表面积和电化学活性；将处理后的木竹材料与导电材料（如炭黑、金属等）进行机械混合形成电极材料，在此基础上通过各项调控方法优化电极性能。木竹电极材料轻质、低弯曲度和高电导率的管道结构减少了离子的扩散路径，提供了快速的电子传输路径，提高了活性材料的负载量和整体器件的能量密度，并具有碳材料质量轻、比表面积高、导电性良好和化学稳定性高等优点。这种木竹材电极材料可以直接用于超级电容器、锂-氧电池、锂-硫电池、电催化氧化还原等领域，对提高电能利用、发展多元化的能源形势、解决生物质的高值化利用问题具有重要作用。

1.4.4 木基弹性材料

通过木材细胞壁超分子结构的调控可以将木材转变为新型的木基弹性材料。木基弹性材料是一种新型木基功能材料，在受力时材料产生弹性形变，而外力卸载后能够迅速恢复至原始状态而不会产生破坏。木基弹性材料主要是通过自上而下的制备方法，使用一些化学处理和高温热处理相结合，将木质素和半纤维素选择性部分脱除，最后经冷冻干燥形成蜂窝状或层状结构，保留了木材原有的多尺度三维孔隙结构，使木材从刚性材料变为弹性材料。木基弹性材料具有较高的孔隙率，较大的比表面积、压缩回弹性，优异的抗疲劳性，同时还保留了木材良好的生物相容性等特点。另外，对木基弹性骨架进一步进行化学修饰，从而赋予木基弹性材料更多功能，形成一种新的超分子绿色新材料，如木基传感器、木基吸附材料、木基缓冲材料等，在智能建筑、智能穿戴、环境净化、缓冲包装、能源等领域具有巨大的应用潜力。

1.4.5 木质透明材料

利用木质纤维间超分子结构，通过超分子结构调控与界面构筑可将木质材料转变为木质透明新材料。木质透明材料是一种新兴的透明材料，与玻璃、水晶相似，能让光线穿透并能透过材料看到另一侧的物体。以木质纤维为原料，首先通过化学预处理或机械预处理来提纯并调控木质纤维的尺寸和形貌，然后将得到的木质纤维进行自交联或与聚合物进行复合，可制得木质纤维素基透明材料。以木材为原料，对其进行结构调控和脱色处理后，通过压缩来致密孔隙或对孔隙进行聚合物浸渍，可消除木材对光的散射，制得透明木材。木质透明材料有着各向异性、高透明度、可调的雾度、低导热性、优异的力学强度和高韧等优异特性。另外，通过改变处理方法可以调控木质透明材料的透明度、雾度和力学性能；在木质透明材料的制备过程中对其进行功能修饰，可以赋予木质透明材料如相变储热、紫外屏蔽、光伏发电、智能传感等新功能，使其在节能建筑、光伏器件、电子皮肤、设计装饰等领域具有巨大潜力。

1.4.6 木基纳米发电材料

通过木材细胞壁超分子结构调控，特别是对细胞壁中纤维素的调控，可以将木材制备成木基纳米发电材料。木基纳米发电材料是一种新型的利用木材制备的功能材料，其中包括木基压电材料和木基摩擦电材料。木基压电材料是木基弹性材料利用纤维素分子的压电特性，在发生形变的过程中表面有电荷溢出的材料。而木基摩擦电材料则是利用纤维素的强给电子能力和良好的化学修饰性使其成为一种摩擦电极性材料。木基压电材料主要通过自上而下的制备方法，包括脱木素、2,2,6,6-四甲基哌啶氧化物（TEMPO）氧化等，使用一些化学处理和热处理方法对其纤维组分进行调控，保留木材原有的多尺度三维孔隙结构，同时保持压电纤维的天然结晶变体，使木材转变为压电材料。木基摩擦电材料的研究主要集中在通过改变其材料组成和增加有效接触面积来提高摩擦电荷密度，通过改变木质纤维素纤维材料表面的官能团来增强摩擦极性，使其成为优异的摩擦电极性材料。木基压电材料目前多由木基弹性材料制备，具有较高的孔隙率，较大的比表面积、压缩回弹性，并且具有环境友好的优势。木基摩擦电材料是基于木质纤维素独特的化学修饰和重建的潜力，制备各种不同特性的材料。对于木材发电材料这一新兴的超分子绿色材料，通过化学修饰，根据不同的应用场景赋予木基纳米发电材料不同的性能。例如，自供电传感器、可持续电源、自供电穿戴设备等，在智能家居、智能可穿戴、环境净化、绿色能源领域等具有较大潜力。

1.4.7 木竹电磁功能材料

以天然可再生的木竹为基础材料，利用其超分子结构进一步改性可以制备得到新型的木竹电磁功能材料。木竹电磁功能材料是一种新型的低成本环保电磁功能材料，具有对电磁波的响应能力，通过屏蔽或吸收电磁波以阻断电磁波进一步传播，从而减少电磁污染。传统的木竹电磁功能材料的制备方法包括浸渍、填充、电镀，为了进一步提升材料的整体性能，目前高温热解、纳米材料复合等方法成为研究热点，都旨在利用木竹材料的结构特性，添加导电和磁性化学成分或构建特殊的三维结构，赋予其电磁性能。木竹电磁功能材料不仅具有优异的电磁屏蔽或吸波性能，而且保留了木竹材料优良的环境效益和生物相容性。此外，也可以根据实际需要调控合成具备多重性能的木竹电磁功能材料，如柔性、超疏水性、阻燃性等，在减少对环境污染的同时，也能满足配置和低成本的需求。由此制备的木竹电磁功能材料可以广泛应用于军事航空领域、电子信息领域、建筑领域、生物医学领域等。

1.4.8 木基水凝胶

木基纤维骨架具有丰富的亲水基团，如羟基、羧基等，利用氢键、范德瓦耳斯力等超分子相互作用向木基纤维骨架引入亲水性聚合物可以制备木基水凝胶材料。在这个过程中木基纤维骨架不会遭到破坏，并且亲水聚合物会在其内部形成稳定的交联结构，因此木基水凝胶材料不仅保留了木材各向异性的特点，同时还具备水凝胶独特的韧性、保水性等特征。在木基水凝胶的制备过程中，首先将木材中的木质素和半纤维素进行去除，增大木材中的孔隙结构，使束缚在细胞壁基质中的亲水性纤维素纤维暴露出来，并且可以对木基纤维骨架进行氧化、酯化等进一步处理，增加交联位点。再将亲水性聚合物填充到木材孔隙通道中，并通过物理或化学交联的方式进行交联形成三维网络结构。木基水凝胶具有柔性、保水性、各向异性、生物相容性等特点，并且通过功能化处理可以赋予其多元化的应用，如木基柔性传感器、木基智能响应材料、木基生物骨架等，在软机器人、可穿戴设备、生物传感设备方面具有广泛的应用前景。

1.5 结论与展望

木材超分子科学融合了木材科学与超分子科学的科学内涵，当前开展木材超分子科学的研究对木材科学具有重要理论价值和现实意义。首先，可以从超分子科学角度认知木材应用基础研究中的科学问题，形成木材超分子科学理论，从而推动木材科学的发展；其次，通过超分子界面组装与调控构筑新型木基超分子体系，实现木材跨领域的高价值利用，使木材更好地服务人类生活。基础理论方面必须与物理学、材料科学、生命科学、信息科学、环境科学、纳米科学等学科交叉融合，突破学科壁垒，取各家之所长，以支撑木材超分子科学理论体系的建立。表征手段方面，需在现有常规表征手段基础之上探索和开发适用于木材超分子表征方法，并结合分子动力学模拟、有限元模拟等计算模拟方法，实现对木材超分子结构的认知从静态向动态转变。

木材超分子科学研究尚处于起步阶段，围绕木材超分子科学的框架和研究内容，未来研究应重点聚焦于以下六个方面。

1）进一步完善木材超分子科学与技术的理论体系，从超分子的结构特征、分子间的相互作用及基于超分子界面组装的超分子体系构筑方面进行深入研究，揭示木材超分子结构形成机制、分子间相互作用的协同性和集团性，探明超分子界面的结构、性质、构效关系及非共价键在外界环境下的动态响应规律。

2）通过木材超分子的创新研究，深入挖掘木材本身的潜力，全面提升木材原本的性能，发挥天然材料的优势，以木材为基体创生出新的工程材料或超级材料，让木材更好地服务当今社会的需求。

3）特别关注木基复合材料界面间非共价键形成机制，如氢键、配位键及范德瓦耳斯力等分子间作用力，通过超分子界面组装与调控构建新型木材超分子体系，进一步赋予木材奇异功能，打破对木材固有应用场景的认知，为木材非常规应用形成可推广成果。

4）加强学科交叉融合。木材作为结构复杂的天然超分子材料，要与物理学、材料科学、生命科学、环境科学、纳米科学等学科交叉互融，通过发展对其动态响应结构的灵敏测试方法，结合理论计算与理论模拟，实现现代木材科学的快速发展。

5）积极响应国家"双碳"目标。"双碳"背景下木材的低碳加工是未来我国木材工业发展的重大趋势。通过发展非共价键加工利用新技术，用最低的能耗造就高性能产品。

6）木材超分子科学研究要坚持"四个面向"，立足新发展阶段，注重原始创新，努力实现更多从"0"到"1"的突破，用木材打造可持续发展的未来。

参 考 文 献

[1] 李坚. 木材科学. 3 版. 北京：科学出版社，2014：93-94.
[2] 吴义强. 木材科学与技术研究新进展. 中南林业科技大学学报，2021，41（1）：1-28.
[3] Lu Y, Lu Y T, Jin C B, et al. Natural wood structure inspires practical lithium-metal batteries. ACS Energy Letters，2021，6（6）：2103-2110.
[4] 沈家骢. 超分子层状结构：组装与功能. 北京：科学出版社，2004：1-2.
[5] 莱恩. 超分子化学（概念和展望）. 沈兴海，译. 北京：北京大学出版社，2002：1-12.
[6] 沈家骢，孙俊奇. 超分子科学研究进展. 中国科学院院刊，2004，19（6）：420-424.
[7] 沈家骢，张文科，孙俊奇. 超分子材料引论. 北京：科学出版社，2019：1-3.
[8] 凌喆，赖晨欢，黄曹兴，等. 预处理纤维素超分子结构变化机制研究进展. 林业工程学报，2021，6（4）：24-34.
[9] Rongpipi S, Ye D, Gomez E D, et al. Progress and opportunities in the characterization of cellulose: an important regulator of cell wall growth and mechanics. Frontiers in Plant Science，2019，9：1894.
[10] Cheng G, Zhang X, Simmons B, et al. Theory, practice and prospects of X-ray and neutron scattering for lignocellulosic biomass characterization: towards understanding biomass pretreatment. Energy & Environmental Science，2015，8（2）：436-455.
[11] 路瑶，魏贤勇，宗志敏，等. 木质素的结构研究与应用. 化学进展，2013，25（5）：838-858.
[12] Grantham N J, Wurman-Rodrich J, Terrett O M, et al. An even pattern of xylan substitution is critical for interaction with cellulose in plant cell walls. Nature Plants，2017，3（11）：859-865.
[13] Wang T, Zabotina O, Hong M. Pectin-cellulose interactions in the *Arabidopsis* primary cell wall from two-dimensional magic-angle-spinning solid-state nuclear magnetic resonance. Biochemistry，2012，51（49）：9846-9856.
[14] 吕建雄，鲍甫成，姜笑梅，等. 汽蒸处理对木材渗透性的影响. 林业科学，1994，30（4）：352-357.
[15] 黄荣凤，高志强，吕建雄. 木材湿热软化压缩技术及其机制研究进展. 林业科学，2018，54（1）：154-161.
[16] Fu Z Y, Zhou Y D, Gao X, et al. Changes of water related properties in radiata pine wood due to heat treatment. Construction and Building Materials，2019，227：116692.
[17] 顾炼百，丁涛，江宁. 木材热处理研究及产业化进展. 林业工程学报，2019，4（4）：1-11.
[18] 李坚，孙庆丰，王成毓，等. 木材仿生智能科学引论. 北京：科学出版社，2018：1-2.
[19] 李坚. 大自然的启发——木材仿生与智能响应. 科技导报，2016，34（19）：1.
[20] 李坚，李莹莹. 木质仿生智能响应材料的研究进展. 森林与环境学报，2019，39（4）：337-343.
[21] 李坚，甘文涛，王立娟. 木材仿生智能材料研究进展. 木材科学与技术，2021，35（4）：1-14.
[22] Cremaldi J C, Bhushan B. Bioinspired self-healing materials: lessons from nature. Beilstein Journal of Nanotechnology，2018，9：907-935.
[23] Chen C J, Kuang Y D, Zhu S Z, et al. Structure-property-function relationships of natural and engineered wood. Nature Reviews Materials，2020，5（9）：642-666.
[24] 刘一星，赵广杰. 木材学. 2 版. 北京：中国林业出版社，2012：65-66.
[25] Kang X, Kirui A, Dickwella Widanage M C, et al. Lignin-polysaccharide interactions in plant secondary cell walls revealed by solid-state NMR. Nature Communications，2019，10（1）：347.
[26] Ross R J. Wood Handbook: Wood as an Engineering Material. U.S. Department of Agriculture, Forest Service, Forest Products Laboratory，2010.

[27] Kong W Q, Wang C W, Jia C, et al. Muscle-inspired highly anisotropic, strong, ion-conductive hydrogels. Advanced Materials, 2018, 30 (39): 1801934.

[28] Chen Y P, Dang B K, Jin C D, et al. Processing lignocellulose-based composites into an ultrastrong structural material. ACS Nano, 2019, 13 (1): 371-376.

[29] Xiao S L, Chen C J, Xia Q Q, et al. Lightweight, strong, moldable wood via cell wall engineering as a sustainable structural material. Science, 2021, 374 (6566): 465-471.

[30] Sun J G, Guo H Z, Schädli G N, et al. Enhanced mechanical energy conversion with selectively decayed wood. Science Advances, 2021, 7 (11): eabd9138.

[31] Dudukovic N A, Fong E J, Gemeda H B, et al. Cellular fluidics. Nature, 2021, 595 (7865): 58-65.

[32] Chen Z H, Zhuo H, Hu Y J, et al. Wood-derived lightweight and elastic carbon aerogel for pressure sensing and energy storage. Advanced Functional Materials, 2020, 30 (17): 1910292.

[33] Yu Z L, Yang N, Zhou L C, et al. Bioinspired polymeric woods. Science Advances, 2018, 4 (8): eaat7223.

[34] Tajvidi M, Gardner D J. Step aside, aluminum honeycomb. Science, 2021, 374 (6566): 400-401.

[35] Sun J G, Guo H Y, Ribera J, et al. Sustainable and biodegradable wood sponge piezoelectric nanogenerator for sensing and energy harvesting applications. ACS Nano, 2020, 14 (11): 14665-14674.

[36] Zhu M W, Song J W, Li T, et al. Highly anisotropic, highly transparent wood composites. Advanced Materials, 2016, 28 (26): 5181-5187.

2 木材组分间非共价键相互作用

由纳米功能单元构建的多层次宏观材料的自组装由共价键、非共价键和静电相互作用决定。共价键可以用三维分子结构重新定义[1]。而非共价键是一类可以动态断裂和恢复的相互作用，包括范德瓦耳斯相互作用、π-π 相互作用、离子键、氢键等（表 2-1），广泛存在并隐藏在成键网络中[2]。虽然已经有了观察和分析木材微纳表面氢键的方法，但还远远不够。理解木材超分子自组装过程中的非共价键相互作用，深入研究系统观察和分析方法，有助于理解多尺度木材之间的复杂相互作用、聚集效应和自组装设计等。

表 2-1　非共价键

类型	分子模型
电荷-电荷	
电荷-偶极子	
偶极子	
电荷感应偶极子	
范德瓦耳斯力	
氢键	供体　受体

共价键是分子内原子之间的电子共享与转移，与之不同的是，非共价键相互作用发生在"不同"分子之间（如纤维素葡萄糖单元分子内的氢键）或不同分子内（葡萄糖链间的氢键），其中所涉及的原子的电子电荷分布几乎没有变化[3]。短距离共价键主要负责单个分子的形成，而非共价键的相互作用可以作用于从几埃（如范德瓦耳斯力、静电相互作用、氢键、π-π 相互作用）到数百纳米（如纤维素、木质素及半纤维素聚集体的形成）的远距离，广泛参与构建木材大分子的复杂结构。由于非共价键相互作用通常具有可逆性、弱的相互作用和方向性等特点，它

们可以在木材超分子组装和功能调控中发挥重要作用，如纤维素微纤丝的组成、纤维素与木质素的聚集、分子-表面相互作用、水分在木材中的存在形式等。例如，疏水相互作用也主导着纤维素在水溶液中的稳定性。非共价键相互作用的独特性为木材在功能材料的设计和新技术的开发提供了许多机会[4]。随着近几十年来对木材微观结构的认知发展，非共价键相互作用已被广泛用于辅助木材新型超分子材料的合成过程，其结构、形貌和性能均可以被精细调节。与仅由共价键组成的传统体系相比，这些体系被赋予新的特性，极大地促进了具有实际应用所需功能的先进木材和衍生材料的发展。

2.1 木材中的非共价键

2.1.1 木材中的非共价键类型

2.1.1.1 氢键

氢键是来自分子或分子片段 X—H（其中 X 的电负性大于 H）中的氢原子与同一或不同分子中的原子或一组原子之间的相互作用并成键。研究人员[5]将氢键定义为三种类型：弱、中等和强（图 2-1）。弱氢键表现为静电键行为，键能为 4.2~16.8 kJ/mol（1~4 kcal/mol）；中等氢键表现为静电键行为和共价键行为，键能为 16.8~63 kJ/mol（4~15 kcal/mol）；强氢键主要表现为共价键行为，键能为 63~189 kJ/mol（15~45 kcal/mol）。氢键的特点是结合能和接触距离不仅仅取决于给体和受体的性质。而且，氢键的化学环境可以导致相同的供体-受体分子也有很大的变化。氢键的键长不同，并且氢键强度随电子密度的增大和键距的减小而增大[6]。

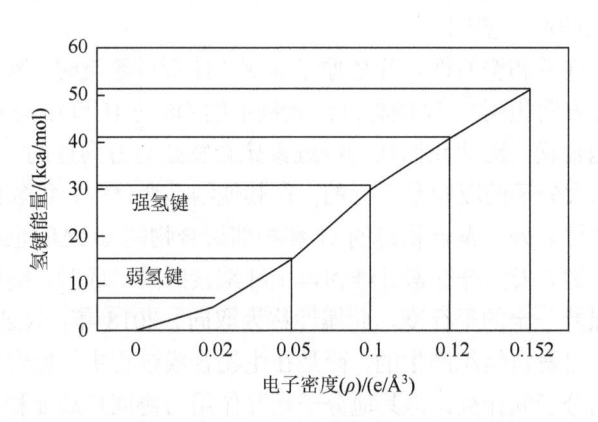

图 2-1 氢键强度[7]

纤维素中的氢键受到了广泛的关注。发生在纤维素分子之间的氢键如图 2-2 所示。纤维素中氢键强度行为的普遍观点认为，纤维素中氢键的能量高达 25.0 kJ/mol，由于水分子中氢键的能量为 18.0~21.0 kJ/mol，纤维素不溶于水介质。在高结晶体纤维素中，为了溶解纤维素，必须破坏分子间氢键和大多数分子内氢键，并且在重复的纤维素链中每个纤维二糖单元之间会有一对氢键，每个纤维二糖单元的氢键强度为 50 kJ/mol（12 kcal/mol）。一篇讨论化学处理过程中化学纸浆纤维中纤维素微纤丝聚结机制的综述总结了围绕这一主题的有关氢键的争论[8]。早在 50 年前，人们就猜测纤维素微纤丝中羟基之间存在不可逆氢键，但其科学基础从未得到充分阐述。

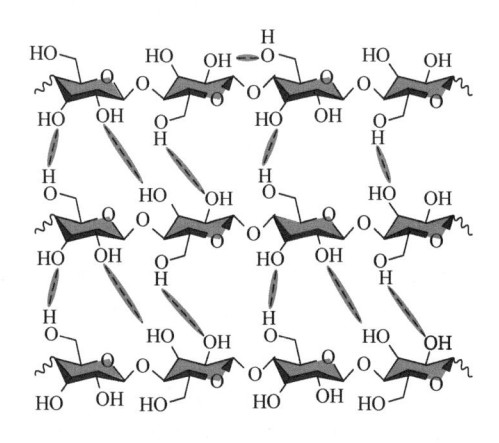

图 2-2 纤维素链间氢键

对于木材而言，氢键可以说是最具有生物性的原子间作用力。氢键具有方向性、动态性及较好的强度，这决定了木材分子的可塑性，也赋予木材分子生命力，是木材生长进化的原子基础。

氢键具有方向性和空间性。当 Y 原子与 X—H 形成氢键时，氢键的方向将尽可能与 X—H 键轴方向相同[6]。氢键将纤维素链中的 O6 与 H 和 O 与 O 连接起来使整个高分子链成为带状，因此我们认为纤维素聚合物是有方向性的[9]。一般认为，在 Ⅰ 型纤维素中，大分子的取向是平行的；在其他结晶变体中，相邻的大分子是反平行的。除了方向性之外，聚合物链的 O 和相邻聚合物的 O 之间也可以在构建到晶格后形成链间氢键。天然纤维素纤维和再生纤维素纤维形成时，链间氢键迫使聚合物轴与纤维轴保持一定的平行度，此属性称为取向。2018 年，Nishiyama[10]发现天然纤维素并不是自发自组织产生的，而是在生物合成过程中，葡聚糖链被链间氢键引导进入规则的分子间排列，与其他分子相互作用力协同形成亚稳态原纤维。有研究人员也在葡萄糖单元 C3、C2、C6 上诱导形成羟基和环氧，通过氢键对空间位阻的影响，改变葡萄糖长链聚合缠绕方式，进而改变材料的力学性能[9]。

氢键的强度随个数叠加而呈线性增长。自然界中，蜘蛛丝因为有多重氢键（6~10重），显示出了出色的力学性能[11,12]。氢键能够提高链间摩擦和能量耗散，均匀的氢键网络可以均匀地分散应力，还可限制高分子链的运动，并且能够通过构型转换耗散能量。通过扩链反应可以构筑含有 8 重氢键的弹性体，同时通过柔性链的控制构筑均匀高分子网络。在 8 重氢键和均匀网络的作用下，合成的弹性体显示出了优异的力学性能，同时获得高韧性、高刚性，且拥有出色的回弹性。另外，高强度的氢键域还能阻碍宏观的裂纹扩展，引起裂纹偏转、分叉，从而进一步耗散能量[13]。宏观尺度下的均匀性，可保证材料没有宏观缺陷，使其拥有极其出色的力学性能。Song 和 Wang[12]利用氢键的强度构筑了无需任何黏合剂的高性能人造木材，通过暴露着的大量羟基形成的氢键网络，辅助离子键、范德瓦耳斯力及物理缠结等相互作用使纤维素纤维紧密结合在一起形成高强度的致密均一结构，这种结构特征带来了高达 170 MPa 的各向同性抗弯强度和约 10 GPa 的弯曲模量，远超天然实木的力学强度。

氢键是动态可逆的。氢键是氢原子直接与高电负性原子（如氧原子、氮原子、氟原子）相互作用形成的，具有分子间易形成的优点，且随所处环境温度和 pH 变化表现出不同的性质，即拥有可逆变化的能力[14]。当材料受到外界破坏时，聚合物的分子链在氢键的作用下具有流动性，从而赋予其自愈合性[15]。Qin 等[16]利用多重氢键的动态非共价键相互作用开发了一种具有无需外界刺激即可快速自修复和高拉伸性的纤维素基导电水凝胶。纤维素的多重氢键赋予了该水凝胶优异的自愈合能力。另外，该水凝胶能够准确、可靠地监测人体运动时产生的周期性生物力学振动，以及对汗液中钠离子、钾离子和钙离子浓度的检测。将传感信号无线传送至手机端，可以方便地实时观测运动过程中个体健康状况并及时预警。因此，木质纤维素在生物传感、生态健康材料方面具有一定的应用潜力。

氢键是形成超分子聚合物较为理想的非共价键，可以有效利用氢键的方向性、强度及可逆性，为木材的高性能设计赋予更多的可能性。但氢键的原子量级的大小和极其低的键能在选择和使用上是不小的挑战，同时，对于木材这种天然复杂的超分子结构体，如何表征氢键网络和计算内部氢键强度还有很长的路要走。

2.1.1.2 范德瓦耳斯力

范德瓦耳斯力是存在于相邻中性原子或分子之间的一种弱的相互作用力。它可以发生在极性分子或极性基团之间，是永久偶极间的相互作用；也可以发生在极性物质与非极性物质之间，是永久偶极和极性物质使非极性物质极化产生的诱导偶极间的相互作用；还可以发生在非极性分子或基团之间，是瞬时偶极间的相互作用。范德瓦耳斯力的键能很小，量级为 10 kJ/mol，但由于其普遍存在并且具有加和效应，因此是一种不可忽视的作用力，影响着物质的性质。

一般认为小分子中原子对之间的范德瓦耳斯相互作用（色散相互作用，0～–4 kJ/mol）比原子间的氢键（HBs）相互作用（–10～–50 kJ/mol）弱得多，因此范德瓦耳斯力对材料力学性能的影响应远小于氢键作用[17]。然而，这种观点并不适用于分子链紧密堆积的高分子材料。范德瓦耳斯力的强度与分子量成正比，而氢键仅仅是个数的叠加，其强度只随氢键数目的增加而呈线性增长，偶尔有多氢键协同效应，但总作用并不显著。在高分子晶体中，范德瓦耳斯相互作用力大于氢键。以纤维素为例，两个葡萄糖的分子量为 324，每个葡萄糖平均形成一个分子间氢键和两个分子内氢键，根据经验计算可得：其范德瓦耳斯相互作用强度约为 324×(–0.41) = –133 kJ/mol，而分子间氢键强度约为 2×(–24) = –48 kJ/mol，分子内氢键强度为 –96 kJ/mol。对于 β-甲壳素晶体，范德瓦耳斯相互作用强度为：203×2×(–0.41) = –166 kJ/mol，两个 β-甲壳素晶体分子之间形成的氢键强度为 –48 kJ/mol，同一 β-甲壳素分子内产生的氢键强度为 –96 kJ/mol。通过密度泛函理论（DFT）估算分子间非共价键相互作用，如图 2-3 所示，简单将甲壳素或壳聚糖晶胞在横截面上定向扩大 1～2 倍，通过在 DFT 几何优化过程中添加或者取消范德瓦耳斯校正，经能量拆解后得到分子间和分子内范德瓦耳斯相互作用，以及分子间静电相互作用。在 β-甲壳素中，两个 N-乙酰葡萄糖胺分子间的范德瓦耳斯相互作用明显大于静电相互作用，而氢键属于短程静电相互作用，属于静电相互作用的一部分，因此甲壳素晶体中的范德瓦耳斯相互作用大于氢键，对力学性能的贡献也因此大于氢键。

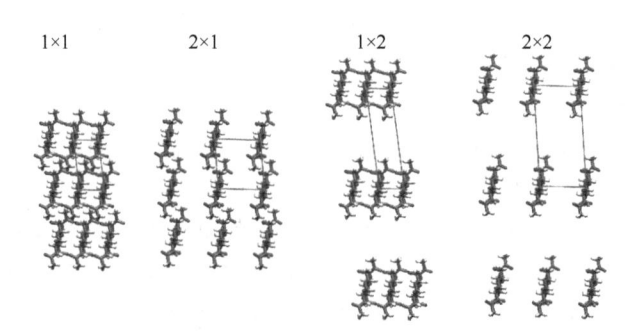

图 2-3 DFT 几何优化纤维素晶胞[18]

计算研究表明，色散相互作用（范德瓦耳斯相互作用）对纤维素和甲壳素横向弹性模量的贡献在 10%～70% 之间，对纵向弹性模量的影响在 0%～17% 之间，因此范德瓦耳斯相互作用对于弹性模量的影响并没有"直觉"上那么弱。而且在甲壳素晶体中，范德瓦耳斯力的贡献大于氢键相互作用。

但相较于共价键，范德瓦耳斯力是一种弱的相互作用。基于界面弱范德瓦耳斯力相互作用，界面结合不依赖于化学键和晶格匹配度，同时弱的相互作用可动态断裂和结合，可赋予柔性功能同时抵抗应力，给予强的结构稳定性。这种柔性的集成方法同样可以适用于柔性界面材料设计构建。

范德瓦耳斯力存在于所有由分子和表面相互作用驱动的现象中。实际上，只有少数系统完全涉及范德瓦耳斯力。当分子和表面浸泡在水或其他高介电常数的介质中时，它们通常是带电的，并伴随着靠近表面的由反离子组成的电双层的形成。由此产生的电双层力将与范德瓦耳斯力一起作用，以决定胶体/表面的整体相互作用，这被称为经典的 Derjaguin-Landau-Verwey-Overbeek（DLVO）理论。DLVO 理论作为解释纤维素微纤丝聚集及部分结合水界面之间长期相互作用的基本框架，有助于阐明许多化学和生物过程，包括纤维素多糖链吸附、聚集体薄层组装、蛋白质结合等。

但需要注意的是，当纤维素多糖聚合物或结合水分子的表面相互靠近时，由于存在其他非 DLVO 力，如氢键桥接力、介导的空间力、疏水相互作用和结合水力，DLVO 理论通常无法完全描述它们之间的相互作用，存在理论局限性。另外，范德瓦耳斯力受分子间距离影响巨大，利用范围有限，因此对于超分子聚集体中范德瓦耳斯力的认识和使用还需要更多的研究者们投入更多的精力。

2.1.1.3 疏水作用

疏水力被认为是植物系统中最为重要的一种非特异性表面相互作用力，如图 2-4 所示，是水环境中微纤丝结构组装及细胞壁形成的主要动力。

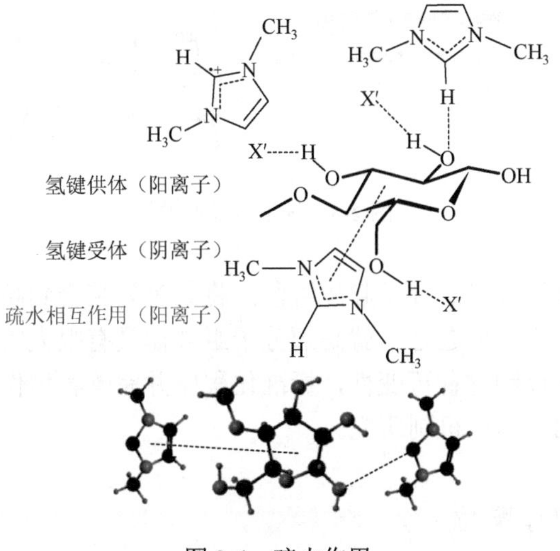

图 2-4 疏水作用

疏水力与疏水界面的水分子的特殊取向和排布密切相关。由于不具有形成氢键的能力，疏水表面会迫使一部分界面水分子改变原有的取向，形成一定数量的垂直于疏水表面的"悬空"氢氧键，这些固定方向的偶极通过动态氢键网络驱使周围的水分子重新排列成一个相对规整有序的水合层。这种界面水分子有序网络的形成会导致熵大幅降低，在热力学上是不利的，因此疏水物质在水中倾向于彼此聚集以减少界面水分子的数量，增加系统熵，降低系统表面自由能，从而表现为一种无法由经典DLVO理论解释的强吸引相互作用力。微纤丝聚集体特征是疏水/亲水间的平衡，其结构的稳定在很大程度上依赖于分子内的疏水作用。当然，稳定结构的因素不仅有疏水作用，还有氢键、范德瓦耳斯力及肽链内的二硫键、肽链和所含金属元素间的配位键等。但是从各种因素的贡献看，疏水作用是最重要的。

除了水分子取向和排布有关，最近还报道了纤维素亲疏水晶面作用，如图2-5所示。Zhang等[19]通过在纤维素制备过程中加入极性添加剂诱导与纤维素亲水晶面(110)和($1\bar{1}0$)结合，并减弱铣削过程中的氢键相互作用，导致纤维素纳米纤维沿(110)和($1\bar{1}0$)平面滑移和剥落，暴露出更多的疏水晶面(200)。

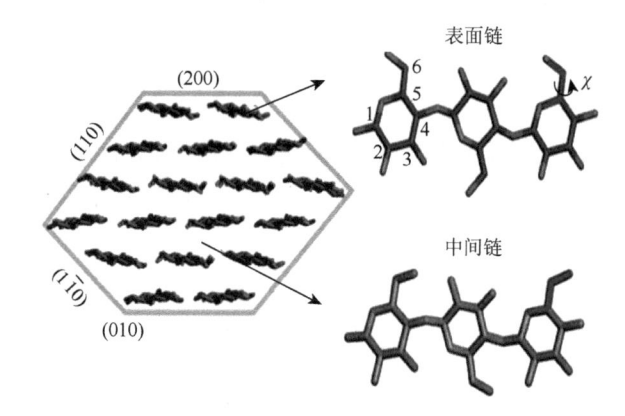

图 2-5　纤维素晶面[18]

疏水作用的开发技术还处于起步阶段，将其有效整合到超分子组装实践中仍有很长的路要走。主要问题之一就是超分子组装体具有很大的多样性和变异性，需要进一步研究来控制这种可变性，标准化程序并完善各种作用力、疏水界面与疏水作用之间的相互作用机制研究。

2.1.1.4　金属-配体配位

金属-配体配位发生在金属离子和周围的有机分子阵列之间，这些有机分子分别称为配位中心和配体，生成含金属化合物，称为配位配合物。金属-配体配位可看作一个酸碱反应，其中金属离子被视为路易斯（Lewis）酸，可以接受至少一对电子。例如，通过简单的路易斯酸预处理和炭化过程，在木材多孔炭上实现单原子铁氮碳催化剂的原位生成。路易斯酸三氯化铁预处理木材细胞壁不仅产生丰富的微通道，而且成功地将原子分散的 FeN 活性物质引入层次结构中。除了酸碱反应以外，金属-配体配位可分为金属离子（特别是过渡金属）与各种配体基元（如胺、吡啶、咪唑、丁腈、羧酸盐、膦酸盐）的配位。通过木材基体上的羟基与浸泡金属离子之间的配位键，可以得到分布均匀的 Co-Ni 纳米颗粒。与典型的电极底物不同，含有大量羟基的天然木材可以作为一种有效的底物，通过配位键将金属阳离子锚定在细胞壁上。Co-Ni 纳米颗粒的均匀分布和多孔的木材结构使处理后的木材不仅具有高活性的表面积，而且扩散了路径，增强了电子和质量传输。

  植物在生长过程中，除了在光合作用中参与有机物合成的 C、H、O 外，为了代谢，特别是合成自身所需要的化合物，必须通过其根部从土壤中吸收某些元素，包括 N、S、P 和金属元素 K、Ca、Mg、Fe 等。此外，大多数植物要进行正常发育还需要"微量元素"，包括 Mn、Cu、Co、Ni 等。大多数金属离子能够与蛋白质、脂质和碳水化合物形成金属络合物，如血红蛋白和肌红蛋白中的亚铁离子、铜蓝蛋白中的铜离子等。因此，金属配位化学提供了有吸引力的用于设计生物活性分子和纳米材料的功能。通过选择中心金属离子、调节配位数、不稳定基团及生物活性或辅助配体对木材进行改性，可以制造具有良好的生物相容性、生产简便、结构多样和多功能化独特生物作用机制的多功能木材。虽然配位键已在木材衍生材料中发挥着重要作用，但几乎还没有思考木材本身所具有的微量金属元素在木材的超分子组装中所扮演的角色，因此对于天然超分子自组装材料的认识还有很长的路要走。

2.1.2 组分间的非共价键作用

2.1.2.1 相同组分间的非共价键作用

  纤维素通常由 18 条 1, 4-β-葡聚糖链通过氢键和范德瓦耳斯力的作用形成基本纤丝，基本纤丝间螺旋缠绕构成跨越数十纳米的微纤丝，进而形成微纤丝束。在微纤丝束间，由半纤维素填充空隙。木聚糖与纤维素通过静电相互作用结合在一起，而 2 倍螺旋构象的木聚糖两侧的乙酰基会阻碍亲水性(010)和(020)晶面上的木聚糖-纤维素相互作用。同时，木聚糖与木质素形成大量结合。在针叶材中，木质素与所有构象的木聚糖及甘露聚糖结合，所有分子在纳米尺度上均匀混合。在阔叶材中，木质素优先结合 3 倍螺旋构象的木聚糖。出乎意料的是，木质素还显示出与纤维素的广泛相关性，纤维素和木质素之间的堆积是植物特有的，仅作为次要的相互作用。木质素主要沉淀在纤维素的疏水表面，具有对齐的苯基和吡喃环。聚合物是缠结和互穿，而不是纳米域之间的表面接触，应该控制木材中的木质素-碳水化合物相互作用。一旦与多糖充分混合，即使是芳香化合物也可以有效地保留和固定水分子。针叶材的超微结构以均匀的分子混合为特征，其中排列良好且部分结晶的葡甘露聚糖被认为夹在纤维素微纤丝的内部圆柱体和木质素的外部管状结构域之间，木聚糖形成最外层。换句话讲，葡甘露聚糖和木聚糖可能与纤维素和木质素都有潜在联系。总之，从概念上讲，纤维素作为机械骨架分散在由半纤维素和木质素形成的基质中。在三大素复杂且精妙的相互作用中，紧密堆叠的聚集体薄层由此形成，这可以看作是细胞壁的基本组成单元。

要了解纤维素表面可能存在哪种形式的非共价键，首先观察微纤维内部是有指导意义的。在结晶天然纤维素中，C6 的 tg 构象允许 O6 位于糖苷键旁边。它可以接受来自同一链中前面葡萄糖基单元的 O2 的氢键，并将分子间氢键给予相邻链的 O3，而 O3 又成为同一链中前面残基上环氧的氢键的供体。在 O6 和 O2 氢键中存在一些无序结构，一些氢键同时有两个受体氧。在 II 型纤维素中，由于具有反平行链而不是平行链，C6 构象为 gt，因此 O6 和 O2 相距太远，无法形成氢键。然而，$O_3'H-O5$ 氢键在于纤维素（和半纤维素）中几乎是一个普遍的结构基序，其特征是扁平带状 2_1 螺旋构象。人们很自然地认为纤维素的平带链构象是残基间氢键的结果，但这一观点受到了质疑。木糖二糖和缺乏羟基的类似物中糖苷键的模拟构象表明，有利的构象在很大程度上是由空间和立体电子因素造成的。

在纤维素 I_β 中，每条链位于下面片层中两条链之间的界面上方，有轻微的侧向位移，以单位细胞的单斜角度表示。片层间不存在 OH—O 氢键，但基于晶体几何形状和分子-原子模拟，认为片层间存在 CH—O 氢键。对片层之间静电力和分散力的研究结果表明，静电力和分散力都随着片层之间距离的减小而增大。带部分负电荷的氧原子和带部分正电荷的碳原子之间的几个短片间距离增强了静电相互作用。由此产生的静电效应将薄片拉得更近，减小了单元格的尺寸，增强了吸引色散力。

氢键的静电特性意味着，作为氢键供体的氧如果从另一个供体获得氢键，就会得到更多的负电荷，从而成为更强的受体。因此可以形成氢键羟基链，并且可能存在一些协同稳定。由于电荷可以通过构象依赖的立体电子效应及氢键重新分配，因此可以预期，这些效应会增加氢键模式和 C—O 静电相互作用，并与电荷相互作用。这种相互作用包含在分子模拟中，因为它们被所使用的力场捕获，但无论是在模拟还是实验中，这些成分都不容易分离。

(1) 纤维素微纤丝的表面相互作用

在藻类或被囊动物的大而高度结晶的微纤维中，纤维素 I_α 或 I_β 晶格延伸到表面(110)和($1\bar{1}0$)面，与环面呈对角线。高等植物的微纤维较薄，排列顺序较差，超过一半的链位于表面。建模研究表明，表面积的很大一部分被(110)和($1\bar{1}0$)平面占据，这些表面上的链大致放置在纤维素 I 晶格指定的位置。因此，使用纤维素 I_β 的晶格标度来表示高等植物纤维素的晶面和微纤维的暴露表面已成为惯例，即使它们的链与 I_α 或 I_β 晶体形态不相同。在目前高等植物的 3 nm 微纤维缺乏详细结构的情况下，同样也遵循这种命名法。这些薄微纤维含有约七种经核磁共振可识别的葡萄糖基单体。它们在微纤维结构中的位置尚不完全清楚。特别是，在构象上可区分的单体是否沿着任何一条葡聚糖链交替排列并不完全清楚，这可能是由于链的两个边缘在亲水性表面的环境不同。然而，在纤维素微纤丝与水接触的地方观察到的 C6 *gt* 构象的最大丰度与表面链中所有单体的构象一致。如果是这样，原因可能是立体电子效应。另一种解释是，每个表面链和下面链上面向外的 C6 羟基具有 *gt* 构象，其余为 *tg* 构象。薄微纤维的表面链比内部链更具流动性，特别是在与水接触时。

通常假设表面链相对于内部链没有轴向位移，这一假设与 Miller 指数 004 作为薄微纤维衍射模式的主要轴向反射的保留是一致的。不同类群细胞壁的纤维素之间也存在轻微的轴向反射，且强度不同，但可能反映的是它们的半纤维素成分，而不是纤维素结构。由于表面链和下面链交界处的 C6 构象并非都是 *tg*，因此这里的氢键模式不可能与结晶纤维素中的相同。内部和表面链之间可能存在捕获水的空间，尽管自旋扩散核磁共振实验并未证实水与 C6 *tg* 纤维素的紧密接近。基本上所有纤维素羟基都是氢键供体；没有与任何受体形成氢键的羟基在振动光谱中会有一个独特的 O—H 拉伸信号。这种信号很弱或未被观察到。

薄微纤维的倾斜面(110)或($1\bar{1}0$)面的表面链只与上面薄片中的一条纤维素链接触，所以薄片间的静电吸引力较小。因此，与晶体纤维素 I_β 相比，薄微纤维的单位细胞尺寸更大，表面链的比例更高。更宽的片间间距可能会减小分散力。薄微纤维的单斜角通常会减小，但对水合作用很敏感。进一步的空间位阻和 C6 构象的立体电子效应可能被假设，但细节尚不清楚。在大多数来自高等植物的纤维素微纤丝形状模型中，与(100)和(200)晶格平面相对应的"疏水"面非常窄，通常只有两条链宽。如果更宽，它们的羟基就会被链内或链间氢键束缚。然而，存在适当位置的暴露氧可充当氢键受体，特别是在链之间和糖苷键处，并且在羟基的角处突出。因此，这些表面不是均匀疏水的。

(2) 纤维素间的相互作用和微纤维聚集

在木材中，微纤维是横向聚集的，在氘化时产生独特的小角度中子散射（SANS）特征，由此可以计算出大纤维中微纤丝的中心到中心的特征间距。该特征间距反映了亲水性连接间距的分布，但不是算术平均值：它由较大的间距所主导，其中有更多的氘来提供对比。这种 SANS 特征的强度在干燥时减少到接近零，因为散射对比度丢失，但当考虑干燥状态时，对应于 2.4～4 nm 的中心到中心间距，随细胞壁类型而变化。有趣的是，再生纤维素也有类似的观察结果。在干燥状态下，中心到中心的间距被用来衡量微纤丝的直径，假设微纤丝当时处于接触状态，这是近似值。例如，假设 18 链（2，3，4，4，3，2）微纤丝的晶格间距与干燥木材的晶格间距相同，其不同晶面的直径从 2.4 nm 到 3.0 nm 不等。

形状系数取决于局部半径，在拐角处较小。微纤丝是硬的、光滑的和圆柱形的近似使这两种方法都有偏差。然而，在针叶材和禾本科中观察到的特征中心到中心间距高达约 3 nm，被解释为在纤维素-纤维素接触中聚集的 18 链或稍大的微纤维。在阔叶材中，有研究表明，一侧的葡萄糖醛酸阿拉伯木聚糖涂层导致观察到的中心到中心的间距接近 4 nm。在针叶材中，这些 4 nm 的空隙可以在较低强度下检测到，也可以在 3 nm 的空隙中检测到纤维素-纤维素接触。微纤丝形状的不规则性，特别是当半纤维素涂层时，意味着这种接触也可能是不规则的。

在初生壁中，微纤丝的聚集似乎相当有限，虽然对成长可能很重要。芹菜的厚角组织系统是一个例外，其中排列良好的微纤丝的聚集更加广泛，并导致强的小角 X 射线散射（SAXS）或 SANS 峰，在干燥状态下朝着 3 nm 的中心到中心微纤丝间距会聚。根据 ^{13}C NMR 中的 C4 和 C6 化学位移，C6 *gt* 构象在芹菜厚角组织微纤丝的表面链中占主导地位。许多木质细胞壁的核磁共振测量是使用水合样品进行的，因为在干燥状态下光谱分辨率往往会降低。干燥的松木显示出比水合松木更高比例的 *tg* 形式，这可能是由于木聚糖链在纤维素表面上的缩合，但是相当大比例的 *gt* 仍然存在。再生纤维素的反复干燥降低了表面与内部残留物的比例。这意味着聚集直接发生在未涂覆的纤维素表面之间，许多表面链具有 C6 *gt* 构象。C6 的 *gt* 构象使得 O6 和 O2 羟基的方向朝外，这与这两个羟基作为氢键供体连接到相邻微纤丝是一致的。

一个令人困惑的问题是：为什么微纤丝以这种方式聚集时不会发生结晶融合？水的介入可能是一个充分的解释，但在干燥的纤维素材料中不是。微原纤维的扭曲被认为是防止它们融合的原因，但也可能有其他解释。还不确定聚集的微纤丝是平行的还是反平行的。反平行构型肯定会阻止融合成单一的 I 型纤维素晶格，但可能会形成 II 型纤维素的一些光谱特征，这在天然纤维素材料中没有观察到。

支持上述微纤聚集模型，模拟显示了干燥的平行微纤之间的界面在剪切作用下的黏滑行为。黏相的瞬态稳定性与形成的氢键数目有关。每个纤维二糖基重复位移（1.04 nm）有两个不相等的黏着点，但这两个黏着点都不对应于在结晶纤维素中发现的两条链的配准横向排列：它们轴向位移约半个单体单元，这会抑制晶体融合。这些实验并不意味着只有氢键参与其中。在黏着点处，链的接近度增加，无论是由于氢键还是由于空间干扰的减少,都可能会增加色散和静电相互作用。在有水的情况下,类似的模拟显示出更不规则的黏滑行为,平均间距约为(1.04/4) nm,比在干燥状态下更弱,因为纤维素表面之间至少有一层氢键水分子的"润滑"层的介入。几种成像方法似乎均聚集的微纤维离散束,有时被称为"微纤丝"。在木材细胞壁的 ESEM 和低温 TEM 图中很难区分微纤丝,接近它们的原始状态。在低温 SEM 中,当微纤丝的边界沿断口面表现为弱线时,它们就更加明显了,或者当微纤丝之间的边界域被脱木素或用聚乙二醇膨胀,也可以记录到 SANS 信号。微纤丝的测量宽度通常在几十纳米左右,但不同的成像技术会有所不同,可能是因为区分了不同比例的边界。木质素和相关的葡甘露聚糖似乎在微纤丝之间富集,但如果是这样,这些聚合物在天然状态下不能提供足够的对比度,以获得清晰的 TEM 成像。富木质素结构域可能是轴向不连续的。

2.1.2.2　不同组分间的相互作用

(1) 纤维素与水的相互作用

水是典型的氢键液体,人们通常会从氢键的角度来考虑纤维素-水的相互作用,并从氢键自由能的角度来考虑纤维素表面的亲水性,但与纤维素-纤维素相互作用一样,其他静电和分散对水结合的贡献也可能涉及其中。木材和其他纤维素材料的水化热力学已经得到了广泛回顾,但最近得出的结论是:热力学描述所基于的物理模型都不能很好地与纤维素-水界面发生的情况相匹配。

水分子与纤维素的结合取决于水的性质。水化过程通常被理解为刚性、平面、固体表面与无限大体积的自由水的相互作用。该模型在纤维素水化的讨论和模拟中被广泛采用,但对于木质纤维素,它是存在误导的。大部分水不会与现有的裸露表面结合,而是插入微纤维之间,使木材横向膨胀。水结合的热力学除了结合水的焓和熵外,还包括两个微纤维表面分离的贡献。从水化的中性温度依赖性来看,焓和熵的贡献似乎是平衡的。

如图 2-6 所示的等温线显示了水和木材等纤维素材料之间的平衡,证明存在自由能变化的结合位点。只有在非常干燥的木材中,任何空间似乎都可以无膨胀地进入水。虽然假设形状的微纤维原则上可以紧密排列,但在木材中,排列似乎是不规则的,足以在间隙处留下一些空隙。因此,在没有强结合水的间隙中,强结合水可能导致等温线在相对湿度尺度下限的下降,通常相当于木材中 5%～10% 的非膨胀水,这取决于木材以前是否干燥过。在其他纤维素材料中,这一比例较低,而在水解的纳米纤维素纤维中,这一比例约为零。水在这些位置的净结合能很高,因为不需要打破聚合物-聚合物之间的氢键来为它让路,而且未填充的间隙意味着不利于分散能量。Bertinetti 等[20]从界面水化自由能的角度对针叶材等温线的低相对湿度区域给出了不同的解释。在结合木聚糖和纤维素之间的空隙中也存在强结合水。

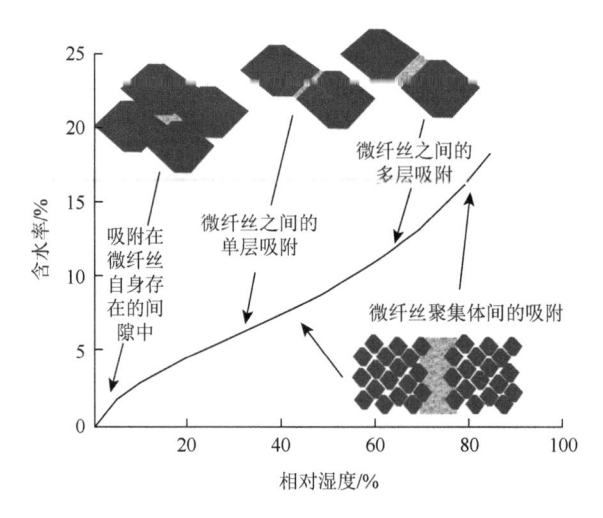

图 2-6 针叶材的典型吸湿等温线[20]

从木材吸湿等温线可知，木材的膨胀和吸水率呈正相关。在完整的木材细胞中，体积膨胀受到限制，并直接向内进入细胞腔内通过 S_1 和 S_3 层来抵抗环向应力。木材水化、膨胀和塑性变形的双指数动力学都相似，这可能不是巧合。特征中心到中心间距的增加是观察微纤维在水合作用下分开多少的合理起点。在芹菜厚壁中，初生细胞壁模型(但其微纤丝的排列和聚集比初生壁要多得多)的特征间距在水合作用下从 3 nm 增加到 5~6 nm。在木质细胞壁中，扩张受到更大的限制。在针叶材中，特征中心到中心间距从 3 nm 或更少增加到饱和时的 4 nm。通过尺寸排除法估计水合松木细胞壁的孔径也同样在 1 nm 左右。在这些密闭空间中，水的动力学和化学反应性是异常的。

禾本科的草竹中，特征中心到中心间距增加较少，从干燥状态下的 3.0 nm 增加到水化状态下的 3.2 nm。在阔叶材中，在有水的情况下，4 nm 微纤维间距几乎没有增加，并且有人提出涂覆微纤维的阿拉伯糖脲氧基聚糖的外表面以一种抵抗水渗透的方式与相邻微纤维的未涂覆亲水表面结合。由于阔叶材和针叶材一样膨胀，可能存在额外的包装方式，这些微纤丝太不规则，无法给出相干的 SANS 信号。

由于微纤维表面的不规则性和相关水的不确定密度，计算水化间距增加所隐含的水层数是不精确的。密度为 1000 kg/m³ 的自由水分子的体积为 $18/N_0$(阿伏伽德罗常数) = 0.030 nm³。结合水分子的部分体积，在水合固体生物分子之间的许多变化中平均为 0.024 nm³。在此基础上，计算出的平均单层厚度约为 0.3 nm，这表明在饱和时针叶材细胞壁的微纤丝中,超过一半的水分子与一个或多个亲水性纤维素表面相关,而在禾草科中,SANS 层间距的增加对水含量的影响不超过单个水分子层,而在阔叶材中,SANS 间距的增加很少被检测到。除了聚集的微纤维之间的水,一些水必须渗透在微纤维聚集体之间。这些更宽空间中的水分子,以及水合初生壁中间距较大的微纤维之间的水分子更可能相互关联,就像在大量液态水的结构中一样,但水的结构可能受到溶质样木聚糖、葡甘露聚糖或果胶链的影响。

当木材或木浆被水化时,纤维素的结构会发生微小但明显的变化。亲水表面链中 C6 *gt* 构象的优势变得更加明显,这可能是由于木聚糖的释放。在 C6 *gt* 构象中,在同一微纤维的下一个薄片中,也有可能与表面链形成氢键。微纤维在轴向尺寸上被拉伸,要么是由于水合基质中的膨胀压力,要么是由于 O6 和 O2 之间残基间氢键被破坏导致表面链变直。微纤维的片间尺寸收缩可能是因为拉伸时构象发生了变化,允许在分散和静电力作用下更紧密地结合。

(2) 半纤维素的结合

半纤维素(木聚糖、葡甘露聚糖和木葡聚糖)在结构上与纤维素相似,可以采用其扁平带状 2_1 螺旋构象,保留了 O3H—O5 氢键,至少在木聚糖的情况下,还保留了其他稳定因素。由于不同的原因,O6 和 O2 之间都缺乏残基间氢键。在木聚糖中缺乏 O6,而在大多数木葡聚糖残基中 O6 被取代。在葡萄糖甘露聚糖的甘露糖残基中,O2 指向错误的方向。原则上,在微纤维中,如果单体序列允许取代基朝外,2_1 螺旋构象的半纤维素链可以取代表面纤维素链。这种情况在实际中发生到什么程度取决于半纤维素。最容易理解的例子是交替取代的双糖葡萄糖醛酸阿拉伯木聚糖与纤维素微纤丝的亲水性表面结合,诱导底层纤维素链采用微纤维内部的 C6 *tg* 构象特征。水合作用减少了结合。阿拉伯木聚糖还可以与疏水性纤维素表面结合,可能是通过类似于纤维素片之间的静电和分散力。

一些(但不是全部)针叶材葡甘露聚糖链段以类似的 2_1 螺旋构象与纤维素结合,与 C6 的 *tg* 和 *gt* 构象的纤维素单体接近,其中 *gt* 在水合松木中占主导地位。木葡聚糖虽然明显能够采用纤维素样构象并与微纤维表面结合,但在双子叶植物初生细胞壁中,它们并没有广泛地与微纤丝产生关联。然而,尽管木葡聚糖与纤维素的接触量较少,它们可能是细胞壁松弛的关键参与者。结合构象的变化使双糖重复距离与纤维素相匹配,这表明葡萄糖醛酸阿拉伯木聚糖链至少与纤维素轴共对齐,这一点得到了模拟的支持。然而,目前尚不清楚结合的半纤维素是否与底层纤维素链平行或反平行。该模型所依据的自旋扩散实验并没有直接区分。可溶性半纤维素的分泌表明是一种随机的平行/反平行混合物。非共价结合需要平行排列,以类似于表面和内部纤维素链之间的结合,但即使这样,结合排列也不可能相同。例如,木糖中缺乏 C6 和 O6 可能会降低链间氢键和层间静电吸引的潜力,并产生可能被水填充的间隙。木聚糖链外缘的取代基——阿拉伯糖基、乙酰基和 4-*O*-甲基葡萄糖醛酸基，在某些情况下可以与暴露在同一亲水微纤维表面的下一层纤维素链形成关联。色散和 C—O 静电相互作用可能有助于这些关联。在甘露糖基残基中，O2 指向环平面外，因此不能参与与相邻纤维素链的氢键结合，在模拟中，O2 的位置被水分子取代。

如果结合半纤维素被认为是微纤维的一部分，沿其外缘排列的取代基将调节微纤维的表面性质。一个极端的例子是在结合的木聚糖上异常丰富的 4-O-甲基葡萄糖醛基取代基之间的电荷斥力使木瓜黏液的微纤维扩散。否则，4-O-甲基葡萄糖醛基残基上向外的羧基可以作为强氢键受体或与相邻微纤维的纤维素表面产生静电相互作用。中性碳水化合物（木聚糖上的阿拉伯糖基残基、葡萄糖甘露聚糖上的半乳糖残基）增加了暴露羟基的数量，这些羟基可能同时充当氢键供体和受体。乙酰羰基也是潜在的氢键受体，但阻断了半纤维素主链上的一个羟基。半纤维素包覆微纤维的表面粗糙度可能会影响与有利的静电或分散结合的紧密相互作用的潜力。

(3) 果胶和木质素的结合

有证据表明，木质细胞壁中的一些木质素在纤维束之间形成离散簇，与半纤维素相关联并与半纤维素共价键结合。然而，其他木质素结构域与纤维素非共价结合。少量愈创木基木质素的单甲氧基取代基与结合木聚糖上的乙酰基结合。在某些情况下，丁香基木质素的线形链似乎堆积在微纤维的疏水性表面上，就像 A 型纤维素结合域中的酪氨酸残基一样，但这些相互作用不一定是完全疏水性的。例如，它们可能涉及芳香环和吡喃环之间的特定堆叠相互作用。

核磁共振自旋扩散实验证实了果胶半乳糖醛酸和鼠李糖半乳糖醛酸聚糖 I 链的密切空间关联。这种联系的性质仍未得到解释。它似乎包括静电贡献，因为通过酸化抑制半乳糖醛酸的负电荷减少了果胶-纤维素的结合，增加了纤维素-水、果胶-水和果胶-果胶的结合。这些观察结果暗示纤维素上存在或诱导的部分正电荷，这些正电荷可能在微纤维内部静电相互作用中涉及的碳原子和/或氢上，意味着纤维素与果胶羧基作为受体形成氢键。从它们的 C4 ^{13}C 化学位移来看，半乳糖醛酸链呈大约 3_1 螺旋构象，其三糖重复距离与纤维素轴向重复距离不匹配。目前尚不清楚鼠李糖半乳甘脂酸酯的构象与纤维素在轴向上是否匹配，尽管它们允许一侧带有羧基的不对称性，另一侧带有移动的水合阿拉伯糖和半乳聚糖侧链。如果果胶链沿微纤维轴排列，则不匹配的重复距离不利于轴向重复结合。静电结合可能是离域的，如在反离子凝聚模型中。果胶-纤维素结合似乎不需要像 Ca^{2+} 这样的二价反离子（也不需要半乳糖酰酯键），因为它可以通过 1,2-环己二胺四乙酸（CDTA）和 Na_2CO_3。体内存在的反离子可能会调节微纤维周围的水活度和介电常数，并且随着生长过程中细胞壁 pH 的下降，可能会影响交联和横向静电膨胀。据推测，纳米相分离可能发生在果胶组分中，如聚半乳糖醛酸纳米丝就是其中一个相。

原则上，假设有足够的水使细胞壁膨胀，附着的果胶聚合物有望通过电荷排斥和渗透吸水来分离微纤维。一个极端的例子是拟南芥种子黏液完全分散的微纤维，其中非纤维素多糖本质上是果胶。然而，在原代细胞壁中，阳离子结合可能导致难以预测的对微纤维聚集的影响，在了解其对生长的影响之前，需要更多关于这些现象的数据。值得注意的是，尽管微纤维的分离可以通过小角散射来测量，但这种技术偏向于较大的微纤维间距，不太适合检测与生长有关的局部接触点。

2.2 非共价键相互作用的表征方法

2.2.1 表征分析法

在过去的 50 年里，电子显微镜（EM）一直是一种用于研究细胞壁超微结构的技术。EM 是在真空中进行的，依赖于来自检测样品[扫描电子显微镜（SEM）]发射的电子（背散射一次、二次和 X 射线）或通过样品[透射电子显微镜（TEM）]传输的电子的信号。因此，SEM 更适合研究木材的表面形态，TEM 可以揭示更多的表面不规则和内部解剖信息。SEM 分辨率可限制在 1 nm，而 TEM 可获得高达 0.1 nm 的空间分辨率。在较长的扫描时间内，SEM 提供了具有更高景深的图像，从而实现了木材的 3D 可视化。然而，木材样品在长时间扫描曝光条件下更容易受到电子束辐射损伤。在 SEM 中，像木材这样的非导电材料表面涂有一层薄薄的重金属，如金或铂。涂层的厚度对薄涂层图像的分辨率起着重要作用，例如，3 nm 可以提供更多关于木材细胞壁表面形貌的信息。使用 SEM 可以观察标本的原生状态（如冷冻扫描电镜）或干燥状态。有几种干燥方法，如冷冻干燥或空气干燥，但它们会导致薄细胞壁的交叉收缩、扭曲和坍塌。另外，冷冻固定和深度蚀刻可通过形成规则形状的冰晶来避免细胞壁损伤。关于样品制备程序和不同电子显微镜方法[透射电子显微镜、扫描透射电子显微镜（STEM）和 SEM]可以在其他地方找到木材的超微结构。环境扫描电子显微镜（ESEM）已与机械拉伸测试结合使用，但在应用应变率方面存在局限性。缓慢的电子束扫描速率（2.3 帧/s）能够使图像噪声最小化，并被判定适合于避免电子束相关的辐射损伤。通过对黑云杉（*Picea mariana*）扁平化木材纤维表面纹理模式进行跟踪，并对 SEM 图进行数字图像关联，可以得到其表面应变分布特征。然而，在测试过程中，静态图像是在特定的延伸值下捕获的，这可能会导致额外的蠕变效应和不均匀应变分布。

另一项将原位电子显微镜研究与力学测试相结合的研究是对松木细胞壁 S_2 层和 S_1/S_2 界面裂纹扩展的研究。采用改进的双悬臂梁几何结构进行的Ⅰ型断裂实验揭示了沿微纤维取向向 S_1/S_2 层的快速裂纹发展（脆性类型）。在 S_1/S_2 界面上，由于微纤维的向外取向和 S_1/S_2 过渡层的角度不同，裂纹呈"之"字形发展，增加了断裂韧性。S_1/S_2 处这种复杂的局部微纤维结构导致裂纹停止,裂纹尖端因黏弹性变形而钝化,并形成裂纹桥。通过 TEM 图显示,过去提出的微纤维同心平面螺旋排列的细胞壁模型是无效的。挪威云杉木材径向、切线和横切面的 TEM 图显示,S_1 层和 S_2 层微纤维向管腔呈平面外方向。即使在低倍镜下也能看到 S_2 层微纤维取向的变化,但 S_2/S_3 过渡层不能清楚地区分,并提出了微纤维纠缠。由于微纤维取向的突然变化,S_1/S_2 层被清晰地区分出来。

原子力显微镜(AFM)主要是由发光二极管、检测器、带针尖的微悬臂、监控悬臂运动的反馈调节系统、控制样品台,以及探针在 x、y、z 三个方向上相对运动的压电陶瓷扫描管和计算机电子控制系统(包含图像的采集、显示和处理等)组成。在检测时,首先发光二极管打出激光束到微悬臂背面,微悬臂的首端有一个微小的针尖,激光从微悬臂背面反射到检测器上产生电信号,上部和下部光电探测器发出的差动信号即为 AFM 信号。根据探针与样品的作用方式 AFM 分为:接触式、非接触式、轻敲式。AFM 可以直接分析有机物的键合结构,而所使用的探针针尖常需要进行化学修饰,一般用单分子或者原子,如 CO、氙。该步骤的主要目的是提高扫描图像分辨率(可达纳米或亚纳米级别),定量分析端基与端基之间、分子与分子之间及端基与分子链之间的相互作用力。

高分辨透射电子显微镜(HRTEM)能够实现原子分辨率的成像。这也是一种可以透过纳米管的侧壁来观察其内容物的显微技术。HRTEM 可以直接揭示分子堆积的结构信息,实时揭示分子运动,并且可以显示分子真正位于单壁碳纳米管内部,使该技术成为研究纳米管内分子的宝贵工具。TEM 技术的一个严重缺点是,在分析过程中,分子标本会受到电子束的显著影响,这可能导致分子电离,甚至结构损伤。随着纳米管内分子成像技术的改进,可以对分子的可观测结构和定位及其光谱特征进行更直接的比较。

2.2.2 成分分析法

X 射线又称伦琴射线,是德国科学家伦琴在 1895 年发现的。X 射线和可见光一样属于电磁辐射,但其波长比可见光短得多,介于紫外线与伽马射线之间,为 $10^{-2} \sim 10^2$ Å(1 Å $= 10^{-7}$ mm),其特点是波长短、穿透力强。X 射线和其他电磁波一样,能产生反射、折射、散射、干涉、衍射、偏振和吸收等现象。由于其波长短,用普通光栅观察不到它的衍射现象。但是在物质的微观结构中,原子和分子的距离(1~10 Å)正好落在 X 射线的波长范围内,具有有规则的点阵结构,相当于一个三维的立体光栅,所以物质(特别是晶体)对 X 射线的散射和衍射能够传递极为丰富的微观结构信息。木材的 X 射线散射是复杂的,但仍然提供了关于其构成的各种结构方面的丰富信息。一段时间以来,人们已经知道,根据木材细胞壁的小角和广角X射线的散射可以得到木材细胞壁S_2层内微纤维角度的信息。木质组织的杨氏模量与微纤丝角（M）之间的关系已经很好地建立起来。通常，木材在小角度和大角度的散射会产生特征上可区分的图案。广角图案产生的衍射点与M子午线成一个角度，而小角图案则是由不同的十字条纹（以$2M$的角度分开）所代表。目前已有很多研究学者报道了木材变形与微纤丝角的相应变化之间的关系。他们非常清楚地表明，当木材管胞在张力下变形时，微纤丝角存在单调变化（朝向较小的值），而且这种变化是可逆的，导致细胞壁内的"魔术贴"效应产生弹性。大山樱（*Cerasus sargentii*）皮中可以观察到异常高的断裂应力，这种材料的微纤丝角为70°，表明纤维素呈螺旋结构。这些螺旋状微纤维也出现木质化。然而，研究发现外壁主要含有脂质聚合物——木栓脂。这种复合结构导致了观察到的高应变。使用同步X射线衍射（XRD）跟踪了微纤丝角随拉伸变形的变化，提供了与力学性能的相关性。注意到，这些应力-应变曲线让人联想到热塑性聚合物，导致高"韧性"（或断裂功约为50 MJ/m^3）。

核磁共振（NMR）是评估共价分子组成的标准技术，因为化学修饰可以通过核磁共振波谱上的特定化学位移来检测。对于天然生物质及其衍生物，^{1}H NMR通常在纯D_2O中进行，或在D_2O和酸性氘化溶剂的混合物中进行，以提高纤维素的溶解度。常用的是氘化氯化氢（DCl）或氘化乙酸（ACD）溶液。有机溶剂如DMSO-d$_6$也有报道。根据所使用的聚合物和溶剂混合物的重均分子量M_W，信号的形状和它们的化学位移都可能不同。特别是，纤维素的有序结构（COS）具有比高M_W纤维素样品更清晰的NMR峰。水信号通常被用作参考峰值，根据所用溶剂混合物的不同，其位置在4.5~6.0 ppm（10^{-6}）范围内。此外，^{1}H NMR是测定纤维素的聚合度（DD）以及接枝纤维素的小分子或聚合物接枝密度（GD）的最常用方法。由于其高M_W，纤维素基材料通常只能用液态^{1}H NMR进行表征。尽管如此，文献中报道了一些^{13}C NMR谱的例子。一些商品化的纤维素批次在水溶液中的溶解度很低，这阻碍了它们衍生化前后的核磁共振表征。然而，随着高场核磁共振波谱仪的进步，纤维素-小分子缀合物和纤维素基共聚物的详细表征得到了保障。虽然很少见，但当液态NMR不合适时，固态^{13}C NMR也被用于纤维素衍生物的分析。该技术特别适用于被设计为不溶于普通水和有机溶剂的纤维素衍生物的表征，如用于水处理的珠子或膜。与^{1}D NMR（如^{1}H NMR和^{13}C NMR）一起，扩散有序光谱（DOSY）是一种强大的^{2}D NMR技术，可以区分共价和非共价纤维素衍生物。虽然通过共价接枝或非共价键相互作用（如氢键）组装的纤维素共轭物的^{1}D NMR谱通常非常相似，但它们的^{2}D DOSY将呈现不同的特征，因为只有共价连接的体系才会显示出一致的扩散模式。研究者认为^{1}H NMR分析对于共价体系的表征是不够的，建议在此类衍生物的常规分析过程中实施DOSY NMR。

拉曼光谱提供物理结构和电子性质的典型信息，拉曼光谱在100~500 cm^{-1}

之间有一个径向呼吸模式（RBM）区域，RBM 频率与单壁碳纳米管（SWNT）直径成反比。因为拉曼是一个共振过程，并不是所有的 SWNT 直径在给定波长的激发下都是相同的，必须使用一定范围的激光激发来确定样品的真实直径分布。此外，分子引起的 SWNT 性质的变化也会影响 RBM 的共振条件。因此，当一个特定的手性 SWNT 脱离共振而另一个 SWNT 进入共振时，RBM 的峰就会出现移位。另外，石墨的面内拉伸 G 模是单壁碳纳米管在 1580 cm^{-1} 区域拉曼光谱的一个重要特征。插入到 SWNT 中的富勒烯引起了纳米管 RBM 频率的下移，其 RBM 的宽度大于 13.7 Å。RBM 频率的下降是由 SWNT 侧壁 C—C 键的软化所解释的，对应于放热富勒烯封装。当富勒烯插入纳米管时，没有观察到其他拉曼峰的位移，这主要是因为 RBM 被认为对碳纳米管的电子结构变化特别敏感。大量的证据支持全碳富勒烯和纳米管之间的独特的分散（即范德瓦耳斯）相互作用，这导致了 3 cm^{-1} 级 SWNT RBM 频率的下降。

由于衰减全反射傅里叶变换红外光谱（ATR-FTIR）快速简单，适用于液体和固体样品，可能是最广泛的化学表征生物质衍生物的方法之一。虽然红外光谱可以探测特定官能团的存在，但这种技术无法获得生物质共轭物的精确分子组成，因此应被认为是 ^{1}D NMR 和 ^{2}D NMR 分析的补充。然而，FTIR 为生物质功能化纳米材料的表征带来了相关信息。此外，它可以揭示 NMR 技术无法检测到的原子/离子的相互作用，如钙离子、锌离子或铬离子。尽管 FTIR 在表征共价纤维素衍生物的分子组成方面存在局限性，但在最近的报道中，FTIR 仍然是唯一的分析技术。SWNT 在近红外区有三个电子跃迁：第一个半导体跃迁（S_{11}）在 0.7 eV 左右，第二个半导体跃迁（S_{22}）在 1.2 eV 左右，金属跃迁（M_{11}）在 1.8 eV 左右。光学吸收测量提供了关于半导体单壁碳纳米管电子性质的有价值信息，如带隙（S_{11} 值），它们也可以用于研究分子与纳米管的相互作用。电子亲和度大或电离势小的分子可以分别从碳纳米管中吸收电子或向碳纳米管中贡献电子，从而影响吸收峰的强度。有趣的是，电子供体（K、Cs）或电子受体（I_2、Br_2）在抑制电子跃迁的纳米管近红外光谱中显示出非常相似的变化，这是由碳纳米管被电子填充/耗尽造成的。

光激发使纳米管的价电子达到更高的能级，电子快速弛豫，然后发射出与纳米管带隙能量相对应的光子，这是广泛用于纳米管表征的光致发光光谱（PL）的基础。纳米管在十二烷基硫酸钠（SDS）胶束中的溶解使半导体 SWNT 在液相中的光致发光光谱得以记录。从那时起，PL 光谱学成为测量表面活性剂和吸附在单壁碳纳米管表面的其他分子对纳米管电子结构影响的宝贵工具。最近一项对大量不同表面活性剂在单壁碳纳米管上的比较研究表明，表面活性剂的性质不影响拉曼光谱曲线以及 RBM 和 G 型峰的位置，而 PL 中的带间电子跃迁对表面活性剂非常敏感。对于具有简单烷基疏水链的分子，如 SDS，同样的研究表明 PL 峰的谱移与荧光收率之间存在明显的线性相关性：谱移越大，荧光收率越小。

虽然 NMR 和 FTIR 是用于基于生物质系统的化学表征的主要技术，但它们可以与其他技术相关联，如元素分析（EA），在某些情况下甚至被用于 DD 和 GD 估计。此外，由于含有芳香族和乙烯基的体系具有较高的紫外线吸收能力，因此紫外-可见（UV-vis）吸收光谱尤其适用于这些体系。该方法也提供了一种额外的方法来估计其在纤维素上的 GD。据报道，电位滴定法也可用于 GD 的估算，如用于缩水甘油的接枝或卡拉胶羧酸甲基纤维素钠（CMCS）的制备。

质谱（MS）分析很少用于基于生物质的系统，但可以在基质辅助激光解吸/电离（MALDI）中找到一些例子，这是最适合用于聚合物的质谱技术。然而，基于生物质的系统的分析仅限于低至中等 M_W（≤100000），与 NMR 或 FTIR 相比费时，并且需要几轮优化。用碱性法测定氧化后纤维素的醛含量，为估算生物质单元的氧化裂解程度提供了一种方法。

2.2.3 性能分析法

凝胶渗透色谱（GPC）法使我们能够估计聚合物的 M_W 分布，非常适合线形链的分析。因此，采用 GPC 法可以有效地测定纤维素原生样品和小分子共轭纤维素衍生物的分子量。对于支链体系，如纤维素-PEI 或纤维素-PEG 共聚物，先进的聚合物色谱（APC）最近被公开用于更可靠的 M_W 估计。然而，该技术仅限于小 M_W 衍生物。

化学物质的热分析遵循样品随温度升高的演变和降解。有两种方法可以测量这种变化。其中，热重分析（TGA）测量了随着时间的推移样品在温度升高时的质量变化。它提供了物理现象的信息，如相变、吸收、吸附和解吸，以及化学现象，包括化学吸附、热分解和固-气反应（如氧化或还原）。热稳定性的评价也可以用差示扫描量热（DSC）法进行。该方法测量样品经历特定物理状态转变所需的能量，不依赖于 TGA 的质量变化。对于纤维素衍生物，DSC 最终得到与 TGA 相似的信息。基于共价和非共价纤维素的体系都表现出相似的 TGA 曲线，这取决于温度范围。在 150℃ 以下，质量损失对应于物理吸附的水或乙醇溶剂。从 250℃ 到 400℃，可以观察到纤维素衍生物的降解，这是由于糖环脱水、解聚以及乙酰化和去乙酰化单元的分解。在 450℃ 以上和 600℃ 以下，纤维素衍生物会对剩余的材料进行热氧化。天然纤维素和纤维素衍生物降解谱的差异解释了改性所带来的稳定或不稳定效应。然而，这些变化背后的基本原理并没有完全阐明。与 XRD 相似，热分析与天然纤维素和纤维素衍生物的相关性大。

在纤维素溶液、凝胶或复合材料中加入其他组分会极大地改变其力学和流变性能。这些改性直接面向应用，旨在提高纤维素基材料的稳定性、灵活性或刚度等参数。对基于纤维素的体系的流变行为和黏度的评估可以进一步了解其结构。从海藻酸钠（ALG）/纤维素水凝胶的存储模量 G' 和损耗模量 G'' 推断出两种聚合物在酸性溶液中相互强烈作用，从而形成凝胶状结构。这就产生了低黏度、高弹性的水凝胶，很好地适应了食品包装应用的需要。通常，非共价体系的流变性被用来评估链纠缠效率，而对于共价体系，网络密度被优先研究。通常评估纤维素基材料的力学参数有杨氏模量、拉伸强度和断裂伸长率。它们都是从拉伸实验后得到的应力-应变曲线中分析得到的，可以进行微调以满足特定应用的要求。例如，用于在水中吸收染料的纤维素纳米纤维/壳聚糖（CNF/CS）薄膜被设计成比 CNF 薄膜更坚韧，但比 CS 薄膜更脆，以赋予更高的水流阻力和更好的染料分离能力。

2.2.4 理论计算

非共价键相互作用是分子间的一种弱相互作用，对生物分子结构、超分子和配体结合反应等至关重要。然而，实验上准确测量非共价键相互作用难度很大，理论上精确地计算非共价键相互作用需要通过量子化学计算方法中高精度的计算方法。为了减少计算成本，同时获得比较精确的结果，可将广义回归神经网络（generalized regression neural network，GRNN）与密度泛函理论（density functional theory，DFT）相结合来提高非共价键相互作用的计算精度。

随着科学技术的发展，人们慢慢发现许多化学及物理化学现象与分子间的非共价键相互作用有关。研究发现，非共价键相互作用相当复杂，并且具有多种形式，包括静电相互作用、疏水相互作用、范德瓦耳斯力等。虽然非共价键相互作用比共价键相互作用要弱很多，仅有几 kJ/mol 到几十 kJ/mol，并且作用具有长程性，但是在特定情况下会生成一种具有方向和选择性的作用力，这种作用力决定了分子识别、组装和组装体的特定结构和功能，识别和组装的新分子可以帮助人们进行新药的设计和合成及新材料分子的合成。

Hou 等[21]模拟发现三聚氰胺分子和氧化石墨烯之间存在极强的非共价键相互作用并得到单分子实验验证，发展了耦合界面滑移的剪滞模型，建立了以小分子强非共价键相互作用调控界面的石墨烯基层状材料力学设计框架，提出了一种兼顾强度和韧性的材料力学设计理论。随后，该团队模拟发现水分子作为插层介质可以极大地影响纳米纤维素的界面力学行为，水分子和纤维素间的桥接氢键导致纳米纤维素多级结构在拉伸过程中表现出明显的应变硬化效应并延缓了应变局域化过程，提出了通过湿度界面调控纳米纤维素材料宏观力学性能的新方法。

非共界面种类繁多且结构多样，涉及各种非成键型原子间相互作用和不同界面堆叠构型（公度和非公度），在多个尺度上与微结构协同作用且具有显著的非线性变形行为。传统力学研究已无法单独构建该类型材料从微纳尺度到宏观尺度的理论框架，亟须发展新的理论和方法用于非共价界面调控微纳结构材料的多尺度和跨尺度力学研究，为先进纳米复合材料的力学设计奠定理论基础。图 2-7 示意了非共价界面层状纳米复合材料宏观力学性能标度律和界面调控理论。

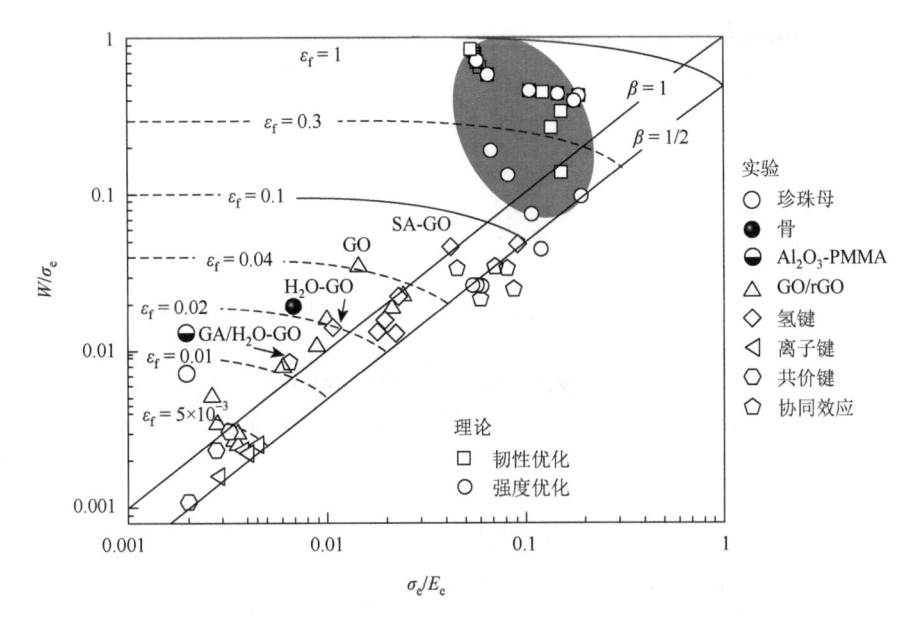

图 2-7 非共价界面层状纳米复合材料宏观力学性能标度律和界面调控理论[22]

ε_f 表示塑性；β 表示标度参数；W 表示韧性；E_e 表示强度

针对非共价界面相互作用类型、空间分布、堆叠构型等参量进行了系统研究，通过界面本构关系明晰了非共价界面的共性特征。在此基础上，拓展了经典剪滞模型和 Frenkel-Kontorova 模型[23]（图 2-8），建立了非共价界面的多尺度力学理论，并以此描述多种非共价界面层状纳米复合材料非线性变形行为。该理论框架给出了界面变形模式、关键特征尺寸、材料力学性能之间的内在关联，揭示了非共价界面层状纳米复合材料的一般性强韧化机制。

从分子尺度到宏观尺度，自下而上地对非共价界面的多尺度力学展开了系统性研究。

1）针对非共价界面层状纳米复合材料中的非线性变形行为和尺寸效应，发展了一般性力学框架来量化非共价界面的共性特征。通过凝练各种原子间相互作用和层间官能团分布，扩展了经典剪滞模型的界面本构关系，提出了自下而上的砖块（即纳米功能单元）——界面系统多尺度分析框架，以揭示砖块变形和界面内在特征之间的相互作用。

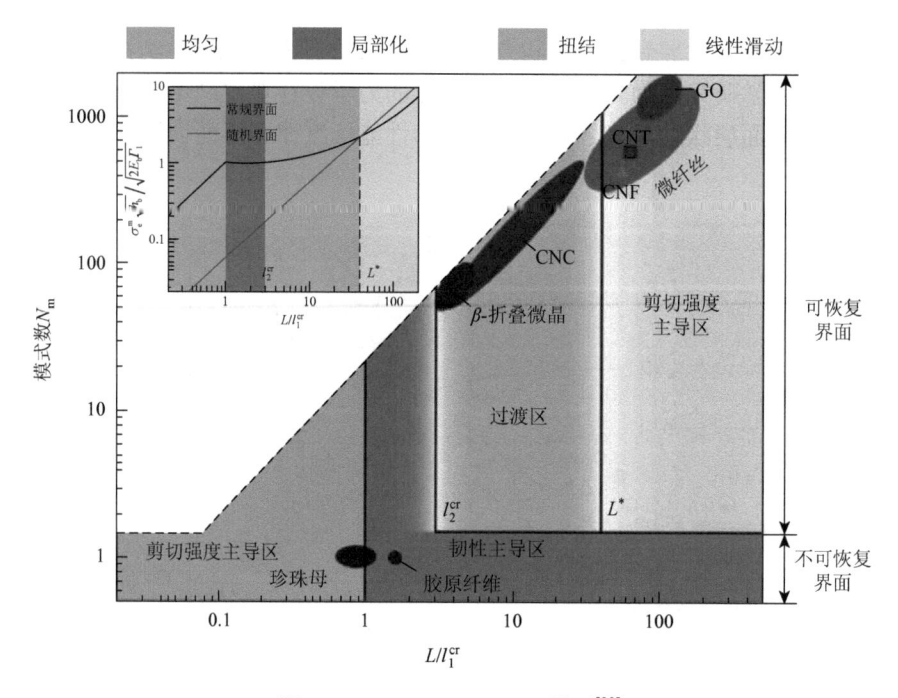

图 2-8 Frenkel-Kontorova 模型[23]

L^*为随机（非公度）界面抗拉强度超过规则（公度）界面抗拉强度所需长度。对于规则界面，优化设计细分为两个关键长度，分别为 l_1^{cr} 和 l_2^{cr}，这两个关键长度直接影响界面变形模式

2）由于界面本构关系的周期性，在不同重叠长度下规则界面存在三种变形模式，即均匀、局部化和扭结变形，并由此定义了两个临界过渡长度参数，以描述非共价界面中变形模式的转换。其中，界面扭结变形表现出多个拓扑缺陷在界面上成核和传播，可以同时增强和增韧层状纳米复合材料。

3）针对不同的界面堆叠构型开展了离散剪滞分析，阐明了公度界面的变形行为与规则界面相似，而线性滑动模型可以很好地描述非公度界面和随机界面的变形。有趣的是，由于粗糙界面的抗滑阻力，当重叠长度足够长时，随机（非公度）界面的载荷传递能力会规则（公度）界面，这表明存在最优的界面设计，从而在不同长度尺度下获得最佳的材料力学性能。

4）使用一些通用的特性参数，提出了层状纳米复合材料的变形模式相位图，给出了不同非共价界面层级材料的全面视角，为砖块-界面型复合材料的力学设计和优化提供理论指导。

由于非共价键作用的动态可恢复性，非共价界面层状纳米复合材料可以在外载作用下产生非弹性变形或在砖块单元之间产生大的相对滑移，从而在多个层级的长度尺度上引发协调的非线性变形行为，这极大提高了纳米复合材料的综合力学性能和可设计性，建立了从分子机制到宏观力学性能的多尺度力学框架，为设计和构筑新型功能基元序构的高性能材料提供了理论基础。

2.2.5 纤维素和基质成分之间的相互作用表征

细胞壁性能取决于组分的组合结构、化学和机械性能。纤维素-纤维素和纤维素-基质的相互作用影响细胞壁的强度和延展性，从而有助于调节细胞生长。初生壁中的主要非纤维素聚合物与次生壁中的不同。木葡聚糖和果胶在初生壁中占主导地位，目前初生壁的结构模型描绘了嵌入果胶基质中的纤维素-半纤维素网络。这些组成部分构成了关键的承重部件。在针叶材的次生壁中，纤维素微纤维与相邻的微纤维在部分长度上直接连接形成聚集体，大部分半纤维素和木质素位于这些聚集体之外，葡甘露聚糖与微纤维联系更紧密。这些结构模型来源于化学分析、生化研究以及电子显微镜和光学显微镜。研究纤维素和基质多糖相互作用的新方法包括散射、光谱和显微镜技术，如 AFM 和 FESEM。下面一节讨论这些技术的应用，以考察纤维素和基质多糖之间的相互作用。细胞壁组成的异质性使表征技术应用于整个细胞壁复杂化。

隔离特定构件相互作用的方法可以大致分为两种：①自上而下方法；②自下而上方法。自上而下方法包括研究去除非纤维素成分对细胞壁结构的影响，而自下而上方法包括将添加剂掺入细菌纤维素的培养基中，以模拟植物细胞壁生物合成过程中发生的组装过程。自下而上方法在与原代细胞壁的相关性方面受到限制，因为目前还没有细胞壁组装的详细描述。

在自上而下方法中，可以通过酶水解和酸水解以及碱、蒸气或离子液体等方法去除细胞壁的非纤维素成分。SAXS 和 SANS 已经广泛研究了酶水解对纤维素网络结构的影响。这些研究表明，水解消化从外表面开始，如果不搅动样品，通常无法渗透到样品内部。此外，SEM 和 TEM 被广泛用于生物质预处理后细胞壁结构变化的跟踪。SEM 是表征生物质材料表面解剖特征和结构的首选方法，而 TEM 与超薄切片、快速冷冻、深度蚀刻、超微结构细胞化学、电子断层扫描等技术相结合，以研究细胞壁的超微结构变化。FESEM[24]被用于研究洋葱细胞壁中木葡聚糖的纤维聚集、组织及空间位置和构象。FESEM 成像与底物特异性内切葡聚糖酶消化以及纤维素和木葡聚糖纳米金亲和标记相结合。该研究在一定程度上证明了木葡聚糖对纤维素表面的覆盖，但无法成像明显的木葡聚糖结构。特别是，缺乏证据表明木葡聚糖拴在多个微原纤维上，这表明木葡聚糖不能作为微原纤维之间的承重连接。

原子力显微镜也被用于研究化学提取过程对纤维素微原纤维结构的影响。在一项热化学处理对玉米细胞壁影响的研究中,AFM 尖端区分疏水和亲水区域的能力被用来揭示原生细胞壁大部分是疏水的。然而，经过热化学处理后，发现了亲水区域。增加的表面粗糙度也可以通过AFM测量。

与提取不同的是，突变体已被用于检测修改细胞壁组成的影响，并揭示纤维素和基质成分之间的相互作用。拟南芥木葡聚糖缺乏突变体，在细胞壁的AFM图中显示出高度排列的纤维素微原纤维。这种局部顺序的增加表明，木葡聚糖作为一种促进微纤维在细胞壁内分散的间隔分子，介导了纤维素微原纤维之间的相互作用。拟南芥的果胶突变体（PGX1AT）导致聚半乳糖醛酸变短，^{13}C固体核磁共振（ssNMR）揭示了这些植物细胞壁中富含果胶的基质和果胶-纤维素相互作用受到扰动。果胶突变体的整体较大增长和^{13}C NMR表征表明，果胶基质影响细胞生长过程中的壁动态。正在进行的突变体研究将继续揭示细胞壁成分之间的基本相互作用。

另一种方法依赖于组件的标记，以提供对特定相互作用的敏感性。多维固体核磁共振（MAS ssNMR）波谱技术，结合整株植物的^{13}C标记，可以研究近天然细胞壁中细胞壁多糖的空间排列。^{13}C标记的拟南芥的二维和三维MAS ssNMR交叉峰分析表明，纤维素与果胶和木葡聚糖形成了单网络。该技术还揭示了原代细胞壁中存在果胶-纤维素紧密接触。绿豆细胞壁的ssNMR检测到不同迁移率的木葡聚糖，包括刚性和部分刚性；研究表明，部分刚性木葡聚糖主要存在于细胞壁中。此外，利用ssNMR中的极化转移研究了拟南芥原代细胞壁中的水-多糖相互作用。水-果胶和水-纤维素自旋扩散的结果支持原代细胞壁的单网络模型。此外，拟南芥茎的MAS NMR显示木聚糖以2倍和3倍螺旋构象存在。

自下而上方法使用一种产生纤维素的细菌，如木糖醋杆菌作为研究纤维素-基质多糖相互作用的模型系统。将半纤维素和果胶等细胞壁多糖加入细菌的培养基中，并产生复合膜。细菌纤维素复合材料可以用来研究基质聚合物如何影响纤维素结晶，以及纤维素如何与基质多糖相互作用。例如，XRD、SAXS和SANS已被广泛用于研究含有木聚糖、木葡聚糖、阿拉伯木聚糖、甘露聚糖和果胶等细胞壁多糖的复合膜。SAXS和XRD研究表明，木葡聚糖的加入影响了纤维素微纤丝的填充和晶体结构；相比之下，阿拉伯木聚糖的加入不会影响纤维素网络的这些特征。光学显微镜也可以用来检测复合膜内的纤维素网络。然而，薄膜是高度水化的，具有很强的聚集倾向，因此在分析所需的干燥过程中可能会引入结构伪影。最近的SANS研究表明，在细菌纤维素中受控地掺入氘不会引起细菌纤维素的任何结构变化。氘化后的细菌纤维素将应用于弹性和非弹性中子散射实验，研究纤维素的结构和动力学以及与多糖的相互作用。

与散射技术类似，包括红外光谱、拉曼光谱、和频光谱（SFG）和NMR在内的光谱技术也被用于通过自上而下和自下而上的方法研究细胞壁组分之间的相互作用。红外光谱用于研究在细菌纤维素中加入木葡聚糖、木聚糖、阿拉伯半乳聚糖和果胶后纤维素多态性的变化。木聚糖和木葡聚糖的加入导致纤维素I_β水平的增加和结晶度的降低。木葡聚糖对纤维素组装的影响比果胶大,因为添加木葡聚糖会降低纤维素的结晶度,增加纤维素结构的无序性,而添加果胶则没有影响。

2.3 非共价键动态响应

智能材料是一种能感知外部刺激,能够判断并适当处理且本身可执行的新型功能材料。智能材料是继天然材料、合成高分子材料、人工设计材料之后的第四代材料,是现代高技术新材料发展的重要方向之一,将支撑未来高技术的发展,使传统意义下的功能材料和结构材料之间的界线逐渐消失,实现结构功能化、功能多样化。智能材料具有传感、反馈、信息识别与积累、响应四大功能,以及自适应、自愈合、自诊断三大能力。

2.3.1 自适应

1989 年,日本高木俊宜教授将信息学科融合于材料的物性和功能,最早提出了智能材料(intelligent material)的概念。智能材料是指对环境具有可感知、可响应,并具有功能发现能力的新材料。Takagi 认为智能材料是能够在最优条件下调整自身性能来适应环境变化的材料。在美国,则将这一类材料定义为智能材料(smart material),也有人称为机敏材料。从此,世界各国均开始了智能材料的研究。科学家们将必要的仿生功能引入材料,使材料和系统达到更高的层次。自然界中许多生物体具有"感知、驱动和控制"的智能性。变色龙体表的颜色可以根据周围环境改变,变化为绿色、黄色、米色和棕色等,具有感知环境刺激如光线、温度和情绪,驱动体表细胞内纳米晶体,从而达到控制光线的折射、改变体表颜色的目的。木材同样具有智能性。由于木材的多孔结构,大量空气填充在其细胞腔中,导致木材的导热性差。因此,在炎热盛夏,木质结构具有隔热性,在寒冷冬季又具有保温性,这种"冬暖夏凉"的特性,正是木质结构建材备受关注和喜爱的原因之一。同时,木材的孔隙结构丰富,化学组成成分中含有大量亲水性基团,使木材具有吸湿和解吸功能。当周围环境含水率大于木材含水率时,木材从空气中吸收水分;反之,一部分水分自木材表面向周围环境扩散,从而在一定程度上维持了室内湿度稳定。然而,木材作为一种天然的生物质材料,受限于其生长规律和遗态结构,利用其自身的响应功能仍然难以满足现代高性能的智能材料需求。

2.3.1.1 形态自适应

具有形状记忆效应的形状记忆材料是 20 世纪 70 年代才发展起来的新兴功能

材料。形状记忆材料是指具有某一原始形状的材料经过形变并固定后,在特定的外界条件下能自动恢复到初始形状的一类材料,是一种具有机械活性的聚合物。它可以记忆原始的或永久的形状,通过变形来存储临时的形状,然后在多次重复暴露于刺激下恢复或恢复到原始的记忆形状,而材料不会发生降解。

(1) 纤维素纳米晶体记忆材料

纤维素纳米晶体(CNC)是一种纤维素基纳米粒子群,由广泛紧密排列的纤维素链组成。其表面有许多羟基基团,这导致了纤维素纳米晶体与基质材料之间的强氢键相互作用。它具有长径比的棒状形状(直径为 8~10 nm,长度为 100~200 nm),使纤维素纳米晶体更具可持续性、可生物降解和可再生替代碳基填料的性能。为使极性纳米纤维素在非极性基质中均匀分散,通常采用溶剂铸造法。

pH 诱导的记忆材料是生物医学应用的理想候选者,因为不同的身体部位有不同的生理 pH。在特定的病理条件下,生物系统的生理 pH 一般会出现急剧的梯度。因此,Li 等[25]开发了一种新型的 pH 响应型 CNC 复合记忆材料。该 CNC 复合记忆材料具有改进的 CNC 渗透网络。由于 PCL-PEG-PCL 的引入,提高了 PU 的生物降解性和生物相容性。由于羧基功能化 CNC(CNC—COOH)和吡啶基团(CNC—$C_6H_4NO_2$)在不同 pH 条件下通过 CNC 之间氢键相互作用的缔合和解离,纳米复合材料表现出 pH 响应性。我们可以通过改变环境的 pH 来改变氢键相互作用进而控制材料形状记忆。

此外,Khadivi 等[26]将纤维素纳米晶体加入低分子量 PEG 基 PU 中,并采用原位聚合和预聚体方法制备了纳米复合材料。CNC 表面羟基的存在阻碍了 PU 链之间的氢键结合,影响了不同结构部分之间的氢键结合,导致了不同的微相分离状态。在基体中加入 CNC 对其热物理性能和热性能没有明显影响,而拉伸强度(TS)、断裂伸长率和模量均受到显著影响。含有 0.5 wt%(质量分数,后同)CNC 的纳米复合材料比纯 PU 具有更高的模量、TS 和断裂伸长率。相反,CNC 含量的增加导致模量、TS 和断裂伸长率降低。当 CNC 含量为 0.5 wt%时,纳米复合材料表现出形状记忆行为。类似地,Shirole 等[27]将 CNC 加入形状记忆聚(酯聚氨酯)中。他们通过制备纳米复合材料,并通过添加成核剂来影响软/开关段的结晶,证明了可结晶软/开关段的改性热力学性能。CNC 的存在使拉伸存储模量从 150 MPa(纯聚合物)增加到 572 MPa(15 wt% CNC),同时在特定固定温度下的形状固定性从 47%增加到 75%。在纳米复合材料中添加 1 wt%的十二烷酸使聚(1,4-丁烯己二酸酯)结晶成核的温度从 10℃提高到 25℃,可以快速达到较好的固定率(>97%)。相比之下,Garces 等[28]使用熔融挤压法制备了形状记忆聚氨酯(SMPU)/CNC 纳米复合材料带,CNC 负载百分数分别为 0 wt%、0.5 wt%、1 wt%、2 wt%、4 wt%。添加 0.5 wt% CNC 时分散性最佳,且对材料的屈服点有显著影响,提高了约 5%。然而,使用 1 wt%的 CNC 填料,材料的弯曲性能也得到了显著改善,该填料在材料中充当嵌入式弹簧,并允许更快的回收率和更短的回收时间。

(2) 纳米纤维素凝胶记忆材料

Li 等[29]通过在纳米黏土(NCG)中原位阶跃生长加成聚合 PU 预聚物,成功制备了机械性能稳定的双网络 PU/NCG 纳米复合材料,作为三维增强纳米填料(图 2-9)。该纳米复合材料具有优异的形状记忆性能、良好的热响应性和水刺激响应性、优异的耐溶剂性,以及在有机溶剂中优异的力学性能和中等的热稳定性。这种基于结晶多糖的双网络聚合物纳米复合材料在生物材料、可切换器件、传感器和许多其他领域具有潜在的应用前景。

图 2-9 双网络 PU/NCG 纳米复合材料[29]

(3) 纤维素纳米纤维记忆材料

Wang 等[30]将纤维素纳米纤维加入形状记忆材料中,制备了水响应性纳米复合膜。该纳米复合材料在30%纤维素纳米纤维的作用下,具有较高的恢复因子(R_f)和恢复率(R_r)(大于 90%)、响应速度快(小于 1 min)等良好的形状记忆效应(SME)。这是 PU 基体良好的弹性恢复性能、纤维素纳米纤维的高模量及 PU/纤维素纳米纤维的快速吸水行为共同作用的结果。在此基础上,通过对水分子的反复解吸/吸收,可在弹性 PU 中形成破坏刚性纤维素纳米纤维的渗流网络(图 2-10)。所制备的形状记忆聚合物纳米复合材料(SMPNC)在药物递送、人体液体触发形状记忆支架、医疗器械和可植入材料等生物医学领域具有潜在的应用前景。

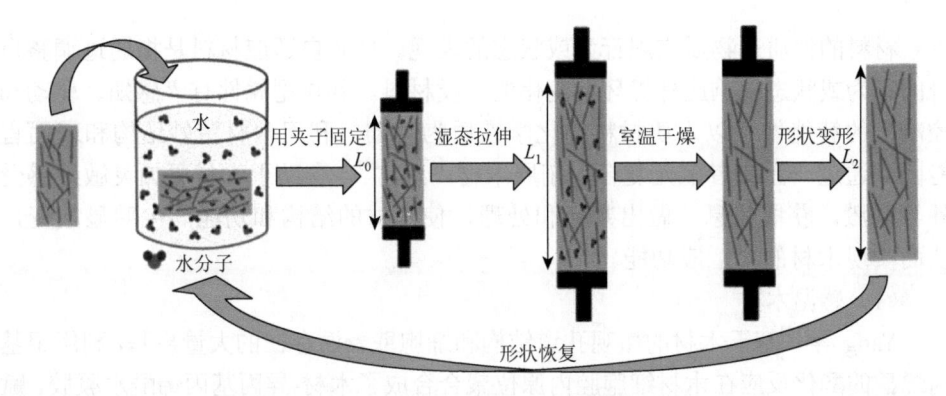

图 2-10 水响应性纳米复合膜[30]

(4) 纤维素纳米晶体/环氧树脂记忆材料

在环氧体系中，Lamm 等[31]以大豆油和 CNC 为原料，通过表面引发原子转移自由基聚合（SI-ATRP）合成了环氧树脂，表现出热响应和化学响应的形状记忆响应。CNC 的存在增加了环氧化物的交联，导致韧性和弹性下降。他们观察到，在含有 0.6 wt% CNC 的 SMPNC 中，形状恢复率 R_r 为 85.4%，甲醇可以很容易地被吸附到聚合物基体中，并打断聚合物内部的氢键，导致在 35 min 内恢复到永久形状。然而，该纳米复合材料在 40℃的水中 45 min 内就恢复了原来的永久形状，因为水分子在聚合物基质中的扩散速度比甲醇慢。

(5) CNC/聚乳酸记忆材料

Sessini 等[32]将 CNC 加入聚乳酸/聚己内酯（PLA/PCL）共混物中，制成热激活的可生物降解 SMPNC，并在相同的转变温度 55℃和相同的不同变形量为 50%、100%和 150%与纯基体相比。PLA 和 PCL 的开环聚合均由 PLA 表面的—OH 基团引起，从而导致 PLA 和 PCL 链接枝到 PLA 表面。该纳米复合材料具有良好的形状记忆响应，R_r 值高于 80%，R_f 值高于 98%。在堆肥条件下，SMPNC 薄膜的分解速度加快，这证实了其可生物降解的性质，可用于生物医药或食品包装等不同领域。

(6) 纤维素纳米纤维/聚乳酸记忆材料

此外，Barmouz 和 Hossein[33]将纤维素纳米纤维加入聚乳酸/热塑性聚氨酯（PLA/TPU）共混物中，制成纳米复合材料，以提高力的回收率。添加 4%纤维素纳米纤维的 SMPNC，回收率提高了 55%。然而，总应变回收率和应变回收率随温度的变化与纤维素纳米纤维的加入而降低。当基体中存在纤维素纳米纤维时，形状记忆聚合物（SMPs）的加载应力和应力恢复发生了显著变化。

2.3.1.2 性质自适应

材料的性质是物质宏观行为或状态的表现。性质自适应材料是指通过调整自身的行为或状态来响应外界环境变化的一类材料。其典型属性有"感知、驱动和控制"的智能性。以木质材料的化学性质为基础，利用木材精妙结构和表面官能团，通过一元或者多元复合，拓展木材"感官"，有助于木材更加灵敏地感受外界刺激，获取信息、做出判断和处理，使木材的结构和功能产生明显改变，从而实现木材的自适应功能。

(1) 感温木材

Yang 等[34]基于木材的微观孔道结构和细胞壁表面存在的大量羟基，利用甲基丙烯酸的酯化反应在木材细胞腔内原位聚合合成了木材-异丙基丙烯酰水凝胶，赋予了木材感温特性。Keplinger 等[35]选择 100 μm 厚的木材截面，用甲基丙烯酸酐修饰木材细胞壁。酸酐与木材固有的羟基基团反应，合并的双键作为水凝胶后续附着在木材细胞腔内的锚点，确保水凝胶在木材支架内的稳定。该体系是一种理想的模型水凝胶。PNIPAM 具有 32℃的较低临界溶液温度（LCST）：在此温度下，溶液中的聚合物链发生从良好水合状态到疏水坍塌状态的相变。在 PNIPAM 水凝胶的情况下，构象变化伴随着水的释放和体积的变化，它已被用于许多应用，包括控制药物释放、过滤技术、微流体和传感器系统。

（2）变色木材

为了有效保护热致变色材料，便于控制变色温度，Guo 等[36]将热致变色材料结晶紫内酯和双酚 A 分散在十二烷醇中，并与季戊四醇混合形成油相，甲基丙烯酸甲酯与水解苯乙烯-马来酸酐混合形成水相，通过乳化形成水包油乳液，然后加入偶氮二异丁腈引发界面聚合，从而将可逆热变色材料制备成具有核壳结构的可逆热变色微胶囊。将微胶囊分散到环氧树脂中，并对脱木素木材进行浸渍处理，最终制备出可逆热变色木材。纯树脂浸渍处理的木材始终具有高透明度，不会随着温度的变化而改变的特点。对于添加有可逆热变色微胶囊的改性木材，随温度升高，其颜色从深蓝色逐渐变为透明。在加热过程中，温度低于 14℃时呈深蓝色，在 16~28℃范围内快速褪色，当温度接近 30℃时变得透明。在冷却过程中，26℃以上为透明色，随着温度的降低逐渐变成蓝色，直到 12℃变成深蓝色。加热和冷却过程中的热变色温度范围的差异可能是十二烷醇的熔化和冻结特性所致。

（3）环境自适应木材

Lou 等[37]提出一种由生物质活化改性炭化而得到的衍生物碳。不同于以往直接的前驱体炭化法，该生物质前驱体是基于竹子的二次提取物，由组分结构高度有序的木质素-纤维素异质结构成。炭化后产物既展现了结构的可控性，又保证了碳基共价键由亲水型趋向于稳定的疏水型转变，实现耐酸碱性和宽频吸收性能，同时维持理想的疏水性能，充分地模拟并展现了可户外应用的能力，为今后获取更多组分结构可控型衍生碳电磁材料与可适应环境变化性电磁吸收材料的发展具有一定的意义。

2.3.1.3 功能自适应

应用属性是指材料的功能和使用场合，即材料的时空占有和物理、化学、生物性能。仅仅以"用在何处"的划分，过于简单和表象。而材料在应用中的功能才是其本质特征，以这一特征命名变得越来越明朗。承载、隔离、过滤、造型、耐久、舒适、导通、屏蔽等，以及性能的复合功能的变化和自适应，已打破了材料性状属性的限制，区别于原应用属性的划分成为一个功能性的或复合性的性状属性要求。因此，从功能角度来划分的自适应材料也成为智能材料的一大类系。

Wang 等[38]通过将聚硫氨酯共价自适应网络（PTU CAN）渗透到去木质化木材（DW）支架中，开发了一种智能形状可重构的透明木材。所得透明木材表现出可重构的形状记忆行为、优异的光学性能（透射率约为90%和可调的光导效果）和低热导率[212.8 mW/(m·K)]。此外，透明木材的抗拉强度、模量和韧性分别为60.14 MPa、2.09 GPa 和 1.19 MJ/m^3。并且，透明木材的可重构形状记忆性能使其可用作设计火灾报警系统的智能驱动器。还可通过三（2-甲基-1-丙酮基）己氧基磷酸酯（TMMP）和佛尔酮三异氰酸酯（IPDI）与双（比那烯基）二正丁基锡（DBTDL）催化的硫醇-异氰酸酯点击反应合成动态交联 PTU CAN。带有 TCB 的 PTU CAN 在高温下表现出出色的动态交换行为，这对于响应外部刺激以改变网络结构、特性和形状至关重要。随后通过简单的脱木素和聚合物渗透制造透明木材。受益于高度排列的纤维素纳米纤维和 PTU CAN 的动态特性的结合，透明木材表现出出色的形状重构和形状记忆、光导、节能和智能执行器触发的火警执行功能。

Liu 等利用木卷结构载体以柔性椴木膜为基质，以海藻酸钠及氯化钙为涂层，可以用于递送益生菌（如植物乳杆菌）、脂溶性营养素（如菜籽油）和水溶性营养素（如茶多酚）。其中海藻酸钠起胶水的作用，将结构卷成卷轴状；氯化钙溶液可促进海藻酸钠交联，锁定卷轴结构，确保结构稳定性。另外，海藻酸钠也作为 pH 响应涂层，使载体在胃酸性环境中保持稳定，在肠道的中性或弱碱性条件下溶解展开。将木膜制成卷状的目的是减小材料尺寸，使其更容易吞咽；有助于进一步密封加载的营养物质；实现加载物的可控释放等。

Wei 等[39]通过在天然木材表面上刷涂 MXene 制备各向异性 MXene@木材复合材料，深入研究了 MXene@木材在横切面和弦切面上的孔隙结构、导电性能、介电性能、屏蔽性能以及屏蔽机制。特别地，通过改变 MXene@木材的木纹方向和入射波电场传播方向之间的夹角可以实现有效的屏蔽性能调节，并通过有限元分析仿真进一步揭示其潜在屏蔽机制。

自适应材料是一种完备的智能体系，具备四个基础属性，不仅能接受和响应外部的信息，而且能自动改变自身状态，以适应外部环境变化。木材是一种天然的自适应材料，可自动吸收和释放水分，以适应环境的平衡。效法自然，条件温和、生物友好且易于控制的一系列新型木材自适应材料已经被开发出来，并展现了广阔的应用前景。

2.3.2 自愈合

如今，高分子材料被广泛应用于不同的领域，如交通运输车辆、电子、文具和体育用品以及土木工程。但是，这些材料容易受到机械、热、化学、紫外线等因素的影响，在结构中产生很深的微裂纹，导致变形或损坏。传统的修复方法对于某些高分子材料在其使用寿命内结构中不可见的微裂纹的修复是无效的。因此，为了修复看不见的微裂纹，增加聚合构件的安全性和工作寿命，自修复聚合物材料的概念在20世纪80年代被提出。从概念上讲，自修复聚合物材料具有固有的能力，可以在损伤后大幅恢复其负载传递能力。这种恢复可以自发发生，也可以通过施加特定刺激（如辐射、热、水）发生。因此，这些材料有望显著提高聚合物组件的耐久性和安全性，而无需外部维护或昂贵的主动监测。因此，人们越来越关注自修复材料。目前已开发的材料多为石油基材料，相关研究主要集中在修复性能方面。然而，由于化石资源的短缺和环境的恶化，科学家们逐渐将注意力转向可再生的、环保的生物质材料。纤维素、海藻酸钠、壳聚糖、蛋白质、天然橡胶等天然聚合物已广泛应用于聚合物产品的设计中。生物基材料是一种利用生物质为原料或经由生物制造得到的材料。

目前，大多数木基、纤维素基自愈合材料均为聚合物基自愈合材料，其自愈机制可分为两类：一是通过外加修复基进行愈合；一种是通过非共价键等可逆键的内在自我修复机制。利用非共价键进行弹性体的自修复，可以利用包括所有在不同原子之间发生的弱相互作用，如范德瓦耳斯力、π-π 堆叠、偶极-偶极相互作用、氢键、离子相互作用、金属-配体相互作用等。与共价键体系相比，非共价键具有较低的键合能，因此通常具有更高的修复效率，即使在室温下也能修复。

2.3.2.1 氢键

可实现自愈合的聚合物通过引入可逆氢键来实现分子自配对。氢键是具有可逆性的最具吸引力的化学相互作用之一，它比共价键弱，但比范德瓦耳斯力强，已被公认为是构建自愈合材料的有效途径。Liu 和 Chung[40]报道了一种新的含木质素的功能聚合物——木质素接枝-聚（5-乙酰氨基戊基丙烯酸酯）（lignin-graft-PAA）。木质素经聚合改性后可获得实用材料，例如，木质素是合成聚氨酯多元醇的来源。合成的关键步骤是利用铜催化叠氮化物烷基环加成将木质素与聚合物分子结合。聚合物 PAA 是通过可逆加成-断裂链转移制备得到的，聚合物中的单体以含多个氢键位点的乙酰氨基官能团的形式存在于侧链上。由于 PAA 中对乙酰氨基的部分能够形成氢键，因此将其用于与木质素的接枝。这种性质导致 PAA 聚合物链之间产生强烈的自发吸引，从而导致纳米复合材料的自发愈合。研究表明，木质素含量越高，其力学性能越好，包括最大抗拉强度、杨氏模量和断裂能。

木质素不仅可以作为生物质改性的模板，还可以作为调节力学性能的增强剂。Kakuta 等[41]通过原子转移自由基聚合法制备了一系列聚乙二醇甲基醚甲基丙烯酸酯（PEGMA）接枝木质素超支化共聚物。木质素超分子水凝胶通过可逆的主客体包合实现了自愈性能。当水凝胶在高应变作用下，其内部的主客体包体解体并发生开裂。当力被去除时，氢键在结合环糊精的外表面重新形成，导致结晶域的修饰和聚合物链的交联。与其他一些自修复水凝胶相比，由于木质素与多个 PEGMA 侧链的共聚物增强了主客体相互作用，加速了超分子网络的交联，木质素水凝胶体系可以在几秒内恢复原有的力学性能。

Pradal 等[42]将纤维素纸浸泡在含有发光 Cd-Te 纳米晶体和碳量子点的溶液中，再用聚氨酯处理，制备出均匀透明的复合薄膜。该复合薄膜不仅具有自愈特性，而且具有不同颜色的明亮光致发光特性。在该体系中，纤维素纸作为支撑基质，聚氨酯起自愈作用。凝胶的自愈合是由于交联聚合物链之间分子间氢键的形成。由于具有自愈性能的聚氨酯中的氢键足够强，可以承受复合膜应用中的应变，因此复合膜即使经过多次切割-自愈合过程也能保持良好的机械刚度。

Zheng 等[43]研制了一种自愈性好、韧性高的羧甲基纤维素（CMC）水凝胶，如图 2-11 所示。在该体系中，将自由形状的 Na-羧甲基纤维素糊状物浸泡在柠檬酸溶液中，H$^+$逐渐扩散到 Na-羧甲基纤维素糊状物中，并通过氢键与羧甲基纤维素聚合物链结合，得到透明、自由的羧甲基纤维素水凝胶。所制备的羧甲基纤维素水凝胶中含有大量未交联的 Na-羧甲基纤维素聚合物链。当水凝胶被破坏时，未交联的 Na-羧甲基纤维素聚合物链作为流动相与羧甲基纤维素交联形成新的氢键，将断裂的网络作为桥接来填充水凝胶的受损部分。

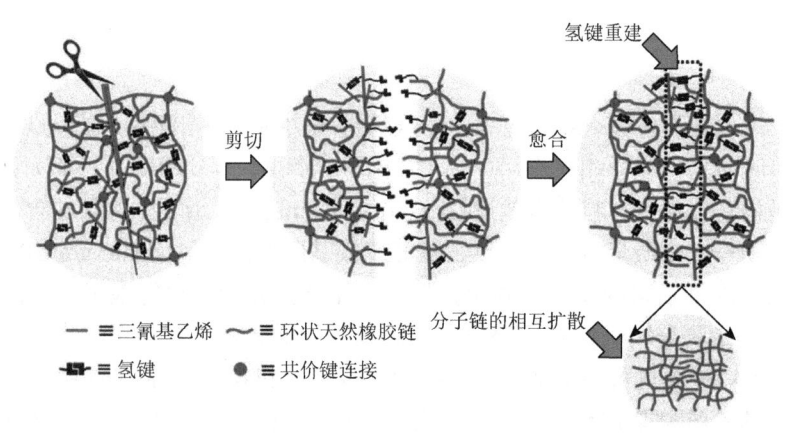

图 2-11 氢键自愈合膜[43]

2.3.2.2 静电相互作用

主客体结构单元之间的非共价静电相互作用也常用于构建超分子聚合物。由于带电基团一般易溶于水,并形成强静电效应,因此常被用作超分子水凝胶的基础。Appel 等[44]利用羧甲基纤维素和透明质酸,提出了一种基于静电力的聚合物-纳米颗粒相互作用的自愈合水凝胶。由于这两种生物聚合物在生理 pH 下都带有阴离子电荷,因此聚合物和纳米颗粒之间的静电相互作用显著促进,导致水凝胶的形成。Wang 等[45]报道了聚丙烯酸(PAA)接枝季铵纤维素(QCE)与聚乙烯醇(PVA)共聚形成的具有优异力学性能和自愈合性能的抗菌双网水凝胶。该水凝胶可与丰富的 COO^- 共聚,并与 Fe^{3+} 交联。当水凝胶被切断时,凝胶内的 COO^- 和 Fe^{3+} 产生静电力,将两部分结合在一起,如图 2-12 所示。另外,QCE 和 PAA 分子中的 NH_3^+ 和 COO^- 也会产生静电力。PVA 中的氢键有助于调节水凝胶的机械性能和保持自愈合性能。Liu 等[46]通过静电沉积法制备了一种具有自愈合性能的聚电解质多层(PEM)食用涂层。该研究以壳聚糖(CS)和羧甲基纤维素钠(Na-CMC)为原料。在水的刺激下,聚电解质多层涂层迅速膨胀,原有的相互作用(氢键)也被削弱,同时释放游离官能团,使受损区域相互作用。当水从涂层蒸发时,氢键立即再生,自修复过程完成。

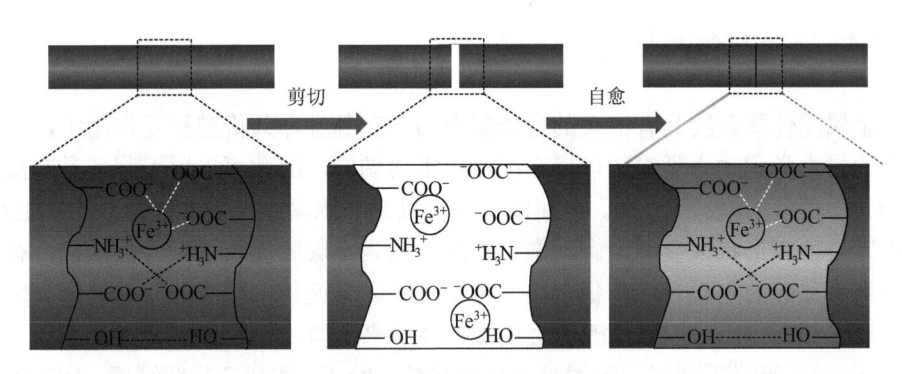

图 2-12 静电相互作用[45]

2.3.2.3 大分子自主扩散

自 20 世纪 80 年代以来,人们对热塑性聚合物分子间扩散修复裂纹的方法进行了广泛的研究。研究发现,当聚合物的两部分在高于其玻璃化转变温度下接触时,分子在聚合物-聚合物界面的扩散加剧,最终导致界面逐渐消失。因此,形状记忆聚合物通常可以通过大分子扩散来制备。形状记忆聚合物具有承受大可恢复变形的能力。此外,形状记忆聚合物在外界刺激下具有自愈物理损伤的能力。如图 2-13 所示,Lu 等[47]报道了一种简单、高效、绿色的方法,从乙基纤维素和生物基单体制备一种自愈合弹性体。当加热温度高于玻璃化转变温度时,这些弹性体对水、温度、甲醇和四氢呋喃的外部刺激表现出显著的多态记忆特性。首先,弹性体通过形状记忆效应释放存储的应变，然后接触并恢复开裂部分。其次，聚合物在裂纹界面处处于熔融流动状态，聚合物链扩散并重新排列，以修复损伤或裂纹。在另一个例子中，Qi 等[48]报道了一种基于聚碳酸丙烯酯和微纤化纤维素的生物友好聚合物，该聚合物也具有形状记忆和自愈合特性。微纤化纤维素的加入不仅显著提高了聚合物的热稳定性和机械强度，还提高了聚合物作为物理交联剂的形状记忆性能。此外，由于形状记忆效应，该聚合物还表现出抗划伤和划伤自愈行为。

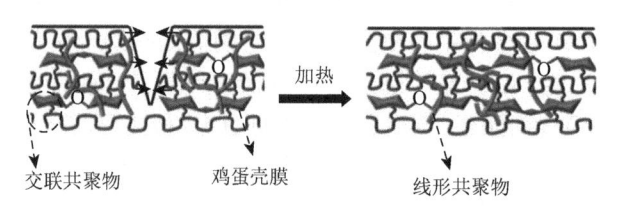

图 2-13　大分子自主扩散[47]

2.3.2.4　金属配体配位键

金属配体聚合物具有很大的自修复潜力。在各种非共价键相互作用中，由于它们的热力学和动力学参数可以在很大范围内调节，因此可以用于制备具有高度可调力学性能的材料。此外，金属配位键可以赋予水凝胶一些性能，如自愈能力、动态互换性和形状恢复能力。动态金属配位键为水凝胶提供了额外的功能，有助于后续水凝胶的宏观性能和稳定性。特别是，化学键与水凝胶的力学性能高度相关，这种相互作用可以通过改变金属配位环境来平衡。

Hussain 等[49]报道了一种通过在聚丙烯酸（PAA）和羟乙基纤维素（HEC）网络上加载 Fe^{3+} 制备自愈合水凝胶的新方法（图 2-14）。氢键和离子配位键的相互作用是水凝胶具有良好自愈能力的关键因素。在该体系中，PAA 和醚中丰富的羧基，以及 HEC 上的羟基，可以组装相当数量的分子间和分子内氢键，为水凝胶提供机械强度。此外，Fe^{3+} 与丙烯酸羧基之间的离子耗散配位键有助于提高水凝胶材料的机械强度。当接触区断裂时，游离 Fe^{3+} 扩散到邻近界面，与 PAA 网络 HEC 骨架和羧基中的氧相互作用。因此，界面附近 Fe^{3+}、PAA 和 HEC 之间的互键结构决定了水凝胶的自愈能力。综上所述，金属配体配位在水凝胶的自愈过程中起着关键作用。Chen 等[50]开发了一种具有光致发光、拉伸能力和自愈能力的羧甲基纤维素基水凝胶。光致发光柠檬酸衍生物的 COO^- 和羧甲基纤维素的 COO^- 之间的动态离子配位相互作用，使 Al^{3+} 在温和条件下具有光致发光和自愈行为。基于羧甲基纤维素基水凝胶的综合功能，他们进一步将水凝胶应用于血管密封剂和胃穿孔的黏合剂。该凝胶具有许多新的性能，在生物医学和工程应用方面具有很大的潜力。

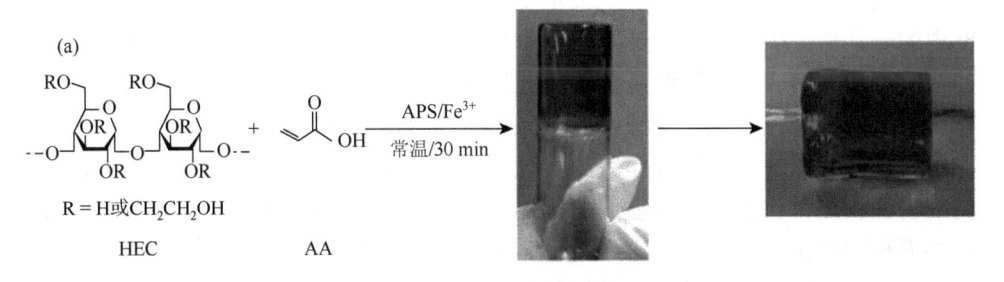

图 2-14 HEC/PAA-Fe^{3+}的合成[49]

APS 表示 3-氨基丙磺酸

2.3.2.5 疏水作用

报道的一些自愈合材料是基于疏水作用而构建的。自愈可以不受外部任何刺激或添加额外的愈合剂，制备方法简单，避免了复杂的结构或分子设计。疏水缔合水凝胶一般是由疏水缔合结构域和胶束在表面活性剂的存在下共聚而成。疏水缔合结构域不仅可以作为物理交联剂，还可以促进疏水缔合水凝胶中亲水聚合物链的交联。此外，由于上述结构域的形成，凝胶在室温下通过疏水作用获得了优异的自愈合能力。这些自愈凝胶材料具有长期的安全性和可靠性，具有很大的实用潜力。Yang 等[51]成功制备了具有有效电磁干扰屏蔽性能的自愈合水凝胶。在这项研究中，通过纤维素纳米纤维（CNF）辅助多壁碳纳米管均匀分散在疏水缔合聚丙烯酰胺水凝胶中。研究发现，CNF 不仅能促进多壁碳纳米管的均匀分散，还能有效改善合成水凝胶的力学性能。

除了非共价键以外，可逆共价键也有助于材料产生自愈合。可逆共价键结合了非共价键的可逆性和不可逆共价键的稳定性。常见的动态共价键有二硫键、Diels-Alder 反应、苯硼酸酯类和酰基型丙酮键。研究者们近期发现与其他相互作用相结合，可设计出具有多种性能的自愈合材料。例如，氢键和 π-π 堆叠机制、氢键和离子相互作用、氢键与金属-配体相互作用结合形成动态变化的化学键，报道了一系列相结合产生的 1+1＞2 的自愈合材料。以上都有望将其带入木材衍生物及木材仿生材料中开发多功能型、智能型新型木材。

2.4 本章小结

木材细胞壁是由多种聚合物组成的动态网络，各化学组分之间的连接及相互作用极其复杂，这些组分的相互作用、大小和取向共同决定了细胞壁的物理力学性能，纤维素-纤维素和纤维素-基质的相互作用也有助于细胞壁的力学和生长的调节。其中，非共价键扮演着至关重要的角色。因此，本章详细介绍了木材细胞壁中的非共价键类型、存在形式及在木材中的作用。详细阐述了组分间非共价键的相互作用，明确了晶体纤维素不仅通过氢键结合在一起，而且还通过分散力和静电吸引力结合在一起。受纤维素构象影响的分散力和静电力也在微纤丝表面起作用。描述了针对非共价键作用的表征技术，不同非共价键相互作用的存在，它们的物理和化学状态，以及它们的排列和取向已经通过红外光谱、拉曼光谱、核磁共振和和频光谱进行了鉴定。最后简述了非共价键作用下的动态响应，基于非共价键的可逆行为进行设计可以制备出具有自适应、自愈合的高值木质材料。

尽管在本章中对木材中的非共价键类型、作用、表征方法及动态响应进行了系统的讨论，但依然存在着诸多问题没有得到解决。很明显，纤维素微纤丝不仅通过氢键结合在一起，而且还通过分散力和静电，主要是 C—O 吸引结合在一起，并受到立体电子学因素的调节，如异构体效应。如上所述，有证据表明，在纤维素与水分子、其他微纤丝表面或非纤维素聚合物相互作用的微纤丝表面，存在类似范围的结合类型。但这些相互作用对结合焓的相对贡献还不是很清楚。纤维素-水结合与其他位点的结合竞争，但依赖于局部水结构的细节，而我们对这些细节知之甚少，特别是当水结构受到分散的半纤维素链的干扰时。水结合的熵贡献受到结合水分子的可变运动自由度的影响，也受到水在位移后去往何处的影响。因此，关于纤维素微纤丝的表面相互作用以及纤维素与其他基质间的相互作用仍存在许多不确定性。要解决这些和其他不确定因素，还将需要一系列实验方法的证据及模拟。

参 考 文 献

[1] Johnson E R, Keinan S, Mori-Sánchez P, et al. Revealing noncovalent interactions. Journal of the American Chemical Society, 2010, 132: 6498-6506.

[2] Keinan S, Ratner M A, Marks T J. Molecular zippers—designing a supramolecular system. Chemical Physics Letters, 2004, 392 (4-6): 291-296.

[3] Tayeb A H, Amini E, Ghasemi S, et al. Cellulose nanomaterials-binding properties and applications: a review. Molecules, 2018, 23 (10): 2-24.

[4] Jarvis M C. Hydrogen bonding and other non-covalent interactions at the surfaces of cellulose microfibrils. Cellulose, 2023, 30 (2): 667-687.

[5] Gardner D J, Tajvidi M. Hydrogen bonding in wood-based materials: an update. Wood and Fiber Science, 2016, 48 (4): 234-244.

[6] Sherrington D C, Taskinen K A. Self-assembly in synthetic macromolecular systems via multiple hydrogen bonding interactions. Chemical Society Reviews, 2001, 30 (2): 83-93.

[7] Parthasarathi R, Subramanian V, Sathyamurthy N. Hydrogen bonding without borders: an atoms-in-molecules perspective. The Journal of Physical Chemistry A, 2006, 110 (10): 3349-3351.

[8] Wohlert M, Benselfelt T, Wågberg L, et al. Cellulose and the role of hydrogen bonds: not in charge of everything. Cellulose, 2021, 29 (1): 1-23.

[9] Nishiyama Y. Structure and properties of the cellulose microfibril. Journal of Wood Science, 2009, 55 (4): 241-249.

[10] Nishiyama Y. Molecular interactions in nanocellulose assembly. Philosophical Transactions of the Royal Society A: Mathematical, Physical and Engineering Sciences, 2018, 376 (2112): 20170047.

[11] Wang W, Zhang Y, Liu W. Bioinspired fabrication of high strength hydrogels from non-covalent interactions. Progress in Polymer Science, 2017, 71: 1-25.

[12] Song P, Wang H. High-performance polymeric materials through hydrogen-bond cross-linking. Advanced Materials, 2020, 32 (18): e1901244.

[13] Huang W, Restrepo D, Jung J Y, et al. Multiscale toughening mechanisms in biological materials and bioinspired designs. Advanced Materials, 2019, 31 (43): e1901561.

[14] Ghiandoni G M, Caldeweyher E. Fast calculation of hydrogen-bond strengths and free energy of hydration of small molecules. Scientific Reports, 2023, 13 (1): 4143.

[15] Mu T, Liu L, Lan X, et al. Shape memory polymers for composites. Composites Science and Technology, 2018, 160: 169-198.

[16] Qin Y, Mo J, Liu Y, et al. Stretchable triboelectric self-powered sweat sensor fabricated from self-healing nanocellulose hydrogels. Advanced Functional Materials, 2022, 32 (27): 2201846.

[17] Chen P, Nishiyama Y, Wohlert J. Quantifying the influence of dispersion interactions on the elastic properties of crystalline cellulose. Cellulose, 2021, 28 (17): 10777-10786.

[18] Chen P, Zhao C, Wang H, et al. Quantifying the contribution of the dispersion interaction and hydrogen bonding to the anisotropic elastic properties of chitin and chitosan. Biomacromolecules, 2022, 23 (4): 1633-1642.

[19] Zhang Y, Zhang T, Kuga S, et al. Polarities-induced weakening of molecular interaction and formation of nanocellulose with different dimensions. ACS Sustainable Chemistry & Engineering, 2020, 8 (25): 9277-9290.

[20] Bertinetti L, Fratzl P, Zemb T. Chemical, colloidal and mechanical contributions to the state of water in wood cell walls. New Journal of Physics, 2016, 18 (8): 083048.

[21] Hou Y, Guan Q F, Xia J, et al. Strengthening and toughening hierarchical nanocellulose via humidity-mediated interface. ACS Nano, 2021, 15 (1): 1310-1320.

[22] He Z, Zhu Y, Xia J, et al. Optimization design on simultaneously strengthening and toughening graphene-based nacre-like materials through noncovalent interaction. Journal of the Mechanics and Physics of Solids, 2019, 133: 103706.

[23] He Z, Zhu Y, Wu H. A universal mechanical framework for noncovalent interface in laminated nanocomposites. Journal of the Mechanics and Physics of Solids, 2022, 158: 104560.

[24] Zheng Y, Wang X, Chen Y, et al. Xyloglucan in the primary cell wall: assessment by FESEM, selective enzyme digestions and nanogold affinity tags. Plant Journal for Cell & Molecular Biology, 2018, 93 (2): 211-226.

[25] Li Y, Chen H, Liu D, et al. PH-responsive shape memory poly(ethylene glycol)-poly(epsilon-caprolactone)-based polyurethane/cellulose nanocrystals nanocomposite. ACS Applied Materials & Interfaces, 2015, 7 (23): 12988-12999.

[26] Khadivi P, Salami-Kalajahi M, Roghani-Mamaqani H, et al. Fabrication of microphase-separated

[27] Shirole A, Nicharat A, Perotto C U, et al. Tailoring the properties of a shape-memory polyurethane via nanocomposite formation and nucleation. Macromolecules, 2018, 51 (5): 1841-1849.

[28] Garces I T, Aslanzadeh S, Boluk Y, et al. Cellulose nanocrystals (CNC) reinforced shape memory polyurethane ribbons for future biomedical applications and design. Journal of Thermoplastic Composite Materials, 2018, 33 (3): 377-392.

[29] Li K, Wei P, Huang J, et al. Mechanically strong shape-memory and solvent-resistant double-network polyurethane/nanoporous cellulose gel nanocomposites. ACS Sustainable Chemistry & Engineering, 2019, 7 (19): 15974-15982.

[30] Wang Y, Cheng Z, Liu Z, et al. Cellulose nanofibers/polyurethane shape memory composites with fast water-responsivity. Journal of Materials Chemistry B, 2018, 6 (11): 1668-1677.

[31] Lamm M E, Wang Z, Zhou J, et al. Sustainable epoxy resins derived from plant oils with thermo- and chemo-responsive shape memory behavior. Polymer, 2018, 144: 121-127.

[32] Sessini V, Navarro-Baena I, Arrieta M P, et al. Effect of the addition of polyester-grafted-cellulose nanocrystals on the shape memory properties of biodegradable PLA/PCL nanocomposites. Polymer Degradation and Stability, 2018, 152: 126-138.

[33] Barmouz M, Hossein B A. Shape memory behaviors in cylindrical shell PLA/TPU-cellulose nanofiber bio-nanocomposites: analytical and experimental assessment. Composites Part A: Applied Science and Manufacturing, 2017, 101: 160-172.

[34] Yang H, Wang Y, Yu Q, et al. Composite phase change materials with good reversible thermochromic ability in delignified wood substrate for thermal energy storage. Applied Energy, 2018, 212: 455-464.

[35] Keplinger T, Cabane E, Berg J K, et al. Smart hierarchical bio-based materials by formation of stimuli-responsive hydrogels inside the microporous structure of wood. Advanced Materials Interfaces, 2016, 3 (16): 1600233.

[36] Guo X, Daka S, Fan M, et al. Reversibly thermochromic wood. Journal of Materials Science, 2023, 58 (5): 2188-2197.

[37] Lou Z, Wang Q, Kara U I, et al. Biomass-derived carbon heterostructures enable environmentally adaptive wideband electromagnetic wave absorbers. Nano-Micro Letters, 2022, 14: 1-16.

[38] Wang K, Zhang T, Li C, et al. Shape-reconfigurable transparent wood based on solid-state plasticity of polythiourethane for smart building materials with tunable light guiding, energy saving, and fire alarm actuating functions. Composites Part B: Engineering, 2022, 246: 11026.

[39] Wei Y, Hu C, Dai Z, et al. Highly anisotropic MXene@Wood composites for tunable electromagnetic interference shielding. Composites Part A: Applied Science and Manufacturing, 2023, 168: 107476.

[40] Liu H, Chung H. Self-healing properties of lignin-containing nanocomposite: synthesis of lignin-graft-poly(5-acetylaminopentyl acrylate) via raft and click chemistry. Macromolecules, 2016, 49 (19): 7246-7256.

[41] Kakuta T, Takashima Y, Nakahata M, et al. Preorganized hydrogel: self-healing properties of supramolecular hydrogels formed by polymerization of host-guest-monomers that contain cyclodextrins and hydrophobic guest groups. Advanced Materials, 2013, 25 (20): 2849-2853.

[42] Pradal C, Jack K S, Grondahl L, et al. Gelation kinetics and viscoelastic properties of pluronic and α-cyclodextrin-based pseudopolyrotaxane hydrogels. Biomacromolecules, 2013, 14 (10): 3780-3792.

[43] Zheng W J, Gao J, Wei Z, et al. Facile fabrication of self-healing carboxymethyl cellulose hydrogels. European

Polymer Journal, 2015, 72: 514-522.
[44] Appel E A, Tibbitt M W, Greer J M, et al. Exploiting electrostatic interactions in polymer-nanoparticle hydrogels. ACS Macro Letters, 2015, 4 (8): 848-852.
[45] Wang Y, Wang Z, Wu K, et al. Synthesis of cellulose-based double-network hydrogels demonstrating high strength, self-healing, and antibacterial properties. Carbohydrate Polymers, 2017, 168: 112-120.
[46] Liu X, Tang C, Han W, et al. Characterization and preservation effect of polyelectrolyte multilayer coating fabricated by carboxymethyl cellulose and chitosan. Colloids and Surfaces A: Physicochemical and Engineering Aspects, 2017, 529: 1016-1023.
[47] Lu C, Liu Y, Liu X, et al. Sustainable multiple- and multistimulus-shape-memory and self-healing elastomers with semi-interpenetrating network derived from biomass via bulk radical polymerization. ACS Sustainable Chemistry & Engineering, 2018, 6 (5): 6527-6535.
[48] Qi X, Yang G, Jing M, et al. Microfibrillated cellulose-reinforced bio-based poly(propylene carbonate) with dual shape memory and self-healing properties. Journal of Material Chemistry A, 2014, 2 (47): 20393-20401.
[49] Hussain I, Sayed S M, Liu S, et al. Hydroxyethyl cellulose-based self-healing hydrogels with enhanced mechanical properties via metal-ligand bond interactions. European Polymer Journal, 2018, 100: 219-227.
[50] Chen Y M, Sun L, Yang S A, et al. Self-healing and photoluminescent carboxymethyl cellulose-based hydrogels. European Polymer Journal, 2017, 94: 501-510.
[51] Yang W, Shao B, Liu T, et al. Robust and mechanically and electrically self-healing hydrogel for efficient electromagnetic interference shielding. ACS Applied Material Interfaces, 2018, 10 (9): 8245-8257.

3 木质纤维素聚集效应

分子由两个或多个原子组合而成，构成了纯物质的最小可识别单位，并且仍然保持该物质的组成和化学性质。分子科学认为，一种物质的共价化学结构决定了它在长度尺度上的性质和性能。这一原则在许多情况下都适用，但不适用于物质的聚集态。木质纤维素不单单是由分子构成的，还存在许多的聚集结构，展现出分子科学无法解释的聚集效应，这在其作为聚集体的性能方面发挥着至关重要的作用。

3.1 聚集体理论

3.1.1 聚集体概述

分子汇集形成聚集体，因此分子层次上的所有实体皆可称为聚集体（aggregate）。在聚集体中，分子可以是几个或无穷多个，成分可以是同种或异类，产物可以是零维或多维的微纳结构甚至是宏观物体等。聚集体源于分子，高于分子，作为一群相互作用的分子的集合，常常表现出与其分子单元大相径庭的性质和功能。

苏格兰科学家詹姆斯·克拉克·麦克斯韦于1873年在布拉德福德市英国协会发表演讲时指出："分子是物质的最小组成单元。"《韦氏词典》将分子定义为"一种具有物质所有属性的最小粒子"。这种还原论学说将分子置于物质研究的中心基础地位。为了了解单个分子的行为，科学实验通常在极稀溶液中进行，以规避分子间相互作用的影响或干扰。许多科学定律、规则、公式、定理等都根据稀溶液中的实验数据推导或发展而来，例如，描述单分子在稀溶液中光吸收过程的朗伯-比尔定律[1]。

然而，在浓溶液中，分子从分散态变为聚集体，线性关系的朗伯-比尔定律便不再适用。在有些情况或场合下，分子与聚集体的行为和性质甚至迥然相异。例如，很多芳香族化合物在稀溶液中以单分子形式自由存在时可以在紫外线激发下发射荧光或磷光，而在聚集态下却发光减弱甚至完全不发光。这一光物理现象常被称为聚集导致荧光猝灭（aggregation-caused quenching，ACQ）效应。另外，有些分子显示与聚集导致荧光猝灭过程完全相反的聚集诱导发光（aggregation-induced emission，AIE）现象：聚集诱导发光基元在单分子自由状态不发光而在聚集态高效发光。聚集导致荧光猝灭现象说明分子的性质可以在聚集体中消失

（1→0），而聚集诱导发光现象说明新性质可以在聚集体中产生（0→1），如图 3-1 所示。这些例子与人们普遍接受的（1→1）的观念大相径庭。

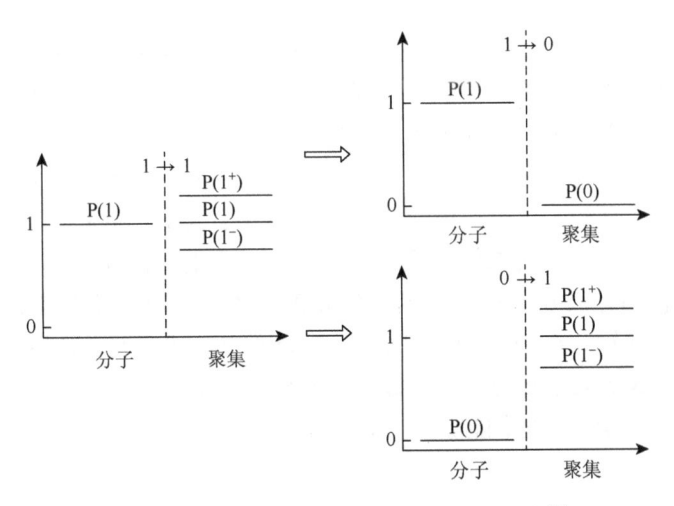

图 3-1　科学从分子水平到聚集水平的演变[2]

P(1)：物质的可观察性质；P(0)：湮灭性质；P(1⁺)：放大或改善的性质；P(1⁻)：衰减或减弱的性质

中国古代先哲老子在《道德经》中指出："三生万物"。用现代科学语言来说就是微粒聚集的量变可以带来质的飞跃。1967 年，诺贝尔物理学奖得主菲利普·沃伦·安德森在加利福尼亚大学的一次演讲中阐述了他的整体论观点："不能从几个基本粒子的性质做简单外推，去理解大而复杂的聚集体的行为"，"在复杂性的每一个层次，都会有崭新的性质出现"。当许多分子混合或组装成一个聚集体时，所得聚集体的性质将受到不同因素（如数量、形状、形态、相互作用等）的非线性影响。理解这样的复杂系统，需要构筑和发展一种研究聚集体的新科学框架，即聚集体学（aggregology）[3]。

分子科学研究的是不受分子之间相互作用影响的自由孤立粒子，而聚集体科学（或聚集体学）的研究对象是各种作用相互影响的受限复杂系统[4]。聚集体学研究将产生新模型，创造新知识，扩宽人们对世界的认识，加深对自然的理解，帮助解决用传统还原论方法无法或难以解决的问题。因此，聚集体本身应该作为一个独立的实体来研究。

3.1.2　聚集体特性

一般，结构决定了材料的性能，性能可以部分反映结构变化。以下将从三个类别介绍聚集体结构的特殊性质：单组分聚集体、双组分聚集体和多组分聚集体。

3.1.2.1 单组分聚集体

表现出簇聚诱导发光（clusterization-triggered emission，CTE）效应的非共轭发光体称为簇发光体，最近成为光子学的新前沿[5]。簇发光体分为三类：第一类是大分子，包括天然大分子和人工合成的高分子；第二类是小分子化合物，包括含有芳香团的非共轭小分子及不含芳香团的非共轭体系；第三类主要介绍了金属团簇化合物，如金簇、银簇、铜簇等。这些小分子簇发光现象颠覆了人们对于发色团的认知。由于缺乏键共轭，孤立分子具有较大的能隙（ΔE_1），导致 ΔE_1 始终对应于强度较弱且波长不可见的紫外线发射。然而，一旦聚集形成团簇，由于新产生的空间共轭，能隙（ΔE_2 和 ΔE_3）就会变窄，在短波长范围内产生可见的簇发光。在形成更紧密和更大的团簇时，发射强度增加，发射能量降低（更红）。图 3-2 表示了簇形成过程中能隙减小的过程。

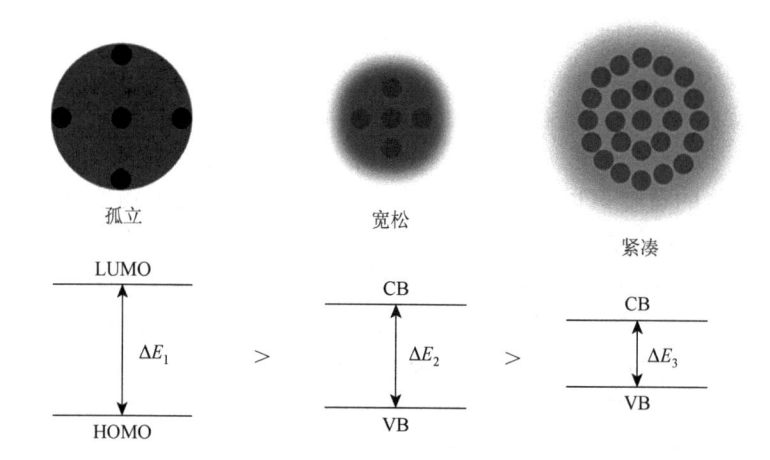

图 3-2 簇形成伴随着能隙（ΔE）减小过程示意图[6]

CB 表示导带，VB 表示价带，HOMO 表示最高占据分子轨道，LUMO 表示最低未占据分子轨道

另外，聚集诱导活性氧生成（AIG-ROS，图 3-3）可以将三重态能量通过两种方式有效地转化为活性氧的化学能：①通过一系列化学反应（Ⅰ型）将氧气还原为超氧化物（O_2^-）、过氧化氢和羟基自由基；②生成单重态氧（Ⅱ型）。许多 AIE 荧光生色团表现出类似的行为，这表明 AIG-ROS 是 AIE 荧光生色团的共同性质。过量的活性氧会破坏细胞蛋白质、脂质和 DNA，导致细胞的致命损伤。因此，如果具有 AIG-ROS 效应的 AIE 荧光生色团能够特异性地输送到肿瘤组织，则生成的活性氧将杀死癌细胞。

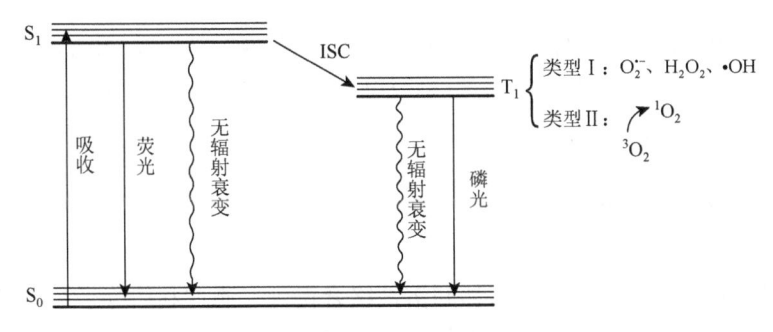

图 3-3 活性氧产生机制示意图[7]

ISC 表示系间穿越

AIG-ROS 是以非辐射方式利用聚集结构激发态能量的有效策略之一。然而，能量转换被限制在三重态，因此仍然存在以类似方式使用单重态的范围。为此，我们需要考虑非辐射衰变的耗散途径，这通常被认为是通过碰撞产生热量和向溶剂传递能量。在分子状态下，由于溶质与溶剂的碰撞概率较大，非辐射能量耗散主要是能量转移。而聚集态结构可以在一定程度上降低碰撞的可能性，促进聚集态内部热量的产生[8]。根据这一理论，唐本忠院士设计了一种具有多个分子内转子（TFM）的新型 AIE 荧光生色团[9]。当 TFM 被制造成粒子并溶解在水中时，所产生的纳米颗粒悬浮液在光照下产生大量热量（高达 70℃），具有光热效应，可用于切除癌细胞。AIE 荧光生色团的光热效应也可用于产生太阳能蒸汽。

3.1.2.2 双组分聚集体

在单组分聚集体中，性质研究主要集中在所研究化合物的内在结构和存在的任何外部刺激，通常不存在基于分子间相互作用的协同效应。实际上，材料的正常功能在很大程度上依赖于不同元素之间的协同效应，这些元素可以是双组分甚至多组分混合物。

唐本忠等开发了一种形态变色发光的两亲性给受体（D-A）AIE 荧光生色团（TPE-EP）[10]。当 TPE-EP 溶解在聚乳酸溶液中时，快速和缓慢蒸发过程中 TPE-EP 分子和周围的聚乳酸之间经历不同的分子间相互作用，产生了不同聚集体形式的 TPE-EP。最后，在聚乳酸薄膜的无定形态和晶态区域分别形成了 TPE-EP 的 G（绿色）聚集态和 Y（黄色）聚集态。

簇激子是具有强分子间相互作用的双组分聚集体的另一个典型性质[11]。以 1,8-萘二酸酐（NA）为客体，五氯吡啶（PCP）、邻苯二甲酸酐（PA）和 1,2-二氰基苯（DCB）为主体，当通过熔融浇铸将 NA 掺杂到主体中时，得到的双组分聚集体表现出纯有机室温磷光，具有高效率和超长寿命。在 NA/PCP 聚集态中，

NA/PCP 团簇作为一个整体被激发，形成具有有效 ISC 的 $S_{1(簇)}$ 和 $T_{1(簇)}$ 的瞬态。之后，客体的最低三重态 [$T_{1(NA)}$] 作为能量"陷阱"吸引能量从 $T_{1(簇)}$ 转移到 $T_{1(NA)}$ 发射超长室温磷光。

3.1.2.3 多组分聚集体

多组分聚集体可由主体、客体和溶剂络合得到。通过利用分子运动剂，实现聚集态结构的相互转换，在信号检测、信息存储等方面具有很大的应用潜力[12]。

聚集体科学研究的复杂性体现在聚集体中存在的各式各样错综复杂的效应和过程，如拮抗作用、协同作用、涌现性、多样性等。这里略举数例稍加说明：

1）随机化/规律化、无定形化/晶化、柔软化/刚硬化等拮抗作用会影响聚集体的行为，深入了解这些拮抗过程，将有助于发展新手段和新方法去改变和调控聚集体的性质和功能。

2）多体系统中组分（主体-客体、给体-受体、发射源-敏化剂等）的正确搭配和组分间的协同作用，有可能导致完美共生聚集体的形成。

3）聚集过程中可能涌现出全新的结构和性质，例如，原本无生色团的非共轭分子在团簇化后可能产生簇发光；非手性分子在螺旋组装后可能发射圆偏振光；纯有机分子聚集后可能实现高效室温磷光等。

4）聚集体可能同时显示丰富多样的性质和多姿多彩的功能，如同质多晶多色发光、辐射/非辐射同步跃迁、多模态（光/声/热）生物成像及诊疗等。

在聚集体层次建立新的工作原理和机制将有助于科学家合理设计新系统和研发新材料。聚集科学或聚集体学研究有望提供许多令人兴奋的可能性，并在探索聚集体特有的，但在其分子系统中无法观察到的奇异效应和崭新特性方面获得许多令人意想不到的成果。

3.2　木质纤维素聚集结构

在分子及纳米尺度上，木质纤维素中的纤维素、半纤维素及木质素等组分都具有不同的聚集结构，本节将对各组分的聚集结构进行系统性的概述。

3.2.1　纤维素

3.2.1.1　木材中的纤维素

纤维素是木材的主要组分，约占木材质量的 50%，是构成木材细胞壁的结构物质[13]。纤维素分子是由许多吡喃型 D-葡萄糖基以 β-1,4 糖苷键连接而成的线形高分子聚合物[14]。在细胞壁生长发育的过程中，纤维素合酶复合体是纤维素合成的"工厂"，活性纤维素合酶复合体在合成过程中分布的受控变化和协调运动影响着纤维素基本纤丝的聚集情况[15]。如图 3-4 所示，密集排列和连贯移动的纤维素合酶复合物（CSC）的协同活性负责在转分化木质部细胞中产生次生壁（SCW）期间合成高度聚集的纤维素微纤丝。具体来讲，在初生壁（PCW）合成过程中，活性纤维素酶复合体较为分散，合成低聚性的纤维素基本纤丝，这些纤维素酶复合体在初生壁合成过程中表现出双向运动。在次生壁合成过程中，纤维素酶复合体递送到细胞膜的速率升高，会产生密集的紧密排列的纤维素酶复合体群体，这些纤维素酶复合体在纤维素合成过程中沿着一致的方向移动。在次生壁合成过程中，相对移动和密集排列的纤维素酶复合体的协同活性导致许多紧密间隔的纤维素微纤丝的同步挤出，促进合成时相邻微纤维的聚集和成束。

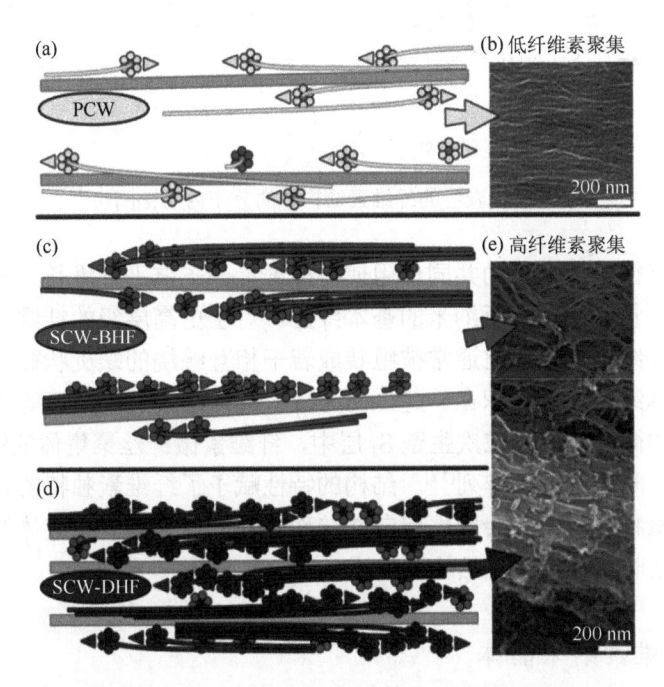

图 3-4 密集排列和连贯移动的 CSC 的协同活性在转分化木质部细胞中产生 SCW 期间合成高度聚集的纤维素微纤丝

SCW-BHF 表示受限环形成之前的次生壁，SCW-DHF 表示受限环形成期间的次生壁

在纤维素中，基本纤丝是通过非共价键相互作用聚集在一起的。强大的氢键网络是纤维素分子上丰富的羟基基团在相邻葡萄糖分子间通过分子内或分子间氢

键连接而形成的。图 3-5 为代表性纤维素结构中的分子内氢键网络示意图。同时，范德瓦耳斯力的作用也不可忽视。在纤维素聚集态中，范德瓦耳斯力的作用大于氢键作用。在小分子中，范德瓦耳斯相互作用通常比氢键相互作用弱得多。但在高分子材料如纤维素中，范德瓦耳斯力的强度与分子量成正比，而氢键的强度仅随氢键数目的增加而呈线性增长。纤维素中每个葡萄糖分子平均形成一个分子间氢键和两个分子内氢键。因此，纤维素中范德瓦耳斯相互作用的贡献可以相当显著，而氢键的贡献相对较小[16]。研究表明，范德瓦耳斯力中的色散力对分子内聚的贡献是氢键的两倍。在所有晶体形式中，色散相互作用支配纤维素链的堆叠，特别是垂直于吡喃糖环的方向上，在这个方向上，色散能量对弹性力学性能的贡献超过 50%[17]。可见，色散力对纤维素的机械性能有显著贡献。

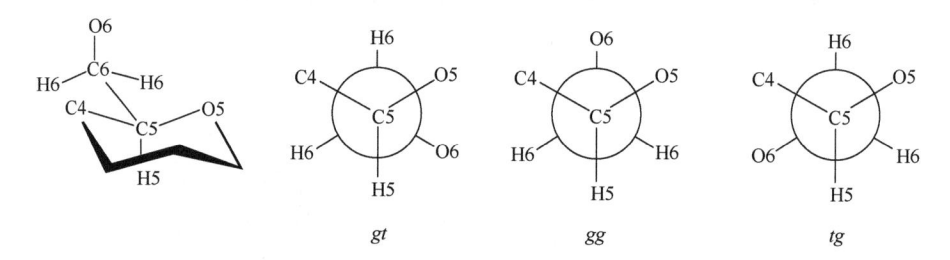

图 3-5 代表性的纤维素结构中的分子内氢键网络[18]

氢键和范德瓦耳斯力的共同作用使得纤维素分子链平行堆叠，聚集成横截面为 3～5 nm、长度超过几百纳米的基本纤丝。对于更高层级的纤维素聚集的结构特征而言，纤维素基本纤丝通常被组装成若干相互缠绕的螺旋状微纤丝束。几个螺旋形的基本纤丝相互交织在一起，同时嵌入半纤维素、木质素等基体物质中，形成螺旋形的微纤丝束。在次生壁 S_1 层中，纤维素微纤丝聚集体的组织不均匀，聚集体以平行和螺旋方式排列[19]。结构的特性赋予了纤维素独特的效应。螺旋纤维素结构在植物细胞壁中会发生旋向性转移；当这些纤维素螺旋体的尺寸与可见光的波长相当时，就会产生结构色效应。

3.2.1.2 纤维素纳米晶体

纤维素纳米晶体（CNC）通常被称为微晶体、晶须、纳米晶体、纳米颗粒、微晶体或纳米纤维。

在 20 世纪 50 年代，Ränby 首次报道了通过控制硫酸催化降解纤维素纤维可以获得纤维素胶体悬浮液[20]。干燥悬浮液的透射电子显微镜（TEM）图首次揭示了棒状颗粒的聚集物的存在，而对这些棒状颗粒的电子衍射进一步分析表明，它们具有与原始纤维相同的晶体结构。在酸水解条件优化后，纤维素纳米晶体的胶体悬浮液表现出向列相液晶排列。自从发现具有纤维素纳米晶体的纳米复合材料的机械性能显著改善以来，人们对利用可再生资源制造材料的兴趣越来越大，因此对纤维素纳米晶体复合材料进行了大量研究。

偏光光学显微镜显示，在稀释浓度下，CNC 呈球形或卵圆形，初始有序域类似于锥状域。当 CNC 浓度增加时，采用向列相液晶排列，因为这些锥状体结合形成各向异性相，其特征是 CNC 杆的单向自定向。当悬浮液达到 CNC 的临界浓度时，会形成一个手性向列有序相，显示线是胆甾体液晶的标志。在手性向列有序相形成的临界浓度以上，CNC 水悬浮液产生剪切双折射，静置时可自发分离为上层各向同性相和下层各向异性相。

各向异性相中的这些手性向列或胆甾结构由 CNC 杆的堆叠平面组成，这些堆叠平面沿矢量（方向）对齐，每个方向的旋转围绕垂直轴从一个平面旋转到下一个平面，如图 3-6 所示。发生在临界浓度以上的 CNC 的自诱导平行排列现象归因于众所周知的棒状物质的熵驱动自定向现象，以给出向列顺序。它的起源可以归结为有利的排除体积相互作用，导致与无序相相比更高的堆积熵。

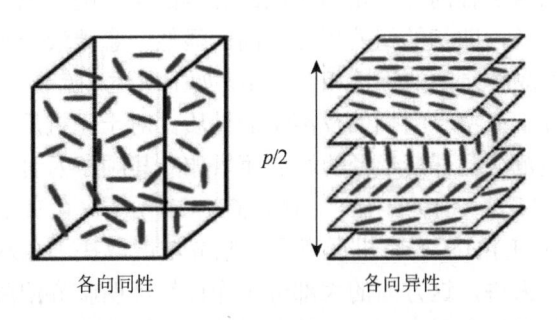

图 3-6　各向异性相（手性向列相）CNC 取向的示意图[18]

这种自发自组装现象的起源被认为类似于在含有纤维素的天然材料中经常观察到的螺旋结构。由于这些悬浮液中的分子中不存在任何结构手性，这种螺旋排列被认为是由于诱导手性向列堆积的不对称性。Revol 和 Marchessault 假设 CNC 本身一定存在扭曲，这解释了它们的手性相互作用[21]。由于硫酸化处理后带有负电荷的 CNC 的悬浮液不会产生这种手性向列有序，因此 CNC 表面电离硫酸基团的负电荷被认为是相稳定性的必要条件，并且它们的螺旋分布也被认为是"扭曲剂"。然而，最近对用表面活性剂涂层或聚合物接枝使 CNC 立体稳定的悬浮液进行的研究提供了更多 CNC 纳米结构扭曲的证据。事实上，人们已经发现，即使在初步吸附或接枝修饰 CNC 后，静电排斥被屏蔽，悬浮液仍保持其手性向列有序。Orts 等已经证实，基于水悬浮液中 CNC 的原位小角度中子散射（SANS）测量（在磁场和剪切对准条件下),CNC 是螺钉状杆的假设[22]。Araki 和 Kuga 报道了更多的证据[23],并出人意料地表明,来自细菌纤维素的 CNC 在无电解质的悬浮液中形成非手性向列相,而在有电解质的情况下,悬浮液呈手性向列相。这一现象可以用 CNC 中非平凡的形态变化来解释,即由于表面电荷的筛选,CNC 从一个普通的圆柱形结构变成了一个扭曲的棒状结构。事实上,表面电荷的排斥力导致的 CNC 膨胀会掩盖手性形态,使棒状物质变得笔直光滑;通过平行排列这些棒状物质,允许这种结构导致向列相的形成。电解质的加入会导致有效粒径的收缩;在这种情况下,扭曲的形态表现为棒的相互排列,因此使其手性向列有序。

在无电解质水悬浮液中形成有序向列相所必需的硫酸化 CNC 的临界浓度在很大程度上取决于电荷密度,通常在 1 wt%～10 wt%之间。所得到的手性向列各向异性相通常显示随着 CNC 浓度的增加而减小的间距,可以在 20～80 μm 之间变化。

各向同性到各向异性(手性向列相)平衡对电解质的存在和电解质反离子的特定性质很敏感。定量研究了各向同性和各向异性相的组成变化作为两个相共存的电解质浓度的函数,以及反离子类型的影响[24]。从后面的研究中发现,增加电解质的添加量可以减少各向异性相的形成。有趣的是,随着电解质浓度的增加,手性向列相间距降低,即相的扭曲程度更高。显然,悬浮液的减少是因为双电层厚度的减少增加了晶体之间的手性相互作用。如上所述,硫酸化 CNC 悬浮液的相分离也在很大程度上取决于它们的反离子的性质。对于无机反离子,有序相形成的临界浓度一般随范德瓦耳斯半径的增加而增加,其顺序为 $H^+<Na^+<K^+<Cs^+$。对于 NH_4^+、$(CH_3)_4N^+$、$(CH_3CH_2)_4N^+$、$(CH_3CH_2CH_2)_4N^+$、$(CH_3CH_2CH_2CH_2)_4N^+$、$(CH_3)_3HN^+$和$(CH_3CH_2)_3HN^+$等有机反离子,临界浓度取决于疏水引力和空间斥力的相对贡献。总体来讲,这方面的大部分工作已经证明临界浓度随着反离子尺寸的增加而增加。另外还发现,反离子的化学性质也影响稳定性、相分离的温度依赖性、手性向列间距,以及由悬浮液制成的干燥样品的再分散性。

据报道,从细菌纤维素中得到的硫酸水解 CNC 在向列相中自发分离之前处于双折射的玻璃状态,这种状态可以持续长达7天。然而,加入微量电解质(<1 mmol/L NaCl)可在 2 天内使各向异性相分离,并使其变成手性向列相。电解质的存在也显著降低了各向异性相的体积。Hirai 等[25]对这种相的分离和 NaCl(高盐浓度,高达 5.0 mmol/L)的影响进行了详细研究,发现手性向列相的体积分数在 NaCl 浓度约 1.0 mmol/L 时表现出最小值。如果 NaCl 浓度在 2.0～5.0 mmol/L 范围内变化,则不会发生相分离,但悬浮液完全变成液晶。在 0～2.75 mmol/L NaCl 浓度范围内,各向异性相中有序畴的大小随着 NaCl 浓度的增加而减小。在 NaCl 浓度为 2.75 mmol/L 时,仅观察到手性向列相畴,而在 NaCl 浓度为 5.0 mmol/L 时,不再观察到手性向列相畴。此外,随着 NaCl 浓度的增加,手性向列相间距从无电解

质悬浮液的约 16.5 μm 下降到 0.75 mmol/L 时的最小值 12 μm，最后在浓度为 2.0 mmol/L 时急剧增加到大于 19 μm。

Beck-Candanedo 等[26]报道，与电解质类似，（非吸附）大分子，如蓝葡聚糖或离子染料，可诱导各向异性硫酸水解 CNC 的水悬浮液的液晶相分离至各向同性相。

阴离子染料诱导相分离的离子强度远低于简单的 1∶1 电解质（如 NaCl），可能是因为它们的多价特性和更大的水化半径。然而，已经证明阳离子和阴离子染料的静电吸引和化学结合似乎抑制了 CNC 悬浮液中的相分离。当阴离子染料附着在非吸附大分子上时，如右旋糖酐，会形成各向同性相、各向同性相和向列相的复合体系。中性蓝葡聚糖也观察到这种奇特的行为，产生三相平衡所需的右旋糖酐的浓度似乎受到其分子量或电荷密度的强烈影响，这些悬浮液的相行为机制似乎是由排斥静电和吸引熵力共同控制的。阴离子染料的存在提高了系统的离子强度，在低离子强度时，需要大量的 CNC 来达到相分离所需的临界纤维素浓度，将相平衡转移到各向同性和手性向列相共存的区域。在较高的离子强度下，杆之间的静电排斥被充分屏蔽，从而允许右旋糖酐大分子相互吸引并导致相分离。此外，报道称离子染料的存在会影响手性向列相的形成，主要是由于其影响了 CNC 表面电荷的性质和密度。通过使用后硫酸化的 HCl 水解的 CNC，其硫含量比直接 H_2SO_4 水解的 CNC 低约三分之一，Araki 等[27]报道了明显不同的行为。事实上，如图 3-7 所示，磺化后的悬浮液形成了具有交叉锯齿图案的双折射玻璃相，而不是直接硫酸盐化 CNC 典型的手性向列相的指纹图案。有趣的是，高黏度的后硫酸化 CNC 悬浮液不产生手性向列相最有可能是由于其电荷含量低。

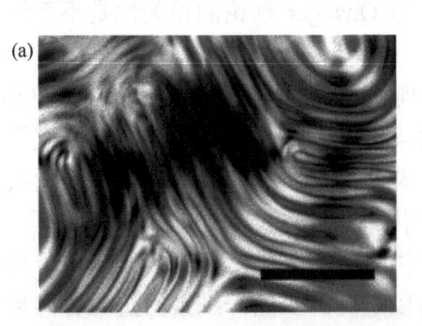

图 3-7 CNC 悬浮液的偏振光显微照片[27]

（a）直接 H_2SO_4 水解悬浮液的手性向列相指纹图谱（初始固体含量 5.4%）；（b）后硫酸化悬浮液的交叉线图案（初始固体含量 7.1%）

羧基化 CNC 可由 2,2,6,6-四甲苯哌啶氧化物（TEMPO）氧化制得，其在水中可以形成均匀的分散体，具有强烈的双折射性。这种剪切双折射在整个系统中并不是均匀分布的，而是由不同大小和颜色的区域组成，这些区域指示了 CNC 内的局部区域方向。另外，这些区域从未达到手性向列序，形式为触觉或指纹。缺乏进一步的组织可能是由于 CNC 长度的高度多分散性（通过 HCl 预水解从纤维素中获得）和悬浮液的高黏度。然而，当用棉纤维制备羧基化 CNC 时，观察到 CNC 的长度多分散性降低。因此，当羧基化 CNC 浓度为 5 wt%或更高时，这些悬浮液达到了手性同列序，间距为 7 μm。此外，当将 PEG 接枝到 CNC 表面时，所得到的 PEG 接枝 CNC 通过类似于未修饰 CNC 的相分离产生了手性向列相中间相，但指纹图案的间距减小（约 4.0 μm）。与之前发现的不同，PEG 接枝的 CNC 即使在高固体含量下也表现出极大的分散稳定性，并且能够从冷冻干燥状态重新分散到水中或氯仿中。由于电黏效应的降低，它们在高离子强度下也表现出很强的稳定性，并且在添加高达 2 mol/L NaCl 电解质时没有观察到聚集现象。

阳离子环氧丙基三甲基氯化铵接枝的 CNC 悬浮液也观察到剪切双折射，但没有检测到液晶手性向列相分离，很可能是由于悬浮液的高黏度抑制了相分离。Heux 等[28]首次描述了 CNC 在极性溶剂中的自迁移现象。在他们的初步研究中，表面活性剂涂层用于分散 CNC，从而获得手性向列相结构。然而，研究发现手性向列相结构的间距约为 4 μm，与水悬浮液的情况（间距在 20～80 μm 之间）相比，这个值太小了。此外，CNC 浓度可达 36%。这些结果是由于表面活性剂涂层起到了空间位稳作用。事实上，这种稳定性屏蔽了静电斥力，从而诱导了 CNC 之间更强的手性相互作用，最终允许更多的填充。该小组对这种手性向列相的结构进行了详细研究。他们研究了从棉纤维中提取的 CNC 的纵横比与其在极性溶剂（如环己烷）中的分散度之间的相关性。在极性溶剂中相自发分离成手性向列相中间相的临界浓度高于水中。这些亲有机悬浮液与 Onsager 理论的相关性是不可能的，因为实验的临界浓度比预测的低得多，可能是由于极性溶液中 CNC 之间的吸引相互作用。这些强相互作用也导致了手性向列相间距的减小，约为 2 μm 或更小。此外，具有高长径比的 CNC 制备的悬浮液不显示任何相分离，而是在高浓度下产生各向异性的凝胶相。相反，对于低聚木葡聚糖-聚乙二醇-聚苯乙烯三嵌段共聚物稳定的甲苯中 CNC 悬浮液，手性向列相间距要大得多（约 17 μm）。

在外加磁场或电场作用下，水悬浮液中的非絮凝 CNC 可以定向。由于纤维素的负抗磁各向异性，当它们受到磁场时可以定向。虽然纤维素的抗磁各向异性相对较弱，但纤维素棒状纳米晶体长而重，因此它们的总抗磁各向异性与其他颗粒（如 DNA）相比要大得多。Sugiyama 等[29]首次证明，从被囊纤维素中提取的晶体纤维素稀水悬浮液在受到 7T 磁场时能够定向。在薄膜中，晶体的长轴垂直于磁场定向。在胆甾体轴与磁场平行而不是展开手性向列结构时，可以实现总体 CNC 方向。Fleming 等[30]证明了液晶 CNC 悬浮液在核磁共振波谱仪磁场中的方向可以帮助解释添加到悬浮液中的蛋白质的核磁共振波谱。Kimura 等[31]证明通过施加缓慢旋转的强磁场，CNC 悬浮液的手性向列相行为可以被解开。Kvien 和 Oksman[32]

试图用强磁场将 CNC 排列在聚合物基体（如聚乙烯醇）中，以获得单向增强的纳米复合材料。有趣的是，结果表明，纳米复合材料的动态模量在排列方向上高于横向。从苎麻纤维和被囊酸盐中提取的 CNC 的水悬浮液在交流电场下干燥后，在薄膜中沿场矢量显示了高度的取向。通过透射电子显微镜和电子衍射分析，苎麻纤维在环己烷中的 CNC 胶态悬浮液也在交流电场中定向。此外，这些悬浮液在偏振光下观察时表现出双折射，其幅度可以随着场强的增加而增加。还显示了干涉牛顿色，类似于热致液晶薄膜的干涉牛顿色，干涉图案在约 2 kV/cm 时达到饱和平台。这一惊人的结果是在 CNC 浓度低于各向同性/向列转变时得到的，排除了电场和可能的各向异性相之间的任何合作效应。

3.2.2 半纤维素

3.2.2.1 半纤维素的聚集结构

半纤维素是一类具有复杂分子结构的异质多糖，是木质纤维素生物量的基本组成部分[33]。半纤维素是自然界中第二大丰富的多糖类物质。与纤维素不同，半纤维素不是均一聚糖，而是一类复合聚糖的总称，包括木聚糖、阿拉伯糖和半乳糖等。木聚糖是半纤维素的典型代表，是草本植物和被子植物次生壁的丰富成分。

在细胞壁中，木聚糖的主要构象是 3 倍螺旋。木聚糖在纤维素微纤丝(110)晶面上的吸附主要由静电相互作用控制，形成稳定木聚糖初始构象（3_2 倍螺旋构象）的氢键网络。少数木聚糖可以在纤维素微纤丝的(200)晶面上以 2 倍螺旋构象存在，与 3 倍螺旋相比，2 倍螺旋构象允许与纤维素晶体的其他表面发生更多的非共价键相互作用[34]。其主要由色散相互作用（dispersion interaction）控制，但一些木聚糖可以通过疏水力（hydrophobic force）转化为 2_1 倍螺旋构象。木聚糖在(200)晶面上比在(110)晶面上更容易转化为 2 倍螺旋构象。这种 2 倍螺旋构象与亲水性和疏水性纤维素表面的相互作用是稳定的，但两侧的乙酰酯（奇数图案）会阻碍亲水性(010)和(020)晶面上的木聚糖-纤维素相互作用[35]。半纤维素除了自身会发生聚集，还会对纤维素的聚集产生一定影响。通过小角度中子散射（SANS）表征发现，木聚糖与纤维素表面的相互作用增加了微纤丝的间距。在另一项研究中，将提取纯化的半纤维素加入细菌纤维素水凝胶中构成细胞壁模型系统，发现结合的半纤维素既表现出与纤维素具有紧密相互作用的刚性相，又表现出有助于细菌纤维素水凝胶的多尺度结构的柔性相。在刚性相中，木聚糖与纤维素表面具有刚性相互作用，影响纤维素微纤丝束的聚集；在柔性相中，葡甘露聚糖会形成更多的盘绕构象，发生聚集，表现出强大的桥接黏附力。另外，不同的半纤维素类型也影响着细胞壁不同的生物力学性能。木聚糖有助于在拉伸下显著增加断裂伸长率，葡甘露聚糖则增加了压缩弹性模量。

长期以来，半纤维素由于其高度分支，通常被认为是一种无定形多糖。然而，在严格控制提取条件下，半纤维素可以形成晶体结构。尽管在 1949 年就提出了晶体半纤维素，但半纤维素纳米晶体的研究进展比其他天然多糖（纤维素、淀粉和几丁质）更为缓慢和复杂，这主要是因为半纤维素结构复杂。纤维素和几丁质纳米晶体是采用典型的自上而下的方法——通过强酸（盐酸和硫酸）处理分解原料。酸水解首先削弱，然后破坏无定形态区域，从而形成纳米晶体。然而，在强酸性环境中，半纤维素基原料往往产生单糖或/和糠醛残基。半纤维素的这种行为对半纤维素晶体的结构分解及发育提出了相当大的挑战。

在早期的研究中，结晶木聚糖是通过在 120℃蒸馏水中水解半纤维素获得的。半纤维素水解成 D-木糖、L-阿拉伯糖和 D-葡萄糖醛酸，得到纯线形木聚糖，其长度为母体半纤维素的六分之一至三分之一。木材木聚糖的结晶学研究表明，木聚糖的晶格易受机械处理、加热和水分的影响。利用 X 射线衍射和计算机辅助链包装方法进一步研究了水合木聚糖的晶体结构。单元参数为 $a = b = 9.16$ Å, c（纤维轴）$= 14.85$ Å, $\gamma = 120°$，所提出的反平行链排列对应于 $P3221$ 的空间群。在这种构象中，左旋的 3 倍螺旋通过与水分子链的相互作用而稳定下来，从而形成氢键网络。

3.2.2.2 半纤维素与纤维素聚集自由能

从更广泛的角度来看，半纤维素的类型也可以在纤维素纤维的强度中发挥作用。特别是，半纤维素的侧基可以与纤维素微纤丝表面的游离羟基形成不同类型的键，引发特定的剪切行为。就半纤维素的提取而言，这导致不同植物来源的产量和分子量不同。每种半纤维素的化学成分及其成分比例取决于植物种类和组织发育阶段。最丰富的半纤维素类型是木糖葡聚糖（XyG）、葡萄糖醛酸阿拉伯木聚糖（GAX）和半乳甘露聚糖（GGM），它们主要分别存在于阔叶材、针叶材和草的初生壁中，草的次生壁中，阔叶材的次生壁中和针叶材的次生壁中。GGM 的乙酰化形式（ACE-GGM）在针叶材中更为丰富。XyG 的多种结构已经被表征由 β-D-葡萄糖吡喃糖（Glc）骨架组成，大部分在 C6 上与 α-D-木吡喃糖（Xyl）支链连接而成。支链木糖单元本身通常也含有半乳糖基、焦酰基或阿拉伯糖基残基。GAX 主要由 β-D-木吡喃糖骨架组成，其中 α-L-阿拉伯糖脲基（Ara）残基偶尔在 O3 上被取代，有时在 O2 上以不重复的方式与 α-D-葡萄糖吡喃基（GlcA）支链以不规则的方式连接。阿魏酸也被观察到以随机的方式驻留在阿拉伯糖基团上，并且主链也在较小程度上被乙酰化。Ara：Xyl 比值可以作为伸长期或植物家族的功能而显著变化。另外，GX 具有与 GAX 相同的主链，在 O2/O3 或两者上发生更频繁的乙酰化。次要的 4-甲基-α-D-葡萄糖吡喃基酸也在主链上被取代。GGM 由 β-D-甘露糖（Man）和 β-D-葡萄糖吡喃糖骨架组成，偶有 β-D-半乳吡喃糖（Gal）残基取代在甘露糖单元的 O6 上。ACE-GGM 中的乙酰化发生在甘露糖单元上，并发生在 C2 或 C3 上。在不同的植物细胞中，Man：Glc：Gal 的比例也有所不同，在 GGM 结构中，Man 占多数，Gal 占少数。请注意，尽管每种提到的半纤维素在主链上的键和取代的类型以及位置上有具体特定的特征，但半纤维素中成分的比例在不同植物之间是不同的，在一种特定的植物本身也是不同的。例如，研究表明，草的茎和叶中 GAX 的取代类型和侧链的频率不同。换句话讲，半纤维素的组成已被证明是组织特异性的。替代程度及其模式对半纤维素模型的功能起着重要作用，在植物中，以及它们的不同发育阶段也显示出不同。

半纤维素模型在最靠近纤维素表面时，即反应坐标较小时，表现出很强的相互作用，而在远离时，相互作用强度趋于减弱。每种材料的结合自由能 ΔG 作为各曲线最大值与最小值之差计算，如表 3-1 所示。

表 3-1　半纤维素模型和纤维素纳米晶体的结合自由能（ΔG）及相关的误差（Err）

半纤维素模型	ΔG/(kJ/mol)	Err/(kJ/mol)
GAX	111.1	±1.9
GGM	95.5	±3.2
ACE-GGM	92.1	±1.5
GX	90.8	±2.2
XyG	83.2	±3.4

结果表明，五种半纤维素中 GAX 的相互作用最强，而 XyG 与纤维素的结合自由能最弱。GGM 的相互作用强度低于 GAX 的。GGM 模型上的乙酰化反应，即 ACE-GGM，对结合自由能的影响似乎是微乎其微的。因此，与纤维素-GGM 的相互作用强度相比，在 GGM 模型的主链上发生 3 次乙酰化仅导致结合能下降约 3 kJ/mol，纤维素与 ACE-GGM 的相互作用强度减弱。然而，必须再次提到的是，当采样时，两个残留物较少的 GGM 可能显示出更低的结合自由能。另外，在 GX 主链上加入阿拉伯糖取代，以及较少的乙酰化（模型化合物 GAX），与 GX 相比，纤维素和 GAX 的相互作用强度显著增加。这些结果对于从植物细胞壁中提取半纤维素含量具有特别重要的意义。换句话讲，考虑到不同半纤维素模型的结合自由能，可以从植物中选择性地提取半纤维素。Tokoh 等[36]研究表明甘露聚糖比木聚糖更能聚集纤维素微纤维。与 GX 和纤维素相比，(ACE-)GGM 与纤维素

之间的相互作用强度,这解释了为什么(ACE-)GGM 比 GX 具有更好的聚集性。上述结果也可以解释 CNF 与 GGM 或 XyG 混合得到全多糖复合膜的一组样品的力学性能增强之间的差异。特别是,与 XyG 相比,GGM 的加入使全多糖复合膜的抗拉强度、杨氏模量和韧性得到了更大的提高。在另一组研究中,他们考察了半纤维素成分对纤维素微纤维(CMF)之间相互作用的影响[37]。实验结果显示,当(ACE-)GGM 存在时,CMF 之间的相互作用强度比在 GX 矩阵中更强。另外,十多年前就有人假设木糖主干上阿拉伯糖取代程度越低,细胞壁的强度和稳定性越强。在另一个类似的论点中,Harris[38]提出较低的取代程度可以增加纤维素微纤维的氢键。

基于以上结果,有几点值得注意。本小节的自由能,专门代表纤维素和这些特定半纤维素模型之间的相互作用能。例如,已经证明 XyG 结构具有多样化,它们的化学成分对与纤维素结合的自由能的贡献还有待检验。在 Zhang 等[39]进行的一项研究中,展示了单侧链的变化如何恶化 XyG 的结构特性,这可能间接改变它们对纤维素的亲和力。Zhao 等[40]研究了 XyG 与不同纤维素表面的相互作用。另一个可以潜在调节结合自由能的因素是半纤维素所在的纤维素表面。特别是,根据半纤维素的组成,虽然特定的分子可能不能很好地与特定的纤维素表面结合,但它与其他表面的相互作用可能更加明显。在木质素和纤维素相互作用中可以观察到这种行为。根据这些结果,与其他亲水性(110)和($1\bar{1}0$)表面相比,20 单位的木质素低聚物与纤维素疏水性(200)表面的相互作用最小,而 10 单位的木质素与纤维素(200)表面的相互作用最大。这将开启一个全新的主题,以了解其他机制如何改变植物细胞壁内的相互作用。例如纤维素-半纤维素界面是否对纤维的整体机械性能起着关键作用,或者说基质本身的相互作用更为重要。此外,相对湿度是否会引起植物细胞壁中半纤维素部分或纤维素和半纤维素界面内相互作用行为的显著变化。

3.2.2.3 半纤维素在纤维素上的折叠行为

多糖的折叠行为可以通过不同的方法进行评估,如核磁共振(NMR)、主链的优先二面角、蒙特卡罗模拟等。在 β-(1,4)连接的聚糖中,当糖苷键的相邻两个平面之间的旋转角度(ϕ)和屏平面的旋转角度(ψ)值分别和预测到约 120°时,存在 2 倍螺旋(每两个糖苷键一个 360°扭转),当总和约为 190°(左旋)或 50°(右旋)时,糖苷键表现出 3 倍螺旋(每三个糖苷键一个 360°扭转)。

在这里,通过糖苷键周围的旋转角度偏好来评估半纤维素模型在水中溶剂化和与纤维素亲水性表面结合时的构象行为。当在水中以分离形式溶剂化时,以及当与纤维素表面结合时,由于它们的行为受到主链上侧链基团的数量、大小和位置的影响,并非所有模型的糖苷键在水溶液中都表现出完美的 3 倍螺旋。因此,在每个模型中,只考虑部分链进行分析。虽然大多数模型在与纤维素结合时不表现出永久的 2 倍螺旋,但它们在分离时和与纤维素结合时表现出的构象之间的差异是可区分的。换句话讲,当与纤维素表面相邻时,所有模型都倾向于显示出 2 倍螺旋构象的迹象。其原因是模型的每个片段上不同的替代模式会干扰相邻片段的构象。

Berglund 等[41]对这一观察结果进行了很好的讨论,展示了取代的位置如何改变半纤维素不同片段的灵活性。因此,如果模型同时只包含一种替代类型,并且足够长以丢弃链端,那么这些类型的分析将更加清晰。此外,碳水化合物链中完美的 2 倍或 3 倍螺旋主要出现在某些原材料中,这些材料要么具有未取代的主干,要么取代不是随机定位在主干上,而是在半纤维素的主干上具有均匀间隔的取代分布。

乙酰化的不均匀分布已被证明会破坏纤维素表面木聚糖的双重构象,使其难以与亲水性表面对接。在分离形式的 GGM 模型的三重构象中,只有一个半乳糖在主链上被取代。Berglund 等[42]的研究表明,半乳糖的存在使葡甘露聚糖内相邻的糖苷键变硬,这反映在(ACE-)GGM 模型的轻微刚性上。由于半乳糖侧链的存在,(ACE-)GGM 在二层和三层构象之间波动。GX 模型的构象行为与以前的观测结果相当。木聚糖在水介质中表现出 3 倍螺旋(更灵活),在与纤维素表面结合时表现出 2 倍螺旋(更受限制)。Berglund 等[42]评估了乙酰化对甘露聚糖柔韧性和溶解度的影响,并表明在 C2、C3 或两者上乙酰化可以显著改变甘露聚糖的柔韧性。特别是,当在 C3 上发生取代时,预期会产生更灵活的构象,而在 C2 上发生取代会导致更刚性的双重构象。在 C3 上的取代行为也类似于在两个不同位置(C2 和 C3)同时取代单个残基的情况。当两个相邻残基同时被取代(一个在 C2 上,一个在 C3 上)时,链的刚性增加。这就解释了 GX/GAX 末端的 3 倍螺旋,其中乙酰基被取代在单个残基上。无论在溶液中分离还是黏附在纤维素上,GX/GAX 端上的双螺杆可以观察到稍强的刚性,其中相邻的两个残基在 C2 和 C3 上进行取代,显然,C3 上的乙酰化破坏了相邻 C2 取代形成的稳定的 2 倍螺旋。Gupta 等[43]在最近的一项工作中也表明,木聚糖上的选择性乙酰化有助于它们的折叠行为。与甘露聚糖相一致的是,C3 上的乙酰化导致更灵活的构象,而 C2 取代,无论其性质如何,具有更低的灵活性,因此形成了 2 倍螺旋。这种灵活性的降低促进了与纤维素的相互作用,并反映在纤维素上的 GX 模型的扁平构象中。甲基葡萄糖醛酸也被证明会导致半纤维素采用 3 倍螺旋构象,这解释了在 GAX 和 GX 模型中观察到的对 2 倍螺旋构象的抗性。因此,可以得出结论,对于所有半纤维素模型,乙酰化,特别是不同的取代类型也可能有助于其黏附性能的调节。此外,取代的区域选择性在半纤维素的行为中起着重要作用。除了取代的位置之外,半纤维素模型的螺旋构象还可能受到侧链残基大小的影响，正如 GAX 和 XyG 所见，其中 GAX 在纤维素上不能呈现完美的双重构象，XyG 在水介质中不能呈现完美的三重构象，在所有模型中呈现最刚性的构象。XyG 的低自由结合能可能是由于它的刚性骨架构象。此外，GAX 和 XyG 模型都难以完美地放置在纤维素表面，与 XyG 相比，GAX 的高吸附自由能主要来自分子的组成，而不是机械联锁。这还需进一步的研究以了解取代区域选择性，如乙酰基，对纤维素和半纤维素之间结合自由能的影响，因为化学成分对结合特性的贡献似乎比半纤维素的折叠行为更明显。

3.2.2.4 半纤维素的黏滑运动行为

为了观察在界面处施加剪切作用时纤维素-半纤维素表面是如何相互作用的，当纤维素晶体从半纤维素基质中取出时，GGM 半纤维素的运动受到抑制。这保证了滑移发生在晶体和半纤维素基质的界面上。首先对一个在水中溶解的体系进行了模拟。所需的拉力与纤维素的位移的关系如图 3-8（a）所示。当纤维素晶体被拉出时，可以看到力的振荡。峰值力随着晶体的位移增大而减小，因为当 CNC 从半纤维素基体中拔出时，CNC 与周围介质之间的相互作用表面减少了。通过晶体与半纤维素基体的相互作用长度将力归一化，除了第一个峰外，几乎使力峰值相等。这意味着移位的晶体与开始时形成的键的数量不同。为了验证这种行为，还测试了另外两种半纤维素随机位置的构型。在这三种情况下，力峰的位置完全重叠，但它们的大小不同，这与两相之间的键的数量相对应。此外，发现这种行为不依赖于半纤维素。当使用其他半纤维素模型（如 GX、GAX 或 XyG）时，也观察到这种行为。黏滑行为可归因于界面上的氢键模式，也被视为 CNC 之间的驱动摩擦力。为了检验氢键，考虑了纤维素和半纤维素上所有可能的供体和受体，得到了 43 种氢键。如图 3-8（b）所示，纤维素接触部分与周围半纤维素之间的氢键模式也以相同的频率振荡，但位移较小。这是因为氢键在力达到最大之前就会断裂。一旦达到一定数量的氢键被破坏以产生位移，作用力就会减小，直到在纤维素和半纤维素之间的界面上重新形成新的氢键。随着 CNC 被进一步拉出，氢键的数量更少，因此力也更小，这种趋势会重复出现。有趣的是，峰值的自由频率类似于纤维素-半纤维素界面上可用的供体/受体对的频率。由于半纤维素受到限制，甲基葡萄糖醛酸与纤维素表面的氧-氢对形成了类似的键合。图 3-8（a）和（b）中的相邻峰之间距离平均为 1.1 nm，相当于一个纤维素二糖单元的长度。特别是，图 3-8（c）显示了纤维素表面羟基之间的距离，具有相似的 1.1 nm 的平均值。总之，沿着半纤维素平面移动纤维素表面会导致黏滑运动，这是由于在界面上氢键的形成、变形和断裂，由纤维素生长长度周期性控制。

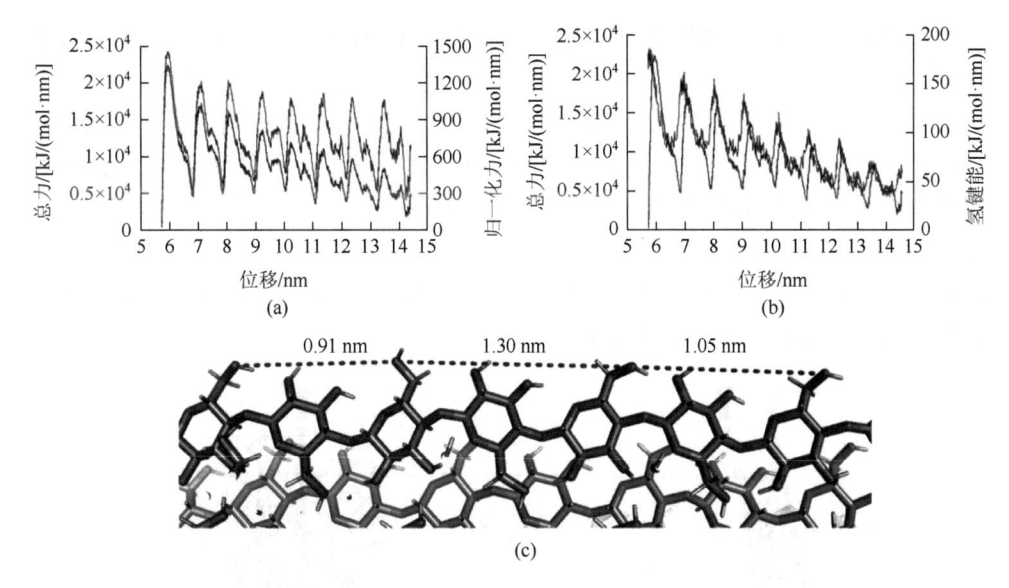

图 3-8 （a）位移曲线和每接触长度的归一化力；（b）氢键数与力位移趋势叠加位移的关系；（c）纤维素表面链的一部分，图中数值表示表面羟基的距离

所有体系都是用水溶解的

3.2.2.5 半纤维素与纤维素的剪切结构

由于半纤维素链之间的相互作用比半纤维素和纤维素之间的相互作用弱，而且可用的供体-受体对数量较少，因此在纤维素-半纤维素界面上不应发生剪切破坏。在半纤维素基质内，黏附破坏可能发生在界面黏附破坏之前。特别是，当基本纤维被拉伸时，微纤丝角减小。这导致平行的纤维素微纤维之间发生剪切运动［图 3-9（a）］。这种剪切主要分布在基体中，结合体系弱于界面。为了模拟这种行为，在前一节中讨论的配置限制从半纤维素中去除，允许剪切根据需要进行改变。然后将 CNC 从基体中拉出，同时将半纤维素从相反方向拉出［图 3-9（b）］。图 3-9（c）显示了从半纤维素基质中除去纤维素所需的力。可以看到力增加，直到达到最大值，此时纤维素以比图 3-8（a）中的峰值力低得多的力从半纤维素基质中拉出。之后力几乎保持不变。这是由于纤维素表面的半纤维素链仍然附着在CNC 上，而由较小的力控制的半纤维素链之间的键往往更容易断裂。换句话讲，当基本纤丝被拉伸时，基质首先失效，放大了植物细胞壁中半纤维素分子间结合能的重要性。这种行为与半纤维素的类型无关。另外，为了比较植物细胞壁中基质的强度，必须测量和比较半纤维素分子之间的吸附能。显然，具有较高分子间结合能的半纤维素类型有望提高植物纤维的机械性能。在研究植物细胞的组装、解离和植物生长时，某些半纤维素模型的排列预计会形成广泛的氢键网络，控制

它们与纤维素微纤维的相互作用。特别是，在双子叶植物中，XyG 被认为覆盖了微纤维的表面，并在它们之间提供交联。这为模型结构提供了另一种指示，其中 XyG 在微纤维表面周围排列。这种排列可以导致两种可能的影响：结合面积的增加和基质纠缠的减少。因此，模拟了另外两种结构，其中一种是 XyG 随机插入模拟盒中，另一种是 XyG 模型沿着纤维素的主轴排列。在进行相同的剪切分析后，观察到当考虑排列构象时，界面处和 XyG 基质内的相互作用确实更高。然而，在任何情况下，界面处的相互作用明显大于基质中的相互作用，这导致细胞壁的任何可能失效必须首先发生在基质中。

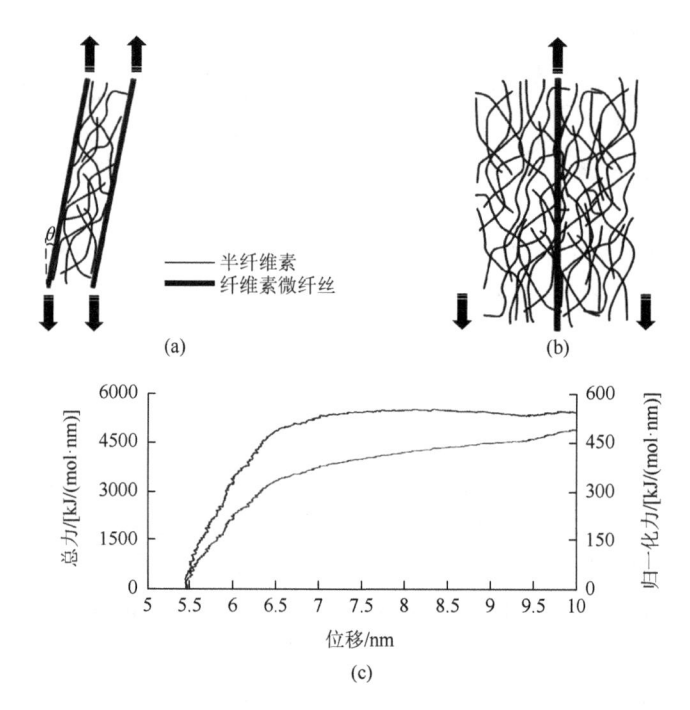

图 3-9 （a）纤维素微纤丝间的剪切模拟；（b）半纤维素基质中剪切的拉拔模拟简化方案；（c）对系统施加剪切所需的力-位移趋势（在没有约束的情况下将 CNC 拔出）

3.2.3 木质素

3.2.3.1 木材中木质素的聚集结构

木质素是植物界中储量仅次于纤维素的第二大生物质资源。它是由 3 种苯丙烷单元通过醚键和碳碳键相互连接形成的具有三维网状结构的生物高分子，含有丰富的芳香环结构、脂肪族和芳香族羟基及醌基等活性基团。在细胞壁中，木质素倾向于形成疏水性和无序的纳米结构域,其表面通过非共价键相互作用优先结合 3 倍螺旋构象的木聚糖,同时也观察到木质素部分与纤维素表面和 2 倍螺旋构象木聚糖的连接处存在直接接触[44]。

3.2.3.2 木质素纳米颗粒

在溶液中,木质素会聚集成一种自组装胶体——木质素纳米颗粒(LNP),如图 3-10 所示,它是在木质素芳香环的分子内相互作用驱动下聚集形成的[45]。目前,大多数研究认为,木质素分子之间的 π-π 叠加和氢键作用导致了纳米球的形成。例如,在采用主流溶剂交换法制备纳米木质素的过程中,由于良好溶剂和非良好溶剂在分子间相互作用,木质素分子会聚集成纳米球[46]。芳香环通过分子内 π-π 堆叠相互作用折叠成 GGE 的堆叠构型。分子内芳香环中同时存在排斥和色散相互作用,而色散起主导作用,这导致了它们之间的相互吸引,从而聚集在一起。为了更好地指导未来纳米木质素的合成,量化了溶剂分子引起木质素分子内苯环之间的 π-π 叠加效应。

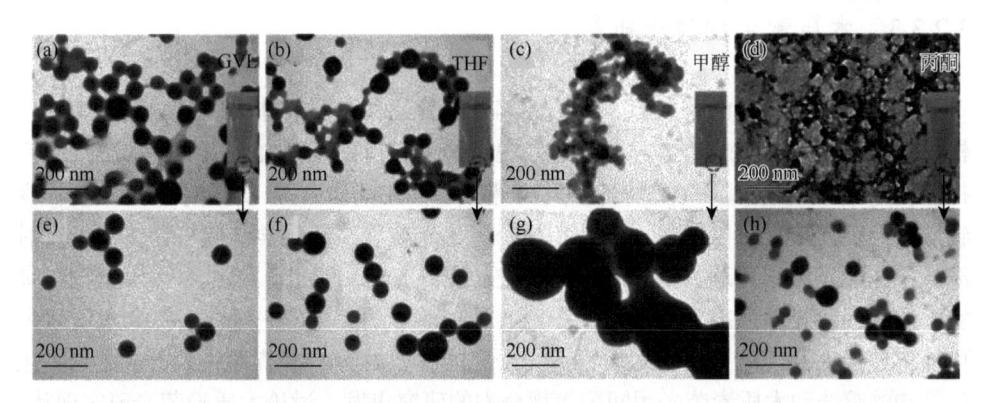

图 3-10 来自不同溶剂的木质素悬浮液的 TEM 图,(a)～(d) 分别来自 GVL(γ-戊内酯)、THF(四氢呋喃)、甲醇和丙酮样品的风干无溶剂悬浮液;(e)～(h) GVL、THF、甲醇和丙酮样品析出物的 TEM 图[47]

研究人员发现分子内芳香环同时存在排斥效应和分散效应,而分散效应起主导作用,导致它们之间相互吸引。GGE 在 GVL 中芳香环之间的引力(−5.54 kJ/mol)与在水中的引力(−5.59 kJ/mol)一样强,这意味着木质素溶于 GVL/水中时,分子内 π-π 堆叠基本保持不变。在这种情况下,4 个 GGE 分子表现出强烈的分子间相互作用(−151.27 kJ/mol),有利于木质素分子的聚集。相比之下,GGE 在二甲基亚砜(DMSO)中的芳香环相互作用最小(−3.13 kJ/mol),导致分子间相互作用最弱,芳香环之间的斥力和色散相互作用都特别弱。最重要的是,GGE 的分子内芳香环相互作用能与折叠构型的分布和纳米木质素的产率具有良好的相关性,表明该定量方法可用于预测纳米木质素的形成。众所周知，木质素通常被定义为一种复杂且不规则的聚苯丙基杂聚物，具有广泛的多样性和可变性。核磁共振技术表征了复合木质素-碳水化合物中 C=O、Ar—C_α=C_β 和 Ar—C_α=O 的连接，它们可能来自 α-醇羟基的消除和氧化反应。Ar—C_α=C_β 和 Ar—C_α=O 具有类似于二苯甲酮或四苯乙烯（TPE）的结构，被明确确认为分子转子体系。众所周知，由于氢键、π-π 聚集及几乎没有静电相互作用，碱性木质素（AL）倾向于形成分子内聚集体。

研究人员通过结合分子模拟和实验方法揭示了木质素芳香环的分子内相互作用是驱动木质素聚集成 LNP 的内力。还开发了与木质素二聚体的构型分布和 LNP 产率相关的定量芳香环相互作用，用于指导 LNP 的合成和功能化。然后筛选出纤维素衍生的溶剂 GVL 以维持木质素分子的分子内堆积（-5.54 kJ/mol）成球形核，用于在溶剂转移过程中生长均匀稳定的木质素纳米球。在 LNP 形成机制的帮助下，木质素可以在 GVL/水溶液中制备 LNP 的过程中成功稳定原位生成具有优异光热性能的金纳米颗粒。

3.2.3.3 木质素中的荧光机制

木质素大分子是由香豆醇、松柏醇和芥子醇三种主要前体，以及少量阿魏酸、松柏醛和芥子醛等其他前体，通过酶的脱氢聚合和自由基耦合而成的，其连接键包括以 β-O-4 为主的醚键和少量以 β-5、β-1 和 5-5 为主的碳碳键。木质素分子共轭程度较低，但荧光波长可以覆盖近紫外和整个可见光波段，其化学结构与整体荧光发射波长不匹配，无法合理解释木质素的长波长荧光来源。为此，通过对比模型物与真实木质素的荧光性质或分析木质素在定向处理前后的荧光变化规律，探寻木质素中可能存在的大共轭结构，是木质素荧光研究的主要内容。本节将从木质素荧光团化学结构的筛选和木质素荧光团间聚集耦合态的研究出发，讨论木质素荧光研究现状。

根据木质素组成单元的结构特点，先以单苯环模型物苯乙烯为主体，研究了甲基、甲醇基、甲氧基和酚羟基等助色团取代基对苯乙烯发光波长的影响。结果显示，苯乙烯的荧光发射波长在 294 nm 左右，在 β 位引入助色团对其荧光几乎没有影响；取代基在 3 位时，最大发光波长有微小的红移；取代基在对位时，发光波长移动最为明显，红移可达 10 nm 以上，其中酚羟基的助色作用最强，光谱红移达到 17~18 nm，但仍然无法与真实木质素荧光相提并论。在此基础上，Lundquist 等[48]较为全面地分析了不同共轭程度木质素模型物的荧光光谱，包括低共轭的单苯环和二聚体模型物，中等共轭程度的联苯、二苯醚、松柏醇衍生物、羰基/羧基取代的芳基丙烷/丙烯模型物，以及共轭程度更高的二苯乙烯类模型物，如图 3-11 所示。结果显示，在荧光强度方面，二苯乙烯结构和羰基/羧基取代的芳基丙烷对木质素影响最大，其中二苯乙烯类模型物表现出远高于其他所有模型物的荧光量子产率，具有苯并呋喃结构的二苯乙烯类模型物的荧光量子产率更是达到 0.61；羰基/羧基取代的芳基丙烷/丙烯模型物则表现出极低的荧光量子产率，分析认为这与羰基/羧基取代基的荧光猝灭效应有关。在发射波长方面，松柏醇衍生物和二苯乙烯类模型物的最大荧光发射波长与磨木木质素最为接近。虽然 Lundquist 等筛选了大量不同结构的模型物，但仅测试了它们在二氧六环或二氧六环/水混合液 [50 vol%（体积分数，后同）] 中的荧光光谱，并未对其荧光性质进行深入研究。

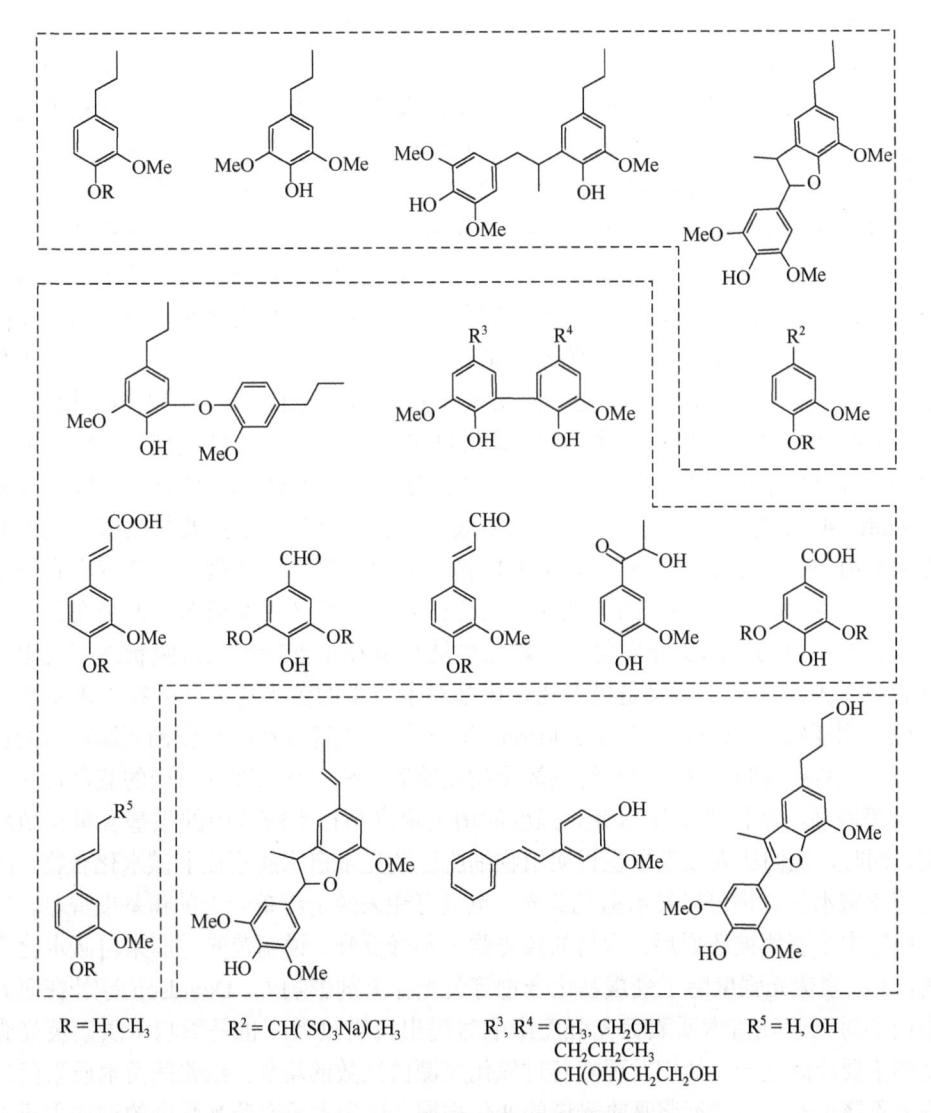

图 3-11 不同共轭程度的木质素模型物[48]

之后，研究人员对几种重要模型物的荧光性质进行了深入分析。Lang 等[49]继续对苯丙烯酸和二苯乙烯这两类对木质素荧光强度影响最大的结构进行研究，与 Lundquist 等的不同之处是将溶剂从二氧六环/水混合液换成了甲醇。结果显示，苯丙烯酸类模型物的荧光光谱变化不大，强度较小，最大荧光发射波长仍在 430 nm 左右。值得注意的是，虽然二苯乙烯类模型物的最大荧光发射波长仍然在 390 nm 左右，但在甲醇中的荧光强度急剧下降，甚至比苯丙烯酸类模型物的还要弱。该现象主要与二苯乙烯类模型物的聚集诱导发光效应有关。二苯乙烯类模型物属于典型的聚集诱导发光型荧光团，在二氧六环中掺入 50 vol%的水会使其发生聚集，从而显示出较高的荧光发射，不过作者当时并没有意识到聚集态对二苯乙烯类分子荧光的影响。Beyer 等[50]则对 α-羰基取代的 β-O-4 型二聚体模型物的荧光性质进行了深入研究。结果显示，β-O-4 连接键会阻断两个苯环之间的 π-π 共轭，模型物荧光表现为两个子结构的荧光加和，其中苯乙酮结构由于羰基的猝灭效应导致荧光强度很弱，模型物分子的荧光光谱主要为愈创木酚结构的荧光发射，其最大发射波长在 340 nm 左右。同时发现模型物荧光强度会随溶剂极性或质子氢浓度的增加而增大，分析认为该现象主要与两个子结构之间的分子内荧光能量转移受限有关，即当分子内荧光能量转移变弱时，苯乙酮结构对荧光的猝灭程度下降，从而导致整体荧光增强。除溶液体系外，Castellan 等[51]还报道了松柏醇、α-羰基取代的 β-O-4 型二聚体、苯基苯并呋喃和联苯二酚 4 种模型物在纤维素表面的固体薄膜荧光性质，最大荧光发射波长分别约为 340 nm、355 nm、385 nm 和 395 nm。4 种模型物的发光波长均比溶液状态有所增加，这主要与模型物的聚集态差异有关。特别的是，α-羰基取代的 β-O-4 型二聚体的薄膜和溶液荧光有显著差别，该模型物由于羰基的荧光猝灭效应在溶液中荧光强度极弱，但是在薄膜状态下则显示出明显的荧光发射，该现象可能与 β-O-4 连接键在薄膜状态下发生部分裂解有关。其实，不仅是模型物，羰基对木质素的荧光猝灭效应在原本木质素中也得到证实。Castellan 和 Davidson[52]研究了杉木薄片在硼氢化钠还原前后的荧光行为。结果表明，杉木薄片经硼氢化物还原后，在 320～500 nm 处的蓝色荧光强度显著增强，结构表征显示荧光强度的增大幅度与杉木薄片中的羰基含量呈负相关。同时，他们认为该现象也说明植物细胞壁荧光来自木质素而非碳水化合物，因为即使碳水化合物可以发射蓝色荧光，也最可能来源于糖单元上的羰基或醛基，但这些富电子基团被还原后，木材的荧光强度不降反升，说明荧光并非来自碳水化合物。木质素荧光强度除了受羰基化合物等荧光猝灭剂影响外，Davidson 等[53]在研究漂白剂对纸浆残留木质素荧光强度影响时提出自吸收效应也是影响木质素荧光强度的主要原因之一。他们发现随着过氧化氢漂白次数的增加，纸浆残留木质素荧光强度不降反升。根据纸浆吸收光谱的变化规律，认为木质素荧光强度的增加主要与 420～450 nm 处的黄色吸光团被漂白剂破坏有关。

由于木质素大分子内包含多种不同结构的荧光团，单一荧光团的荧光光谱往往无法与真实木质素的完全匹配。Tylli 等[54]采用反卷积分峰方法对纸浆残留木质素的宽荧光光谱进行了分峰处理，并利用 26 种共轭程度较强的模型物荧光光谱进行线性加权拟合，通过谱图匹配性和模型物结构的相对含量来识别荧光团。结果显示，除肉桂酸、香豆素、黄酮类和二苯乙烯四种结构的最大发射波长可以与木质素小于 450 nm 的短波长荧光发射相匹配外，其他所有结构的发射波长均太短。然而，发射波长大于 450 nm 的模型物并没有找到，他们猜测木质素长波长发射与其在氧化偶联过程中生成的延伸共轭体系有关。进一步研究了顺-反异构和苯并呋喃单元对二苯乙烯类模型物荧光性质的影响。结果表明，二苯乙烯类模型物的顺-反异构体荧光性质表现出很大差异，其中反式结构具有较强荧光，最大发射波长在 383 nm 处，而顺式结构在室温下不显示任何荧光。根据二者的单晶结构差异，他们将其荧光差异归结为反式结构的平面性好，而顺式结构的分子内激发态弛豫现象严重。具有苯并呋喃单元的二苯乙烯类模型物由于有化学键连接，其分子平面性进一步增强，从而表现出更强的荧光发射。

3.2.4 其他组分

水分是木材中不可或缺的一部分，不仅影响着木材的生长过程，对木材内部纤维素、半纤维素及木质素等高分子聚集态也会产生影响，这是造成木材宏观变化的主要原因。

对于纤维素，水分影响纤维素的氢键网络、表面的化学功能化，以及纤维素-聚合物基纳米复合材料中的聚合物界面黏结。首先，有水分存在的情况下，水分作用会使木材分子链之间原有的氢键被打开，新产生的活性羟基不断与水分子形成新的氢键结合。而且结合水会促使更多的氢键形成，并使得反平行的链堆砌结构有利于黏附性。在微纤丝处的水-微纤丝界面也给予了纤维素表面羟基更有利的静电环境。特别地，结合水极大地提高了纤维素与 N-乙酰咪唑的乙酰化反应速率和区域选择性，与无水条件相比，当纤维素中含水率为 7%时，乙酰化反应速率和效率分别提高了 8 倍和 30%。结合水的存在促进了乙酰化过渡态中的质子转移过程，降低了乙酰化反应活化能，因此，结合水可以促进纤维素表面乙酰化。另外，水可以作为纤维素界面的黏合剂，促进纤维素的剪切变形，并在细胞壁的可塑性中发挥作用。例如，在木材加工领域，将木材部分脱木素后，通过水分的干燥和再次"冲击"，可以调控导管和纤维细胞形态，使细胞壁形成独特的褶皱结构，大大提高了木材的柔性，从而使木材可以加工成各种形状，机械强度也得到了增强。

在干燥过程中，纤维素链的邻近性增加而引起分子间键合，会使纤维素聚集体紧密结合，能够抵抗膨胀和高水平的机械剪切。在 80℃和 140℃的高温下干燥会导致纤维素微纤丝聚集程度增加。但无论干燥条件如何，水能够在纤维素微纤丝聚集体中的纤维素微纤丝之间移动。

水分对半纤维素和木质素的聚集及细胞壁力学性能的改变发挥了作用。水分子的加入将使木聚糖螺旋构象的稳定性降低 5%。水分子与半纤维素和木质素的结合又会使二者的玻璃化转变温度显著降低，使得二者在较低温度时就开始软化。在含水率低于 10%时，水分子只是破坏聚合物链之间的氢键，形成由水分子组成的氢键桥；当含水率大于 10%时，水分子聚集在一起，在材料内部形成纳米液滴。在桥联过程中，随着氢键桥的形成，木质素的游离体积减小，导致木质素弹性模量在低含水率时增大。然而，半纤维素自由体积的不断增加，会导致体系中空隙的聚集和弹性性能的下降。因此，水分相对于细胞壁来说也是一种增塑剂，可以使细胞壁软化，导致细胞壁的硬度和模量下降，使木材刚度降低、黏滞性增加。

水分子对于稳定细胞壁生物材料的纳米结构非常重要，完全去除水可能会导致不可逆的变化。在最近对辐射松针叶材进行的核磁共振研究中发现，烘箱干燥（用于完全脱水）和再水合可促进聚合物缔合（如木聚糖-纤维素和木质素-纤维素填充），并不可逆地改变次生壁中甘露聚糖的动态和构象。这显示了半纤维素的永久性变化，三倍木聚糖骨架和一些阿拉伯糖残基的流动性增强。

3.3 聚集效应

3.3.1 磷光

木质纤维素生物质由三种主要的聚合物成分组成：纤维素、半纤维素和木质素。据报道，微晶纤维素能发出磷光，寿命很短，只有 20.4 ms；木质素只有被限制在刚性聚合物网络中才会发出磷光，失去了纯天然的通路。半纤维素被定义为仅次于纤维素的第二丰富的可再生天然多糖，但通常作为纸浆和造纸工业的副产品生产。已经鉴定出四类结构不同的半纤维素，即木聚糖、甘露聚糖、β-葡聚糖和木葡聚糖。用稀碱溶液提取的半纤维素通常具有不同的分支结构，分子量相对较低。相比之下，为了获得高质量的溶解浆，使用浓碱溶液提取的半纤维素具有类似纤维素的高结晶度和高分子量的线形链结构。不幸的是，与纤维素和木质素相比，半纤维素的光物理性质在很大程度上仍未被探索。人们已经注意到，木糖由于独特的分子结构和堆叠，比其他一些单糖发出更好的颜色可调和长时间的磷光。因此，具有 β-(1→4)连接木糖骨架的天然木聚糖（主要类型的阔叶材和禾本科半纤维素）可以作为更有效的非常规荧光粉，归因于拥挤的大分子结构，这有利于形成更紧密和更大的簇，以限制非辐射衰变和促进系间穿越（ISC）转变。

半纤维素中典型的一类是木聚糖，其具有室温磷光效应。同时，由于多种氧簇的存在，木聚糖也表现出激发波长依赖性和延迟时间依赖性的颜色可调谐余辉。直链木聚糖由于结构独特、结晶度高及刚性强，展现出长达 588 ms 的磷光寿命。高分子状态下的木聚糖在 250 nm 以上区域明显具有比木糖更强的吸收，此区域的吸收由形成团簇的复杂电子振动引起，因此，木聚糖形成了更大、更紧密的团簇，更利于发出磷光。分子动力学模拟证明木聚糖中存在大量的氢键；独立梯度模型也表明了木聚糖分子间存在强相互作用；能级计算分析出木聚糖分子间存在空间共轭效应。基于以上因素的共同作用，聚集的簇构成了多样的发光中心，同时木聚糖的大分子结晶构象能有效限制分子运动，稳定三重激发态，最终导致木聚糖独特的长寿命颜色可调谐室温磷光现象的产生。

微晶纤维素（MCC）被报道具有荧光和室温磷光（RTP）的双重发射特性，其发射机制可以用 CTE 来解释。MCC 是一种由 β-1,4 糖苷键结合的线形多糖物质。NMR 和 Pyr/GCMS 数据表明纯化的 MCC 具有高纯度。通过碱处理精确控制其结晶度和从 Ⅰ 型纤维素向 Ⅱ 型纤维素的转化是一种较为成熟的方法。因此，MCC 可以作为一种理想的大分子模拟化合物，探索其无定形态和晶态区域对其荧光和磷光发射的影响，对于弥合无定形态和晶态发光化合物之间的差距具有重要意义。毫不奇怪，5 个质量相同的 MCC 样品在紫外线下的量子效率（QE）和超长室温磷光（OURTP）寿命与结晶度的变化是一致的。但 OURTP 的发射规律却截然不同。尽管 Ⅱ 型纤维素在结晶区所占比例高于 Ⅰ 型纤维素的，但 Ⅰ 型纤维素的 OURTP 寿命比 Ⅱ 型纤维素的更长。图 3-12 为 Ⅰ 型纤维素与 Ⅱ 型纤维素羟基 O⋯O 分子相互作用示意图。

Ⅰ 型纤维素　　　　　　Ⅱ 型纤维素

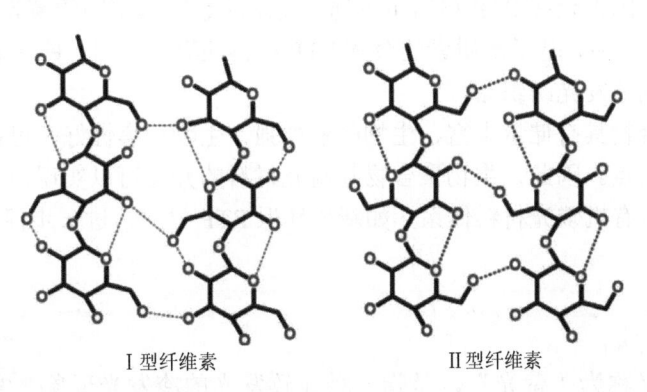

图 3-12　Ⅰ 型纤维素与 Ⅱ 型纤维素羟基 O⋯O 分子相互作用示意图

以富含羟基的天然纤维素为原料，采用均相化学改性法对纤维素链进行改性，得到了一类新型的有机磷光材料 CRimCl。咪唑离子促进了 ISC 效应。纤维素的咪唑阳离子、氯离子和羟基形成多重氢键相互作用和静电吸引相互作用，协同抑制非辐射跃迁。因此，离子纤维素衍生物 CRimCl 在室温下实现了磷光发射。此外，阳离子结构的变化对链间和链内的相互作用有显著影响。CRimCl 与 1-(2-羟乙基)咪唑离子的氢键相互作用增强，具有最佳的磷光性能。此外，通过使用环境友好的水溶液处理策略，所得到的纤维基磷光材料可以很容易地加工成磷光膜、涂层和图案。更吸引人的是，CRimCl 的磷光发射强烈依赖于溶剂。水处理的 CRimCl 具有较强的绿色磷光，而丙酮沉淀处理的 CRimCl 由于相互作用减弱，结构松散，没有磷光。但是，用丙酮处理的 CRimCl 具有不可逆的湿度响应行为，一旦遇到水蒸气就会产生强烈的磷光。这个响应过程是不可逆的。由于其优异的加工性能和特殊的响应性能，新型纤维基磷光材料可用于高级防伪、信息加密、分子逻辑门、过程监控等领域。

在寻找余辉 RTP 材料时发现天然椴木显示出令人惊讶的余辉 RTP 发射。天然木材由三种生物聚合物组成，即纤维素、半纤维素和木质素，其中最后一种是天然存在的最丰富的芳香族聚合物。木质素表现出良好的 UV 吸光度和 J-聚集诱导的荧光，是椴木余辉 RTP 发射的来源，RTP 归因于木质素和纤维素/半纤维素基质之间的氢键相互作用。具体而言，木材细胞壁是使用嵌入木质素和半纤维素基质中的纤维素微纤丝分层排列构建的。为了利用这一发现，通过在聚丙烯酸（PAA）中嵌入不同类型的木质素来模拟木质素和纤维素/半纤维素之间的相互作用。通过理论计算表明，木质素基材料的余辉 RTP 发射归因于木质素与 PAA 基质之间的强氢键和非键相互作用。所制备的余辉 RTP 材料表现出良好的稳定性和激发/温度/湿度依赖性发射。此外，对于木质素的余辉发光材料（即 lignin@3D 网络）有一个通用的策略，因为余辉 RTP 材料可以通过将木质素嵌入不同的薄膜或 3D 聚合物基质中获得。最后，基于木质素的余辉 RTP 材料的潜在应用，具有余辉 RTP 的纤维可以用来制造发光纺织品。

天然聚合物具有储量丰富、生物降解性强、生物相容性好、可持续性好、化学改性好等优点。因此，生物聚合物基磷光材料的开发可以实现自然资源的高价值利用，丰富有机磷光材料体系，如新型环保 RTP 材料，进一步促进实际应用。

3.3.2 荧光

荧光，又称为"萤光"，是指一种光致发光的冷发光现象。常温下，有一些物质经某一波长的入射光（通常是紫外线或 X 射线）照射，吸收光能后从基态跃迁到激发态，然后立即回到基态，同时发出比入射光波长更长的光（通常波长在可见光波段）。很多荧光物质一旦停止入射光的照射，发光现象也随之立即消失。具有上述性质的发射光就被称为荧光。16 世纪西班牙的内科医生和植物学家 N. Monards 记录了荧光现象，17 世纪 Boyle 和 Newton 等著名科学家又观察到荧光现象,并且对该现象进行了大概的描述。1852年,Stokes在研究奎宁和叶绿素的荧光时,确定这种现象是这些物质在吸收光能后重新发射不同能量的光,从而引入了荧光是光发射的概念。学者们对如何构筑模拟大自然荧光发射行为的高性能材料进行了大量的研究。目前荧光材料从制备原料来进行划分,大概可以分为以下几类:有机分子/聚合物荧光材料、无机稀土/量子点荧光材料、配合物荧光材料及碳基荧光材料等。在林木芳香生物质与多糖生物质荧光领域,主要研究通过水解提取、水热炭化或分子组装等手段制备具有荧光发射功能的有机聚集发光或碳基材料。

木质素的荧光团是子结构通过分子间相互作用力诱导产生激发态电荷转移后形成的准分子或激态复合物,换句话讲,木质素的真实发光基团往往是其荧光团间的聚集耦合态。这种荧光会受到多种因素的影响。首先,荧光团间的距离会影响其相互作用的强弱。其次,木质素在提取过程中会产生羟基、羧基甚至磺酸基等亲水基团,使木质素大分子聚集行为对环境变化异常敏感。即使与纤维素、半纤维素等通过共价键和分子间作用力固定在植物细胞壁中,木质素的荧光对其聚集态变化也具有响应性。另外,木质素在混合溶剂中进行自组装,从而产生了分子内聚集诱导荧光增强现象,Xue等[55]于2016年对此进行了报道。

除了基本的组分,木材的很多树种中含有荧光物质,如檀香紫檀、染料紫檀、大果紫檀、刺猬紫檀等一些紫檀属的树种,以及交趾黄檀、蛇纹木、刺槐等。国外学者的研究结论:豆科、芸香科和漆树科中的大部分树种都存在荧光现象。不同树种中所含荧光物质可能不同。木材荧光发出的颜色因树种而异,大致可以分为蓝色系和绿色系,个别绿中偏黄。例如,同为水的浸出液,檀香紫檀的荧光颜色偏蓝而蛇纹木的荧光颜色则蓝中含绿。不同颜色说明发射光波长不同。同一树种的木材中可能含有不止一种荧光物质。使用不同的溶剂进行浸提时,荧光的颜色会有不同。例如,檀香紫檀、染料紫檀、非洲紫檀等木材的水浸提液的荧光是蓝色的,而乙酸乙酯浸提液的荧光则是黄色的。大果紫檀水浸提液的荧光是蓝色的;乙醇浸提液的荧光是黄绿色,而乙酸乙酯浸提液的荧光则是浅绿色。从物质的适溶性角度理解,同一树种的木材中可能含有不止一种荧光物质。有些树种中的荧光物质对乙醇和水双溶。有些树种的心边材均有荧光;另些树种心材有荧光而边材无荧光。有些树种的荧光实验目测时不见,但光谱仪测量图谱却证实有荧光物质存在。

纤维素是自然界储量最大的天然高分子,具有来源广、储量巨大、可再生、可完全生物降解及生物相容性好等优点,被认为是满足人类社会未来可持续发展的"取之不尽、用之不竭"的能源和化工原材料。纤维素高分子链上周期性分布着丰富的羟基基团,具备优异的化学可修饰性。通过纤维素的均相反应,可将不同功能基团引入纤维素链上,从而赋予纤维素新的性能,是实现纤维素高值化利用的有效途径。利用纤维素上易于修饰的羟基基团，以化学键合方式将具有聚集导致荧光猝灭（ACQ）效应的常见荧光分子连接到纤维素主链，通过高分子链的"锚定"和"稀释"效应以及基团间的静电排斥力效应相互协同，有效克服了荧光分子的 ACQ 效应，得到了含 ACQ 荧光分子的纤维素基固体荧光材料。基于上述策略，分别合成了红色、蓝色、绿色三种纤维素基固态荧光材料，结合荧光共振能量转移（FRET）效应和三基色原理，通过简单混合并控制比例即获得了易于打印的新型动态全彩固态荧光材料。将具有响应性质的荧光基团连接到纤维素高分子链还可显著增强其分子识别能力，从而得到对金属离子、酸碱性超敏感的新型荧光探针和便携式试纸。除此以外，还有新型比例型胺响应的纤维素基荧光材料，并基于此提出了可视化监测海鲜食品新鲜度变化的方法。其中，将作为指示剂的异硫氰酸酯荧光素（FITC）及作为内标物的原卟啉分子（PpIX）通过共价键分别键连到醋酸纤维素（CA）分子链上。将所得到的 CA-FITC 与 CA-PpIX 简单按比例混合，得到了初始荧光可调的固态荧光材料。其荧光发射强度比值 I_{FITC}/I_{PpIX} 与胺浓度 [5~25000 ppm（1 ppm = 1×10^{-6}）] 的对数呈线性关系，同时材料荧光由红色向绿色渐变，实现了快速、准确、实时地对环境中胺浓度进行可视化监测的目的。这种新型纤维素基荧光材料制备简单，具有良好的稳定性、可逆响应性、生物降解性和加工性能，可制备成多种材料形式，如油墨、涂层、透明柔性薄膜和纳米纤维薄膜等。将这种比例型胺响应纤维素基荧光材料的纳米纤维薄膜做成指示标签，成功实现了海鲜食品（如海虾）新鲜度原位可视化监测。

3.3.3 结构色

结构色是纤维素自发有序排列成胆甾型液晶这种手性向列结构而表现出的特有的光学效应。结构色受多种因素影响，入射光方向不同，纤维素呈现的现象也不同。当胆甾型液晶结构所形成的平面垂直于入射光方向时，纤维素的周期性排列导致的布拉格衍射会表现为显著的双折射现象，在平面织构（planar texture）区域会产生鲜艳彩虹色；当入射光的方向平行于胆甾型结构时，因为胆甾型结构的周期性排列，入射光在不同位置产生了不同的衍射，进而展现出明暗相间的条纹，被称为指纹现象。对于纤维素颜色的调节主要是与螺距有关。通过超声波、温度、磁场和真空干燥等物理方法，以及添加电解质和添加剂等化学方法，都可以实现对纤维素胆甾型液晶螺距的调控。特别地，静电斥力和引力引起的空间效应会对螺距的精准调控产生重要影响。在应用方面，纤维素纳米晶体胆甾型液晶既可直接合成具有特殊光学性质的薄膜材料，也可作为一种特殊的液晶模板复制其特有结构合成其他先进功能材料。例如，通过在收缩的微米级水滴中自组装纤维素纳米晶，可获得分层胆甾结构；纤维素纳米晶浓缩悬浮液会自组装成壮观的液晶排列，结构还可以在完全水蒸发后保存下来，形成纤维素纳米晶彩虹膜。利用连续的卷对卷（R2R）涂层技术可以制备出大规模的且具有结构色彩的纤维素薄膜。

纤维素纳米晶体（CNC）通常在室温环境条件下缓慢蒸发自组装，产生具有彩虹颜色的薄膜，这是一种自下而上制造有序结构的有效方法。可以通过控制手性向列结构的螺距，以调节反射的颜色，这进一步受到 CNC 性质的影响。因此，CNC 的制备和后处理是调节结构色的关键。为了研究 CNC 的最佳制备条件，研究人员对水解时间、温度和其他因素进行了大量研究。此外，还可利用包括电解质、磁场、电场和真空在内的外部刺激以调整 CNC 的自组装环境。通常，手性向列结构的构建从根本上取决于自组装过程中 CNC 表面的静电排斥和范德瓦耳斯力。CNC 由于优异的光学性能、独特的结构特征和智能响应行为，具有光子液晶结构的结构色纳米复合材料极具吸引力。Kelly 等[56]以 CNC 为模板制备了基于纳米晶纤维素的具有长程手性向列结构和光子性质的新型纳米复合响应性光子水凝胶，该水凝胶表现出对外部刺激（如溶剂、pH 或温度）的彩虹变化。Xu 等[57]通过模仿自然界中的胆甾型结构色生物，制备了一系列基于 CNC 的纳米复合材料，并研究了它们的功能化应用。通过将 CNC 和甘油（Gly）以不同比例混合，制备了多色、柔性和智能响应的彩虹薄膜。根据微观结构的分析，彩虹薄膜红移的结构色是由手性向列结构中螺距增加产生的。将 CNC/Gly 复合的悬浮液用作光子墨水可获得具有独特指纹织构的光子化图案。CNC/Gly 纳米复合材料还可用于在不同基材上制作彩虹涂层。对 CNC/Gly 复合薄膜的湿度响应特性进行分析。甲虫背部的颜色可根据环境中的水分而改变。结合甘油的强吸水能力和 CNC 的湿度响应的变色效应，将 CNC/Gly20 薄膜置于不同的相对湿度（RH）条件下，以检测其作为湿度指示剂的潜力。在偏光显微镜（POM）图像中，可以观察到光子晶体变化导致的薄膜颜色的变化：当 RH 从 33%变为 85%时，CNC/Gly20 薄膜中以绿色为主的光子晶体变为红色光子晶体，CNC/Gly20 薄膜的颜色从绿色变为黄色、橙色、红色和无色，另外反射光谱中相应的峰值波长从 525 nm 增加到 820 nm。故薄膜的颜色在不同 RH 下发生显著变化，也通过其反射光谱的显著变化得到证实。复合材料由湿度引发的颜色变化过程是可逆的。在 CNC/Gly20 薄膜表面加入一滴水后，该薄膜的颜色立即从绿色变为无色，然后在室温下干燥 300 s 后又恢复为绿色。与科罗拉多甲虫和其他湿度指示复合材料相比，该复合薄膜可在更短的时间内响应湿度，这是因为甘油对水分敏感，会快速吸收水分。CNC/Gly 复合薄膜结构色的快速和可逆变化，赋予了其作为农业和工业环境检测可视化湿度传感器的巨大应用潜力。

圆偏振发光（CPL）因为其作为探针的巨大潜力，有助于理解激发态手性并用于实际的光学应用中，包括不对称合成、光学存储设备、生物探针和 3D 显示器等，这引发了人们的极大兴趣。现有报道的各种 CPL 材料，包括有机小分子、

π-共轭聚合物、手性镧系络合物、聚集诱导发光（AIE）体和钙钛矿纳米晶等材料。迄今为止，用于产生 CPL 的主要策略包括手性共混、超分子组装和手性液晶封装等。然而，这些策略会产生有限的不对称因子（g_{lum} 值）和不可预测的手性。因此，寻找替代策略对于实现具有期望特性的 CPL 材料显得至关重要。通过模仿大自然，由 CNC 自组装制备的光子薄膜可以选择性地反射圆偏振光，这与一些甲壳类动物的方式相类似，都是通过其螺旋组织的纳米结构实现的。Qu 等[58]制备了手性光子纤维素膜，其表现出对机械和化学刺激响应的圆偏振光的选择性反射。手性光子纤维素膜具有很强的形变能力，断裂伸长率高达 40.8%，是已报道的手性光子纤维素膜中最高的。研究结果显示了左手圆偏振光对弯曲和单轴拉伸在整个可见光光谱中的选择性反射，以及从可见光到近红外区域对水蒸气（相对湿度 10%~100%）的可逆响应。刺激响应是通过基于超分子化学的可变螺旋结构来实现的。CNC 的有趣特性激发了通过将荧光发色团掺入手性纤维素薄膜来产生 CPL 的研究。该方法提供了方便且环保的方式来获得 CPL 材料。特定波长的荧光光子能通过与纤维素薄膜光子薄膜相匹配的光子禁带（PBG）。荧光发射与 PBG 之间的重叠程度决定了不对称因子。Li 等[59]通过调节环境刺激驱动的分子激发构象，成功地实现了基于培哚-咔唑二联体的刺激响应性 CPL。因此，如果将多发射的基团引入具有可调 PBG 的光子纤维素纳米晶基膜中，则可通过仅调节 PBG 而不改变荧光掺杂剂来实现可调的 CPL。Li 等通过将多重发射的上转换纳米颗粒（UCNP）整合到具有可调光子禁带的纤维素纳米晶体的手性光子薄膜中，首次实现了右旋的、可调的上转化圆偏振光（UC-CPL）的发射。使用甘油作为刺激来调节手性光子薄膜的 PBG，其产生可调的 UC-CPL 发射，在 450 nm/620 nm 波长处具有特定的不对称因子。此外，由于光子复合物的 PBG 和手性可以响应相对湿度，因此在甘油复合光子膜中可获得蓝色波长处的湿度响应性 UC-CPL，其不对称因子的变化范围为–0.156~–0.033。这项工作有助于可调和刺激响应的循环偏振荧光光子系统（CPL）。

3.3.4 光致发光

光致发光现象的产生，是通过诱导纤维素纳米晶形成稳定阵列结构，使其产生虚态跃迁来实现的。当物质受到外来光线的照射时，并非因温度升高而发射可见光的现象，称为光致发光现象。有些树种的木材，其水抽提液或木材表面在紫外光辐射的作用下能够发出可见光，这种现象称为木材的光致发光现象（也被称为"荧光现象"）。这种发光的颜色和程度虽然因树种而异，但大致可以分为绿色和蓝色。光致发光现象是由于木材中的某种化学物质具有与荧光物质相似的性质，受紫外线的激发作用，发出了长于紫外线波长的光。当这种光的波长进入可见光的范围时，就使人们能够观察到木材的光致发光现象。其中，有趣的是，可以通过精确调节结晶度变化来调节微晶纤维素的超长室温磷光现象发射特性。例如，Ⅰ型纤维素比Ⅱ型纤维素更有利于 MCC 的发射，这是因为Ⅰ型和Ⅱ型纤维素之间 O···O 的连接方式不同，所以发射中心两种晶型的发射能力不同，结果表明，分子间相互作用的差异是影响两种纤维素构型的发射差异性的本质因素。综上所述，纤维素的聚集结构赋予了其特殊的光学效应，通过对聚集结构的调控可以实现聚集效应的动态调整，为制备先进光学材料奠定了基础。

以木材为基材，通过进行脱木素处理，将脱除的木质素进行纯化和溶剂热处理，制备一种在可见光（580 nm）激发，具有双波长 650 nm（红光）和 710 nm（近红外光）发射的荧光碳量子点。由于碳量子点发射的近红外光可以辐射产生热，将碳量子点与相变储能材料结合，相变材料可以吸收并储存近红外产生的辐射热。由于相变储能材料具有泄漏的缺点，脱木素木材作为支撑材料，正好利用其多孔结构的毛细作用和表面张力解决这个问题。制备得到全木质基光致发光和光致发热的复合相变储能材料。

3.3.5 聚集诱导发光

对于传统的荧光分子，多数是研究其在单分子态下的发光性能。在被制备成薄膜或纳米颗粒材料后，荧光分子成为聚集态，其光物理性质不如人意，常常表现出聚集导致荧光猝灭（ACQ）现象。究其原因，传统的荧光分子大多数具有平面共轭结构，在聚集态下易发生 π-π 堆积，激发态下能量损耗严重，导致发光性能不佳；因此，通过物理或化学方法来抑制传统发光分子 ACQ 效应的研究从未停息。直到 2001 年，唐本忠院士提出聚集诱导发光（AIE）概念，利用发光分子自身聚集过程来提高发光效率。不同于传统分子的 ACQ 效应，具有 AIE 性能的发光分子大多数具有扭曲的构象，表现出在单分子态下不发光，在聚集态下发光的现象（图 3-13）。

这种特性能够弥补 ACQ 分子带来的性能上缺陷，使其能够成为新一代发光材料，在光电器件、检测、成像及生物治疗等应用领域具有良好前景。此后，研究人员往往采取人工合成技术来开发具有扭曲结构的分子，使其具备 AIE 性能。但有机合成存在原料不可再生、合成过程烦琐、产物分离困难等缺点。近年来，有研究人员发现某些生物质具有 AIE 性能。生物基 AIE 分子相较于传统合成的 AIE 分子，具有生物相容性高、绿色可再生、成本更具竞争性等优点。植物化学品作为生物质的主要组成部分，将其直接或经化学修饰制备成植物化学品基 AIE 光学材料进行系统研究，不仅可拓展 AIE 材料的研究对象，同时可提升植物化学品的附加值。

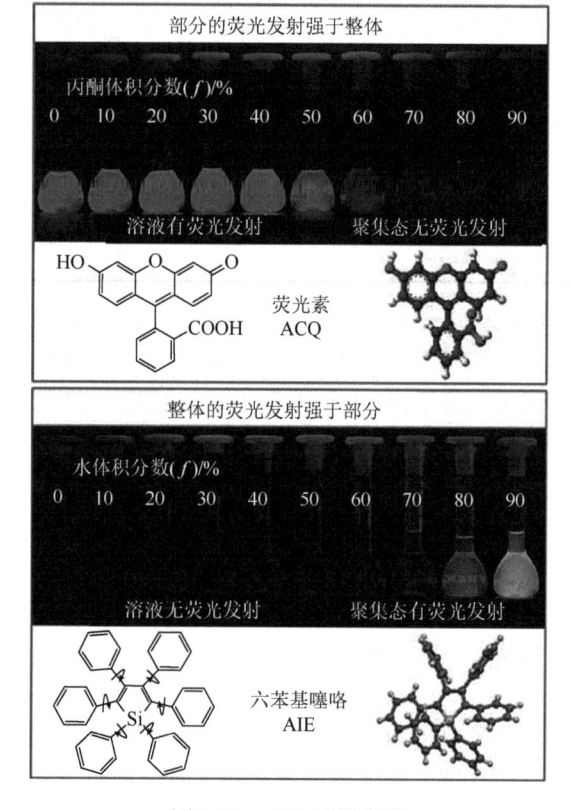

图 3-13 AIE 聚集发光

3.3.5.1 纤维素

纤维素是由葡萄糖组成的大分子多糖，是植物界第一大生物质材料。传统的发光团往往具有显著的共轭体系，而某些发光团被发现具有基于亚基的非共轭结构，这种非传统发光团可归因于簇发光。簇发光机制广泛适用各种天然、合成和超分子体系。Du 等[60]研究非共轭的微晶纤维素的光物理性质时，发现微晶纤维素在固态下表现出明亮的蓝光发射。其解释为微晶纤维素在聚集态下，分子的羟基聚集，加强分子内与分子间的空间相互作用，形成了扩展的电子离域，从而表现为 AIE 性能，即簇发光机制。

3.3.5.2 木质素

木质素是植物界第二大生物质材料，含有丰富的芳香环结构、脂肪族和芳香族羟基及醌基等活性基团。Xue 等[55]发现生物质材料-酶解木质素的聚集诱导发光

（AIE）效应，并提出该 AIE 是由 J 型堆积体中的苯环结构单元中电子形成离域共轭所导致的。在该工作中，酶解木质素还被制备成拥有 AIE 发光的荧光薄膜，被成功地应用于检测甲醛蒸气。由此可见，木质素是一种极具发掘潜力的天然高分子荧光材料。Xue 等[61]分析了木质素的聚集荧光行为和基本荧光性质，认为苯基丙烷单元的聚集诱导共轭是木质素可见光发射的主要来源，同时指出木质素的聚集荧光行为有应用于微观结构分析的潜力。

3.3.5.3　纤维素衍生物

在纤维素上接枝常见的荧光基团，有望实现纤维素衍生物更广阔的 AIE 应用。Nagai 等[62]在 2,3-二甲氧基纤维素上修饰电子给体芘基团，再与小分子受体结合形成电荷转移型 AIE 复合物，表现出近红外荧光发射，有望应用于生物医用成像。棉花中的纤维素含量近似 100%，鉴于此，Peng 等[63]将酯化后的棉短绒制作为水凝膜，再进行原位修饰，设计了一系列 AIE 活性的荧光纤维素薄膜，拥有阻断近 100%紫外线的能力。这种卓越的性能吸引了实验人员在紫外防护、防伪和 LED 领域进行尝试，证实这种薄膜具有应用潜力。在寻找适用醚化纤维素的溶剂时，Cai 等[64]发现 4-溴甲基苯甲酸与微晶纤维素醚化得到的产物表现出更亮的发光。与其他醚化纤维素进行对比发现，该分子结晶度高，具有强的分子间相互作用力，被视为 AIE 性能优越的主要原因。

3.3.5.4　木质素衍生物

木质素在聚合物链中有丰富的羟基，具有极易被改性的特性。Shi 等[65]制备了木质素磺酸盐与亲水二嵌段共聚物组成的超分子配合物，其中亲水二嵌段共聚物含有多个作用位点。亲水二嵌段共聚物比例增加和环境 pH 增大有利于配合物趋向 AIE 性能。静电相互作用和氢键作用能够改变分子内运动受限程度，从而调控分子的荧光发射。近年来对植物化学品衍生物 AIE 材料的研究众多，主要是因为植物化学品具有结构确定、易于化学修饰和性能调节的优点。然而，有些植物化学品衍生物的化学衍生过程复杂，导致合成成本升高，大大降低了植物化学品成本可竞争的优势。

3.3.5.5　果胶

果胶是一类天然高分子化合物，主要存在于所有的高等植物中，是植物细胞间质的重要成分。果胶沉积于初生壁和胞间层，在初生壁中与不同含量的纤维素、半纤维素、木质素的微纤丝，以及某些伸展蛋白相互交联，使各种细胞组织结构坚硬，表现出固有的形态，为内部细胞的支撑物质。橘皮中的果胶（Pec）具有特殊的光物理性质。O⋯O 和 C⋯Pec 分子中的 O 可以实现分子内链的纠缠接触并形成刚性构象，因此它具有足够的电子云共轭和明显的发射行为。Pec 具有典型的聚集诱导发光（AIE）特性，即在稀水溶液中不发光或发出弱光，在浓溶液或固体中发出强光。此外，这种果胶也具有多色成像特性和室温磷光（RTP）效应。Pec 由于具有与激发相关的特性，可以作为多通道生物成像，还可以作为检测 Fe^{3+} 浓度的生物传感器。这些结果都表明 Pec 在生物成像和生物传感器方面有着广泛的应用。

3.4 基于聚集效应的应用展望

3.4.1 催化助剂

生物活性物质、精细化学品等的开发开辟了生物质催化剂的合成途径，受蛋白质空间限制研究的启发，在海藻酸钙水凝胶中通过自组装和干燥聚集的方式，利用阳离子木质素和酶构建了生物催化剂木质素纳米球（c-CLP）。除了做催化剂本身以外，木质纤维素的低密度、高比表面积、易化学修饰性和相互连接的多孔结构也有利于催化剂的装载和释放分子客体。因此，利用微波辅助加热或者离子液体的调控作用制备光催化剂，并将其负载在纤维素载体上，可制备高性能光催化复合材料。另外，木质素纳米颗粒一方面具有纳米材料的很多优良特性，如多分散性、大比表面积等，另一方面在实际应用中也充分显示了木质素自身的优良性能，如紫外吸收性、可降解等，因此将木质素纳米颗粒作为填料助剂应用于复合材料中，对于提高复合材料的性能具有重大现实意义。

3.4.2 光子材料

太阳能和水是地球上最丰富的两种资源。在自然界中存在的许多动植物比人类更早懂得利用太阳能和水，如植物的蒸腾作用。木质先进材料的开发对于太阳能的利用远不止于此。在紫外光辅助的光催化氧化过程中，通过裂解共轭双键以除去木质素的发色团，对此可对木材进行选择性脱色制备耐磨防伪材料；对天然木材进行可见光谱范围内光线吸收和散射的调控可赋予木材光管理能力；有效减弱木质素在自组装过程中的分子间作用力的差异性，或调节纤维素纳米晶体的自组装过程，可制备具有结构色的光子材料；利用苯环结构单元中电子形成离域共轭可用以调节木质素的聚集诱导发光（AIE）现象；通过酶解木质素可制备荧光薄膜，用于甲醛蒸气检测；可通过形成具有可调手性向列顺序的纤维素刺激荧光效应的产生；同时将以上开发功能与先进光学器件复合，可进一步推进智能光学传感器的研究和设计，具有防伪、波导、激光和光学涡流控制等多功能。

3.4.3 能源存储

如今，快速增长的能源需求要求更清洁和更多的可再生能源。然而，由于可再生能源的间歇性，将清洁能源纳入电网仍然具有挑战性。因此，人们迫切需要具有高能量密度和高功率密度的先进能量转换和存储系统，同时应考虑到可持续性和生态友好性。木材及其衍生材料因可持续性、质量轻和可生物降解性等，在能源相关研究中显示出巨大的前景。通过将纤维素聚合链之间的间距扩大到分子通道，可使通道中丰富的含氧官能团连同少量的结合水以一种与聚合物的链段运动解耦的方式协助电解质离子插入和快速传输，可制备高性能纤维素基聚合物离子导体用于金属离子电池。另外，可通过热离子源的简单引入，对纤维素纤维链进行原位、可控的分子化设计，构建结构与性能可调节的纤维素分子链自组装材料用于高性能智能化器件。其次，诱导纤维素分子链非自发的自组装是一项更有挑战的工作，可以在极大程度上对纤维素分子链的组装进行深度参与与控制。通过纤维素自组装形成与先进模块结合（如将纤维素溶液双交联反应与微流控芯片联系），可制备一系列高性能储能器件的先进材料/器件。

3.4.4 生物医药

纤维素及木基衍生材料被认为是一种具有生物相容性的材料，由纤维素制成的软凝胶（如水凝胶和离子凝胶）具有与活组织集成的潜力，在延迟药物释放方面起着重要作用。此外纤维素的衍生物还具有良好的保水性、可调的力学性能，以及对多孔网络结构中气体、液体和离子的调节能力，因此在伤口敷料应用中有助于保持湿润的环境，而力学性能和形状的可调性有助于与伤口的相容性。另外，多孔结构还确保了良好的气体和液体交换渗透性，这有利于伤口恢复。通过凝胶化、离子交联、水分子和/或离子之间的相互作用等纤维素自组装构建模块结合纺丝和 3D 打印等不同工艺，在组织工程领域也有着广阔的应用前景。将人耳和羊半月板的软骨组织结构，通过 3D 打印，将人软骨细胞装载在纳米纤维素生物墨水中，3D 培养 7 天后显示出 86%的细胞存活率。

3.5 本章小结

分子科学是在单分子或小分子相互作用复合物的水平上研究材料的结构和性

质。超越单分子和明确定义的复合物，聚集体（即许多分子的不规则簇）是一种特别有用的材料形式，与它们的分子组分相比，往往表现出不同的或全新的性质。有一些独特的结构和现象，如多晶聚集体、聚集诱导的对称性破坏和团簇激子。在这里，基于对聚集诱导发光的蓬勃研究，提出了"聚集科学"的概念，旨在填补分子和聚集体之间的知识空缺。为聚集结构建立的结构-性能关系有望助力新材料和技术的发展。最终，聚集科学可能成为一个跨学科的研究领域，并成为学术研究的通用平台。聚集体论研究将导致研究认识论和方法论的范式转变，并为更高层次的结构层次和系统复杂性的探索和创新开辟新的途径。木质纤维素的聚集效应研究将为生物质材料的发展开发全新道路。

当前科研工作者们在木质纤维素基聚集科学领域中的荧光、光热及光子晶体等诸多研究方向取得了丰硕成果，但是目前依然存在一些问题。

1）木质纤维素基荧光方向：使用木材或树木生物质制备仿自然荧光发射的聚集诱导发光及碳量子点等材料虽具有良好的荧光特性，但是其发射波长依然较短，可以吸收利用的光域也局限于紫外-可见区域。在未来的研究中，需进一步红移并拓宽该类荧光材料的吸收与发射波长。

2）生物质基光热方向：使用石墨烯等的碳基光热材料的光热效果虽好，但其价格昂贵，成本过高，不利于实际应用。使用木质纤维素制备仿自然光热现象的络合光热材料虽光热效率良好，但是其所制备的光热材料还需使用三价铁离子，这使得其环境相容性下降，并且铁离子与多酚类物质络合的热稳定性与在苛刻环境中的稳定性亟待提高。

3）生物质基光子晶体方向：在使用木材衍生纳米纤维素仿生构筑光子晶体彩虹材料方面，存在着所制备薄膜彩虹效应与纤维素表面基团的构效关系不够清晰的问题，并且纤维素尺寸与其偏振吸收间的关系亟待厘清。

以上为本领域目前存在的主要问题与挑战，在未来的研究中，若可以解决这些科学问题，生物质基聚集科学领域中的科研成果将会向现实生活迈进一大步。在未来的研究中，使用生物质基光学材料构筑光电能源器件、光电传感器件也是具有良好前景的科研方向。

参 考 文 献

[1] Tang B Z. Aggregology: exploration and innovation at aggregate level. Aggregate, 2020, 1（1）: 4-5.

[2] Zhang H, Zhao Z, Turley A T, et al. Aggregate science: from structures to properties. Advanced Materials, 2020, 32（36）: e2001457.

[3] Li J, Huang W. From multiscale to mesoscience: addressing mesoscales in mesoregimes of different levels. Annual Review of Chemical and Biomolecular Engineering, 2018, 9: 41-60.

[4] Liu B, Tang B Z. Aggregation-induced emission: more is different. Angewandte Chemie International Edition, 2020, 59（25）: 9788-9789.

[5] Tomalia D A, Klajnert-Maculewicz B, Johnson K A M, et al. Non-traditional intrinsic luminescence: inexplicable blue fluorescence observed for dendrimers, macromolecules and small molecular structures lacking traditional/conventional luminophores. Progress in Polymer Science, 2019, 90: 35-117.

[6] Zhang H, Zheng X, Xie N, et al. Why do simple molecules with "isolated" phenyl rings emit visible light? Journal of the American Chemical Society, 2017, 139 (45): 16264-16272.

[7] Perez-Perez M E, Lemaire S D, Crespo J L. Reactive oxygen species and autophagy in plants and algae. Plant Physiology, 2012, 160 (1): 156-164.

[8] Zheng X, Peng Q, Zhu L, et al. Unraveling the aggregation effect on amorphous phase AIE luminogens: a computational study. Nanoscale, 2016, 8 (33): 15173-15180.

[9] Wang D, Lee M M S, Xu W, et al. Boosting non-radiative decay to do useful work: development of a multi-modality theranostic system from an AIEgen. Angewandte Chemie International Edition, 2019, 58 (17): 5628-5632.

[10] Khorloo M, Cheng Y, Zhang H, et al. Polymorph selectivity of an AIE luminogen under nano-confinement to visualize polymer microstructures. Chemical Science, 2020, 11 (4): 997-1005.

[11] Zhang X, Du L, Zhao W, et al. Ultralong UV/mechano-excited room temperature phosphorescence from purely organic cluster excitons. Nature Communications, 2019, 10 (1): 5161.

[12] Ji X, Li Z, Liu X, et al. A functioning macroscopic "rubik's cube" assembled via controllable dynamic covalent interactions. Advanced Materials, 2019, 31 (40): e1902365.

[13] Chen H. Chemical composition and structure of natural lignocellulose. Biotechnology of Lignocellulose: Theory and Practice, 2014: 25-71.

[14] Nishiyama Y. Structure and properties of the cellulose microfibril. Journal of Wood Science, 2009, 55 (4): 241-249.

[15] Purushotham P, Ho R, Zimmer J. Architecture of a catalytically active homotrimeric plant cellulose synthase complex. Science, 2020, 369 (6507): 1089-1094.

[16] Chen P, Zhao C, Wang H, et al. Quantifying the contribution of the dispersion interaction and hydrogen bonding to the anisotropic elastic properties of chitin and chitosan. Biomacromolecules, 2022, 23 (4): 1633-1642.

[17] Chen P, Nishiyama Y, Wohlert J. Quantifying the influence of dispersion interactions on the elastic properties of crystalline cellulose. Cellulose, 2021, 28 (17): 10777-10786.

[18] Habibi Y, Lucia L A, Rojas O J. Cellulose nanocrystals: chemistry, self-assembly, and applications. Chemical Reviews, 2010, 110 (6): 3479-3500.

[19] Reza M, Bertinetto C, Ruokolainen J, et al. Cellulose elementary fibrils assemble into helical bundles in S_1 layer of spruce tracheid wall. Biomacromolecules, 2017, 18 (2): 374-378.

[20] Rånby B G. Fibrous macromolecular systems. Cellulose and muscle. The colloidal properties of cellulose micelles. Discussions of the Faraday Society, 1951, 11: 158-164.

[21] Revol J F, Marchessault R H. *In vitro* chiral nematic ordering of chitin crystallites. International Journal of Biological Macromolecules, 1993, 15 (6): 329-335.

[22] Orts W J, Godbout L, Marchessault R H, et al. Enhanced ordering of liquid crystalline suspensions of cellulose microfibrils: a small angle neutron scattering study. Macromolecules, 1998, 31 (17): 5717-5725.

[23] Araki J, Kuga S. Effect of trace electrolyte on liquid crystal type of cellulose microcrystals. Langmuir, 2001, 17 (15): 4493-4496.

[24] Dong X M, Kimura T, Revol J F O, et al. Effects of ionic strength on the isotropic-chiral nematic phase transition

[25] Hirai A, Inui O, Horii F, et al. Phase separation behavior in aqueous suspensions of bacterial cellulose nanocrystals prepared by sulfuric acid treatment. Langmuir, 2009, 25 (1): 497-502.

[26] Beck-Candanedo S, Viet D, Gray D G. Triphase equilibria in cellulose nanocrystal suspensions containing neutral and charged macromolecules. Macromolecules, 2007, 40 (9): 3429-3436.

[27] Araki J, Wada M, Kuga S, et al. Birefringent glassy phase of a cellulose microcrystal suspension. Langmuir, 2000, 16 (6): 2413-2415.

[28] Heux L, Chauve G, Bonini C. Nonflocculating and chiral-nematic self-ordering of cellulose microcrystals suspensions in nonpolar solvents. Langmuir, 2000, 16 (21): 8210-8212.

[29] Sugiyama J, Chanzy J H, Maret G. Orientation of cellulose microcrystals by strong magnetic fields. Macromolecules, 1992, 25 (16): 4232-4234.

[30] Fleming K, Gray D, Prasannan S, et al. Cellulose crystallites: a new and robust liquid crystalline medium for the measurement of residual dipolar couplings. Journal of the American Chemical Society, 2000, 122(21): 5224-5225.

[31] Kimura F, Kimura T, Tamura M, et al. Magnetic alignment of the chiral nematic phase of a cellulose microfibril suspension. Langmuir, 2005, 21: 2034-2037.

[32] Kvien I, Oksman K. Orientation of cellulose nanowhiskers in polyvinyl alcohol. Applied Physics A, 2007, 87(4): 641-643.

[33] Schädel C, Blöchl A, Richter A, et al. Quantification and monosaccharide composition of hemicelluloses from different plant functional types. Plant Physiology and Biochemistry, 2010, 48 (1): 1-8.

[34] Ling Z, Edwards J V, Nam S, et al. Conformational analysis of xylobiose by DFT quantum mechanics. Cellulose, 2020, 27 (3): 1207-1224.

[35] Kong Y, Li L, Fu S. Insights from molecular dynamics simulations for interaction between cellulose microfibrils and hemicellulose. Journal of Materials Chemistry A, 2022, 10 (27): 14451-14459.

[36] Tokoh C, Takabe1 K, Sugiyama J, et al. Cellulose synthesized by acetobacter xylinum in the presence of plant cell wall polysaccharides. Cellulose, 2002, 9: 65-74.

[37] Kumagai A, Endo T. Effects of hemicellulose composition and content on the interaction between cellulose nanofibers. Cellulose, 2020, 28 (1): 259-271.

[38] Harris P J. Primary and secondary plant cell walls: a comparative overview. New Zealand Journal of Forestry Science, 2006, 36 (1): 36-53.

[39] Zhang Q, Brumer H, Agren H, et al. The adsorption of xyloglucan on cellulose: effects of explicit water and side chain variation. Carbohydrate Research, 2011, 346 (16): 2595-2602.

[40] Zhao Z, Crespi V H, Kubicki J D, et al. Molecular dynamics simulation study of xyloglucan adsorption on cellulose surfaces: effects of surface hydrophobicity and side-chain variation. Cellulose, 2014, 21(2): 1025-1039.

[41] Berglund J, Kishani S, De Carvalho D M, et al. Acetylation and sugar composition influence the (in) solubility of plant β-mannans and their interaction with cellulose surfaces. ACS Sustainable Chemistry & Engineering, 2020, 8 (27): 10027-10040.

[42] Berglund J, Azhar S, Lawoko M, et al. The structure of galactoglucomannan impacts the degradation under alkaline conditions. Cellulose, 2018, 26 (3): 2155-2175.

[43] Gupta M, Rawal T B, Dupree P, et al. Spontaneous rearrangement of acetylated xylan on hydrophilic cellulose surfaces. Cellulose, 2021, 28 (6): 3327-3345.

[44] Kirui A, Zhao W, Deligey F, et al. Carbohydrate-aromatic interface and molecular architecture of lignocellulose.

Nature Communications, 2022, 13 (1): 538.

[45] Chen L, Luo S M, Huo C M, et al. New insight into lignin aggregation guiding efficient synthesis and functionalization of a lignin nanosphere with excellent performance. Green Chemistry, 2022, 24 (1): 285-294.

[46] Sipponen M H, Lange H, Ago M, et al. Understanding lignin aggregation processes. A case study: budesonide entrapment and stimuli controlled release from lignin nanoparticles. ACS Sustainable Chemical Engineering, 2018, 6 (7): 9342-9351.

[47] Chen L, Luo S M, Huo C M, et al. New insight into lignin aggregation guiding efficient synthesis and functionalization of a lignin nanosphere with excellent performance. Green Chemistry, 2022, 24 (1): 285-294.

[48] Lundquist K, Josefsson B, Nyquist G. Analysis of lignin products by fluorescence spectroscopy. Holzforschung, 1978, 32 (1): 27-32.

[49] Lang M, Stober F, Lichtenthaler H K. Fluorescence emission spectra of plant leaves and plant constituents. Radiation and Environmental Biophysics, 1991, 30: 333-347.

[50] Beyer M, Steger D, Fischer K. The luminescence of lignin-containing pulps: a comparison with the fluorescence of model compounds in several media. Journal of Photochemistry and Photobiology A: Chemistry, 1993, 76 (3): 217-224.

[51] Castellan A, Choudhury H, Davidson R S, et al. Comparative study of stone-ground wood pulp and native wood 2. Comparison of the fluorescence of stone-ground wood pulp and native wood. Journal of Photochemistry and Photobiology A: Chemistry, 1994, 81 (2): 117-122.

[52] Castellan A, Davidson R S. Steady-state and dynamic fluorescence emission from Abies wood. Journal of Photochemistry and Photobiology A: Chemistry, 1994, 78 (3): 275-279.

[53] Davidson R S, Dunn L A, Castellan A, et al. A study of the photobleaching and photoyellowing of paper containing lignin using fluorescence spectroscopy. Journal of Photochemistry and Photobiology A: Chemistry, 1991, 58 (3): 349-359.

[54] Tylli H, Forsskåhl I, Olkkonen C. The effect of photoirradiation on high-yield pulps: spectroscopy and kinetics. Journal of Photochemistry and Photobiology A: Chemistry, 1995, 87 (2): 181-191.

[55] Xue Y, Qiu X, Wu Y, et al. Aggregation-induced emission: the origin of lignin fluorescence. Polymer Chemistry, 2016, 7 (21): 3502-3508.

[56] Kelly J A, Shukaliak A M, Cheung C C, et al. Responsive photonic hydrogels based on nanocrystalline cellulose. Angewandte Chemie International Edition, 2013, 52 (34): 8912-8916.

[57] Xu M, Li W, Ma C, et al. Multifunctional chiral nematic cellulose nanocrystals/glycerol structural colored nanocomposites for intelligent responsive films, photonic inks and iridescent coatings. Journal of Materials Chemistry C, 2018, 6 (20): 5391-5400.

[58] Qu D, Zheng H, Jiang H, et al. Chiral photonic cellulose films enabling mechano/chemo responsive selective reflection of circularly polarized light. Advanced Optical Materials, 2019, 7 (7): 18101395.

[59] Li J, Yang C, Peng X, et al. Stimuli-responsive circularly polarized luminescence from an achiral perylenyl dyad. Organic & Biomolecular Chemistry, 2017, 15 (39): 8463-8470.

[60] Du L L, Jiang B L, Chen X H, et al. Clustering-triggered emission of cellulose and its derivatives. Chinese Journal of Polymer Science, 2019, 37 (4): 409-415.

[61] Xue Y, Qiu X, Ouyang X. Insights into the effect of aggregation on lignin fluorescence and its application for microstructure analysis. International Journal of Biological Macromolecules, 2020, 154: 981-988.

[62] Nagai A, Miller J B, Du J, et al. Biocompatible organic charge transfer complex nanoparticles based on a

semi-crystalline cellulose template. Chemical Communications (Camb), 2015, 51 (59): 11868-11871.

[63] Peng F, Liu H, Xiao D, et al. Green fabrication of high strength, transparent cellulose-based films with durable fluorescence and UV-blocking performance. Journal of Materials Chemistry A, 2022, 10 (14): 7811-7817.

[64] Cai X M, Chen X, Chen X, et al. A luminescent cellulose ether with a regenerated crystal form obtained in tetra (*n*-butyl) ammonium hydroxide/dimethyl sulfoxide. Carbohydrate Polymers, 2020, 230: 115649.

[65] Shi N, Ding Y, Wang D, et al. Lignosulfonate/diblock copolymer polyion complexes with aggregation-enhanced and pH-switchable fluorescence for information storage and encryption. International Journal of Biological Macromoeculesl, 2021, 187: 722-731.

4 细胞壁超分子结构解译

细胞壁是植物细胞所特有的一种结构。木材是由许许多多的空腔细胞所构成，即木材的实体是细胞壁。木材的细胞壁主要是由纤维素、半纤维素和木质素三种成分构成。纤维素分子链聚集成束以排列有序的微纤丝状态存在于细胞壁中，赋予木材抗拉强度，起着骨架作用，故称此种结构物质为骨架物质；半纤维素以无定形状态渗透在骨架物质之中，起着基体作用，借以增加细胞壁的刚性，故称其为基体物质；细胞壁中具有木质素，这是木材细胞壁的一种显著特征，木质素是在细胞分化的最后阶段才形成的，渗透在细胞壁的骨架物质之中，可使细胞壁坚硬，因此称其为结壳物质[1]。

目前，关于木材从组织到微观尺度的结构已经达成共识。简而言之，木材由细长的中空细胞（管胞、纤维、导管和射线）组成，细胞之间由以木质素为主要成分的胞间层连接。细胞壁具有层状结构，分为初生壁（P）、次生壁（S）和胞间层（ML）。在次生壁上，由于纤维素分子链组成的微纤丝排列方向不同，又可明显地分出三层，即次生壁外层（S_1层）、次生壁中层（S_2层）和次生壁内层（S_3层）。木材细胞壁的结构，往往决定了木材及其制品的性能和品质。随着木材超分子科学的研究逐步深入，发现细胞壁中存在聚集体空间结构，如次生壁中层中的聚集体薄层亚结构。这些介于壁层尺度和分子尺度之间的典型的木材超分子结构，是细胞壁的超分子结构解译的重点研究对象，为揭示木材细胞壁超分子结构变化和化学成分演变对产品性能形成的作用机制，建立结构-特性-功能关系奠定了基础。

4.1 各类细胞壁层结构

木材细胞壁的各部分常常由于化学组成的不同和微纤丝排列方向的不同，在结构上分出层次。通常可将细胞壁分为胞间层、初生壁和次生壁，如图4-1所示。

细胞分裂的末期出现了细胞板，将新产生的两个细胞隔开，这是最早的细胞壁部分。此层很薄，是两个相邻细胞中间的一层，为两个细胞所共有。实际上，通常将胞间层和相邻细胞的初生壁合在一起，称为复合胞间层。木材细胞壁主要由木质素和果胶物质组成，纤维素含量很少，所以高度木质化，在偏光显微镜下显现各向同性。

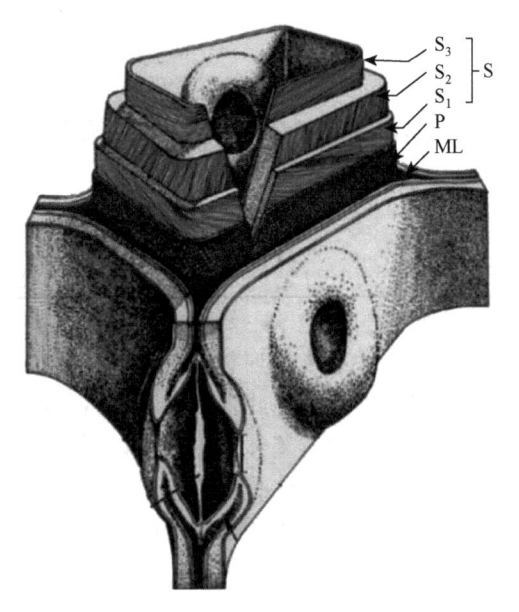

图 4-1　木材细胞壁壁层结构

初生壁是细胞增大期间所形成的壁层。初生壁在形成的初期，主要由纤维素组成，随着细胞增大速度的减慢，可以逐渐沉积其他物质，所以木质化后的细胞，初生壁中木质素的浓度特别高。初生壁通常较薄，一般为细胞壁厚度的 1%左右。当细胞生长时，微纤丝沉积的方向非常有规则，通常呈松散的网状排列，这样就限制了细胞的侧面生长最后只有伸长，随着细胞伸长，微纤丝方向逐渐趋向与细胞长轴平行。

次生壁是在细胞停止增大后形成的，这时细胞不再增大，壁层迅速加厚使细胞壁固定而不再伸延，一直到细胞腔内的原生质停止活动，次生壁也就停止沉积，细胞腔变成中空。次生壁最厚，占细胞壁厚度的 95%或以上。次生壁主要由纤维素或纤维素和半纤维素的混合物组成，后期常含有木质素和其他物质。但是次生壁厚，导致木质素含量比初生壁低，因此它的木质化程度不如初生壁的高，在偏光显微镜下具有高度的各向异性。

这些结构特征在植物生长和植物细胞壁的机械特性中起着至关重要的作用。对细胞壁结构的全面研究不仅有助于我们了解其组装和生物合成，而且还有助于提高生物质解构的效率。

4.1.1　薄壁细胞

薄壁细胞是一种细胞壁薄、未木质化的细胞类型，具有许多重要的功能，如光合作用、储藏、分泌等。薄壁细胞通常只有很薄的初生壁，没有次生壁，一般为直径近乎相等的多面体。木材薄壁细胞主要分为射线薄壁细胞和轴向薄壁细胞。与管胞、木纤维的细胞壁构造相比，木质部薄壁细胞的构造变化非常大，且薄壁细胞初生壁存在着多层交叉构造[2]。针叶材射线薄壁细胞的壁层构造可分为两种类型，一种类型是由初生壁和保护层（protective）构成，另一种类型是由初生壁和保护层再加上次生壁构成。初生壁是由微纤丝和细胞轴几乎呈平行排列的 P1 层、网状排列的 P2 层及多层交叉构造的 P3 层构成。木材的次生壁与管胞和木纤维的次生壁相当，按照微纤丝的排列不同可分成两层。这两种类型构造的细胞壁最内层都是保护层，该层微纤丝排列特点是呈网状。轴向薄壁细胞除了 P1 层之外，其细胞壁构造和射线薄壁细胞的相同[3]。

阔叶材射线薄壁细胞和轴向薄壁细胞的细胞壁的初生壁都呈多层交叉构造，次生壁构造特征是存在着无定形层（amorphous layer）。通过对超薄切片的脱木素、脱半纤维素、脱果胶、脱多糖的连续操作处理，进行单独或组合分析的结果表明，其无定形层中半纤维素含量丰富，含有少量果胶和纤维素，且木质化程度很高。据此，阔叶材薄壁细胞的细胞壁的次生壁中存在保护层和同性层（isotropic layer），从形成过程来看，其化学组成及微纤丝排列形式同无定形层一样。阔叶材薄壁细胞的细胞壁次生壁构造，由和管胞、木纤维相同的纤维素、半纤维素、木质素构成的层（CL）和无定形层（AL）的组合，可分为 3CL、3CL+AL、3CL+AL+ICL 这 3 种类型。这里 ICL 是位于 AL 内侧的 CL 层，3CL 是标准构造，3CL+AL 是位于导管之间具有纹孔对的薄壁细胞的标准构造[4]。

多层交叉构造是由 Chafe 和 Chauret[2]在研究阔叶材轴向薄壁细胞的初生壁构造中提出的。Roland 等[5]用多层生长说不能解释多层交叉构造的形成机制，于是提出了所谓有序微纤丝的多层生长说：最初形成的微纤丝的取向将伴随着细胞的伸长方向而再取向。与此相对，有序微纤丝说则认为：微纤丝所具有的交叉状态是在最初堆积而成的，微纤丝伴随着细胞的伸长生长而不再进行取向。但是，在针叶材的管胞，阔叶材的木纤维、导管及薄壁细胞的初生壁中观察到初生壁中微纤丝再度进行取向的实验事实。通过对阔叶材薄壁细胞的研究，提出了一个能够说明多层交叉构造的有序微纤丝修正说，即微纤丝首先相对细胞轴呈 45°或比 45°更大的角度堆积成最初的一层，其下一层微纤丝的方向和上一层的方向交叉，这样一层一层地堆积下去，最后随着细胞的扩大，微纤丝层将变薄从而引起微纤丝的再度取向。但是，微纤丝的再度取向行为是以层为单位进行的。

柳杉（*Cryptomeria japonica*）木材射线薄壁细胞和轴向薄壁细胞的细胞壁是典型的多层交叉结构，与木纤维和管胞的层状细胞壁不同[6]。射线薄壁细胞在形态上和细胞壁中交叉微纤维螺旋的相对倾斜度方面与轴向薄壁细胞不同，这一特征在射线薄壁细胞中表现为正双折射，在轴向薄壁细胞中表现为负双折射。在某些薄壁细胞中，局部壁增厚，即射线薄壁细胞的横向"条状"和轴向薄壁细胞的纵向"肋状"，也显示交叉的多层结构。这一观察结果与先前报道的原代组织细长薄壁细胞纵向肋状的纵向微纤维定向形成鲜明对比。根据外、内壁薄壁间微纤维取向的相似性，柳杉薄壁细胞的细胞壁主要为次生壁。

颤杨（*Populus tremuloides* Michx.）木材，由增厚的多层交叉主壁和两个或两个以上同心排列的次生壁组成，每一个都呈现出与木纤维和管胞基本相似的层状结构[2]。分隔这些次生壁的是一个富含木质素和果胶物质、低纤维素含量的光学各向同性层。在许多其他阔叶材的射线薄壁组织和薄壁组织壁中也观察到类似的层，而在针叶材中没有观察到。

竹材作为一种重要的天然梯度材料，主要由维管束及围绕维管束的基本薄壁组织构成。基本薄壁组织由大量薄壁细胞排列构成，主要分布在维管束系统之间，其作用相当于填充物，是竹材构成中的基本部分，薄壁细胞占竹茎的52%，并提供竹子优异的弯曲延展性。近年来，竹纤维的细胞壁结构得到了很好的研究，然而对薄壁细胞的壁结构仍知之甚少。

如图4-2所示，利用扫描电子显微镜和透射电子显微镜对毛竹（*Phyllostachys pubescen*）薄壁细胞壁的超微结构进行研究发现，与大多数植物细胞相似，竹薄壁组织细胞由胞间层、初生壁和次生壁组成，次生壁由嵌入半纤维素和木质素基质的纤维素微纤丝组成的纤维素聚集体形成。一小部分竹薄壁组织细胞可能缺少次生壁，在SEM图上，基本组织薄壁细胞（GPC）和维管束薄壁细胞（VPC）的次生壁呈现出紧松（亮暗）交替的结构，这种模式与TEM观察到的薄壁组织细胞壁的明暗交替层相对应。大多数竹薄壁细胞的次生壁有7个亚层，其中基本组织薄壁细胞最多有11个亚层，维管束薄壁细胞最多有9个亚层[7]。基本组织薄壁细胞亚层的平均厚度高于维管束薄壁细胞。基本组织薄壁细胞的纹孔厚度也高于维管束薄壁细胞，但其直径小于维管束薄壁细胞。毛竹茎具有极高的柔韧性，可能与薄壁细胞中存在次生壁及其超微结构有关。

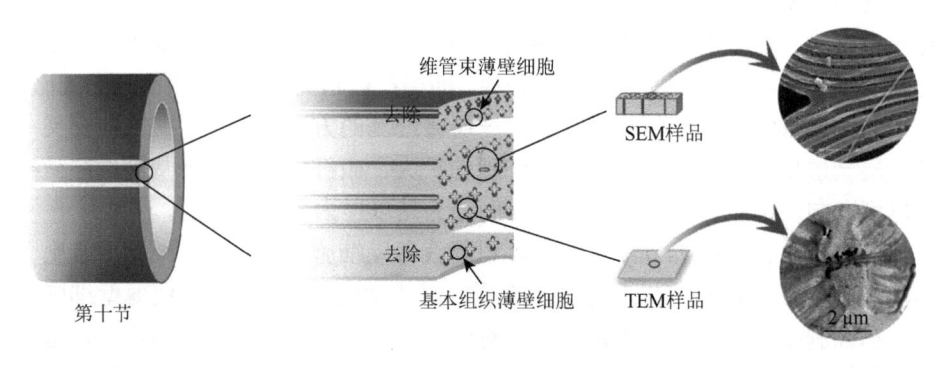

图4-2 样品制备示意图

TEM 图中暗区复合胞间层木质素含量较高，因此暗亚层木质素含量高于亮亚层，而 SEM 图中观察到的相应松散层纤维素微纤维排列松散。因此，我们可以合理推测，紧松交替层的形成可能反映了纤维素微纤丝的积累或交替层中化学成分的比例不同。次生壁纤维素微纤丝的取向和组织对植物的物理、机械和化学性质都有影响[8]。不同细胞壁层内这些化学成分的数量可以被机械应力等非生物因素改变[9]。薄壁细胞赋予毛竹极高的柔韧性[10]。综上所述，一个合理的假设是，薄壁次生壁的紧密-松散（浅-暗）交替层可能是毛竹秆具有极高柔韧性的原因。

此外，许多 SEM 图显示，GPC 的细胞角通常溶解在细胞间隙中，而 VPC 的细胞角则没有发生溶解。细胞间隙包括裂生和溶生两种。Evert[11]提出薄壁细胞的胞间空间本质上是分裂的。细胞间隙的形成是由于酶解初生壁的果胶和中间薄片的削弱，导致相邻的初生壁分离，形成空腔。

SEM 图分析显示，毛竹薄壁细胞的次生壁亚层数为奇数（图 4-3）。GPC 的亚层数从 1 层到 11 层不等［图 4-3（a）～（d），(i)］，最常见的是 7 层，其次是 5 层和 9 层，然后是 11 层和 1 层，最不常见的是 3 层［图 4-3（k）］。在 VPC 中，次生壁的亚层数从 1 层到 9 层不等［图 4-3（e）～（h），(j)］，其中 5 层和 7 层最常见，其次是 3 层、9 层和 1 层［图 4-3（k）］。此外，GPC 和 VPC 都包括没有二次细胞壁增厚的细胞［图 4-3（k）］。SEM 图显示，具有 9 个亚层的 VPC 主要分布在筛管附近。

在 TEM 图像上，由于毛竹薄壁细胞电子密度的高低交替层，可以很容易地区分次生壁的每个亚层［图 4-4（d）和（f）］。从 TEM 图中测量了具有 9 个亚层的 GPC 和具有 7 个亚层的 VPC 的次生壁厚度。结果表明：GPC 和 VPC 各亚层的平均厚度大致相似，GPC 的平均厚度（0.32～0.41 μm）大于 VPC 的平均厚度（0.26～0.32 μm）；与竹纤维具有宽、窄相间的细胞壁层不同，薄壁细胞各亚层的壁厚表现为随机而非规则。

实际上，GPC 的亚层厚度范围为 0.11～0.76 μm，VPC 的亚层厚度范围为 0.07～0.54 μm。对薄壁细胞次生壁亚层厚度的定量分析证实了之前的报道，即 GPC 的纹孔长度明显长于 VPC 的[12]。VPC 分布在木质部导管元件和韧皮部筛管附近。较薄的细胞壁可以提高薄壁-导管和薄壁-筛管的物质转移速度，促进竹子的快速光合作用。

GPC 的纹孔膜中有许多微孔，而 VPC 的纹孔膜中只有一些胞间连丝。胞间连丝的平均直径为 63 nm。GPC 的纹孔膜（平均厚度 540 nm，直径 1.67 μm）比 VPC 的纹孔膜（平均厚度 360 nm，直径 2.65 μm）更厚和更小。研究人员观察到两种具有不同形态特征的 VPC 的纹孔膜，即厚度均匀的 PM1 和中间膨胀的 PM2。VPC 的纹孔膜比容器元件的纹孔膜含有更多的木质素。总之，这些发现增加了人们对竹薄壁细胞多层次生壁结构的理解，并可为未来改善竹的生产和利用提供理论和数据基础。

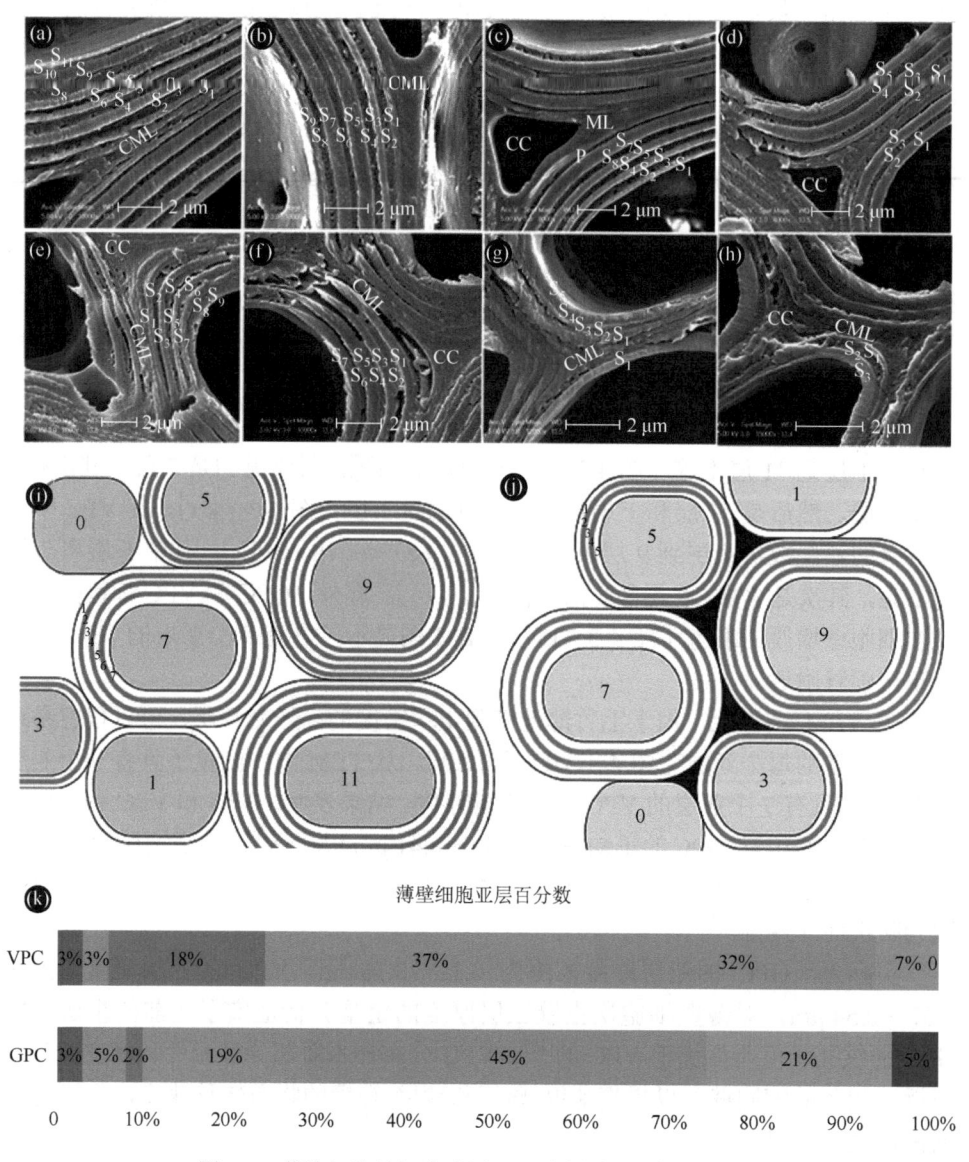

图4-3　薄壁细胞的细胞壁层SEM图和细胞壁层示意图

（a）～（d）基本组织薄壁细胞壁层结构：（a）一个薄壁细胞的11个亚层，（b）一个GPC的9个亚层，（c）一个GPC的7个亚层，（d）GPC的5个亚层和3个亚层；（e）～（h）维管束薄壁细胞壁层结构：（e）一个薄壁细胞的9个亚层，（f）一个VPC的7个亚层，（g）VPC的5个亚层和1个亚层，（h）一个VPC的3个亚层；（i）基本组织薄壁细胞壁层类型；（j）维管束薄壁细胞壁层类型（数字表示细胞壁层数）；（k）具有不同壁层的基本组织薄壁细胞和维管束薄壁细胞的百分数，CML表示复合胞间层；ML表示胞间层；CC表示细胞角隅

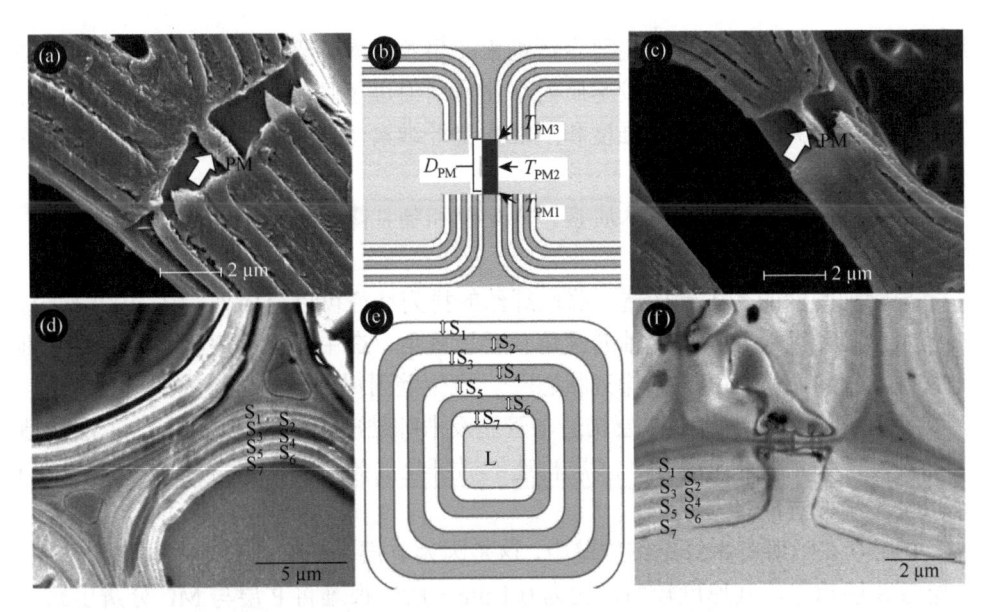

图 4-4 纹孔膜的 SEM 图和次生壁层的 TEM 图,以及参数测量示意图

(a) GPC 纹孔膜的 SEM 图;(b) 纹孔膜测量示意图,其中 D 表示直径,T 表示厚度;(c) VPC 纹孔膜的 SEM 图;(d) GPC 壁层 TEM 图;(e) 壁层测量示意图;(f) VPC 壁层 TEM 图,PM 表示穴膜;L 表示细胞腔

4.1.2 厚壁细胞

厚壁组织与厚角组织不同,其细胞具有均匀增厚的次生壁,并且常常木质化。细胞成熟时,原生质体通常死亡分解,成为只留有细胞壁的死细胞。根据细胞的形态,厚壁组织可分为石细胞(sclereid 或 stone cell)和纤维(fiber)两类。木材中的厚壁细胞主要有管胞、木纤维、韧性纤维等。

木纤维是指由木质化加厚的细胞壁和具有细小狭缝状纹孔的纤维细胞组成的机械组织,是木质部的主要成分之一。木纤维细胞壁厚,细胞腔窄,形态细长,木质化,为厚壁组织,有不同程度退化的边缘纹孔。在植物中,木纤维主要起支撑作用,并具有储存和运输功能。轴向管胞是轴向排列的厚壁细胞,两端封闭,内部中空,细而长,胞壁上具有纹孔,起输导水分和机械支撑的作用,是决定针叶材材性的主要因素。管胞是组成针叶材的最主要成分,在阔叶材中不常见,仅少数树种内可见,且形状不规则。阔叶材管胞可分为导管状管胞和环管管胞两类。导管是由管胞演化而成的一种进化组织,起输导作用[13]。大多数高等植物都有初生壁和次生壁。初生壁是一种薄的、灵活的、高度水化的结构,包围着生长中的细胞,而次生壁是一种更坚固、更坚硬的结构,在细胞停止生长时开始沉积。这些类型的细胞壁在功能、流变学和力学性质,以及基质聚合物的排列、流动性和结构方面存在差异。初生壁主要由纤维素、果胶、木葡聚糖，以及少量的阿拉伯木聚糖和结构蛋白组成。果胶基质的水化作用促进了膨胀生长过程中纤维素微纤维的滑移和分离。次生壁的强度和刚性来自纤维素微纤维的定向排列和木质素的存在。

次生壁主要由纤维素、木质素、木聚糖和葡甘露聚糖组成。与初生壁相比，次生壁的含水量也较低。

导管细胞壁的初生壁构造按照微纤丝的排列特征可以分成外、中、内3部分，在初生壁外侧微纤丝与细胞轴的倾角几乎呈直角，在中层呈无序状态，在内侧则呈直角、倾斜、平行3方向排列状态[14]。次生壁因树种不同可分成3层、1层、多层3种构造类型，其中3层构造与管胞及木纤维次生壁的构造相同，1层构造的微纤丝的倾角变化非常小，多层构造的微纤丝的倾角变化非常显著，能分成4个以上不同的层次。

P层存在于所有木纤维细胞壁中，这是因为P层是活细胞最基本的壁层结构。P层与S层相邻，其厚度较薄，约为0.1 μm，所以很难将P层与ML分辨出来。因此，许多研究中将P层与ML统称为复合胞间层，即CML。在木材细胞生长的初期，P层具有很好的弹性和可塑性。而在此阶段，S层还尚未形成。P层微细纤维的分子取向较为紊乱，只有靠近细胞角隅胞间层（CCML）[在3个或4个细胞之间存在一个共有的区域——CCML]处的微细纤维平行于纤维轴向。P层的主要化学成分包括纤维素、半纤维素、果胶、蛋白质和木质素。Albersheim曾提出P层化学成分的模型假设，该模型显示木材化学成分中除纤维素外其他化合物均以共价键结合形成一个高分子聚合物[15]。

S层厚度较厚，由P层向纤维细胞腔内的方向，S层通常分为次生壁外层（S_1层）、次生壁中层（S_2层）和次生壁内层（S_3层）。由于这三层中微细纤维的分子取向具有明显差异，因此在高倍显微镜下可以分辨出这三层。S_1层与P层相邻，其厚度一般为0.1~0.2 μm。推测S_1层的微细纤维的分子方向与细胞纤维轴方向近乎垂直，为70°~90°[16]。S_1层通常包括3~6个同心薄层，且每个薄层中微细纤维排列紧密，但各相邻薄层中微细纤维的分子取向略有区别或完全相反。S_1层微细纤维的分子取向对于纤维径向的弹性模量起着至关重要的作用。S_2层占据了细胞壁大部分的体积，早材厚度一般为1 μm，而晚材厚度一般为5 μm。因此，S_2层对于整个纤维轴向起着重要的机械支持作用。S_2层的同心薄层较多，早材中一般有30个，而晚材中一般有150个，且各薄层的微细纤维分子取向较为相似，与细胞纤维轴方向的夹角一般在0°~30°之间，其大小主要取决于纤维在木材中的部位。一般晚材纤维的微纤丝角小于早材纤维的微纤丝角。据推测，S_2层的微细纤维被少量半纤维素包围而聚合成较大的结构单元，称为巨纤维[17]。木材聚合物机械性能的研究结果表明，半纤维素、木糖和葡萄糖甘露糖与木材中其他聚合物、纤维素和木质素有较强的相互作用力，其中木糖与木质素相互作用较强，葡萄糖甘露与纤维素相互作用较强。因此推测 S_2 层的微细纤维被葡萄糖甘露包围而聚合成巨纤维。S_3 层居于次生壁内层，与细胞腔相邻，其壁层较薄，为 0.1～0.2 μm。S_3 层微细纤维的分子方向与细胞纤维轴方向的夹角一般在 30°～90°之间。

4.1.3 应力木中的细胞壁

在树木木质部的形成过程中，由于细胞的生长及细胞壁木质化而产生的作用力，称为生长应力。生长应力是树木正常生长的结果。但当树木生长受到环境条件的影响时，树木为了保持树干笔直或使树枝恢复到正常位置产生出另一种生长应力，并出现部分年轮特别偏宽的现象，此时的树木被称为应力木。应力木分为两大类：应压木（compression wood，CW）和应拉木（tension wood，TW）[18]。通常，在针叶材倾斜或弯曲的树干或枝条的下方产生应压木，在阔叶材倾斜或枝条的上方产生应拉木。正常木材（normal wood，NW）存在于直立树干和倾斜树干的侧面，具有轻微的拉伸应力。在 TW 的相对侧发现的相对木材具有非常低的拉伸应力值，有时具有较小的压缩应力。CW 的对向木材的拉伸应力值与 NW 的相似或略大。

应力木由于特殊的结构，早在其力学作用被阐明之前就被木材解剖学家所研究。TW 具有几乎平行于细胞轴的微纤丝。在显微镜下观察时，具有 G 层的细胞壁通常比正常的木质细胞壁厚。经研究证明，它一部分来源于与其切割表面附近 G 层横向膨胀有关的伪影[19]，但即使避免了边界伪影，它仍然是真实存在的。TW 通常缺少 S_3 层。G 层的基质具有介孔结构，类似于水凝胶。长期以来，人们已经证明木材可以作为凝胶处理。G 层中的孔隙的数量和大小比其他木细胞壁层中的要大得多。此外，研究表明，在细胞壁成熟过程中，这些孔隙的大小会增加。由于 TW 结构和功能之间的矛盾，一些研究者认为 TW 收缩的驱动力不是由细胞壁中成分直接引起的张力，而是由细胞壁层上的外部作用引起的。

针叶材中 CW 通常出现在树枝或倾斜树干受压的一侧，其产生原因包括重力、外界风力和非对称的树冠压力等。CW 通常存在于裸子植物物种中，在被子植物中也可以观察到，如黄杨和一些原始被子植物物种。CW 的严重程度存在梯度，从产生弱压缩的轻度 CW 到具有较大压缩的重度 CW。根据 CW 的解剖结构特征对 CW 的受压程度进行分级评定。重度 CW 的解剖结构特征通常是：管胞外形呈圆形且管胞壁较厚，CCML 处存在细胞间隙，高度木质化的 S_2 层外层，即 S_2L 层，环绕整个管胞而不仅仅局限于 CCML 处，次生壁中具有极为明显的螺旋间隙，扭曲的具缘纹孔口，细胞壁次生壁中不含 S_3 层。重度 CW 在一个生长年轮中形成一个月牙形区域，通常出现在晚材中。中度 CW 是 NW 向重度 CW 过渡时的中间状态，其解剖学特征通常是重度 CW 部分解剖结构特征的结合体。根据对 CW 的分级研究，中度 CW 开始形成时首先出现的解剖学特征是管胞壁中出现高度木质化的 S_2L 层，且起始于靠近 CCML 处，而随着 CW 程度的逐级升高，高度木质化的 S_2L 层将逐渐环绕整个管胞壁。管胞壁外形呈现圆形特征和最终次生壁中螺旋间隙的形成，在中度 CW 中可能会出现。而细胞间隙的出现和消失的 S_3 层是各级中度 CW 不稳定的解剖学特征。CW 管胞的次生壁通常仅由两层组成，从胶束螺旋的布置来看，这两层可以被视为类似于正常管胞的 S_1 层和 S_2 层。与正常管胞的 S_3 层相对应的内层不存在或仅微弱发育[20]。

TW 通常存在于被子植物物种中，也特殊存在于一个与裸子植物更相关的分类单元——买麻藤目（Gnetales）中。与 NW 相比，TW 纤维细胞壁结构差异很大，特别是其纤维腔壁内表面常具有特殊形态和化学组成的壁层——胶质（G）层，最早是在 19 世纪由 Hartig 发现。通过超声波振动法将胶质层从胶质纤维细胞壁中分离出来发现，胶质层中缺乏木质素，主要以纤维素微纤丝的形态构成骨架结构，骨架间隙由多糖基质填充，且化学成分与相邻壁层存在很大差异。早期研究表明，胶质层几乎全部由纤维素组成，由于此结论是基于胶质层水解产物单糖组成的分析推测，因此具有一定的局限性和不确定性。

后期研究表明，纤维子细胞由形成层原始细胞分生后，最初形成的分隔区域为胞间层。在新生纤维细胞形体增大阶段，胶体状胞间层两侧沉积的壁层为初生壁。在纤维细胞完成或接近完成形体增大后，初生壁上逐渐沉积次生壁外层（S_1 层）、中层（S_2 层）和内层（S_3 层）[图 4-5（a）][21]。而在细胞壁形成的过程中，若树木生长受到外界的影响，则会在靠近细胞腔的内侧生成 G 层，因此形成胶质木纤维。并且，除纤维素外，胶质层还含有半纤维素。该壁层具有纤维素含量高、结晶度大、木质素含量低、微纤丝角小和纳米孔隙丰富等特征。

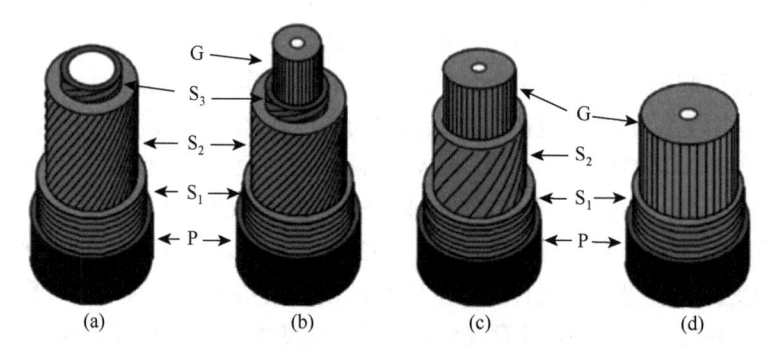

图 4-5 正常木材和应拉木细胞壁层结构类型示意[21]

（a）正常木材纤维具有 $P+S_1+S_2+S_3$ 结构；（b）胶质纤维具有 $P+S_1+S_2+S_3+G$ 结构；（c）胶质纤维具有 $P+S_1+S_2+G$ 结构；（d）胶质纤维具有 $P+S_1+G$ 结构

胶质层是纤维细胞特有壁层，未发现于其他细胞类型。事实上胶质纤维的壁层结构存在如下三种类型：

1）除已木质化的次生壁 S_1 层、S_2 层和 S_3 层外，次生壁内侧还具有胶质层[图 4-5（b）]。

2）胶质层取代次生壁 S_3 层，而保留 S_1 层和 S_2 层[图 4-5（c）]。

3）胶质层取代次生壁 S_2 层和 S_3 层，与 S_1 层构成胶质纤维的次生壁[图 4-5(d)]。

第一种结构类型不常见，仅在日本白檀（*Symplocos paniculata*）等少数树种中出现，后两种类型比较普遍，尤为第三种类型最为常见。由于胶质层的出现，以上三种结构类型的胶质纤维，无论哪一种类型，其细胞壁厚度均大于正常木材的纤维细胞壁厚度[22]。

最早在天料木（*Homalium foetidum* Benth.）、羽扇豆（*Homalium luzoniense* Fern.-Vill.）和冬青柞（*Olmediella betschleriana* Loes.）的木质部纤维中发现了这种独特的纤维壁结构，其中次生壁看起来是多层的。这种特殊的细胞壁结构后来被证明只出现在应拉木中。在天料木中将这种结构描述为一系列由木质素含量升高的薄层分隔的厚层。在 Ruelle 等的研究中，将厚层描述为轻度木质化[23]。在反应韧皮部纤维中也报道了类似的细胞壁结构。在加拿大杨（*Populus canadensis* Moench）的韧皮部纤维中观察到，最大层数在倾斜轴的上侧，而在另一侧减少到正常韧皮部，层数与应拉木的强度有关。在野梧桐[*Mallotus japonicus*（L. f.）Müll. Arg.]的相对韧皮部中观察到多层纤维。但它们表现出从相对韧皮部到反应韧皮部的层数增加。此外，据报道，巴西橡胶（*Hevea brasiliensis*）在其应拉木纤维中形成多层次生壁结构，而龙脑香科（*Dipterocarpus* C. F. Gaertn.）、龙脑花科（*Dillenia* L.）和无精子植物科（*Laurelia* Juss.）和大戟科（*Euphorbiaceae* Blume）虽然也在木纤维中形成，但没有具体说明它是应拉木。

但这种非典型结构在杨柳科的五个物种中都有报道，它们都属于前亚麻科：天料木、冬青柞、鹅掌豆属、*C. javitensis* 和 *L. procera*。这些结果与杨柳科（*Salix* L. 和 *Populus* L.）的观测结果形成对比[24]。事实上，应拉木在杨树中得到了广泛的研究，杨树被认为是被子植物研究的典型植物。这些研究使用各种技术对应拉木细胞壁进行观察，如透射电子显微镜、原子力显微镜、扫描电子显微镜、共聚焦拉曼显微镜，紫外线或明场光学显微镜和相位对比显微镜。图 4-6 为 Pilate 等利用扫描电子显微镜拍摄的杨木和杨木应拉木的细胞结构图[25]。

图 4-7 为杨木应拉木纤维细胞壁的透射电子显微镜图，其中，图 4-7（a）为应拉区木纤维细胞壁的透射电子显微镜图，图 4-7（b）为对应区纤维细胞壁的透射电子显微镜图。从图中可以看出，应拉区和对应区的木纤维同为层状结构。从图 4-7（a）中可以看出，试样无性系杨木应拉木木纤维的壁层结构为常见的 $P+S_1+S_2+G$ 结构，图中对应区木纤维细胞壁壁层结构则为典型的 $P+S_1+$

$S_2 + S_3$ 结构，表明应拉区木纤维中 G 层取代了 S_3 层。同时，两者细胞与细胞之间的胞间层也清晰可见。

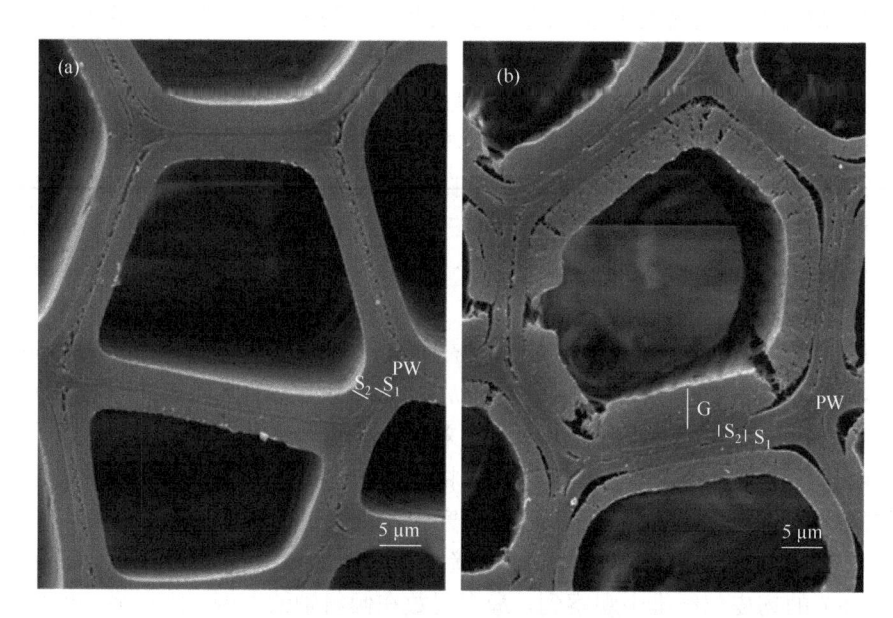

图 4-6　杨木纤维的扫描电子显微镜图
（a）与应拉木相对的正常木材区域；（b）应拉木

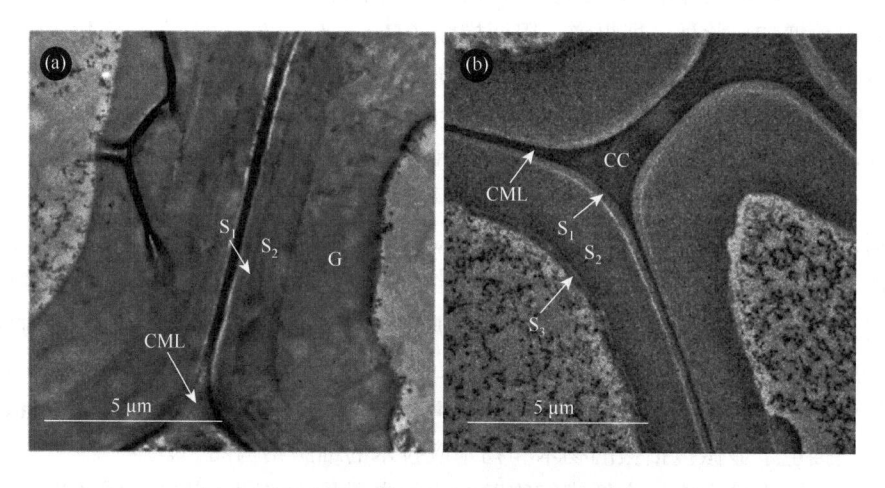

图 4-7　杨木应拉木木纤维的透射电子显微镜图
（a）应拉区（×5000）；（b）对应区（×5000）

应拉区木纤维细胞中 S_1 层、S_2 层和 G 层区分明显。其中，S_1 层和 S_2 层的平均厚度分别为 0.61 μm 和 1.22 μm，G 层的平均厚度为 2.53 μm，占纤维细胞壁的比例最大，为应拉区木纤维细胞中最厚的壁层。对应区木纤维细胞中 S_1 层和 S_2 层清晰可见且区分明显。其中，S_1 层的厚度（0.15~0.64 μm）在单个细胞范围或者所有细胞范围都是多变的，平均厚度为 0.33 μm。最宽的 S_2 层占纤维壁的比例最大，平均厚度为 2.28 μm。木纤维中也存在 S_3 层，但是 S_3 层厚度较薄（0.08~0.21 μm）且并非在所有细胞中都清晰可见。与对应区相比，应拉区木纤维中 G 层为最厚层，S_1 层的厚度增大，S_2 层的厚度减小，整体厚度增大。

Sachsse 首次提出胶质层是蜂窝状多孔结构。通过 CO_2 超临界干燥获取栗木应拉木胶质层中的气凝胶结构，并通过氮气吸附法测量得到栗木应拉木中存在大量以 7 nm 为主的中孔孔隙，且孔比表面积是对应木的 30 多倍[26]。采用氮气吸附法对杨木应拉木的孔隙结构进行表征，结果表明杨木应拉木具有完好的介孔特征（孔径 2~50 nm），应拉木孔比表面积是对应木的 13 倍，孔径为 4~7 nm 的孔体积分布密度最大[27]。相对于冷冻干燥和常规干燥，CO_2 超临界干燥能较好地保留应拉木的微细结构，是表征应拉木孔隙结构的一种有效干燥预处理方法。

通过对 6 个热带树种应拉木的孔隙结构进行研究，发现孔径总是分布在 6~12 nm 之间[28]，孔体积在不同树种间存在差异且与胶质层厚度存在一定关联：具有薄壁胶质层的应拉木存在一定量的中孔孔隙，但孔体积较小；具有厚壁胶质层的应拉木显示出大量的中孔孔隙；而不具有胶质层的应拉木，孔体积非常小，与对应木相差不大。即在具有胶质层的应拉木中观察到了大量中孔孔隙，表明此孔隙主要来源于胶质层。因此，胶质层中大量的孔隙结构为水分子进出提供了空间，一方面赋予胶质层凝胶的外观形貌，另一方面高含水率使得胶质层具有横向干缩或湿胀能力，可能与应拉木胶质层高纵向干缩和拉伸应力的产生直接关联。

采用超声波技术从杨木应拉木中分离出胶质层，并对超临界干燥后的独立胶质层孔隙结构进行研究，结果表明应拉木的中孔孔隙主要来源于胶质层，且超声波振动时间、频率和功率等对应拉木胶质层的孔体积和孔比表面积等孔结构参数具有显著影响[29]。

纤维素微纤丝角（MFA）在木材力学中起着关键作用。CW 具有较大的 MFA（通常为 30°~40°），而正常木材具有中等 MFA 值（通常为 10°~20°），TW 的 MFA 值非常小（可能小于 5°）。值得一提的是，MFA 测量提供了一个平均值，主要由主要层决定，即 CW 和 NW 为 S_2 层，TW 为 G 层。当在应力木和正常木材中，可以检测到 MFA 和成熟应力之间的明显相关性，如图 4-8 所示[30]。再加上化学成分的变化，这些变化表明，在重度 CW、轻度 CW、相对侧木材、正常木材和 TW 之间可能存在结构和功能上的关联，其中更多的拉伸应力与更高的纤维素含量、更低的木质素含量和更小的 MFA 有关[31]。

因胶质层出现与应拉木中高拉伸应力的产生直接相关，当胶质纤维集中时，木材在干燥和加工利用过程中易产生扭曲、开裂、夹锯和板面起毛等一系列问题，严重制约优质人工林的培育和木材的合理加工利用，造成了大量经济损失。对应力木的超微构造进行解译有望从根本上解决这一问题。

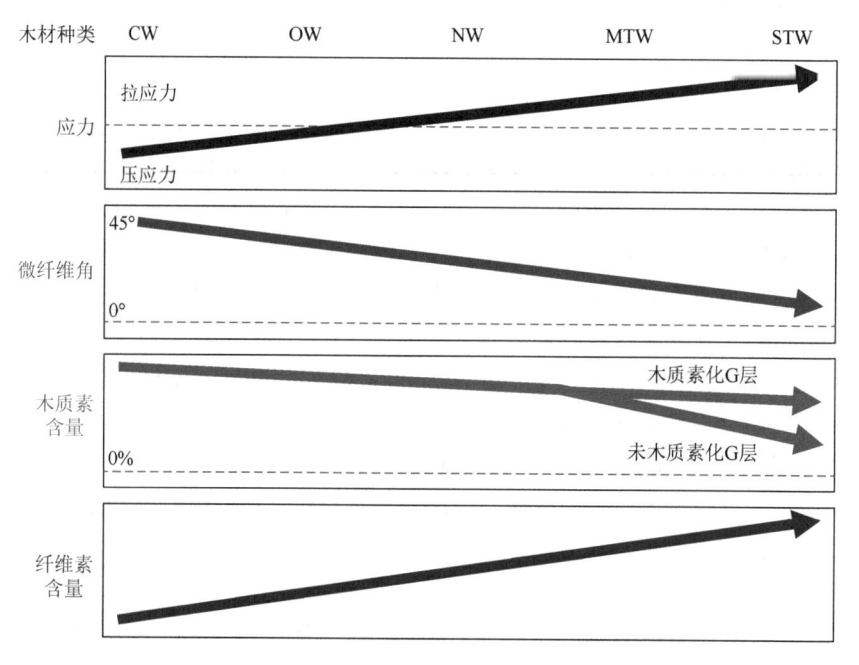

图 4-8　次生壁的组成和结构的预期趋势以及相关的从压缩木材到拉伸木材的成熟应力示意图[30]
OW 表示对应木；NW 表示正常木材；MTW 表示轻度张力木材；STW 表示强张力木材，对于木质素含量，分支箭头表示木质素化 G 层与未木质素化 G 层之间的差异，当 G 层变厚，S 层变薄时，木材的木质素含量急剧下降

4.2　细胞壁聚集体薄层结构特征

木材是由细胞构成的，其超微结构决定了木材及其制品的性能和品质。借助先进的分析技术对木材细胞微区结构进行研究，可为生物质材料的多尺度利用提供理论基础，从而推动制浆造纸、生物质降解和复合材料等相关领域的发展。

在微/纳米尺度上研究木材细胞壁纤维取向和微区结构，解剖细胞壁聚集体，分析化学组分原位分布，可为打破生物质抗降解屏障提供理论依据，同时建立木材宏观和超分子结构的联系可为木材的加工改良提供理论支撑。目前，细胞壁壁层的微纤丝和聚集体的超分子结构解译是木材科学的前沿科学问题。当前的研究表明，次生壁 S_2 层中的微纤丝镶嵌在纤维素和木质素等基质中，以同心或放射状的方式定向排列；S_1 层中的微纤丝以平行或螺旋方式排列。采用原子力显微镜技术、共聚焦显微拉曼光谱、纳米级傅里叶变换红外光谱等先进表征手段可以提供高分辨率的木材细胞壁超微结构表征，为木材超分子结构的探索提供参考。

4.2.1 S₁层纤维素聚集体空间结构

S₁层是次生壁的最外层,厚度为 100～400 nm,紧挨着初生壁,微纤丝与细胞轴近乎垂直。如图 4-9 所示,S₁层与 S₂层界面处存在一处较宽的方向变化区域,是力学薄弱区域[32]。S₁层和 S₂层之间的界面会影响木材断裂时纤维的分离模式。研究表明,细胞壁 S₁层中的微纤丝以螺旋方式聚集排列[33]。

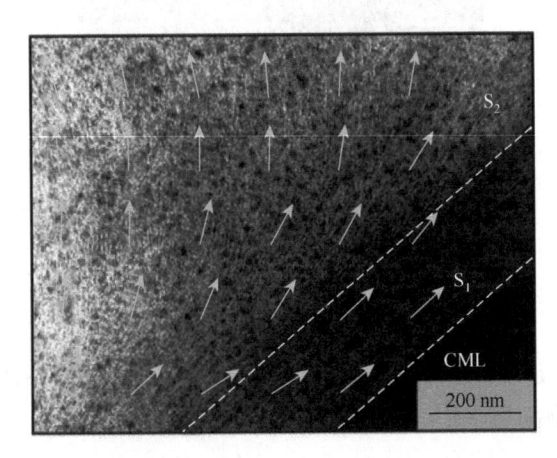

图 4-9 松木晚材细胞壁中 S₁-S₂层界面处的微纤丝结构

研究人员利用电子断层扫描结合数学建模探究云杉 S₁层纤维素聚集体结构,以挪威云杉为原料制备尺寸为 3 mm×5 mm×10 mm 的晚材立方体,利用超薄切片机在低温条件(−40℃)下分别沿着样品横向、径向,切取厚度为 100～150 nm 的超薄木材切片,再用 1 wt%的 KMnO₄ 溶液处理超薄木材切片 30 min,对木质素进行选择性染色,然后进行室温干燥。利用冷冻透射电镜在明场模式下拍摄样品的 TEM 图,如图 4-10 所示。在染色木质素的衬托下可观察到未被 KMnO₄ 染色的纤维素微纤丝。将该图作为选区,在−63°～+63°角度范围内,采集了九组单轴倾斜投影图像。最后,重构断层图像并可视化,通过 IMOD 软件跟踪了 25～35 组金标记的倾斜投影,用以对齐图像投影。使用 IMOD 对投影图进行迭代,重建断层图像。

从 S₁层获得的多组断层图像揭示了微纤丝及其聚集体的结构。但由于纤维素微纤丝与基质紧密结合,很难从重构的图像对结构进行直观分析。而将断层密度与数学模型进行关联,可以提取断层图像中单个基本纤丝的纳米结构,并且实现结构定量分析。

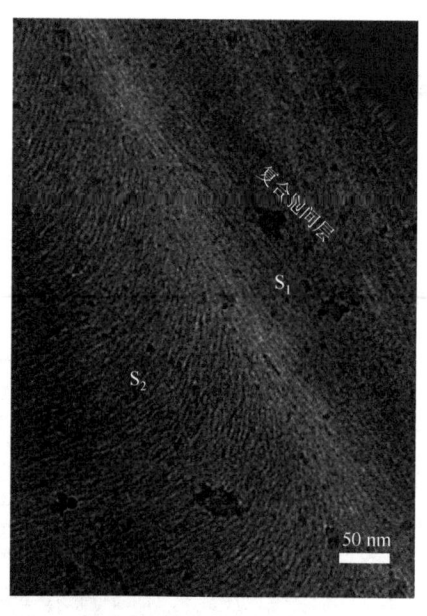

图 4-10 挪威云杉细胞壁横截面的 TEM 图

图 4-11（a）是管胞细胞壁的层状结构示意图，从内向外依次是细胞腔、S_2 层、S_1 层及复合胞间层（CML）。

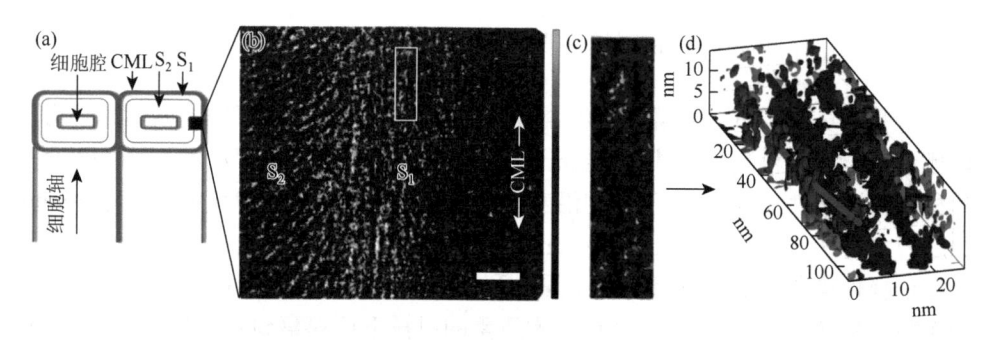

图 4-11 挪威云杉超薄木材切片的断层扫描图像，用数学模型对多张图像的断层密度进行拟合，模拟得到 S_1 层纤维素微纤丝的空间纳米结构

（a）细胞壁层状结构示意图；（b）细胞壁横截面的断层扫描图像，右侧彩色条标示断层密度，比例尺为 50 nm；（c）从图（b）白色选区中提取的 S_1 层微纤丝断层图像；（d）通过数学拟合得到的 S_1 层微纤丝空间纳米结构

图 4-11（b）是细胞壁断层扫描的层析图像，可以观察到在细胞壁横截面，S_1 层和 S_2 层中纤维素微纤丝的排列取向。S_1 层中的纤维素微纤丝在平面图中呈平行排列，微纤丝角约为 90°。图 4-11（c）是 S_1 层选区的局部层析图像，对该区域进行断层密度分析和数学模拟得到图 4-11（d）。结果表明，S_1 层中的纤维素聚集体是由螺旋排列的微纤丝缠绕而成的。聚集体嵌入细胞壁基质中，形成纤维束。

对 S_1 层不同位置进行电子断层扫描和数学模拟，结果如图 4-12 所示，纤维束都以右手螺旋扭转的方式存在于 S_1 层中。

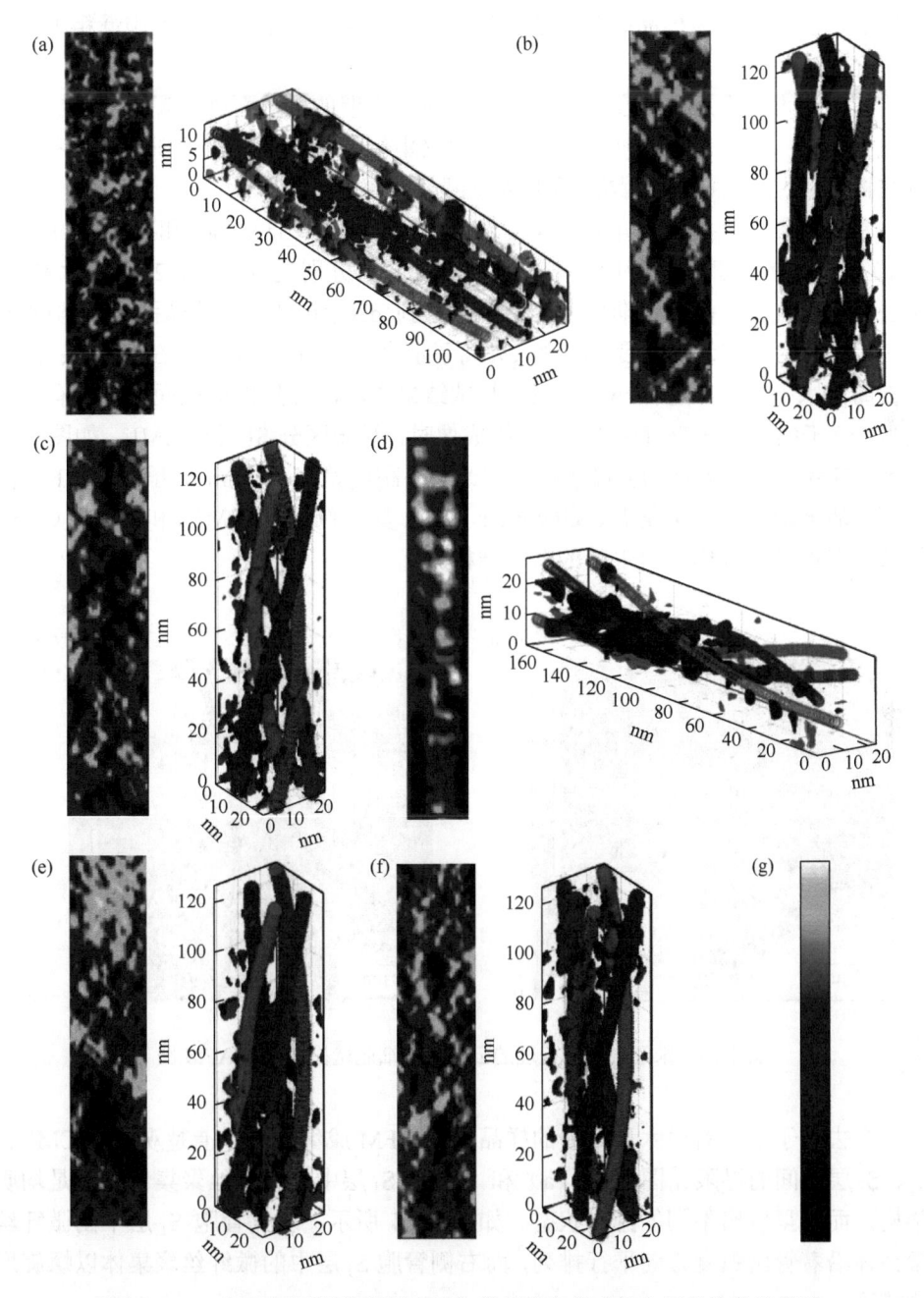

图 4-12 S_1 层不同区域的断层电子扫描图像和相应的空间结构数学模型

原子力显微镜（AFM）表征技术是在纳米尺度上研究材料的表面结构或力学性质的重要手段，能够在气相条件或液相条件下获得纳米级分辨率的图像，防止由脱水、包埋或其他样品制备方法导致的结构重排，适用于木材细胞壁精细结构的研究[34]。

在脱除木质素后立即在水中用 AFM 对次生壁的横截面进行观察，能够更准确地了解结构细节，表征次生壁中微纤丝聚集体的空间结构和排列方式。利用该方法揭示了 S_1 层中平行和螺旋排列的微纤丝聚集体结构[35]。

具体过程为将抛光的样品倒置浸入含有过氧化氢（35 wt%）和冰醋酸的 1∶1（v/v）混合液的烧杯中进行脱木素处理，在 80℃下分别反应 1 h 和 2 h。脱木素后，用去离子水洗涤样品。定期更换去离子水直到 pH 为中性。洗涤后，使用防水黏合剂将样品台粘在培养皿底部，倒入去离子水直到样品完全浸没。在 20℃条件下，对去离子水中的样品进行 AFM 表征测试结果显示，S_1 层的横截面厚度仅有数百纳米，气干的木材在空气中进行 AFM 成像时，很难区分 S_1 层和 CML，如图 4-13 所示。未经脱木素处理的样品表面相对平坦（高度差为 250 nm），虽然在 AFM 图中可以清晰地区分细胞角隅（cell corner，CC）、复合胞间层（CML）和次生壁（CW）区域，但很难区分构成次生壁的壁层结构。

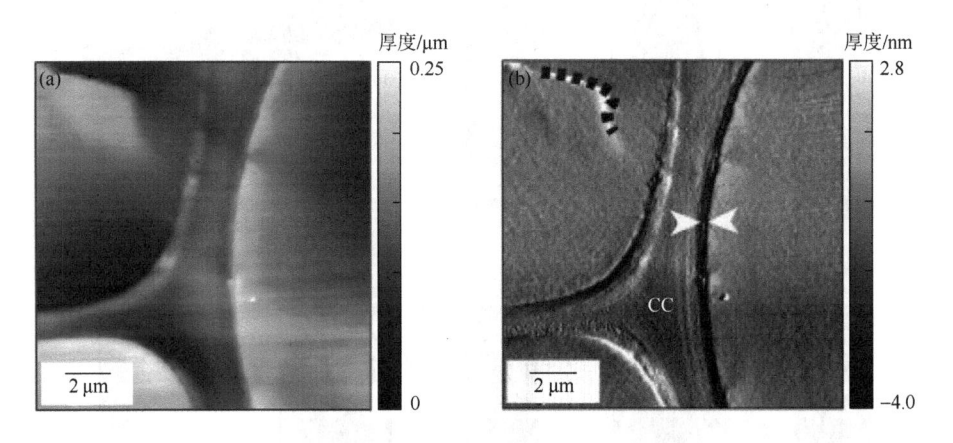

图 4-13　未经脱木素处理的云杉管胞细胞壁横截面的 AFM 图

在去离子水中对脱木素处理的样品进行 AFM 成像，可以清楚观察到 CML、S_1、S_2 层之间的界限［图 4-14（a）和（b）］。S_1 层中的微纤丝聚集体并不是均质结构，而是呈现出不同的排列状态。如图 4-14 所示，左侧管胞 S_1 层中的微纤丝聚集体沿着管胞弧度方向平行排列，而右侧管胞 S_1 层中的微纤丝聚集体以螺旋形式排列。

4 细胞壁超分子结构解译

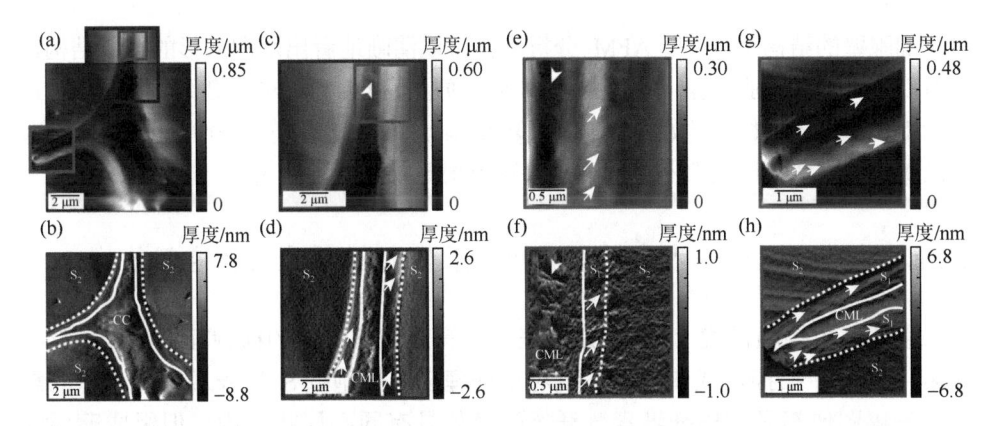

图 4-14 云杉管胞脱木素处理 1h 后,不同放大倍数下 CC、CML、S_1 和 S_2 层的 AFM 图

实线标注了 CC-CML 和 S_1 层之间的界面;虚线标注了 S_1 和 S_2 层之间的界限;白色箭头表示微纤维聚集体在 S_1 层中的方向

图 4-15 是样品的高对比度 AFM 图,揭示了脱木素的 CML-S_1-S_2 区域的结构细节。由于木质素的去除,CML 出现大孔结构,S_1 层中的微纤丝聚集体呈现螺旋状排列。实线描绘了 CML 和 S_1 层之间的界面。虚线显示 S_1 和 S_2 层之间的边界。白色箭头表示构成 S_1 层的微纤丝聚集体以 "Z" 型排列,形成螺旋束,缠绕在管胞上。

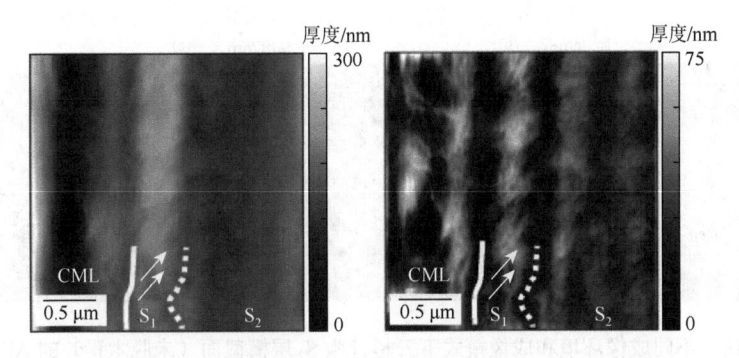

图 4-15 CML-S_1-S_2 界面的形貌图像显示了层间明显的结构差异(图中所示的形貌图像经过了扣背景处理,以增加对比度)

4.2.2 S_2 层纤维素聚集体空间结构

利用 AFM 对黑云杉 (*Picea mariana*) 管胞细胞次生壁进行研究,观察到次生壁中层(S_2 层)横截面中具有层状结构,层厚 30~200 nm,呈现周期性排列[36]。细胞壁的层状结构已经得到了较广泛的认可,但其厚度并没有得到证明。利用 AFM 和 SEM 对欧洲云杉(*P. abis*)管胞壁层结构进行研究,进一步得到了次生壁

中层细胞壁的结构特征[37]。AFM 分析不仅可以清晰地看出欧洲云杉的壁层结构，还可以看到木材细胞壁呈同心薄层状排列，薄层厚度相当于单根微纤丝的宽度，通常为 10～30 nm。然而，微纤丝的宽度变化性较大，会随着外界条件的变化而改变，样品制备的方法不同也会不同程度地改变单根微纤丝聚集体尺寸。

4.2.2.1　AFM 观察脱木素后湿润状态下杉木 S_2 层聚集体空间结构

主要利用接触模式（CM）来表征云杉管胞在溶液中的横截面的纳米结构。图 4-16 显示了扫描模式和成像环境对未处理云杉细胞壁 S_2 层表观纳米形态的影响。三幅图像都显示出纤维素微纤丝聚集体具有同心层状结构，但组成薄层的单个聚集体的外观不同。当在空气中以谐振（AC）模式成像时，构成薄层的单个微纤丝聚集体清晰可见 [图 4-16（a）]。相比之下，在空气中的 CM 下，微纤丝聚集体结构变得模糊。这是由于 AFM 尖端在扫描时受到的外力扭曲了聚集体结构 [图 4-16（b）]。在溶液中以 CM 成像时，收集的微纤丝聚集体图像比在空气中获得的图像更加清晰 [图 4-16（c）]。微纤丝聚集体的排列较为松散，间隙区域的大小与微纤维聚集体的大小相似。这是由次生壁中纳米级孔隙（2～20 nm）的吸水造成的。水分子与微纤丝聚集体之间的氢键取代了部分微纤丝聚集体之间的氢键。

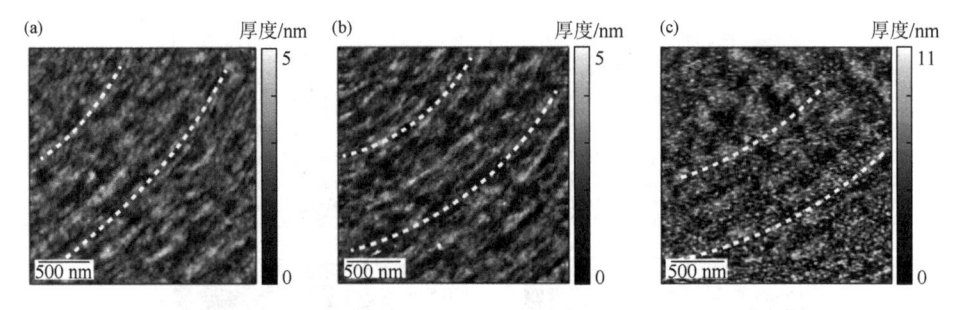

图 4-16　不同成像环境和成像模式下云杉管胞 S_2 层横截面（未脱木素）的 AFM 图

（a）空气中的 AC 模式成像；（b）空气中的 CM 成像；（c）去离子水中的 CM 成像。白色虚线突出了微纤维聚集体的同心层状组织

4.2.2.2　AFM 定量成像法观测 S_2 层纤维素聚集体结构

从气干的云杉中裁取尺寸为 5 mm×5 mm×5 mm 的样品，并对其横截面进行抛光处理。如图 4-17 所示，对样品的两侧横截面进行切削处理，使待测表面与纵轴呈 0°、15°或 30°。将切割好的样品的一侧横截面粘在样品台上，用切片机对另一侧横截面进行抛光，然后用装有金刚石刀片的超微切片机对样品表面进行进一步抛光处理。

4 细胞壁超分子结构解译

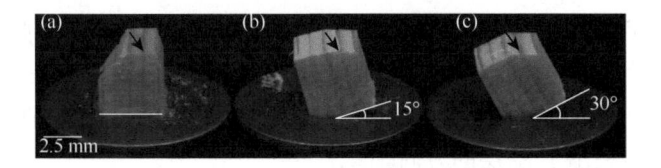

图 4-17 云杉样品制备示意图

待测样品表面分别与纵轴呈 0°(a)、15°(b) 和 30°(c),黑色箭头指向待观测的晚材区域

通过原子力显微镜和 Advanced QI^{TM} 软件进行定量成像,图 4-18 是以 0°、15° 和 30°角度切割的样品的形貌和压痕模量图像,涵盖了从胞间层到细胞腔的微观

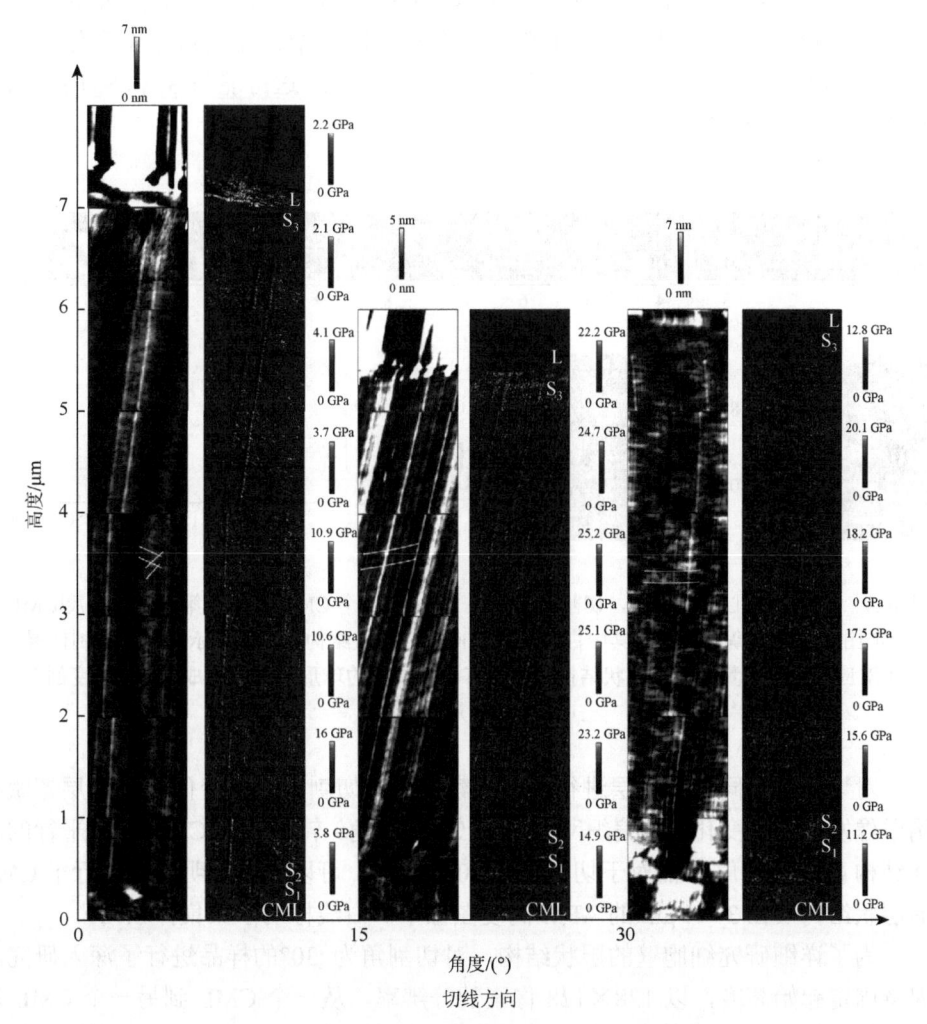

图 4-18 细胞切线方向的高度和压痕模量拼接图像

图像跨度:1 μm

结构。图中几乎垂直的直线是由金刚石刀缺陷而产生的切削伪影。此外，由于扫描过程中激光发生漂移，图像发生了轻微变形（0°切割角下在 4~5 μm 的图像发生变形）。单张图像的尺寸为 1 μm×1 μm，分辨率为 256×256 像素。在 3~4 μm 的高度图像中用白线突出了 S_2 层的方向。

如图 4-19 所示，切割角为 0°的样品，复合胞间层（CML）呈现球状聚集体堆积，此为木质素的结构特征。复合胞间层后约 200 nm 宽的区域具有网络结构，可能是细胞壁 S_1 层。该区域压痕模量降低，是区别于 S_2 层的主要标志。S_2 层的 MFA 较高，压痕模量高于 S_1 层。S_1 层的微纤丝无明显排列规律，呈交织网络状（图 4-19，3~4 μm 处白实线突出区域）。与 S_2 层相比，靠近细胞腔的 S_3 层宽约 200 nm，该区域具有更低的压痕模量。在高度图像中，在模量急剧变化之前的 600 nm 区域，微纤丝聚集体沿着垂直方向发生变化，这可能与 S_1 和 S_2 层之间的过渡区（S_{1-2}）有关。

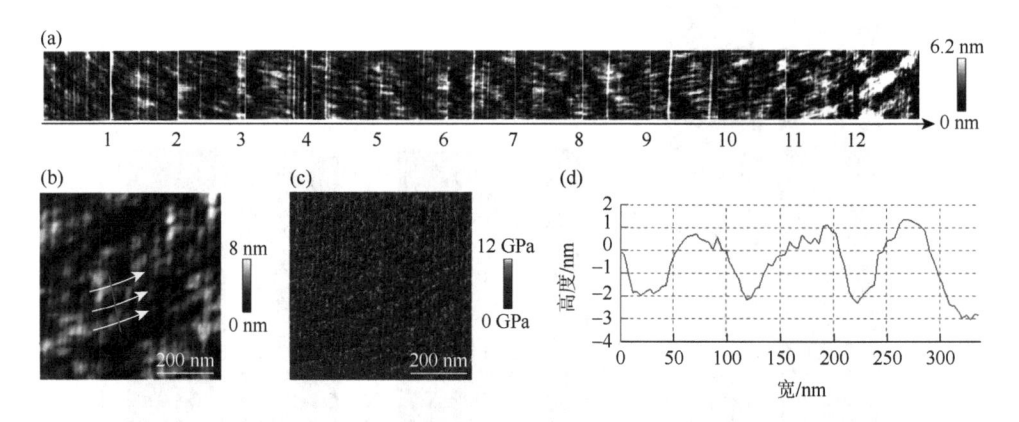

图 4-19 S_2 层的同心层状结构，切割角为 30°。（a）从一个 CML 扫描到第四点的相反 CML 的叠加图像；（b）高度图像，其中白色箭头指向同心层状结构，蓝线表示轮廓的绘制位置；（c）对应的压痕模量图像，层状结构是由具有不同刚度的球形聚集体组成；（d）高度剖面，显示了薄片的宽度

对切削角不同的样品层进行对比观察发现，切割角发生变化时，S_2 层超微结构成像发生显著变化。从编织网状结构（0°切割角）转变为与 CML 近似平行的网络结构（15°切割角），而对于切割角为 30°的样品，可以观察到明显的平行于 CML 的层状结构（在 3~4 μm 的 AFM 高度图像中，白线标明了聚集体取向）。

为了详细研究细胞壁的层状结构，对切割角为 30°的样品进行了深入研究。保持固定起始高度，以 128×128 像素的分辨率，从一个 CML 到另一个 CML 进行径向扫描，得到多张尺寸为 1 μm×1 μm 的单位图像，对图像进行拼接，得到图 4-19（a）。通过图像可知，S_2 层中聚集体片层的排列方向遵循细胞曲率。根据压痕模量图像［图 4-19（c）］可知，片层的结构由刚度不同的球形结构组成。这些片层由直径为 15～25 nm 的微纤丝聚集体构成。在定量 AFM 成像的观察下，如图 4-19（d）所示，聚集体片层的厚度约为 50 nm。

由图 4-19 可知，只有在切割角较大时才能观察到 S_2 同心层状结构。这是由于切割角度影响了 S_2 层中微纤丝聚集体横截面面积。高切割角下观察到的同心层状结构排除了 S_2 层中纤维素微纤丝是随机排列的假说。这一结果表明，微纤丝取向和切割角度决定了 S_2 层在 AFM 下的成像效果。值得说明的是，这种角度依赖性可能是该研究结果与以往文献报道的 S_2 层中聚集体结构不同的原因之一。

4.2.3 细胞壁 S_2 层聚集体薄层的分离

4.2.3.1 聚集体薄层的分离与表征

通过对人工林杉木细胞壁进行定向基质脱除和温和氧化处理，经高频超声波剥离后，可以制得长度、宽度在 1000 μm 以上，厚度仅为 10 nm 的二维片层材料[38]。这种二维片层是从细胞壁上原位分离而成的，主要由纤维素及部分连接基质构成。通过光学显微镜、场发射扫描电子显微镜（FESEM）探究了木材细胞壁在基质脱除过程中的形貌变化，利用透射电子显微镜（TEM）、原子力显微镜（AFM）对原位分离的二维片层的形貌和厚度进行表征分析，并通过激光共聚焦拉曼光谱仪、X 射线衍射（XRD）、BET 比表面积分析仪逐步揭示细胞壁中原位分离的薄层材料的化学组成和结构特征[39]。

细胞壁原位分离薄层的流程如图 4-20 所示：先通过基质定向脱除部分薄层间的基质，随后通过超声波的空化作用，沿着基质脱除后形成的孔隙进行空穴内爆，利用内爆形成的冲击波破坏壁层间的氢键和范德瓦耳斯力，从而实现对细胞壁薄层的原位剥离，将厚度为微米级的细胞壁分离成厚度约为 10 nm 的薄层[40]。

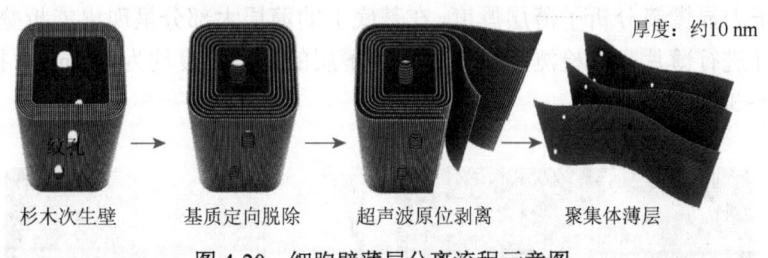

图 4-20 细胞壁薄层分离流程示意图

4.2.3.2 基质脱除过程中细胞壁的结构变化

如图 4-21 所示，细胞壁基质脱除前后，杉木细胞形态会发生一定的变化，主要为细胞壁厚度变薄、管胞发生变形塌陷、胞间层明显减少，从光学显微镜下可观察到细胞间发生胞间分离。其中，管胞壁平均厚度从 4.38 μm 减小到 3.13 μm，管胞平均弦径从 32.46 μm 减小到 31.55 μm。

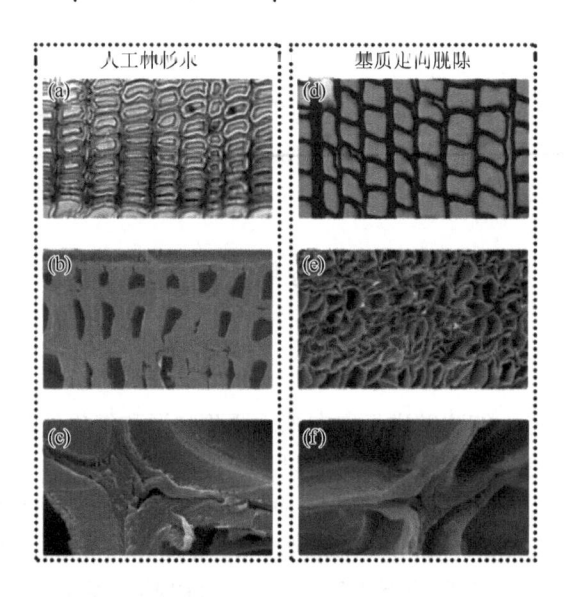

图 4-21 基质脱除前后杉木细胞壁的光学显微镜和 SEM 图
（a）、（d）细胞壁厚度变化；（b）、（e）细胞变形情况；（c）、（f）胞间层的变化

4.2.3.3 聚集体薄层的形貌特征

如图 4-22 所示，从 SEM 图观察到，分离的聚集体薄层形态均匀，表面光滑密实，具有纹孔的结构，从而进一步证实是从细胞壁上原位剥离。通过透射电子显微镜进一步观察到薄层的主体结构柔软均匀，边缘呈现出基本纤丝的网络结构。通过原子力显微镜分析了薄层厚度，在基底上的薄层大部分呈现出能折叠的形态，通过探针进行薄片高度检测，分析后得到薄层的单层厚度约为 10 nm，折叠后厚度为 20~30 nm。

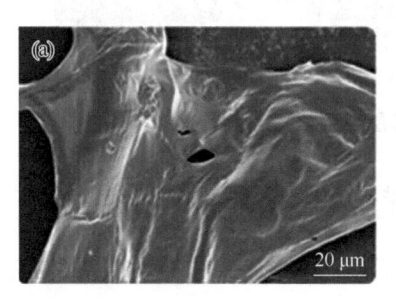

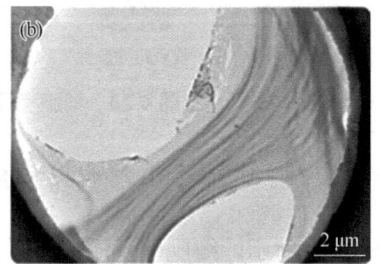

图 4-22 聚集体薄层的 SEM 图（a）、TEM 图（b）、AFM 图（c）和厚度统计图（d）

4.2.3.4 聚集体薄层的化学组成与结构特征

通过化学成分定量分析（图 4-23）可知，由于层间基质（主要是半纤维素）的脱除，聚集体薄层的主要组分为纤维素，含量为 54.0 wt%，其次是木质素（24.3 wt%）和半纤维素（13.8 wt%）。聚集体薄层的 XRD 图谱上分别出现了代表纤维素 I_b 晶体(101)、($10\bar{1}$)、(002)、(021)和(040)晶面的特征信号峰，说明化学处理和机械剥离没有改变纤维素的晶型，其结晶度为 53.6%[41, 42]。

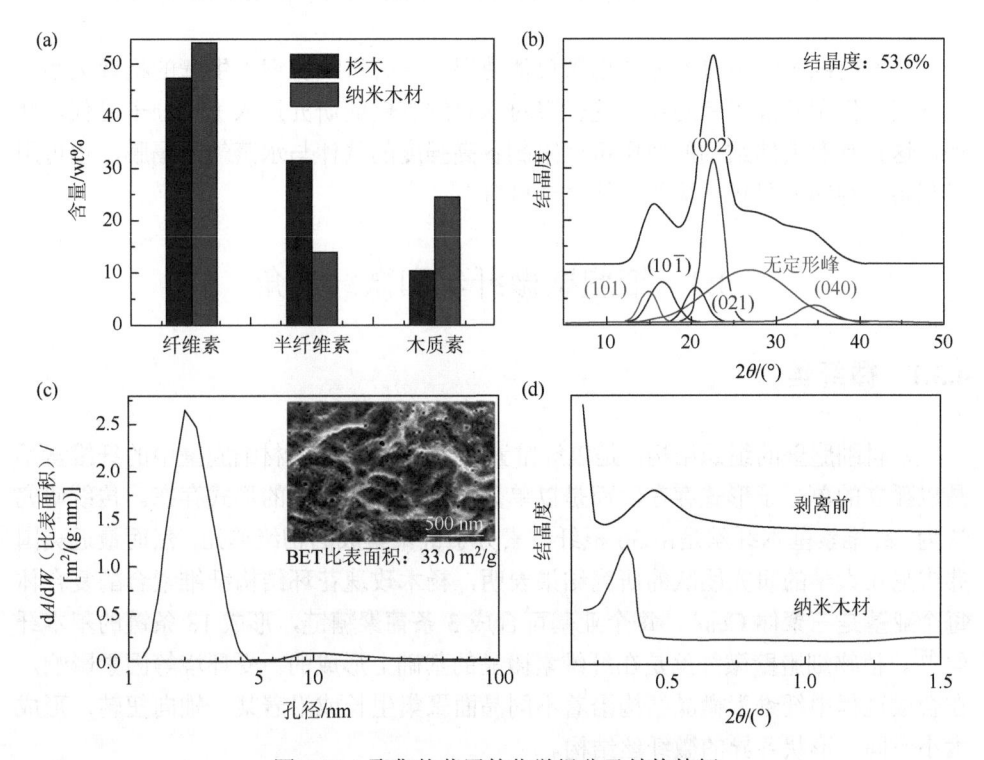

图 4-23 聚集体薄层的化学组分及结构特征

聚集体薄层具有相对较高的比表面积（33.0 m²/g）和以微孔为主（平均孔径 2.3 nm）的孔结构。聚集体薄层的局部放大 SEM 图和小角度 XRD 谱图证实了薄层上具有高度有序的纳米级微孔结构。

从激光共聚焦拉曼光谱成像结果（图 4-24）可知，聚集体薄层表面出现了木质素在 1600 cm⁻¹，以及碳水化合物（纤维素和半纤维素）在 2897 cm⁻¹ 和 1100 cm⁻¹ 处的特征峰[43]。高分辨透射电子显微镜（HRTEM）图表明，直径在 3～5 nm 的纤维素基本原纤丝平行组装在聚集体薄层中，并且大部分被无定形基质覆盖。纤维素 I$_b$(002)晶面的晶格间距（d_{102}）为 3.32 Å，形成高度有序的亚纳米通道。

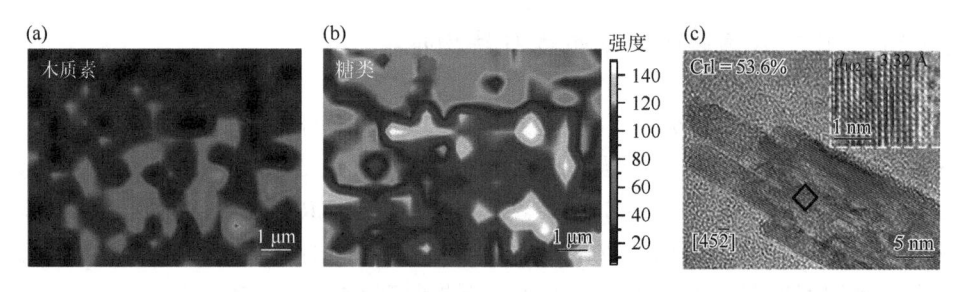

图 4-24　聚集体薄层的激光共聚焦拉曼图谱 [(a)、(b)] 和 HRTEM 图（c）

从木材细胞壁中首次分离出聚集体薄层，为解析细胞壁次生壁的构效关系及组分相互作用开辟了新途径，这代表对木材细胞壁的研究进入了超分子时代。此外，这种具有天然结构的薄层可用来制备高强度的气体与水蒸气阻隔膜，也可用于制备各种纳米层状结构的功能复合材料。

4.3　细胞壁微纤丝和微纤丝角

4.3.1　微纤丝

木材细胞壁的组织结构，是以纤维素作为"骨架"。木材细胞壁中的纤维素不是以孤立的单分子形式存在，而是以单分子链组装成纤丝的形式存在。传统研究认为，纤维素基本纤丝是由 36 根纤维素分子链聚集成的初级单元，然而最近美国弗吉尼亚大学的研究团队的研究结果表明，杨木玫瑰花环结构纤维素合酶复合体每个亚基是三聚体 CesA，每个亚基可合成 3 条葡聚糖链，形成 18 条链的基本纤丝[44]。植物细胞壁微纤丝是在纤维素微晶的基础上形成的。受环境等因素影响，在合成过程中纤维素微晶结构沿着不同晶面聚集生长或沿着某一轴向扭转，形成大小不同、形状各异的微纤丝结构。

由电子显微镜观测可知，微纤丝中晶胞数目不同，晶面聚集方向不一致，微纤丝间不能进一步紧密聚集，因而可认为微纤丝是细胞壁中的基本结构单元。定向排列的微纤丝几何结构发生螺旋状扭曲，造成微纤丝宽度改变的同时，也形成了纤维素结晶和无定形 2 种晶态，即纤维素的结晶区和无定形区。基本纤丝进一步组装形成直径为 10～20 nm 的聚集体——微纤丝，微纤丝组装成纤维素纤丝，最终形成微米级的微纤丝。

沿着微纤丝的长度方向，纤维素大分子链的排列状态不尽相同。在大分子链排列最致密的地方，分子链平行排列，定向良好，形成纤维素的结晶区。分子链与分子链间的结合力随着分子链间距离的缩小而增大。当纤维素分子链排列的致密程度减小时，在分子链间形成较大的间隙，彼此之间的结合力下降，纤维素分子链间排列的平行度下降，此部分成为纤维素的无定形区。结晶区与无定形区之间无明显的绝对界限。在纤维素分子链长度方向上具有连续结构。对于一个纤维素分子链，一部分可能位于纤维素的结晶区，而另一部分可能位于无定形区，并延伸进入另一结晶区。也就是说，在一个微纤丝长度方向上包括几个结晶区和无定形区。

在结晶区，纤维素链紧密堆叠在一起，通过强的分子间和分子内氢键网络而保持稳定。纤维素的氢键网络和分子取向的变化产生了许多纤维素的同质异晶体，这些同质异晶体的出现与纤维素的来源、提纯方法、处理方式等因素紧密相关。纤维素具有六种可相互转换的同质异晶体，即Ⅰ型、Ⅱ型、Ⅲ$_Ⅰ$型、Ⅲ$_Ⅱ$型、Ⅳ$_Ⅰ$型和Ⅳ$_Ⅱ$型纤维素。天然纤维素的晶型为Ⅰ型纤维素。交叉极化魔角旋转（CP-MAS）^{13}C 核磁共振法测试证明了Ⅰ型纤维素结晶结构存在 I$_α$ 型纤维素和 I$_β$ 型纤维素两种晶胞结构。不同的纤维素来源通常具有不同比例的 I$_α$ 型纤维素和 I$_β$ 型纤维素成分。

纤维素的结晶区由纤维素大分子链有序排列形成，结晶区占纤维素整体的百分数即结晶度，可表征木材纤维素聚集态形成结晶的程度。木材纤维素结晶度在不同树种及同一树种不同部位均具有差异性。一般认为：针叶材的纤维素结晶度大于阔叶材。由表 4-1 可知：多数针叶材的结晶度大于 40%，而阔叶材的结晶度一般为 30%～40%；但也有例外，如杨树（*Populus* spp.）、泡桐（*Paulownia fortunei*）等低密度阔叶材的纤维素结晶度高于翠柏（*Calocedrus macrolepis*）、樟子松（*Pinus sylvestris*）等针叶材。结晶度的变化也与不同树种细胞生长发育阶段有关。通常认为随木质部细胞的不断发育，纤维素的结晶度会不断增加且呈正相关。在径向方向的结晶度研究表明，随生长轮龄的增加，结晶度逐渐增大，至成熟后趋于稳定；并且在同一年轮内晚材的结晶度一般比早材的大。目前，对沿树轴方向结晶度变化规律的研究不多，表现为自基部向上逐渐增大，到梢部有所减小。

表 4-1　不同树种木材的结晶度　　　（单位：%）

针叶材	结晶度	阔叶材	结晶度
湿地松（*Pinus elliottii*）	55	美国红橡（*Quercus* spp.）	36
马尾松（*Pinus massoniana*）	54	美国樱桃木（*Prunus serotina*）	32
挪威云杉（*picea jezoensis*）	>40	美国黑胡桃（*Juglans nigra*）	38
杉木（*Cunninghamia lanceolata*）	47	胡桃（*Juglans regia*）	39
樟子松（*Pinus sylvestris*）	>40	小叶杨（*Populus simonii*）	35
臭冷杉（*Abies nephrolepis*）	>40	水曲柳（*Fraxinus mandshurica*）	<40
鱼鳞云杉（*Picea jezoensis*）	>40	白桦（*Betula platyphylla*）	<40
翠柏（*Calocedrus macrolepis*）	>40	胡桃楸（*Juglans mandshurica*）	35
落叶松（*Larix gmelinii*）	54	春榆（*Ulmus davidiana*）	35
红松（*Pinus koraiensis*）	30~36	杨树（*Populus* spp.）	55
		泡桐（*Paulownia fortunei*）	46

纤维素结晶度是衡量木质纤维材料细胞壁结晶程度的一个重要指标，与木质纤维材料的生长特性、组织结构等有密切关系。一般，结晶度与管胞、纤维长度呈显著正相关。研究发现，翠柏的结晶度与早晚材管胞的长度和宽度的相关系数在 0.90 以上；浙江桂（*Cinnamomum chekiangense*）的结晶度与纤维长度和宽度的相关系数在 0.95 以上。由此认为，利用木材结晶度可以很好地预测木材细胞形态。

天然纤维素中微小尺度的晶粒统称为微晶，常用微晶尺寸表征微晶的形态。不同种类木材纤维素微晶的大小和形状并不均一，一般纤维素微晶宽 3.00~5.00 nm，厚 2.00~5.00 nm，长 10 nm 至数百纳米，具体形态因树种而异。对 5 种针叶材树种微晶尺寸的研究发现（表 4-2），这些针叶材树种的微晶宽度接近，为 3.00~3.20 nm，但晶体长度则变化较大，为 10.00~40.00 nm；对银杏（*Ginkgo biloba*）幼龄材的研究发现，微晶的宽度、长度和树龄相关性不大。目前，关于木材微晶形态在成熟材和幼龄材中变化规律的研究较少。白桦（*Betula platyphylla*）和水曲柳（*Fraxinus mandshurica*）等木材早期组织中纤维素的晶型、晶胞或微晶大小与成熟材不同，但具体差别有待于进一步研究。

表 4-2　5 种针叶材的微晶尺寸　　　（单位：nm）

针叶材	宽度	长度
银杏（*Ginkgo biloba*）	3.20	29.00
挪威云杉（*picea jezoensis*）	3.20	40.00
欧洲赤松（*Pinus sylvestris*）	3.10	17.00
西加云杉（*Picea sitchenrsis*）	3.00	—
杉木（*Cunninghamia lanceolata*）	3.10	10.00

4.3.2 微纤丝角

纤维素微纤丝的螺旋缠绕方向与细胞长轴之间的夹角称为微纤丝角（MFA）。通常所讲的微纤丝角是指木材次生壁 S_2 层纤丝角。微纤丝角的大小对木材性质有很大的影响，是衡量木材性质的重要指标之一。

树木木质部细胞次生壁在形成过程中，每一薄层的微纤丝沉积方向和排列密度都在不断发生变化，因此木材不同位置的微纤丝角不同。微纤丝角决定材料微观和宏观的各项性能，直接关系到木材加工利用，被认为是影响木质纤维材料性质的重要指标。关于微纤丝角的株内变化规律目前有较多研究。

4.3.2.1 径向变化规律

研究认为，径向方向上同一年轮中早材的微纤丝角大于晚材；从髓心（幼龄材）到树皮（成熟材）微纤丝角平均值逐渐减小，到一定年龄后趋于稳定。以长白落叶松（*Larix olgensis*）为例，从髓心到树皮微纤丝角在生长的前 5 年急剧下降，第 5 年到第 25 年呈微小的波动变化，与银杏、黑杨（*Populus nigra*）、垂枝桦（*Betula pendula*）等的微纤丝角变化规律一致。云杉（*Picea asperata*）、垂枝桦和辐射松（*Pinus radiata*）等幼龄材的微纤丝角平均值约为 30°，幼龄材至成熟材变异幅度一般在 10°左右，之后基本稳定。目前认为微纤丝角在径向产生这种变异的原因有两种。一种认为在树木生长过程中，幼龄期细胞的直径生长快于长度生长，微纤丝轴向伸长受抑制，微纤丝角较大；进入成熟期后细胞长度生长快于直径生长，微纤丝在轴向得以延伸，微纤丝角较小。另一种认为原生质流动方向及原生质体分生的纤维素含量越高，微纤丝的排列方向越接近细胞轴的方向；随树龄的增长，光合产物积累越多，分生细胞细胞壁的纤维素含量增多，微纤丝角越小。

4.3.2.2 轴向变化规律

木材轴向方向微纤丝角的变化规律表现为基部最大，从基部向上呈先减小后增加的变化趋势，但不同材种变化规律不尽相同。例如，刺楸（*Kalopanax septemlobus*）、油松（*Pinus tabuliformis*）、毛白杨（*Populus tomentosa*）的最小微纤丝角分别出现在 1.3 m、3.3 m、5.3 m 处；辐射松高 7.0 m 以上、毛白杨高 9.0 m 以上时，微纤丝角趋于稳定，但在梢部的心材中微纤丝角有所增加。总体来讲，微纤丝角轴向变异模式属于"大-小-大"的形式。目前关于微纤丝角产生轴向变异的原因尚缺乏明确的解释。

微纤丝的排列方向与针叶材管胞的长度和阔叶材纤维的长度相关,微纤丝角是纤维素分子链取向的特征指标,与两者呈不同程度负相关。沿径向方向,生长的前 9 年红松(*Pinus koraiensis*)的晚材管胞长度自髓心向外急剧增加,而微纤丝角逐渐减小,两者呈显著负相关(−0.965);此后长度增加减缓,微纤丝角也缓慢减小。同一生长轮内两者也呈负相关关系,红松的微纤丝角与管胞长度的相关系数约为−0.70。湿地松(*Pinus elliottii*)、油松和翠柏在同一生长轮内管胞长度与微纤丝角的相关系数均为−0.90,显示出 0.01 水平的显著负相关。由此可见,管胞长度与微纤丝角呈显著负相关,在一定条件下可以通过管胞长度推测微纤丝角。阔叶材中微纤丝角与木纤维长度之间也呈负相关,但相关程度要比针叶材低。例如,尾巨桉(*Eucalyptus urophylla*×*E. grandis*)细胞壁 S_2 层微纤丝角与纤维长度的相关系数为−0.44,欧美杨(*Populus*×*euramericana*)中两者的相关系数为−0.39。这可能是因为管胞、纤维长度的变异模式不同;也可能是因为针叶材结构单一,95%以上均是管胞,而阔叶材中木纤维只占 50%左右,组成比较复杂。

4.3.2.3 微纤丝角测量技术

(1)偏光显微镜

纤维素具有部分结晶结构,并且纤维素微纤丝在次生壁内高度平行排列。将薄木材切片放在偏光显微镜下观察,可以看到双折射现象。相对于细胞长轴方向旋转管胞或纤维,视场由明变暗,即达到最大消光位置时,纤维或细胞转动角度的平均值为细胞壁 S_2 层微纤丝角。值得注意的是,S_1 和 S_3 层对整个细胞壁的双折射现象的影响通常很小,但会随着试样厚度的变化而变化,如图 4-25 所示[8]。

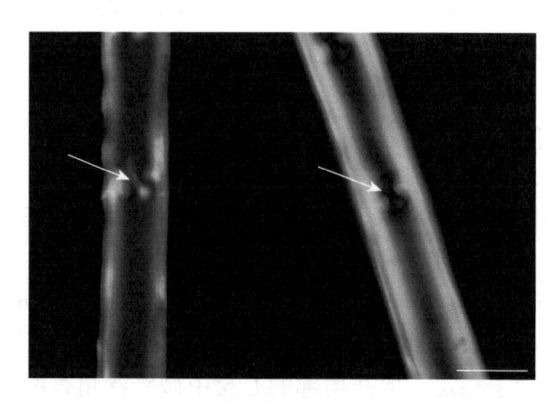

图 4-25 辐射松管胞的偏光显微镜照片(标尺长度:30 mm)

（2）碘结晶法

碘结晶法是将木材微切片经脱木素处理后用碘化钾溶液染色，在干燥的诱导下，使其纤维间隙中填以碘的针状结晶。研究表明，碘结晶体通过压缩周围的细胞壁物质，容易在细胞壁内孔隙较大的区域形成空腔，如 S_1/S_2 层的边界处，如图 4-26 所示。将木材切片放在光学显微镜下观察，碘结晶体的长度方向，即指示微纤丝的排列方向[45]。

图 4-26　碘染色的辐射松木材的共焦反射图像

可以观察到管胞中 S_1 和 S_2 层中的微纤丝取向，视场尺寸：160 mm×160 mm

碘结晶法虽然可以测定针叶材管胞次生壁各层的微纤丝角，且准确度很高，测定范围大，但是对操作人员的经验要求较高，实验操作时间较长，获得碘结晶的成功率不高，不利于测定阔叶材的微纤丝角，被测试样的胞壁也易受化学处理的影响而产生胀缩[46]。

孙成志等采用碘结晶法测定了 10 种国产针叶材管胞次生壁（S_2 层）微纤丝角，结果如表 4-3 所示。

表 4-3　针叶材管胞次生壁 S_2 层的微纤丝角　　　　　[单位：(°)]

序号	树种	产地	微纤丝角 早材	微纤丝角 晚材
1	马尾松	湖南	11.8	10.4
2	水杉	湖北	8.9	8.6
3	落叶松	东北	16.0	13.1

续表

序号	树种	产地	微纤丝角 早材	微纤丝角 晚材
4	黄花落叶松	东北	11.3	
5	杉木	湖南	10.0	
6	红松	东北	9.6	
7	冷杉	黑龙江	11.4	
8	岷江冷杉	四川	8.9	
9	鱼鳞云杉	东北	7.1	
10	紫果云杉	四川	24.4	

（3）X射线衍射法

木材是一种生物性材料，具有极大的变异性，为得到具有充分意义的微纤丝角平均值，要求测定大量的个体纤维。而 X 射线衍射在一次操作中得到的衍射图样，就能反映出几百个细胞微纤丝角的平均值。X 射线衍射测定试样不需要做任何预处理，可避免各种直接法测定中木材受化学处理而产生细胞壁胀缩变化的缺点。这在木材加工方面的研究中，当要求保持原质条件下而能了解木材细胞壁变化的情况，则更为有用。与直接法测定比较，X 射线衍射法的准备和观察简易迅速。特别是在配有自动记录装置的 X 射线衍射仪中，衍射强度图样直接产生和记录在图纸上，使微纤丝角的平均值测得更快。

从结晶学观点，微纤丝角就是单斜晶体的 b 轴与纤维轴之间的夹角。根据纤维素(002)晶面的 X 射线衍射曲线可以测量微纤丝角。(002)晶面衍射峰的半峰宽与微纤丝角平均值之间存在线性关系。

从上述(002)晶面衍射强度曲线求微纤丝角平均值，有以下四种方法：

1）微纤丝角平均值与峰值高度 40%处的宽度相对应，通常假定峰值高度 40%处(002)弧的角宽度一半等于微纤丝角平均值（以下简称 40%法、40%角或 M_{40}）。

2）微纤丝角平均值与峰值高度 50%处的宽度相对应，即以峰值高度 50%处(002)弧角宽度的一半作为微纤丝角平均值（以下简称 50%法、50%角或 M_{50}）。

3）对衍射强度曲线进行一系列数学近似处理，推出微纤丝角平均值的分布函数，由函数公式计算微纤丝角平均值。

4）在衍射强度曲线上确定两个拐点，并分别作切线，与横轴的两交点之间的 1/2 距离定义为角距离 T，如图 4-27 所示。微纤丝角平均值 $m = 0.6T$（以下简称 $0.6T$ 法、$0.6T$ 角或 $M_{0.6T}$）[47]。

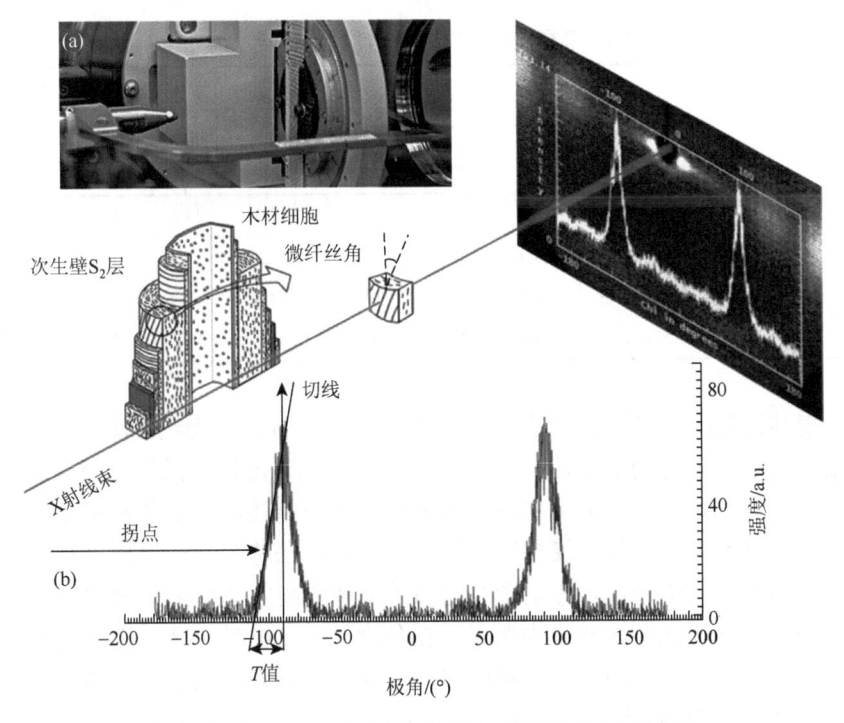

图 4-27 通过 X 射线衍射测定木材微纤丝角示意图

取马尾松离地 1 m 左右木材边缘部分，制成长 3 cm、宽 2 cm、厚 3～4 个生长轮的试样，放在水中煮沸软化，至适于片切为止。将软化的试样按每个生长轮，由早材至晚材连续侧切 0.5～0.6 mm 厚的标准弦切面数片，早、晚材试样均各取具有代表性的中间部分，或不分早、晚材的刨片，登记编号供 X 射线衍射测定用。

在对木材组织产生的 X 射线衍射图像的研究中，可将衍射波峰看作是由逐渐加大斜度的一系列直线所组成，如图 4-27 所示。它们分别受 S_1、S_2 和 S_3 层微纤丝方向和厚度的衍射影响。实验中，选用占波峰主要部分的中段斜线作为确定 S_2 层微纤丝角平均值的依据。实际上，初生壁及次生壁 S_1、S_3 层的微纤丝和木材组织中其他细胞的细胞壁微纤丝都对衍射强度曲线有影响，但与相对较厚的 S_2 层比较就无足轻重，所以可将上述测定值看作一个木材试样全部纤维次生壁 S_2 层的平均值。

表 4-4 列出采用 X 射线衍射法和碘结晶法测定的马尾松管胞次生壁 S_2 层的微纤丝角。这两种方法测定结果之间稍有偏差。$0.6T$ 法一般略大于碘结晶法，这是因为微纤丝角是三维空间的立体角，而碘结晶法观察的是立体角在平面上的投影。碘结晶法测定的结果比实际微纤丝角平均值稍大。

表 4-4　马尾松管胞次生壁 S_2 层的微纤丝角　　　　［单位：(°)］

方法		湖南炎陵县产								安徽宁国产边材
		第10生长轮		第11生长轮		第40生长轮		第45生长轮		
		早材	晚材	早材	晚材	早材	晚材	早材	晚材	
碘结晶法		12.3	11.8	10.8	10.8	15.2	12.3	14.4	12.1	16.7
X射线衍射法	0.6T法	16.4	11.9	14.7	12.3	12.9	12.2	16.9	15.3	14.1
	40%法	12.8	13.3	16.6	12.5	14.11	14.3	17.4	15.1	14.7
	50%法	10.6	11.5	14.5	11.1	12.3	12.4	14.7	12.6	12.8

X射线衍射(002)弧40%法与其他实验数据较一致，作为经验法被采用。40%法受衍射弧高度（即衍射强度）影响，而高度与辐射的微纤丝数目呈比例。0.6T法考虑到微纤丝角变化很大范围内，衍射强度曲线侧边的斜度非常相似，认为确定弧的宽度应不考虑峰值，仅利用外侧边缘。0.6T法除具有一定理论基础外，在实际操作中也有其优越性。假定微纤丝角等于峰值高度40%处弧角宽度的一半，其测定值用碘结晶法测定结果来衡量，在角度等于20°时，这一假定尚可认为合理，但超过这一角度，则差异不断增加。表4-4中对马尾松测定的结果，其微纤丝角平均值是在20°以内，所以40%法与0.6T法相近，这些数值可以代表马尾松早、晚材或包含早、晚材管胞次生壁 S_2 层的微纤丝角平均值。

50%法和40%法都是经验方法。国外资料对40%法的阐述比50%法多，表4-4中对50%法与40%法、0.6T法及碘结晶法作了比较，未见明显差异。

由于上述研究中的微纤丝角较小，衍射强度曲线在180°水平距离内都为单峰，同时可进行0.6T法、40%法和50%法的测定。但当微纤丝角较大时，一般表现为平缓的曲线（有时表现为双峰）；而且，随角度增加，微纤丝角有一种从一个类型到另一个类型的逐步过渡。对于这种试样，根据峰值高度某一固定分数处（40%或50%）的弧角宽度作为根据的方法就显得很不适用。

由马尾松同一部位试样的X射线衍射(002)弧衍射强度曲线与碘结晶法微纤丝角测定的早、晚材的对应结果，可看出碘结晶法测定和X射线衍射法测定的不同特点。前者在照片上可直接看出局部范围内的微纤丝方向，后者是根据衍射强度曲线间接确定微纤丝角平均值。

早、晚材的管胞长度不同，后者较长。微纤丝角和管胞长度之间存在大小相反的关系，可表达为 $L=AB\cot\mu$。式中，L 是管胞长度；A 和 B 是常数；μ 是微纤丝角。碘结晶法及0.6T法测定的早材数值大于晚材，边材微纤丝角平均值大于心材。这一情况与上述部位管胞长度的差异有关。

综上所述，采用X射线衍射法测定木材试样中的微纤丝角平均值，可代表其

全部 S_2 层的平均数值，较其他方法提供的数据显著可靠，与直接法测定相比，快速简便，在测定中可保持木材试样原质不变。

对于 0.6T 法，X 射线衍射(002)弧侧缘切线，取其与零强度轴二交点间的 1/2 角距离，记作 T。在确定切线时，应选用占波峰主要部分的中段斜线作为确定 S_2 层微纤丝角平均值的依据。

在马尾松试样测定结果中，边材微纤丝角平均值大于心材，早材微纤丝角平均值大于晚材。马尾松管胞微纤丝角平均值 0.6T 法测定值与 40%法相近，碘结晶法稍小，这一结果与理论分析一致。

不同树种木材细胞次生壁（S_2 层）微纤丝角有差异；同一树种木材的同一个生长轮的早材与晚材有差异；在同一树种的同株木材不同部位上的微纤丝角也有差异。李火根等利用 X 射线衍射仪对 6 年生美洲黑杨无性系 366、370 和 I-69 的 S_2 层微纤丝角进行了测定和研究，并得到如下结果。

（1）微纤丝角在株内不同方位间的差异

表 4-5 列出了胸高圆盘不同方位的微纤丝角，表中数据均为 3 个试样的平均值。

表 4-5　胸高圆盘不同方位的微纤丝角

无性系	年龄/a	各方位的微纤丝角/(°)				年轮平均微纤丝角/(°)	标准差(S)/(°)
		东（E）	南（S）	西（W）	北（N）		
366	1～2	17.63	22.77	17.82	20.00	19.5	2.40
	3	21.42	22.47	22.86	21.90	22.16	0.63
	4	21.12	21.37	24.37	21.68	22.14	1.51
	5	19.38	19.95	21.33	20.19	20.21	0.82
	6	19.35	18.03	18.32	18.75	18.61	0.57
370	1～2	24.48	25.80	24.60	24.07	24.74	0.74
	3	23.98	28.20	27.51	21.63	25.33	3.08
	4	24.75	22.82	21.48	22.26	22.83	1.39
	5	12.17	24.75	20.36	13.05	17.58	6.03
	6	18.97	22.95	23.62	16.50	20.51	3.37
I-69	1～2	28.03	25.30	26.62	29.25	27.28	1.75
	3	28.50	28.50	27.87	28.73	28.40	0.37
	4	28.12	30.30	27.38	27.90	28.43	1.28
	5	27.45	28.50	25.35	23.10	26.10	2.39
	6	26.03	26.18	25.12	25.27	26.65	0.53

从总体来看，同一年轮内不同方位间微纤丝角的差异不大。相对而言，370 比 366 和 I-69 不同方位间微纤丝角差异要大些，在第 5 年轮内方位间微纤丝角的

标准差（S）达到 $6.03°$，而无性系 366、I-69 方位间 S 仅为 $2°$左右。从表 4-5 中的 S 值还可看出，方位间微纤丝角差异与年轮之间并未表现出一定的变异趋势，呈现为变异的不定性。

（2）微纤丝角株内垂直变异

不同年轮、不同树高部位的微纤丝角见表 4-6。从总体情形看，同一年轮的微纤丝角有随树高减小的趋势，无性系 370 有些特殊，在 9.3 m 处反而增大，这可能与应力木有关。将微纤丝角按无性系、垂直高度、同一高度不同年轮三个变异层次作方差分析表明，在三个变异层次中，微纤丝角只在株内垂直高度间存在显著差异。

表 4-6 不同高度的微纤丝角

无性系	年龄/a	各高度的微纤丝角/(°)					
		0 m	1.3 m	3.3 m	5.3 m	7.3 m	9.3 m
366	1～2	25.08	20.00	20.15			
	3	27.63	21.90	22.32			
	4	26.70	21.68	17.17	18.72	17.03	
	5	26.33	20.19	18.72	18.18	16.25	11.91
	6	25.05	18.75	15.89	16.68	13.32	13.16
370	1～2	27.08	24.07	27.30			
	3	28.95	21.63	19.95	21.73		
	4	23.20	22.26	18.65	18.12	16.80	
	5	26.89	13.05	16.73	14.01	18.00	21.90
	6	24.87	16.50	20.82	15.68	13.92	23.53
I-69	1～2	23.70	29.25	24.60	21.82		
	3	29.47	28.73	26.40	19.05	19.43	
	4	28.80	27.90	23.85	19.83	18.75	18.08
	5	27.85	23.10	23.48	18.72	18.15	18.15
	6	26.47	25.27	20.70	18.53	19.43	16.42

注：表中数据均为 3 个试样的平均值。

（3）株内径向变异

从表 4-6 中可看出，同一高度内，不同年轮的微纤丝角的差异较小，总体情形是从髓心向外刚开始逐渐减小，到第 5 年时又有增大趋势，其原因可能与应力木有关。

方差分析结果显示，微纤丝角在同一高度不同年轮间的径向变异均未达到 0.05 显著性水平。在三个变异层次中，年轮间所占方差分量较小，370 与 366 为 28.3%，I-69 与 370 为 17.8%。

(4) 微纤丝角在无性系间的差异

微纤丝角在无性系间存在较大差异,总体看来,无性系 366 的微纤丝角最小,370 次之,I-69 最大。

对 6 年生美洲黑杨无性系 366、370、I-69 的 S_2 层微纤丝角研究表明,微纤丝角在不同无性系间、同一年轮的不同高度之间存在显著差异,而在胸高部位径向变异不显著。同一年轮的微纤丝角随高度增加而减小;在径向微纤丝角有从髓心向外逐渐减小的趋势。从无性系平均看,三个无性系微纤丝角的大小次序为 366＜370＜I-69。

对木材细胞壁微纤丝和结晶区的形成过程、微纤丝角和结晶度表征方法及其变化特点进行综述发现,葡萄糖残基最初形成纤维素单链,继而在分子间氢键作用下形成稳定的片层结构,然后通过有序堆积方式形成纤维素微晶;微晶在不同晶面聚集成长,形成相互之间不能再紧密聚集的微纤丝结构,并通过微纤丝的扭曲构象形成纤维的晶态和无定形态。微纤丝角和结晶度均可以通过尖端显微镜、射线类及光谱类仪器设备表征,常用 X 射线衍射法,也用拉曼光谱法等进行表征。结果发现:木材细胞壁微纤丝角和结晶度变化特点在一定程度上表现出相反的变化规律,即径向方向从髓心到树皮微纤丝角逐渐减小,结晶度逐渐增大,最终均趋于稳定;轴向方向从基部向上微纤丝角先减小后增大,结晶度逐渐增大,到梢部有所减小。细胞壁微纤丝的排列和结晶区的大小与其细胞形态相关,微纤丝角越小,管胞和纤维细胞越长,两者呈负相关关系;结晶度越大,细胞越长,两者呈正相关关系。目前,针对细胞壁微纤丝的形成、倾角变化规律和表征方法等已有较为充分的研究,但关于微纤丝角取向形成机制和细胞壁各层厚度分化形成机制还没有明确的解释;对纤维素微晶形态的研究已兴起,但对从幼龄材到成熟材生长过程中晶型、晶胞及晶体尺寸等微晶形态的具体变化模式还未深入探究。因此,今后工作可以围绕以下几点展开:一是从分子层面探究微纤丝取向形成机制;二是加强对木材细胞壁各层厚度累积过程的研究;三是阐明晶型、晶胞及晶体尺寸等微晶形态在木材生长过程中的变化特点。

4.4 细胞壁超分子结构解译表征方法

木质材料的成功开发需要高度控制木材功能化的位置和分布。因此,需要提供高分辨率 2D 和/或 3D 映射的高化学和空间分辨率的材料分析技术,以了解纳米级和亚纳米级的结构。随着这些技术的发展,我们对于木材结构的认识越来越准确,反过来可以优化上述功能器件和材料的性能。基于拉曼显微镜、AFM 和同步加速器 XRD 的一系列表征技术,每一种都有其独特的测量原理,可用于识别木基材料的组成和结构。表征技术和计算建模方法对理解木材细胞壁的组成、结构和超分子相互作用等至关重要。这里主要介绍了细胞壁超分子结构解译的先进表征方法。

4.4.1 拉曼光谱成像

木材细胞壁的主要成分是纤维素、半纤维素和木质素。然而，细胞壁层内及各层之间的聚合物组成存在显著差异。此外，细胞壁层内的某些成分（如纤维素）显示出分子取向变化。采用拉曼光谱成像技术能够观察和跟踪这些差异。

共聚焦拉曼光谱成像是一种依赖于与分子振动相互作用产生的单色光的非弹性散射的技术。这种技术能够提供衍射有限（最大 250～300 nm）的空间分辨率，从而实现对木质复合材料组成的可视化。与其他衍射受限的光学显微成像技术（如紫外和荧光显微镜）相比，拉曼光谱分析不局限于特定的成分。相反，它能够同时表征木材成分和不同类型的改性剂，包括聚合物、矿物和金属。

Gierlinger、Agarwal 和他们的同事使用这种方法对木材细胞的组成进行了第一次和突破性的研究[48,49]。利用拉曼光谱成像技术，研究人员证明，利用来自纤维素和木质素的独特光谱信息，可以获得杨木晚材细胞的空间图谱（图 4-28）。此外，拉曼光谱成像可以提供脱木素纤维素支架的空间分辨化学分析。

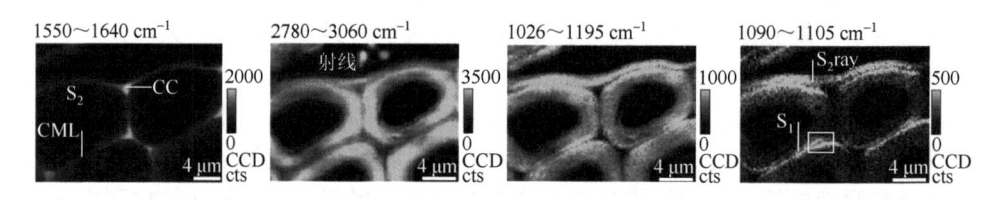

图 4-28 通过在定义的波数区域上积分，对杨木晚材中的成分分布进行拉曼光谱成像[50]
S_2ray 表示薄壁组织细胞的 S_2；CCD 是一种光电转换检测器；cts 为计数

拉曼光谱成像不仅能够绘制木材各组分的分布，而且对木材组分的构象变化高度敏感。例如，原位拉曼光谱成像分析了木-水凝胶材料成分在温度变化下的构象变化，从而导致其表面性质由亲水性转变为疏水性。然而，这种技术用于木材分析的一个问题是，脱木素后样品中经常存在色度结构，这可能在成像过程中产生荧光并掩盖拉曼散射信号。拉曼光谱成像虽然在木材研究中很有价值，但其最大分辨率仅限于入射光波长的一半。

然而，木材细胞的各种子结构的拉曼光谱大小低于这一限制。因此，要对木材进行化学分析，就需要大幅度提高空间分辨率。1928 年，Synge 有了打破衍射极限的想法，通过照亮样品或通过位于样品表面附近（纳米范围）的亚波长孔径收集光信号[51]。通过扫描探针显微镜反馈，使孔径达到这一范围成为可能。1984 年，第一次近场测量被报道[52]。然而，孔径较小导致信号强度较低，因此需要开发改进信号的方法，如尖端增强拉曼光谱，即通过在样品表面附近的金属探针照射来增强拉曼信号。金属探针的光照产生表面等离子体激元，在探针尖端产生强电磁场。迄今为止，这种近场光学显微镜方法主要应用于简单的生物系统，只有少数研究分析了天然木材的细胞壁[53]。然而，这些方法在分析木质复合材料方面具有巨大的潜力。

4.4.1.1　木材细胞壁主要组分拉曼信号归属

纤维素的三个典型特征峰位于 380 cm^{-1}、1098 cm^{-1} 和 2890 cm^{-1}，分别对应吡喃环 C—C—C 的对称弯曲振动、糖苷键 C—O—C 伸缩振动、主链葡萄糖环和侧链亚甲基上的 CH 及 CH$_2$ 的伸缩振动（表 4-7）[54]。归属于纤维素分子的拉曼特征峰的强度多数与入射激光偏振方向有关，在 1098 cm^{-1} 处尤为显著。因此，采用偏振入射光扫描，可以同时测定纤维素的空间分布和分子取向特征。

表 4-7　纤维素、半纤维素和木质素的拉曼特征峰归属

组分	拉曼位移/cm^{-1}	归属
纤维素	380	吡喃环 CCC 对称弯曲振动
	437~459	环（CCO）伸缩振动
	520	糖苷键 COC 伸缩振动
	902	重原子 CC 和 CO 伸缩振动
	913	C6 上 HCC 和 HCO 弯曲振动
	968~997	CH$_2$ 面内摇摆振动
	1098	糖苷键 COC 不对称伸缩振动
	1122	糖苷键 COC 对称伸缩振动
	1149	重原子 CC 和 CO 伸缩振动加 HCC 和 HCO 弯曲振动
	1292	重原子伸缩振动加 HCC 和 HCO 弯曲振动
	1337	HCC 和 HCO 弯曲振动
	1406	HCC、HCO 和 HOC 弯曲振动
	1455	HCH 和 HOC 弯曲振动
	2848	CH 和 CH$_2$ 伸缩振动
	2889~2965	CH 和 CH$_2$ 伸缩振动
	3291~3395	OH 伸缩振动
半纤维素	503~553	CCO 伸缩振动
	870~940	COC 面内对称伸缩振动
	1000~1026	COH、CC 伸缩振动

续表

组分	拉曼位移/cm^{-1}	归属
半纤维素	1000~1026	COH、CC 伸缩振动
	1125	COC、CC 伸缩振动
	1312	CH、COH 弯曲振动
	1365~1376	CH、OH 面内弯曲振动
	2917	CH 伸缩振动
	2933	OH 伸缩振动
木质素	704~792	芳香环骨架对称伸缩振动
	1155~1158	酚羟基 O—H 弯曲振动
	1185~1187	甲氧基 O—CH$_3$ 伸缩振动
	1214~1217	甲氧基 O—CH$_3$ 伸缩振动
	1285~1289	芳香环醚键伸缩振动
	1330~1333	酚羟基 O—H 弯曲振动
	1506~1514	芳香环骨架不对称伸缩振动
	1600	芳香环骨架弯曲振动
	1660	与苯环共轭的酮羰基伸缩振动

半纤维素是由木糖、甘露糖、阿拉伯糖和半乳糖等多种糖基单元构成的带有支链的异质性多糖。由于半纤维素和纤维素的化学键型类似，因此二者的特征峰多数相互重叠，难以区分。但已有研究证实，半纤维素的 HCC、HCO 伸缩振动在 890 cm^{-1} 处信号显著，可以作为半纤维素的典型拉曼特征峰。此外，对亚麻纤维的拉曼光谱进行详细分析，发现 475~515 cm^{-1} 和 800~870 cm^{-1} 谱带可以用于识别半纤维素木聚糖[55]。

木质素是由苯基丙烷结构单元通过碳碳键和醚键连接构成的三维空间网状芳香族化合物。木质素的典型拉曼特征峰位于 1600 cm^{-1} 和 1660 cm^{-1} 附近，分别归属于芳香环骨架的弯曲振动和与苯环共轭的酮羰基伸缩振动，来源于松柏醇/紫丁香醇或松柏醛/紫丁香醛结构单元[56]。

纤维素、半纤维素、木质素的拉曼特征峰归属见表 4-7[57]。

4.4.1.2 木材细胞壁的拉曼光谱分析

图 4-29 是新鲜欧洲赤松木切片的两张高分辨率图像。图 4-29（a）显示了位于 1595 cm^{-1} 处木质素相关的拉曼谱带强度变化。该图突出显示了由胞间层和相邻的初生壁组成的复合胞间层以及细胞角隅，这里的木质素浓度高于次生壁 S$_2$ 层。图 4-29（b）显示了位于 1095 cm^{-1} 处取向敏感的纤维素拉曼光谱的强度变化。与

次生壁 S_2 层相邻的两个薄层表现出高强度的纤维素拉曼光谱,可将复合胞间层分解为由胞间层隔开的两个相邻的初生壁层（S_1 层）。

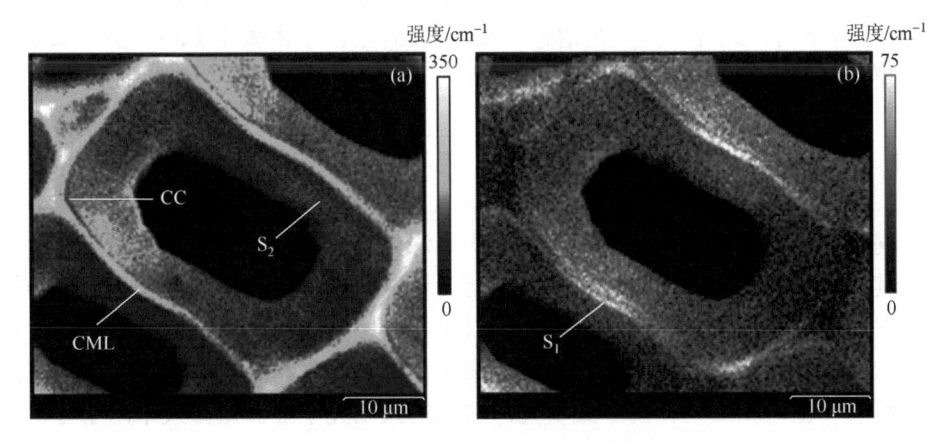

图 4-29 欧洲赤松木横截面的拉曼图像

根据细胞壁各层中主要成分分子结构的差异性,将细胞壁分为四个部分,分别对应:细胞角隅和复合胞间层、S_3 层和纹孔膜、S_2 层、细胞腔,如图 4-30（a）所示,每个部分的丰度图均详细呈现了主要组分的空间分布特征,如图 4-30（b）～（e）所示,通过提取四个部分的平均拉曼光谱可以进一步获取不同形态学区域中成分含量和分子结构信息[图 4-30（f）和（g）]。光谱分析结果表明：S_3 层和纹孔

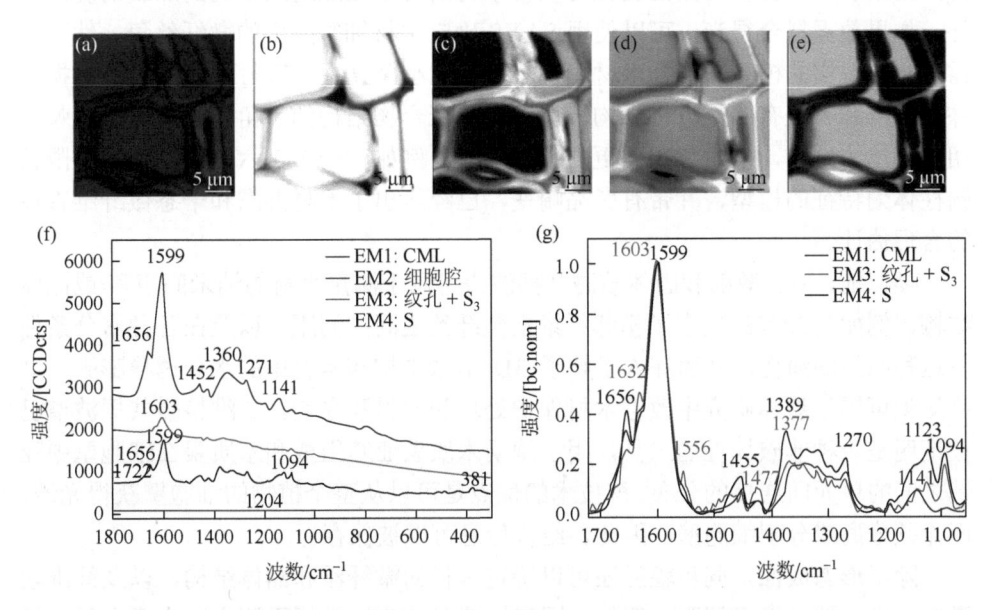

图 4-30 基于顶点成分分析的云杉横切面的激光共聚焦拉曼端元图像与光谱（1800～300 cm^{-1}）

膜的微观结构特征明显区别于 S_2 层和 CML 层,该层的纤维素微纤丝与细胞轴趋于垂直,与 S_2 层中较小的微纤丝角差异较大;S_3 层的木质素特征峰由 1599 cm^{-1} 偏移至 1603 cm^{-1},说明 S_3 层和纹孔膜具有类似的木质素分子结构,但与 S_2 层和 CML 显著不同。此外,拉曼光谱进一步证实 S_2 层由于木质化不均一性形成了连续薄层状结构。

4.4.2 散射衍射技术

同步辐射是探测木材细胞和层次结构最深处细节的另一个强大工具。这种能力尤其适用于 X 射线层析成像,直到最近,这种成像一直被保留用于分析更传统的材料。在这种技术中,结构的细节可以在 3D 中映射,也可以在时间维度上实现,从而实现对复杂材料的实时评估。最早详细检查木材结构的研究之一是对两种木材——橡树和山毛榉的个案研究。传统的人工光学显微摄影技术用于分析木材解剖特征,与自动层析成像方法进行比较。研究结果表明,在木材孔隙率、容器表面积、内径和密度的统计测量方面,两种技术之间没有差异,表明这两种技术具有可比性。

小角 X 射线散射(SAXS)被用于探测木材细胞壁的结构和尺寸。通过 SAXS 测量得到的原纤维尺寸与电子显微镜测量的结果一致,表明原纤维厚度的规律性是木材结构稳定性的标志。利用 SAXS 对一根完整树枝的微纤丝角进行了详细分析,结果表明,微纤丝角的变化可以使木材的力学性能适应不同的加载情况。此外,如果数据拟合得当,可以使用 SAXS 确定木材细胞壁中的微纤丝角。然而,需要一个现实的模型来拟合木材的 SAXS[或小角度中子散射(SANS)]数据,并在纤维和长程有序上分析结构。虽然传统聚合物结构的小角度结果可以依赖于相对简单的结构,但木材需要更复杂的方法。例如,一个以六角形排列的无限长圆柱体为特征的模型,并带有旁晶畸变,已经给出了木材湿态和干态微纤维直径的合理估计。

类似地,中子散射和固体核磁共振波谱可用于测量木材的纳米间距和/或晶体结构。例如,SANS 确定了相邻纤维素微纤丝之间的间距,以及在各种水分条件下这种间距的演变,从而深入了解了 3D 纳米结构和木材中的水分诱导膨胀。这些知识可用于森林研究中改进木材保护处理和木材胶黏剂。二维核磁共振波谱已被证明是一种非破坏性的工具,用于阐明木质素亚基组成和木质素在细胞壁中亚基之间的单元间连接的分布。该技术的优点是可以从整个植物的细胞壁获得光谱,而无须分离或分割细胞壁,因此,结构信息可以被保存。

除了形态成像,同步辐射还可以确定木材的微纤丝和晶体结构,以及纤维素微纤丝之间的纳米级间距。例如,同步加速器 XRD 被用于测定脱木素木膜中纤维素的晶体结构。在干燥状态下，由于高浓度氢氧化钠脱木素过程中，Ⅰ型纤维素部分转化为Ⅱ型纤维素，从而形成了Ⅱ型纤维素。当脱木素木膜浸泡在电解质中时，用 XRD 测得出现新的(220)晶面，表明存在 Na-纤维素复合物结构（即钠嵌入脱木素木膜的带电分子链中）。结果，脱木素木膜表现出 24 mV/K 的热梯度比，这是此前研究最高值的两倍多。

同步辐射源的高亮度使微区 X 射线衍射和散射技术能够应用于聚合物和生物聚合物等弱散射样品。X 射线衍射和散射技术可以提供平均结构参数，但不能提供局部结构的信息。约 1 μm 和亚微米尺度的光束尺寸可以提供丰富的局部信息，如材料的空间异质性和局部位置的结构变化。与透射电子散射实验相比，扫描 X 射线衍射仪的一个优点是能够在不需要切片的情况下检查单根纤维。

光束尺寸小于单细胞壁厚度的位置分辨同步加速器微区 X 射线衍射的一个应用是能够对挪威云杉细胞壁中纤维素微纤丝的螺旋排列进行成像。微区 X 射线衍射也被用于研究各种来源的纤维素微纤丝的取向、微晶尺寸和结晶度，包括黏胶人造丝纤维、日本雪松和挪威云杉。对于旨在分析小体积样品的技术，微区 X 射线衍射在样品制备和采集时间方面比透射电子显微镜/衍射具有明显的优势。光束尺寸为几微米的 SAXS（μSAXS）的应用揭示了纤维素微纤丝在单一天然亚麻纤维中的排列方式。这种位置解析研究可以潜在地解决纤维素微纤丝的超分子结构。

原位掠入射广角 X 射线散射（GIWAXS）是另一种基于同步加速器的技术（尽管它在实验室规模的仪器中可用），可能对初级植物细胞壁有用。GIWAXS 不仅探测表面，而且探测表面下方。由于其掠入射几何形状，GIWAXS 是一种很有前途的散射技术，适用于弱散射和脆弱的细胞壁样品。大光束足迹产生更好的信噪比，并且造成的辐射损伤也更小。带有 2D 检测器的 GIWAXS 可以揭示晶体的净取向，即纹理。来自细胞壁样品的 GIWAXS 数据可用于估计纤维素晶体的首选取向和结晶度，这是以前尚未证明的。

共振软 X 射线散射（RSoXS）是传统 SAXS 与软 X 射线光谱的组合，可提供增强和可调的散射对比度以及元素和化学灵敏度[58]。大尺度可访问性、化学灵敏度和分子键取向灵敏度使 RSoXS 成为研究不同材料（包括生物组装）的有吸引力的工具。不同的细胞壁多糖具有相似的电子密度，因此 RSoXS 可根据它们的化学差异区分它们。研究表明，RSoXS 可以通过调谐到特定的 X 射线能量来揭示酪蛋白胶束和蛋白质的结构，从而在组分之间产生对比。此外，在洋葱鳞片外表皮中，将 X 射线能量调整到 Ca 边缘会在果胶和纤维素微纤丝之间产生对比，从而揭示微原纤维或微原纤维束之间的间距。因此，存在采用新的化学敏感散射技术来研究植物细胞壁的机会。

除了 X 射线散射之外，还有基于中子散射的新型表征方法。准弹性中子散射（QENS）在 1~500 Å 长度尺度上对原子和分子在皮秒到纳秒时间尺度上的重组很敏感。这种广泛的空间和时间尺度非常适合研究复杂的生物系统,因为尺度与原子和分子振动位移、跳跃距离和相关长度相匹配。由于弛豫时间对波矢量的依赖性,QENS 可以解决水和蛋白质等生物大分子动力学的空间差异。该技术还用于研究细菌纤维素中的水-纤维素动力学,揭示了细菌纤维素系统中存在两种不同的水群:地衣水和限制在微纤维之间空间中的水。尽管细菌纤维素的纳米级结构和组成与植物细胞壁明显不同,但该研究的可行性使 QENS 也成为研究天然植物细胞壁的有前途的工具。

4.4.3 成像技术

在木质复合材料的制备过程中,木材化学成分的变化会影响材料的力学性能。因此,除了化学分析外,进一步的力学表征是必要的。传统的机械测试不能提供足够的空间分辨率,但是原子力显微镜(AFM)的新发展已经克服了这些限制。在此之前,AFM 被广泛用于木质纤维素材料的纳米结构表征,其中一个非常小的尖端在样品表面进行光栅扫描。

AFM 技术是在纳米尺度上研究材料的表面结构或力学性质的重要手段,能够在气相条件或液相条件下获得纳米级分辨率的图像,防止由于脱水、包埋或其他样品制备操作导致的结构重排,适用于木材细胞壁精细结构的研究[59]。

尖端和样品表面之间的特定相互作用(范德瓦耳斯力、静电力和色散力)转换为高分辨率的地形图像[60]。除了实现这些结构分析外,AFM 模式还用于纳米力学表征,主要基于力距(FD)曲线网格映射表面,这为局部刚度和黏附性等力学参数提供了有价值的见解。使用基于 FD 曲线的 AFM(FD-AFM)对木质材料的力学表征已经处于比上述近场显微镜方法更先进的发展阶段。已经对不同类型的木质纤维素样品进行了表征,并使用 FD-AFM 对功能化木材材料进行了初步分析。然而,具有纳米分辨率的基于 AFM 的机械表征仍处于探索阶段,必须解决尚未解决的问题,特别是关于尖端与样品之间的接触。此外,在使用 FD-AFM 的研究中获得的值缺乏一致性。对单个 AFM 结果的直接比较往往受到使用不同测量装置的阻碍,包括悬臂类型和刚度、拟合程序和测量速度,使得难以验证发现。

此外,断层扫描技术,特别是 X 射线计算机微断层扫描技术(MicroCT)具有无损和比传统光学显微成像技术快的优点。得益于这些特性,体内 X 射线显微 CT 能够可视化木材中的水运动,无需传统显微镜所必需的耗时的样品制备。基于同步加速器的断层扫描的另一个应用是在时间维度上的映射能力,这允许它执行动态测量。因此,可以观察到木材在压缩过程中结构的变化,阐明变形的机制。

另一种将空间分辨率提高到衍射势垒之外的方法依赖于将近场光学技术与扫描探针显微镜相结合。近场扫描光学显微镜(NSOM)通过使用直径约 100 nm 的亚波长孔径的锥形光纤获得高光学和空间分辨率。由于这些尖端由光纤制成，因此它们很脆弱且容易损坏，这可能会导致伪影。由于这些问题，带有尖端增强的无孔径探头的 NSOM 被用于区分从近场到远场收集的信号。这种能力有望表征植物细胞壁，因为可以区分来自不同细胞壁成分的信号。其他可能能够在细胞尺度上表征植物细胞壁的无孔径尖端增强成像技术是尖端增强拉曼成像、近场相干反斯托克斯拉曼散射显微镜和双光子激发荧光（TPEF）光谱。这些技术的能力已在综述中详细讨论，此处不再赘述。

使用短波长辐射也可以实现高分辨率。基于软 X 射线光谱显微镜的扫描透射 X 射线显微镜（STXM）是一种强大的技术，具有与中红外光谱显微镜相似的高空间分辨率和化学灵敏度等优点，有望表征植物样品。表征细胞壁样品的主要问题是非均质基质，获得的光谱通常由最高浓度的组分主导。X 射线荧光探针可以与高分辨率 STXM 一起使用，以克服分子灵敏度的局限性。将共聚焦激光显微镜与荧光探针和 STXM 结合使用可能是研究植物细胞壁样品的宝贵方法。该方法已在微生物生物膜中成功证明。STXM 可以通过光栅扫描聚焦的 X 射线束来生成样品薄片的显微图像，同时将透射 X 射线强度记录为样品位置的函数。该技术属于"光谱显微镜"类别，因为可以从切片样品的微观特征中获得 X 射线吸收光谱。该技术基于同步辐射，并利用 X 射线吸收光谱分析原子物种的化学状态或材料的晶体结构的特征。因此，STXM 可用于异质材料的元素识别和空间映射。STXM 的主要优点是辐射损伤较小（与电子显微镜相比），能够分析水合样品，以及由于偏振依赖性而具有探测分子轨道排列的能力。各种基于 STXM 的技术，如碳的吸收近边结构光谱学（C-XANES）和碳的 X 射线吸收光谱技术（C-NEXAFS）已被用于对植物量进行化学分析。基于 STXM 的光谱图还能够在细菌中进行形态学 3D 可视化和定量化学映射。

TEM 的进步，特别是冷冻透射电镜（cryo-TEM）的进步，也提供了基于短波长辐射的新机会。直接电子探测器和自动图像采集的最新进展显著推动了结构生物学的发展，因为这些仪器的发展允许更好的信噪比和采集大型数据集。cryo-TEM 的测量过程从玻璃化开始，其中样品溶液快速冷却，水分子形成无定形固体而不是结晶。冷冻透射电镜已经实现了大约 3 Å 或更低的分辨率。该技术可以分析大型和复杂的生物组件，这些组件通常难以结晶以进行 X 射线晶体学分析，或者对于 NMR 来说太大、太复杂。样品的 3D 图像可以通过冷冻电子断层扫描（cryo-ET）从倾斜的 2D 图像重建。冷冻透射电镜和冷冻电子断层扫描都有望表征植物细胞壁，因为它们可以分析保存的水合状态。已经证明了使用冷冻透射电镜来研究金黄色葡萄球菌的细胞壁组织。冷冻电子断层扫描还被用于细胞壁超微结构的 3D 可视化，分辨率约为 2 nm，无须隔离细胞壁。从研究中发现的拟南芥细胞壁内的微纤维直径与 AFM 测量的直径相当。然而，与更常用的成像技术（如

AFM 和 FESEM）相比，这种方法所需的样品制备是漫长而艰巨的。应用更快的样品制备方案可能有助于该技术的更多常规使用。

电离辐射的使用，如 X 射线或电子显微镜，受到光束造成的损坏的限制。另一种方法是扫描声学显微镜（SAM），它利用声波来创建微观物体的图像。与光学显微镜不同，SAM 不需要任何染色或固定，因此可用于活细胞成像。此外，它不仅可以非侵入性地观察试样的表面，还可以以亚微米分辨率观察试样的内部结构。此外，SAM 能够测量机械性能，如组织的损耗因子和模量。超声波和物质之间的相互作用决定了接收信号的大小，从而产生对比；对比度是根据不同材料的不同声阻抗产生的，也是由于材料中声波的吸收。传统 SAM 的工作频率范围为 20～200 MHz，而高频 SAM（HF-SAM）的工作频率范围为 0.4～2 GHz。HF-SAM 已被用于研究洋葱表皮的水合初生壁。在这项研究中，SAM 能够检测到果胶的酶促去除会影响初生壁的机械性能。因此，SAM 作为一种强大的工具，不仅可以研究自然状态下细胞壁的结构和力学，还可以通过酶处理的自上而下的方法研究不同壁成分之间的相互作用。

4.4.4 荧光技术

光学、X 射线和电子成像工具的最新进展为细胞壁的研究提供了新的机会。光学显微镜无法区分两个相隔的物体，其横向距离小于用于对标本成像的光波长的大约一半。该分辨率极限称为衍射极限。光学显微镜的衍射极限在共聚焦显微镜的横向方向为 200～300 nm，在轴向（垂直）方向上为 500～700 nm，这使得亚细胞结构太小而无法详细解析。当光学显微镜用于研究几纳米大小的植物细胞壁特征时，这会带来一个问题。在这种情况下，光学显微镜收集的信号表示来自不同壁成分的信号的集合平均值。超分辨率荧光显微镜（SRFM）是指克服传统荧光显微镜中衍射极限引起的分辨率限制的一系列技术[61]。使用 SRFM，实现了横向光学分辨率约为 20 nm，轴向光学分辨率为 40～50 nm 的三维成像。这些技术可以利用非线性光学效应，通过受激发射消耗（STED）或饱和结构照明显微镜（SSIM）减小激发点扩散函数的大小。此外，一些技术还基于单个荧光分子的定位，如随机光学重建显微镜（STORM）、光活化定位显微镜（PALM）和荧光光活化定位显微镜（FPALM）。最近的进展使 SRFM 的三维成像、多色成像和活细胞成像成为可能。

激光扫描共聚焦荧光显微镜（laser scanning confocal microscope，LSCM）是一种利用计算机、激光和图像处理技术获得生物样品三维数据、目前最先进的分子细胞生物学的分析仪器。LSCM 主要用于观察活细胞结构及特定分子、离子的生物学变化，定量分析，以及实时定量测定等。LSCM 系统主要包括扫描模块、激光光源、荧光显微镜、数字信号处理器、计算机及图像输出设备等，如图 4-31 所示。

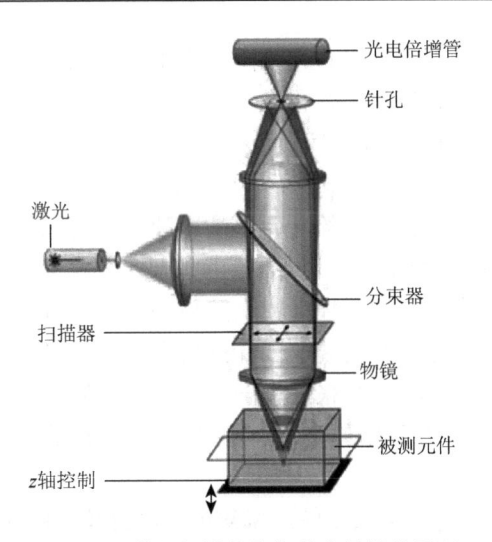

图 4-31　激光扫描共聚焦荧光显微镜原理

LSCM 相对普通荧光显微镜具有的优点：①LSCM 的图像是以电信号的形式记录下来的，所以可以采用各种模拟的和数字的电子技术进行图像处理；②LSCM 利用共聚焦系统有效排除了焦点以外的光信号干扰，提高了分辨率，显著改善了视野的广度和深度，使无损伤的光学切片成为可能，达到了三维空间定位；③由于 LSCM 能随时采集和记录检测信号，为生命科学开拓了一条观察活细胞结构及特定分子、离子生物学变化的新途径；④LSCM 除具有成像功能外，还有图像处理功能和细胞生物学功能，前者包括光学切片、三维图像重建、细胞物理和生物学测定、荧光定量、定位分析及离子的实时定量测定；后者包括黏附细胞的分选、激光细胞纤维外科及光陷阱技术、荧光漂白后恢复技术等。

样品要求：①样品经荧光探针标记；②固定的或活的组织；③固定的或活的贴壁培养细胞应培养在 Confocal 专用小培养皿或盖玻片上；④悬浮细胞经甩片或滴片后，用盖玻片封片；⑤载玻片厚度应在 0.8～1.2 mm 之间，盖玻片应光洁，厚度在 0.17 mm 左右；⑥标本不能太厚，若太厚激发光大部分消耗在标本下部，而物镜直接观察到的上部不能充分激发；⑦尽量去除非特异性荧光信号；⑧封片剂多用甘油∶磷酸缓冲盐溶液混合液（9∶1）。

免疫荧光（immunofluorescence，IF），与蛋白质免疫印迹（western blotting）一样，也是根据抗原抗体反应的原理，将不影响抗原抗体活性的荧光色素标记在抗体或抗原上，与其相应的抗原或抗体结合后，在荧光显微镜下进行观察，从而确定抗原或抗体的性质和定位，包括直接法和间接法。

将传统的能够准确标记细胞内多种大分子的免疫组织化学染色技术与多色三维随机光学重构超分辨率显微镜（3D-dSTORM）结合，使对细胞壁多糖高灵敏度、高分辨率成像成为可能。STORM 超分辨技术由科学家庄小威发明,其将显微镜分辨率推进到几纳米,比光学衍射极限高近两个量级,极大地促进了生物医学研究[62]。Kalina 等使用 3D-dSTORM 和低温扫描电子显微镜(cryo-SEM)展示了半纤维素葡聚糖木质素(HG)的同聚糖聚合形式的纳米结构。研究发现,在子叶背斜壁中,HG 组装成离散的纳米丝,而不是连续互连的网络。作者认为它们可能是类似于 X 射线衍射观察到的四元结构,由此制造了路面细胞形态发生的内在细胞壁膨胀"扩展梁"模型。在该模型中,局部同型半乳糖醛酸去甲酯化导致纳米丝径向膨胀,这是由具有不同包装的四元结构之间的转换引起的。通过证明单独 HG 的去甲酯化足以诱导组织扩张来进一步检验这一假设。最后,将该模型形式化为预测组织拓扑、局部细胞壁厚度、张力和生长的三维非线性有限元方法(FEM)模型。

3D-dSTORM 纳米镜可深入了解纳米级的生物结构。Kalina 等在 4 μm 厚的组织切片上结合 3D-dSTORM 和使用针对高甲基酯化(LM20)和低或未酯化(2F4)HG 的抗体进行免疫标记,获得了 40～50 nm 的横向及约 80 nm 的轴向分辨率及约 800 nm 的深度重建。这两种抗体在靠近质膜的细胞壁中结合,但很少在中间薄片中结合,表明抗原表位对抗体的可及性有限,或者在该位置缺乏这种表位。

3D-dSTORM 揭示了在背斜壁中 HG 形成垂直于子叶表面的排列细丝,称为 HG 纳米丝。它们的估计宽度为 40 nm。相反,在周壁中,Kalina 等没有检测到丝状模式,这表明在相同细胞的不同壁中具有独特的 HG 组织。另外,发现改变果胶的甲酯化程度会影响细胞生长,挑战了此前公认的细胞膨压驱动细胞生长的理论。

所介绍的细胞壁多糖超分辨率显微成像技术促进植物发育研究领域的研究提升,其中所涉及的 STORM 技术目前已在国内实现商业化。现已发布的超高分辨率显微成像系统 iSTORM,成功实现了光学显微镜对衍射极限的突破,使得在 20 nm 的分辨率尺度上从事生物大分子的单分子定位与计数、亚细胞及超分子结构解析、生物大分子动力学等的研究成为现实,从而给生命科学、医学等领域带来重大突破[63]。

超高分辨率显微成像系统 iSTORM 具有 20 nm 超高分辨率、3 通道同时成像、3D 同步拍摄、实时重构、2 h 新手掌握等特点,已实现活细胞单分子定位与计数,并提供荧光染料选择、样本制备、成像服务与实验方案整体解决方案,拥有纳米级观测精度、高稳定性、广泛环境适用、快速成像、简易操作等优异特性。

全内反射荧光显微镜(TIRFM)非常适合在具有荧光激发薄区域的细胞基底区域进行光学切片。激光束以超出临界角的角度入射到玻璃基板界面上。由于倏逝波的性质,激发体积在横向维度上很大,但在轴向维度上受到高度限制。这大大减少了离焦平面的背景荧光,并产生了具有非常高信噪比的图像。TIRFM 已被证明是检查动物细胞和单分子实验的有力方法。它对于分析质膜附近的分子和过程的动力学特别有用，因为它掩盖了来自细胞大部分的荧光。事实上，最近的一项研究应用 TIRFM 来检查植物质膜中的蛋白质内吞作用；然而，TIRFM 在与质膜相邻的细胞壁上的应用尚未得到证实。此外，多角度 TIRFM 的使用为检查植物样品中蛋白质在轴向上的分布提供了可能。

4.4.5 计算建模

从原子尺度到纳米尺度、中尺度、微观尺度和连续尺度，在多个尺度上进行计算建模，可以为木材的结构、特性、功能和行为提供有价值的见解。可以计算木材在刺激（如机械力、热、光、水或其他溶剂）下的物理化学性质和多尺度结构演变，从这些模拟中获得的知识用于指导木材料和改性策略的设计。

例如，分子动力学（MD）模拟已应用于在分子水平上研究温度诱导的纤维素晶体结构变化，并探测纤维素材料的变形和纳米力学。

研究发现，由弯曲变形引起的纤维素纳米纤维的扭结缺陷有利于局部水解。另一项 MD 模拟研究表明，弯曲变形可以在扭结点引起局部无定形化，并实现部分异晶转变。此外，基于 MD 的纤维素纳米纤维在拉伸变形过程中相互作用的研究强调了氢键在赋予纤维素纳米颗粒增强韧性中的作用。在中尺度上，粗粒度模拟模型已被证明可以捕捉机械性能，如天然纤维素纳米纤维的抗弯性。此外，一种通用的粗粒度模拟方案已被用于定性地揭示致密木材机械性能增强的潜在机制，表明相邻纤维素纳米纤维之间形成的氢键对显著增加的强度和韧性做出了关键贡献。

这些氢键作为一种二级键，可以在拉伸应力下反复断裂和重组，直至断裂，这对于设计机械坚固和可生物降解的材料是可取的。在微观尺度和连续尺度上，数值模拟和有限元模拟起主导作用。

例如，包括木材横向压缩和致密化的数值模拟、木结构的破坏，以及大块复合木材的变形分析。还使用计算流体动力学进行了模拟，以可视化木材中的水运输行为。结果表明，低弯曲度孔隙有利于快速输水，这是水处理应用的一个有吸引力的特征（如太阳能蒸发和水过滤）。

虽然 MD 模拟已经取得了进展，但由于纤维素纳米纤维成分和结构的复杂性，通过计算建模完全捕获以成分为主和/或结构为主的木质材料的特性和行为仍然具有挑战性。由于计算能力和/或计算时间的限制，这些复杂性通常在仿真模型中被大大简化。

此外，以前的计算建模工作侧重于木质材料的机械和流体行为，从而开发了有限的建模方法来模拟光学、热和离子传输行为。

4.4.6 其他表征方法

如前所述，显微技术广泛用于植物细胞壁的直接可视化，但只有少数定量图像分析的例子被报道。典型的图像分析包括确定粒径、面积、长度、孔隙率和其他有用的测量值。像 ImageJ 这样的开源和开放架构图像处理软件有助于从显微图像中轻松量化各种参数。例如，ImageJ 已被用于处理和分析 AFM 图，以量化不同的纤维素微纤丝参数，如宽度和方向。几个开源图像分析软件包，如 SOAX、FibreApp 和 ImageJ，提供了巨大的机会，可用于细胞壁显微图像的定量分析。

然而，细胞壁显微图像的定量分析仍然具有挑战性，因为其结构是高度异质的。由于无序程度较高，在初生壁中甚至更加困难。据报道，微纤丝的排列顺序。这种结构中的分子似乎具有一定程度的优选取向。这种状态下的"顺序"量可以通过描述液晶中排序的顺序参数来定义。目前可用的图像分析工具具有能够从细胞壁的显微图像中估计这种顺序的功能。

4.5 本章小结

木材细胞壁是树木的实质承载结构，纤维素、半纤维素和木质素等细胞主要组分的结合方式以及分子间的相互作用对木材细胞壁及其宏观力学性能有着重要的影响。本章介绍了木材各类细胞壁的壁层结构、特征和超微构造，简述了细胞壁中聚集体空间结构，对细胞壁中微纤丝组成、结晶结构和微纤丝角进行了总结。最后介绍了拉曼显微镜、散射衍射技术、成像技术、荧光技术及计算模拟等表征在细胞壁超分子构造研究中的应用。

对木材细胞壁超分子构造的研究可以从超分子科学角度认知木材应用基础研究中的科学问题，形成木材超分子科学理论，从而推动木材科学的发展。

细胞壁 S_2 层聚集体薄层的成功分离突破了木材细胞壁结构原位表征的壁垒，结合高分辨率的表征分析技术，未来可将细胞壁结构的研究推进至超分子级别。

对于木材细胞壁超分子结构解译的研究未来应重点聚焦于以下三个方面：

1）进一步进行木材细胞壁中超分子结构的研究，从木材细胞壁超分子结构特征、分子间的相互作用及基于超分子界面组装的超分子体系构筑方面进行深入研究，揭示木材细胞壁超分子结构形成机制。

2）对细胞壁次生壁 S_2 层中的聚集体薄层进行深入的结构解译。聚集体薄层的精准解离突破了细胞壁整体形态对原位研究的限制，依据超分子化学与聚合理论，解译聚集体中的链结构、聚集态结构、拓扑结构，是细胞壁超分子结构解译的关键。阐明细胞壁超分子堆叠构筑机制，构建木材超分子科学理论基础，将为木材超分子水平优异功能构建提供理论支持。

3）通过木材细胞壁超分子结构解译的基础研究，全面地认识木材，深入挖掘木材本身的潜力，从根本上全面提升木材原本的性能，发挥天然材料的优势，以木材为基体创生出新材料，让木材更好地服务于当今社会的需求。

参 考 文 献

[1] Kerr A J. The ultrastructural arrangement of the wood cell wall. Cellulose Chemical Technology, 1975, 9: 563-573.

[2] Chafe S, Chauret G. Cell wall structure in the xylem parenchyma of trembling aspen. Protoplasma, 1974, 80: 129-147.

[3] Fujikawa S, Ishida S. Ultrastructure of ray parenchyma cell wall of softwood. Mokuzai Gakkaishi, 1975, 21: 445-456.

[4] 赵广杰. 木材细胞壁的构造及其主成分的堆积过程. 北京林业大学学报, 1999, 21（1）: 72-79.

[5] Roland J, Vian B, Reis D. Observations with cytochemistry and ultracryotomy on the fine structure of the expanding walls in actively elongating plant cells. Journal of Cell Science, 1975, 19（2）: 239-259.

[6] Chafe S. Cell wall structure in the xylem parenchyma of *Cryptomeria*. Protoplasma, 1974, 81: 63-76.

[7] Lian C, Liu R, Zhang S, et al. Ultrastructure of parenchyma cell wall in bamboo (*Phyllostachys edulis*) culms. Cellulose, 2020, 27（13）: 7321-7329.

[8] Donaldson L. microfibril angle: measurement, variation and relationships—a review. Iawa Journal, 2008, 29（4）: 345-386.

[9] Fromm J. Cellular Aspects of Wood Formation. New York: Springer, 2013: 41-71.

[10] Chen M, Fei B. *In-situ* observation on the morphological behavior of bamboo under flexural stress with respect to its fiber-foam composite structure. BioResources, 2018, 13（3）: 5472-5478.

[11] Evert R F. Esau's Plant Anatomy: Meristems, Cells, and Tissues of the Plant Body: Their Structure, Function, and Development. England: John Wiley & Sons, 2007: 785-786.

[12] Luo D, Li G, Deng Y P, et al. Synergistic engineering of defects and architecture in binary metal chalcogenide toward fast and reliable lithium-sulfur batteries. Advanced Energy Materials, 2019, 9（18）: 1900228.

[13] Hodge A, Wardrop A. An electron-microscopic investigation of the cell-wall organisation of conifer tracheids. Nature, 1950, 165（4190）: 272-273.

[14] Kishi K, Harada H, Saiki H. Electron microscopic study of the layered structure of the secondayr wall in vessels. Mokuzai Gakkai shi Journal of the Japan Wood Research Society, 1979, 25（8）: 521-527.

[15] Albersheim P. The walls of growing plant cells. Scientific American, 1975, 232（4）: 80-95.

[16] Brändström J, Bardage S L, Daniel G, et al. The structural organisation of the S_1 cell wall layer of norway spruce tracheids. IAWA Journal, 2003, 24（1）: 27-40.

[17] Hult E L. CP/MAS ^{13}C-NMR spectroscopy applied to structure and interaction studies on wood an pulp fibers. Institutionen för pappers-och massateknologi, 2001.

[18] Alméras T, Clair B. Critical review on the mechanisms of maturation stress generation in trees. Journal of the Royal Society Interface, 2016, 13（122）: 20160550.

[19] Clair B, Gril J, Baba K I, et al. Precautions for the structural analysis of the gelatinous layer in tension wood.

IAWA Journal, 2005, 26 (2): 189-195.

[20] Ghislain B, Clair B. Diversity in the organisation and lignification of tension wood fibre walls—a review. IAWA Journal, 2017, 38 (2): 245-265.

[21] 苌姗姗, 石洋, 刘元, 等. 应拉木胶质层解剖结构及化学主成分结构特征. 林业科学, 2018, 54(2): 153-161.

[22] Onaka F. Studies on compression and tension wood. Wood Research, 1949, 1: 88.

[23] Ruelle J, Beauchene J, Thibaut A, et al. Comparison of physical and mechanical properties of tension and opposite wood from ten tropical rainforest trees from different species. Annals of Forest Science, 2007, 64 (5): 503-510.

[24] Ghislain B, Nicolini E A, Romain R, et al. Multilayered structure of tension wood cell walls in Salicaceae *sensu lato* and its taxonomic significance. Botanical Journal of the Linnean Society, 2016, 182 (4): 744-756.

[25] Pilate G, Chabbert B, Cathala B, et al. Lignification and tension wood. Comptes Rendus Biologies, 2004, 327 (9-10): 889-901.

[26] Clair B, Gril J, Di Renzo F, et al. Characterization of a gel in the cell wall to elucidate the paradoxical shrinkage of tension wood. Biomacromolecules, 2008, 9 (2): 494-498.

[27] Chang S S, Hu J, Bruno C, et al. Pore structure characterization of poplar tension wood by nitrogen adsorption-desorption method. Scientia Silvae Sinicae, 2011, 47 (10): 134-140.

[28] Chang S S, Clair B, Ruelle J, et al. Mesoporosity as a new parameter for understanding tension stress generation in trees. Journal of Experimental Botany, 2009, 60 (11): 3023-3030.

[29] Chang S S. Study of macromolecular and structural modifications occurring during the building of the tension wood cell wall: a contribution to the understanding of the maturation stress generation in trees. Montpellier: Université de Montpellier, 2014.

[30] Yamamoto H, Kojima Y, Okuyama T, et al. Origin of the biomechanical properties of wood related to the fine structure of the multi-layered cell wall. Journal of Biomechanical Engineering, 2002, 124 (4): 432-440.

[31] Boyd J D. Compression wood force generation and functional mechanics. New Zealand Journal of Forestry Science, 1973, 3: 240-258.

[32] Maaß M C, Saleh S, Militz H, et al. The structural origins of wood cell wall toughness. Advanced Materials, 2020, 32 (16): 1907693.

[33] Reza M, Bertinetto C, Ruokolainen J, et al. Cellulose elementary fibrils assemble into helical bundles in S_1 layer of spruce tracheid wall. Biomacromolecules, 2017, 18 (2): 374-378.

[34] Zhang T, Zheng Y, Cosgrove D J. Spatial organization of cellulose microfibrils and matrix polysaccharides in primary plant cell walls as imaged by multichannel atomic force microscopy. The Plant Journal, 2016, 85 (2): 179-192.

[35] Adobes-Vidal M, Frey M, Keplinger T. Atomic force microscopy imaging of delignified secondary cell walls in liquid conditions facilitates interpretation of wood ultrastructure. Journal of Structural Biology, 2020, 211 (2): 107532.

[36] Hanley S J, Gray D G. Atomic force microscope images of black spruce wood sections and pulp fibres. Holzforschung, 1994, 48 (1): 29-34.

[37] Fahlén J, Salmén L J B. Pore and matrix distribution in the fiber wall revealed by atomic force microscopy and image analysis. Biomacromolecules, 2005, 6 (1): 433-438.

[38] Lu Y, Lu Y, Jin C, et al. Natural wood structure inspires practical lithium-metal batteries. ACS Energy Letters, 2021, 6 (6): 2103-2110.

[39] Neale D B, Wheeler N C, Neale D B, et al. The Conifers: Genomes, Variation and Evolution. New York: Springer

International Publishing，2019.

[40] Lu Y, Ye G, She X, et al. Sustainable route for molecularly thin cellulose nanoribbons and derived nitrogen-doped carbon electrocatalysts. ACS Sustainable Chemistry & Engineering，2017，5（10）：8729-8737.

[41] Salmén L. Wood morphology and properties from molecular perspectives. Annals of Forest Science，2015，72（6）：679-684.

[42] Zhang H，Fu S，Chen Y. Basic understanding of the color distinction of lignin and the proper selection of lignin in color-depended utilizations. International Journal of Biological Macromolecules，2020，147：607-615.

[43] Zhang X，Chen S，Xu F J J. Combining Raman imaging and multivariate analysis to visualize lignin，cellulose，and hemicellulose in the plant cell wall. JoVE，2017（124）：e55910.

[44] Purushotham P，Ho R，Zimmer J. Architecture of a catalytically active homotrimeric plant cellulose synthase complex. Science，2020，369（6507）：1089-1094.

[45] Donaldson L，Frankland A. Ultrastructure of iodine treated wood. Holzforschung，2004，58（3）：219-225.

[46] Anagnost S E，Mark R E，Hanna R B. Utilization of soft-rot cavity orientation for the determination of microfibril angle. Part I. Wood and Fiber Science，2000，32（1）：81-87.

[47] Cave I D. Theory of X-ray measurement of microfibril angle in wood. Wood Science and Technology，1997，31（4）：225-234.

[48] Gierlinger N, Keplinger T, Harrington M. Imaging of plant cell walls by confocal Raman microscopy. Nature Protocols，2012，7（9）：1694-1708.

[49] Agarwal U P. Raman imaging to investigate ultrastructure and composition of plant cell walls: distribution of lignin and cellulose in black spruce wood（*Picea mariana*）. Planta，2006，224（5）：1141-1153.

[50] Gierlinger N, Schwanninger M. Chemical imaging of poplar wood cell walls by confocal Raman microscopy. Plant Physiology，2006，140（4）：1246-1254.

[51] Synge E H. XXXVIII. A suggested method for extending microscopic resolution into the ultra-microscopic region. The London, Edinburgh, and Dublin Philosophical Magazine and Journal of Science，1928，6（35）：356-362.

[52] Pohl D W，Denk W，Lanz M. Image recording with resolution $\lambda/20$. Applied Physics Letters，1984，44（7）：651-653.

[53] Keplinger T，Konnerth J，Aguié-Béghin V，et al. A zoom into the nanoscale texture of secondary cell walls. Plant Methods，2014，10（1）：1-7.

[54] Ling Z，Wang T，Makarem M，et al. Effects of ball milling on the structure of cotton cellulose. Cellulose，2019，26：305-328.

[55] Himmelsbach D，Khahili S，Akin D E. Near-infrared-Fourier-transform-Raman microspectroscopic imaging of flax stems. Vibrational Spectroscopy，1999，19（2）：361-367.

[56] Gierlinger N. New insights into plant cell walls by vibrational microspectroscopy. Applied Spectroscopy Reviews，2018，53（7）：517-551.

[57] 陈夫山，王高敏，吴越，等.共聚焦显微拉曼光谱在木质纤维细胞壁预处理中的应用进展.光谱学与光谱分析，2022，42（1）：15.

[58] Liu F，Brady M A，Wang C. Resonant soft X-ray scattering for polymer materials. European Polymer Journal，2016，81：555-568.

[59] Eslick E M，Beilby M J，Moon A R. A study of the native cell wall structures of the marine alga *Ventricaria ventricosa*（Siphonocladales，Chlorophyceae）using atomic force microscopy. Microscopy，2014：131-140.

[60] Casdorff K，Keplinger T，Rüggeberg M，et al. A close-up view of the wood cell wall ultrastructure and its

mechanics at different cutting angles by atomic force microscopy. Planta，2018，247：1123-1132.

[61] Chen X，Wang Y，Zhang X，et al. Advances in super-resolution fluorescence microscopy for the study of nano-cell interactions. Biomaterials Science，2021，9（16）：5484-5496.

[62] Haas K T，Wightman R，Meyerowitz E M，et al. Pectin homogalacturonan nanofilament expansion drives morphogenesis in plant epidermal cells. Science，2020，367（6481）：1003-1007.

[63] Haas K T，Rivière M，Wightman R，et al. Multitarget immunohistochemistry for confocal and super-resolution imaging of plant cell wall polysaccharides. Bio-protocol，2020，10（19）：e3783.

5 木材超分子结构调控

木竹材始终与人类相伴，为人类自然科学和文明的发展作出了无与伦比的贡献。通过数亿年的自然进化，树木和竹子产生了无数独特的、近乎完美的自然结构和功能来适应周围的环境变化。木竹材是一种具有多尺度分级结构的复杂天然高分子复合材料，其尺度结构跨越了宏观组织结构、细胞及细胞壁结构、纳米级聚集体结构、亚纳米级分子结构（图 5-1）。宏观组织结构中不同类型细胞的组装、早晚材的排列，细胞及细胞壁结构中各壁层间的组合，纳米级聚集体结构中许多薄层围绕木材细胞腔逐层缠绕、沉积，亚纳米级分子结构中纤维素、半纤维素、木质素、水分子等非共价键交联，这些都为木竹材超分子结构的调控提供了空间。

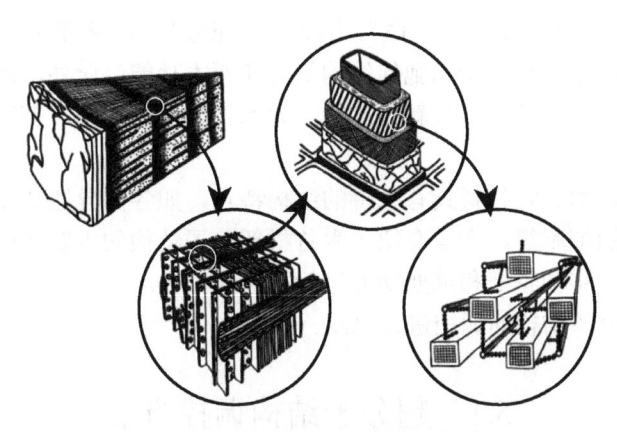

图 5-1 木材的多层级结构示意图

细胞是构成树木和竹子结构和功能的基本单位。木、竹材中主要的细胞类型包括轴向薄壁细胞、管胞、导管、木纤维和射线薄壁细胞等，这些细胞在形状、尺寸和内在功能上都有一定的差异[1]。木、竹材的各向异性结构是由这些具有不同长径比的各向异性细胞组装而成的，这些细胞的不同组装形式赋予了木竹材不同的智能响应功能，如输导、机械支撑、储存和自适应等。然而，几千年来，木材和竹子仅被看作一种天然材料，广泛应用于房屋建筑、家具制造、木器、乐器和造纸等领域。随着社会的发展和技术的进步，人们对木竹材的要求越来越高。木竹材不仅仅是作为一种材料使用，更重要的是要融入人类的生活,并长期服务于人类生活。随着植物生理学、材料科学、纳米科学和技术的飞速发展,人们对木竹材细胞的结构调控和功能化进行了前所未有的探索。木材和竹材巨大的开发潜力很大程度上取决于对木竹材中各类型细胞解剖特征和内在功能的深刻认识。组成木竹材的不同类型的细胞是结构调控和功能化的主要研究对象,主要针对木竹材细胞的形状、大小和排列方式,以及细胞壁的纳米和超分子结构进行调控。

木竹材是一种天然的超分子结构材料,其聚集结构、聚集效应和超分子相互作用得到了重新认识和挖掘,这为木竹材中多种细胞的多尺度协调调控提供了可能[2]。木材原本具有记录信息、传递信息和处理信息的功能。例如,年轮气候学可以记录树木生长地区的环境信息;木材生长过程中水分和无机盐通过木材通道转移;木材受外界环境刺激时会形成应力木或者愈伤组织。木质部细胞作为信息的载体,不仅要在有限的自然环境中处理外界信号,还要为更广泛的、快速发展的信息系统服务,包括软体机器人、能量催化、生物医学、环境净化等。然而,由于上述人工系统中各种环境信息的复杂性,迫切需要对木质部各类细胞进行调控,以适应广泛多样的环境,有时还需要增加辅助功能。这可以通过超分子体系的构建来实现,让木材重获"生命"。因此,应充分利用木材和竹子这一大自然赐予的材料,发挥木材和竹子细胞的结构优势和原本功能。此外,通过对木竹材超分子结构的调控,赋予其更多新的功能,为木竹材的多领域、高附加值利用提供广阔的空间。

综上所述,木、竹材料具有独特的结构特点,如各向异性分布的分级多孔结构、各种类型的细胞等。本章介绍了木竹材超分子结构的主要调控方法,对木竹材中各类细胞的结构特征和重要功能进行了概述,并从细胞、壁层、组分三个尺度对木竹材超分子结构的调控进行总结。

5.1 超分子结构调控方法

丰富的层级多孔结构是木材独特的天然结构优势,但在实际应用中木材的天然特性往往不能满足多样化的应用需求。因此,需要对其超分子结构进行调控以更好地应对特定应用场景。随着对木材超分子结构的深入认识及调控技术的长足发展,通过对木材超分子结构的调控,可以赋予木材特定的功能,使木材在节能建筑、环境净化、能源存储、缓冲包装等领域展现出独特的功能优势。总结而言,常见的木材超分子结构的调控方法主要包括物理调控、化学调控、生物调控及协同调控,每一种调控方法都有各自的特色和优势。下面将详细介绍物理调控、化学调控、生物调控及协同调控的主要方法。

5.1.1 物理调控方法

5.1.1.1 干燥处理

木材作为天然的吸湿性材料,其形状和尺寸与水分密切相关,具有干缩湿胀的特性,即当湿木材干燥处理后,它的外形尺寸或体积要缩减;而当干木材吸收水分后,它的外形尺寸和体积增加。干燥处理是木材加工和利用过程中的重要环节,在保障和改善木材品质、减少木材降等损失、提高木材利用率方面意义重大,同时也是一种木材超分子结构的物理调控方法。木材干燥常见的方法包括天然干燥、常规干燥、高温干燥、除湿干燥、太阳能干燥、高频干燥、真空干燥、微波干燥、置换干燥等。对于一些木基骨架材料而言,上述干燥方法难以保证在干燥后保存完整的结构,因此通常采用冷冻干燥、CO_2 超临界干燥等先进的干燥方法进行干燥处理。

干燥处理对木材超分子结构的调控主要作用于木材的孔隙结构,不同干燥处理方法对木材孔隙结构有着不同的作用效果。芪珊珊等探讨了 CO_2 超临界干燥、冷冻干燥和常规干燥对杨木应力木孔隙结构的影响,结果显示:经过 CO_2 超临界干燥处理的杨木应拉木具有完好的介孔特征,孔径分布在 2～50 nm,而冷冻干燥和常规干燥处理的试样原有的孔隙量显著下降,几乎完全消失。这主要是由于 CO_2 超临界干燥处理能有效克服因界面张力造成的试样内部骨架结构的塌陷,在干燥过程中可以较好地维持试样微细结构的完整性[3]。Broda 等研究了不同干燥条件对木材孔隙结构的影响规律,结果显示:104℃烘箱干燥、天然干燥、冷冻干燥和 CO_2 超临界干燥的比表面积分别为 0.7 m^2/g、1.6 m^2/g、21.8 m^2/g 和 32.8 m^2/g,说明了不同干燥方法对木材的孔隙结构具有显著影响[4]。此外,溶剂置换干燥的方法可以部分保护木材的微观或介观孔隙结构,采用氮气吸附法对木材干燥后的孔隙结构测试结果显示,采用常规干燥的木材具有非常低的比表面积,仅为 0.5 m^2/g,而用甲苯作为最终溶剂置换干燥后木材的比表面积达 6.28 m^2/g[5]。但是溶剂置换也存在一定的问题,例如,在溶剂置换过程中,非润胀性溶剂会占据润胀性溶剂在细胞壁中的位置,而该部分溶剂被移除后,这些孔隙会在水蒸气表面张力作用下产生一定程度的闭合。因此,溶剂置换干燥可以部分保护木材的微观和介观孔隙结构。

总体而言,不同的干燥处理方法对木材超分子结构的调控存在一定差异,会严重影响木材的孔隙结构,尤其是细胞壁中的孔隙结构。CO_2 超临界干燥和冷冻干燥可以很好地保留细胞壁中的介观孔隙,溶剂置换干燥可以部分保留木材中的微观和介观孔隙,而天然干燥几乎不能保留这部分孔隙。

5.1.1.2 水热处理

木材的水热处理是指采用水或其他化学溶液对木材进行一定时间水煮处理的改性方法。通过水热处理可以软化木材、降低内应力、减小干缩差异、增强木材尺寸稳定性、降低木材吸湿性和吸水性，同时改变木材化学成分、表面颜色和耐气候性等，还可以有效减少木材干燥时产生的开裂变形等缺陷。传统的水热蒸煮处理是木材软化的常用物理处理手段。主要是利用热水对纤维素的无定形区、半纤维素和木质素进行润胀，为分子剧烈运动提供自由体积空间，热量由外到里进行传导，实现对木材的加热，从而为分子运动提供足够的能量。

木材经水热处理后，一部分半纤维素易分解溶解成液态，纤维素无定形区分子链上的游离羟基吸附水分，使纤维素间隙中水膜增厚，分子间距离增大，吸引力减小，便于在外力作用下产生相对滑移。在热量的协同作用下，无定形区中的木质素、纤维素和半纤维素分子获得足够的能量而产生剧烈运动。木材水热处理能够达到软化木材的目的，主要通过极性水分子与纤维素的无定形区、半纤维素中的羟基形成新的氢键结合，使得分子链间的距离增大，以及在热量作用下细胞壁分子能量增大，从而达到软化木材的目的，可明显提高木材的塑性。此外，软化后的木材中半纤维素和纤维素分子链段之间相互靠近形成新的氢键结合，从而可以实现细胞壁定型。

研究表明，水热处理对杨木木质素含量和微观结构均会产生影响，随着水热处理温度的提高，木材微观孔隙结构增加，杨木的结晶度和比表面积均会发生变化。高温水热处理对马尾松木材尺寸稳定性和颜色也会产生影响，随着热处理温度的升高和处理时间的延长，木材的失重率增加、平衡含水率减小、尺寸稳定性显著增强，木材颜色由原来的浅黄色逐渐变为深褐色[6]。此外，水热处理也是一种脱除半纤维素和木质素的物理方法。采用温度180～200℃，时间5～10 min的连续多次短时水热处理，能很好地分离纤维素、半纤维素和木质素。水解液中半纤维素糖的浓度和木质素的溶出率与温度和循环次数成正比[7]。

5.1.1.3 水分处理

木材与水分的关系一直以来都是木材科学领域研究的重点。水分主要通过干缩湿胀现象对木材的形状和尺寸进行调控。水分在木材中的主要存在形式包括自由水和结合水，其中自由水存在于细胞腔和细胞间隙中，结合水存在于细胞壁中。细胞腔及细胞间隙中自由水的排出不会引起木材尺寸的变化，而当细胞壁中的结合水排出时，木材产生干缩现象[8]。结合水排出过程中，水分子与无定形区纤维素分子链上的氢键解离，细胞壁内无定形区的相邻纤丝间、微纤丝间和微晶间水层变薄（或消失）而靠拢，纤维素分子链间距减小，从而导致细胞壁乃至整个木材的尺寸发生变化。此外，木材本身具有湿胀性，水分的吸着会使木材细胞壁产生湿胀现象。水分子进入细胞壁后，会破坏纤维素分子间的氢键连接，产生游离羟基与水分子形成新的氢键结合，导致分子链的间距增大，微纤丝间隙也随之变大。

水分对木材孔隙结构尤其是细胞壁的孔隙结构具有重要影响。木材在干燥过程中，细胞壁中的一些介观孔隙会闭合，使木材细胞壁具有较宽的孔隙直径分布和较小的比表面积，而在润湿过程中，这些闭合的孔隙又会部分打开，使木材细胞壁具有较窄的孔隙直径分布和较大的比表面积[9]。绝干木材细胞壁中孔隙直径为 1～30 nm，以直径小于 10 nm 的孔隙为主，孔隙的平均直径为 8 nm。木材细胞壁润湿后，其孔隙直径分布与绝干状态相似，但直径为 2～10 nm 的孔隙率显著增大。研究证实，在相对湿度为 96.4%时，杨木饱和水状态下细胞壁的平均孔径是干燥状态下细胞壁平均孔径的 2.5 倍。

5.1.1.4 炭化处理

木材高温热处理又称木材炭化，通常是指在 160～250℃的温度下，利用蒸汽、氮气、气相介质或导热油为加热介质对木材处理数小时后，使木材组分发生物理化学变化，缓和木材内部生长应力和干燥应力的一种纯物理木材改性方法。木材通过炭化处理后，尺寸稳定性提高 30%以上，同时耐腐性能得到显著提高[10]。木材炭化主要是高温作用下耐热性能较差的半纤维素发生降解，消除了木材成分中的亲水性羟基基团。而释放的有机酸作为一种催化剂又可加速半纤维素及纤维素无定形区的降解，使得木材中吸湿性羟基显著减少和结晶区比例增加，从而有效改善木材的尺寸稳定性。木材热降解过程中生成的乙酸、甲酸、酚类化合物等，可有效抑制腐朽菌的生长，从而达到改善耐腐性和耐久性的目的。此外，炭化过程中，木质素网状体中横向连接的增加也提高了尺寸稳定性。在木材炭化过程中，由于不添加任何化学药剂，污染问题少，工艺简单，处理后的木材不会对人和居住环境产生任何危害。因此，炭化木材有效地拓宽了木材的应用领域，对我国木材加工行业，尤其是实木家具、实木地板、实木门窗、建筑外墙板、户外景观和家具、乐器等行业的发展具有重大意义。

木材是富含碳元素的天然有机质，采用高温炭化后木材高度石墨化，在维持天然木材三维多层孔隙结构基础上，使得炭化木材具有较高的电导率，可作为理想的电极材料用于超级电容器、电池、催化和储能相变等相关领域。炭化温度是影响炭化木材导电性能的最主要因素。随着炭化温度的升高，木材的导电性能明显提高。研究表明，炭化温度对木材的电学性能具有显著影响。对 6 种不同树种木材的测试结果显示：当炭化温度从 500℃提高到 1000℃时，6 种木材的电阻率均至少降低了 6 个数量级。木材炭化后导电性能的提升，使其在超级电容器等领域展现出巨大应用潜力。Wang 等提出了一种通用的、高效的、绿色的非对称超级电容器制备策略。采用电沉积法在炭化后的天然木材上生长 Co(OH)$_2$ 作为正极，未修饰的炭化木材作为负极，结合 PVA/KOH 凝胶电解质组装成非对称超级电容器[11]。受益于炭化木材的低弯曲度特性和良好的导电性，离子和电子可以在正负极中有效传输，因此提高了自组装超级电容器的面积比电容。

在炭化过程中木材的孔隙结构也会发生变化。在热处理过程中，随着温度的升高，木材组分逐渐分解并释放气体和其他物质，细胞壁表面开始出现裂纹，木材孔隙结构逐渐变得粗糙和起皱，纳米孔隙的大小和数量都会增加。通过这种方式，Han 等控制少量纤维素、半纤维素和木质素热解，在完好保存三维结构的基础上将木材密度降低了一半，使所得木材产生了许多孔径约 4 nm 的介孔，蜂窝状骨架变得更密集[12]。Ji 等研究发现在 1000℃高温炭化后，木材的蜂窝状结构也能够很好保存，甚至随着温度升高，无定形碳逐渐转变为具有晶格条纹的石墨化碳[13]。

5.1.1.5 微波处理

微波是指波长在 1～1000 mm，频率在 300 MHz～300 GHz 的一种电磁波。微波加热具有穿透力强、速度快、加热均匀、热惯性小等特点，广泛用于各种工业加热。微波处理木材的主要原理是：将湿木料作为一种电介质置于微波交变电磁场中，在频繁交变的电磁场作用下，木材中的水分子极化，迅速旋转、相互摩擦、产生热量。木材微波预处理是利用高强度微波对具有较高含水率的木材进行处理。采用微波处理木材时，木材吸收微波能转化成自身加热的热能，被处理木材温度迅速升高[14]。同时，由于微波具有很强的穿透能力，能穿透到木材内部，使被处理木材温度均匀。此外，被处理木材温度升高，水分迅速汽化，木材内部蒸汽压力迅速增大。当蒸汽压力增大至超过木材细胞中薄弱组织如纹孔、纹孔塞、胞间层、射线薄壁细胞的强度时，被处理木材的微观结构将产生一定程度的破坏，甚至发展成宏观裂纹，形成新的流体通道，从而有效提高被处理木材的渗透性。因此，微波处理作为一种常用的物理处理方法，应用于木材功能化改性中[15]。

木材微波处理过程应重点考虑微波强度、处理时间及木材含水率三个工艺参数对木材处理效果的影响。在微波处理过程中，蒸汽压差可以通过调节微波功率来调整。高功率下，木材内部水分在短时间内迅速蒸发，使得细胞腔内的蒸汽压力迅速升高，可对纹孔膜、胞间层、薄壁细胞和厚壁细胞等造成不同程度的破坏，形成微孔，甚至大孔裂纹。较低功率下，木材内部只有纹孔膜和射线薄壁细胞等薄弱组织被破坏，整体大孔结构不会受到显著影响。此外，同样的微波功率下，微波处理木材随着含水率的变化也会对微观结构产生不同程度的破坏[16]。微波处理除了会对木材多层级孔隙结构产生影响外,也会对木材的化学组分结构产生影响。现有研究证实,微波处理后半纤维素遭到破坏,而纤维素无定形区可能发生重结晶,并生成更多的左旋葡聚糖,木质素结构则会发生 $β$-O-4 醚键的裂解[17]。

总结而言,木材微波处理技术作为一种绿色、高效、快捷的木材预处理手段,对木材渗透性提高效果显著,为木材功能性改良提供良好的先决条件。由于微波处理效果受微波强度、处理时间、木材含水率等多种因素的影响,因此处理过程中难以实现对于微波处理程度的精准控制。此外,微波处理作为木材功能化改性的步骤之一,通常与其他化学处理方法相结合。有研究采用微波处理与二元溶剂协同方式对木材进行脱木素处理,证实了微波处理对提高木质素去除率具有一定帮助,也为脱木素的绿色加工技术的开发提供了新思路。

5.1.1.6 密实化处理

木材密实化是一种不利用改性剂的木材细胞壁物理增强方法,在不破坏木材细胞壁的前提下,采用机械压缩减小木材细胞腔体积,以提高木材密度,改善木材材性的一种物理改性技术(图 5-2)。这种改性技术对于增强木材的力学性能,对材质松软的速生材优化利用具有重要的现实意义。热压密实指在一定条件下对木材进行压缩,从而得到压缩密实木材。根据木材在压缩过程中细胞壁的形状,木材压缩共分为 3 个阶段:最初的弹性变形阶段,在这个过程中木材细胞壁的形状几乎不变;之后的稳定变形阶段,木材细胞壁被挤压变形,相邻细胞壁之间距离减小;最后的细胞腔几乎消失阶段,木材的细胞壁相互紧贴。这就达到了木材的极限压缩情况,如果继续加压,细胞壁则可能被破坏。

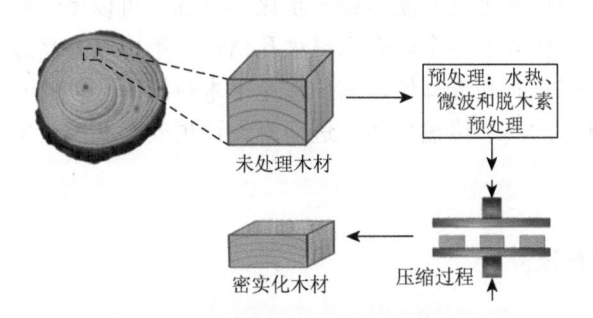

图 5-2 密实化木材制备流程图

木材密实化的难点是对木材压缩变形的固定,这主要是利用热处理或化学处理等方法对木材细胞壁进行软化,以提高木材塑性。一般认为,当温度超过木材软化点时，半纤维素和木质素会与纤维素分离，木材的流变性提高，使得木材细胞壁在压缩过程中不会被压溃，而木材的软化点随着水分含量的增加而降低。由于木材细胞壁结构和成分的作用，密实化的木材容易回弹，而化学方法可减少木材羟基数量，降低木材的吸湿性，或者使木材内部形成交联结构，进而克服压缩木的回弹。因此，木材密实化处理往往与其他改性方法相结合，如热改性、化学改性、树脂浸渍等。木材经过密实化处理后，原有的组织构造、物理性能和力学性能均发生了显著变化。采用木材整体压缩强化改性技术可显著减小木材的孔隙率，增加木材的密度，材质更加均匀，整体压缩木的各项物理力学性能均有大幅提高。随着压缩率的增加，压缩木的抗弯强度和抗弯弹性模量均呈现出线性增大的变化趋势。

2019 年顶级学术期刊 Science 报道：采用化学与高温机械压缩相结合的方法可以将天然木材制备成强度可媲美钢材的超级致密木材。木材经过密实化处理后，其管腔及多孔木材细胞壁完全坍塌，细胞壁沿其横截面紧密缠绕，纤维素纳米纤维高度定向排列，木材的厚度可以减少 80%，密度从 0.43 g/cm^3 上升至 1.3 g/cm^3，约为原来的 3 倍，力学性能超出天然木材的 10 倍以上[18]。黄荣凤等成功开发了实木层状压缩技术，通过对木材进行水热控制预处理，可以选择性地部分压缩木材孔隙，其余部分仍保持木材原有结构。通过压缩木材孔隙，密度可以达到 0.8 g/cm^3 以上[19]。实木层状压缩技术不仅能够有效改善低密度速生木材的物理力学性质，而且由于压缩层位置可以控制。

此外，木材密实化后产生的结构变化为合理设计木材孔隙结构（如减少木材大孔数量)，提高木材含碳量和界面修饰效果以增加多相介质的传输速率提供了可行的方案。有研究利用木材细胞壁定向排列的纤维素纳米纤维，在全部脱除木质素后，相邻纤维素纳米纤维之间的孔隙组合形成了可供离子传输的高速通道。利用纤维素上丰富的羟基等官能团做进一步化学修饰，可以使细胞壁表面的电负性提高，随后的密实化处理完全闭合木材大孔结构，形成具有高速传输阳离子的超快离子导体。这些具有高选择性、高传输速率木材离子导体的开发，有利于提高全固态锂离子电池的离子传输效率，进而为设计更安全和高效率的锂离子电池提供了新的方向。

5.1.1.7 蒸汽爆破处理

蒸汽爆破主要是以高温高压水蒸气对原料进行处理，通过瞬间释压来实现原料的组分分离和内部结构改变。蒸汽爆破技术最早是由 Mason 提出的，采用 7~8 MPa 的饱和水蒸气为介质进行蒸汽爆破，主要用于生产人造纤维板，但是由于压力过高该技术难以推广。1980 年以后，蒸汽爆破技术得到了快速发展，且随着研究的深入，该技术在木质纤维原料组分的高效分离、纤维预处理活化及固体废弃物处理等领域中得到越来越广泛的应用。该技术作为一种木质纤维原料的物理预处理技术，在对原料处理过程中不用或仅用少量的化学药品，对环境污染负荷小。

温度和压力是影响爆破效果的最主要因素。蒸汽爆破是在一定温度下，以蒸汽为蒸煮介质对原料完成加热和渗透，从而实现对纤维素、半纤维素及木质素有选择地分离，所以该过程中温度（由蒸汽压力控制）是影响处理效果的关键因素。而维压时间的长短对木质纤维原料中半纤维素的溶出、木质素的软化及蒸汽分子的渗透程度都有非常重要的影响。除温度和维压时间之外，木材的尺寸也是影响爆破效果的因素，这是由于较小尺寸的木质纤维素原料能够促进蒸汽爆破过程的热传递。

蒸汽爆破处理对于木材孔隙结构、木材渗透性、木材化学组分结构等均具有重要影响。蒸汽爆破对于那些渗透性较差、扩散系数低且难干燥的木材有着一定的适用性。研究证实，与未爆破处理的木材相比，经过蒸汽爆破处理后木材的渗透性得到不同程度提高，随着处理压力和温度的提高，渗透性提升效果越明显，因此干燥速率越快。利用蒸汽弹射的原理来实现蒸汽爆破，在气相蒸煮阶段，饱和空气进入孔隙破坏氢键结合，随着蒸汽温度上升，可及羟基减少，纤维素结晶度增加。蒸汽处理到一定程度后，爆破释放压力，蒸汽的瞬时膨胀会导致纤维变形和断裂，导致木质素组分的解聚和半纤维素甚至纤维素的水解，产生更多的介孔、大孔，并清除孔隙中的填充物，从而增加孔隙的体积。随着蒸汽温度和压力的继续增大，塞缘上部分微纤丝束断裂，纹孔塞部分脱离纹孔口。在反复爆破后，纹孔膜凹陷到相邻的细胞腔内，甚至细胞壁也会出现裂痕。Kolya 等研究了这种爆破对棕榈木纤维细胞壁透气性和吸音能力的改变。在该分析中，未处理的木材的平均空气达西渗透率常数为 0.654，而蒸汽爆破处理后渗透率常数高达 2.35[20]。

5.1.2 化学调控方法

5.1.2.1 脱木素处理

脱木素是指从木质生物材料中去除木质素和半纤维素等主要成分，仅保留纤维素，是制浆造纸技术中的常用方法。在木材细胞壁中，木质素具有丰富的官能团和无定形的网络结构，通常被认为是一种重要的填料和黏合剂，在细胞壁木质化过程中能够在分子尺度上与半纤维素键合，进而在纳米和微米尺度上与纤维素产生化学键联和物理结合。脱木素过程通常伴随着其他组分的水解，随着脱木素程度的加深，半纤维素和纤维素开始水解，木材孔隙结构可以进行由纳米到微米尺度的调控。木材脱木素可以通过酸处理、碱处理、有机溶剂处理等多种方法实现[21]。其中最常用的方法是使用有机溶剂，由于木质素片段的芳香族性质，木质素很容易溶于有机溶剂中，如乙醇、丙酮、乙酸、四氢呋喃（THF）等均具有较高的木质素溶解度。将蒸煮处理后的木材浸泡在有机溶剂中，木材中的木质素会从中溶解出来，并与有机溶剂混合。此外，还可以利用微生物或者酶来分解木材中的木质素成分，达到脱出木质素获得木基骨架的目的。

使用酸进行单步预处理操作方便，加工经济，工艺方案比集成工艺简单。例如，盐酸、硫酸、硝酸、乙酸等的成本低，能够改变纤维素的结晶度，削弱纤维素与葡萄糖单元之间的氢键，从而降低木质纤维素生物质的抗性，是常用的酸催化剂。但在单步预处理过程中实现高效、经济较为困难，因为每个组分都需要不同的反应条件来解聚。另外，酸预处理仅对酸溶性木质素和生物质中的半纤维素具有选择性，难以从预处理后获得的水解物中去除酸，并且可能产生大量的废物。稀酸预处理和酸催化水热预处理也会对木质纤维素生物质的生物转化产生负面影响。碱性预处理具有较高的脱木素效果，是一种有效的方法。氢氧化钠可以溶解木质纤维素生物质中存在的大部分木质素，还可以在固体残留物中保存40%~85%的半纤维素。氨处理也是一种有效的化学脱木素方法，且氨预处理比酸预处理更有优势，因为它产生的抑制产物更少。

木材经过脱除木质素之后，可利用木基骨架制备多种木基功能新材料。例如，将木材细胞壁中木质素完全脱除，从而使纤维素纳米纤丝从细胞壁薄层中分离，利用化学反应活性相对较高的纤维素和酸处理的碳纳米管键合，可制备具有优异导电性的木材电极，避免了高能耗的热处理工序。采用选择性脱除木质素和化学法制备了杂原子掺杂的功能性木碳电极，炭化后的电极维持了良好的机械稳定性，同时制备的超厚电极（2.4 mm）增加了超级电容器的活性成分。该自支撑的超厚电极展现出了优异的面积比电容（2980 mF/cm^2）和质量比电容（183F/g）。将木质素和半纤维素几乎完全去除后，沿树木生长方向直径为30~50 μm的细胞腔等大孔几乎消失，形成一种堆叠的大孔弯曲层，形成的层状多孔气凝胶具有良好的机械压缩性和抗脆性，在10000次压缩循环后，其可逆压缩率为60%，应力保持率为90%[22]。

5.1.2.2 丝光化预处理

碱预处理是制备纤维素纳米纤维的重要步骤之一。该方法通过在纤维素原料中加入碱性溶液，使纤维素分子链发生部分水解和溶胀，从而易于高效地进行机械剪切或高压均化等后续工艺，以获得纤维素纳米纤维。通常使用氢氧化钠、氢氧化钾、明矾等。

不同预处理条件会对产出的纳米纤维形态和性能有影响。以氢氧化钠处理甘蔗渣纤维素为例，首先将干燥的甘蔗渣在 70℃的热水中预处理 2 h，用蒸馏水洗涤获得的材料已除去部分外来成分，如可发酵糖、灰分（硅、钙、镁和钠）和提取物（植物甾醇、脂肪和脂肪酸）。随后，用 10 wt%和 20 wt%的 NaOH 水溶液在 98℃下处理 90 min/10 h。考虑 NaOH 处理可能无法完全分离纯纤维素，所以进一步使用酸化的 $NaClO_2$ 来去除剩余的木质素和半纤维素。获得的纤维素纤维是纯白色的，干燥后经 XRD 表征，结果表明，较高的 NaOH 浓度和较长的处理时间有助于Ⅰ型纤维素向Ⅱ型纤维素的转变。

碱预处理是生产纤维素纳米纤维、生物燃料、纺织品和生物复合材料等最常用和最经济的方法之一。碱法提取木质素主要是利用木质素溶于碱液［如 NaOH、$Ca(OH)_2$、氨水等］中形成酚盐的特性，将木质素溶解分离出来。在此过程中，部分醚键（如 $\beta\text{-}O\text{-}4$）水解产生了木质素低聚物、酚二聚体和单体。由于反应强度低，木质素通常以低缩合结构析出。碱法提取木质素技术较为成熟，但是纯化损耗较高。采用碱水解法从甘蔗渣中提取木质素，提取出的木质素具有一定的生物活性，应用在化妆品中具有一定的功能特性。

常德龙等研究了酸碱度影响泡桐木材颜色变化，在偏酸性条件下泡桐木材的白度易于向劣化方向发展，总色差由 30 升高到 40；在偏碱性条件下泡桐木材变色得到抑制，色泽指标明显趋好，总色差由 40 下降到 21，接近泡桐木材自然色泽[23]。0.25%的弱碱溶液能溶出木材内部部分内溶物，可浸提内溶物中多含有变色前驱物质，改善泡桐木材的渗透性，促进了防止泡桐木材的变色作用，而又不会污染泡桐木材产生碱变色。防变色剂具有一定的防变色作用，但只用防变色剂预防泡桐木材变色容易出现返色现象，综合使用弱碱溶液与防变色剂的防治效果比单独使用防变色剂效果好。经 0.25%的弱碱溶液同防变色剂处理可使泡桐木材防变色效果内外趋于一致，且经老化半年后材色比未处理材白度、明度显著增加，总色差显著降低，木材仍能达到外贸出口 A 级板标准。

5.1.2.3 低共熔溶剂法

2003 年，Abbott 等首次发现尿素和氯化胆碱（choline chloride，ChCl）可形成熔点低于室温的溶剂，并具有良好的溶剂性质，命名其为"低共熔溶剂"（DES）。由于 DES 的物理化学特性和离子液体相似，因此也被称为"类离子液体""离子体类似物"或"低共熔离子液体"。目前 DES 是指由氢键受体和供体通过氢键作用相互连接组成的液体混合物，氢键受体主要包括季铵盐、季磷盐等，供体主要为羧酸、醇、胺或碳水化合物等。这些合成原料多为可再生资源，合成过程简单，只需将两种原材料按一定物质的量比进行机械混合，在较温和的条件（60～120℃）

下搅拌为透明液体即可。DES 具有来源广泛、成本低廉、易于制备、毒性低、生物可降解等优点，并已作为一种新型的绿色反应介质广泛用于萃取分离、无机合成、有机合成和离子凝胶等领域[24]。

DES 由两个或三个高熔点组分通过分子间氢键结合而成，这些成分能够通过氢键相互作用相互缔合，形成低共熔混合物。所得 DES 的特征在于熔点低于每个单独组分的熔点。DES 的制备方法通常有加热法、研磨法、蒸发法和冷冻干燥法。其中，加热法由于操作简单成为目前最为广泛使用的方法。近年来，DES 在木质素提取方面得到了广泛的研究和应用。与传统有机溶剂相比，在木质纤维素生物质预处理领域，DES 有着明显的优势，与水的相容性好，可通过氢键相互作用稳定糖类和呋喃衍生物；同时，与酶也有良好的生物相容性。此外，组成 DES 的 HBD（氢键供体）（DES 含有的有机分子成分，如尿素、酰胺、酸或多元醇）可与三大组分形成氢键，从而弱化三大组分之间的氢键作用，选择性溶出半纤维素和木质素。而纤维素中存在大量分子间和分子内氢键，采用 DES 难以将其从木质纤维素生物质中溶解出来，从而保留了纤维素结构，达到组分分离的目的，促进了木质纤维素生物质的综合利用。因此，DES 在木质纤维素生物质预处理领域的应用逐渐受到专家学者的关注。

DES 中的 Cl 可与碳水化合物和木质素中的羟基竞争形成氢键，减弱了木质素中强大的氢键相互作用，从而破坏了木质素与碳水化合物的连接，提取得到高质量的木质素产品。但是，低共熔溶剂的低挥发性使其很难与难挥发性溶质分离，其有效回收仍是需要解决的问题[25]。DES 具有较强的氢键网络结构，在预处理木质纤维素生物质过程中可有效溶出半纤维素和木质素，实现木质纤维素生物质的组分分离，提高酶解糖化效率。另有研究报道了不同组成的氯化胆碱（ChCl）-乳酸 DES 体系预处理竹屑的酶解效率，并将酶解效率与半纤维素去除率、木质素去除率、纤维素结晶度及纤维素聚合度等因素进行了线性拟合。结果表明，该 DES 可有效去除木质素和半纤维素，降低纤维素的聚合程度，提高纤维素的结晶度，增加纤维素的可及性。采用 ChCl-乳酸（物质的量比 1∶4）在 130℃下预处理竹屑 72 h 后所得酶解效率最高（76.9%），拟合结果呈线性相关（$R = 0.6 \sim 0.9$），这一发现有助于理解 DES 预处理提高木质纤维素生物质酶解效率的机制。

5.1.2.4 氨处理

1955 年，Stamm 首先提出了利用液态氨进行软化和润胀木材纤维的方法。研究者一直利用液态氨、氨气和氨水进行木材软化处理研究。其主要原理是：氨水比水的极性更强，能与纤维素的无定形区、半纤维素和木质素发生润胀作用；除此之外，液氨对纤维素的结晶区结构也能产生一定的破坏，故能使纤维素分子获得更充足的自由体积空间,即分子间或纤丝间容易相对滑动,因此可以充分起到软化木材的目的。

液氨处理纤维素是一种将纤维素与液态氨反应的方法。液氨可作为溶剂使纤维素分子链部分水解和溶胀,从而提高其可加工性和改变其物化性质。研究表明,在氨处理过程中,氨基反应主要发生在纤维素分子链上的羟基上,从而导致Ⅰ型晶体结构的含量增加,Ⅱ型晶体结构的含量减少[26]。此外,氨处理也可能引起纤维素表面的微观形态变化,如表面平滑度的提高和孔隙率的减小等,因此可以用于制备高性能的纤维素材料。

除传统的氨类处理软化木材方法外,研究人员针对传统氨类处理方法的缺陷进行了研究与改良尝试。李艳等针对传统氨类软化处理时间长、安全性差的问题,研究了超临界状态氨水软化处理杨木单板。超临界流体黏度小、密度大,具有更好的传质能力、渗透能力和平衡能力。结果表明,经超临界氨水处理后,杨木单板弯曲性能相比传统的氨类软化效果佳,药剂处理时间也更短。但该方法须采用高压设备以维持氨水的超临界流体状态,工艺成本较高。耿一豪针对传统化学软化处理方法会造成水源污染的问题,研究了碳酸/碳酸氢铵浸渍软化水曲柳、山毛榉所制家居材的可能性。实验结果表明,通过碳酸/碳酸氢铵可有效提升木材软化弯曲质量。

5.1.2.5 芬顿反应

由 H_2O_2/Fe^{2+} 组成的体系称为芬顿试剂,将芬顿试剂参与的反应称为芬顿反应。芬顿反应是一种温和的无机反应过程,H_2O_2 与 Fe^{2+} 混合组成的芬顿试剂能将很多已知的有机物(如羧酸、醇、酯类等)无选择地氧化为无机态,氧化效果特别显著,具有去除难以降解的有机污染物的能力。作为一种高级氧化技术,具有操作简单、运行成本低且对环境友好等优点,被广泛应用于工业,目前主要应用于污水和有机物的处理中[27]。芬顿反应在 pH=3～5 时生成的·OH 具有很高的氧化还原电位(2.8 V),能夺取纤维素等有机物中的氢原子,从而导致有机物降解。

研究人员通过对生物预处理及其酶解增效机制的深入研究和探索发现微生物降解木质纤维素过程与芬顿反应相似,便开始逐渐地将芬顿反应应用于木质纤维素的降解中,并不断地对其进行优化和补充,希望能探索出一条更经济、更高效的生物质预处理方法。虽然基于芬顿反应的生物预处理具有低能耗和反应条件温和等优势,但是非常耗时。推测可能是由于生物预处理过程中产生的·OH 浓度太低从而导致耗时太长。因此,利用芬顿反应生成适宜浓度的·OH 来解聚木质纤维素,进一步研究芬顿试剂解聚木质纤维素的作用原理倍受关注。

近年来,基于自然存在的真菌降解木材中的反应,人们已经尝试将芬顿反应应用在木质纤维素的预处理中。目前已经证实芬顿预处理对于提高木质纤维素的酶解效果作用显著。有研究用浓度为 0.5 mmol/L Fe^{2+} 和 2.0% H_2O_2 的优化后的芬顿试剂反应 48 h 处理短绒棉，评价以芬顿反应作为棉花纤维素预处理方法的有效性，结果显示酶活性达到了 0.717。这表明芬顿试剂氧化了各种纤维素材料表面的保护性物质，增加了纤维素的可及度，从而增强了纤维素酶的酶解效果。有研究利用芬顿反应来模拟自然界中真菌降解木材等木质纤维素原料使其腐朽的过程。在这项研究中，芬顿反应是自然界中真菌降解木质素使木材腐朽的反应过程，采用优化后的芬顿试剂（H_2O_2/Fe^{2+}）配比，在 25℃下，以稻草为实验原料选择相对较高的负载量[即 10%（w/v）]进行预处理，提高酶解得率，然后用于木质纤维素生物质的糖化。实验结果表明，芬顿试剂处理后酶解得率达到了理论葡萄糖产率的 93.2%，说明芬顿反应过程是一个经济、高效的预处理过程，可以通过取代传统的预处理来实现纤维素燃料和化学产品的实质性改进和产量的提高。

5.1.2.6 化学浸渍

木材浸渍的机制是将低分子量的树脂浸注于木材中，在高温条件下树脂彼此间聚合，或与木材中的羟基形成氢键结合或化学结合，在细胞壁内生成不溶性聚合物，降低了木材中的羟基数量，即降低了木材的亲水性，从而抵制细胞壁对水分的吸着；树脂聚合物便使细胞壁充胀增容，达到抵制细胞壁收缩性能的作用；另外，处理材的密度也得到提高。因此，进行浸渍处理后的木材的尺寸稳定性、阻湿作用、力学强度性能均得到显著改善。木材碱浸渍过程中，碱液主要与木材中的葡萄糖醛酸及其酯类、乙酰基等发生反应，同时会造成部分半纤维素的溶出，其中脱乙酰基反应是木片浸渍过程中研究最多的化学反应。乙酰化木材是指经过处理，尺寸稳定性、耐用性、抗紫外线能力和油漆保持能力得到增强的速生木材。该处理技术基于采用乙酸酐［$(CH_3CO)_2O$］作试剂的乙酰化工艺（图 5-3）。木材化学结构中的游离羟基可以吸收和释放水分。乙酰化将木材内部的游离羟基变成乙酰基。乙酰化主要通过阻塞木材细胞壁内微孔、充胀木材细胞壁而提高木材性能，但乙酰化木材细胞壁 S_2 层的硬度、弹性模量和蠕变柔量均有所降低。另外，乙酰化程度与细胞壁内成分含量及分布有很大关系，不同密度木材中木质素、纤维素与半纤维素的乙酰化速率与木材密度呈负相关，乙酰化速率大小依次为木质素、半纤维素、纤维素。酰化改性与化学交联改性不同，前者主要取决于羟基取代度和细胞壁充胀，而后者取决于细胞壁成分的交联程度。化学交联改性常用的交联剂有醛类、多元羧酸及氮羟甲基化合物等，这些改性方法通过化学反应使木材细胞壁的尺寸稳定性、力学性能和硬度均有所提高，但冲击强度和弹性模量下降明显。其中，多元羧酸改性以环保和成本低等优点得到了较多研究。多元羧酸中两个相邻的羧基脱水形成五元环酸酐中间体,随后与木材细胞壁的羟基发生接枝反应。有研究尝试利用原子转移自由基聚合(ATRP)方法在木材内部接枝聚苯乙烯或聚 N-异丙基丙烯酰胺,并利用拉曼成像技术分析了有效成分在木材细胞壁内的分布,发现聚合物能够进入木材细胞壁并改变木材性能,这拓展了木材细胞壁改性研究的思路。

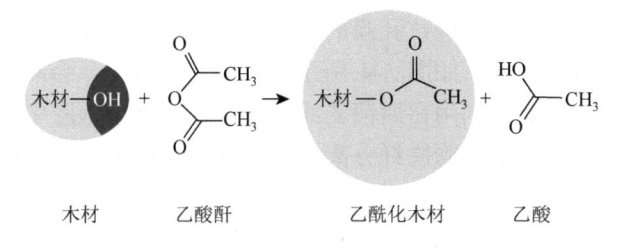

图 5-3 乙酰化处理木材原理图

　　木材细胞壁的增强改性主要有两种方式:一种是使用改性剂,惰性填充于木材细胞壁内,充胀细胞壁,从而提高木材堆积密度,最终提高木材性能;另一种是通过纯粹的物理作用改变木材细胞壁结构,达到增强目的。由于木材成分具有较强的极性,极性较差的改性剂难以进入细胞壁内,导致细胞壁增强效果较差。此外,聚合物与木材的相容性较差,很难形成牢固的界面结合,而且改性剂单体的聚合会导致改性木材皱缩,在水分润胀过程中应力加大,容易开裂。与其他改性剂相比,糠醇与木材相容性较好,糠醇溶液能够渗透到木材细胞壁内,并在一定温度下发生原位缩聚,从而增强木材细胞壁,提高木材尺寸稳定性和力学性能,并能增加木材塑性。聚乙二醇也是一种渗透性优良的改性剂,能够显著提高木材的尺寸稳定性和抗吸湿性。Jeremic 等研究了不同分子量的聚乙二醇浸渍改性木材的体积膨胀率,发现高分子量的聚乙二醇也能浸透木材细胞壁[28]。但聚乙二醇是一类水溶性聚合物,很容易因水分的作用而流失,失去改性效果。为提高聚乙二醇的抗流失性,Trey 等利用电子束激发聚合的方式将聚乙二醇缩聚于木材内部,形成了大分子结构[29]。

5.1.3 生物调控方法

5.1.3.1 微生物调控

　　生物预处理可分为细菌处理、真菌处理和酶处理。在木质纤维素预处理过程中常用的微生物是丝状真菌,它可以很容易地在地面、活植物和木质纤维素废弃物中发现。木材腐朽真菌主要分为三大类,分别是白腐菌、褐腐菌和软腐菌。其中,最有效的是白腐菌,因为它们具有从纤维素和半纤维素表面降解木质素的能力。而褐腐菌和软腐菌只降解少量的木质素。生物改性是化学脱木素方案的一种潜在补充,与化学调控组分类似,生物改性主要集中于调控木材孔隙三大组分的含量来调控木材孔隙结构。

真菌处理木材是在木材上接种真菌孢子,其菌丝穿过细胞腔向木材内部扩散,并且分泌酶,这些酶可以降解纹孔膜的组分,打通闭塞的纹孔,从而提高木材的孔隙率,改善木材渗透性。如图 5-4 所示,真菌侵蚀木材,会对木材化学组分产生影响。对此,人们通常利用白腐菌的线状细胞在木材细胞腔中分泌胞外酶来降解木质素和半纤维素,使细胞脱纤分离,细胞壁层逐渐去除,从而形成侵蚀槽或孔洞。随着木材的腐烂,可以直观地从肉眼观测到木材逐渐开始变白并出现无数小孔,接着孔道被大面积侵蚀,最终只剩下纤维素骨架。但是,利用这种方法来调控组分的选择性较差,会出现不均匀性,导致部分细胞壁被破坏,从而使木材的力学性能受损严重。不同类型的真菌对木材的侵蚀效果存在差异,其中白腐菌被认为是迄今为止降解木材能力最强的真菌,而木霉处理对木材力学强度影响较小。瑞士苏黎世联邦理工学院找到了一种微生物制备纤维素的方法,即通过将白腐菌与天然木材一起培养,利用真菌将木材中的木质素和部分半纤维素分解,打散木材原有的结构,使其变成一种形变能力和回弹性都比较好的新型结构。这种生物的处理方法与化学脱木素相比更加绿色环保[30]。

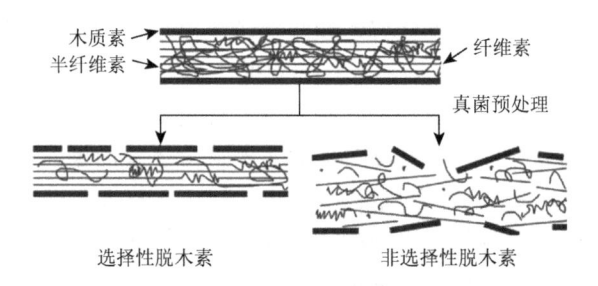

图 5-4 生物处理对木材组分的影响示意图[31]

除了真菌外,细菌也可选择性地分解纤维素和半纤维素,而保留木质素,从而达到调控木材多孔结构的作用[32]。细菌侵蚀处理主要是将木材储存在贮木池中,池水里的细菌会对木材细胞的纹孔塞、具缘纹孔膜、射线薄壁细胞等细胞结构进行分解或者降解,增加木材的孔隙,从而改善木材的渗透性。细菌对不同位置纹孔的侵蚀速度不同,具缘纹孔降解速度最快,交叉场纹孔降解速度次之,射线薄壁细胞纹孔降解速度最慢。其原因可能是酶接近纹孔的难易程度不一样,并且不同位置区域纹孔膜的化学成分存在一定差异。另外研究发现,细菌主要侵蚀木材的边材部分，而对于心材和心边材交界区域影响较小。

另外，可以利用醋杆菌的次生代谢产物——细菌纤维素对木质文物进行修复处理[33]。细菌纤维素又称为微生物纤维素，它是一种由细菌产生的生物高聚物。从纤维素的分子组成看，细菌纤维素和植物纤维素一样都是由 β-D-葡萄糖通过 β-1,4 糖苷键结合成的直链，又称为 β-1,4-葡聚糖。与自然界中存在的植物纤维素相比，细菌纤维素具有纯度高、结晶度高、聚合度高、吸水性强、抗张强度高、生物适应性强、可直接降解等特性。细菌纤维素在纯度、吸水性、物理力学性能等方面具有优良的特性，因此成为一种用途十分广泛的生物材料。细菌纤维素的合成只需要廉价的原材料，如葡萄糖、蔗糖及废弃生物质酸解液等，而这些原材料是可再生资源。细菌纤维素纳米纤维形成的三维网状具有比较均匀的微米级多孔结构，其三维空间效应可以促进物质在其中高效传输，纳米纤维的尺寸效应可以为许多物质的沉积提供活性位点，可在纤维表面负载许多有效的纳米活性物质。

5.1.3.2 酶解法

酶解法是一种较化学法更为绿色的方法，具有较高的专一性。一般，硬木植物对酶的抗性比软木要低得多。对于阔叶材，木聚糖酶、木聚糖苷酶和木葡聚糖酶是参与半纤维素主干降解的主要半纤维素酶；而对于针叶材，甘露聚糖酶和甘露聚糖苷酶的作用更相关。酶作为一种高效的催化剂，即使在温和无毒的反应条件下也能保持活力，因此酶辅助转化通常用于生物质精炼，提取纤维素、半纤维素和木质素，以实现生物质全组分利用。以纤维素的酶解为例，由于天然纤维素高分子链具有致密的结晶区和无定形区，无定形区上葡萄糖单元间的氢键易被解离，而结晶区内的糖苷键则难以被破坏。因此，结晶区纤维素分子链的断裂往往是酶解反应的限速步骤。纤维素酶解通常包括两个阶段，首先是纤维素酶分子对纤维素表面的吸附，使分子链间氢键断裂和纤维素微纤丝分离，随后水解基元纤丝间的糖苷键，使其断裂形成可溶性糖。可见，一旦酶解反应开始，如不及时加以控制，将使得纤维素完全破碎成细小单元，从整体上破坏木材细胞壁的完整性，使木材丧失原有骨架结构。但如果在维持木材细胞壁完整的基础上，及时终止酶解反应，纤维素酶不仅能够有效水解部分纤维素基质，在细胞壁上形成大量的气孔，增加表面粗糙度，提高木材电极的比表面积，还能够提供一种具有适宜机械强度的自支撑电极。

Peng 等通过纤维素酶水解和 NH_4Cl 热解，在木材细胞壁内表面制造了大量纳米孔，随着氮元素被吸附到碳骨架上，制备了氮掺杂的介孔木碳电极。相比于未经过酶处理的木碳电极，酶解后产生的微孔既有利于功能改性（氮掺杂），又有助于提高离子传输速率,因此极大增加了锌-空气电池的比容量和能量密度。与酶解法类似,真菌对细胞壁结构的解聚也符合绿色可持续的发展战略[34]。Wang 等采用一种绿色酶解法,合成了具有高比表面积的三维自支撑木材厚电极[35]。其中,纤维素酶能够通过水解纤维素,在木纤维和导管内形成大量的纳米孔,形成的高比表面积和孔隙率材料有利于电荷存储。此外,木材独特的分级多层孔隙结构,尤其是木纤维与导管中丰富的微孔和介孔有利于电解液完全渗入电极,提高高电流密度下的离子传输效率。同时,相邻木材细胞壁间存在的纹孔结构,在电化学反应过程中有助于实现电解液的交叉传输,提高反应速率。因此,以酶解后木材为基底的超级电容器可以得到极高的面积能量密度和体积能量密度。

5.1.3.3 蜂虫调控

除了微生物,利用白蚁、木蜂或一些蛀木甲虫来虫噬木材,可直接在木材层级多孔结构中形成无序的大孔通道。在玉皇阁的勘测现场,虫噬木梁仅一面就有 30 多个虫孔,整个木梁虫孔数量不低于 100 个。不同虫蛀类别所形成的孔径也不尽相同。木蜂钻蛀木材时形成的孔洞较大,孔径在 10 mm 以上,且孔洞相互连接,而天牛类、蠹虫类等形成的孔径则较小[36]。同样地,天牛类昆虫也是松线虫的寄生体。松线虫通过侵害堵塞树脂道使储水、输水功能丧失,从而间接影响孔隙结构。然而,无论是微生物还是蛀木甲虫,对木材孔隙调控的可控性均较差,易导致木材结构的过度变化。

与之相比,基因工程在选择性改变组分含量或结构时,不需要使用过多的化学试剂便可以减少木材结构的过度变化。遗传基因改良主要通过干预木材组分的合成来改变木材组分的含量,从而影响孔隙结构。有研究发现,通过基因调控使木质素含量下降,获得的转基因杨树导管尺寸变小、数目增多,产生更多大孔结构[37]。基因工程可以在较低温度和较短时间下进行处理,从而减少能源消耗。但目前,转基因木材主要集中于杨树,其余树种研究较少。

5.1.4 协同调控方法

协同调控方法是指在物理调控、化学调控和微生物调控方法的基础上,采用两种或两种以上方法,对木材的结构进行联合处理的方法。2021 年 *Science* 封面文章报道了一种对木材的协同调控策略,主要通过化学处理和"水冲击"处理对木材细胞壁进行褶皱工程改性,构筑一种具有选择性打开管胞的褶皱细胞壁结构[38]。这种褶皱细胞壁结构赋予木材优异的可弯折性及模压加工成型性,同时在空气中干燥后剧烈收缩致密化,大大增强木材的力学强度。李军采用氨水处理与微波加热联合的方法，对水曲柳木材进行软化处理，其中微波加热作为加热形式，氨水处理作为辅助软化手段。该联合处理方法的处理效果明显优于传统的水热软化处理，并且明显缩短了处理时间[39]。

木材在高温炭化后具有良好的导电性，因此制得的整体碳材料可以直接作为超级电容器自支撑电极材料。研究者以山毛榉木、松木和檀香木3种木材为前驱体，使用氨水处理后，再进行高温炭化，可以将木材用于超级电容器电极材料。由山毛榉木和松木制备的材料在电流密度为200 mA/g时计算出的比电容分别为282 F/g和328 F/g，比石墨烯电极约高50%。200 mA/g下，檀香木的比电容为237 F/g，且在4000 mA/g时可保持原来44%的容量。另有研究以美洲椴木为前驱体，开发出一种全木结构的超级电容器。该前驱体先炭化后活化处理，制得木质结构自支撑碳材料，并利用电化学沉积法在木质结构自支撑碳材料上复合一层MnO_2。由于电极的超高质量负载，可实现3600 mF/cm^2的高面积比电容，1.6 $mW·h/cm^2$的能量密度和10000次循环的长寿命。

另外，采用微波结合新型低共熔溶剂的策略可以实现木质资源结构的超快速裂解和组分分离[40]。由可持续资源氯化胆碱和水合草酸合成的绿色低共熔溶剂，具有原料丰富、合成方法简单、成本低、原子经济性高、无毒性、蒸气压低和无闪爆危险等技术应用特点。该溶剂具有离子液体和有机溶剂的双重特性，Kamlet-Taft溶剂显色化参数测试表明其氢键酸度值为1.31，极化指数值为1.07。二维核磁共振测试证明该溶剂对"生物质抗降解屏障"即木质素-碳水化合物复合体（LCC）的键合结构具有较强的质子竞争能力和消除效果。在不添加催化剂的情况下，利用该溶剂在80℃加热和800 W微波辐照条件下处理仅3 min，就可实现木质素和半纤维素的高效溶解。该过程中纤维素作为不溶产物容易分离，且纯度高、结晶度高、聚合度低，可进一步直接制备纳米纤维素或纤维素基化学品和能源。

5.2　细胞结构调控

各向异性细胞是组成木竹材的结构单元，是木材结构调控的主体对象。木材细胞的调控要利用和优化细胞原本的功能，深入挖掘被忽视的潜能，通过结构调控赋予其新功能。细胞的形状和尺寸，也就是细胞的长径比是区别各类细胞的主要特征参数，不同的细胞结构与功能是一一对应的。因此，可以通过对木竹材中这些各向异性细胞的形状和尺寸的调控，来实现细胞的原本功能强化或新功能的赋予。这里主要针对组成针叶材、阔叶材和竹材的主要细胞类型（图5-5），如薄壁细胞、导管、管胞、木纤维，以及各类细胞上的结构特征，归纳总结各类细胞的调控策略和功能应用。旨在对传统木、竹材性能的提升和新功能的赋予，拓宽木竹材传统应用领域等起到一定的促进和推动作用。

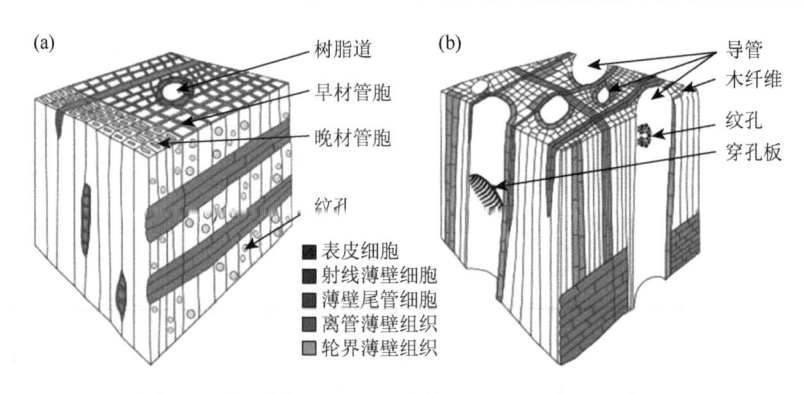

图 5-5 针叶材（a）和阔叶材（b）细胞类型示意图

5.2.1 薄壁细胞调控

薄壁细胞是一类细胞壁薄、未木质化的组成植物基本组织的细胞类型，具有许多重要的功能，如光合作用、储存、分泌等。薄壁细胞通常只有很薄的初生壁，没有次生壁，一般为直径近乎相等的多面体。薄壁细胞是木材和竹材中的一种特征细胞，细胞壁薄，管腔大。薄壁细胞的主要天然功能是储存，使其可以应用于需要储存和缓释功能的相关领域。在木材次生木质部中有两种薄壁细胞，即轴向薄壁细胞和径向薄壁细胞。薄壁细胞可以储存脂肪、水、非结构性碳水化合物和其他营养物质。有研究发现，薄壁组织的截面积越大，能储存的碳水化合物就越多。轴向薄壁细胞数量越多，储水能力越强。此外，轴向薄壁组织和射线薄壁组织都可以积累抗菌化合物，从而抑制真菌的传播，这对木材防腐具有重要意义。

薄壁细胞虽然所占比例较大，但由于力学性能较低，在研究和应用中往往被忽视。特别是在竹组织中，薄壁细胞约占 40%，在竹纤维工业中通常被视为加工残留物。近几十年来，薄壁细胞受到越来越多的关注，研究不仅集中在薄壁细胞的生理功能和力学性质上，而且开始考虑薄壁细胞的应用。充分利用薄壁细胞，将薄壁细胞加工成高附加值的产品，是广大科研工作者和企业的共同愿望。

木材中的薄壁细胞主要包括组成木射线的射线薄壁细胞、轴向薄壁细胞以及组成树脂道的泌脂细胞和伴生薄壁细胞等。针叶材与阔叶材中薄壁细胞种类相似，阔叶材中轴向薄壁组织远比针叶材发达，其分布形态也是多种多样的（图 5-6）。射线薄壁细胞是组成木射线的主体，是横向生长的薄壁细胞。射线薄壁细胞形体大，呈长方形或呈不规则形状；壁薄，壁上具有单纹孔，胞腔内常含树脂。射线薄壁细胞有水平壁与垂直壁之分。射线薄壁细胞水平壁的厚薄及有无纹孔为识别木材的依据之一。在径切面早材部位观察，射线薄壁细胞的水平壁厚薄是由通过其相邻的管胞壁厚度比较来确定，如果比相邻的管胞壁薄，就认为该射线细胞的水平壁薄，反之，则射线细胞水平壁厚。轴向薄壁组织是由许多轴向薄壁细胞聚集而成的。组成轴向薄壁组织的薄壁细胞是由纺锤形原始细胞分生而来，由长方形或方形较短的细胞串联起来所组成。在木质部的薄壁组织称为木薄壁组织，因是轴向串联又称为轴向薄壁组织，在横断面仅见单个细胞，有时也称为轴向薄壁细胞。轴向薄壁细胞在针叶树材中仅少数科、属的木材具有，含量低，平均仅占木材总体积的 1.5%。

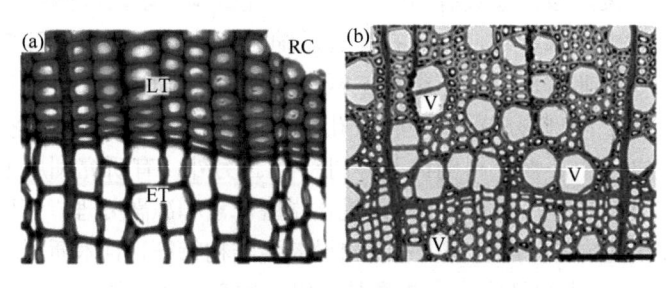

图 5-6 针叶材（a）和阔叶材（b）薄壁细胞
LT 表示晚材；ET 表示薄壁细胞；RC 表示树脂道；V 表示导管

  竹材作为一种重要的天然梯度材料，主要由维管束及围绕维管束的基本薄壁组织构成[41]。基本薄壁组织由大量薄壁细胞排列构成，主要分布在维管束系统之间，其作用相当于填充物，是竹材构成中的基本部分，故称基本组织。细胞一般较大，大多数细胞壁较薄，横切面上多近于呈圆形，具有明显的细胞间隙。纵壁上的单纹孔多于横壁。根据纵切面的形态，薄壁细胞可区分为长形细胞和近于正方形的短细胞两种，但以长形细胞为主，短细胞散布于长形细胞之间。长形细胞的特征是：胞壁有多层结构，在笋生长的早期阶段已木质化，其胞壁中的木质素含量高，胞壁上出现瘤层。短细胞的特点是：细胞壁薄，具有稠浓的细胞质和明显的细胞核，即使在成熟竹秆中也不木质化。

  目前，竹材的工业化利用以竹纤维为主，包括造纸、纺织、竹纤维加工及纤维增强复合材料等方面。然而，薄壁细胞通常以废弃物的形式除去，不仅浪费资源，而且造成严重的环境污染。因此，提高竹材薄壁细胞的高值化利用尤为重要。有研究对比了从竹材纤维和薄壁细胞中提取纳米纤维素的能耗，结果发现从纤维中提取纳米纤维素需要高压均质 15 个循环，而从薄壁细胞中提取只需 5 个循环，表明后者的能耗显著低于前者。以期替代石油基薄膜和部分其他可生物降解薄膜，拓宽竹材薄壁细胞在食品包装领域的应用。对木质纤维的纤维细胞和薄壁细胞制浆过程开展研究，发现二者制浆特性存在显著性差异。慈竹薄壁组织的部分去除对化机浆制浆、漂白性能的影响，证明降低薄壁组织的含量能有效减少灰分质量，增加纸浆结合强度，提高漂白效率。

竹材薄细胞壁上有大量微米级的孔隙。这些天然孔结构为相邻细胞之间的生物量交换提供通道，并促进能量储存。竹材这种组织结构及功能与柔性超级电容器中的电极结构非常相似，其中具有电荷存储功能的活性物质包裹在具有电子传输功能的集流体的表面。此外，竹子中所含的水分类似于柔性超级电容器中所含的电解质。由于纤维细胞对水具有很强的亲和力，因此它是水性化学镀实现导电性的良好支架。竹纤维的细胞壁多达 10 层，脱除部分基质后可得到由丰富微纤丝组成的纤维素骨架，该骨架具有 3D 互连的多孔结构。多尺度网络结构使竹纤维不仅能够负载导电纳米颗粒，并且在受到压缩、弯曲、拉伸和扭转变形时也表现出优异的柔韧性，非常适合用作柔性电极中的集流体。因此，研究者利用具有多壁层结构（有利于蚀刻形成孔隙）和纹孔结构（有利于活化剂完全浸渍）的薄壁细胞作为柔性电极中活性材料的前驱体材料[42]。另外，有研究利用毛竹薄壁细胞在竹材生长过程中原本的存储功能，经过化学脱木素和冻融处理，可以保持纤维素纳米纤维和细胞壁中的分层孔隙，呈现出微胶囊结构特征，且木质纤维素微胶囊的产率高达 24.89%。木质纤维素微胶囊具有优良的存储和释放作用，并且具有可生物降解、低成本和环保的特性，因此成为聚合物合成微胶囊的潜在替代品[43]。

5.2.2 管胞调控

管胞是针叶材中的厚壁细胞，约占针叶材体积的 90%以上。管胞是纵向拉长的细胞，端部略微锥形，横截面为四边形或六边形。管胞两端不穿孔，但在细胞壁上有一些具缘纹孔。管胞主要通过纹孔与接触的薄壁细胞进行物质交换。管胞的大小是指其直径和长度。轴向管胞弦向直径决定着木材结构的粗细，管胞直径在 15～80 μm 之间变化，弦向直径小于 30 μm 的木材为细结构，30～45 μm 的为中等结构，45 μm 以上的为粗结构。管胞长度的变异幅度很大，为 3000～5000 μm，受生长环境、立地条件、树种和树龄的影响。管胞的长宽比在（75：1）～（200：1）之间变化，以 100：1 为主。

管胞主要包括轴向管胞和射线管胞两类。轴向管胞是轴向排列的厚壁细胞，两端封闭，内部中空，细而长，细胞壁上具有纹孔（图 5-7）。晚材管胞比早材管胞长。横切面上管胞沿径向排列，相邻两列的早材管胞位置前后略有交错，使管胞形状变为多角形，常见为六角形，在晚材中稍对齐。早材管胞，两端呈钝阔形，细胞腔大壁薄，横断面呈四边形或多边形；晚材管胞，两端呈尖楔形，细胞腔小壁厚，横断面呈扁平状的四边形。早材至晚材管胞壁的厚度逐渐增大，在生长期终结前所形成的几排细胞的壁最厚、腔最小，使得针叶材的生长轮界线均明显。

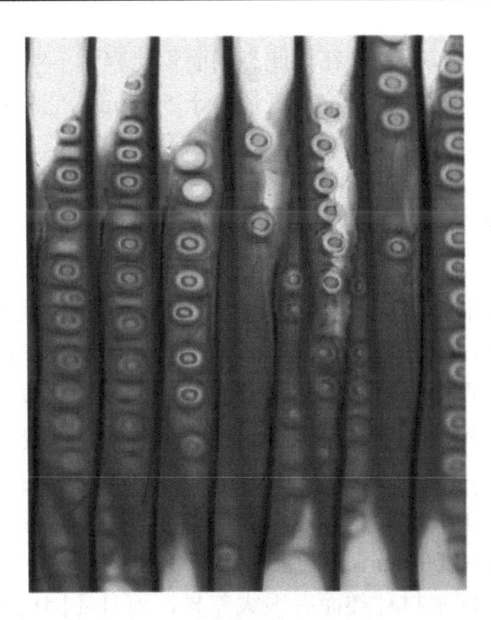

图 5-7　松木管胞径切面图

管胞是针叶材树种的唯一输水组织。水分和无机盐主要经过管胞壁上的具缘纹孔，由一个管胞进入另一个管胞，依次向上输导。管胞的纹孔膜具有高度透性，水分和溶解在水中的无机盐可通过纹孔膜。此外，木材中的射线细胞通过纹孔与其他细胞相通，起着横向输导的作用。此外，管胞是针叶材次生木质部的主要轴向薄壁细胞，厚壁管胞和窄腔体形成晚材，起到机械支撑作用，是决定针叶材材性的主要因素。管胞次生壁 S_2 层微纤丝角在宏观水平上影响着针叶材纵向弹性模量等力学性能。

管胞在树木生长过程中起着机械支撑和输导的作用，常常利用这两个功能开发一些功能材料。木基水凝胶是一类新型木基功能材料，为了保持水凝胶的结构稳定性，提供必要机械支撑稳定的支架是至关重要的。最近研究报道了一种对温度刺激作出响应的木基凝胶材料。该材料主要利用云杉木材管胞的天然孔隙和机械支撑作用，通过木材超分子结构调控，在木材的微孔结构内形成热响应性水凝胶，并将各向异性的木材多层级结构与水凝胶的刺激响应特性相结合。这种材料为木材资源的全新利用开辟了道路[44]。受天然木材垂直微通道作为水路运输的启发，利用管胞轴向输导功能，研究人员将木材的微观结构成功地复制为超厚的块状 $LiCoO_2$（LCO）。阴极通过溶胶-凝胶工艺获得高的面积比容量和出色的倍率能力。基于 X 射线的显微断层照相术显示，与随机结构化 LCO 阴极相比，整个木质模板 LCO 阴极上均形成了均匀的微通道，曲折度降低了 33.33%，锂离子电导率提高了约 2 倍。人造木启发的 LCO 阴极可提供高达 22.7 $mA·h/cm^2$ 的高面积比容量,是现有电极的 5 倍,并首次在如此高的面积比容量下实现了动态应力测试[45]。此外,管胞是一个独立的细胞单位,直径小于 500 μm,它们在功能化方面可以看作微室,未来可以将其作为一个微反应器来应用。

5.2.3　木纤维调控

木纤维即纤维细胞,是阔叶材树种中占比最大的细胞类型,两端尖锐,呈长纺锤形,腔小壁厚,约占木材体积的 50%,大部分阔叶材的纤维细胞含量为 60%~80%。木纤维是由木质化的增厚的细胞壁和具有细裂缝状纹孔的纤维细胞所构成的机械组织,是构成木质部的主要成分之一。同管胞的形态界限不明显,在系统发生上认为是来源于管胞。纤维细胞的 SEM 图如图 5-8 所示,木纤维混生于管胞中间,但也有在形态上处于管胞和木纤维的中间型细胞,称为纤维管胞。木材纤维的长度一般为 500~2000 μm,直径为 10~40 μm,长径比为 40~100。木材纤维的长度、直径不仅因木材种类而有很大差异,而且还因树干的位置而有很大差异。木纤维细胞壁上多是具缘纹孔,但由于细胞壁增厚,纹孔腔消失而成为单纹孔,胞壁上有节状增厚。阔叶材中的管胞数量很少,但形态与针叶材的管胞相似,其细胞壁上的纹孔为具缘纹孔,纹孔缘明显。

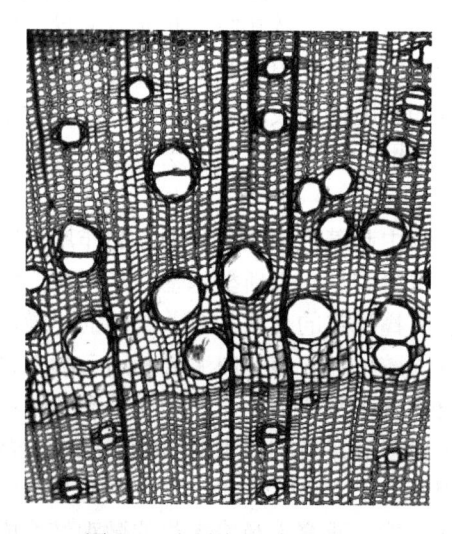

图 5-8　木纤维细胞 SEM 图

在植物生长过程中,木纤维主要起机械支撑的作用,并具有一定储存和运输功能。利用木纤维机械支撑的作用,研究人员开发了一种在木材基材中原位生长 MOF 纳米晶体的通用绿色合成方法,通过氢氧化钠处理可轻松创建不同类型的

MOF 的成核位点,这被证明广泛适用于不同的木材。将 ZIF-8 纳米颗粒原位生长在导管、纤维和射线的细胞腔表面,合成的 ZIF-8/Beech 复合材料具有复杂的大孔、中孔和微孔网络,比天然榉木的比表面积高出 130 倍。压缩和拉伸力学测试显示其具有优越的力学性能,这超过了聚合物基材获得的机械性能。功能化策略为制造多功能 MOF/木材衍生的复合材料提供了一个稳定、可持续和可扩展的平台,在环境和能源相关领域具有潜在的应用[46]。

此外,通过木材超分子结构调控,利用杨木纤维细胞的机械支撑功能和排列整齐的天然孔道结构,可以开发木质自支撑柔性电极材料。定向炭化的微通道炭材料是通过将脱木质杨木片炭化而得到的。被脱木素的木质碳材料显示出大量的管腔内腔和独特的对齐微通道结构,具有良好的柔韧性。这种独特的结构不仅显著增加了固体电解质可及的电极材料的比表面积,而且还形成了有效而有序的电子传导路径。此外,独特的多孔排列微通道结构还为调节储能性能提供了巨大的可能性。PANI 纳米线阵列均匀地覆盖了对齐的炭微通道的表面,并且可以有效保留独特的多孔对齐微通道。与基于 DWFC-800 的叉指式柔性固态超级电容器相比,DWCPA-1 叉指式柔性固态超级电容器表现出明显更好的电化学性能、循环稳定性和耐折性。这表明脱木素的木质柔性炭材料是一种理想的基础柔性自支撑电极材料,在柔性固态储能领域具有良好的应用潜力[47]。

此外,利用 MOF 官能化天然木材载体稳定金属钯和银,成功制备了氨硼烷连续制氢的结构化催化天然木材微反应器。木材固有的相互连接的微通道使木材能够作为催化剂载体直接应用,表征测试结果证实 MOF 和金属在木材微通道表面的均匀分布。结构化催化剂具有良好的重复使用性,可以通过从氨硼烷溶液中分离或改变流速来很好地控制水解反应。得到的木质炭材料具有块状管状腔体和独特的排列微通道结构,以及良好的柔韧性。

5.2.4 导管调控

导管是竹材和阔叶材中存在的细胞类型。导管是由一连串的轴向薄壁细胞形成无一定长度的管状组织,构成导管的单个细胞称为导管分子。在木材横切面上导管呈孔状,称为管孔。导管分子的形状不一,随树种而异,常见有鼓形、纺锤形、圆柱形和矩形等,一般早材部分多为鼓形,而晚材部分多为圆柱形和矩形。若树木仅具有较小的导管分子,则在早晚材中都呈圆柱形和矩形;若导管分子在木材中单生,它的形状一般呈圆柱形或椭圆形(图 5-9)。导管分子大小不一,随树种及所在部位而异。导管直径小者可小于 25 μm,大者可大于 400 μm。导管分子长度在同一树种中因树龄部位而异,不同树种因遗传因子等影响差异更大。一般环孔材早材导管分子较晚材短,散孔材则长度差别不明显。树木生长缓慢者比生长快者导管分子短。

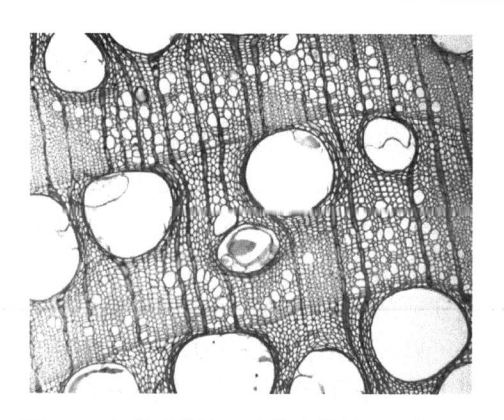

图 5-9 光学显微镜下白橡木横截面导管分布

导管是竹材和阔叶材的主要输导组织，主要起着传递水分和养分的作用。两个导管分子纵向相连时，其端壁相通的孔隙称为穿孔。在两个导管分子端壁间相互连接的细胞壁称为穿孔板，导管主要通过相邻两个导管分子之间的穿孔板传递物质。当前关于针对导管的超分子结构调控主要从形状尺寸和输导功能方面开展。导管形状尺寸调控方面：研究者采用一种自上而下的方法，使木材可以加工成各种形状，同时也大大提高了其机械强度。主要方法是将木材部分脱木素并软化，再干燥收缩其导管和纤维，之后在水中"冲击"材料，选择性地打开导管。这种快速的水冲击过程形成了具有独特褶皱的细胞壁结构，调控了细胞形态，提供了压缩空间及应对高应变的能力。

导管在液流输导方面：利用导管排列整齐的通道，通过超分子结构调控，将其用作水流电池的对流增强电极。受水和离子在树木中运输的启发，采用垂直方向排列良好且通道壁上有孔洞的天然独立式木质碳电极（WC）作为对流电极，用于水性钒氧化还原液流电池（VRFB）[48]。另外，通过硝酸处理将羧基引入木质碳电极中以改善其润湿性和电化学催化活性。大比表面积能够产生足够的电化学反应位点。在 100 mA/cm^2 的电流密度下进行 100 次循环后，正极半电池的放电容量保持率为 90.19%，这为将自然界的结构和材料应用于液流电池领域开启了新的领域。

此外，导管具有天然输导功能和孔径结构特性，利用导管原本的输导作用，通过调控可以实现其在液流控制方面的应用，如微流控、流体编程等。微流控技术在灵活性、透明度、功能性、可穿戴性、规模缩小或复杂性增强方面的进步目前受到材料和组装方法选择的限制。有组织的微纤化是一种将定义明确的孔隙率通过光学打印到具有超高分辨率的聚合物薄膜中的方法。通过简单的步骤，以多种灵活和透明的单元创建自封闭微流体设备，结构颜色是组织微纤维化的一种特性，成为这些微流体装置的固有特征，从而实现了原位传感能力[49]。由于系统流体动力学取决于内部孔径，毛细管流动显示为具有结构颜色的特征，而与通道尺寸无关，无论设备是以厘米还是微米尺度打印的。此外，产生和组合不同内部孔隙率的能力使微流体能够用于基于孔径的应用。导管这类细胞属于木、竹材结构中较大的孔隙结构，一方面可以通过孔径的调控实现木材的功能优化，如弹性、柔性等；另一方面可以作为木、竹材中物质填充的一个重要场所，通过负载调控赋予其特殊功能。

5.2.5 射线细胞调控

木射线是指位于形成层以内的木质部上，呈带状并沿径向延长的薄壁细胞集合体。木射线有初生木射线和次生木射线之分，初生木射线源于初生组织，并借形成层而向外伸长。从形成层所衍生的射线，向内不延伸到髓的射线称为次生木射线。木材中绝大多数均为次生木射线。木射线是木材中的横向组织，在横截面上沿径向延伸，对木材的力学性能有重要作用。射线组织形态呈多样化，有单列射线、多列射线、复合射线等多种形态。射线组织是木材中径向分布的横卧细胞，是承载树木的输导、存储、生长调控、力学性能等多样功能的重要组织。木材中射线组织的形状、含量、体积分数在不同树种间变异性大，体积分数高达 8%~40%。射线细胞在木材中占据了如此大的比例，同时具有极为广泛与重要的功能性，对木材材性的影响不容小觑。

木射线存在于一切针叶材中，为组成针叶材的主要分子之一，但含量较低。在显微镜下观察，木射线由许多细胞组成，呈辐射状，每个单独的细胞称为射线细胞（图 5-10）。针叶材的射线细胞全部是由横卧细胞组成，其中大部分是射线薄壁细胞，有些树种木射线组成细胞中也具有厚壁细胞，这类厚壁细胞称为射线管胞。阔叶材木射线比较发达，含量较高，为阔叶材的主要组成部分，且较针叶材木射线要宽得多，宽度变异范围大（图 5-10）。阔叶材木射线较针叶材复杂，针叶材以单列射线为主，而阔叶材以多列射线为主。

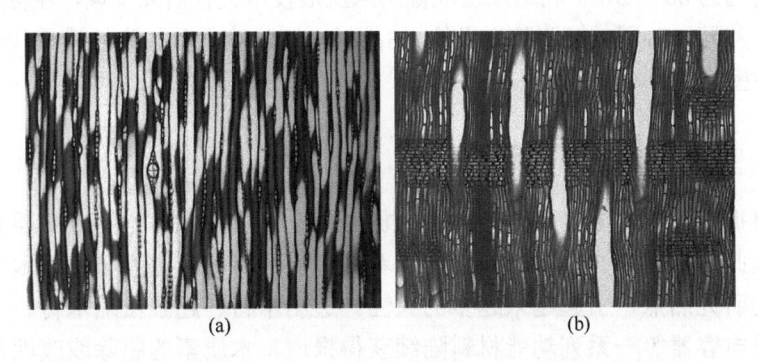

图 5-10 光学显微镜下松木（a）和橡木（b）横截面射线组织

聚焦于木材射线结构的调控，采用化学-热处理联用的方法尽量保持了细胞壁结构的完整，开发了一种结合超疏水、超弹性和光热效应特性的超弹木材，其具有类"叶片弹簧"结构[50]。天然木材中纤维素微纤丝、管胞和纹孔等独特的微纳米结构得到了很好的保留，射线组织被调控成类似钢板弹簧的微结构，赋予了木材在弦向上高回弹的特性，此木材弹簧经 1000 次压缩-恢复循环后应力保持率为 97%，并在纵向上强度提高了 323 kPa，未来在储能、传感器、纳米发电机等领域极具发展潜力。木材在外力作用下的弦向弹性响应的结构基础主要为射线组织，但是通过射线结构调控木材弹性的研究刚刚起步，射线组织层级结构与木材弹性的构效关系亟待深入研究。当前木材大幅度弦向弹性响应仅能在压缩载荷下实现，在拉伸载荷下的大幅度弹性响应仍为空白，若想充分开发木材射线组织的结构潜力，还需进一步研究木材在拉伸载荷下的弹性响应与调控机制。

5.3 细胞壁结构调控

5.3.1 壁层结构调控

木材壁层结构的调控主要是针对细胞壁微纤丝和微纤丝角进行。由于化学组分及微纤丝角的差异，木材细胞壁在结构上分出了不同的层次。在光学显微镜下可将细胞分为初生壁（P）、次生壁（S）及胞间层（ML）。由于胞间层和初生壁较薄且在光学显微镜下界限不清晰，因此通常将两者合在一起，称为复合胞间层（CML）。而次生壁又根据纤维素微纤丝取向角度的不同，分为次生壁外层（S_1 层）、次生壁中层（S_2 层）和次生壁内层（S_3 层）。其中，S_1 层的微纤丝角为 50°～70°，微纤丝近似平行排列；S_2 层微纤丝与细胞轴呈 10°～30°排列，且厚度最大，占木材细胞壁厚度的 70%～90%，因此 S_2 层显著影响着木材细胞壁的力学性能；S_3 层的微纤丝角则为 60°～90°。利用原位成像纳米压痕技术进行研究发现，各层力学性能存在一定差异，S_3 层与细胞腔交界处、S_1 层与 CML 交界处的弹性模量和硬度明显小于次生壁 S_2 层。

5.3.1.1 纤维素微纤丝调控

木材拥有天然的多级尺度结构，纤维素微纤丝在木材的次生壁 S_2 层具有高度取向。因此，木材一直以来都是功能材料制备的优良模板。近年来，木材纳米技术正成为研究热点，引起越来越多的关注。透明木材、超强压缩木材、木材气凝胶、木质电容器等一系列功能材料陆续获得报道。木质素的脱除或改性是木材功能化的关键一步。在这一过程中，木质素和部分半纤维素从主要由纤维素、半纤维素、木质素构成的细胞壁中移除。通过在木质素脱除所留下的空间中回填高分子、合成纳米颗粒等方法实现木材功能化。

然而，在化学处理过程中，木质素和半纤维素的脱除使得本不相邻的纤维素微纤束聚集形成纤维素微纤聚集体，限制了木质素脱除后木材的比表面积。与 TEMPO 氧化纳米纤维素的高比表面积（300～600 m^2/g）相比，木质素脱除后的木材仅有不到 40 m^2/g 的比表面积。聚集体的存在和低比表面积对最终材料性能表现也有很大影响。鉴于此，瑞典皇家理工学院报道了中性 TEMPO 氧化后处理对维持木材细胞壁纤维素微纤结构的作用[51]。通过引入中性 TEMPO 这一后处理工艺，获得了具有细胞壁高度微纤化（微纤尺寸 10～20 nm）、高比表面积（249 m^2/g）等特点的 TEMPO 木材。同时，木材的管状细胞结构仍得到很好的保留。经冷冻干燥处理所获得的木材气凝胶具有超过一般木材气凝胶 10 倍的压缩弹性模量与良好的回弹性。高度微纤化显著降低了木材细胞壁的刚度，使得 TEMPO 木材可以在实验室环境下仅通过水分的自然蒸发实现自密实化，形成高密度（1.32 g/cm^3）和高透光率（80%）的纯纤维素薄膜。由于整个处理过程木材原始结构未受到破坏，最终得到的纤维素薄膜具有优良的力学性能（拉伸强度 449 MPa、拉伸模量 51 GPa）及显著的光学各向异性。

5.3.1.2　微纤丝角调控

木材细胞壁 S$_2$ 层中纤维素微纤丝与纵向细胞轴之间的角度，称为微纤丝角（MFA）。通常微纤丝角是木材细胞壁次生壁 S$_2$ 层纤丝角。微纤丝角被认为是决定木材物理和力学性能的关键因素，特别影响木材的弹性模量和异向收缩性[52]。并且，微纤丝角与木材密度也存在一定相关性，并与木材强度和硬度密切相关。微纤丝角可以在与纵轴成 0°到 45°之间变化，通常小于 30°，并且通常在 5°～10°的范围内，原纤维具有右手手性（图 5-11）。已发现纤维方向和加载方向之间的角度是控制木材机械性能的关键因素，尤其是弹性性能。微纤丝角对次生壁的纵向弹性模量贡献很大，一般纵向弹性模量随着微纤丝角的增加而显著降低，当微纤丝角为 0°时纵向弹性模量最高。

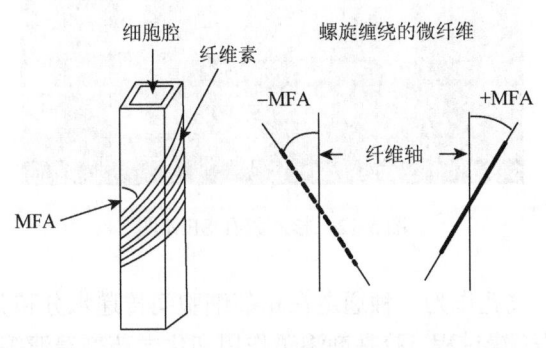

图 5-11　木材细胞壁纤维素微纤丝角示意图[53]

例如，在辐射松中，当微纤丝角从 10°增加到 40°时，其细胞壁的纵向模量从大约 45 GPa 下降到 10 GPa。原位同步加速器 X 射线衍射显示微纤丝角随着拉伸应变的增加而降低，表明纤维素微纤丝在外力作用下重新定向。树木的微纤丝角随着树木的生长而产生变化，在一些树龄大的树木中，需要较高的静态强度和刚度，而树龄小的树木韧性较好，这都与微纤丝角的变化密切相关。有研究提出，微纤丝角非常小的区域相对于木材的刚性区域可以起到有效的加固作用，防止树枝在自身重量下过度弯曲，从而保护树枝免受压缩破坏。另外，应力木中木材的微纤丝角与正常木材中也存在差异。综上，通过微纤丝角的调控可以实现对木材力学性能的改变，为功能的实现奠定了基础。

5.3.2 纹孔调控

纹孔是植物细胞的细胞壁上未经次生加厚而留下的凹陷，是木材中的一种特殊构造，其微观结构如图 5-12 所示。次生壁形成时，有的初生纹孔场所在的位置不形成次生壁，在细胞壁上，只有中层和初生壁隔开，而无次生壁的较薄区域就是纹孔。相邻细胞的纹孔常成对地相互衔接，称为纹孔对。纹孔的主要部分是由纹孔腔和纹孔膜组成。纹孔腔是从纹孔膜贯穿到细胞腔的全部空间，而形成纹孔时，纹孔对中间的胞间层和两侧的初生壁合称纹孔膜。纹孔室是介于纹孔膜与拱形环抱的纹孔缘之间的空隙。针叶材纹孔膜的中部往往有较厚的部分称为纹孔塞。由于尺寸和精细结构的不同，纹孔分为单纹孔与具缘纹孔两种类型。

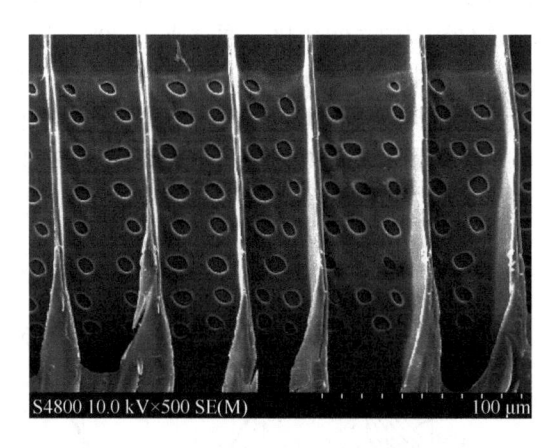

图 5-12 杉木纹孔 SEM 图

在活立木中，纹孔作为一种通道在相邻细胞间传递水分和养分；在木材加工生产中，纹孔会对干燥过程、胶黏剂渗透作用和化学药剂浸渍等产生较大的影响。

木材细胞壁上的纹孔膜是水分流动的主要通道，是影响木材渗透性的主要因素。有效纹孔膜多且大的木材，渗透性就高。纹孔膜的偏移和抽提物沉积都会导致纹孔膜堵塞，从而使木材渗透性降低。许多木材品种的低渗透性在加工过程中造成了严重的问题。在不影响木材强度特性的情况下，破坏木材细胞壁的纹孔膜可以增加木材的渗透性。研究表明，可采用共振处理实现对纹孔膜的调控，并对其固有频率进行了理论分析和计算。挪威云杉具缘纹孔膜固有频率为 3~11 MHz，且纹孔室进水对膜的谐振频率无显著影响，证明利用交变电场和微波能量脉动来启动纹孔膜破坏的共振频率是非常有效的方法。通过对云杉边材进行碱性酶处理，扫描电子显微镜和压汞法表征测试结果显示，碱性酶处理后的样品纹孔膜被破坏，渗透性增加，从而为防腐剂的浸渍提供了有效通道。

当前对纹孔进行调控来制备一些功能材料已经有了许多报道。例如，使用一种简单的自上而下的方法来部分去除木板中的木质素和半纤维素部分，从而获得高度多孔且柔软的木质膜[54]。由于除去了疏水性木质素，所获得的木质膜显示出优异的吸水和水下抗油黏附性能。木质膜耐用且稳定，从而在恶劣环境下保持其选择性润湿性。选择性的润湿性能及多孔结构使木质膜能够纯化表面活性剂稳定的水包油型乳液。所制备的木质膜展现出很高的乳液净化性能，乳液分离效率为 99.43%，过滤通量为 460.8 L/(m^2·h)。此外，该膜可重复用于进一步乳液纯化，分离效率高，过滤通量可维持 10 个以上的循环。这种绿色、廉价、易于制造和可缩放的生物质来源的膜，以及其选择性润湿性和耐用性，显示出在各种行业中替代现有过滤介质的巨大潜力。

另外，利用木材天然的纹孔结构，以木材为基体可以设计合理的通道阵列，开发具有优良防污性能的太阳能蒸发器。研究者设计了一种太阳能蒸汽发生装置，该装置利用木材中的跨平面纳米级通道传输水，并且将优选的热传输方向解耦以减少传导热损失。在 1 次太阳照射下可获得 80%的高蒸汽产生效率，在 10 次太阳照射下可获得 89%的高蒸汽产生效率。这主要与木材天然的纹孔结构密不可分。垂直于中孔木材的横断面可以通过纹孔和螺纹加厚提供快速的水传输。纤维素纳米纤维在纹孔周围呈圆形排列，并沿螺旋高度对齐，从而在腔内吸水。同时，利用了介孔木材的各向异性热传导，木材的横截面方向具有 0.11 W/(m·K)的热导率。各向异性热传导会沿面内方向传递吸收的热量，同时阻止传导性热量流失到水中。该太阳能蒸汽发生装置有望在环境日光辐照下实现经济高效的大规模应用[55]。

5.3.3 纳米孔隙调控

木材是一种具有分层多孔结构的天然高分子复合材料。一般认为：大孔隙包括直径为 10~400 μm 或更大的细胞腔；微孔包括纹孔、纹孔膜孔和其他直径在

10 nm 至 5 μm 范围内的小孔；纳米孔隙包括干燥或湿润状态下细胞壁中的孔隙及微纤丝间隙等，直径在 10 nm 以下。虽然木竹具有天然的多层次孔隙结构，但孔隙多为直径大于 10 μm 的大孔，比表面积较小，对于功能性的应用存在限制。因此，获得纳米尺度的中孔（2～50 nm）和微孔（<2 nm）对于实现木竹纳米技术至关重要。目前，研究者已采用脱木素处理、纳米负载、炭化处理等多种策略来增加木、竹材的孔隙结构（图 5-13）。

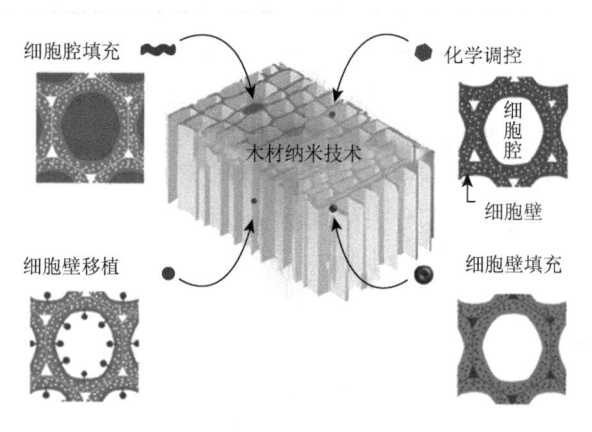

图 5-13 木材细胞纳米孔隙调控方法[56]

脱木素是最常见的增加木材中纳米孔隙的方法。经过脱木素处理后，木质素所占据的纤维素微纤丝之间的空间被清空，增加了许多纳米通道。通过脱木素和 TEMPO 氧化处理，成功制备了一种具有细胞壁纤维化的高介孔木材结构。在 TEMPO/NaClO/NaClO$_2$ 体系中性条件（pH = 6.8）下，实现木材中纤维素微纤丝的原位纤颤，从而重组成所需的纳米结构材料。由于半纤维素的部分去除和表面羧化纤维素微纤丝之间的电排斥作用，次生壁中产生了纳米级的孔隙，经过超临界干燥后得到 TEMPO 氧化木材气凝胶，该气凝胶具有良好的压缩性和高的孔隙率。

除了利用改变木材化学组分来调控木材孔隙外，利用树脂、塑料、金属等完全或部分填充木材孔隙，能够直接对微孔-介孔，甚至大孔进行调控。利用金属渗透木材孔隙后，30～60 μm 的介孔-大孔被完全填充，10 μm 左右的介孔也被部分填充。此外，在填充木材中的大孔和介孔的同时，甚至还可以进一步形成部分微孔-介孔。研究证实，在木材填充聚乙烯醇（PVA）后，位于 100～400 μm 和 10～80 μm 处的峰消失，并形成了大量直径小于 3 nm 的微孔-介孔，孔隙率从 88.9%降至 80.3%。树脂浸渍也是调控木材纳米孔隙的方法之一。浸渍处理后树脂填充细胞壁上的微孔和纹孔等使细胞壁表面变得光滑，比表面积由 (21.0±1.1) m^2/g 降低至(1.4±0.2) m^2/g，赋予了木材分级孔结构疏水性能。这种添加方式可以通过人为添加也可以通过原位再生的方式在木材孔隙中进行生长。此外，有研究利用纤维素微纤丝在通道内的原位再生，形成具有互连网络结构的各向异性纤维素气凝胶，孔隙率为 95%，比表面积高达 247 m^2/g。在这种复合生长的同时，由于纤维素-木质素相互之间存在的静电斥力，在再生过程中有助于形成纤维素富集域。当木质素含量较低时，有助于纤维素的聚集组装；当木质素含量越来越高时，会导致再生的多孔材料的孔径越来越大；甚至在过高时会无法形成连续网络结构。因此，通过控制配比的改变可以不同程度地改变孔隙的调控方向。

同样地，在木材分级多孔的基础上，通过负载可以进一步加深其孔隙复杂程度，甚至根据负载物的尺寸定向调控某一类孔隙的数量、表面结构或者引入特定形貌的多孔骨架，实现不同的功能。纳米负载是主要通过在细胞腔内负载高比表面积的介孔材料，如分子筛、活性炭、MOF、沸石咪唑酯骨架结构材料（ZIF）、多孔性有机聚合物（PAF）调控孔隙。例如，在山毛榉导管和细胞间隙原位生长 MOF 后，木材结构内的微通道保持完整，但细胞壁表面与天然山毛榉相比明显粗糙。通过增加多孔骨架的生长量，使其逐层堆积，可在不同程度上调控木材孔道。通过增加 MOF 合成时间，可将比表面积提升至 26 m^2/g，并且通过逐层循环合成 ZIF-8 将比表面积提升至 84 m^2/g，比木材原材高 419.5 倍，所得复合多孔材料的比表面积比原木材高 130 倍，有着优异的 CO_2 吸附能力，抗压强度高达 100 MPa 和极限拉伸应力为 74 MPa。此外，研究者通过原位生长的方法，将 ZIF-8、MOF-199 和 UIO-66 三种材料集成到多孔木材基体中，成功制备了 MOF 分散性均匀、附着力强的木基滤光片，由于 MOF 具有丰富的微孔和多层孔结构，大大增加了木材原本的微纳孔隙结构。

此外，为避免浸渍处理过程中纳米颗粒渗透难和分布不均等缺陷，纳米颗粒的原位合成也是一种有效的途径来调控木材纳米孔隙结构。木材细胞壁孔隙直径小于 30 nm，纳米颗粒能否进入细胞壁与改性效果显著相关。研究者利用碳酸二甲酯和氯化钙溶液浸渍木材，再用氢氧化钾溶液处理，一定条件下能够在木材内部生成 $CaCO_3$；拉曼成像技术表明纳米 $CaCO_3$ 颗粒主要聚集于木材胞间层和细胞角隅，在细胞壁中较少，可显著提高木材阻燃性能，但尺寸稳定性增加有限，说明纳米颗粒难以在木材细胞壁中生成并改变细胞壁的性能。研究表明，利用两步法将纳米蒙脱土水溶液与季铵盐溶液分别浸渍处理松木，在木材内部原位合成有机蒙脱土，发现有机改性有助于蒙脱土在木材细胞壁中的分散，改性材的抗收缩系数可达到 60% 以上。

5.3.4 细胞壁表界面改性

木材中具有分层排列的微通道和纳米孔隙，纤维素微纤丝上具有丰富的羟基基团，为功能助剂的导入奠定了基础。无机颗粒、聚合物、金属和金属有机框架等都是常见的功能助剂，可以在木材表面附着或渗透到木材中，一些高反应活性助剂还可以进入木材细胞壁中进行化学修饰，赋予木材额外的性能。当前常用的方法有原位聚合、矿化及纳米颗粒浸渍处理等，主要是通过在细胞壁表面或细胞腔内涂覆、浸渍或填充聚合物及无机成分来改变细胞壁中的结构。细胞壁多级孔隙及功能助剂有利于多相运输，也可以使木材的疏水性、耐腐性、阻燃性能和尺寸稳定性等得到提升。

Chen 等通过部分脱木素后涂上碳纳米管和钌纳米颗粒的改性策略，将天然轻木转化为高导电性和柔韧性的木质负极锂-氧电池材料，赋予木材电子传递能力并提高了其催化活性[57]。通过简单的化学脱木素处理和碳纳米管/钌涂层工艺，天然木材被构建成一个连续的三通道结构，用于电子、Li$^+$和氧气的非竞争性传输。电子通过碳纳米管涂层的导电网络，离子通过电解质填充的纳米通道传输，而氧气则通过木材的微通道传输。这三种非竞争性传输路径的设计，使电池具有 67.2 mA·h/cm^2 的超高面积比容量和 220 个循环周期的长循环寿命。此外，木质阴极的优良力学性能使集成锂-氧电池表现出优异的柔韧性，可以弯曲折叠，为可穿戴和便携式电子应用提供了希望。

Zhu 等以厚度为 0.4 mm 的木皮为材料，对其进行高效的水处理，使其具有良好的机械强度和柔韧性[58]。受贻贝启发，人们发现聚多巴胺（PDA）具有仿生黏附功能和高活性官能团，用其对木材孔隙表面进行高活性官能团修饰，Pd 纳米颗粒则可以通过这些基团原位生长并固定在木通道上。Pd/PDA/木单板具有独特的三维互穿毛细管网络结构，对亚甲基蓝（MB）溶液具有高效的水处理效果。Pd/PDA/木贴面具有独特的结构，在实际废水处理和太阳能热转换、微反应器设计等应用中展现出良好的前景。

5.4 细胞壁化学组分调控

纤维素、半纤维素和木质素是木材细胞壁的主要组分。其中，纤维素在木材中含量最高。纤维素分子是由许多吡喃型 D-葡萄糖基以 β-1,4 糖苷键连接而成的线形高分子聚合物，分子链间聚集成基本纤丝，进而平行堆积构成微纤丝束存在于细胞壁中。纤维素对细胞壁强度影响很大，被称为骨架物质。半纤维素是由几种不同类型的单糖构成的异质多聚体，以无定形状态渗透在骨架物质中，其基体黏结作用可以使纤维整体的强度得到增强，被称为基体物质。木质素是一种具有三维网状结构的天然高分子聚合物，填充于纤维素骨架中，赋予细胞壁刚性，被称为结壳物质。从材料的角度而言，细胞壁相当于一种以纤维素为增强相、木质素和半纤维素为基质的复合材料。

细胞壁组分调控是细胞纳米功能化的重要组成部分，主要对木材细胞壁的超分子结构，纤维素、半纤维素、木质素等化学组分进行调控。纤维素、半纤维素、木质素之间通过共价键或非共价键的形式相互作用。不同的木质纤维成分可以通过预处理选择性脱除，例如，利用化学试剂降解半纤维素或脱除木质素；利用纤维素酶酶解去除纤维素等（图5-14）。利用物理、化学和生物的方法对木材细胞壁三大组分进行分离与重构，能够得到结构更加优化、孔隙更丰富、化学亲和力更高的木材基底。

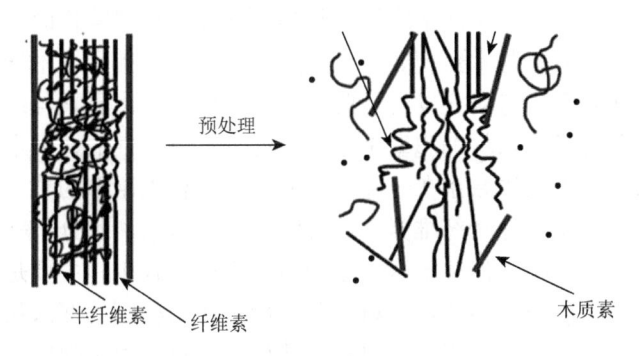

图 5-14 酶处理对纤维素、半纤维素和木质素的影响[59]
箭头指示纤维素

5.4.1 超分子结构调控

纤维素、半纤维素和木质素之间的键合方式对木材细胞壁性能有重要影响。木材细胞壁的组织结构是以纤维素作为骨架，其组成单位是有规则聚集在一起的纤维素聚集体。研究推测纤维素聚集体内存在部分结晶的纤维素或无定形的半纤维素，纤维素微晶与无定形半纤维素紧密相连，形成微纤维网络，无定形木质素包围在纤维素微晶、微纤丝等之间，而果胶以交联多糖形式形成水凝胶将细胞壁各组分"黏合"在一起。有研究利用动态傅里叶变换红外光谱证明了针叶材的纤维素与葡甘露聚糖之间存在紧密连接，在外力作用下两个组分的分子性能显示二者之间有较强的交互作用。

最新研究证明针叶材中木聚糖与纤维素微纤丝的结合行为与葡甘露聚糖相似。对于阔叶材，半纤维素中具有低取代度的木聚糖首先填充于微纤丝间与之形成紧密连接，并增加微纤丝的聚合度。而木质素与半纤维素的结合方式则依半纤维素的类型呈现不同结合方式。研究者对云杉的木质素-碳水化合物复合体（LCC）进行了化学分析，发现高缩合型木质素与葡甘露聚糖之间、低缩合型木质素与木聚糖之间均存在化学连接。对于阔叶材，低取代度木聚糖在纤维素与缩合型木质素之间起连接作用，而高取代度木聚糖与非缩合型木质素之间的结合更为紧密。

对于针叶材，低取代度木聚糖的位置被葡甘露聚糖取代。研究表明木质素自聚集形成高度疏水和动态独特的纳米域，与木聚糖有广泛的表面接触。木聚糖和木质素之间的物理相互作用由大量非共价键相互作用主导，果胶通过酯键或醚键与木质素共价连接进而与半纤维素结合。对于纤维素和木质素之间的相互作用，在正常木材中还未发现二者之间存在直接交联。最新研究表明，在应压木中，木质素与纤维素存在直接耦合，在正常木材中不存在这种现象。而具有双亲性的半纤维素：一方面，通过氢键与纤维素之间建立物理连接；另一方面，与木质素之间既存在物理连接，同时也存在化学连接（酯键、醚键、苷键等共价键）。

研究证实了木质素与木聚糖之间通过共价键连接，揭示了木聚糖同时沉积于木质素和纤维素表面。有研究发现，脱除葡甘露聚糖后木质素与纤维素间的交联有效增强。由此可见，木材细胞壁是通过半纤维素将刚性的、亲水性的纤维素与黏性的、疏水性的木质素联系在一起，从而保持木材细胞壁的整体性。综上，木材超分子结构调控主要是对纤维素、半纤维素、木质素、水分子等木竹材中分子间的相互作用进行调控，但关于这方面的研究当前还较少，主要是由于木材超分子科学尚处于起步阶段，随着对木材超分子相互作用机制的深入认知，针对木材超分子调控的研究将会成为研究的热点。此外，木材三大素间的排列为仿生提供了新的启发，如初生壁的膨化、细胞壁水合压力等。

5.4.2 纤维素调控

纤维素是木材细胞壁的骨架物质，对木材力学性能具有较大影响。纤维素的调控主要包括纤维素含量和纤维素结晶区的调控。在一定处理条件下，Ⅰ型纤维素晶体可以转变为Ⅱ型纤维素结构，从而使得其性能方面产生变化（图5-15）。利用白腐菌部分去除轻木的半纤维素和木质素成分，保留纤维素骨架，增加了宏观木材的变形能力，利用纤维素本身成功实现了纤维素晶体的调控。调控之后，

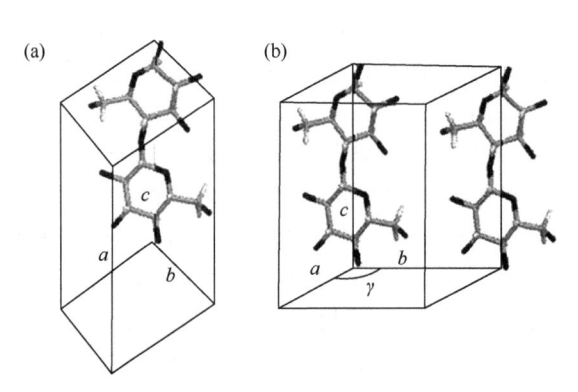

图5-15 I_α型纤维素（a）和I_β型纤维素（b）晶胞的组装形式[60]

木材的压电效应与未经处理的木材相比提高了 55 倍,其在木基纳米发电机方面具有一定应用空间。炭化处理也是改变木材和竹材纤维素晶体结构的手段,结果表明:炭化处理后的竹材纤维素在碱性溶液中更容易发生结构变化,I_α型纤维素与I_β型纤维素的比例由 28%下降到 22%,Ⅰ型纤维素与Ⅱ型纤维素的比例由 162%下降到 49%,纤维素结晶度指数由 70.5%提高到 75.6%。

纤维素的聚集态结构主要指纤维素大分子的排列状态、排列方向、聚集紧密程度等,与纤维素的性能有重要关系。在细胞壁中,纤维素以结晶区和无定形区共存。纤维素的结晶度与其物理性质、化学性质、力学性质均有密切关系。结晶度越高,纤维素中分子排列越有序,孔隙较少,分子间的结合力越强。最近,有研究学者成功对纤维素聚集态进行调控,通过分子通道工程实现高性能固体聚合物离子导体的制备。美国马里兰大学研究团队利用铜离子(Cu^{2+})与 CNF 的配位(Cu-CNF)将聚合物链之间的间距扩展为分子通道来改变纤维素的晶体结构,从而实现锂离子的插入和快速运输[61]。在这种一维传导通道中,丰富的含氧纤维素功能基团和少量结合水,通过与聚合物分段运动解耦的方式帮助锂离子运动。这种分子通道工程方法与其他聚合物和阳离子具有通用性,实现了高导电性,可制备安全、高性能的固态电池。

5.4.3 木质素、半纤维素、胶质层等化学组分调控

木质素是一种由交联的苯丙烷单元组成的无定形支化聚合物,是地球上含量第二大的聚合物[62]。木质素是包围于管胞、导管、纤维细胞等细胞外的物质,并使这些细胞具有特定显色反应。木质素与纤维素、半纤维素一起,形成植物骨架的主要成分,在数量上仅次于纤维素。木质素填充于纤维素构架中增强植物体的机械强度,利于输导组织的水分运输和抵抗不良外界环境的侵袭。木质素赋予细胞壁刚性和抗腐性能,对于木质素的调控总结来讲主要包括脱除处理、改变化学基团、回填利用等。

脱木素是去除木质素和部分半纤维素的重要预处理步骤,可以去除木材中的色素团,同时使所得到的结构具有更高的孔隙率和更好的纳米纤维取向。这种脱木素处理改变了天然木材的机械、热力、光学、流体和离子性质和功能。通过化学处理去除木质素和半纤维素,打乱了天然木材的细胞壁,导致具有许多堆叠拱形层的层状结构。层状结构在高温炭化后也能得到较好的保存。这种层状结构在 50%应变下具有高达 80%的压缩性和 10000 次压缩循环的高抗疲劳性能,此外,在压缩过程中也表现出敏感的电导率变化。

研究者通过对天然椴木进行脱木素处理,制备了一种可伸缩的、高离子导电性木质纳米流体膜。经脱木素处理后,木材细胞壁中排列整齐的纤维素纳米纤维

之间产生了更多的纳米通道。由于纤维素具有丰富的官能团，通过化学处理将羟基转化为羧基，可以很容易地调节表面电荷密度，提高木材基纳米流体膜的离子导电性。通过致密化处理，可将纳米纤维间距在 2～20 nm 的范围内进行调节，将离子电导率提高了一个数量级。木基纳米流体膜的几何形状和表面电荷的改变，也可以调控离子输运，从而实现可调的离子导电性和选择性。

另有研究通过选择性地去除天然木材中的木质素来使木材透明并同时保留其天然纹理，开发出一种美学透明的木材。由于早材和晚材之间存在明显的微观结构差异，在空间选择性除去木质素后，早材区几乎变成了白色，而晚材区保留了部分木质素，再将折射率匹配的聚合物/环氧树脂填充到木材骨架中，以使木材透明并保留原始纹理。该材料结合了美学与光学透明性、紫外线阻隔性、隔热性、机械强度等功能，在现代绿色建筑中拥有巨大的潜力。

5.5 本章小结

本章介绍了木竹材超分子结构的主要调控方法，对木竹材中各类细胞的结构特征和重要功能进行总结，并从细胞、壁层、组分三个层级对木竹材超分子结构的调控进行论述。木竹材超分子结构的主要调控方法概括而言包括：物理调控方法、化学调控方法、生物调控方法及协同调控方法。其中物理调控和化学调控是对木竹材传统的调控方法，物理调控相对更加绿色环保，但是改性效果存在一定的局限性。化学调控方法相对于物理调控方法一般需要用到一些化学药剂，但在改性效果方面更加显著。生物调控是比较新的调控手段，主要利用微生物、蜂虫等进行调控，是目前最经济的调控手段，但是很难实现精准控制。当前木竹材功能材料开发过程中，对木竹超分子结构的调控一般都是几种方法的协同，很难通过单一的方法实现。

木竹材细胞调控方面，薄壁细胞、导管、管胞、木纤维、射线细胞等各种类型细胞是木材结构调控的主体对象。木材细胞的调控要利用和优化细胞原本的功能，深入挖掘被忽视的潜能，通过结构调控赋予其新功能。当前关于薄壁细胞的调控应用在木材中相对较少，对于竹材薄壁细胞的调控，可以将其应用于药物存储和缓释，或者作为电容储能活性材料前驱体来存储电荷。对于导管的调控主要利用其大孔道结构的输导作用，通过导管壁的修饰、负载等作为流体催化微反应器、液流电池电极、流体微芯片等。对于管胞的调控主要利用输导和支撑作用，通过调控制备木基水凝胶、微反应器等。对于木纤维的调控，主要利用其支撑功能，作为电极支撑材料、生物反应器木基骨架、复合材料的支架等。对于射线细胞的调控，可以激活木材的弹性功能，实现弦向的可压缩回弹性。

木竹材细胞壁结构调控方面，主要针对细胞壁壁层结构、纹孔结构、细胞壁纳米孔隙结构、细胞壁表界面等进行调控。壁层结构主要针对纤维素微纤丝、微纤丝角等进行调控，通过调控可以改变木竹材的力学性能。对于纹孔结构的调控，主要利用纹孔纳米级的孔隙结构，通过结构调控，在油水分离、太阳能蒸发器、水处理等方面进行应用。对于纳米孔隙结构的调控，可以通过脱木素处理、炭化、浸渍聚合物、负载 MOF 等进行调控。

木材细胞壁组分调控方面，主要对木竹材细胞壁的超分子结构、纤维素、半纤维素、木质素等化学组分进行调控。主要利用化学试剂降解半纤维素或脱除木质素，利用纤维素酶酶解去除纤维素等，利用物理、化学和生物的方法对木竹材细胞壁三大组分进行分离与重构，从而制备结构更加优化、孔隙更丰富、化学亲和力更高的木竹材基底，为木竹材的进一步功能化处理提供模板。

木材作为一种生物质材料，生产过程碳排放水平低，与钢材、玻璃和水泥等传统建材相比节能降碳优势明显，是一种环保、可再生的天然生物质材料。面对日益严峻的环境污染和能源枯竭，木材作为一种负碳材料展现出巨大的发展潜力。木材细胞中的细胞壁作为实体结构与木材的性能密切相关。随着纳米技术和木材科学的发展，人们对木材细胞壁的超分子构造和组分间相互作用机制的认识越来越深入，木材超分子结构调控成为当前木材科学研究的热点，是实现其功能化利用的重要手段。通过多尺度超分子结构协同调控，不仅能够优化木竹材固有的性质（输导、机械支撑、存储、自适应等），还能够赋予木竹材新的功能，使其应用于环境净化、光热管理、离子传输、生物载药、软体机器人等领域，颠覆人们对木竹材传统的认知，为木竹材作为可持续功能材料的开发提供新思路，扩宽木竹材的应用领域，使其更好地服务于人类生活。

当前，通过对木竹材超分子结构的调控，已初步实现了木竹材在多领域的功能化应用。但受表征方法的局限，目前对木竹材超分子结构的认识还不够明晰，木竹材特有的结构还没有被充分开发和利用。因此，对于木竹材超分子结构在分子尺度上的精确调控技术有待挖掘，对于非共价键组装及动态响应模式尚未成体系。未来研究应聚焦于以下几个方面：①重点关注原位表征手段、模拟手段的联合使用，以木竹材的纳米级结构为基本单元，揭示木竹材组分间的共价键与非共价键相互作用机制，为木竹材超分子结构调控提供依据。②深入挖掘木竹材自身的智能结构，为木竹材超分子结构调控提供支撑。③在分子尺度对木竹材进行精准调控，开发木竹材的增材制造和纳米组装等细胞壁超分子结构调控新技术，实现组装精度在纳米级的木竹材加工与功能构建。④充分利用木竹材细胞壁，研发通用建材，促进工程创新和新型工程木材类型的应用，发展绿色建筑，满足我国国民经济建设、人民居住健康的需要。⑤促进木材超分子科学与其他学科的交叉融合，将木材超分子科学研究与生物学、生命科学、物理学、材料科学等学科相融合，为木竹材超分子结构调控和木竹基新型功能材料的研发提供可行性方案，促进木竹基超分子材料在高性能结构材料、包装材料、新能源材料等方面的应用。⑥开发绿色、低碳的木竹材超分子结构调控技术，创新实现木竹基功能材料的绿色加工，加快推进生物质基新材料的产业化应用，助力国家"双碳"目标的实现。

参 考 文 献

[1] 李坚. 木材科学. 北京：科学出版社，2014：44-67.

[2] 卢芸. 木材超分子科学：科学意义及展望. 木材科学与技术，2022，36（2）：1-10.

[3] 苌珊珊，胡进波，赵广杰. 不同干燥预处理对杨木应拉木孔隙结构的影响. 北京林业大学学报，2011，33（2）：91-95.

[4] Broda M，Curling S F，Frankowski M. The effect of the drying method on the cell wall structure and sorption properties of waterlogged archaeological wood. Wood Science and Technology，2021，55：971-989.

[5] Papadopoulos A N，Hill C A S，Gkaraveli A. Determination of surface area and pore volume of holocellulose and chemically modified wood flour using the nitrogen adsorption technique. Holz als Roh-und Werkstoff，2003，61：453-456.

[6] 蔡绍祥，王新洲，李延军. 高温水热处理对马尾松木材尺寸稳定性和材色的影响. 西南林业大学学报（自然科学），2019，39（1）：160-165.

[7] 高帅，王翔宇，田国钰，等. 杨木短时水热处理脱除半纤维素和木质素. 造纸科学与技术，2022，41（2）：19-23.

[8] Jakob H F，Tschegg S E，Fratzl P. Hydration dependence of the wood-cell wall structure in *Picea abies*. A small-angle X-ray scattering study. Macromolecules，1996，29（26）：8435-8440.

[9] 王哲，王喜明. 木材多尺度孔隙结构及表征方法研究进展. 林业科学，2014，50（10）：123-133.

[10] 顾炼百，丁涛，江宁. 木材热处理研究及产业化进展. 林业工程学报，2019，4（4）：1-11.

[11] Wang S Y，Hung C P. Electromagnetic shielding efficiency of the electric field of charcoal from six wood species. Journal of Wood Science，2003，49：450-454.

[12] Han S，Wang J，Wang L. Preparation of hydrophobic，porous，and flame-resistant lignocellulosic carbon material by pyrolyzing delignified wood. Vacuum，2022，197：110867.

[13] Ji T，Sun H，Cui B，et al. Sustainable and conductive wood-derived carbon framework for stretchable strain sensors. Advanced Sustainable Systems，2022，6（3）：2100382.

[14] 李贤军. 木材微波真空干燥特性及其热质迁移机理. 北京：中国环境出版社，2009：3-4.

[15] 王振宇，林兰英，傅峰，等. 木材高强微波处理及其结构失效机制研究进展. 林业工程学报，2022，7（4）：13-21.

[16] 翁翔. 微波处理对杉木干燥特性的影响机制研究. 北京：中国林业科学研究院，2020.

[17] Lauberts M，Lauberte L，Arshanitsa A，et al. Structural transformations of wood and cereal biomass components induced by microwave assisted torrefaction with emphasis on extractable value chemicals obtaining. Journal of Analytical and Applied Pyrolysis，2018，134：1-11.

[18] Song J，Chen C，Zhu S，et al. Processing bulk natural wood into a high-performance structural material. Nature，2018，554（7691）：224-228.

[19] 黄荣凤. 实木层状压缩技术. 木材工业，2018，32（1）：61-62.

[20] Kolya H，Kang C W. Effective changes in cellulose cell walls，gas permeability and sound absorption capability of

Cocos nucifera（palmwood）by steam explosion. Cellulose，2021，28（9）：5707-5717.

[21] Akpan E I, Wetzel B, Friedrich K. Eco-friendly and sustainable processing of wood-based materials. Green Chemistry，2021，23（6）：2198-2232.

[22] Song J, Chen C, Yang Z, et al. Highly compressible, anisotropic aerogel with aligned cellulose nanofibers. ACS Nano，2018，12（1）：140-147.

[23] 常德龙, 段新芳, 胡伟华, 等. 酸碱对防止泡桐木材变色的影响. 东北林业大学学报，2006，34（2）：3.

[24] 李利芬, 吴志刚, 梁坚坤, 等. 低共熔溶剂在木质纤维类生物质研究中的应用. 林业工程学报，2020，5（4）：20-28.

[25] 田锐, 胡亚洁, 刘巧玲, 等. 低共熔溶剂在木质纤维生物质预处理领域的研究进展. 中国造纸，2022，41（3）：78-86.

[26] 由利丽. 液氨预处理对纤维素纤维结构及反应性影响的研究. 广州：华南理工大学，1997.

[27] 黄元, 王志敏, 张宏森, 等. 芬顿反应应用于木质纤维素生物质预处理的研究现状. 纤维素科学与技术，2018，26（4）：68-75.

[28] Jeremic D, Cooper, P, Brodersen P. Penetration of poly(ethylene glycol) into wood cell walls of red pine. Holzforschung，2007，61（3）：272-278.

[29] Trey S M, Netrval J, Berglund L, et al. Electron-beam-initiated polymerization of poly(ethylene glycol)-based wood impregnants. ACS Applied Materials & Interfaces，2010，2（11）：3352-3362.

[30] Sun J, Guo H, Schädli G N, et al. Enhanced mechanical energy conversion with selectively decayed wood. Science Advances，2021，7（11）：eabd9138.

[31] Nadir N, Ismail N L, Hussain A S. Fungal pretreatment of lignocellulosic materials. Biomass for bioenergy-recent trends and future challenges. IntechOpen，2019.

[32] Salanti A, Zoia L, Zanini S, et al. Synthesis and characterization of lignin-silicone hybrid polymers as possible consolidants for decayed wood. Wood Science and Technology，2016，50（1）：117-134.

[33] 周松峦, 卫扬波, 李壶葳, 等. 细菌纤维素对木质文物修复的初步探索. 文物保护与考古科学，2008，20（3）：55-57.

[34] Wang F, Cheong J Y, Lee J, et al. Pyrolysis of enzymolysis-treated wood: hierarchically assembled porous carbon electrode for advanced energy storage devices. Advanced Functional Materials，2021，31（31）：2101077.

[35] Peng X, Zhang L, Chen Z, et al. Hierarchically porous carbon plates derived from wood as bifunctional ORR/OER electrodes. Advanced Materials，2019，31（16）：1900341.

[36] 钟慧娴, 袁霄, 陈勇平. 木结构古建筑常见虫害特征及防治分析. 木材科学与技术，2022，36（3）：96-100.

[37] 彭霄鹏. 杨树木质素合成基因 C_3H 与 HCT 表达下调对细胞壁组成与结构的影响. 北京：北京林业大学，2015.

[38] Xiao S, Chen C, Xia Q, et al. Lightweight, strong, moldable wood via cell wall engineering as a sustainable structural material. Science，2021，374（6566）：465-471.

[39] 李军. 氨水处理与微波加热联合软化木材的弯曲工艺. 南京林业大学学报，1998，22（4）：55-59.

[40] Liu Y, Chen W, Xia Q, et al. Efficient cleavage of lignin-carbohydrate complexes and ultrafast extraction of lignin oligomers from wood biomass by microwave-assisted treatment with deep eutectic solvent. ChemSusChem，2017，10（8）：1692-1700.

[41] 费本华, 黄艳辉, 覃道春. 竹材保护学. 北京：科学出版社，2022：15-20.

[42] Lin Q, Gao R, Li D, et al. Bamboo-inspired cell-scale assembly for energy device applications. npj Flexible Electronics，2022，6（1）：13.

[43] Li X, Liao Q, Yang Y, et al. Facile, high-yield, and freeze-and-thaw-assisted approach to fabricate bamboo-derived

hollow lignocellulose microcapsules for controlled drug release. ACS Sustainable Chemistry & Engineering, 2022, 10 (47): 15520-15529.

[44] Keplinger T, Cabane E, Berg J K, et al. Smart hierarchical bio-based materials by formation of stimuli-responsive hydrogels inside the microporous structure of wood. Advanced Materials Interfaces, 2016, 3 (16): 1600233.

[45] Lu L L, Lu Y Y, Xiao Z J, et al. Wood-inspired high-performance ultrathick bulk battery electrodes. Advanced Materials, 2018, 30 (20): 1706745.

[46] Tu K, Puértolas B, Adobes-Vidal M, et al. Green synthesis of hierarchical metal-organic framework/wood functional composites with superior mechanical properties. Advanced Science, 2020, 7 (7): 1902897.

[47] Liu L, Ji Z, Zhao S, et al. Wood-based self-supporting flexible electrode materials for energy storage applications. Journal of Materials Chemistry A, 2021, 9 (10): 6172-6179.

[48] Yang Y, Sun X, Cheng Z, et al. Functionalized well-aligned channels derived from wood as a convection-enhanced electrode for aqueous flow batteries. ACS Applied Energy Materials, 2020, 3 (7): 6249-6257.

[49] Qin D, Gibbons A H, Ito M M, et al. Structural colour enhanced microfluidics. Nature Communications, 2022, 13 (1): 2281.

[50] Gao R, Huang Y, Gan W, et al. Superhydrophobic elastomer with leaf-spring microstructure made from natural wood without any modification chemicals. Chemical Engineering Journal, 2022, 442: 136338.2-136338.8.

[51] Li K, Wang S, Chen H, et al. Self-densification of highly mesoporous wood structure into a strong and transparent film. Advanced Materials, 2020, 32 (42): 2003653.1-2003653.9.

[52] 江泽慧, 黄安民, 费本华, 等. 利用近红外光谱和 X 射线衍射技术分析木材微纤丝角. 光谱学与光谱分析, 2006, 26 (7): 1230-1233.

[53] Tabet T A, Aziz F A. Cellulose microfibril angle in wood and its dynamic mechanical significance. Cellulose-Fundamental Aspects, 2013, 5: 113-142.

[54] Kim S, Kim K, Jun G, et al. Wood-nanotechnology-based membrane for the efficient purification of oil-in-water emulsions. ACS Nano, 2020, 14 (12): 17233-17240.

[55] Li T, Liu H, Zhao X, et al. Scalable and highly efficient mesoporous wood-based solar steam generation device: localized heat, rapid water transport. Advanced Functional Materials, 2018, 28 (16): 1707134.1-1707134.8.

[56] Montanari C, Olsén P, Berglund L A. Sustainable wood nanotechnologies for wood composites processed by *in-situ* polymerization. Frontiers in Chemistry, 2021, 9: 682883.

[57] Chen C, Xu S, Kuang Y, et al. Nature-inspired tri-pathway design enabling high-performance flexible Li-O$_2$ batteries. Advanced Energy Materials, 2019, 9 (9): 1802964.

[58] Zhu X, Hu J, Liu G, et al. Unique 3D interpenetrating capillary network of wood veneer for highly efficient cross flow filtration. Journal of Materials Science, 2021, 56: 3155-3167.

[59] Maican E, Coz A, Ferdeş M. Continuous pretreatment process for bioethanol production. Proceedings of the 4th International Conference on Thermal Equipment, Renewable Energy and Rural Development. Bucureşti, Romania: University Politehnica of Bucharest, 2015, 35: 287.

[60] Rongpipi S, Ye D, Gomez E D, et al. Progress and opportunities in the characterization of cellulose: an important regulator of cell wall growth and mechanics. Frontiers in Plant Science, 2019, 9: 1894.

[61] Yang C, Wu Q, Xie W, et al. Copper-coordinated cellulose ion conductors for solid-state batteries. Nature, 2021, 598 (7882): 590-596.

[62] 陈冰玉, 邱明伟. 木质素解聚研究新进展. 高分子材料科学与工程, 2019, 35 (6): 157-164.

6 木竹超分子界面构筑

物质世界中，表界面随处可见，无处不有，发生在表界面的种种过程即所谓的表界面现象。表面效应在我们的日常生活中无所不在，并且和我们的生活紧密联系。人类大脑皮层所进行的讯息交流与传导，被看作是如今大自然中最复杂的界面过程之一。植物通过叶表面的叶绿素，把空气中游离的二氧化碳和水转化为淀粉和氧的光合作用，也是一个众所周知的表界面反应。此外，在分析化学中还有指示剂吸附、离子交换、过滤、色谱和脱色作用等；物理化学中的结晶过程，过冷、过热和过饱和现象，电极过程等；生物化学及分子生物学中的核酸、蛋白质、电泳、渗透、病毒和膜现象等；高分子化学中的合成纤维、塑料、涂料、胶黏剂等；材料科学中的腐蚀、断裂、润滑、冶金、合金等；陶瓷水泥和高分子材料等；化工生产中的萃取、电解、电镀、印染等过程，以及生产的墨水、纸浆、油墨、洗涤剂、催化剂和分散剂等产品；环境保护中的净化，污水处理，除气溶胶、尘、雾、泡珠等；石油化工、地质和土壤科学中的石油回收和处理、浮选富集矿石、土壤改良等。以上都是不同层次表界面物理化学问题。

一般而言，常常用"表面"来描述气-固及气-液界面的概念，然而对于固-液、液-液、固-固间的过渡地带，将其称为"界面"，表面就是指任意两相之间的界面。关于表界面的分类，主要可以采用两个标准，首先是依据物质的聚集状态，将其划分为固-气、液-气、固-液、液-液、固-固五个类别。需要注意的是，由于气体与气体之间始终保持着均相，所以并不涉及任何界面问题。其次是按照形成方式对表界面进行区分，常见的类型包括：通过切割、打磨、抛光、喷砂、摩擦等方式产生的机械效应界面；反应、黏附、氧化、腐蚀等因素导致的化学效应界面；真空、温度变化、压力变化、界面扩散等原因所造成的固体结合界面；液相或是气相沉积界面；凝固共生界面；由热压、锤炼、烧结、热喷涂等手段产生的粉末冶金界面；由无机或是有机黏结剂黏结而成的界面；由固体的表面形成熔融体并经过凝固后得到的熔焊界面。

将一些常见的材料表界面展示于图 6-1。

对由多种成分组成的物质来说，其各个部分间可构建出非均质结构，这意味着该系统中至少包含了两种具有明显差异性的相，并且这些相必然有某个边界；即便是一种单一成分的物料，也会因为如位错、结晶形态等因素导致出现诸如晶界之类的瑕疵，还有可能引发内部出现界面问题。而当两个相彼此接触时，

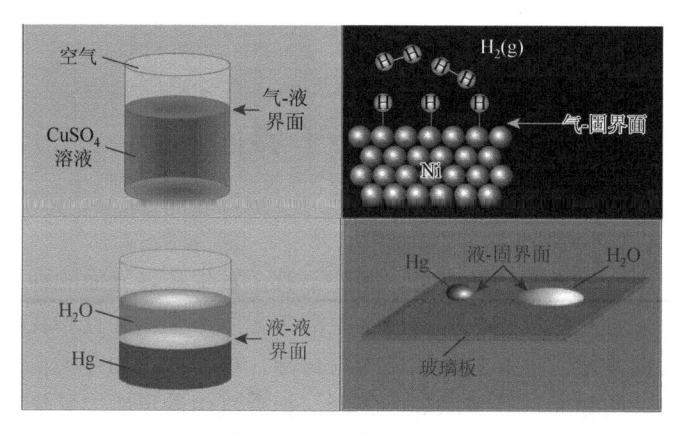

图 6-1 常见材料表界面

它们间的交接并非简单的几何面，更像是一个准三维区域，即"界面"，被视为一种介乎两者之中的过渡地带，它的广度无穷，但深度仅大约几个分子线度。事实上，并不能找到明确的两个相界的划分点，所以通常会把这个区间看作另一相域，称为"界面相"或是"界面区"。与此相对应的是，位于这两个相区的两侧且保持一致的两个均匀相被称为"本体相"，无论哪种相发生变化都可能影响这一界面的特性。

材料的表界面对材料整体性能，如腐蚀、老化、硬化、破坏、涂膜、黏结、复合等具有决定性的影响。以聚合物界面层对性能的影响为例：聚合物共混物中界面相的组成、结构与独立的相区有所不同，它对聚合物共混物的性能，特别是力学性能有着重要的影响。共混物相与相之间的分界面如果非常明显，即相与相中的分子或链段互不渗透，作用力将会很弱，这样的体系必然不会有高的力学强度。力学相容的共混物在界面层内两相的分子链段中共存，两种聚合物分子链段在这里互相扩散、渗透，形成相间过渡区，它对稳定两相结构的形态，提高相间界面黏结力，进而提高共混物材料的力学性能起着很大作用。

在界面形成的过程中，如果受到树脂浸渍、高温高压及湿热等各种物理和化学作用的影响，表面的微观结构乃至化学性质都可能发生变化。在过去的几十年里，人们一直在研究表界面修饰化学。等离子体、电晕、火焰、光子、电子、离子、X射线、G射线和臭氧处理等表界面处理方法，可以改变复合材料表界面的化学性质而不影响其本体性质。因此，分析材料的表界面现象对实现材料功能化至关重要。

6.1 木竹材表界面概要

6.1.1 木竹材表界面结构特征

木材是一种多孔、吸湿、黏弹性、各向异性的三维生物聚合物材料，由纤维素、半纤维素、木质素、提取物和无机物组成。表面是动态的，随着湿度、温度、氧气水平、紫外线能量、微生物和压力的变化而不断变化。关于木材表面的深度问题，没有简单的定义，它根据所讨论的应用而变化。图 6-2 为常见木竹材胶合表界面。例如，涂层或黏合剂渗透的界面深度不同于吸湿的界面深度。紫外线（UV）穿透杉木表面的深度超过 70 μm，导致杉木条的抗拉强度发生变化，深度为 70～140 μm。因此，可以将 70～140 μm 作为木材界面深度的一种定义[1]。

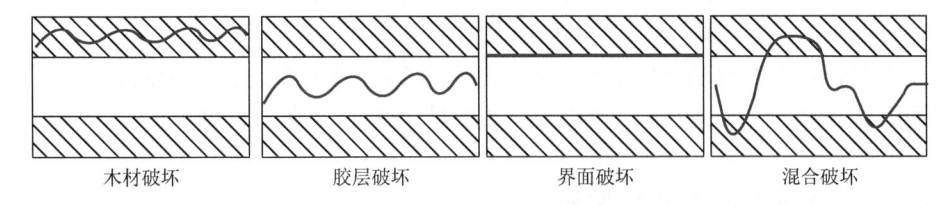

图 6-2 常见木竹材胶合表界面

竹纤维含有 26%～43%的纤维素、30%的半纤维素、21%～31%的木质素，碱处理促进了部分无定形成分的去除，如可溶于碱溶液的半纤维素、木质素和纤维素，因此降低了纤维聚集的水平，使表面更粗糙。可以得出结论，部分去除的半纤维素和木质素增强了基质-纤维界面，并确保了基质和天然纤维之间的优异黏合。碱处理为竹纤维提供了非常有效的表面改性和低成本的处理方式。丝光处理有助于改变表面化学性质、清洁纤维表面、减少吸湿、改善表面粗糙度。此外，清洗后的竹纤维表面进一步提高了基体与竹纤维之间的化学键合。天然纤维素微纤丝的表面链由结晶纤维素形成 C6 构象，因此形成了不同的外部和内部的氢键。由纤维素构象注入的分散力和静电力也作用于微纤维表面。表面构象取决于纤维素与水、其他微纤维片的表面相互作用或与非纤维素聚合物的相互作用[2]。

木竹材的表面性质十分复杂。因为木竹材是一种天然的高聚物，既有生物学特征，又具有化学和物理特征，同时还是一种不均匀的各向异性材料。材料种类不同，材性变异很大；即使是同一种类的木竹材，由于切面不同，所裸露的解剖分子的形态、比例及其纤维素、半纤维素、木质素和抽提物的含量均有变化。这些变化对木竹材的表面特性、表面物理性质和表面化学性质均有影响。此外，木材还有早材与晚材、边材与心材、成熟材与未成熟材之分等，这些解剖构造的变异也对木材的表面性质产生影响。

在木竹材的加工和利用过程中，人们很重视木竹材的总体性质，如压缩强度、冲击韧性和黏弹性等，然而对于木竹材的局部性质——表面特性的了解和研究还不够多。但是在实际中人们发现，在加工时，只要将木竹材的表面性质加以改变就可以满足某些特定用途的要求，从而能够提高其使用价值、扩大应用范围。例如，不同树种的木竹材或不同种类的材料，由于它们所具有的表面性质不同，其胶合性和涂饰性也不同。对于难以胶合或涂饰的抽提物含量高的木材，以及竹皮、藤皮等纤维材料，只需将其表面的润湿性予以改良即可改善其胶合性和涂饰性。再如，置于室外的木竹材或再生木竹材产品，由于气候因子的作用，其表面特性发生变化，如褪色、粗糙和产生裂纹等。如果将含有紫外光吸收剂的涂料涂刷在材料的表面即可抑制或减少其表面的光化降解，增强其耐候性。此外，还有木竹材的防腐、防虫、防变形、滞火和表面强化等各种改性处理的效果，在很大程度上均受材料本身间的界面物理、化学性质的影响。

下面介绍木竹材的一些表界面物化性质、特征的表界面表征方法及超分子表界面组装。这些都与木竹材加工工艺、保护与改性有着紧密的联系。

6.1.2 木竹材表界面物化性质

木竹材的表面性质包括表面的化学组分含量及其分布、表面电荷和表面自由能等，木竹材表面性质研究的可行性，直接关系到木竹材复合材料的界面性能。通过对热力学方法的有效应用，能够对木竹材体系表面现象实际采用的物理量进行研究和分析，在一定程度上对固体表面性质及与其他表面之间的相互作用进行体现，为木竹材表面性质研究提供了可靠的基础。

6.1.2.1 表面自由能

在木竹材表面性质的研究，尤其是在木塑复合材料的研究中，大多数包含表面自由能和表面化学官能团的研究。

液体的表面张力是各向同性的，且在数值上等于表面自由能。木竹材的表面张力是各向异性的，在数值上已不再等于表面自由能。在通常条件下就大部分固体而言，组成它的原子（分子或离子）在空间按一定的周期性排列，不同晶面中的原子排布是不同的。即使对于许多无定形固体也是如此，只是这种周期性的晶格延伸的范围小得多（微晶）。固体在表面原子总数保持不变的条件下，可以由于弹性形变而使表面积增加，也就是说固体的表面自由能中包含了弹性能量；不同晶面的表面自由能也不同。若表面不均匀，表面自由能甚至随表面上不同区域而改变[3]。

求解表面自由能的方法一般有 Fowkes 法、Owens-Wendt-Kaelble 法、van Oss 法和 Wu 法 4 种。Fowkes 法利用一些液体通过接触角计算固体的表面自由能。在这种情况下，表面自由能分为色散部分和非色散部分。在 Fowkes 法中，界面张力 σ_{sl} 计算基于两相表面张力 σ_s 和 σ_l 及其相互作用。这些相互作用看作是表面张力或表面自由能色散力部分 σ^D 和非色散力部分 σ^{nD}（Fowkes 无更多细节描述）的几何平均数：

$$\sigma_{sl} = \sigma_l + \sigma_s - 2\left(\sqrt{\sigma_l^D \cdot \sigma_s^D} + \sqrt{\sigma_l^{nD} \cdot \sigma_s^{nD}}\right) \tag{6-1}$$

它们的总和即表面张力或表面自由能：

$$\sigma_{sl} = \sigma_l + \sigma_s - 4\left(\frac{\sigma_l^D \cdot \sigma_s^D}{\sigma_l^D + \sigma_s^D} + \frac{\sigma_l^P \cdot \sigma_s^P}{\sigma_l^P + \sigma_s^P}\right) \tag{6-2}$$

检测固体的表面自由能至少需要两种已知表面张力极性部分和色散部分中的液体，其中至少一种液体极性部分大于 0。

测试聚合物熔化态的界面张力，如个别态低表面张力的材料之间，形成了 Wu 法的经验基础。因此，Wu 法主要适用于低表面张力（低于 40 mN/m）聚合物。Owens-Wendt-Kaelble 法是一种通过若干种液体与固体的接触角来计算固体表面自由能的方法。

$$\gamma_{lv}(1+\cos\theta) = 2\sqrt{\gamma_{sv}^d \cdot \gamma_{lv}^d} + 2\sqrt{\gamma_{sv}^h \cdot \gamma_{lv}^h} \tag{6-3}$$

几乎与此同时，Kaelble 也发表了与 Owens 和 Wendt 类似的结果，所以式(6-3)也被称为 Owens-Wendt-Kaelble 方程。式（6-3）中，液体的表面能 γ_{lv} 及其偶极-偶极分量 γ_{lv}^d、氢键分量 γ_{lv}^h 可以通过实验测定或化学手册查得，而固体的偶极-偶极分量 γ_{sv}^d 和氢键分量 γ_{sv}^h 未知，因此只需测量两种液体就可算出固体的表面能。

van Oss 等认为表面能由 Lifshitz-van der Waal 分量（分子间相互作用力——范德瓦耳斯力引起的表面能分量，简写为 LW 分量）、酸分量和碱分量组成，提出了 Lifshitz-van Waal/acid-base（van Oss）途径：

$$\gamma_{lv}(1+\cos\theta) = 2\sqrt{\gamma_{sv}^{lw} \cdot \gamma_{lv}^{lw}} + 2\sqrt{\gamma_{sv}^+ \cdot \gamma_{lv}^-} + 2\sqrt{\gamma_{sv}^- \cdot \gamma_{lv}^+} \tag{6-4}$$

式中，液体的 γ_{lv}^{lw}、γ_{lv}^-、γ_{lv}^+ 可以通过化学手册查得或直接测量获得，而固体材料的 γ_{sv}^{lw}、γ_{sv}^+、γ_{sv}^- 未知，故只需测量 3 种液体，即可计算出固体的表面能。

其中，广泛应用于木竹纤维素纤维表面能计算的是 Owens-Wendt-Kaelble 法。木竹材单板表面自由能常在接触角的基础上进行计算，采用极性液体、半极性液体和非极性液体，利用在 Fowkes 法基础上进一步优化的 van Oss 法进行计算[4, 5]。

6.1.2.2 表面电荷

木竹纤维素纤维原料自身携带一部分阴离子功能基团（羧基、磺酸基、游离羟基等），这部分基团在水溶液中会发生电离，使得纤维带有负电荷。纤维表面电荷是反映纤维表面功能基团含量的参数。在制浆和漂白过程中伴随着木质素、半纤维素等成分的氧化和溶出，纤维表面电荷特性会发生改变。Bhardwaj 等对未漂硫酸盐针叶木浆和 2 种桉木浆（硫酸盐浆和中性亚硫酸盐浆）进行了研究，认为在打浆过程中伴随着纤维的切断及细纤维化，纤维比表面积增加，暴露出更多的表面电荷。除此以外，纤维的改性过程也会改变表面电荷，如 TEMPO-NaClO-NaBr 体系（或 TEMPO-漆酶体系）会选择性将纤维素链 C6 位羟基氧化为醛基进一步氧化为羧基，造成纤维表面电荷的改变。纤维表面电荷会影响纤维对造纸湿端聚电解质类助剂的吸附，进而影响到助剂作用效果。增加纤维表面的负电荷，会增加纤维对各类阳离子助剂（如阳离子聚丙烯酰胺、阳离子淀粉、聚二烯丙基二甲基氯化铵等）的吸附，从而改善这类助剂对纤维网络成型的作用[4, 6]。

纤维表面的电荷对于它们之间的连接具有显著的效应，而主要来源于纤维表面的羧基是产生和维持氢键的关键因素之一。Duker 和 Lindström 通过对漂白化学纤维进行羧甲基化纤维素处理，使其表面电荷由 1.9 μC/m² 增加到 35.2 μC/m²[7]。

6.1.2.3 表面润湿

表面现象如液体与固体之间的润滑或者干燥都是普遍存在的，这涉及气态、液态和固态三种状态。当三种物质相互连接时，从固态至液态再到气态的边界角度被称为接触角，以 θ 表示。通常情况下，接触角 θ 的效值是判定润湿性优劣的依据。假设在固-液-气三相界面上，固-气的界面张力为 σ_{SV}，固-液的界面张力为 σ_{SL}，气-液的界面张力为 σ_{LV}。三相界面张力服从 Young 方程，根据 Young 方程，可以描述出这三者间的表面张力的关系。Young 方程是研究液固润湿作用的基础。

$$\sigma_{SV} = \sigma_{SL} + \sigma_{LV}\cos\theta \tag{6-5}$$

如果固体表面呈现出足够大的粗糙度，三相接触线在展开过程中就会遇到复杂构造带来的妨碍，这使得它们难以跨越障碍达到实现热力学平衡态。在这种情况下，液滴在固体表面形成的表观接触角就不再是一恒定值，而是在某一范围内波动，具体数值大小取决于液滴三相接触线形成的方式和过程。这一现象被称为接触角的滞后效应（contact angle hysteresis，CAH）。对于这样的固体表面，仅凭单一接触角的值并不能足以完整地描述为其润湿行为，通过测量前进接触角、后退接触角和滚动角等数据才能更准确地表征出来。接触角的滞后使液滴能稳定在斜面上。这一事实表明，造成接触角滞后的原因是液滴的前沿存在着能垒[8]。

对于复合材料而言，材料组元组成元素之间相互浸润是复合的首要条件。在复合材料制备过程中，只要涉及液相与固相的相互作用，必然就会涉及液相与固相的浸润问题。润湿性是固体材料固有的属性，常用接触角和滚动角来表征（滚动角通常可用前进角与后退角差值来表示），如图 6-3 和图 6-4 所示。当水滴在固体表面的接触角大于 150°且滚动角小于 10°时，该表面被称为超疏水表面[9]。

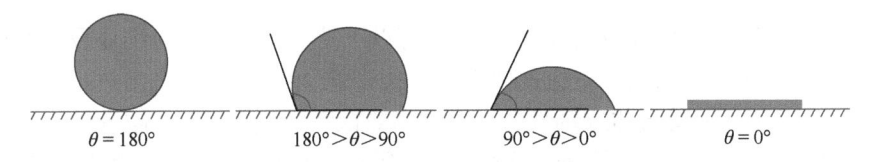

图 6-3　气-液界面不同大小接触角

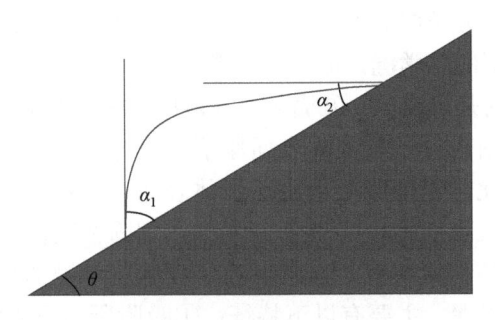

图 6-4　前进角与后退角

木材是一种各向异性的材料，各种液体滴至木材表面时会发生不同的物理或化学反应，故木材对于各种液体的吸收程度也不同。一般，液体在木材表面的接触角越小，表明其润湿性越好。

表面污染是常见的接触角滞后的原因之一。无论是液体或是固体的表面，在污染后均会引起滞后现象。例如，水在清洁的玻璃表面上是完全润湿的，接触角为 0°。但若玻璃表面上有油污，在与水接触时，大部分油将散开在水面上。表面污染往往来自液体和固体表面的吸附，从而使接触角发生显著变化。实验表明，即使气相成分变化也会引起水在金属表面上接触角的变化。由此可以设想，使用不干净的仪器，或者用手指触及试样将对实验结果产生怎样的影响。

6.1.2.4　表面吸附

固体表面的特性之一是具有吸附其他物质的能力。固体表面的分子或原子具有剩余的吸附力，当气体分子趋近固体表面时，受到固体表面分子或原子的吸引力，被拉到表面，在固体表面富集。这种吸附现象只限于固体表面包括固体孔隙中的内表面，在具有多孔特征的木竹材中几乎无处不见。如果被吸附物质深入固体体相中，则称为吸收。吸附与吸收往往同时发生，很难区分。

根据吸附的本质，将表面吸附作用区分为物理吸附和化学吸附。

物理吸附也称为范德瓦耳斯吸附，是由吸附质和吸附剂分子间作用力所引起，此力也称为范德瓦耳斯力。由于范德瓦耳斯力存在于任意两分子间，因此物理吸附可以发生在任意固体表面上。物理吸附有以下特点：①气体的物理吸附类似于气体的液化和蒸气的凝结，故物理吸附热较小，与相应气体的汽化热相近，一般在 40 kJ/mol 以下；②气体或蒸气的沸点越高或饱和蒸气压越低，越容易液化或凝结，物理吸附量就越大；③物理吸附一般不需要活化能，故吸附和脱附速率都较快；④任何气体在任何固体上只要温度适宜都可以发生物理吸附，没有选择性；⑤物理吸附可以是单分子层吸附，也可以是多分子层吸附；⑥被吸附分子的结构变化不大，不形成新的化学键，故红外、紫外光谱图上无新的吸收峰出现，但可有位移；⑦物理吸附是可逆的；⑧固体在溶液中的吸附多数是物理吸附。

化学吸附是吸附质分子与固体表面原子（或分子）发生电子的转移、交换或共有，形成吸附化学键的吸附。由于固体表面存在不均匀力场，表面上的原子往往还有剩余的成键能力，当气体分子碰撞到固体表面上时便与表面原子间发生电子的交换、转移或共有，这就导致了吸附化学键的形成。化学吸附是多相催化反应的重要步骤，主要有以下特征：①吸附所涉及的力与化学键力相当，比范德瓦耳斯力强得多。②吸附热近似等于反应热，一般在 80~400 kJ/mol 之间。③化学吸附时，固体表面与吸附质之间要形成化学键，因此吸附是单分子层的。可用朗缪尔（Langmuir）等温式描述，有时也可用弗罗因德利希（Freundlich）公式描述。④有选择性。⑤对温度和压力具有不可逆性。另外，化学吸附还常常需要活化能。化学吸附只有在特定的固-气体系之间才能发生，确定一种吸附是否是化学吸附，主要根据吸附热和不可逆性[8]。两种吸附作用相关特征异同点总结于表 6-1。

表 6-1　物理吸附与化学吸附的差别

吸附性质	物理吸附	化学吸附
吸附力	范德瓦耳斯力	化学键力
吸附热	小，近于汽化热	大，近于反应热
选择性	无	有
吸附层	单或多分子层	单分子层
吸附速率	快，不需要活化能	慢，需要活化能
可逆性	可逆	不可逆
发生吸附的温度	低于吸附临界温度	远高于吸附质温度

由于木材主要成分是木质素、纤维素和半纤维素，三者均含有大量自由羟基，属于亲水性基团，因此这些亲水基团使得木材能够从空气中直接吸收水分，表现出很强的吸水性能，导致木材容易吸水发生变形、腐朽、变色、降解，影响其使

用范围和寿命。针对木材自身的这些缺陷，国内外很多科研工作者做了相关研究，采用热处理和浸渍处理等化学方式对木材进行了功能化改性，并取得了一定进展。以下介绍了木竹材表面吸附涉及的部分重要物化性质。

（1）比表面积

定义单位质量的吸附剂具有的表面积为比表面积，是物质分散程度的一种表征方法。由于吸附发生在固体的表面，固体的吸附性能与其表面能密切相关。不难想象，物质被粉碎成微粒后，其总表面积急剧增大。

比表面积是评价木竹材处理后样品吸附性能的重要指标，包括吸水性能、各种化学助剂的可及度等。Zhu 等通过实验发现，各种化学助剂对于纤维的可及度都依赖于纤维本身比表面积的大小，纤维比表面积越大，对各种化学助剂的吸附能力就越强，相应助剂对纤维的可及度也就越高。此外，纤维之间的相对接触面积也与纤维的比表面积密切相关。Hussen 等认为纤维经过打浆，其比表面积增大，从而增加了纤维间的相对接触面积，进而促进了纤维间的结合，使得最终成纸的抗张强度提升。

比表面积可按式（6-6）计算：

$$A_0 = A/m \tag{6-6}$$

式中，A_0 为物质的比表面积，m^2/g；A 为物质的总表面积，m^2；m 为物质的质量，g。

（2）孔径

孔径是指多孔固体中孔道的形状和大小。木竹材是典型的多孔物质，拥有多种微观孔道组织。孔其实是极不规则的，通常把它视作圆形并以其半径来表示孔的大小。多孔性吸附剂孔径的大小及分布对其吸附性能有重要影响。例如，被吸附分子的尺寸与孔径的大小会有一定差别，这就使得某些吸附剂具有一定的选择性，因此吸附在脱水、脱气、净化和分离、催化等领域有广泛应用。孔径的分布常与吸附剂的吸附能力和催化剂的活性有关。孔半径在 10 nm 以下的孔径分布可用气体吸附法测定，部分中孔和大孔的孔径分布可用压汞法测定。当孔径的测量值很小时，通常用"Å"（10^{-10} m，Ångström，简称埃，常用在吸附工艺中）做单位。

（3）孔容

孔容又称孔体积，指单位质量多孔固体所具有的细孔总容积，也可称为比孔容 V_g。这是多孔结构吸附剂或催化剂的特征值之一。

（4）吸附量

吸附量用来表示固体表面吸附气体的能力。吸附量的多少可用单位质量吸附剂所吸附气体的物质的量或体积来表示，即 $q = n/m$。吸附量与吸附剂、被吸附气体（吸附质）的性质及温度和气体的压力有关。在吸附剂和吸附质选定的体系中，吸附量取决于温度 T 和气体的压力 p。为了找出它们的规律性，常常固定一个变量，然后求出其他两个变量之间的关系。

（5）吸附热

吸附热是指吸附过程产生的热效应，是衡量吸附剂吸附功能强弱的重要指标之一，吸附热越大，吸附越强。在吸附过程中，气体分子移向固体表面，其分子运动速度会大大降低，因此释放出热量。物理吸附的吸附热等于吸附质的凝缩热加湿润热，一般为几百焦耳每摩尔到几千焦耳每摩尔，最大不超过 40 kJ/mol。化学吸附过程的吸附热比物理吸附过程的大，其数值相当于化学反应热，一般为 84~417 kJ/mol。吸附温度也会影响吸附热的大小。在实际操作中，吸附热会导致吸附层温度升高，进而使吸附剂平均活性下降。

6.1.3 木竹材表界面相关理论

6.1.3.1 研究吸附等温线及其类型的意义

恒温条件下，$q = f(p)$，称为吸附等温式；恒压条件下，$q = f(T)$，称为吸附等压式；恒 q 条件下，$p = f(T)$，称为吸附等量式。三种吸附式中最常用的是吸附等温式。在恒温条件下，通过实验，以吸附量 q 对气体压力 p 作图，得到的曲线称为吸附等温线。吸附等温线有五种类型，如图 6-5 所示。

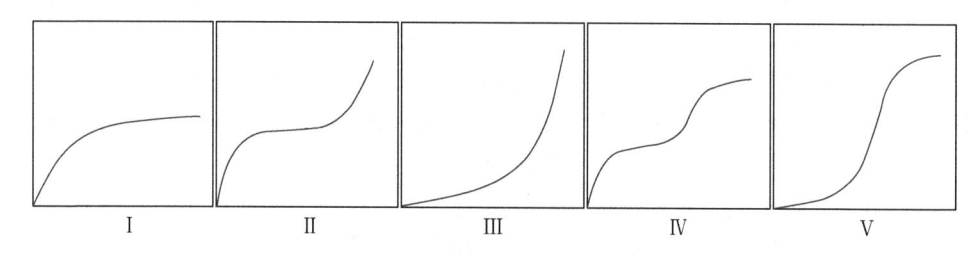

图 6-5 吸附等温线的五种类型

吸附等温线是用于描述气体或液体与固体表面相互作用的曲线。这些曲线反映了在固体表面附近吸附分子的数量和随着吸附压力的变化而发生的变化。五种类型的吸附等温线反映了吸附剂表面性质、孔分布以及吸附剂和吸附质之间的相互作用等。了解吸附等温线及其类型的意义在于：①了解吸附过程的特征和机制，有助于我们更好地理解和掌握吸附现象。②可以应用于许多领域，如环境、材料科学、化学工程等。例如，吸附等温线可用于研究污染物在土壤、水体中的吸附和去除，也可用于选择最佳吸附剂，优化吸附工艺。③吸附等温线的类型可以反映吸附机制的不同，如单分子层吸附、多分子层吸附等，从而有助于我们更深入地了解吸附行为的本质和特点。④进一步研究吸附等温线的变化和规律，可以为新型吸附材料的设计和应用提供指导和参考。

6.1.3.2 气体吸附模型

Langmuir 单分子层吸附理论：Langmuir 用动力学的观点研究了吸附等温线，基本观点是：固体表面存在一定数量的活化位置，当气体分子碰撞到固体表面时，就有一部分气体被吸附在活化位置上，并放出吸附热；每个活化位置可吸附一个分子，若固体表面已盖满一层吸附分子，则力场达到饱和，因此吸附是单分子层的；固体表面是均匀的，表面各个位置发生吸附时吸附热都相等，被吸附分子间没有相互作用力，已吸附在固体表面上的气体分子，当其热运动足够大时，又可重新回到气相，即发生脱附。吸附和脱附过程为动态平衡。该理论方程如下：

$$\theta = \frac{bp}{bp+1} \tag{6-7}$$

式中，θ 为吸附剂表面覆盖率；b 为吸附系数，定量描述了 θ 与气体分压 p 之间的关系；p 为气体分压。

Freundlich 等温吸附方程——多分子层吸附理论：Freundlich 吸附理论是描述物质在固体表面吸附的一种经验性理论，是由德国化学家 Freundlich 在 1909 年提出的。根据 Freundlich 吸附理论，物质在固体表面吸附的量与物质在溶液中浓度的幂函数呈正相关关系。Freundlich 吸附理论适用于多层吸附，比 Langmuir 吸附理论更加普适。Freundlich 吸附理论可以用来解释吸附剂对于吸附物的不同亲和力，吸附物质的浓度对于吸附量的影响等现象。在环境科学和化学工程中，Freundlich 吸附理论被广泛应用于研究吸附剂的吸附性能、筛选最佳吸附条件、优化吸附工艺等方面。Freundlich 等温吸附方程是描述物质在固体表面上吸附的热力学方程之一：

$$\frac{X}{m} = kp^n \tag{6-8}$$

式中，X 为被吸附的气体质量或指定状态下的体积；m 为吸附剂质量或标准状态下体积所表示的吸附量；p 为吸附平衡时气体的分压，Pa；k，n 分别为吸附剂、吸附质种类与吸附温度有关的特性常数。

Freundlich 等温吸附方程表明，随着吸附物质浓度的增加，吸附量也会增加，但是吸附速率会逐渐减缓，这是因为当吸附位置逐渐饱和时，吸附速率会逐渐降低。因此，Freundlich 等温吸附方程可以很好地描述吸附量与浓度之间的非线性关系。

BET 吸附方程——多分子层吸附理论：Brunauer、Emmett 和 Tellor 在 Langmuir

模型的基础上，提出了多分子层吸附理论。BET 吸附模型假定固体表面是均一的，吸附是定位的，并且吸附分子间没有相互作用。对于另外三种模型，多分子层吸附理论有以下补充：①已吸附了单分子层的表面还可以通过分子间力再吸引，即吸附是多分子层的；②各相邻吸附层之间存在着动态平衡，但并不一定第一层完全吸附满后才开始吸附下一层；③第一层吸附是固体表面与气体分子之间的相互作用，第二层以上的吸附都是吸附质分子之间的相互作用，因此，第一层与其他各层的吸附热是不同的。

Polanyi 吸附势能：对于吸附势能的计算处理，Polanyi 认为吸附有三种情况：①当吸附温度 T 远低于吸附质气体的临界温度 T_c 时，吸附膜为液态；②当 T 略低于 T_c 时，吸附膜为液态和压缩气混合体；③当 $T>T_c$ 时，吸附膜为压缩气态。在 $T<T_c$ 时，从吸附等温线结果计算吸附特性曲线最为简单方便。

6.1.3.3　木质复合材料界面理论

界面作用机制是指界面发挥作用的微观机制。表面处理剂（如偶联剂等）对界面作用起着关键性的影响。界面黏结机制主要有化学键理论、物理吸附理论、可变层理论和抑制层理论、机械作用理论、静电作用理论、化学作用理论等，在此分别进行简要介绍。

化学键理论：偶联剂在树脂与玻璃纤维表面起到一个化学的媒介作用，从而把它们牢固地连接起来。这种理论的实质是增加界面的化学结合，是改进复合材料性能的关键因素。

物理吸附理论：两相间的结合属于机械铰合和基于次价键作用的物理吸收，浸润不良会在界面上产生空隙，导致界面缺陷和应力集中，使界面强度下降。偶联剂的作用主要是促进基体与增强剂表面的完全润湿。良好的或完全浸润可使界面强度大大提高，甚至优于基体本身的内聚强度。这种理论仅是化学键理论的一种补充。

可变层理论和抑制层理论：表面经增强剂处理，在界面上形成了一层塑性层，它能松弛界面应力，减小界面应力。这种理论称为可变层理论。处理剂是界面区的组成部分，其模量介于增强剂和树脂基体之间，能起到均匀传递应力，从而减弱界面应力的作用，称为抑制层理论。处理剂提供了一种具有"自愈能力"的化学键，在负荷下，处于不断形成与断裂的动平衡状态。低分子物（主要是水）的应力浸蚀将使界面化学键断裂，同时，在应力作用下，处理剂能沿增强剂表面滑移，使已断裂的键重新结合。这个变化过程的同时使应力得以松弛，使界面的应力集中降低。

机械作用理论：机械作用是指当两个表面相互接触后，由于表面粗糙不平将发生机械互锁（mechanical interlock）。表面越粗糙，互锁作用越强，因此机械黏结作用越有效。在受到平行于界面的作用力时，机械黏结作用可达到最佳效果，并提升剪切强度。然而，在界面受拉力作用时，除非界面有如图 6-6 中 A 处所示的"锚固"形态，否则拉伸强度需要很低才能保证较高的拉伸强度，在大多数情况下，纯粹机械黏结作用难以实现，往往需要机械黏结作用与其他黏结机理共发挥作用。

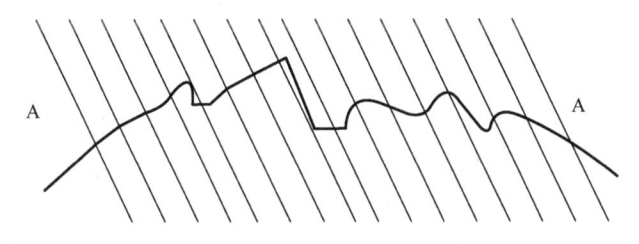

图 6-6　表界面机械互锁

静电作用理论：当复合材料的基体及增强材料的表面带有异性电荷时，在基体与增强材料之间将发生静电吸引力。静电相互作用的距离很短，仅在原子尺度量级内静电作用力才有效。因此，表面的污染等将大大减弱这种黏结作用。静电作用理论认为胶黏剂与被黏物接触的界面上形成双电层，由于静电的相互吸引而产生胶接力。静电理论有以下局限性：不能解释性能相同或相近的聚合物之间的胶接；无法解释导电胶黏剂以及用炭黑作填料的胶黏剂的胶接过程；无法解释温度等因素对剥离实验结果的影响；一般静电力小于 0.04 MPa，静电力对胶接强度的贡献是微不足道的。

化学作用理论：化学作用是指增强材料表面的化学基与基体表面的相容基之间的化学黏结。化学作用理论最成功、广泛使用的例子是利用偶联剂来加强材料表面与聚合物基体间的黏结作用。例如，硅烷偶联剂具有两种性质不同的官能团，一端为亲玻璃纤维的活性基团（X），另一端为亲树脂的活性基团（R），通过这种方式可以将玻璃纤维与树脂黏结起来，从而在界面上形成共价键结合[14]。

6.1.3.4　界面反应或界面扩散理论

复合材料的基体与增强材料间可以发生原子或分子的互扩散或发生反应，从而形成互扩散结合或反应结合。对于聚合物，这种黏结机制可看作分子链的缠结。聚合物的黏结作用是由于长链分子及其各链段的扩散作用。而对于金属和陶瓷基复合材料，两组元的互扩散可产生完全不同于任一原组元成分及结构的界面层（如氮化硅陶瓷）。同时复合材料在使用过程中，形成的界面层也会继续增长并形成复杂的多层界面。

由于界面相是一个结构复杂而具有多重行为的相，每一黏结理论都有它的局限性。

常见的木竹材改善界面相容性的方法有很多种，以下是一些常见的方法：①表面处理：通过对木竹材料表面进行处理，如砂磨、抛光、化学处理等，可以增加表面粗糙度和活性官能团含量，从而提高其附着力和涂层的附着性。②清洗处理：在涂装前，需要对木竹材料表面进行彻底的清洗处理，以去除表面的油污、灰尘等杂质，保证涂层的附着力。③前处理剂：使用专门的前处理剂可以改善木竹材料的涂装性能，提高其与涂料的相容性和附着力。④添加剂：可以添加一些专门的界面活性剂、增溶剂、流平剂等，以提高涂层在木竹材料上的润湿性和流动性。⑤选择合适的涂料：选择适合木竹材料的涂料可以大大改善其涂装性能和附着力。例如，选择一种柔性涂料可以避免涂层龟裂或剥落。需要注意的是，不同的木竹材料在改善界面相容性的方法上也可能存在差异，因此需要根据具体情况选择合适的方法。

6.1.4　木竹材表界面结构的影响因素

6.1.4.1　水分对木竹材超分子表界面的影响

木材中水分存在示意图如图 6-7 所示。与许多生物材料类似，木竹材从周围环境中吸收水分子并将其运输到内部微观结构中，从而显著影响很多重要的性质。例如，水可通过改变木竹材的尺寸大小和机械性能（刚度、强度、蠕变）来影响其应用领域；也可通过改变木竹材的热容量和导热系数，从而影响木竹基材料的保温性能；还可通过影响腐烂真菌的降解速度，从而影响建筑环境中木竹材产品的使用寿命；另外，木竹材基功能材料的加工过程也得到了水的帮助。

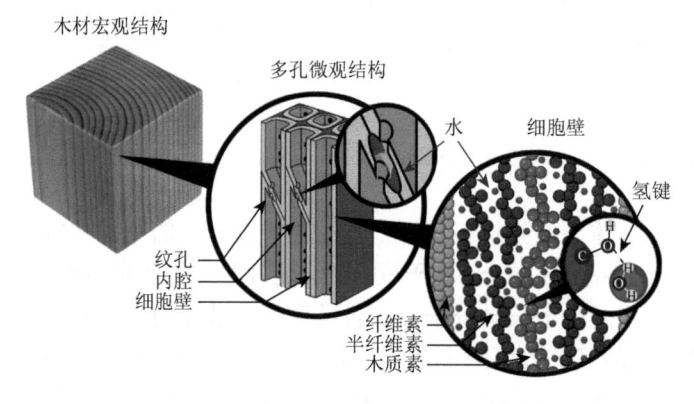

图 6-7　木材中的水分

（1）水分对木竹材表界面形态的重要意义

水在木竹材中的流入和流出会导致结构的可逆变形，从而极大地影响木竹材的机械性能。木材中水分的传输如图 6-8 所示。在微观角度上，将会发生以下现象：①微纤丝各向异性膨胀。不同于动物细胞，木竹材细胞通过细胞壁扩张和收缩所产生的内部应力而变形。由于纤维素微纤丝结晶度的原因，整个材料细胞壁的力学性能主要由纤维素微纤丝的排列所决定。Marc André Meyers 认为：在水化细胞中，随着微纤丝角的增大，对微纤丝的抑制力减小，使得细胞壁纵向膨胀、径向缩小。微纤丝的相对模量越大，这种各向异性膨胀效应越大。②微纤丝弯曲扭转。微纤丝角不同引起的微纤丝各向异性膨胀将会导致一系列宏观的可逆变形。例如，弯曲在一个存在明显应变不匹配的双层结构中很容易实现，是最常见的一种变形。③梯度木质化。基于植物细胞壁不同区域内的木质化梯度引起植物组织的各向异性变形。④引起膨胀压力。当植物细胞浸泡在与细胞内部溶质浓度不同的溶液中时，水透过质膜来平衡细胞内外的渗透压，导致细胞体积变化。细胞在微米尺度上体积的膨胀或收缩转化为在宏观结构水平上刚度、横截面积和惯性矩的增加或降低[11]。

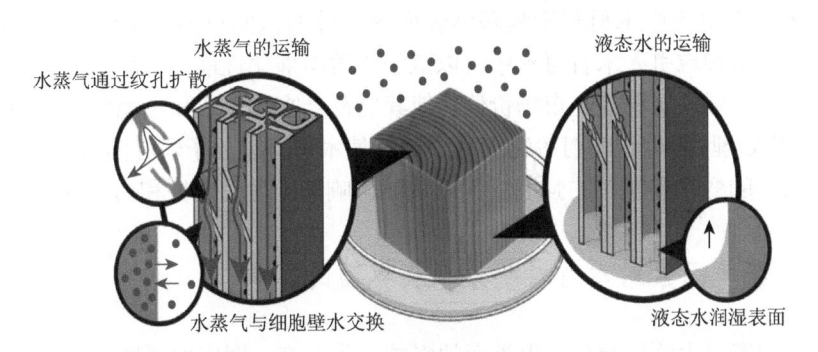

图 6-8 木材中水分的传输

（2）水分对木竹材表界面改性的重要意义

木竹材受到水分的影响会发生物理和化学变化，从而影响木竹材的物理和化学性质，进而影响其表界面改性效果。例如，水分可以影响木竹材的吸附性质、表面张力和接触角等表界面性质，进而影响其表面润湿、附着力及界面反应等方面的表现。因此，在进行木竹材表界面改性时，需要充分考虑其水分含量对改性效果的影响，以确定最佳改性条件[12]。

6.1.4.2 加工工艺对木竹材超分子表界面的影响

木竹材超分子表面性质具有很强的表面化学反应能力和可变性，其性质受到加工工艺的影响。以下是加工工艺对木竹材超分子表界面的一些可能的影响：①热处理。通过热处理可以改变木竹材料表面的分子结构及分布，进而影响其表面化学反应性质；热处理可以通过改变表界面的官能团从而使表面的酸碱性和亲水性发生变化。例如，热处理会使木竹材表面的羟基或醛基含量发生变化，使表面呈现出不同的酸碱性和亲水性；热处理也会使木竹材中的纤维素和木质素等成分发生结构调整和分解，从而影响表界面形貌以及木竹材的生物降解性能。②机械加工。机械加工如切割、拼接、打磨等，可以通过改变表面形态和形貌，在其表面形成微小的凹凸结构和纹理，进而影响木竹材表面化学反应性质。木材表面的处理方式，如喷涂、刷漆等，可以通过改变超分子表界面的结构和性质，从而影响亲疏水、粗糙度等性能。③化学处理。酸碱处理、氧化、硅烷偶联剂处理等化学处理方法可以通过改变木竹材超分子表界面的化学成分和结构，从而增强化学反应活性，提高机械强度和耐水性；通过表面化学反应可在木竹材料表面引入新的官能团，从而影响其表面化学反应性质。虽然能够改变木竹材化学成分和结构，提高性能，但是需要根据具体处理方法和处理条件进行选择，以达到最佳效果。通过对木材表面羟基进行接枝酯化、醚化等方法使其具有非极性，达到木塑复合材料中木材与塑料基体表面的极性相似的目的。④纳米复合材料的制备。将纳米颗粒引入木竹材料中可以赋予木竹材催化性能、抗菌性能、耐腐蚀性能等，拓展应用领域和提高市场价值，使其更符合实际需求和环境要求。⑤物理处理。高温热处理、紫外线辐射等物理处理能够使木竹材超分子表界面发生物理变化，如分子间距的变化和氢键的强度变化，从而影响其维度稳定性和力学性能。

6.1.4.3 环境因素对木竹材超分子表界面的影响

环境因素对木竹材超分子表界面的影响：①湿度。湿度主要通过影响木竹材的吸湿和失水，引起材料膨胀、变形、开裂和腐烂，从而对木竹材料表面的化学反应和生物降解产生影响，进而影响木竹材的使用寿命和应用性能。②温度和紫外线。长时间的日晒会加速木竹材料表面老化、褪色和开裂，同时还会影响其力学性能和化学性质。③化学物质。化学物质的存在会改变木竹材料的表面化学反应，导致材料的腐蚀、变形和老化。例如，酸和碱的存在可以导致木竹材料表面纤维素和半纤维素的降解以及降低木质素的稳定性，从而破坏木竹材料的结构和力学性能；盐的存在可以使其中的纤维素和半纤维素发生离子交换反应，引起木竹材料表面的腐蚀和腐烂，导致纤维素和半纤维素的结构和功能发生变化。

因此，为了提高木竹材料的使用寿命和应用性能，需要对其超分子表界面的变化和影响进行深入研究，并采取适当的保护和改良措施，以适应不同的环境因素。

6.2 木竹超分子表界面测试与表征

木竹材表面结构和性能的分析与表征，是木竹材表面科学的一个重要组成部分。它对于表面科学各种学说的确立、表面化学反应机制的研究、表面结构-分子运动-材料性能之间关系的探讨、表面改性和新材料的开发及应用等都具有重要作用。表面研究方法的主要目的是确定表面的化学成分、结构和分布，原子与分子所处状态，以及吸附物种的结构、状态、组成等各种内容[13]。

通常表面研究方法的描述，是指出测试样品的各种探针、不同的粒子被激输出和多样的检测技术以及将得到的不同形式的信息概括为表图等来表征。研究实践证明，采用近代分析手段，如 X 射线衍射（XRD）分析技术、X 射线光电子能谱（XPS）技术、傅里叶变换红外光谱（FTIR）技术、核磁共振（NMR）技术、锥形量热仪分析技术、拉曼（Raman）光谱技术、荧光光谱、圆二色谱、热分析技术（如 TG、DSC 等）及联机分析等方法，对深入探索木竹材特性的细节有着重要作用。尤其是在人们探索采用各种方法改良木材的弊端，或赋予木材新的功能，以实现劣材优用和研制多功能、高性能的多种新型木竹基复合材料的过程中，木竹材的表征与测试已成为必不可少的手段。此部分将介绍一些与木竹材超分子复合材料表界面构筑特性相关的表征与测试手段。

6.2.1 结构类测试与表征

材料的性能与应用取决于材料的元素组成与结构。虽然由于表面原子的二维及各相异性的特殊环境，表面原子排列常不同于体相中原子排列，但表面原子仍作对称性和周期性的排列，常被看成是二维格子。表面结构常发生表面弛豫（relaxation）及表面重构（reconstruction）两种变化模式，表面弛豫是表面层与层之间距离发生收缩的现象（surface relaxation）。这种现象不改变表面原子的最近邻数目和转动对称性。在层中的原子排列仍基本上保持从体相结构预测的表面结构。木材表面的弛豫现象是指当木材表面受到应力时，在一段时间内木材表面会发生畸变、翘曲等现象，这类现象通常称为"翘曲"或"扭曲"。这种现象可能由于木材中的水分含量不均匀、纹理方向的差异及切割和加工过程中的局部应力等因素。为了避免木材表面的弛豫现象，通常需要在木材表面施加适当的干燥、热处理或机械加工等处理方式，以保证木材表面的平整度和稳定性。表面重构现象是指表面原子的排列方式与从体相预测的完全不同。同具有非局部性质的金属键相比，半导体中主要是更为局部化和具有方向特性的共价键，因而在表面出现悬空键时，表面原子排列变化较大，导致面内原子排列的周期性偏离理想情况[3]。木材表面在加工过程中会因为切削力和热胀冷缩等因素而发生形态和结构上的变化。这种现象可能会导致木材表面出现微小的凹凸、颜色变化和纹理影响等特征，称为"仿古效果"，也可能使木材表面较光滑或较平整。为了获得所需的表面质量，通常需要通过控制加工参数、表面处理和涂装等方式来减轻或利用木材表面重构现象。

表面结构的研究有两个主要方面：表面原子的排列和二维对称性，以及原子间的相对分布位置或多原子原胞中原子的精细结构。木竹材中原子或者分子的空间排列方式，主要是通过波长与原子间距大小相近的各种探针（X 射线、中子或电子等）与材料的衍射作用来进行的。许多研究表面的仪器，如低能离子散射谱仪、高分辨电子显微镜、低能电子衍射仪等，都能在一定程度上获得有关结构的信息。常见的结构类表征仪器有光学显微镜（optical microscope）、扫描电子显微镜（scanning electron microscope，SEM）、原子力显微镜（atom force microscope，AFM）、扫描隧道显微镜（scanning tunnel microscope，STM）、透射电子显微镜（transmission electron microscope，TEM）、高分辨透射电子显微镜（high resolution transmission electron microscope，HRTEM）、计算机断层扫描（computed tomography，CT）等，因为通用性较强，故在此不做具体赘述[14]。

6.2.2 性能类测试与表征

硬质生物材料，如贝壳、骨骼或木材，具有关键的结构功能，由于其复杂的结构，呈现出独特的硬度、强度和韧性的组合。组成这些材料的构建块的大小、形状和排列对于定义它们的特殊性能至关重要，虽然这些界面在材料中的体积分数占比很小，但越来越多的证据表明，它们的变形和韧性也在很大程度上受连接这些构建块的界面的控制。这些界面引导非线性变形，并使裂纹转变为传播更困难的结构。由于木竹材这些界面不同寻常的力学特性，从而促进了先进生物仿生复合材料的发展。坚硬的生物材料充满了富含有机物质的界面，可以不断地滑动。这些界面与材料中的特定结构协同工作，提供了非线性变形机制，并将固有的脆性材料转化为能够发生非弹性变形、在缺陷周围重新分配应力和耗散能量的材料，界面还可以使裂缝偏转，并形成阻碍其传播的结构，从而产生更坚硬的材料。以下列举几种有关木竹材性能常见的表征测试手段[11]。

（1）液体表面张力测试表征

液体表面张力常用表面张力仪（又称界面张力仪）测定。表面张力仪是一种专门用于测量液体表面张力值的测量仪器，主要通过铂金板法、铂金环法、最大气泡法、悬滴法、滴体积法及滴重法等原理，实现精确的液体表面张力值的测量。此外，利用软件技术，它可测得随时间变化的表面张力值。

（2）耐磨性测试表征

只要界面之间存在运动、接触，就存在磨损的问题。材料的耐磨性，关乎材料的使用寿命。因此，耐磨性成为结构材料或是功能材料作为运动部件选材的关键因素。

可先通过对比木竹材料在使用前后质量损失的多少评估其耐磨性的优劣。使用前后质量相差越少，说明耐磨性越好，反之亦然。由于摩擦后材料的界面会因材料变形、损失产生特定的痕迹，因而可以采用表面轮廓仪、AFM 或是其他测表面三维形貌的方法（如 CT），通过特定的测试仪器就能快速地分析界面摩擦后的形貌。磨痕深且宽，材料损失大，一般认为耐磨性差。根据磨痕的深度宽度，可以测出磨损的体积，对其进行量化的对比，也就更加清晰地比较木竹材的耐磨性。若通过质量、形貌都没有办法区分，可以通过摩擦后界面的成分变化进行评估。化学成分可以通过对磨痕进行 EDS（能量色散 X 射线谱）分析、电子扫描探针、XPS 分析、Raman 光谱、红外光谱等手段确定。通过对化学成分的分析确认摩擦过程发生的化学反应。例如，氧化反应，根据界面氧元素含量的对比，生成的氧化物或者是一些不饱和键的含量，确定发生化学反应的程度，进而分析界面材料的稳定性。在形貌、质量差异不大，界面成分保留越完整，发生的成分变化越少时，则说明该材料的耐磨性更优异[5]。

（3）粗糙度测试表征

表面粗糙度是指加工表面具有的较小间距和微小峰谷的不平整度。表面粗糙度两波峰或两波谷之间的距离（波距）很小（在 1 mm 以下），属于微观几何形状误差。表面粗糙度越小，则表面越光滑。表面粗糙度一般是由所采用的加工方法和其他因素所形成的，如加工过程中刀具与零件表面间的摩擦、切屑分离时表面层金属的塑性变形及工艺系统中的高频振动等。由于加工方法和工件材料的不同，被加工材料表面留下痕迹的深浅、疏密、形状和纹理都有差别。

表面粗糙度测量方法有比较法、触针法、光切法、干涉法。比较法是将被测量表面与标有一定数值的粗糙度样板比较来确定被测表面粗糙度数值的方法。比较法测量简便，可用于车间现场测量，常用于中等或较粗糙表面的测量。触针法是利用针尖曲率半径为 2 μm 左右的金刚石触针沿被测表面缓慢滑行，金刚石触针的上下位移量由电学式长度传感器转换为电信号，经放大、滤波、计算后由显示仪表指示出表面粗糙度数值，也可用记录器记录被测截面轮廓曲线。一般将仅能显示表面粗糙度数值的测量工具称为表面粗糙度测量仪，同时能记录表面轮廓曲线的称为表面粗糙度轮廓仪。这两种测量工具都有电子计算电路或电子计算机，能自动计算出轮廓算术平均偏差 R_a、微观不平度十点高度 R_z、轮廓最大高度 R_y 和其他多种评定参数，测量效率高，适用于测量 R_a 为 0.025～6.3 μm 的表面粗糙度。光切法采用双管显微镜测量表面粗糙度，可用作 R_y 与 R_z 参数评定，测量范围为 0.5～50 μm。干涉法利用光波干涉原理将被测表面的形状误差以干涉条纹图形显示出来，并利用放大倍数高（可达 500 倍）的显微镜将这些干涉条纹的微观部分放大后进行测量，以得出被测表面粗糙度。应用此法的表面粗糙度测量工具称为干涉显微镜。这种方法适用于测量 R_z 和 R_y 为 0.025～0.8 μm 的表面粗糙度。

（4）表面电荷密度测试表征

电导滴定法（conductiometric titration method）是电化学分析法的一种，是将标准溶液滴入被测物质溶液，通过电导率的改变来决定滴定终点的方法。该法能准确地测定溶液中浓度较低的物质，应用范围与电位滴定法大致相同，一般用于酸碱滴定和沉淀滴定。但不适用于氧化还原滴定和络合滴定。这是因为在氧化还原滴定或络合滴定中，往往需要加入大量的其他试剂以维持和控制酸度，所以在滴定过程中溶液电导的变化不太显著，不易确定滴定终点[15]。

在电导滴定过程中只需测量电导相对变化，无须知道电导的绝对值。在滴定过程中，滴定剂与溶液中被测离子生成水、沉淀或难解离的化合物，使溶液的电导值发生变化，而在化学计量点时滴定曲线上出现转折点，指示滴定终点，转折点夹角越尖锐，终点的判断越准确。

通常纤维表面电荷采用聚电解质吸附技术测定，主要基于分子量较高的阳离子聚电解质只能通过静电相互作用被吸附在纤维细胞表面（不能通过纤维孔隙渗透到细胞壁内部）的原理。常用的阳离子聚电解质为聚二烯丙基二甲基氯化铵（poly-DADMAC）。Zhang 等研究认为，当聚电解质分子量大于 $1×10^5$ 时，该聚电解质分子不能渗透到纤维细胞壁内部，可以用于测定纤维的表面电荷。

（5）Zeta 电位测试表征

当带电粒子悬浮于液体中时，相反电荷的离子会被吸引到悬浮粒子表面，即带负电样品从液体中吸引阳离子，带正电样品从液体中吸引阴离子。接近粒子表面的离子将会被牢固地吸引，而较远的则松散结合，形成所谓的扩散层。在扩散层内，有一个概念性边界：当粒子在液体中运动时，在此边界内的离子将与粒子一起运动，但此边界外的离子将停留在原处，这个边界称为滑动平面。在粒子表面和分散溶液本体之间存在电位，此电位随粒子表面的距离而变化，在滑动平面上的电位称为 Zeta 电位（Zeta potential）或电动电位（ζ-电位）。

Zeta 电位测定原理是利用 Henry 方程将迁移率与 Zeta 电位联系起来。由 Henry 方程可以看出，只要测得粒子的迁移率（单位电场下的电泳速度称为迁移率），查到介质的黏度、介电常数等参数，就可以求得 Zeta 电位。迁移率可以采用多普勒效应测量法：当测量一个速度为 C，频率为 f 的波时，假如波源与探测器之间有一相对运动（速度 V），所测到的波频率将会有多普勒位移。在电场作用下运动的粒子，当激光打到粒子上时，散射光频率会发生变化。将光信号的频率变化与粒子运动速度联系起来，即可测得粒子的迁移率。由电泳光散射或激光多普勒测速仪确定粒子在外加电场中的迁移率，然后采用 Henry 方程和斯莫卢霍夫斯基（Smoluchowski）或休克尔（Hückel）近似法将电泳迁移率换算为 Zeta 电位。Zeta 电位普遍用于评估胶体稳定性的相对变化[15]。

Zeta 电位计算式：

$$U_E = \frac{2\varepsilon\zeta}{3\eta} \cdot g(B) \tag{6-9}$$

式中，U_E 为电泳淌度，$cm^2/(V·s)$；ε 为介电常数，F/m；ζ 为 Zeta 电位，mV；η 为黏度，m^2/s。

Henry 方程为

$$g(B) = K_{c,B} \cdot c_B \tag{6-10}$$

式中，$g(B)$ 为稀薄溶液中溶质的蒸气分压；$K_{c,B}$ 为溶质 B 的亨利常数；c_B 为溶质 B 的物质的量浓度，g/mol。

虽然如前所述电导滴定可用于测定表面电荷密度，但在改变介质的 pH 或离子强度时，表面电荷密度值就不能直接决定颗粒聚集和胶体稳定性。所以，与表面电位和表面电荷密度相关的 Zeta 电位可作为快速评估各种介质中纳米纤维素胶体稳定性的依据。Zeta 测定的只是表面电荷，电导滴定测定的是体系整体中的所有电荷。

（6）接触角测试表征

接触角是指在气、液、固三相交点处所作的气-液界面的切线与固-液交界线之间的夹角 θ，是润湿程度的量度。液体在固体材料表面上的接触角，是衡量该液体对材料表面润湿性能的重要参数。通过接触角的测量，可以获得关于材料表面固-液、固-气界面相互作用的许多信息。除了常规地使用此方法来评估材料的表面特性外，接触角测量技术不仅可用于常见的材料的表面性能表征，还在如石油工业、浮选工业、医药材料、芯片产业、低表面能无毒防污材料、油墨、化妆品、农药、印染、造纸、织物整理、洗涤剂、喷涂、污水处理等领域有着重要的应用价值。

接触角的测试通常有直接测试法和间接测试法两种。直接测试法是将液滴或气泡外形通过测量轮廓线并在其切线处进行测量，采用摄像或拍照法得到液滴或气泡的外形轮廓，然后用对称画法画出其三相交点处的轮廓线的切线，从而得到接触角 θ。然而作图法中切线不易准确画出，可以由液滴高度 h、液滴与固面相交圆的直径 R 和液滴的曲率半径 d 通过数学计算求出接触角。间接测试法包括毛细管法、Modified Wilhemy Plate 方法等。

常用的接触角测试仪器设备为表面接触角测试仪，一般可用于固体材料表面接触角测试；固体材料表面自由能的测定评估；液体的表面张力的测定检测；两种液体间的界面张力测试；液体在固体表面的黏附功；疏水材料表面前进角、后退角、滚动角的测定等。

测试项目包括静态接触角与动态接触角。当液体在固体表面达到平衡时，气-液的界线与液-固的界线之间的夹角称为接触角，此时为静态接触角。从静态接触角数值可以直接判断材料的亲疏液程度。在材料表面滴加液滴，当静态接触角 $\theta>90°$ 时，角度越大表明疏水程度越高；当静态接触角 $\theta<90°$ 时，角度越小表明亲水性越好。动态接触角一般是对于疏水材料而言的。如果测量时液滴的三相界面前

沿正处于移动状态,那么这样测量得到的接触角称为动态接触角(dynamic contact angle)。如果这一正在进行中的移动是扩展的,对应的动态接触角称为前进(中的)接触角,简称前进角 θ_A;如果这一正在进行中的移动是收缩的,对应的动态接触角称为后退(中的)接触角,简称后退角 θ_R。润湿动力学研究的目的是揭示动态接触角与接触线(或者固体基底)移动速度、液体物性和固体基底物性之间的关系。

(7)孔隙率测试表征

木材是一种多孔隙天然高分子材料,其内部孔隙按照直径分布分为大毛细管系统(细胞腔、细胞壁上附有的纹孔)和微毛细管系统(微纤丝、细胞壁各壁层的间隙)。由于各种木材拥有不同的孔隙率,基本密度各不相同,其实质密度为常数 1.53 g/cm³~1.55 g/cm³。木材的吸水性、密度均与其孔隙率关系密切。

木材孔隙结构可以采用比重瓶法和气体吸附法等方法测试。其中,比重瓶法可以得到细胞壁的孔体积和孔隙率;气体吸附法可以得到比表面积、孔体积和孔径分布等信息,从而可以进行定量分析。该方法利用固体材料的吸附特性,借助气体分子作为"量具"来度量材料的比表面积和孔结构,这是目前应用最为成熟、测试的规律性和一致性比较好的一种方法。该方法可以对材料的微孔、介孔及部分大孔进行比表面积与孔径分析。目前气体吸附分析技术作为多孔材料比表面积和孔径分布分析不可或缺的手段,在催化、新能源材料和环境工程等诸多领域得到了广泛的应用[16,17]。

常见的物理吸附仪器品牌有美国 Micromeritics 和美国 Quantachrome,二者的仪器参数对比见表 6-2。

表 6-2 仪器对比

品牌	型号	可测孔隙范围/Å	可测比表面积范围/(m²/g)	站数/站
Micromeritics	ASAP2460	3.5~5000	>0.0005	2、4、6
Quantachrome	Autosorb-iQ	3.5~5000	>0.0005	3

6.2.3 组分类测试与表征

(1)衰减全反射红外光谱

红外光谱是分析化合物结构的重要手段。常规的透射法使用压片或涂膜进行测量,对某些难溶、难熔、难粉碎等特殊样品的测试存在困难。为克服其不足,20 世纪 60 年代初出现了衰减全反射(attenuated total reflection,ATR)红外附件,但由于受当时色散型红外光谱仪性能的限制,ATR 技术应用研究领域比较局限。80 年代初将 ATR 技术开始应用到傅里叶变换红外光谱仪上,产生了衰减全反射傅里叶变换红外光谱仪(ATR-FTIR)。它是一种常用的红外光谱分析技术,基本原理是利用衰减全反射效应,在样品与 ATR 晶体的接触面上形成一条极浅的衰减全反射波导,将红外光反射入样品中,通过检测反射光的强度和频率,可以获得样品的红外光谱信息。ATR 的应用极大地简化了一些特殊样品的测试,使微区成分的分析变得方便而快捷,检测灵敏度可达 10^{-9} g 数量级,测量显微区直径达数微米。从光源发出的红外光经过折射率大的晶体再投射到折射率小的试样表面上,当入射角大于临界角时,入射光线就会产生全反射。事实上红外光并不是全部被反射回来,而是穿透到试样表面内一定深度后再返回表面。在该过程中,试样在入射光频率区域内有选择吸收,反射光强度发生减弱,产生与透射吸收相类似的谱图,从而获得样品表层化学成分的结构信息。ATR-FTIR 作为红外光谱法的重要实验方法之一,克服了传统透射法测试的不足,简化了样品的制作和处理过程,极大地扩展了红外光谱的应用范围。它已成为分析物质表面结构的一种有力工具和手段,在多个领域得到了广泛应用。

ATR-FTIR 技术的优点是简单、快速,不需要样品预处理,可以在无须分离或特殊操作的情况下直接进行样品分析,并且该技术对固体、液体和气体等样品均适用。另外,ATR-FTIR 技术的样品消耗量极小,可以分析微量样品,并且可以根据 ATR 晶体的不同材料和角度,调节反射角度,以适应不同样品的分析需求。但是,ATR-FTIR 技术的缺点也比较明显,由于 ATR 晶体与样品的接触面积很小,只有几微米厚,该技术对于表面状态的分析比较有限。另外,由于 ATR 晶体的折射率与样品的折射率不同,会产生信号衰减和谱线畸变等问题,需要进行校正和修正。因此,在使用 ATR-FTIR 技术进行红外光谱分析时,需要根据具体情况进行合理的样品选择和方法优化,以获得准确、可靠的分析结果。

(2) X 射线光电子能谱

光电子能谱(photoelectron spectroscope,PES)是近年来发展起来的表面分析技术,包括紫外光电子能谱(ultraviolet photoelectron spectroscope,UPS)和 X 射线光电子能谱(X-ray photoelectron spectroscope,XPS)。普通的 XPS 采用激发源能量促使除氢、氦以外的所有元素发生光电离作用,产生特征光电子。其基本原理基于光电效应,指物质暴露在波长足够短(高光子能量)的电磁波下,经相互作用后,能使物质中原子或分子中的电子克服其结合能而产生光电子,观察到电子的发射。出射的光电子具有一定的动能,若样品用一束能量为 $h\nu$ 的单色光激发时,这个过程的能量可用如下所示的 Einstein 方程来表征:

$$E_b = h\nu - E_x \tag{6-11}$$

式中,E_b 为该原子或分子 i 轨道电子的结合能;E_x 为被入射光子(能量为 $h\nu$)所击出的电子的动能。

若用检测器检测光电子的动能,并同时记录具有动能 E 的光电子数 n_E,以光电子动能为横坐标、n_E 为纵坐标作图,就得到光电子能谱,再根据以上的 Einstein 方程,就能得到分子内电子的原子结合能。原子的电子层可分为外壳层的价电子层和内壳层两个区域。若用紫外线激发原子外壳层电子,称为 UPS。而在激发内壳层电子时，需要用高能的 X 射线作为激发源，称为 XPS，也称为 ESCA（化学分析用电子能谱，electron spectroscope for chemical analysis）。

XPS 可以得到元素周期表中除 H 和 He（因为它们没有内层电子能级）之外的全部元素的内层能级谱。所确定的这些内层能级的结合能具有足够的唯一性，可以明确地标识各种元素，并且能进行元素的定性、定量和化学状态分析。此外，内层能级的精确结合能值随着该元素的化学环境而变化，因此会使电子能谱的特征峰移动，被称为化学位移。一般，原子外层电子密度减小时（如氧化数增大或与电负性较大的原子相连），内层电子受到的有效电荷将略有增大，使结合能增大；反之，结合能将减小。利用化学位移则可以分析原子的成键情况和价态的变化。

由于只有样品表面下很短的一个距离内的光电子才能发射到真空并被检测器接收，因此 XPS 是一种表面灵敏的分析技术，可以对所有元素进行一次全分析的方法，对于未知物的定性分析是非常有效的。在材料的表界面表征方面常被用于分析表面元素成分及其化学状态、表面的电子结构、表面的原子运动、表面扩散、吸附及反应等。应当明确的是，XPS 并不是一种很好的定量分析方法。它给出的仅是一种半定量的分析结果，即相对含量而不是绝对含量。由 XPS 提供的定量数据是以原子分数表示的，而不是我们平常所使用的质量分数。

（3）X 射线吸收精细结构谱（XAFS）

精细结构从吸收边前至高能延伸段约 1000 eV，根据其形成机制（多重散射与单次散射）的不同，可以分为 NEXAFS（near-edge X-ray absorption fine structure，X 射线吸收近边结构谱）和 EXAFS（extend X-ray absorption fine structure，扩展 X 射线吸收精细结构谱）（两者并无严格界限）。NEXAFS 振荡剧烈（吸收信号清晰，易于测量）；谱采集时间短，适合时间分辨实验；对价态、未占据电子态和电荷转移等化学信息敏感；对温度依赖性很弱，可用于高温原位化学实验；具有简单的"指纹效应"，可快速鉴别元素的化学种类。EXAFS 可以得到中心原子与配位原子的键长、配位数、无序度等信息。不过，EXAFS 对立体结构并不敏感，由于能有效地测定特定原子周围的局部结构，因此可用于对催化剂、合金、不规则结构和无定形固体以及表面上吸着原子的位置与链长的研究，从而得到特定原子与邻近原子的距离、配置数和类型，以及通过特定原子的 X 射线吸收边位移与近边区结构的解析而评估其化学状态。之所以 EXAFS 来源于光子的单散射而 NEXAFS 来源于多散射，是因为动能较大的光子受周围环境/近邻配位原子影响较小，一般只被近邻配位原子单散射。EXAFS 用于时间分辨实验，对化学信息敏感且可快速鉴别元素的化学种类；而 EXAFS（扩展 X 射线吸收精细结构谱，extend X-ray absorption fine structure）则可获取中心原子与配位原子的相关信息，适用于催化剂、合金等材料的研究。由于大动能的光子受到周边环境和临近配位的原子干扰相对较少，通常仅由这些附近的配位原子产生单次散射(在 XAS 谱中，EXAFS 的能量高于 XANES)，这使得它成为了一种通过观察 X

射线吸收谱中的细微变化以深入了解物质局部构造的分析技术。其原理基于材料对 X 射线的吸收，通过测量在某一特定能量范围内相邻两个吸收边之间的 X 射线吸收强度变化，得到材料局部结构的信息。EXAFS 技术可用于研究各种材料的局部结构，如金属、氧化物、氢化物、半导体、高分子等。其优点是可以在无定形材料中提取局部结构信息，且在分子结构分析、催化剂研究和材料表面化学等领域中具有重要应用。EXAFS 图的解析需要通过复杂的数据处理和模拟方法来获得局部结构参数，如原子间距、配位数、偏移角等。在数据处理和模拟过程中，需要考虑多种因素，如吸收边能量、吸收体的晶体结构、吸收原子的化学状态、吸收原子与周围原子的相对位置等。总体来讲，EXAFS 技术是一种非常有价值的材料局部结构研究方法，具有广泛的应用前景，但其数据解析和模拟过程相对复杂，需要专业的分析软件和经验丰富的分析人员进行解析。若使用微小能量步长的方法，对 Cu 元素在吸收边缘附近的吸收特性进行细致观察和分析，会发现在该区域内，它的吸收系数的变化并不呈现出单一的递减趋势，反而会在较高能级处出现一系列独立的峰或者波动性的起伏。受到 X 射线的激发而生成的光电子在与其周边配位的原子相互作用后产生的一种效应，从而使得 X 射线的吸收强度的变化随着能量的变化产生了波动。这个波动现象与物质中的电子及几何构型密切相关，所以被称为 X 射线吸收谱的精细结构。

图 6-9 展示了相关原位表征木材超分子结构的表征技术手段。

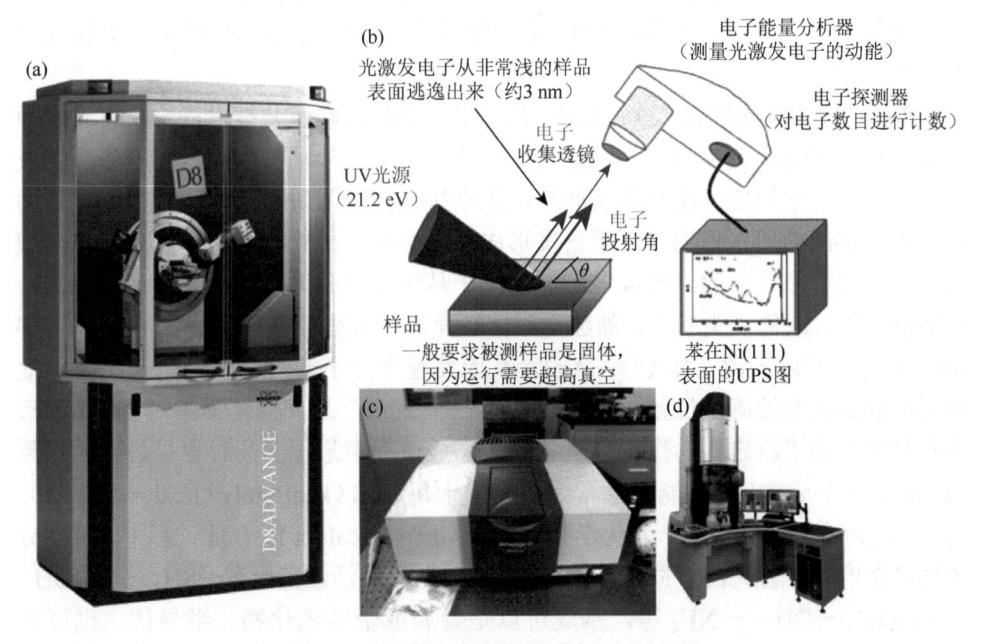

图 6-9 木材超分子表界面相关表征仪器

（a）X 射线衍射光谱；（b）X 射线光电子能谱原理图；（c）衰减全反射傅里叶变换红外光谱；（d）高分辨透射电子显微镜

6.3 木竹超分子表界面组装

6.3.1 单分子层组装

自组装单分子层膜（self-assembled monolayer，SAM）是近 40 年来发展起来的一种界面自组装技术，其制备方法已被广泛报道并得到很大发展。SAM 是指活性分子通过化学键相互作用在固体表面吸附自发形成的有序的紧密排列的分子阵列，一般厚度为 1~3 nm。在活性分子与固体表面的强烈作用下，界面形成的无序膜可以自我结构重建，再形成更完善的、有序的自组装膜。其特征主要表现在以下几个方面：①原位自发形成；②热力学稳定；③可在各种形状的基底表面形成均匀一致的覆盖层；④高密度堆积和低缺陷密度；⑤分子有序排列；⑥通过有目的地设计分子结构和表面结构获得预期的界面物理和化学性质；⑦通过对自组装单层膜末端基团的调控，可以形成各种各样的多层自组装膜体系。此外，SAM 从原子和分子水平上提供了对界面结构和性能深入理解的机会，灵活的分子设计使其成为认识和理解润湿、黏附、摩擦、腐蚀等现象的良好体系。SAM 空间有序性可使其作为二维领域内研究表面电荷分布、电子转移理论等物理化学和统计物理学的理想模型体系，因此 SAM 越来越引起人们的关注[18, 19]。

SAM 的结构及组装原理：SAM 是基于化学吸附的组装技术，将附有某表面物质的基底浸润到待组装分子的溶液中，待组装分子一端的反应基与基底表面发生自动连续化学反应，在基底表面形成规则排列，吸附质在分子间范德瓦耳斯力和疏水长链间的疏水作用协同下自发形成晶态结构，最终得到与基底表面化学键连接的二维有序单层膜。形成 SAM 的分子从组成上分为三部分：一是端基的特定活性基团，或称"头基"，能够与固体表面形成很强的共价键（如 Si—O 键和 Au—S 键）或离子键（如 CO—Ag），从而使整个分子通过化学吸附作用牢固地吸附在基底表面的确定位置。所形成的"头基-基底"之间的化学键对 SAM 的形成和稳定起到了决定性的作用，是 SAM 形成过程中最重要同时也是最强的作用力。这是一个放热反应，能量通常为数十千卡每摩尔（kcal/mol，1 kcal = 4.18 kJ）。例如，硫醇在金上的吸附，其化学吸附能为 40~45 kcal/mol。在此过程中，活性分子尽可能地占据基底表面的每一个反应位点，常见的活性基团有—SH、—COOH、—PO$_3$H$_2$、—OH、—NH$_2$ 等，基底可以是金属或金属氧化物、半导体，也可以是非金属氧化物（石英）等。二是"中间部分"，主要是烷基链和通过分子设计引入的其他基团，促进邻近分子间通过分子链间相互作用，如范德瓦耳斯力、疏水相互作用、静电力、π-π 堆积等弱相互作用稳定单层膜的形成，这个过程涉及的相互作用能一般为几千卡每摩尔（一般小于 10 kcal/mol）。三是分子末端引入活性基团，如—SH、—COOH、—NH$_2$、—C≡C—等，可通过选择末端基团调控界面性能，以及借助其化学反应活性进一步构筑结构和功能多变的多层膜。

由 SAM 的组成部分来看，组装分子在基底表面进行自组装的驱动力包括三部分：活性头基与基底间的较强的化学作用，长碳链侧向间的范德瓦耳斯力、疏水力及末端基团的相互作用（包括偶极作用、氢键和静电作用力等）。

从空间效应和晶格匹配来看，SAM 的组装分子的形成涉及了"头基-基底"的化学键、"中间部分"的侧向非共价键相互作用及末端基团的相互作用之间的微妙平衡。"头基"在固体表面的排列限制了"中间部分"的可用自由空间，烷基链及其衍生物的侧向相互作用（范德瓦耳斯力、氢键等）受限于"头基-基底"亚层形成的几何空间；反之，"中间部分"和"末端基团"也影响固体表面的覆盖密度，其空间位阻将会影响分子的取向及晶格结构。

一般情况下，当基底晶格间距为 0.46 nm 时，组装分子的分子链与基底表面呈垂直取向，链之间的距离也为 0.46 nm，此时分子链之间的范德瓦耳斯力作用最强。当基底晶格间距大于 0.46 nm 时，如果分子链与基底表面仍然垂直，它们之间的范德瓦耳斯作用就会被削弱，导致分子链失去平衡，这时在分子链侧向作用力的引导下，分子链会发生倾斜以减小链之间的距离，从而增大范德瓦耳斯力重新达到平衡。因此，分子链的倾斜角度与基底表面晶格间距有关。

6.3.1.1 无机分子单层组装

天然纤维增强聚合物复合材料（NFPC）凭借独特的优势，为人们在材料市场上提供了更多的替代品。然而，由于亲水性天然纤维与非极性聚合物（热塑性和热固性）之间的表面不相容性，纤维-基质界面黏附不良可能会对复合材料的物理和力学性能产生负面影响。

无机纳米材料的制备方法很多，但想获得很少团聚或没有团聚的纳米级粉末却很不容易。因为纳米颗粒具有特殊的表面性质，要获得稳定而不团聚的纳米颗粒，必须在制备或分散纳米颗粒的过程中对其进行表面修饰，表面修饰对于纳米颗粒的制备、改性和保存都具有非常重要的作用。为改善纳米颗粒的分散性；增大比表面积，提高微粒表面活性；使微粒表面产生新的物理、化学和机械性能，以及改善纳米颗粒与其他物质之间的相容性等，通常对纳米离子进行一些表面修饰或者处理，如表面吸附法、表面沉积法、高能量修饰法、酯化反应法、表面接枝改性法、偶联剂法等。

（1）对木竹基材料表面的偶联剂法

多种硅烷（主要是三烷氧基硅烷）已作为偶联剂应用于 NFPC 中，以促进界面黏附，提高复合材料的性能。喷涂是用硅烷溶液处理纤维表面相对容易的方式。将硅烷溶于某些有机溶剂或溶剂/水混合物中，并将制备的溶液直接喷涂到纤维上。如果溶液是无水的，则喷雾的硅烷可以通过与来自纤维和空气的水反应而部分水解。由于溶剂在空气中快速蒸发，细胞壁的纳米孔不能打开，硅烷分子将难以渗透到纤维细胞壁中，因为化学品从溶液扩散到致密的纤维细胞壁中需要许多小时。因此，喷涂仅导致硅烷的表面涂层，而细胞壁的内部未被处理[18]。

一般，硅烷偶联剂与天然纤维的相互作用可主要通过以下步骤进行：①水解：硅烷单体在水和催化剂（通常为酸或碱）存在下水解，释放醇并产生反应性硅烷醇基团。②自冷凝：在水解过程中，还发生硅烷醇的伴随缩合（老化）。在该阶段应使缩合最小化，使硅烷醇游离以吸附到天然纤维中的羟基上。对于纤维的膨化处理，还应控制冷凝以保持小分子尺寸的单体或低聚物扩散到泡孔壁中。硅烷醇的缩合速率可通过调节水解体系的 pH 来控制。通常优选酸性 pH 环境以加速硅烷的水解速率但减慢硅烷醇的缩合速率。③吸附：反应性硅烷醇单体或低聚物通过纤维表面上（表面涂层）和/或细胞壁中（细胞壁膨胀）的氢键物理吸附到天然纤维的羟基上，这取决于形成的硅烷醇单体/低聚物的分子大小。游离的硅烷醇也彼此吸附和反应，从而形成用稳定的—Si—O—Si—键连接的刚性聚硅氧烷结构。④移植：在加热条件下，硅烷醇和纤维的羟基之间的氢键可以转化为共价的—Si—O—C—键并释放水。纤维中残留的硅烷醇基团将进一步彼此缩合。—Si—O—C—的键可能对水解不稳定；然而，当在升高的温度下除去水时，这种键是可逆的。

用于天然纤维/聚合物复合材料的大多数已确立的硅烷是带有非反应性烷基或反应性有机官能团的三烷氧基硅烷。硅烷水解形成反应性硅烷醇，然后在特定的 pH 和温度下吸附并缩合在纤维表面上（溶胶-凝胶法）。经过高温加热处理后，纤维表面吸附的硅烷醇和天然纤维的羟基之间形成的氢键可能会进一步转化为共价键，尽管这样形成的共价键易于水解。

黄勇等在 2009 年以 4,4-二苯基甲烷二异氰酸酯为偶联剂，在离子液体中合成了一系列纤维素-接枝-聚乙二醇共聚物作为相变材料（PCM）。所得到的共聚物具有理想的固相转变，但在普通有机溶剂中需要采用复杂的保护-脱保护方法进行合成。如图 6-10 所示，以 4,4-二苯基甲烷二异氰酸酯（MDI）为偶联试剂，在离子液体中成功合成了纤维素-接枝-聚乙二醇共聚物作为固态 PCM。在共聚物中加入膨胀石墨以提高导热系数[20]。

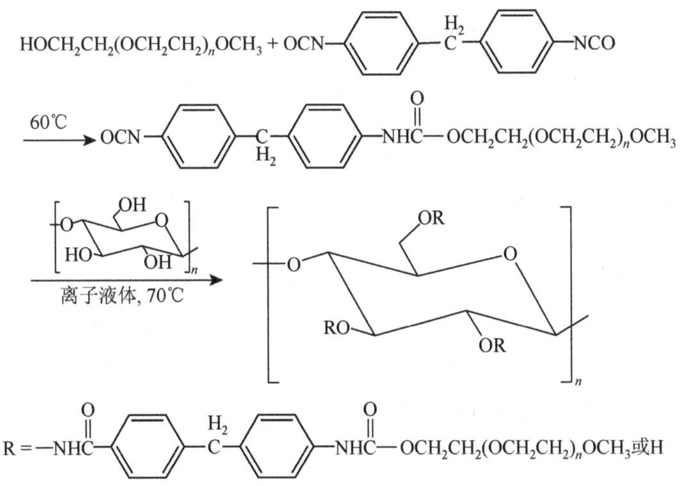

图6-10 离子液体中合成的纤维素接枝聚乙二醇相变材料

（2）对木竹基材料表面的接枝共聚法

在天然纤维和热塑性基质的挤出过程中，将硅烷溶液和引发剂直接加入挤出机中。随后将挤出的复合材料暴露于具有高湿度和高温度（约90℃）的环境中。在100%相对湿度和90℃条件下完成硅烷的水解和缩合过程。该技术在初始阶段是简单的，但在水解和缩合阶段将花费长时间。此外，硅烷的加入不仅会使纤维与基体的界面发生分散，而且部分硅烷还会进入基体中。这导致所添加硅烷的低效利用。这种工艺技术也被视为表面处理。

用硅烷接枝热塑性基质，并将接枝的预聚物用作与天然纤维和热塑性基质直接共混的新偶联剂。通过该施加方法，烷氧基硅烷不经历任何水解。已经报道了用预水解硅烷溶液处理天然纤维以使硅烷渗透到纤维腔中并进一步扩散到细胞壁中的浸渍工艺。因此，纤维表面和泡孔壁都用硅烷改性（膨化处理）。硅烷向细胞壁中的渗透受硅烷分子大小的影响，硅烷分子大小受水解的硅烷溶液的老化的影响。不适当的水解过程可能导致硅烷醇的快速缩合，从而过早地增加硅烷的分子大小。在这种情况下，硅烷向孔壁中的扩散将被限制或完全阻止。纤维细胞壁的膨化处理可以改变细胞壁的性质，从而促进后续复合材料的性能改善。与表面处理如喷涂相比，浸渍工艺可能对某些类型的纤维造成问题。例如，细小的短纤维可能聚集并且因此不能均匀地分散在溶液中；干燥过程也会消耗能量。

硅烷与基体的相互作用模式主要由硅烷的有机官能团和基体特性决定。硅烷接枝的纤维和热塑性基质之间的物理相容性（如分子缠结或酸碱相互作用）仅提供所得复合材料的机械性质的有限改进。为了显著改善界面黏合，需要硅烷的有机官能团与基质之间的化学键合。对于"惰性"热塑性基体，自由基方法是将乙烯基硅烷处理的纤维与基体偶联的有效手段。在热固性基质的情况下，硅烷的有机官能团可以在催化剂或自由基引发剂的存在下与热固性基质的官能团反应。用硅烷对纤维进行适当的处理可以增加与目标聚合物基质的界面黏合性，并改善所得纤维/聚合物复合材料的机械和户外性能。

王永贵等于 2017 年报道了一种胶体自组装，这种新型的干态自组装是由一种新型的具有核心冠状结构的全氟表面十一碳化纤维素纳米颗粒（FSU-CNP）实现的（图 6-11）。自组装过程在动力学上发生，并产生具有热可逆性表面疏水性和薄膜透明度的各向异性结构。为了获得具有多个冠状结构的 FSU-CNP，首先制备了具有核心冠状结构的表面十一碳化纤维素纳米颗粒（SU-CNP）。在异构条件下，10-十一烯酰氯酯化后合成了 SU-CNP。根据元素分析，确定 SU-CNP 的取代度（每个去氢葡萄糖单位的平均取代羟基数，最大值为 3）为 1.42 ± 0.22[21]。该值相当于 10-十一烯基的含量为 (3.53 ± 0.23) mol/mg。

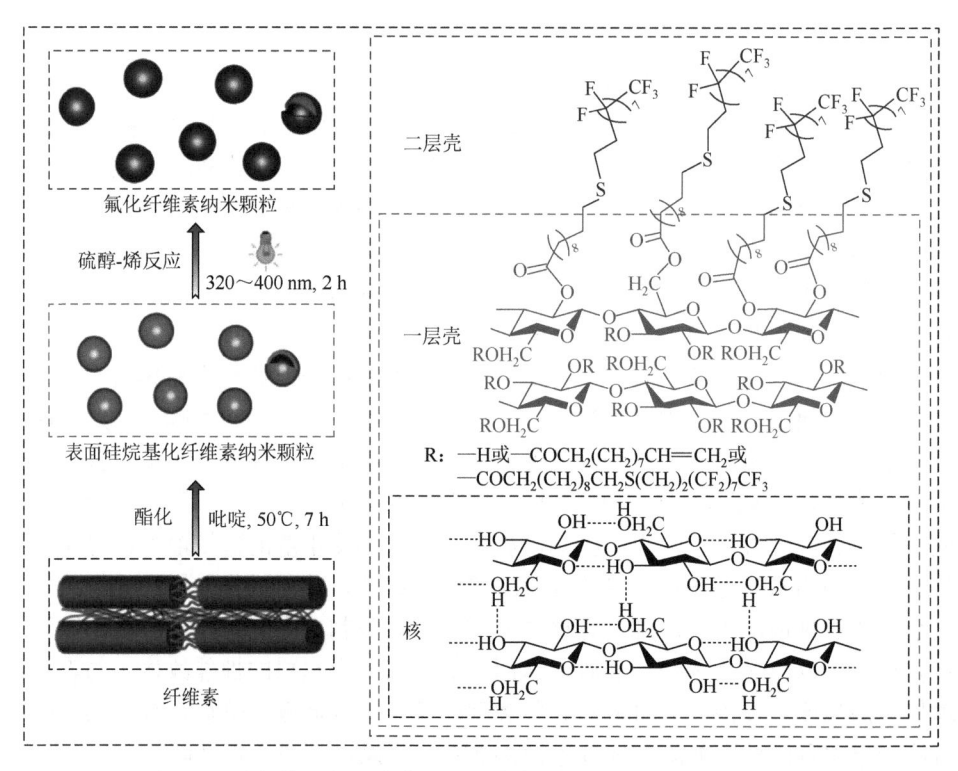

图 6-11 全氟核冠状纤维素纳米颗粒在干燥状态下的热可逆自组装

（3）对木竹基材料的表面沉积法

Tzounis 等在碱处理的黄麻纤维上沉积多壁碳纳米管，增强了黄麻纤维聚合物复合材料的界面结合强度。刘璇等通过方便的溶胶-凝胶法在黄麻纤维上涂覆纳米

SiO₂层。具有优异表面能的纳米SiO₂层可以与黄麻纤维上的羟基反应,构建稳定的界面。此外,纳米SiO₂层可以填充黄麻纤维的表面缺陷,消除应力集中位置。经过沉积处理的天然纤维可以改善表面和力学性能,赋予复合材料更好的物理和力学性能。上述研究工作集中于研究纳米颗粒沉积天然纤维及其增强复合材料的力学和界面性能[22]。

然而,文献中很少有关于纳米颗粒沉积在天然纤维上的改性机制的研究报道。主要原因是天然纤维表面的多尺度沉积效应(天然纤维为微米级,纳米SiO₂层为纳米级),天然纤维的力学性能尚不明确。为改善黄麻纤维增强聚合物复合材料的界面结合,采用溶胶-凝胶法在黄麻纤维表面沉积纳米SiO₂层。通过宏观评价和分子动力学(MD)模拟来表征纳米SiO₂层在黄麻纤维上的沉积效果。此外,建立了沉积在黄麻纤维上的纳米SiO₂的多尺度模型。结果表明,沉积效果会受到纳米SiO₂层的形貌影响,包括凝胶、阵列和聚集颗粒。与nano-SiO₂凝胶和聚集的nano-SiO₂颗粒相比,nano-SiO₂阵列可以有效地填充黄麻纤维的表面缺陷,从而消除黄麻的应力集中和荷叶效应纤维。涂有nano-SiO₂阵列的黄麻纤维的表面能和抗拉强度分别提高了9.79%和16.47%。此外,MD模拟证实,非键合和C—O—Si化学键合相互作用保证了黄麻纤维和纳米SiO₂层之间的界面结合。C—O—Si化学键可以在黄麻纤维和纳米SiO₂层之间提供强大的界面强度[23-25]。

(4)对木竹基材料的表面修饰法

植物纤维增强热塑性复合材料(植物纤维/热塑性复合材料)是环保行业的关键组成部分,由于机械性能优异、质量轻和成本低,在民用基础设施和交通运输行业引起了极大的兴趣。尽管具有上述优点,但一些缺点限制了植物纤维/热塑性复合材料的应用,例如,亲水性植物纤维与疏水性热塑性基体之间的界面结合性能较弱。界面结合性能被认为是影响植物纤维/热塑性复合材料力学性能的关键因素。研究人员介绍了各种解决方案来增强植物纤维/热塑性复合材料的界面结合性能。最近,由于纳米颗粒优异的表面特性和机械性能,在植物纤维上涂敷纳米颗粒被认为是一种更有效的方法。n-SiO₂纳米颗粒具有独特的三维球形结构和突出的物理化学特性,用于提高植物纤维与金属纤维之间的界面结合性能。

关于纳米颗粒包覆的植物纤维/热塑性复合材料的界面结构和失效行为的研究报道很少。涂覆在植物纤维上的纳米颗粒在植物纤维和热塑性基质之间形成界面。由于纳米颗粒界面的存在,植物纤维/热塑性复合材料的界面从单一的微观结构转变为多相和多尺度的界面。因此,纳米颗粒包覆的植物纤维/热塑性复合材料的界面结构和失效行为难以通过单一尺度评价系统表征。在这项研究中,通过MD模拟、微观建模和宏观力学测试,在多尺度水平上分析了n-SiO₂@JF/PP复合材料的界面结构和失效行为。

天然植物材料具有一些独特的性质,如天然层级结构、种类丰富、成本低、可再生和环境友好等；具有一套完美的水分运输系统，通过自身亲水性微通道将水溶性营养物质和液体运输出入植物细胞。但是，有机污染物通过植物基反应器进行催化还原反应时，大多数需要在外力作用下才能运行，如真空负压驱动。利用天然三维多孔生物模板制备重力驱动催化反应器的研究尚未开展。

基于此，李景鹏等报道了一种利用天然三维多孔藤材制备重力驱动高通量催化反应器的简便策略。主要研究内容如下：①利用富含含氧官能团的天然藤材作为还原剂和载体，在其内部微通道和孔隙内原位合成分布均匀且稳定的 Ag 纳米催化剂；②藤材具有的天然排列多孔微通道及其内部微结构有利于增加溶液与藤材内壁附着的 Ag 纳米颗粒的接触机会；③当溶液以高通量流过整个多孔藤材反应器时，纳米 Ag 修饰的长微通道有利于保证溶液整体处理效率；④藤本植物资源丰富且生物可降解，有利于催化剂的可持续回收利用。该研究通过优化合成条件，利用传统的真空浸渍法，在整个藤材中成功负载了小且均匀的 Ag 纳米颗粒，并详细研究了纳米 Ag 在藤材上的合成机制。此外，制备的 Ag/藤材三维催化反应器的水处理速率可达 7471 L/(m^2·h)，并且对硝基苯酚的转化效率高达 97%。最后评估了 Ag/藤材催化反应器的可重复使用性和稳定性[26-29]。

6.3.1.2 有机分子单层组装

二十七烷在石墨表面上产生了高度有序的二维结构，二十七烷分子的链平行平躺在石墨表面而形成垄状结构，狭窄的沟槽把垄与垄隔开。二十七烷分子在石墨表面上排列的长垄的宽度（4.5 nm）和其在三维晶体中的宽度（4.3 nm）大小相近，这说明分子是以其长轴平行的方式吸附在石墨表面上，烷基链的方向与分子排成的垄的方向垂直，并且烷基链中的碳-碳键以全反式构象存在。烷烃分子内不存在极性官能团，所以烷烃分子间只存在范德瓦耳斯作用力。为了使分子间有很强的相互作用，需要保证烷烃分子吸附于石墨表面过程中分子间有足够大接触面积，从而使得表面自由能减小。此外，由于六边形的石墨晶格中心的距离是 0.246 nm，正好和碳氢化合物骨架上相邻两个亚甲基基团的距离 0.251 nm 大小相近，可诱导长链烷烃衍生物在石墨表面形成规则排列。而不同长度的烷基链在石墨表面吸附时，分子和基底间的作用力会受到影响，分子间的范德瓦耳斯作用力大小也会改变，这会使得在石墨基底上的有机单层吸附膜中烷烃分子具有不同的排列结构。例如，分子力学模拟的研究表明，短链烷烃分子与基底的晶格有较好的匹配性，但是当烷基分子链长增加时，石墨基底和沿着分子长轴方向的烷基链的晶格会有极小的差异。很多 STM 实验结果也说明了这一点。例如，当烷烃链的碳原子个数 n = 6 或 12 时，烷基链和低聚噻吩生成了主链垂直的稳定结构；当烷烃链的碳原子个数 n = 3 时，由于烷基链较短，不能像 n = 6 或 12 时那样形成主链垂直的稳定结构，而是形成了主链交叉的稳定结构。另一个就是广泛研究的烷基氰基联苯 nCB 分子（$n=6\sim12$）。当这个分子在石墨表面上吸附时，分子会用头（双苯氰基）对头、尾（烷基部分）对尾的双亲方式排列成一个结构单元，并且每两个相邻的结构单元之间包含一定的错位，从而分子会形成具有亮暗相间条带状的二维有序结构。当烷烃链长变化时，两垄之间的距离发生相应的变化，处于结构单元中分子的数目也会改变。

其他如醇、羧酸、卤代烷烃、硫醇、环烷烃和不饱和碳氢化合物都可在石墨表面形成二维吸附结构，官能团的大小、作用强弱和基底作用等因素都会影响不同官能团的衍生物在石墨表面形成不同的二维吸附结构。

除了长链烷烃衍生物，人们希望更多的官能团引入固体表面上形成二维有序的单分子层，但有机分子是以物理方式吸附在惰性固体表面（石墨表面为主）上的，分子与基底之间相互作用较弱，稳定性较差，因此在有机官能团上增减烷基链或者是含长链化合物和有机分子共吸附都可增加分子在吸附表面的稳定性。

人们希望利用在光照条件下偶氮类分子能发生顺反异构的性质来设计具有偶氮官能团的有机分子和超分子，在光照后这种分子的构型甚至结构都会发生改变，利用这种性质可以制备分子光电开关、分子存储器或分子马达等器件。白春礼等合成了具有偶氮基团及氢键的刚性核心和柔性烷基侧链的化合物，在石墨表面组装得到有序单层膜，取代烷基的长链提供了较大的稳定能，稳定了刚性核心部分的平面构象。在紫外光的作用下，能部分发生顺反异构化反应，证实其作为光引发的分子开关的可能性。

王永贵课题组提出了一种共聚诱导的形状稳定策略，利用纤维素 10-十一烯基酯（CUE）作为聚合物基交联剂，以及各种烷基丙烯酸酯（AAs）作为相变单体，制备的固-固相变膜（CUE-AAs）具有高效的热能存储和优良的热可逆光学透明度。这些制备的 CUE-AAs 膜在相变过程中具有良好的可切换光学透明度，从 5%以下到 90%以上，使用不同的 AAs 可以使透明度的响应温度在 23～67℃ 范围内进行定制。此外，将十六烷、十八烷和二十烷等三种正烷烃物理包裹在 CUE-AAs 交联网络中，以提高各自的热能存储。基于 CUE-AAs 交联网络，成功地制备了多种纤维素衍生的固-固相变蓄能膜。CUE-AAs 膜具有优异的热可逆光学透明性，在超过相变温度后，其透明度从约低于 5%逐渐增加至 90%以上，但在冷却至室温后迅速变得不透明。CUE-AAs 膜光学特性的响应温度及储能性能（如熔化焓）可以分别在 23～67℃ 和 33.5～99.5 J/g 的范围内进一步定制烷基链的长度和 AAs 的含量。CUE-AAs 交联网络可以作为热稳定的支撑基质，物理捕获 n-烷烃 [包括十六烷基丙烯酸酯（AA16）、十八烷基丙烯酸酯（AA18）和二十二烷基丙烯酸酯（AA22）]，从而提高潜热。因此，CUE-AAs 膜具有较高的储能容量、可逆的光学透明性、定制的相变温度、显著的热稳定性、有效的光热转换性能和优异的热调节能力等多种功能，作为智能光学器件具有巨大的潜力[30]。

该课题组还报道了用纤维素硬脂酰酯制备聚合物片状纳米结构（PFNS）作为功能材料的新平台。取代度为 3 的纤维素硬脂酰酯（CSE3）经过一个简单而有效的温度诱导的功能化过程后形成了 PFNS。半晶 PFNS 可以在 2～10 μm 的微尺度化状粒子（FLPs）上呈现薄片，也可以在半晶片和玻璃纤维表面上呈现高度可调的有序表面图案。CSE3 的分子量、聚合物溶液的浓度和冷却速率对 PFNS 的形成起着关键作用。平均聚合度为 19 的 CSE3-a 优先形成有序结构，而在应用条件下，平均聚合度较高的 CSE3 组分则不能。聚合物溶液的浓度为 0.5～10 mg/mL，在 30～55℃范围内冷却速率约 1℃/min 的冷却过程通常是合适的。表面性质（包括表面化学度和粗糙度）强烈影响表面上 PFNS 的均匀性和数量。其中，在表面固定化脂肪族（二甲基）十八烷基硅基的硅片和表面有 CSE3-c 薄层的浸晶片上获得了连续均匀分布的 PFNS。此外，基底用 PFNS 覆盖整个表面，对水溶液和高黏性甘油具有超疏水性。特别是，与原始玻璃纤维纸相比，含有 PFNS 的多孔玻璃纤维纸仍然对水蒸气的渗透性没有延迟。因此，PFNS 为在不同的基质上构建功能材料提供了一个新的平台，如单个粒子、表面和多孔网络，这可以在各个领域引起广泛的兴趣[31]。

6.3.2　多分子层组装

层层组装技术（layer-by-layer，LBL）：20 世纪 60 年代中期研究者就发现表面带有电荷的固体载体可以通过静电作用吸附带有相反电荷的胶体颗粒，通过多次交替吸附可以得到胶体颗粒的超薄膜，不过当时并没有引起人们的关注和深入研究。直到 20 世纪 90 年代初期，Decher 在 Science 上发表了一篇研究论文，详细介绍了通过分子间静电作用在固体基片上组装带有相反电荷的两种聚电解质超薄膜的过程和作用机制，才广泛引起了研究者的注意。利用层层组装技术来制备超薄膜与"6.3.1 单分子层组装"的自组装技术十分类似，只需通过固体载体的循环浸泡和冲洗便可很容易地将分子有序组装起来。

一般的层层组装过程包括以下几个步骤：首先，将表面带有一定电荷的固体载体在一定温度下浸泡到某种带有相反电荷物质的溶液中，保持一定时间，使其充分发生静电吸附作用，之后将基片取出并用溶剂冲洗其表面（或将其浸泡到纯溶剂中），干燥一段时间；其次，将上述基片浸泡到带有与原始基片相同电荷物质的溶液中，按照同样的操作来沉积第二种物质；重复循环上述过程便可以将二元或多元的成膜物质组装成复合的超薄膜体系。其他驱动力的层层组装技术与此有类似的过程。

该技术的普适性是最大的优势之一，主要体现在以下几个方面：首先，适用于制备各种带有电荷的有机小分子、聚合物、无机粒子、胶体颗粒及生物大分子

(如 DNA、酶、蛋白质等) 等物质的多元复合膜；其次，分子间的其他作用力 (配位作用、氢键等) 也可作为成膜的驱动力，且膜的稳定性也较高，极大丰富了研究内容并增加了实用性；再次，用于成膜的固体载体取材广泛，且易于处理；最后，可以很轻易地通过控制成膜过程中各种宏观参数 (如溶液的浓度、酸碱度、温度等) 来调控膜的微观结构和性能。可以看到，层层组装技术也是一种优良的制备有序超薄膜的手段，其制备过程简单便捷、快速低耗，研究对象和领域具有一定的普适性。这些特征使其迅速渗透到超分子化学胶体与界面化学、生物化学等领域，并构成其中重要的组成部分。在层层组装技术的各种驱动力中，基于静电作用、氢键作用及配位作用等为主要驱动力的组装已经获得了丰硕的研究进展。

6.3.2.1 多分子层自组装

卢芸等首次使用自上而下的方法剥离 10 nm 厚的纹孔膜纳米木，并设计了一个天然木材结构的界面作为人工固态-电解质间相 (SEI)。人工固态-电解质间相在自然组装的平行纤维素分子之间具有纳米通道，从而调节了锂沉积的均匀性。同时，纳米木材上相互连接的微孔和丰富的亲脂基团促进了锂离子的快速迁移。纳米木材保护的锂金属电池提供了约 140 mA·h/cm^2 的显著比容量，800 次循环的平均库仑效率为 99.6%。这种基于纳米木材的、高性能的、可扩展的且具有离子通量调节的仿生人工固态-电解质间相为实际锂离子通量调节器的短寿命提供了一个有吸引力的解决方案。此外，改良的阳极在具有 LiFePO$_4$ 阴极的硬币型电池和 0.5 A·h 级的袋电池中均表现出超稳定的循环性能。硬币型电池的高比容量约为 140 mA·h/cm^2，800 个周期的平均库仑效率为 99.6%，这是已报道的锂离子通量调节器中最高的值。此外，这种基于纳米木的人工固态-电解质间相的离子通量调节器具有高性能和可扩展性，是当前锂离子通量调节器的短寿命的一种很有前途的解决方案[32]。

6.3.2.2 多分子层层组装

结构材料的基本力学性能有刚度、强度和断裂韧性。刚度是抗弹性变形的特征；强度是指材料永久变形所需的应力的起始点 (通常指非弹性变形或断裂)；断裂韧性是材料抵抗裂纹扩展的能力。一般，刚度和强度由材料中原子间相互作用的强度决定，因此最硬的材料也往往是最强的。断裂韧性是一种有时与强度相混淆的特性，它被定义为在材料中传播裂纹所需的能量。强度和断裂韧性通常是相互排斥的特性，因为强材料通常在明显变形之前就会断裂。低强度的材料可以发生非弹性变形，之后在应力集中区、缺陷和裂缝周围重新分配应力，使其传播更加困难，从而增加断裂韧性。在材料中加入弱界面是一种防止裂缝偏转和调整韧化机制的有效方法，界面纤维基体的控制脱黏产生裂纹桥接和拉出。这些材料的性能是由强度和断裂韧性之间的权衡造成的。需要强的界面来确保材料足够的载荷传递和强的内聚力，但界面也必须足够弱，以便在传播裂缝之前脱除，偏转裂缝，并使纤维和基体之间的非弹性剪切变形。将多分子层层组装根据不同分子层表界面之间超分子作用力的不同，分为静电引力组装、氢键作用组装和配位键相互作用组装三种。常见的多分子层层组装形式可参考示意图6-12。

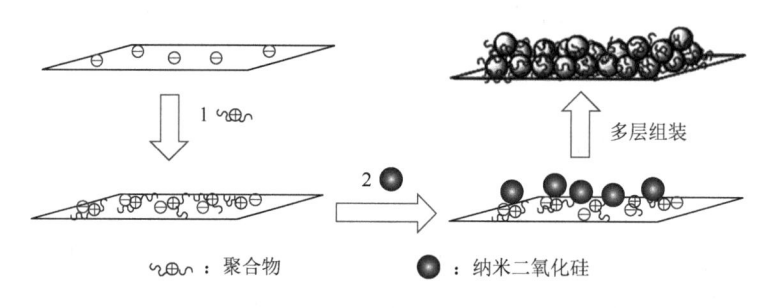

图 6-12 多分子层层组装示意图

（1）静电引力组装

1）多层静电组装。

刘璇等描述了 CNF 气凝胶及 Ag$_2$O@CNF 气凝胶的合成途径。首先将化学纯化后的竹纤维素水分散液高频超声破碎 30 min，使其进行纳米纤丝化。空穴的爆破打破了纤维素微纤丝间相对较弱的氢键和范德瓦耳斯力，并沿轴向将纤维素劈裂。因此，微米级别的纤维素纤维被逐渐分解成直径 60 nm 以下的纤维素纳米纤丝。用叔丁醇将 CNF 分散液中的水置换出来。经过叔丁醇快速冷冻干燥，获得了具有高比表面积（284 m^2/g）的多孔 CNF 气凝胶。在室温下，将干燥后的气凝胶样品浸泡在银氨溶液中，样品上沉淀有 Ag(NH$_3$)$_2^+$，Ag$_2$O 颗粒通过以下反应获得：

$$AgNO_3 + 2NH_3 \cdot H_2O \rightleftharpoons Ag(NH_3)_2^+ + NO_3^- + 2H_2O$$

$$Ag(NH_3)_2^+ + NaOH \rightleftharpoons AgOH + 2NH_3 + Na^+$$

$$2AgOH \longrightarrow Ag_2O + H_2O$$

在室温下，浸入 NaOH 溶液后的 Ag(NH$_3$)$_2^+$ 沉淀前驱体转化成了 Ag$_2$O 纳米颗粒，使 CNF 骨架的颜色由白色变为棕黑色。彻底清洗后进行冷冻干燥，此过程中 Ag$_2$O 纳米晶体被固定在 CNF 表面上，干燥后即可获得具有三维网状结构的改性的棕灰色的 CNF 气凝胶（Ag$_2$O@CNF）。

对于纳米颗粒的结构，可通过 AgNO$_3$ 和氨水的初始浓度（固定物质的量比1∶2）加以控制。同时保持干燥 CNF 气凝胶（密度 0.25 mol/dm^3）的体积分数不变，随着托伦试剂［之前步骤中所得的 $Ag(NH_3)_2^+$ 溶液］的增加，负载有 Ag_2O 的 CNF 产品的颜色由浅变深[33]。

2）有机小分子静电组装。

乳液是通过加入表面活性剂，某种液体以液滴形态分散在与其不相容的另一种液体中而构成的稳定体系。Pickering 乳液与传统乳液不同的是由固体颗粒代替表面活性剂作为稳定剂制备的乳液，Ramsden 和 Pickering 对此做了开创性研究。Pickering 乳液具有优异的抗聚结稳定性、可调节的渗透性和良好的弹性响应等优势[3]。油水界面中的润湿性通常由固体颗粒三相接触角（θ）评估确定。Pickering 乳液的稳定性是由于固体颗粒的脱离能使其不可逆地吸附在油/水界面并形成致密堆积层，从而限制了乳液的聚结和奥斯特瓦尔德熟化（Ostwald ripening）。

近来，许多固体颗粒已被采用作为 Pickering 乳液的稳定剂。相比于表面活性剂，固体颗粒的多样性、多功能性赋予了 Pickering 乳液各种独特的性质，并使各种衍生材料的制造成为可能。常用的固体颗粒稳定剂及其应用有以下三类：①无机颗粒：二氧化硅、二氧化钛、纳米黏土颗粒、金纳米颗粒、碳酸钙、碳量子点、碳纳米管、氧化石墨烯等。由于易得性和高稳定性，无机颗粒是 Pickering 乳液研究用得最早和最多的稳定剂，其稳定的乳液在运输储存、双相界面催化、吸附分离、水净化、石油采收和各种响应性反应器等都有文献报道。②聚合物基颗粒：聚苯乙烯颗粒、基于聚合物的响应性微凝胶等。在选择性渗透胶囊、水凝胶、食品等方面有应用。③天然多糖衍生的微纳米颗粒：纤维素、几丁质、壳聚糖和淀粉颗粒等。相比于前面两大类固体颗粒，天然多糖衍生物具有良好的生物相容性，因此更多地被用于食品、药物的 Pickering 乳液封装和输送，在人体的脂质消化调节和脂肪替代物方面也有应用[34]。

纤维素作为地球上年产量最高的天然高分子（每年约 1800 亿 t），主要来源于木材、棉花、谷类等植物的细胞壁中。木材的纤维素含量为 40%～60%，并且由于木材有最为丰富的资源储量和相对低廉的价格，综合来说是大量制备纤维素材料的最佳原料。将纤维素纳米化后得到的纳米纤维素尤其满足目前对天然绿色、可持续和低成本 Pickering 稳定剂不断增长的需求[35]。

同时，纳米纤维素表面大量的羟基可通过氢键相互作用对乳液体系的结构和稳定起重要作用，逐渐成为热门的 Pickering 乳液固体颗粒乳化剂[36,37]。但由于纳米纤维素表现出高度亲水性，而疏水相部分湿润性较差，多数纳米纤维素虽能够吸附在油/水界面却无法实现乳液的长期稳定。纳米纤维素具有丰富的功能基团，如醛基和羟基，因此可通过增加表面疏水性来提高其乳化稳定性。目前主要有两类对纳米纤维素进行疏水改性的方法广泛应用于 Pickering 乳液：①某些物质通过吸附作用（氢键和静电力）形成基于纳米纤维素的络合物协同稳定 Pickering 乳液，如多糖，蛋白质，阳离子表面活性剂如烷基铵或季铵盐；②用各种物质对纳米纤维素进行化学改性，例如，用表面活性聚合物进行氧化和接枝，其可用作乳液唯一的稳定剂而无需其他物质协同稳定。除两亲性质外，纳米纤维素作为乳液稳定剂受到广泛关注还归因于其纳米尺寸、高长径比、大弹性模量、低毒性、生物降解性和生物相容性的特点。

Xu 等将羊胺改性的纤维素纳米晶（oCNC）作为稳定剂，亚麻籽油为油相制备了 O/W 型 Pickering 乳液，用作木材保护氧化保护涂层。该涂层可应用于木材、金属这些需要表面氧化保护的材料，并具备一定防腐防霉效果。

Mabrouk 等以过硫酸盐/偏亚硫酸氢盐为引发剂，在纤维素纳米晶体（CNC）和聚乙二醇-甲基丙烯酸酯（MPEG）存在下进行了乙酸乙烯（AVM）的原位乳液聚合，制备得到聚乙烯醇（PVA）-CNC 纳米复合分散体，然后用 PVA-CNC 纳米分散体与 PVA 溶液简单混合制备得到木材胶黏剂。这个混合的过程会导致木材胶黏剂黏合力增加，提高使用性能。当前对基于纳米纤维素的 Pickering 乳液研究，主要集中在调节纳米纤维素的尺寸、表面性质以及乳液的制备工艺来改善乳液稳定性和促进形态优化，而对乳液稳定机制的研究相对较少。例如，纳米纤维素不可逆地吸附在油滴表面的机制尚未明确，油滴与纳米纤维素之间以及纳米纤维素之间的相互作用也有待进一步探究。

木材来源的纳米纤维素安全性好，对室内、人体接触的领域有特殊优势，同时是一类具有良好生物相容性的材料。Stoudmann 等通过特定的模型定量评估了纳米纤维素释放的环境风险。研究表明，在选定的假定条件下，即使假设未来几年纳米纤维素产量的复合年增长率为 19%，地表水体中的纳米纤维素也不会产生环境风险[38]。

在应用方面，就目前的市场规模和前景而言，加大纳米纤维素 Pickering 乳液在木材加工行业、食品、生物医药、材料及化妆品等领域的应用拓展对新产品和新材料的产生具有重大意义；在功能材料的开发上，由于纳米纤维素 Pickering 乳液的制备过程是在水溶液中进行的，纳米纤维素分散在水溶液中，不需要任何费时的溶剂交换过程，该过程简便且易于操作，因此通过纳米纤维素 Pickering 乳液制备新型生物基材料是一种简便且可扩展的方法。当前，基于此方法开发的纳米纤维素改性材料在文献中已初见报道，但是用于开发具有磁性与环境响应的功能材料尚处于初始阶段，今后借助整体的简单工艺，纳米纤维素 Pickering 乳液可作为一类广泛适用性的平台技术用于开发新型的功能材料。

（2）氢键作用组装

当施加到界面上的剪切力超过临界值时，键合发生，更具体地讲，是半纤维素链和纤维素微纤丝之间的氢键——断裂并重新形成，以在较大的滑动距离内提供内聚行为。当应力释放时，键会重新形成，从而使原纤维锁定在其变形位置，而不会累积损伤或失去刚度。这种类似维可牢尼龙搭扣的行为可能是由半纤维素和木质素介导的，它们可能在剪切过程中缠结和解缠结。然而，这种基于缠结的相互作用可能不是纤维素微纤丝之间界面处唯一可能的构型。其他研究表明，半纤维素（特别是木聚糖）的缠结内聚力相对较弱，并且缠结所需的最小长度约为半纤维素链段的十个单体残基。半纤维素链和纤维素微纤丝之间的横向结合需要一些半纤维素链形成氢键并在一定距离上与纤维素微纤丝对齐，从而在界面上形成不连续的半纤维素桥。当界面处于应力条件下时，半纤维素环可能会与其中一根原纤维分离，这为半纤维素链提供了自由长度，释放了一些桥接强度并允许原纤维之间发生剪切变形。当应力释放时，半纤维素环可以通过氢键重新接近并重新附着在纤维素微纤丝上，以保持整体刚度。在这个纤维素微纤丝之间的半纤维素链段模型中，纠缠和桥接内聚可以共存。这些组合机制被中尺度粗粒度计算模型捕获。该结构展示了纠缠和桥接如何控制界面的剪切，这是通过半纤维素界面的重新配置和半纤维素的"黏滑"发生的，这种现象由氢键的动态断裂和重新形成控制半纤维素和纤维素之间的界面，到纤维素微纤丝上，界面通过纤维素微纤丝角转化为宏观尺度的大拉伸应变[18, 39]。

本体强度（内聚力）和表界面黏附力是评估胶黏剂性能的关键性能。胶黏剂的内聚力是指其本身的强度。为了实现胶黏剂胶接材料时利用率最大化，选用胶黏剂的内聚力应与被胶接材料的本身强度相近。黏附力是指一种材料附着于另一种材料的能力，在胶黏剂中指的是胶黏剂与被胶结物表面的黏附力。影响胶黏剂胶接强度的主要因素是：①胶黏剂本身的结构和化学组分；②被胶结物的表面特性；③发生胶接时的外在环境条件，如温度、压力、辐射、湿度、时间等。优异的胶黏剂性能必须同时满足高界面黏附力和高内聚力。表界面黏附力越强，与被胶结物胶接越好；内聚力越大，胶接接头不容易从胶黏剂本身破坏。对于骨头和木材，延展性是在纳米级产生的，尽管最有效的裂纹偏转和桥接机制发生在微观尺度。界面处的摩擦相互作用也用于复合材料，最显著的是纤维增强复合材料，但也用于最近的仿生材料[40, 41]。

1）三维打印（3DP）。

最近的方法，如3D激光雕刻或多材料3D打印，将有望使具有可调接口属性的复杂架构集成成为可能。界面和材料结构层面的机制协同运作，在宏观尺度上产生高性能。在合成材料中捕捉这些协同作用在设计和制造方面提出了挑战。天然材料可以激发新的策略来设计具有吸引人的机械响应的界面，这对于高级复合材料的设计至关重要。

三维打印，也被称为"增材制造"（AM）或"快速原型化"，是一种通过使用打印机头、喷嘴或其他打印方法以分层模式沉积材料来制造3D物体的过程。分子间和分子内氢键使纤维素不溶于水和最常见的溶剂。纤维素在高温下表现出较高的反应性，估计T_g为230℃，T_m约为450℃。C2、C3和C6羟基的反应性使纤维素基聚合物具有有用的性质。塑性和溶解度等性质在很大程度上受到取代度和摩尔取代度（MS、侧链长度）的影响。取代度（DS）较高的衍生物往往具有较低的水溶度，而在有机溶剂中的溶解度增加。相比之下，较低的 DS 衍生物在水中是敏感和分散的。此外，通过非极性基团增加的 MS 或 DS 增加了纤维素的可塑性。在纤维素结构上用甲基取代产生甲基纤维素，再用羟丙基取代产生羟丙基甲基纤维素（HPMC）。纤维素醚的溶解度受到 DS 的影响。随着 DS 的增加，溶解性从稀碱中向水转变，然后转向有机溶剂溶性阶段。具有中、高分子量（M_W）的纤维素醚不溶于水。它们在热能的注入下也表现出凝胶化，这是 3DP 所期望的一个特征。除凝胶外，它们的其他热特性（T_g、T_m 和 T_d）、流变特性（黏度、屈服应力、刚度）及注入药物释放机制（即时释放、缓释、控释）拓宽了 3DP 技术中纤维素醚的范围[42]。

2）聚合物本体交联。

多个研究团队证实了贻贝黏附蛋白（MAP）具有的万能黏附、快速固化和防水性是由于蛋白中含有一种特殊的带有儿茶酚基团的称为多巴（DOPA）的氨基酸——贻贝具有奇特黏附能力。虽然邻苯二酚的结构简单，只由一个苯环和两个相邻的羟基组成，但它几乎能与任何表面有效地相互作用，如此高通用性的秘密与其结构能够对各种表面具有特殊适应能力密切相关。研究发现，邻苯二酚能够与不同基材表面形成相互作用，包括共价键、氢键、金属-邻苯二酚配位键、π-π/π-阳离子作用和静电力相互作用等。邻苯二酚的酚羟基与基材作用时，不仅能提供孤电子对，也能提供氢原子与其他带有孤电子对的原子形成氢键，尤其在与极性的、亲水的基材表面发生氢键作用时能对水有竞争及置换效果。

在此原理基础上，尝试合成了仿生木质素胶黏剂，氢键在胶黏剂脱甲基化的改性木质素/聚乙烯亚胺（M-Lignin/PEI）的黏合过程中也发挥了十分重要的作用。M-Lignin 分子上未反应的邻苯二酚基团不仅能与 PEI 的氨基形成强氢键，也可以与木材中的羟基形成强氢键，从而提高了胶黏剂的内聚强度和与木材的胶接强度。尝试制备了仿生单宁胶黏剂，推测单宁上的邻苯二酚结构可以很容易地被氧化成邻醌结构，特别是在升高热压温度时。被氧化的邻醌结构可以与 PEI 的氨基发生席夫碱反应，也可以通过迈克尔加成反应进一步地与 PEI 的氨基发生席夫碱反应。这些反应会共同形成水不溶的三维单宁-PEI 网状结构。此外，单宁的儿茶酚基团可以与 PEI 的氨基和木材表面的羟基形成氢键作用。同样，PEI 的氨基也可以与木材的羟基产生氢键作用。单宁-PEI 网状结构与木材的羟基的氢键作用也对胶黏剂的高强度胶合产生了重要的作用。制备了仿生大豆蛋白基胶黏剂，研究发现通过增加大豆蛋白中巯基的含量，可以改善大豆蛋白基胶黏剂的耐水性能，并进一步探究巯基对胶合性能的影响。对巯基的作用机制做出了以下推断：①大豆蛋白中的巯基易被氧化为二硫键，进而通过交联反应形成三维网状结构；②热压阶段，酪氨酸被氧化为醌类结构，进而与巯基发生迈克尔加成反应；③大豆蛋白中大量的氨基与木材形成氢键，且热压阶段，木质素中的酚羟基被氧化为醌类结构并与巯基发生作用[43-45]。

通常，多巴胺（dopamine，DA）能在碱性条件下发生自聚，最终形成 PDA 涂层并黏附在多种不同基质表面。DA 首先自聚生成中间产物吲哚，然后进一步氧化聚合形成 PDA。PDA 所携带的多种功能性基团如羟基、吲哚、氨基、儿茶酚、醌基和芳香环结构是其能黏附在多种基质表面的主要原因，且对氨基、巯基等化学基团展现出较高的化学反应活性。以正十八胺（ODA）为例，在 CNF 与 DA 反应过程中加入 ODA，可以在 CNF 表面构建 ODA-PDA 复合涂层，改变 CNF 的润湿性。FTIR 和 XPS 表征分析技术可探明复合涂层的构建机制：在 pH = 8.5 的溶液中，DA 首先在 CNF 表面发生氧化自聚，并通过氢键结合的方式在 CNF 表面形成 PDA 涂层。该涂层作为桥梁和二次改性平台，通过席夫碱反应将 ODA 接枝到 PDA@CNF 复合骨架表面。基于 DA 在弱碱性条件下氧化自聚的特性，可以在 CNF 表面构建仿生涂层。利用仿生涂层对巯基、氨基等基团的反应活性，可以进一步地接枝功能性化学物质，赋予材料疏水、抗菌、催化等功能。

通过简单的溶液共混，可以在纤维素纳米晶（CNF）表面构建贻贝仿生涂层，并且能够形成 PDA 和 PDA-ODA 仿生涂层。PDA 涂层首先通过氢键附着在 CNF 表面，然后通过席夫碱反应 ODA 分子接枝到复合涂层表面。通过冷冻干燥制备的复合气凝胶材料具有选择性油水分离能力，并且能吸附一系列油性溶剂，吸附量高达 83～176 g/g[41]。

（3）配位键作用组装

具有高力学性能的天然纤维作为一种促进生态可持续发展的环保材料，可成为替代部分合成纤维在汽车和包装行业应用的优秀候选者。然而，天然纤维的应用通常有几个缺点：①天然纤维和聚合物基体之间的界面结合强度差；②天然纤维的表面缺陷会降低其拉伸性能。这些缺点会影响天然纤维增强复合材料的机械性能。为了提高天然纤维增强复合材料的机械性能，人们进行了许多尝试，如对天然纤维进行化学或物理改性以提高黏合强度。然而，由于天然纤维的损坏，结果未能成功满足应用要求。将纳米颗粒沉积到天然纤维上可能是改善天然纤维增强复合材料界面结合性能最有前途的方法之一。

2010 年，Terranova 通过密度泛函理论研究了邻苯二酚基团在金红石表面的吸附，其计算结果从理论方面证明了邻苯二酚基团与金红石表面的 Ti^{4+} 形成配位键。为了解邻苯二酚和乙酸盐在氧化锌表面的竞争性吸附，Lin 等通过配体交换实验发现邻苯二酚可以取代最初附着在氧化锌表面的乙酸盐，证明了邻苯二酚基团相比于乙酸盐能与氧化锌表面形成更强的配合物。Mcbride 等通过红外光谱探究了邻苯二酚结构在不用氧化铝结构表面（长石、拟薄水铝石和无定形氧化铝）的吸附，结果表明邻苯二酚在三种氧化铝上的吸附机制类似，且能与氧化铝表面形成双齿络合。同时，其结构中的苯环能够与其他芳香环形成 π-π 电子相互作用，使它们能够黏附于富含芳香族化合物（如聚苯乙烯）和金属基底的表面上[46-48]。

Alex Basu 等研究了一种 Ca^{2+} 交联木质纳米纤维化纤维素（NFC）水凝胶，以建立纳米纤维素在慢性伤口愈合环境中的局部药物传递应用的知识。不同大小和等电点的蛋白质以一个简单的浸泡程序被加载到水凝胶中。从水凝胶中释放的蛋白质被监测，并评估了释放过程的动力学参数，研究了水凝胶和蛋白质的完整性。结果表明，蛋白质与带负电荷的 NFC 水凝胶结构之间的静电相互作用在加载过程中起着核心作用。蛋白质的释放受到菲克扩散的控制。蛋白质大小的增加，以及正电荷促进了水凝胶基质缓慢和更持久的释放过程。同时，带正电荷的蛋白质可以增加加载后水凝胶的强度。释放的蛋白质保持了结构的稳定性和活性，从而表明 Ca^{2+} 交联的 NFC 水凝胶可以作为治疗的载体[49]。

Widya Fatriasari 等以阴离子纳米纤维素交联阳离子制备白茅抗菌纸，建立一个能够积极控制包装材料中微生物生长的体系。采用半化学和碱化学方法对白茅进行制浆。使用 60 g/m^2 的模压印刷纸浆悬浮液，然后喷洒阴离子纳米纤维素，浸泡在阳离子溶液中，制备抗菌纸。结果表明，与 H^+ 和 Al^{3+} 阳离子交联的阴离子纳米纤维素对大肠杆菌和伤寒沙门氏菌、金黄色葡萄球菌和枯草芽孢杆菌革兰氏阳性菌均有抑菌活性。此外，研究结果显示，采用对锑的涂膜方法表现出了卓越的效果。然后浸泡在盐酸和氯化铝溶液中，可以制备出涂有阴离子纳米纤维素交联的 H^+ 和 Al^{3+} 阳离子的圆柱形纸。Al^{3+} 和 H^+ 成功交联后，在大约 1600 cm^{-1} 的波数范围内可以观察到一个典型的峰，Al^{3+} 表现为一个尖峰，而 H^+ 则呈现为一个双峰。此外，该合成纸对革兰氏阴性大肠杆菌、伤寒沙门球菌、革兰氏阳性金黄色葡萄球菌和枯草芽孢杆菌具有抑菌活性。对表面形貌和物理性能影响最好的涂层处理是 Al^{3+} 阳离子，其结构紧凑、光滑，撕裂强度最高，为(38.53±1.87)gf（1gf = 0.001 N）。因此，它可以作为一种抗菌的食品包装材料使用[50]。

表 6-3 总结了常用固/液界面组装技术的特点。

表 6-3 固/液界面组装技术的比较

项目	自组装单层膜	多层组装	有机分子单层组装	表面活性剂的吸附
主要组装驱动力	非极性共价键、离子键、极性共价键等化学键作用	静电作用、氢键作用、配位作用、亲疏水作用、电荷转移作用、π-π 堆积作用等各种分子间非共价键作用	亲疏水作用、分子间范德瓦耳斯力等	静电作用、亲疏水作用
主要适用研究对象	带有某种活性基团的小分子或聚合物、各种经过修饰的纳米结构等特定研究对象	各类化合物或纳米结构具有较好的普适性	长链烷烃衍生物	表面活性剂分子

续表

项目	自组装单层膜	多层组装	有机分子单层组装	表面活性剂的吸附
组装体的有序性	具有优良的横向有序性，纵向有序性随膜层数的增加而减弱	横向有序性不佳，各层膜间有一定程度的穿插，纵向有序性随膜层数的增加而减弱	具有优良的横向有序性	具有较好的横向有序性
膜的稳定性	优良	较好	较差	较差
膜的实用性	具有一定的实用性	具有一定的实用性	是建立理论模型和进行基础研究的优良手段，膜的实用性较差	具有一定的实用性
基板	金、银、硅等特定基板	无需特殊的基板	石墨等惰性基板	无需特殊的基板

6.4 本章小结

本章节从界面构筑对材料功能化的重要性开始，阐述了研究木竹表界面现象的意义，对木竹材表界面基本概念、物化性质以及木竹材表界面结构的影响因素等背景知识做了一个梳理；紧接着，从木竹材结构、性能和组分三个方面对其表界面测试表征手段进行了总结；最后，结合当前木竹材表界面修饰现状，将木竹材超分子表界面组装分为单分子层组装与多分子层组装两个大方向，单分子层组装又分为无机分子单层组装和有机分子单层组装，无机分子单层组装根据无机分子与木竹材表界面之间超分子作用力的不同，分为偶联剂法、接枝共聚法、表面沉积法和表面修饰法；多分子层组装分为多分子层自组装和多分子层层组装，多分子层层组装由于不同分子层表界面之间超分子作用力的不同，分为静电引力组装、氢键作用组装和配位键相互作用组装三种。

木竹材的表面性质对其功能化研究密不可分，同时，由于木竹材是一种天然的高聚物，既有生物学特征，又具有化学和物理特征，是一种不均匀的各向异性材料，因此对木竹材表面特性、表面物理性质和表面化学性质的影响十分复杂。如今，对木竹材表面特性的了解和研究虽不够全面，但是越来越多的研究人员已投身于该方向，各种木竹材表界面修饰、超分子层组装手段层出不穷。界面组装源于分子，具有可控性强、操作简单、干扰因素小等特点，其独特的优势表现在以下几个方面。首先，界面提供了一个二维受限的环境，能在分子水平上限制分子的构型、排列等，因而很容易组装得到形貌和结构可控的有序超分子组装体；其次，可以通过控制分子在界面上的堆积密度，来调节二维方向分子间作用力的范围和强度，尽管单独来看这种分子间作用力是很弱的，但它们在二维方向上协同作用的结果往往能促使分子在界面上组装形成完美的超分子结构；最后，固/液界面的分子组装实现了超分子组装结构的固定，为其功能化打下坚实的基础。因此纳米材料的界面组装在21世纪的生命科学、分子电子学、信息科学、材料科学、生物技术及其功能材料等方面的开发和利用上具有广阔的应用前景。而要实现界面组装材料的应用，也依赖于向超越分子及更大尺度迈进，因此，从分子组装向组内组装发展也是一个必然趋势。纳米材料的界面组装已经发展成为一个制备及实现材料功能化的重要手段。

参 考 文 献

[1] Rowell R M. Understanding wood surface chemistry and approaches to modification: a review. Polymers, 2021, 13 (15): 2558.

[2] Noori A, Lu Y B, Saffari P, et al. The effect of mercerization on thermal and mechanical properties of bamboo fifibers as a biocomposite material: a review. Construction and Building Materials, 2021, 279: 122519.

[3] 黄昆, 韩汝琦, 等. 固体物理学. 北京: 高等教育出版社, 1988: 230-320.

[4] 谢晶磊, 张红杰, 李强, 等. 纸浆纤维表面性能及其分析方法研究进展. 中国造纸, 2016, 35 (9): 72-77.

[5] 伍艳梅, 洪彬, 姜志华, 等. 基于ICP-OES的强化木地板表面耐磨性能影响因素探讨. 林产工业, 2022, 59 (6): 25-28, 45.

[6] Bhardwaj N K, Hoang V, Nguyen K L. A comparative study of the effect of refining on physical and electrokinetic properties of various cellulosic fibres. Bioresource Technology, 2007, 98 (8): 1647.

[7] Duker E, Lindström T. On the mechanisms behind the ability of CMC to enhance paper strength. Nordic Pulp & Paper Research Journal, 2008, 23 (1): 57.

[8] 腾新荣. 表面物理化学. 北京: 化学工业出版社, 2009: 55-67.

[9] 刘敏. 木材表面彩色超疏水涂层构建与性能研究. 长沙: 中南林业科技大学, 2023.

[10] 张梦莹, 吕建雄, 包新德, 等. 硅烷偶联剂KH590对硅酸盐改性杨木表面性能的影响. 林业工程学报, 2021, 6 (6): 82-87.

[11] Quan H C, Kisailus D, Meyers M A. Hydration-induced reversible deformation of biological materials. Nature Reviews Materials, 2020, 6 (3): 264-283.

[12] Thybring E E, Fredriksson M, Zelinka S L, et al. Water in wood: a review of current understanding and knowledge gaps. Forests, 2022, 13: 2051.

[13] 李坚, 王清文, 李淑君. 木材波谱学. 北京: 科学出版社, 2020: 1.

[14] 科学指南针团队. 材料测试宝典: 23项常见测试全解析. 杭州: 浙江大学出版社, 2020: 35-70.

[15] 卢芸. 基于生物质微纳结构组装的气凝胶类功能材料研究. 哈尔滨: 东北林业大学, 2015.

[16] 罗杰. 压缩处理对青杨木材构造与酚醛树脂浸注性能的影响. 北京: 中国林业科学研究院, 2020.

[17] 汪为锴, 李明晗, 刘畅, 等. 甲醇抽提处理对斜叶桉心材细胞壁孔隙结构特征的影响. 木材科学与技术, 2021, 35 (6): 26-30.

[18] 刘鸣华, 陈鹏磊, 张莉, 等. 界面组装化学. 北京: 化学工业出版社, 2020: 190-250.

[19] 陈传峰, 杨勇, 等. 超分子组装: 结构与功能. 北京: 科学出版社, 2014: 5-7.

[20] Li Y, Wu M, Liu R G, et al. Cellulose-based solid-solid phase change materials synthesized in ionic liquid. Solar

Energy Materials & Solar Cells, 2009, 93: 1321-1328.

[21] Wang Y, Groszewicz P B, Rosenfeldt S, et al. Thermoreversible self-assembly of perfluorinated core-coronas cellulose-nanoparticles in dry state. Advanced Materials, 2017, 29 (43): 1702473.

[22] 刘璇, 崔益华, 杨赟, 等. 纳米 SiO$_2$@黄麻纤维/PP 复合材料多相界面结构与增韧机制. 复合材料学报, 2022, 39 (3): 1026-1035.

[23] Liu X, Cui Y, Hao S, et al. Influence of depositing nano-SiO$_2$ particles on the surface microstructure and properties of jute fibers via *in situ* synthesis. Composites Part A: Applied Science and Manufacturing, 2018, 109: 368-375.

[24] Liu X, Cui Y, Lee S K L, et al. Multiscale modeling of nano-SiO$_2$ deposited on jute fibers via macroscopic evaluations and the interfacial interaction by molecular dynamics simulation. Composites Science and Technology, 2020, 188: 107987.

[25] Liu X, Jiang Y, Wei Y, et al. Strengthening and toughening mechanisms induced by metal ion cross-linking in wet-drawn bacterial cellulose films. Materials & Design, 2022, 224: 111431.

[26] Li J, Ma R, Lu Y, et al. Bamboo-inspired design of a stable and high-efficiency catalytic capillary microreactor for nitroaromatics reduction. Applied Catalysis B: Environmental, 2022, 310: 121297.

[27] Barthelat F, Yin Z, Buehler M J. Structure and mechanics of interfaces in biological materials. Nature Reviews Materials, 2016, 1 (4): 1-16.

[28] Li J, Ma R, Lu Y, et al. A gravity-driven high-flux catalytic filter prepared using a naturally three-dimensional porous rattan biotemplate decorated with Ag nanoparticles. Green Chemistry, 2020, 22 (20): 6846-6854.

[29] Li J, Su M, Wang A, et al. *In situ* formation of Ag nanoparticles in mesoporous TiO$_2$ films decorated on bamboo via self-sacrificing reduction to synthesize nanocomposites with efficient antifungal activity. International Journal of Molecular Sciences, 2019, 20 (21): 5497.

[30] Wang Y, Tian J, Deng X, et al. Polymeric flaky nanostructures from cellulose stearoyl esters for functional surfaces. Advanced Materials Interfaces, 2016, 3 (23): 1600636.1-1600636.10.

[31] Jiang W, Zhou Y, Geng H, et al. Solution-processed, high-performance nanoribbon transistors based on dithioperylene. Journal of the American Chemical Society, 2011, 133 (1): 1-3.

[32] Lu Y, Lu Y, Jin C, et al. Natural wood structure inspires practical lithium-metal batteries. ACS Energy Letters, 2021, 6 (6): 2103-2110.

[33] Hemmilä V, Adamopoulos S, Karlsson O, et al. Development of sustainable bio-adhesives for engineered wood panels: a review. RSC Advances, 2017, 7 (61): 38604-38630.

[34] Teo S H, Chee C Y, Fahmi M Z, et al. Review of functional aspects of nanocellulose-based Pickering emulsifier for non-toxic application and its colloid stabilization mechanism. Molecules, 2022, 27 (21): 7170.

[35] Bhatia S K, Jagtap S S, Bedekar A A, et al. Recent developments in pretreatment technologies on lignocellulosic biomass: effect of key parameters, technological improvements, and challenges. Bioresource Technology, 2020, 300: 122724.

[36] Trache D, Tarchoun A F, Derradji M, et al. Nanocellulose: from fundamentals to advanced applications. Frontiers in Chemistry, 2020, 8: 392.

[37] Rol F, Belgacem M N, Gandini A, et al. Recent advances in surface-modified cellulose nanofibrils. Progress in Polymer Science, 2019, 88: 241-264.

[38] Stoudmann N, Nowack B, Som C. Prospective environmental risk assessment of nanocellulose for Europe. Environmental Science: Nano, 2019, 6 (8): 2520-2531.

[39] Ariga K. Materials nanoarchitectonics at dynamic interfaces: structure formation and functional manipulation.

[40] Zhao L, Liu Y, Xu Z, et al. State of research and trends in development of wood adhesives. Forestry Studies in China, 2011, 13: 321-326.

[41] Song Y H, Seo J H, Choi Y S, et al. Mussel adhesive protein as an environmentally-friendly harmless wood furniture adhesive. International Journal of Adhesion and Adhesives, 2016, 70: 260-264.

[42] Giri B R, Poudel S, Kim D W. Cellulose and its derivatives for application in 3D printing of pharmaceuticals. Journal of Pharmaceutical Investigation, 2021, 51: 1-22.

[43] 梁露斯. 用于木材加工的无醛胶黏剂的制备与性能研究. 广州：华南理工大学，2015.

[44] Li K, Geng X, Simonsen J, et al. Novel wood adhesives from condensed tannins and polyethylenimine. Internationa Journal of Adhesion and Adhesives, 2004, 24 (4): 327-333.

[45] Liu C, Zhang Y, Li X, et al. "Green" bio-thermoset resins derived from soy protein isolate and condensed tannins. Industrial Crops and Products, 2017, 108: 363-370.

[46] Terranova U, Bowler D R. Adsorption of catechol on TiO_2 rutile(100): a density functional theory investigation. The Journal of Physical Chemistry C, 2010, 114 (14): 6491-6495.

[47] Lin W, Walter J, Burger A, et al. A general approach to study the thermodynamics of ligand adsorption to colloidal surfaces demonstrated by means of catechols binding to zinc oxide quantum dots. Chemistry of Materials, 2015, 27 (1): 358-369.

[48] McBride M B, Wesselink L G. Chemisorption of catechol on gibbsite, boehmite, and noncrystalline alumina surfaces. Environmental Science & Technology, 1988, 22 (6): 703-708.

[49] Basu A, Strømme M, Ferraz N. Towards tunable protein-carrier wound dressings based on nanocellulose hydrogels crosslinked with calcium ions. Nanomaterials, 2018, 8 (7): 550.

[50] Zulfiana D, Karimah A, Anita S II, et al. Antimicrobial Imperata cylindrica paper coated with anionic nanocellulose crosslinked with cationic ions. International Journal of Biological Macromolecules, 2020, 164: 892-901.

7 木竹超分子绿色新材料

7.1 木基气凝胶

7.1.1 概述

气凝胶是一种衍生自凝胶的超轻多孔材料，其中凝胶的液体成分被气体取代而形成的一种纳米级多孔固体材料。Kistler 采用溶胶-凝胶法和乙醇超临界干燥制备出世界上第一块气凝胶——硅气凝胶。将该方法延伸至不同凝胶前驱体，可以制备无机氧化物气凝胶，如二氧化硅气凝胶、二氧化锆气凝胶和氧化铝气凝胶。以间苯二酚-甲醛、聚氨酯和聚酰亚胺等作为合成聚合物的原料，可制备相应的有机气凝胶材料。气凝胶材料具有密度低、比表面积大、孔隙率高等特性，在吸附、隔热、能源存储和吸音隔声等领域有广阔的应用前景。

二十一世纪初，新一代气凝胶材料——生物质气凝胶兴起并受到广泛关注，它们主要以多糖等生物质为原料，因此又称为生物气凝胶（bio-aerogels）。与质脆的无机气凝胶相比，生物气凝胶柔性佳、不易碎，在结构塌陷前压缩塑性形变高达 80%。生物气凝胶的密度极低，分布在 0.05～0.2 g/cm^3 之间；比表面积较高，可达 600 m^2/g。与人工聚合物气凝胶相比，生物气凝胶不含任何有毒成分，是一种"环境友好"材料，因此在生命科学应用领域受到欢迎，如用于药物缓释和生物支架。生物气凝胶兼具无机气凝胶和合成聚合物气凝胶的特性，被广泛运用在隔热、催化剂载体、电化学和吸附分离等领域。

7.1.1.1 木质纤维素气凝胶的概述

木质纤维素生物质是地球上最丰富的可再生自然资源之一，作为生产化学品和材料的可持续原料具有巨大潜力。随着不可再生化石燃料的日趋枯竭，以及其燃烧排放的温室气体导致全球变暖问题的日益严峻，以木质纤维素生物质为原料，通过环境友好的绿色过程来制备木材气凝胶材料已成为一种必然趋势。木基气凝胶材料是继无机气凝胶、有机气凝胶之后的第三代气凝胶材料，兼具无机气凝胶、有机气凝胶的结构性质，还具有可再生、可降解、可生物相容等环境友好优异特性，是林业资源增值利用和新材料技术研究的重要方向之一。早期有关木基气凝胶的研究以纤维素气凝胶为主，最早可追溯到19世纪30年代。1932年，Kistler用纤维素的衍生物——硝化纤维素为原料，采用溶胶-凝胶法制备了轻而韧的气凝胶材料，但是以纯纤维素为原料制备气凝胶的尝试并未取得显著成功。后来R. C. Weatherwax和D. F. Caulfield在1971年报道了用水溶胀的木浆制备了比表面积无明显损失的纤维素气凝胶。直到2001年，Tan等报道了以醋酸纤维素和乙酸丁酸纤维为原料的具有高抗冲击强度的气凝胶材料。该项工作引起了广泛关注，此后，有关纤维素气凝胶的研究报道陆续增多。木基气凝胶材料主要分成纳米纤维素气凝胶（nanocellulose aerogel）、再生木质纤维素气凝胶（regenerated lignocellulose aerogel）和木材气凝胶（wood aerogel）。

7.1.1.2 纳米纤维素气凝胶

在过去的十年中，随着化石资源的过度开发和枯竭以及环境的严重恶化，人们对开发低成本和可再生的资源越来越感兴趣。纤维素是地球上分布最广、含量最丰富的天然聚合物，是一种主要以植物纤维形式存在的可再生材料的关键来源。纤维素年产量估计在 7.5×10^{10} t 以上。纤维素及其衍生物具有低密度、生物降解性、可再生性、生物相容性和广泛的化学改性等特殊而优越的性能。纤维素作为一种重要的能源和化工原料，因无毒、无污染、生物降解性、生物相容性、易改性和可再生性等优点被广泛应用。就分子结构而言，纤维素的特征是由葡萄糖单元组成的多糖。纤维素是植物细胞壁的主要成分，占植物学领域碳含量的50%以上。木材的纤维素含量为40%~50%，其次是半纤维素和木质素。棉纤维是最纯净的纤维素的天然来源，其中纤维素含量超过 90%[1]。因此，纤维素是制备气凝胶的理想来源。

（1）微米纤维素气凝胶

Jiang 等提出了一种新的温和机械预处理策略，以高产木浆化学热机械浆（chemi-thermomechanical pulp，CTMP）为原料，以低成本、可扩展的方法制备高性能、自增强保温板。CTMP 纤维经过短时间盘式铣削后，获得了丰富的亚纤维结构。经发泡和风干后，在毛细管力作用下形成了坚固的无黏结剂泡沫，纤维间的物理缠结明显增强，杨氏模量为原CTMP 的 3.7 倍，极限应力为原CTMP 的 2.9 倍，韧性为原 CTMP 的 1.9 倍。高孔隙率和结构弯曲使疏水泡沫具有优异的隔热性能[导热系数为(33.1±2.3) mW/(m·K)]，表现出明显优于商用玻璃纤维隔热材料的性能[2]。此外，Jiang 等还报道了一种简单的自上向下可扩展生产大麻微纤维的方法，该方法可以通过冰模板技术进一步组装成具有相互连接的多孔结构的气凝胶。这些气凝胶的密度低至 2.1 mg/cm³，表现出各向同性的超弹性，从超过80%的压缩应变中快速恢复形状。由于高孔隙率（99.87%）和结构弯曲，这些气凝胶的导热系数较低，为(0.0215±0.0002) W/(m·K)，表明其具有保温应用潜力[3]。

（2）纳米纤维素气凝胶

以长径比较高的 CNF 为基元的气凝胶材料,结合化学预处理进行机械分离是制备 CNF 的常见路线。常见的化学预处理包括 TEMPO 氧化、稀酸溶液处理和酶解处理等。机械分离包括高压均质、高频超声、微射流、冷冻粉碎和研磨等方法。二者结合可以制备出直径为 3~100 nm，长达几十至上百微米的 CNF 材料。CNF 为Ⅰ型纤维素结构，具有长径比高和比表面积大等特性，在适当浓度下容易自发缠绕形成三维网络结构，是目前制备纤维素气凝胶最常用的原料。CNF 气凝胶具有比表面积大、孔隙率高、柔性好等特点。相比于再生纤维素气凝胶，CNF 气凝胶的前驱体水分散性高，自由度大，更易于进行化学改性，非常适合作为纳米颗粒、有机分子等功能性物质的负载模板，也能作为二维纳米材料的支撑骨架。

Jiménez-Saelices 等基于 Pickering 乳液模板法成功制备出 CNF 气凝胶，其导热系数非常低，为 0.018 W/(m·K)。与空气分子的平均自由程相比，Pickering 乳液的多孔气凝胶的介质区域更小，有利于克努森效应，即当其孔径接近气体的平均自由程时，气体导热系数减少的现象。Seantier 等利用漂白纤维素纤维（BCF）和纤维素纳米纤维（NFC 或 CNC）的各种组合制备生物气凝胶材料，BCF 和纳米填料的组合能够促进两种类型纤维之间相互作用产生介孔和纳米孔。BCF/NFC 系统的导热系数低至 23 mW/(m·K)。纳米填料薄膜通过克努森效应有效地将空气限制在生物气凝胶中，并显著降低了二元生物气凝胶的导热系数。BCF 气凝胶的力学性能也受到纤维素纳米颗粒的影响。结合不同尺寸（微米和纳米尺寸）的纤维素纤维的好处是，多尺度气凝胶可以提供更好的隔热性能和机械性能[4]。Song 等通过 Pickering 乳液模板法和溶剂交换法，制备了内部具有准封闭孔隙的纤维素纳米纤维（CNF）/乳液复合气凝胶。CNF 稳定的水包油 Pickering 乳液（平均直径为 1.3 μm）可以通过依次用丙酮和叔丁醇（TBA）进行溶剂交换，然后用 TBA 进行冷冻干燥以抑制大冰晶的形成。通过共聚焦显微镜照片和 SEM 图验证了乳化液模板中准闭合孔隙的存在，并证实导热系数降低至 15.5 mW/(m·K)。与 CNF 气凝胶相比，增加乳化液含量可获得更好的体积保持力，密度显著降低（11.4 mg/cm^3），介孔率增加，比模量［18.2 kPa/(mg/cm^3)］和比屈服强度［1.6 kPa/(mg/cm^3)］提高。此外，CNF/乳液复合气凝胶还表现出优异的柔韧性和红外屏蔽性能。Ren 等为探索 CNF 气凝胶作为具有良好阻燃和隔热性能的可持续材料的潜力，采用三聚氰胺（MEL）和植酸（PA）原位超分子组装对 CNF 气凝胶进行改性。该策略解决了 CNF 的可燃性，并避免了与传统阻燃剂掺入相关的环境问题。改性后的气凝胶具有低密度、多孔的蜂窝状结构和良好的力学性能。改性后的 MEL-PA/CNF 复合气凝胶仍保持较低的导热系数［低于 37.8 mW/(m·K)］，即使在炭化后仍能有效抑制传热。MEL-PA/CNF 复合气凝胶具有优良的性能，是一种很有前途的绿色阻燃隔热材料。

以椰壳纳米纤维素气凝胶为例。

实验流程：纯化纤维素→机械分离CNF→制备CNF凝胶→冷冻干燥。

1）将2 g椰壳粉末置于索氏抽提器中，倒入体积比为2∶1的苯-乙醇溶液，在90℃下抽提6 h，脱除果胶等抽提物；将样品转移至50 mL1 wt% NaClO$_2$溶液中，用冰醋酸调节pH在4～5之间，75℃处理1 h，脱除木质素，用蒸馏水清洗样品至中性；将样品转移至50 mL2 wt% KOH溶液中，90℃处理1 h，脱除半纤维素，用蒸馏水清洗样品至中性；将样品转移至30 mL1 wt% HCl溶液中，80℃处理2 h，将产物用蒸馏水反复洗涤数次后，得到较为纯净的纤维素。保持纯化纤维素的湿润状态，冷藏储存。

2）将一定量的纤维素均匀地分散在蒸馏水中，通过磁力搅拌形成0.5 wt%的纤维素水分散液，随后将得到的混合物进行超声处理60 min，得到CNF分散液。超声过程使用的是超声波细胞破碎仪，输出功率为900 W，工作周期设置为50%（即超声处理1 s后停滞1 s，以此循环重复），整个过程在冰水浴环境中进行。

3）将得到的CNF分散液装入透析袋，浸泡在叔丁醇中。该溶剂置换过程持续12 h，即可获得浓缩的CNF叔丁醇凝胶。

4）将CNF叔丁醇凝胶置于冷冻干燥机中干燥48 h，得到超轻的CNF气凝胶。

（3）纤维素纳米晶气凝胶

以天然纤维素为原料，通过酸水解或酶法可制备纤维素纳米晶体（CNC）。CNC也被称为"纤维素晶须"、"纤维素纳米晶须"和"纳米晶纤维素"，具有纳米级的结构尺寸，纤维素来源包括细菌纤维素、棉花、苎麻、被毛纤维、针叶材和阔叶材等。虽然CNC的来源不同，但棒状CNC具有高比表面积和大量的羟基基团，使其具有超精细结构、高透明度、高纯度、高结晶度、高强度和杨氏模量及高反应活性等额外的天然性质。这些特性与普通的纤维素纤维有很大不同，使得CNC能够扩展更广泛的应用。

Liu等提出了一种新颖的、绿色的一步原位合成方法，将聚乙二醇（PEG）与化学交联CNC气凝胶结合，制备了高性能形状稳定相变材料（SSPCM）。制备的CNC/PEG相变气凝胶复合材料表现出良好的形状稳定性，即使在PEG熔点处进行压缩，该复合材料仍保持原始形状，无泄漏。同时，该复合材料具有较高的相变焓（145.8 J/g）和100次热循环后优异的循环可逆性。具体而言，由于CNC和化学交联CNC骨架具有较高的导热系数，新型CNC/PEG相变气凝胶复合材料的导热性能和力学性能得到了显著提高。有趣的是，引入CNC气凝胶作为支撑骨架后，CNC/PEG的导热系数为0.42 W/(m·K)，比原始PEG的导热系数[0.34 W/(m·K)]提高了24%。这是因为CNC具有较高的导热性能，CNC气凝胶基体具有互连互通的三维网络结构，可以提供稳定有效的导热通道。众所周知，较高的有机PCM

导热系数可以提高热扩散效率和能量利用效率,有利于扩大 PCM 在储能和热调节方面的实际应用。

(4) 纤维素衍生物气凝胶

由于具有良好的生物相容性、高机械强度、柔韧性和可定制的表面官能团等属性,纤维素衍生物如纤维素二乙酸酯(CDA)、羧甲基纤维素(CMC)和羟丙纤维素(HPC)在过去几年中已被用于制造纤维素基气凝胶。例如,CMC 和羟丙基甲基纤维素(HPMC)可溶于水,三乙酰纤维素(TAC)可溶于二氧烷/异丙醇,乙基纤维素(EC)可溶于二氯甲烷,醋酸纤维素(CA)可溶于丙酮。由于丙酮等有机溶剂可溶于超临界态二氧化碳($ScCO_2$),因此可以省去耗时的溶剂交换过程,从而提高气凝胶的合成效率。另外,由于纤维素衍生物分子链上的羟基数量较少,在溶液凝胶化过程中通常需要交联剂[5]。Chen 等采用环境友好型定向冷冻干燥方法制备了全生物基化学交联各向异性 CMC/CNF 气凝胶。所得到的 CMC/CNF 气凝胶呈蜂窝状结构,具有各向异性。全生物基交联有机气凝胶均具有优异的力学性能。此外,这些纤维素气凝胶还表现出相对较低的导热系数[<54 mW/(m·K)]。鉴于其优异的力学性能、极低的密度和"绿色"的合成工艺,这些 CMC/CNF 气凝胶在绿色保温建筑材料等潜在工业应用中具有很大的前景[6]。

(5) 纳米纤维素复合气凝胶

Abraham 等[7]制备了一种由一层超薄 MoS_2 纳米片包裹的纤维素纳米纤维骨架组成的气凝胶。纳米复合气凝胶的烧矢量(LOI)为 34.7,导热系数为 0.028 W/(m·K)。垂直燃烧实验进一步证明了气凝胶的自熄能力。证据表明,由于 Mo^{4+} 阳离子与纤维素中的羧基(—COOH)和羟基(—OH)之间的化学交联,MoS_2 纳米片与纤维素纳米纤维之间存在键合。羟基磷灰石是骨骼中的一种无机成分,是一种丰富的无毒阻燃添加剂。这促使 Guo 等通过冷冻干燥方法制备了一系列纤维素/羟基磷灰石气凝胶。虽然导热系数相对较高[0.038 W/(m·K)],但根据锥量热实验,无机相的加入使材料的峰值放热率($20.4 kW·m^2$)较低和总放热率($1.21 MJ·m^2$)较低。研究认为,覆盖纤维素纳米纤维的羟基磷灰石层抑制了氧气向纤维的扩散,限制了挥发性产物的逸出。

二氧化硅气凝胶具有低导热系数[-0.012 W/(m·K)]和低可燃性,但是其生产成本和脆性力学行为阻碍了它们在保温材料中的应用。为了克服这一问题,纤维素纳米纤维可作为气凝胶形成的支架或模板来改善其机械性能。然而,机械性能的改善通常是以增加所得到的复合材料的导热系数为代价的,这是由于通过添加增强相而使气凝胶致密化。例如,Sai 等使用冷冻干燥的细菌纤维素纤维垫浸渍硅基溶胶,获得了导热系数为 0.037 W/(m·K) 的复合材料,而单独使用纤维素气凝胶的导热系数为 0.030 W/(m·K)。硅气凝胶是由四烷氧基硅烷前驱体通过两步酸碱催化溶胶-凝胶路线合成的。因此,Fu 等评价了纤维素纳米纤维浓度、正硅酸四乙酯浓度、缩合过程 pH 和浸泡时间对纤维素/二氧化硅气凝胶物理力学性能的影响。用二氧化硅溶液浸渍纤维素气凝胶，然后在不同 pH 下水解缩合制备气凝胶。基于 Box-Behnken 实验设计，采用响应面法确定最佳工艺参数。最佳工艺参数下制备的纤维素/二氧化硅气凝胶压缩杨氏模量和极限强度分别是二氧化硅气凝胶的 13~36 倍和 8~30 倍。Demilecamps 等旨在通过用二氧化硅"填充"纤维素/二氧化硅气凝胶的孔隙并使用纤维素作为骨架来降低纤维素/二氧化硅气凝胶的导热性。全纤维素气凝胶的导热系数从 0.033 W/(m·K)下降到 0.027 W/(m·K)，导热系数保持在"超绝缘"范围以上，这可能是由于随着二氧化硅负载量的增加，复合材料的骨架热传导增加[8]。

7.1.1.3 再生木质纤维素气凝胶

再生纤维素气凝胶是将生物质基纤维素溶解，再生后制备气凝胶的过程。其制备主要包括三个步骤：①在纤维素溶剂中，将纤维素溶解后经特殊处理形成纤维素凝胶；②通过溶剂再生，得到结构为Ⅱ型纤维素的凝胶；③将纤维素凝胶进行干燥，得到气凝胶。由于纤维素中含有大量的羟基，纤维素很容易通过氢键与有机物或无机物相互作用。因此，纤维素气凝胶可作为吸附和捕获无机或有机分子以构建各种复合材料的理想候选材料[9]。

虽然已经有一些溶剂用于溶解纤维素，但在应用过程中仍存在挥发性、毒性、成本高、溶剂回收困难、溶解度低等缺点。例如，在黏胶工艺中，有毒的二硫化碳（CS_2）、排放的废水和废气可能造成严重的环境问题。近几十年来，人们开发了一系列方便、低毒、环境友好的新型纤维素溶剂体系。许多团队都在大力推广再生纤维素加工技术，包括开发新的纤维素溶剂，提高溶解质量，以及再生方法。由于纤维素链中存在大量的分子间氢键和分子内氢键，纤维素只能溶解在一些特定的溶剂体系中，包括 *N*-甲基吗啉-*N*-氧化物（NMMO）、氯化锂/*N*, *N*-二甲基乙酰胺（LiCl/DMAc）、金属配合物、离子液体、四丁基氟化铵/二甲基亚砜（DMSO）、熔融无机盐水合物、有机碱溶液及碱/尿素溶液（表 7-1）。下面将通过讨论溶解机制来总结最常用的纤维素溶剂及其优点。

表 7-1 不同溶剂再生纤维素材料的机械性能

溶剂	溶解度 /(g/mL)	再生系统	纤维素材料	机械性能（最大值）
NMMO	4~17	物理交联湿拉 物理交联和热干燥	定向纳米纤维结构 薄膜	5.4（TS） 300（TS）
LiCl/DMAc	3~16	物理交联和空气干燥 物理交联和拉伸	薄膜 各向异性水凝胶	160（TS） 53（TS），38（TS）

续表

溶剂	溶解度 /(g/mL)	再生系统	纤维素材料	机械性能（最大值）
金属配合物	4~12	物理交联湿拉 物理交联和空气干燥	纤维 薄膜	2.0（TS） 82.3（TS）
离子液体	4~25	物理交联 物理交联和超临界干燥 物理交联和空气干燥 物理交联湿拉	水凝胶 气凝胶 薄膜 各向异性纤维	0.6（TS） 4（TS） 130（TS） 5.8（TS）
有机碱	9~13.5	化学交联 物理交联和空气干燥	水凝胶 薄膜	3.1（TS） 158.2（TS），25.52（TH）
碱/尿素	4~11	双交联拉伸 双重交联和气流干燥 物理交联湿拉 物理交联和热压	各向异性水凝胶 各向异性薄膜 定向纳米纤维结构 各向异性塑料	7.98（TS） 253（TS），41.1（TH） 3.5（TS） 269（TS）

注：TS 表示抗拉强度；TH 表示疲劳强度。

（1）NMMO

NMMO 作为一种非衍生化溶剂，可用于溶解纤维素，其中纤维素的溶解过程已被证明完全是物理过程。NMMO 的活性 N-O 偶极子和氧基可与纤维素的无水吡喃葡萄糖单元（AGU）形成氢键，导致纤维素分子间氢键的破坏，最终在均质纤维素溶液中形成新的氢键，形成强配合物。由 NMMO/H$_2$O 溶液纺成的商业化溶解性纤维（Lyocell）具有良好的力学性能，最高可达 5.4 cN/dtex[*]。然而，Lyocell 在世界上的产量有限，因为工业生产要求极高，需要避免氧化副反应、热不稳定性或溶解过程的极高温度，以及 NMMO 溶剂的不可控纤维化。

（2）LiCl/DMAc

据报道，纤维素在 LiCl/DMAc 溶液中的溶解率可达 16%。纤维素的质子化羟基与 Cl$^-$ 形成强氢键，同时，Li$^+$ 被 DMAc 分子溶剂化。当 Li$^+$-Cl$^-$ 离子对分裂时，纤维素分子间氢键网络被破坏。此后，纤维素链在分子水平上分散，以获得均匀的溶液。纤维素在 LiCl/DMAc 溶液中具有较高的溶解性和稳定性。此外，可以避免热失控反应、添加剂或专用设备。然而，由于 LiCl/DMAc 溶剂成本高且难以回收，因此主要用于纤维素的分析和表征。

（3）金属配合物

金属配合物溶液也被用于溶解纤维素。铜氨溶液是一种经典的纤维素溶剂，已用于商业生产铜氨人造丝，称为"软铜氨人造丝"，用于生产针织和机织服装、室内装潢和装饰织物。纤维素在铜氨溶液中的溶解是以施韦泽试剂为基础的，即用氨水或氢

---

[*] dtex = $g/(L \times 10000)$，其中 g 为纱（或丝）的质量，g；L 为纱（或丝）的长度，m。

氧化钠从硫酸铜水溶液中析出氢氧化铜，Cu^{2+} 和 $(C_6H_8O_5)_n^{2-}$ 形成配合物，导致纤维素溶解。软铜氨人造丝的湿强度（1.5 cN/dtex）和耐磨性均超过黏胶纤维（1.0 cN/dtex）。铜氨人造丝的生产目前主要在日本进行。

（4）离子液体

离子液体（IL）是一种熔点低于 100℃ 的有机熔融盐。纤维素大分子链之间的氢键是通过 IL 中带正电荷基团与纤维素羟基氧原子，以及 IL 中带负电荷基团与羟基氢原子之间的相互作用而断裂。IL 的阴离子附着在纤维素分子束边缘的羟基上，形成一个带负电荷的复合物，随后在分子束之间插入一个阳离子，从而促进纤维素分子的分离，导致溶解。IL 溶解纤维素具有热稳定性高、化学稳定性好、溶解性高等优点。然而，IL 可能会腐蚀机器，而且对于纤维素基材料的大规模工业生产，溶剂回收效率还需要进一步提高。李坚院士课题组以山黄麻木材为原料，以 1-烯丙基-3-甲基咪唑氯化铵（AMImCl）为 IL，经循环液氮冷冻-解冻处理（NFT，从 –196℃ 到 20℃），从木材中制备了由纤维素、半纤维素和木质素组成的致密木质纤维素气凝胶。均质介孔木材气凝胶是一种导热系数低[NFT5 的导热系数为 0.030 W/(m·K)]的高绝缘材料，同时具有良好的吸声性能。

（5）碱/尿素溶液

张俐娜院士课题组开发碱/尿素水溶液体系，可使纤维素在低温下成功溶解。当预冷至 –12℃ 时，纤维素可在 2 min 内通过搅拌在 7 wt% NaOH/12 wt% 尿素或 4.6 wt% LiOH/15 wt% 尿素水溶液中快速溶解。溶解机制可以解释为 NaOH "水合物"在低温下与纤维素形成新的氢键。氢化尿素被 NaOH 氢键纤维素包裹，形成管状结构的包合物，导致纤维素溶解。纤维素（$M_W < 10 \times 10^4$ g/mol）的包合物以蠕虫状形态存在，在稀溶液中直径为 (3.6±0.4) nm，长度约为 300 nm。尿素与纤维素之间的弱相互作用可以通过减弱纤维素分子间疏水相互作用来促进溶解过程，维持纤维素链在溶液中的均匀分散和稳定。纤维素在 LiOH/尿素中的溶解度比在 NaOH/尿素中的溶解度高，这是由于锂离子与纤维素的结合能力比钠离子高 5 倍。锂离子与纤维素链的结合能力更强，从而形成更稳定的氢键网络，增强了溶解能力。此外，在碱体系中引入少量 ZnO[以 $Zn(OH)_4^{2-}$ 的形式存在]，$Zn(OH)_4^{2-}$ 与纤维素形成比水合 NaOH 更强的氢键，从而增强了溶解性。碱/尿素溶剂体系具有相对无毒、成本低、能耗低等特点，是一种"绿色"纤维素溶剂。最近，通过与中国宜宾格雷斯有限公司合作，这种技术已经在工业上进行实验，以制造新型可生物降解的纺织品和包装材料，避免塑料污染。然而，深入研究进一步提高纤维素溶解度和溶剂回收效率对其工业应用至关重要。

（6）有机碱溶液

纤维素能够在三乙基氢氧化铵、氢氧化铵和三甲基苄基氢氧化铵组成的有机基溶剂体系中溶解。通过增加阳离子的疏水性，大大提高了纤维素溶解度和稳定性。平均分子量为 6.98×10^4、10.8×10^4 和 21.5×10^4 的纤维素在苄基三乙基氢氧化铵溶液中的溶解度分别为 13.5%、10.5%和 9.2%，与 1-丁基-3-甲基咪唑氯化铵相当。阳离子和纤维素葡萄糖环之间良好的包裹相互作用防止了纤维素链之间的聚集，将部分水从第一溶剂化壳中去除，并使溶剂熵最大化，阴离子（氢氧根离子）与纤维素的羟基形成新的氢键。有机碱的疏水阳离子积聚在纤维素界面，降低了表面张力，导致纤维素溶解。季铵氢氧化物易于回收再利用，在再生纤维素领域具有广阔的应用前景。但季铵氢氧化物的合成较为复杂，成本较高。

（7）低共熔溶剂

低共熔溶剂（DES）被认为是一种与 IL 相关的新兴绿色溶剂，是由氢键受体（HBA）和氢键供体（HBD）组成的共晶混合物，在过去二十年中受到越来越多的关注。DES 通常被认为是一类 IL，因为它们具有许多相同的一般特征，包括高的热稳定性、低挥发性、低蒸气压和可调的极性，所以 DES 有望替代传统溶剂在整个研究和工业中广泛使用。然而，IL 往往价格昂贵，通常不可生物降解，并可能具有高毒性。DES 通常价格低廉、可生物降解、无毒，并且比 IL 更容易制备。例如，常见的 HBA 胆碱是维生素 B 的组成部分，目前每年生产 100 万 t，作为牲畜的营养补充剂；而尿素是一种常见的 HBD，通常用于化肥。DES 作为环保型溶剂，已被广泛用于取代传统有机溶剂提取天然生物活性物质。氯化胆碱和乳酸制备的 DES 对木材中的木质素和半纤维素具有较好的脱除能力，反应过程温和；脱木素不破坏纤维结构；坚硬的细胞壁经过处理变得柔韧，易于处理。此外，DES 处理是一个安全的过程，因为这是物理溶解和非化学分解，所以在反应结束时，DES 可以回收再利用。从环保、经济和应用的角度来看，该方法具有重要意义。DES 处理非常适用于结构材料，因为与其他处理方法相比，纤维素的结构不会被破坏。

7.1.1.4 木材气凝胶

木材气凝胶，是将一些质轻的、多孔的、接近气凝胶材料基本条件的天然木材，通过细胞壁膨化、局部溶解再生、干燥等步骤，制备成保留木材各向异性结构的新型气凝胶材料。在国内，木质材料与气凝胶材料的碰撞可以追溯到 2005 年，迄今经历了以下发展阶段：原位构建天然木材-SiO_2 纳米气凝胶复合材料→基于木材天然结构的气凝胶型木材理论构建→木质纤维素气凝胶→木材仿生气凝胶→木材气凝胶，如图 7-1 所示。

李坚和邱坚等在木材-无机干凝胶复合材料研究的基础上，引入气凝胶概念，将 SiO_2 溶胶通过压力注入木材中，然后采用超临界 CO_2 干燥制备了木材-SiO_2 纳米气凝胶复合材料，并探究了该复合材料的力学、声学、尺寸稳定性和阻燃性能，克服 SiO$_2$ 气凝胶原本松脆、易碎的特点，同时赋予木材新的特性和功能，使复合材料兼具气凝胶材料和天然木材的双重优良特性。Gilani 等用挪威云杉作为层级多孔骨架，将 SiO$_2$ 溶胶浸入木材内部，然后通过化学改性和超临界干燥制备了木材-SiO$_2$ 复合材料，如图 7-2 所示。疏水 SiO$_2$ 气凝胶的引入降低了木基复合材料的保水性，提高了尺寸稳定性。复合材料的导热系数也有所降低。

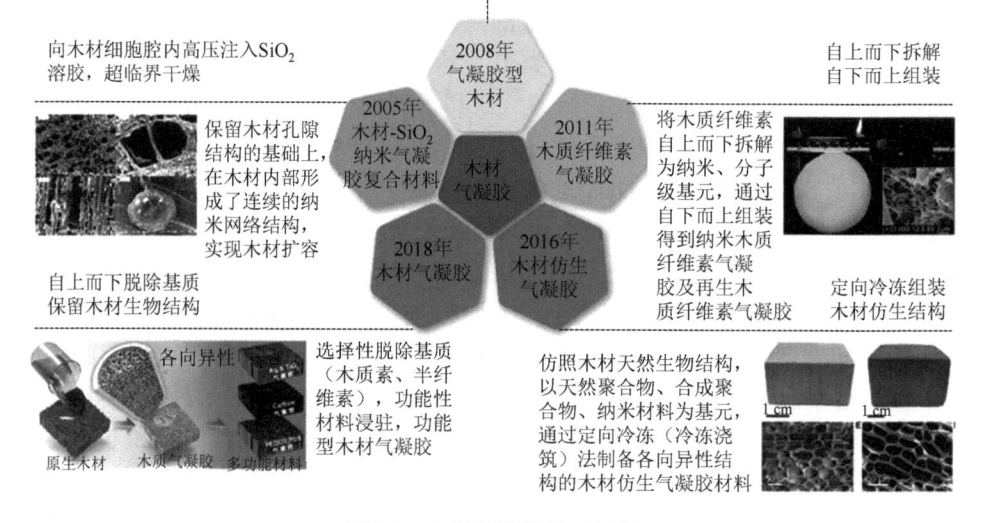

图 7-1 木材气凝胶发展历程

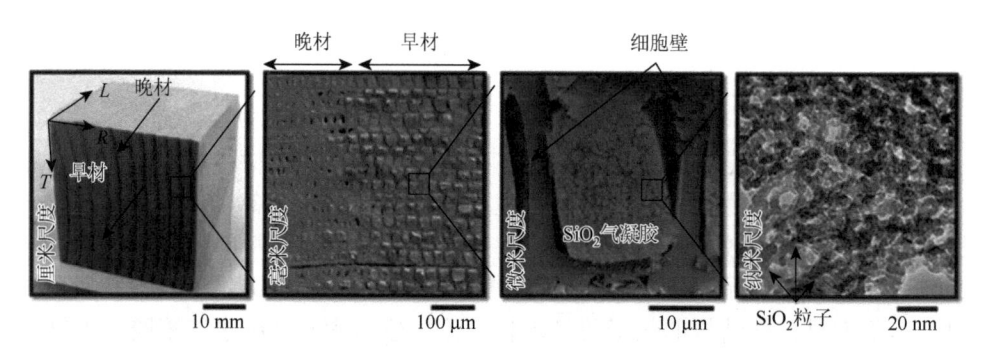

图 7-2 以多层级木材为骨架的木材-SiO$_2$ 复合材料的宏观照片和微观电镜图

2008 年，李坚等首次提出"气凝胶型木材"概念，并预见了气凝胶型木材作为一种新型先进材料在振动、电、声、热等领域的应用。他们提出："木材是天然形成的多孔性有限膨胀胶体，是一种天然高分子凝胶材料。若对基质进行化学提取或酶催化降解，即可将纤维素纤丝游离成气凝胶，此时的纳米级孔隙被暴露，满足了构成气凝胶三维网络结构的基本条件。"李坚课题组尝试对几种轻质木材进行细胞壁膨化和超临界干燥，以期疏松木材细胞壁，得到微米甚至纳米级孔隙。然而，受限于当时的表征分辨率，研究人员对气凝胶型木材的解析止步于材料宏观的体积变化和微米级的形貌变化，未能实现纳米级的突破。

卢芸等报道了运用离子液体"自上而下"拆解全组分木材，并采用冻融的方法制备了全组分再生木质纤维素气凝胶材料。同时期，纤维素纳米纤维（CNF）的制备已经是当时的研究热点，相应地，CNF气凝胶相关研究涌现。随着研究的深入，有关木质纤维素气凝胶的研究重心逐渐从气凝胶的制备、表征向功能化应用转移。至今，功能性木质纤维素气凝胶材料已经在污染物吸附、能源存储、包装材料、组织工程等多个领域表现出光明的应用前景。虽然如此，制备改性成本高、机械性能差是阻碍木质纤维素气凝胶大规模商业用途的重要因素。为了解决这一问题，科研人员模仿木材的各向异性孔结构，将冰模板（又称冷冻浇注、定向冷冻）技术应用在木质纤维素气凝胶材料上，在其内部构建了各向异性的孔隙结构，成功提高了气凝胶的力学稳定性，相关研究热度持续至今。

随着对木材超微结构理解的深入和表征分辨率在纳米尺度的突破，科研人员重新聚焦木材的天然生物结构，通过化学基质深度脱除和冷冻干燥成功制备并表征了保有木材各向异性、多级孔隙结构的木材气凝胶材料，验证了基于木材天然生物结构的气凝胶型木材理论，气凝胶型木材成为时下木材气凝胶材料的研究热点。

Hu等开发了一种简单而有效的"自上而下"方法，通过对天然木材的直接化学处理，制备一种各向异性的隔热块状材料，称为"纳米木材"。纳米木材继承了天然木材的排列方式，由排列的纤维素纳米纤维制成，这导致了各向异性的导热系数，横向方向（垂直于纤维素纳米纤维排列方向）的导热系数极低，约为 0.03 W/(m·K)，沿纤维素排列方向的导热系数约为 0.06 W/(m·K)。这种各向异性可以允许热量沿纳米纤维方向扩散，从而防止了由累积热能而导致的局部失效，并减少了横向的热流[10]。Li等通过自上而下法，合成了一种直接从木材制备的各向异性气凝胶，具有优秀的、近各向同性隔热功能。该气凝胶是通过细胞壁的溶解和控制在管腔中的沉淀，使用由 DMSO 和胍磷基[MTBD]$^+$[MMP]$^-$组成的 IL 混合物获得的。木材气凝胶具有独特的内腔结构，内腔内充满纳米纤维网络。木质基骨架气凝胶的高度介孔结构（平均孔径约为 20 nm）导致其在径向[0.037 W/(m·K)]和轴向方向上的导热系数[0.057 W/(m·K)]都很低，显示出作为可伸缩隔热材料的巨大潜力。此外，Li 等采用一步 IL（[MTBD]$^+$[MMP]$^-$/DMSO）处理法，通过部分溶解和细胞壁再生重组木材纳米结构，设计了一种含有木质素的具有形状记忆行为的全木材气凝胶。细胞壁生物聚合物组分被保留，而部分纤维素和半纤维素等碳水化合物从细胞壁扩散出去，并在微尺度管腔孔中形成纳米纤维网络。在湿润状态下，细胞壁高度膨胀，在干燥气凝胶中产生大量纳米级孔隙。集成的木材气凝胶结构具有高比表面积（高达 220 m^2/g）和低径向导热系数 [0.042 W/(m·K)]。木质素被大量保存在结构中，使其具有与原生木材相同范围内的优异力学性能[11]。

7.1.1.5 与超分子的关系

木材主要依靠高分子物质间的非共价键相互作用形成宏观组织，因此木材超分子结构贯穿于木材的多尺度结构中。纤维素是木材的主要成分，占木材中碳源总量的 40%左右，形成木材细胞壁复杂结构的骨架，也是木材气凝胶的前驱物质和作用目标。直接从木材中获得木材气凝胶是一种自上而下合成气凝胶的方法。与自下而上制备气凝胶不同，多孔木材气凝胶是通过将木质素和半纤维素去除来获得的，充分利用木材中纳米纤维素在半纤维素和木质素基质中的分层组织和分布，而不是将纳米尺寸的纤维素重新组装。木材由各向异性和高度细长的细胞（直径 20～30 μm，长度 1～3 mm）组成，以平行方式排列。这导致了各向异性的力学性质，但细胞也可以运输水和营养物质进行生物合成。木材细胞壁是一种纳米结构的复合材料，由嵌入在分子混合半纤维素和木质素水合基质中的纤维素纳米纤维增强层组成。在最厚的 S$_2$ 层中，纤维素纤维相对于木质细胞的轴向以相对较小的角度强烈定向。细胞的结构组织和定向排列使其具有优异的力学性能。该结构在分子或纳米尺度上的功能化可以产生具有大规模应用潜力的多功能纳米材料。木结构的一个限制是低比表面积，制备木材气凝胶是一种解决方案，其中结构各向异性被保留。

纤维素在细胞壁中存在有序的、多尺度的超分子结构。木材细胞壁中纤维素的超分子结构主要包括在纤维素生物合成后葡萄糖分子的翻转、构象排列，葡萄糖分子内和分子间氢键形成的高度结晶结构，纤维素分子链中结晶和无定形态共存的两相结构，高分子链聚集成为单根基元纤维（纤维长度 1×10^{-11}～1×10^{-9} m），并在细胞壁中进一步交联排列成微细纤维（纤维长度 1×10^{-9}～1×10^{-7} m），如图 7-3 所示。纤维素微纤丝与木质素、半纤维素依靠分子间相互作用结合形成聚集体薄层，许多薄层围绕木材细胞腔逐层缠绕、沉积再聚集形成木材细胞壁，多个木材细胞相互连接从而形成了木材组织结构。

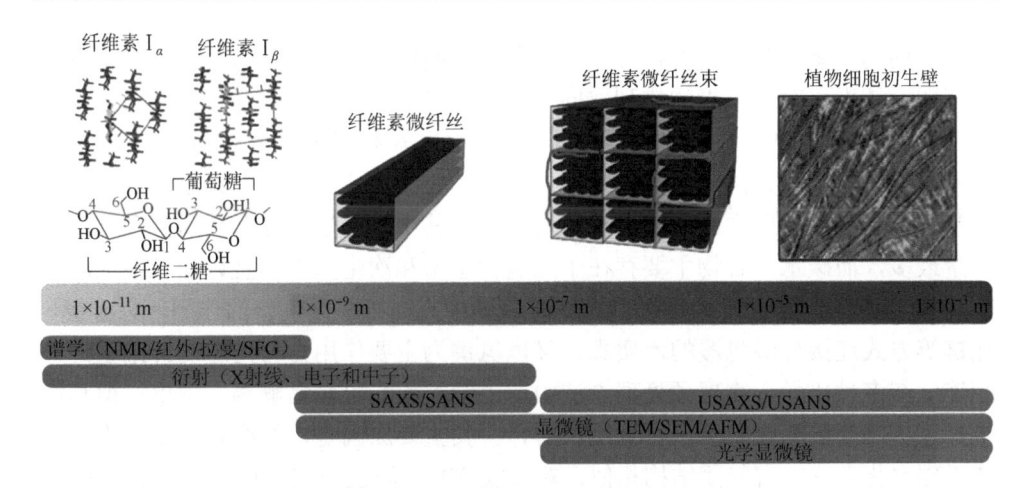

图 7-3　木材细胞壁中纤维素多尺度超分子结构示意图

USAXS 表示超小角 X 射线散射；USANS 表示超小角中子散射

(1) 纤维素纤丝聚集体润胀与解离

纤维素大分子组装聚集形成的不同尺度和形态结构的纤维称为纤维素的纤丝聚集体。在木质纤维细胞壁中，具有两相结构的纤维素基元纤维通过氢键及分子间作用力进一步交联，形成尺度更大的微纤丝，其直径为 5~60 nm。小角 X 射线散射（SAXS）是研究纤维表面粗糙度、孔径大小、纤丝聚集，甚至细胞壁中木质素聚集态结构的优良手段。根据布拉格公式（7-1）可得

$$n\lambda = 2d\sin\theta \tag{7-1}$$

式中，d 为晶面间距；θ 为入射线、反射线与反射晶面之间的夹角；λ 为波长；n 为反射级数。

SAXS 对样品的入射角度比 XRD 更小，从而在微纤丝微孔处发生散射现象，并通过接收器获得散射信息，计算材料微观尺度范围较广，可从纳米级延伸至微米级。对不同预处理条件下杨木的 SAXS 图（图 7-4）观测发现，未处理样品的二维散射图呈现出与纤维纵轴垂直的长条纹状，说明天然条件下微纤丝的排列具有一定的取向。而经过稀酸、蒸汽爆破和液氨处理的样品，二维散射图具有宝石状结构，且颜色更深，纤维排列无序，呈现各向同性。但在某些未处理的植物纤维样品的 SAXS 图中也出现了宝石状厚条纹形状。该现象是由于未处理样品的微纤丝沿着纤维方向的排列存在孔隙。但在碱处理后，宝石状的图样向四周发散，出现更为明显的各向同性散射形状，进一步证明碱处理对纤维素纤丝排列结构具有明显的破解作用。

在木质纤维细胞壁中，纤维素的微纤丝束相互交联，进一步聚集成宏纤丝。分子模拟研究表明，由于分子内氢键 O2—O6 的存在，微纤丝在交联过程中发生

右手方向的螺旋扭转，这种扭转普遍存在于细胞壁中，且随着微纤丝的长度增加而减弱。该现象对纤维素的排列取向、与细胞壁其他组分的相互连接及与纤维素酶的吸附作用均产生一定影响。细胞壁中木质素和半纤维素的含量仅次于纤维素，且与纤维素共同聚集扩张，形成稳定的三维多尺度结构。纤维素、木质素和半纤维素在细胞壁中的分布具有不均一性，其中木质素在细胞角隅区和胞间层含量最多，而碳水化合物主要存在于细胞初生壁和次生壁中，且以面积最大的次生壁 S_2 层为主。半纤维素在细胞壁三维骨架中充当"黏结剂"的作用，以醚键、酯键等方式连接外层包覆的木质素，又以氢键为主要作用力与内层的纤维素纤丝相连。在多种化学、物理预处理方法中，半纤维素均可轻易解离、溶出，但与纤维素连接键的破解机制仍未得到明确解译。其主要原因是，纤维素与半纤维素均属于碳水化合物，官能团结构相似，难以被 IR、拉曼光谱仪（RM）等常规检测仪器有效分辨。分子模拟研究表明，热化学处理过程中，纤维素-半纤维素这种亲水面的结合孔隙随着温度的升高而减小，该现象可能是由于孔隙中水分的蒸发，使半纤维素与纤维素间的氢键作用增多。这种重构现象使细胞壁结构更致密，加剧了纤维素纤丝聚集体的解离难度。

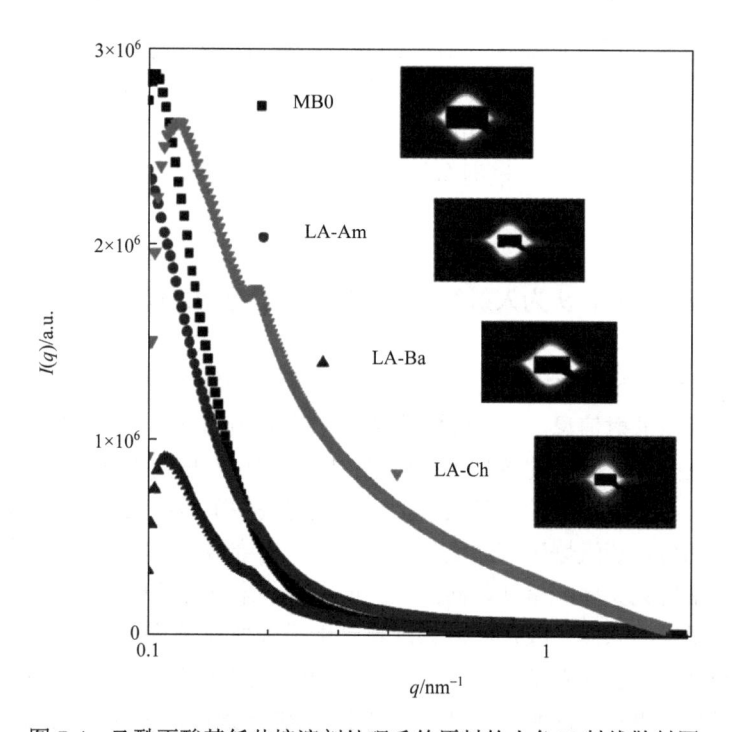

图 7-4　乙酰丙酸基低共熔溶剂处理毛竹原料的小角 X 射线散射图

q 表示散射矢量；$I(q)$ 表示散射强度；MB0 表示未处理样品；LA-Am 表示稀酸处理样品；LA-Ba 表示蒸汽爆破处理样品；LA-Ch 表示液氨处理样品

(2) 细胞壁解构

细胞壁中的半纤维素和木质素对纤维素微纤丝的排列有显著影响,并进一步影响其生物转化。在细胞壁中,木质素包覆在纤维素微纤丝表面,降低其比表面积,影响化学试剂的接触,是增加细胞壁解构难度的主要因素之一。碱预处理可溶解部分木质素,暴露纤维素微纤丝,溶出的碱木质素无规则形状,尺寸为 3.2~7.0 nm。在不同木质纤维原料中,木质素对细胞壁解构的阻碍作用也有所差异,这是由于木质素的分子结构、分子量、亲疏水性及预处理后在纤维素表面的残留量不同。伴随着细胞壁的塌陷和剥离,其表面形貌明显变化,暴露出更多的微纤丝。此外,机械预处理对细胞壁的结构和组分微区分布也存在明显的破坏作用,并且这种作用与细胞壁初始的含水率有关。细胞壁中含水率越高,次生壁在机械预处理后受到的破坏更为严重,这是由于次生壁中具有亲水性的碳水化合物含量较其他微区更高,结合水分后更易被破坏降解。综上,生物质预处理效果的影响因素主要包括原料结构特性、预处理方法、预处理强度等。在预处理过程中,细胞壁三大组分的迁移规律是木材气凝胶基础研究中的重点,其最终目标是将次生壁中的纤维素微纤丝充分解离,从而使细胞壁解构。

7.1.2 制备方法

气凝胶的制备过程主要分为两步,凝胶的制备和凝胶的干燥。凝胶是一种充分稀释的交联系统,其中胶体颗粒或高聚物分子相互连接,形成三维网络结构。凝胶最传统的制备方法是溶胶-凝胶法。将含高化学活性组分的化合物分散在溶剂中,经过水解反应生成活性单体,活性单体聚合,形成溶胶,进而生成具有一定空间网络结构的凝胶。凝胶呈果冻状,对凝胶进一步进行干燥处理即可得到气凝胶材料。由于表面张力的作用,通常状态下,凝胶内液体的挥发会使得凝胶脆弱的三维网络坍塌,而通过冷冻、超临界技术进行干燥可以解决这一问题,制备出气凝胶材料。

7.1.2.1 凝胶的制备

凝胶的制备主要包括溶胶-凝胶(sol-gel)法、分子法(molecular approach)和胶体法(colloidal approach)。

(1) 溶胶-凝胶法

溶胶-凝胶法是指用含高化学活性组分的化合物作为前驱体,在液相下将原料均匀混合,并进行水解、缩合等化学反应,在溶液中形成稳定的透明溶胶体系,溶胶经陈化,胶粒间缓慢聚合,形成具有三维网络结构的凝胶,凝胶网络间充满失去流动性的溶剂。凝胶经过干燥、烧结固化制备出具有分子乃至纳米亚结构的材料。

在二氧化硅气凝胶领域，四烷氧基硅烷家族[Si(OR)$_4$]中的四甲氧基硅烷（TMOS）和四乙氧基硅烷（TEOS）是溶胶-凝胶反应的常见前驱体。凝胶的结构在很大程度上取决于水解、缩合这两个反应步骤的相对速率，通过改变 pH、醇化物或缓冲剂的化学性质等因素可控制其反应速率，从而得到具有多种形态的止动状态凝胶。

（2）分子法

分子法是指分子前驱体通过低温化学交联或物理相互作用形成凝胶网络的方法。

1）物理集成方法。

在物理交联中，分子通过物理缠结或非共价键作用，如氢键、配位键、范德瓦耳斯力等，在溶剂介质中组装形成三维凝胶网络。该方法的重点是通过将预先合成的功能材料（即 MOF、石墨烯、氧化石墨烯、二氧化硅）与纤维素混合在溶剂中形成凝胶。水和有机溶剂，如丙酮、叔丁醇、乙醇、甲醇和 N,N-二甲基甲酰胺，以及混合溶剂，如水-乙醇、水-甲苯混合物，用于制备纤维素基混合气凝胶。通过物理集成制备的功能材料在杂化气凝胶结构中的稳定性，源于功能材料与纤维素之间的物理缠结或相互作用。物理集成方法的一个缺点是前驱体之间的弱相互作用，导致杂化气凝胶中功能组分的稳定性较低。另一个缺点是组分的混合可能不均匀，导致所合成气凝胶的结构和性质不均匀[12]。

2）化学集成方法。

在化学交联中，相互作用是基于强共价键形成的。用交联剂对生物分子进行交联，可促进凝胶网络的形成。例如，利用戊二醛、环氧氯丙烷对纤维素分子溶液进行交联，可促进纤维素凝胶网络的形成。这种方法利用纤维素材料中大量的羟基、羧基、甲氧基和醚官能团，为与其他功能材料的化学相互作用提供多个反应位点。将纤维素材料和功能材料前驱体（如 MOF）溶解在溶剂中，然后控制溶液条件（即温度、压力、pH），通过化学相互作用合成纤维素基杂化气凝胶。纤维素-MOF 和纤维素-金属氧化物混合气凝胶是制备纤维素基混合气凝胶的化学相互作用方法的典型例子。该方法克服了物理集成方法的局限性，通过混合气凝胶组分之间的共价键建立了强连接。

（3）胶体法

胶体法是指通过改变胶状分散液的溶剂条件，如温度、pH、离子强度等，使分散质发生聚集或扩散受限形成凝胶的方法。

7.1.2.2 木材气凝胶制备原理

根据木材细胞壁超微结构，气凝胶型木材的制备主要包括两个主要步骤：木材细胞壁的膨化和木材无应力干燥。采用"自上而下"策略可制备木材气凝胶：首先利用碱溶液、NaClO$_2$/乙酸、H$_2$O$_2$/乙酸、低共熔溶剂等化学溶剂脱除天然木材中的木质素和半纤维素基质，再通过合适的干燥方式即可得到木材气凝胶。根据化学试剂选择和处理条件的不同，所得木材气凝胶在结构和性质上略有不同，但总体来讲，由于基质的脱除，木材气凝胶中细胞腔和纹孔等孔体系的平均直径增加，细胞壁微区内的纳米级孔隙被暴露，使比表面积提高、孔隙率增大、密度减小。

木质素、纤维素、半纤维素是木材细胞壁的三大主要成分，这三种化学成分在木材细胞壁各壁层的含量各不相同。木质素在胞间层的浓度最高，细胞内部浓度则相对减小，次生壁内层又增大。例如，用紫外显微分光法测定北美黄杉的胞间层木质素为60%~90%，细胞腔附近为10%~20%。通过透射电子显微镜可以观察到，有些树种的S_3层基本上不存在木质素。纤维素是构成木材细胞壁的结构物质，贯穿于细胞壁的各个壁层。因此，对木材细胞壁S_3层的破坏，其实就是将能够溶解木质素和纤维素的药剂注入细胞腔内，使其溶解S_3层的木质素和纤维素，从而达到破坏S_3层，使S_2层可以自由向内膨胀的目的。

（1）木材细胞壁的膨化

木材细胞壁膨化是指采用化学或物理手段，脱除天然木材中的木质素和半纤维素等基质，增大纤维素微纤丝之间的距离，在木材细胞壁内形成纳米孔隙结构的过程。从以上对木材细胞壁层结构的分析可知，细胞次生壁S_2层占木材细胞壁的90%，因此，对木材细胞壁的膨化主要是对S_2层的膨化。S_2层的微纤丝排列走向与细胞长轴接近平行，而S_1层和S_3层的微纤丝排列走向与细胞长轴接近垂直，因此，S_2层的微纤丝向内膨胀会受到S_3层的微纤丝的阻碍，向外膨胀会受到S_1层微纤丝的阻碍。采用化学的方法，首先，向木材细胞腔内注射硝酸、硫酸等试剂，溶解S_3层的木质素，同时打断S_3层的纤维素，这样S_2层的微纤丝就可以自由向细胞腔内膨胀。然后，向细胞腔内注射不同浓度的$ZnCl_2$溶液等润胀剂，使S_2层向细胞壁向内膨胀。这样在宏观上，木材的体积并没有发生变化，但木材的细胞壁增厚，细胞壁内微纤丝间的距离增大，细胞腔变小，使木材的孔隙结构更加接近气凝胶，木材的实质密度变小。

（2）木材细胞壁的溶解

木材细胞壁溶解是指采用化学手段，脱除天然木材中的木质素和半纤维素等基质，然后溶解-再生纳米纤维，增大纤维素微纤丝之间的距离，在木材细胞壁内形成纳米孔隙结构的过程[11,13-16]。细胞壁溶解的常用化学试剂包括过氧乙酸、$NaOH/H_2O$、$NaOH/Na_2SO_3$、Na_2ClO_2/乙酸、低共熔溶剂和离子液体等。

1）过氧乙酸。

Fu等使用4%过氧乙酸和去离子水处理将巴尔沙木木材样品，将木质素从细胞壁去除，特别是细胞壁和中间层部分木质素含量较高。扫描电子显微镜图显示，脱木素会导致细胞壁和中间层形成纳米级孔。脱木素支架相对于原始的"天然脂质"变成白色。富含木质素的木材次生壁中聚集体薄层是细胞之间的中心层，在细胞壁角的中心位置占主导地位。在高分辨率图像中，纤维素纳米纤维明显地作为白色

"点"伸出表面。它们是嵌入在木质素和半纤维素的分子聚合物基质混合物中的增强元素。脱木素后,细胞壁及细胞壁角上可见纳米级和微米级孔隙[17]。

2) NaOH/H$_2$O。

为了追求环保材料,转向更环保的化学试剂是必要的。其中最良性的是NaOH/H$_2$O 体系,它在 0℃以下温度下具有纤维素溶解能力。NaOH 还以分解木质素的能力而闻名,从而产生更高的可用酚含量,这有利于水力发电能量的收集。Garemark 等通过一步化学处理,将天然木材浸入 NaOH/H$_2$O 混合物中,在-6℃下浸泡48 h,制备用于水力发电的高多孔纳米工程木材。在部分溶解过程中,木质细胞壁物质部分溶解并扩散到管腔。加水后,溶解物质沉淀,在前空腔内形成纳米纤维结构和多孔的剩余细胞壁。在高倍图像中可见纳米多孔纤维密度非常高。桦木(NBi)不像本土的巴尔沙木(NBa)那么容易溶解。因此,NaOH 处理过的 NBi(NBi-NaOH)与 NaOH 处理过的 NBa(NBa-NaOH)相比,腔内网络密度更小[图 7-5(b) 和 (c)]。在此过程中,观察到 NBa 和 NBi 的材料损失约为 20 wt%。考虑到材料效率,与之前报道的工作中约 50%的减重相比,这是一个很大的改进。与 NBa 相比,NBa-NaOH 的相对半纤维素含量减少了 4 wt%,而处理过的去木质素轻木(DW-NaOH)仅剩下约 1 wt% [图 7-5(f)]。另外,NBi-NaOH 没有表现出半纤维素的减少,这可能是由于 NBi 的厚细胞壁穿透有限。尽管观察到质量下降,但由于再生导致收缩,NBa-NaOH 显示密度增加(NBa 为 156 kg/m^3,NBa-NaOH 为 162 kg/m^3)。在 DW-NaOH 上也观察到类似的现象,如图 7-5(e)所示。NBi-NaOH 由于结构收缩较小,表现出不同的趋势[16]。

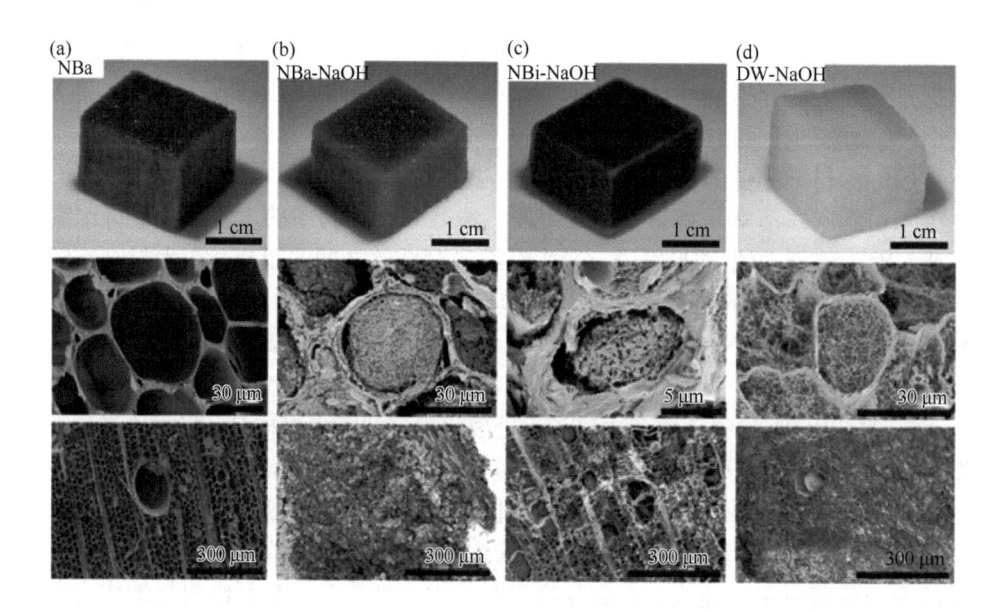

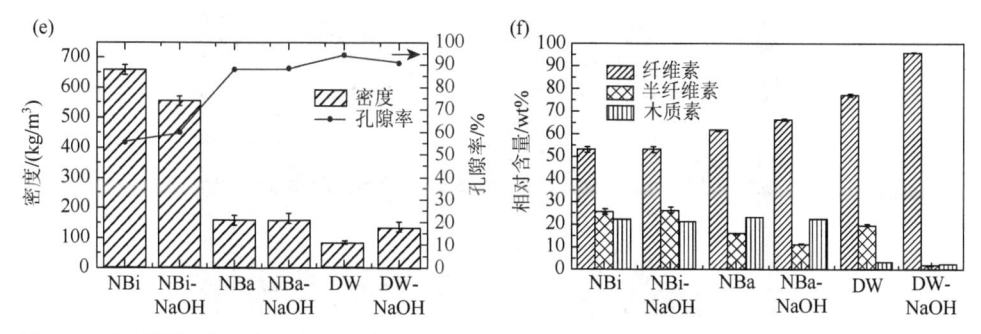

图 7-5　木材样品的形态：NBa（a）、NBa-NaOH（b）、NBi-NaOH（c）和 DW-NaOH（d）；（e）所有木材样品的密度和孔隙率；（f）所有木材样品的碳水化合物和木质素含量

3）NaOH/Na$_2$SO$_3$。

Yang 等[15]使用 NaOH/Na$_2$SO$_3$ 处理巴尔沙木木材样品，SEM 图的横断面视图显示，天然木材包含多个直通道和蜂窝状细胞结构。作为对比，脱木素处理后的木材样品明显变白-亮。SEM 图显示，经过 NaOH/Na$_2$SO$_3$ 处理后，亚硫酸盐脱木素木材的细胞结构严重受损并破裂。观察到木材结构的完全破裂，可能是因为木质素和半纤维素从细胞壁的消除。此外，过度去除木质素严重削弱了木材细胞之间的结合强度，导致细胞骨架高度疏松，机械强度降低。

4）NaClO$_2$/乙酸。

Li 等[18]使用 1 wt%的 NaClO$_2$ 和乙酸缓冲溶液（pH = 4.6）处理巴尔沙木木材，由于木质素的芳香族羟基，木质素最初呈褐色。脱木素后，得到的富含纤维素的木质模板变成白色，而形状得以保留。木质素含量从 24.9%下降到 2.9%。即使在木材样品的中心，蜂窝状结构和纳米级细胞壁组织也被完好地保存了下来，如图 7-6（b）～（e）所示。细胞壁产生微孔，如图 7-6（c）和（e）所示。在富含木质素的细胞壁角落有特别大的孔洞。这是由于木质素去除和干燥过程中纤维素纳米纤维的一些团聚。在纳米结构上，纤维素纳米纤维沿细胞壁方向保留了优先取向，并且木质素去除会形成纳米级的孔隙。

5）低共熔溶剂（DES）。

Yang 等使用氯化胆碱/草酸（DES 法）处理巴尔沙木木材样品，与原始木材相比，经过适度 DES 预处理的去木质素木材样品仍然保留了具有管状通道的细胞结构。这表明，与化学处理（即 NaOH/Na$_2$SO$_3$ 和 NaClO$_2$ 处理）相比，DES 处理是保留木材结构的更好方法。木材结构的保留可使处理后的木材具有抗压性能和独特的吸油能力。使用 NaOH/Na$_2$SO$_3$ 方法，从亚硫酸盐脱木素的木材样品中去除 72%的木质素和 50%的半纤维素；经过 NaClO$_2$ 处理后，从亚氯酸盐脱木素的木材样品中去除 77%的木质素和 76%的半纤维素。通过比较，氯化胆碱/草酸 DES 法对木质素和半纤维素的提取率分别为 60%和 48%。这三种方法均

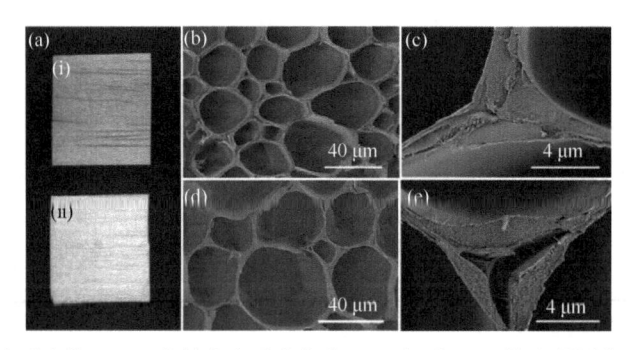

图7-6 木材去木质素化:(a)木材去木质素化前(i)和后(ii)的光学图像;(b)和(c)低倍率原始木材(OW)横截面图像显示木材的微观结构;(d)和(e)低放大倍数的去木质素木材(DLW)横截面图像显示木结构保存完好

能较好地分离木质素和半纤维素。DES 法的木质素去除率(60%)中等,而其他两种方法的去除率较高,分别为72%和77%。DES 法能够适度脱木素,同时保持木材的细胞结构。DES 脱木素的主要机制是先溶解后提取木质素,不同于 NaOH/Na$_2$SO$_3$ 和 NaClO$_2$。这些化学物质(即 NaOH/Na$_2$SO$_3$ 和 NaClO$_2$)会在脱木素过程中同时水解纤维素链。然而,使用具有所需成分的 DES 不会显著溶解纤维素。DES 去木质素化木材中剩余的纤维素可能有助于保持细胞骨架结构[15]。

6)离子液体。

Garemark 等通过一步化学处理,将天然木材(NW)浸泡在含有 20 wt%离子液体(IL)[MTBD]$^+$[MMP]$^-$和 80 wt%有机溶剂 DMSO 的有机电解质溶液中,在 85℃下浸泡 48 h,制备出可成型的全木材气凝胶。在 IL 处理的帮助下,木材细胞壁生物聚合物在纳米尺度上重新分布,导致结构发生变化,同时保持原始成分。原生木材呈褐色,有很大的空腔。经过一步 IL 处理后,木材的颜色保持不变,但纳米结构发生了很大的变化。纳米纤维网络形成并均匀地填充管腔空间。原子力显微镜进一步验证了管腔和细胞壁管腔网络界面相的多孔结构。网络明显附着在剩余的细胞壁上,这有力地支持了细胞壁溶解和构象变化的假设。从纤维网络和细胞壁之间的界面可以明显看到细胞壁的溶解。有趣的是,富含木质素的细胞角隅和胞间层仍然清晰可见。在此过程中,由于溶解的细胞壁材料从木结构扩散到 IL 溶液中,观察到 23 wt%的质量损失。然而,由于再生时的收缩,密度从 113 kg/m^3(NW)轻微增加到 132 kg/m^3(NW 气凝胶)。有趣的是,碳水化合物、木质素、灰分和萃取物分析显示化学成分相对不变。NW 气凝胶的木质素、半纤维素和纤维素含量分别为 21 wt%、20 wt%和 57 wt%,与 NW 的 22 wt%、21 wt%和 53 wt%相近[11]。

(3)木材细胞壁的剥落

Zhang 等[19]采用原位酰胺肟化处理巴尔杉木,由于次生壁缺乏木质素层,纤维素纤维优先脱落。在碱性溶液中,通过氰基与羟胺的加成反应实现偕胺肟化。水解约

12 h 后,偕胺肟化降低了纤维素的平均结晶度。但 SEM 图表明,偕胺肟化并没有改变巴尔沙木蜂窝状的细胞微结构。因为其蜂窝状细胞微结构具有垂直的管胞(直径为几十微米)和导管(直径为 50~200 μm),通过细胞壁上丰富的微孔相互连接,保持蜂窝状的细胞微结构,并在细胞腔中填充纤维素气凝胶,合成的纳米木材表现出优异的力学性能(如横向抗压强度约 1.3 MPa)。纤维气凝胶可能源于木质细胞次生壁内纤维素纤维的原位剥落。沿着细胞壁的横截面,已知木质素含量从内部(即次级壁内的 <20%)逐渐增加到外部(即初级壁和中间板层内的 >60%),在氰乙基化和偕胺肟化过程中,富含纤维素的次生壁内层优先被偕胺肟化并剥落,而富含木质素的内层保持稳定[图 7-7(a)]。因此,细胞壁的平均厚度趋于减小,如约从 2 μm 减小到 1 μm[图 7-7(b)]。N_2 吸附分析表明,纳米木材的比表面积为 78.9 m^2/g,约为天然木材(12.7 m^2/g)的 6 倍[图 7-7(c)]。由于其蜂窝状的细胞微结构受到木质素的保护,偕胺肟化纳米木材也部分地保持了天然木材的机械性能,断裂时的拉伸应力约为 16.8 MPa[纵向,图 7-7(d)]。即使在潮湿状态下(如在水中浸泡 6 h),其断裂时的拉伸应力仍然很高,约为 3.5 MPa[纵向,图 7-7(d)]。如图 7-7(e)所示,其压

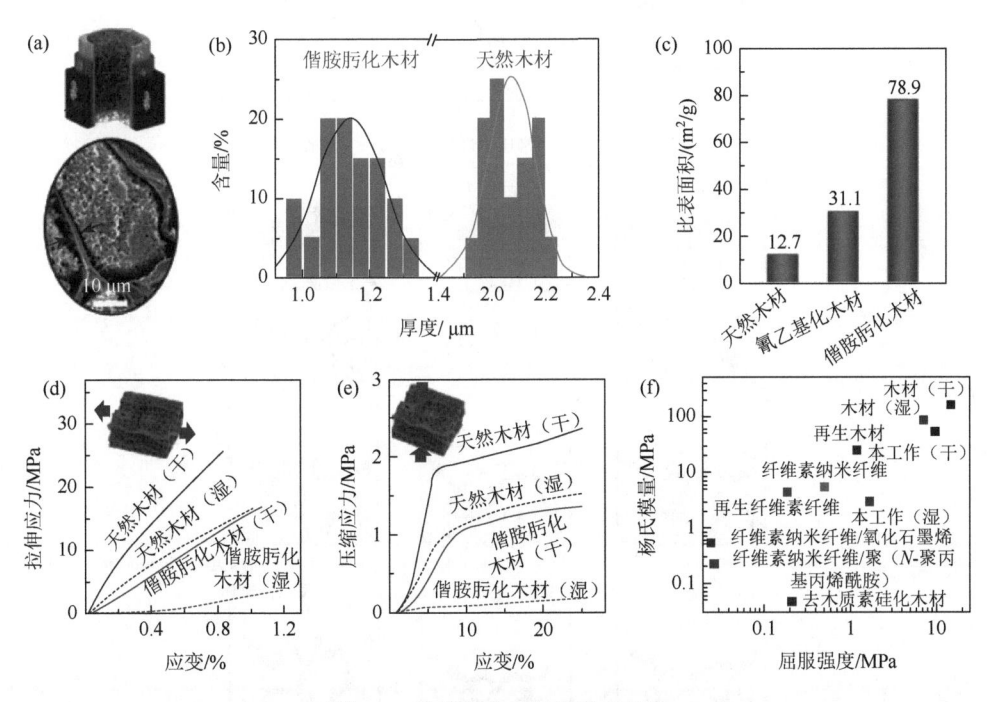

图 7-7 偕胺肟化木材的物理特性

(a)木质细胞内偕胺肟化纤维气凝胶的示意图和 SEM 图;(b)天然木材和偕胺肟化木材的细胞壁厚度分布;(c)天然木材、氰乙基化木材和偕胺肟化木材的比表面积;(d)天然木材和偕胺肟化木材在干、湿状态下纵向拉伸应力-应变曲线;(e)天然木材和偕胺肟化木材在干、湿状态下横向压缩应力-应变曲线;(f)偕胺肟化纳米木材与文献报道的纤维素基气凝胶和泡沫的纵向杨氏模量和抗压屈服强度的比较

缩屈服应力也达到了 7.3 MPa（纵向）和 1.3 MPa（横向）。这种多孔纳米木材的力学性能虽然低于天然木材，但优于许多纳米纤维素基材料［图 7-7（f）］。

7.1.2.3 气凝胶干燥技术

在溶剂去除过程中保持气凝胶的多孔结构是气凝胶制备的关键步骤。这是因为在环境空气中进行常规干燥通常会产生很高的毛细张力，这会破坏骨架结构并引起大体积收缩，只产生开裂的碎片或致密的大块材料。本小节讨论气凝胶干燥过程中的相变机制、气凝胶干燥原理，以及三种常用的干燥方法，如图 7-8 所示[20]。

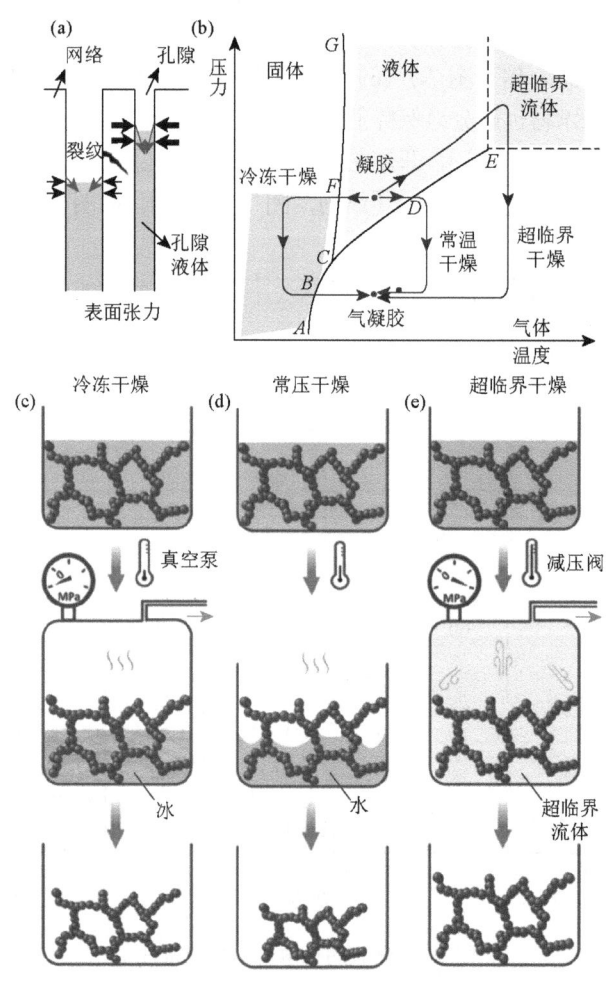

图 7-8 （a）导致凝胶孔隙开裂或收缩的毛细管力；（b）凝胶中溶剂的典型相图以及三种方式干燥凝胶制备气凝胶的压力-温度变化；（c）～（e）三种干燥方式（冷冻干燥、常压干燥和超临界干燥）的示意图

气凝胶的干燥原理如下。

凝胶孔隙中的液体必须被气体取代以获得气凝胶，同时在这个过程之后保持骨架和毛孔的大小。不合适的溶剂去除会使气凝胶结构变形，在某些情况下，由于气凝胶结构和溶剂之间的表面张力产生毛细管力，气凝胶结构会坍塌。考虑溶剂从圆柱孔中蒸发，溶剂中的毛细管压力与（$\gamma_{SV}-\gamma_{SL}$）和 $1/r$ 成正比，由杨-拉普拉斯方程［式（7-2）］给出。

$$P = -\frac{2\Delta\gamma}{r} \quad (7\text{-}2)$$

$$\Delta\gamma = \gamma_{SL} - \gamma_{SV} = -\gamma_{LV}\cos\varphi \quad (7\text{-}3)$$

式中，P、r、φ、γ_{SV}、γ_{SL}、γ_{LV} 分别为毛细管压力、液-气界面曲率半径、润湿角、固-气界面能、固-液界面能、液-气界面能。在蒸发过程中，系统倾向于使溶剂扩散在固体-蒸气界面上，从而使其能量最小化。随着溶剂在固-气界面上的扩散，液-气界面的曲率半径减小，毛细管压力增加，孔壁收缩，导致胶状网络收缩或坍塌。

如果干燥过程在常压下进行，孔径在纳米范围内，由式（7-2）和式（7-3）可以计算出，当孔隙中的液体蒸发时，骨架所承受的斜拉应力约为 10 MPa（对于典型的亲水骨架，平均直径为 30 nm 的水凝胶）。在干燥过程中，随着液体蒸发，如此大的应力不断压缩凝胶，导致凝胶逐渐收缩并变得致密，阻碍了低密度气凝胶的产生。此外，当孔壁两侧的孔半径不相等时，式（7-2）和式（7-3）表示孔壁两侧受到的应力不相等，导致孔壁破裂［图7-8（a）］。在这种情况下，只能获得碎片。

因此，成功干燥以获得气凝胶的原则是：最小化或减小毛细管应力。最小化方法通常遵循在环境压力下干燥凝胶。减小毛细管应力的方法有两种：一是用表面张力较低的活性剂，即降低式（7-2）和式（7-3）中的 γ；二是用疏水化学基团改变孔壁表面的化学状态，增加接触角，即增加式（7-2）和式（7-3）中的 φ。这两种方法都可以降低毛细管压力 P，从而最大限度地减少干燥时的收缩。此外，通过避免液-气界面，即避免相变经过图7-8（b）中 C-D-E 连接曲线，可以消除毛细管应力。这可以通过超临界或冷冻干燥来实现，分别形成均匀的超临界流体或将液-气界面转化为固-气界面。

（1）冷冻干燥

冷冻干燥是利用冰晶升华的原理，在真空状态下使冰晶直接从固体升华为气体，得到气凝胶材料，如图7-8（c）所示。冷冻干燥包括以下三个阶段：

1）冷冻阶段：溶剂的温度降低到三相点（T_{tp}）以下，由液态变为固态，挤压凝胶骨架，导致二者固相分离。

2）初级干燥阶段：溶剂结晶升华脱离凝胶骨架。

3）次级干燥阶段：非冷冻晶体在真空加热（温度低于溶剂的三相点）过程中脱除，这一过程可能导致凝胶骨架重新产生氢键键合，发生聚集。

在冷冻干燥制备气凝胶的过程中，"冷冻"是调节气凝胶微观结构的关键步骤。溶质的浓度、溶剂的性质、冷却速率及温度梯度的方向都会影响气凝胶的微观形貌，可以通过调控以上因素来控制气凝胶的微观结构。

例如，冷冻干燥制备的纤维素纳米纤维（CNF）气凝胶的孔壁微区形貌（纳米尺度）与纤维的尺寸、表面电荷量、悬浮液浓度有关。研究悬浮液浓度、纤维尺寸和表面电荷量对冷冻干燥产物形貌的影响，结果表明：当悬浮液浓度较低时（≤0.05 wt%），直径为数十纳米的纤维被组装成直径为 500～1000 nm 的亚微米纤维。对于直径相似，表面电荷量更高的 CNF，纳米纤维间静电排斥作用更强，冷冻干燥后得到的纤维直径更小。当 CNF 悬浮液浓度增大到 0.1 wt%左右时，CNF 被组装成带状或者片状结构，孔壁的微区结构从纤维向膜结构过渡。当溶胶浓度增加至 0.5 wt%～1 wt%时，材料结构变为由多层膜构成的层状结构。Jiang 和 You-Lo Hsieh 的研究得出了类似的结论：硫酸水解制备的纤维素纳米晶体（CNC）和 TEMPO 氧化制备的 CNF 在冷冻组装时，存在由纤维结构向薄膜结构过渡的临界转化浓度，分别为 0.1 wt%～0.5 wt%和 0.01 wt%～0.05 wt%。叔丁醇的加入可以减少纤维素纳米材料的自聚，提高临界转化浓度，使纳米单元在较高浓度下仍保持纤维形态。

木质纤维素气凝胶的孔隙结构（毫米至微米尺度）可以通过改变冷冻速率和温度梯度方向进行调控。这种方法称为冰模板法（又称冷冻浇注、定向冷冻）。在早期研究中，木质纤维素气凝胶的组装以均质冷冻为主。将凝胶前直接放入液氮（-196℃）或冰箱（-15～-20℃）冷冻，在此过程中，冰晶自凝胶外部向内部随机生长，形成以冰晶为模板的各向同性网络结构，经过冷冻干燥后，得到各向同性气凝胶材料。

单向冷冻即沿着凝胶的某一特定方向施加温度梯度，诱导冰晶沿单一方向生长，冷冻干燥后即可得到具有类似木材管胞结构的气凝胶材料。采用双向冷冻法，可以制备具有定向层状结构的气凝胶材料，形成的层状结构沿着冷冻梯度方向排列。

与其他干燥方法相比，冷冻干燥法是最常用的方法，能够去除纳米纤维素凝胶中的溶剂并控制气凝胶内部的网络结构，防止孔隙塌陷，具有环保、高效、成本低的优点。但冷冻干燥生成几十微米的大孔隙，缺乏纳米纤维素气凝胶的介孔性和超低热导率。Pickering 乳液模板法是一种具有竞争力的策略，乳液液滴或气泡能够在固体材料中形成孔隙模板，从而获得具有多孔结构的功能材料。由固体颗粒稳定的 Pickering 乳液具有稳定性高、操作简便、无复杂的化学反应、成本低、对环境友好等优点，利用 Pickering 乳液模板技术可以灵活地调节 3D 多孔材料的孔形貌、孔隙率和孔径大小。同时，Pickering 乳液的良好稳定性有利于在冷冻干燥过程中形成结构稳定的泡沫多孔材料。改进现有纳米纤维素气凝胶的干燥技术，以 Pickering 乳液为模板，调控纳米纤维素气凝胶的微/介孔，能够有效提高其保温性能。

（2）常压干燥

常压干燥是在大气压力下进行的干燥。干燥过程中凝胶网络内的液体逐渐蒸发，最终形成骨架网络-空气互相渗透的气凝胶。

在常压干燥过程中，由于表面张力的作用，通常状态下，凝胶内液体的挥发会使得凝胶脆弱的骨架收缩、坍塌。常压干燥工艺的关键在于干燥前对湿凝胶的有效处理，一般可通过以下几种措施进行：

1）用一种或多种低表面张力的溶剂替换湿凝胶孔隙中的溶液。

2）对凝胶骨架进行疏水改性，防止凝胶干燥时木质纤维素表面羟基形成不可逆氢键而引起收缩。

3）对凝胶骨架进行交联，增强骨架结构强度。

例如，对纤维素纳米纤维悬浮液进行真空抽滤，将得到的滤饼相继用异丙醇和辛烷进行溶液置换，通过常压干燥制备纤维素纳米纤维气凝胶膜。气凝胶膜的孔径分布在 10~30 nm 之间，比表面积高达 208 m²/g。与未进行溶液置换的常压干燥纤维素纳米纤维膜相比，气凝胶膜的孔隙结构更加均匀，且透气性有所提高。此外，通过分子-物理交联增强凝胶骨架的交联程度，进一步使用低表面张力液体进行溶剂置换，也可以在一定程度上避免常压干燥引起的三维网络塌陷，如图 7-8 （d）所示。

（3）超临界干燥

超临界干燥是通过控制温度和压力，使干燥介质达到自身临界点，完成液体到超临界流体的转变，如图 7-8（e）所示。超临界流体的表面张力为零，使材料在保持三维网络结构的前提下完成凝胶向气凝胶的转变。常见的超临界干燥介质流体的临界参数如表 7-2 所示。其中，由于液体 CO_2 临界温度较低、临界压力适中，可以避免木质纤维素在调压调温过程中发生降解，而且操作安全性更高，现已成为木质纤维素气凝胶超临界干燥最常用的干燥介质。

表 7-2　常见流体的超临界参数

溶剂	冷冻温度/℃	临界温度/℃	临界压力/MPa	表面张力/(mN/m)
CO_2	−78	31	7.3	0.59
H_2O	0	374	22.1	72.0
甲醇	−97	239.4	8.1	22.3

续表

溶剂	冷冻温度/℃	临界温度/℃	临界压力/MPa	表面张力/(mN/m)
乙醇	−114.3	243	6.3	21.9
丙酮	−94.9	235	4.7	22.7
异丙醇	−88.5	235	4.7	21.2
正己烷	−89.5	234.7	3.0	17.9
正庚烷	−90.5	267.3	2.7	19.7
叔丁醇	25.7	233.2	4.0	20.1

超临界 CO_2 干燥木质纤维素气凝胶主要包括以下几个步骤：

1）用与水/液态 CO_2 互溶的溶剂置换木质纤维素凝胶原有溶剂。
2）液态 CO_2 溶剂置换。
3）调压调温使 CO_2 转变为超临界状态。
4）减压除去超临界 CO_2 得到干燥的气凝胶。

超临界 CO_2 干燥可以最大程度地保留凝胶原有的三维网络和木质纤维素分子自组装形成的介孔结构。与其他干燥方式相比，得到的气凝胶材料具有较高的比表面积，是早期制备再生纤维素气凝胶材料常用的干燥方式。

7.1.3 性能表征

7.1.3.1 气凝胶的结构表征

选择合适的表征技术来确定气凝胶的结构参数，从而深入理解不同合成步骤对所得气凝胶性能的影响。将结构参数与材料的物理特性相结合，可以针对特定应用进行优化。只有深入了解结构-性能关系，才能充分发挥这类材料的潜力。本节介绍了常用的不同表征方法，并讨论了它们的潜力和局限性。

气凝胶有两种不同的相，即固体骨架相和孔隙相。两者都由一组基本参数来表征，如各自的相分数、每个相的特征扩展及其连通性。此外，两相界面分离的物理和化学性质是气凝胶的重要特征。气凝胶的直接观察即可判断材料是透明的还是半透明的，它是脆的还是有韧性的，样品变形的难易程度等。多孔材料的关键结构参数是孔隙与固相的总分数、骨架与孔相的典型延伸、两相的连通性、相间界面的特征及骨架相的分子结构。

（1）显微镜

显微镜能够提供气凝胶在长度尺度上的直观印象，最小能够达到 10^{-10}m 数量级。光学显微镜（LS）的分辨率限制约为 500 nm，然而，大多数典型粒径<1 mm

的气凝胶的特征无法观测。原子力显微镜（AFM）原则上可以应用于气凝胶，但气凝胶裂缝表面的高度不规则性和深度，在实践中往往无法操作。因此，用于研究气凝胶的两种主要显微镜是扫描电子显微镜（SEM）和透射电子显微镜（TEM）。最大分辨率约为 1 nm 的 SEM 用于可视化三维互连的气凝胶骨架，而更高分辨率的 TEM 则用于分析形成骨架的颗粒的亚结构或加入气凝胶骨架中的附加相，如金属颗粒。

SEM 使用聚焦在样品表面的初级电子束，施加电压将电子加速到能量高达 30 keV（SEM）或 100~300 keV（TEM）。在 SEM 模式下，电子和 X 射线发射到主光束的半球进行分析（反射设置），TEM 探测样品相对高于初级电子的透射率。所有高分辨率的电子显微镜都在高于 10^{-4} mbar（1 bar = 10^5 Pa）的真空环境下操作，以减少寄生散射。根据它们的能量，SEM 模式下的初级电子可以探测出样品的不同深度。初级电子与样品的相互作用导致次级电子（SE）的发射，即从样品中逸出的非弹性散射电子，如果从小于相当于固相的约 50 nm 的深度发射，则到达相应的检测器。SE 的分辨率是由主光束的聚焦质量和发射它们的样品表面面积决定的。

背散射电子（BSE）是由样品较深层产生的弹性散射电子，它们的能量高于 SE（最大值 50 eV），因此，可以施加减速电压来区分 SE 和 BSE。采用环形四象限检测器检测 BSE，该检测器的中心孔允许主光束通过。由于电子强烈散射的概率取决于原子序数，因此 BSE 信号可用于成像样品内不同元素的局部分布。例如，具有不同化学成分的两种固相的混合气凝胶。样品内的外层电子与初级电子和 SE 的非弹性相互作用导致 X 射线的发射，其能量是样品密度和存在的化学元素的函数。因此，电子的穿透深度是元素和电子能量特定的。根据样品的密度，当电子能量约为 5 keV 时，达到约 200 nm 的最佳空间分辨率。随着穿透深度的增加，X 射线激发结果呈梨形分布。该体积的最大宽度约为 1 mm。使用能够分辨所发射 X 射线能量的探测器[能量色散 X 射线（EDX）探测器]，样品的基本组成可根据所调查的样品以约 1 wt%的检出限确定。然而，通常只能对原子序数大于 4 的元素进行分析。

在电子显微镜下，样品暴露在连续的电子流中。如果样品的导电性不好，电荷就会积聚在样品上，从而形成一个电场，干扰显微镜的成像系统。为了实现沉积电荷在聚焦区域外的扩散，通常需要在样品表面应用导电层，而这一步骤一般是通过溅射涂层实现，使得导电层的厚度保持在几纳米。因此，选择应用金、钯或碳等元素作为导电层。此外，一些电子显微镜（如蔡司 Utra Plus）提供了电荷补偿功能，其原理是向焦点区域旁边注入少量惰性气体。然而，由于气体的额外散射，这种模式下的分辨率降低了。

SEM 成像提供了不同深度样品的 SE 强度发射的二维投影。高孔隙率是气凝胶的典型特征，除非制备了非常薄的样品层，否则在SEM图中通常不是很明显。如何将其稀疏气凝胶网络及其通道状孔隙可视化的另一种方法是对样品的同一点拍摄两张SEM图像，但是样品在两张图像之间倾斜3°～10°。使用商用软件（如Alicona MeX或SIS），这两幅图像可以合并为一组红绿眼镜的立体图像。以椰壳纳米纤维素气凝胶为例，如图7-9所示，CNF气凝胶主要由大量相互交错缠绕的一维CNF（细长的丝状结构）和二维薄膜结构所构成，该薄膜结构是由于纳米纤丝在冷冻干燥过程中受冰晶生长压迫而形成的。在更高放大倍率的SEM图像[图7-9（b）]中，观察到细长的CNF相互缠绕并且有较大的长径比，直径在30～180 nm范围内，且这些CNF的平均直径是80.6 nm。

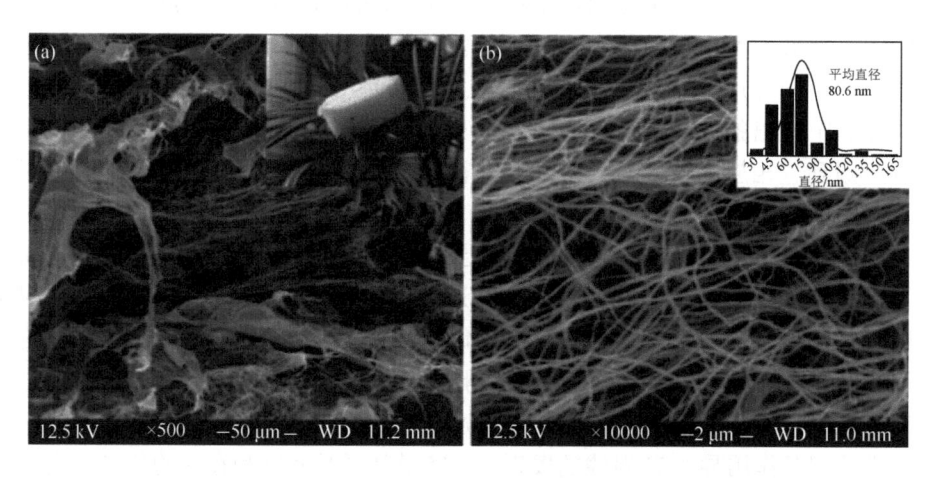

图7-9 不同放大倍率下CNF气凝胶的SEM图像
（a）中插图为CNF气凝胶照片；（b）中插图为CNF的直径分布

在观察的样品区域中，特别是在高电流下沉积在电子显微镜的能量可能是显著的。具有稀疏网络的气凝胶通常是良好的隔热材料，因此，在电子显微镜中局部沉积的能量不能足够快地扩散，从而可能导致样品在主光束的焦点处发生修饰。有报道显示，在TEM成像中，在二氧化硅气凝胶成像过程中出现局部烧结。然而，TEM提供了非凡的分辨率，有助于观察不同晶体取向的微观相或附着在气凝胶骨架上的金属纳米颗粒。近年来高分辨透射电子显微镜（HRTEM）发展迅猛，分辨率已经达到原子级别（几埃，甚至零点几埃），理论上能清楚地看到单个原子。因此，HRTEM被用于观察晶体的内部结构、原子排布和许多精细结构（如位错、孪晶等）。但是，理论和实际之间总存在着距离。要在HRTEM上获取精确的材料结构信息并不容易。首先要确保样品足够薄（弱相位近似），以及Scheerzer在欠焦情况下所拍摄HRTEM图像能正确地反映晶体结构。扫描透射电子显微镜

(STEM)是一点一点地扫射,然后再收集。有个不合时宜的比喻:HRTEM 为手电筒光源,STEM 为激光器光源。很明显,激光器更精细地刻画了其结构。前面提到 STEM 还有明场与暗场。STEM 常常和高角度环形暗场(HAADF)连用。HAADF 的作用是收集高角散射电子。为什么要收集高角散射电子?因为其产生的是非相关高分辨像,可避免 TEM 和 HRTEM 中复杂的衍射衬度和相干成像,从而能够直接反映原子的信息。当成分浓度较低、需要观测较细结构和进行线扫描时,TEM 和 HRTEM 不能满足测试需求,优先考虑使用 HAADF-STEM。

由于实际操作困难,AFM 很少用于气凝胶的研究。然而,如果操作得当,它仍然可以提供有价值的信息。通过"脆性断裂"制备二氧化硅气凝胶样品进行 AFM 分析。该图像显示了正在研究的气凝胶中类似于一堆雪球的集群上层结构。因此,团簇的延伸及团簇之间的距离在约 100 nm 的范围内。这种局部密度的调整导致在超小角及在光学范围内微弱的散射区出现明显的前向散射。这种簇状结构也被怀疑是气凝胶从透明转变为高度不透明的原因,其中介孔被部分填充。

(2)散射技术

散射技术是定量的、非侵入性的、非破坏性的结构分析工具,有效用于表征气凝胶在溶胶-凝胶转变、老化或干燥期间,以及烧结过程中的变化。非弹性散射提供了气凝胶骨架特征模态的信息,从而提供了系统的连通性。

1)弹性散射。

弹性散射探测用于研究试样内散射体(如 X 射线散射时的电子)的相对结构排列。当入射的单色波撞击试样时,由其固相的每一组分引发一个球形波。这些球形波相互干扰,形成散射图样。散射强度是作为入射方向和散射光束方向之间的角差 2θ 函数来测量的。应用可移动计数器或二维探测器记录散射模式。

对于气凝胶,散射强度通常具有径向对称性,表明样品是各向同性的。在这种情况下,角度 y 是给定实验设置中的唯一变量。如果气凝胶样品本质上是各向异性的(如由于各向异性的干燥条件),则表现为其散射模式的各向异性,并且必须包含方向信息来描述各向异性的方向。一般,人们可以区分小角散射和广角散射。在反射装置中的 X 射线散射情况下,小角散射(SAXS)覆盖的散射角 $2y$ 范围从 $0.001°$ 到约 $10°$。使用的波长通常在几埃到几纳米范围内。对应的 q 值范围为 $5\times10^{-4} \sim 1\times10^{-4}$ nm^{-1}(超低角散射、USAXS 和 USANS 中的低 q 值极限)。由于 q 值与探测的长度尺度 L 有关,因此 SAS 对 10 mm 到几埃的结构很敏感。

样品和原料的结晶结构和结晶度通过 X 射线衍射仪(XRD D/MAX-2000,Rigaku)进行分析,测试采用铜靶,射线波长为 0.154 nm,扫描角度范围为 $5°\sim40°$,扫描速率为 $4°/min$,步距为 $0.02°$,管电压为 40 kV,管电流为 30 mA。

结晶度的计算依据 Segal 法，计算公式如下：

$$\mathrm{CrI}(\%) = (1 - I_{am} \div I_{002}) \times 100 \tag{7-4}$$

式中，CrI(%)为相对结晶度的百分数；I_{002} 为(002)晶格衍射角的极大强度；I_{am} 与 I_{002} 单位相同，代表 2θ 角接近于 18°或 19°时无定形背景衍射的散射强度，此处是(110)面衍射峰和(002)面衍射峰间衍射强度最小的点。

交联点形成的可能过程是在缓慢的熔化阶段，半柔性的纤维素大分子产生了分子间氢键，形成了"缠结点"和"打结点"。因此，不同的冻融处理工艺会引起样品不同程度的交联，可能会影响样品的结晶度。采用 XRD 检测了每组样品结晶度的变化。样品中结晶物质所占比例用 CrI 表示，可以通过结晶峰的面积占物质总面积的比值计算得出。PeakFit®软件可精确地分辨出生物质样品衍射峰中的无定形峰比值。在曲线拟合时，常用高斯函数对 XRD 谱图解卷积分峰，结果是分出五个结晶峰，即(101)、(10$\overline{1}$)、(021)、(002)、(040)，以及无定形峰，从而将衍射光谱中的结晶相分离出来。

以再生木质纤维素气凝胶为例，原料木粉及经过不同冻融处理后的再生木质纤维素样品 FT5（经 5 次冻融循环处理）、NFT5（经 5 次液氮冻融循环处理）和 NFFT10（经 10 次液氮冷冻-快融循环处理）的 XRD 谱图如图 7-10（a）所示。其中木粉呈现了典型的天然 I 型纤维素结构，此结构是由纤维素分子链平行堆砌形成的，其典型晶面(101)、(10$\overline{1}$)和(002)的峰位分别在 14.8°、16.5°和 22.5°附近出现。根据 XRD 的解卷积结果，原料木粉的 CrI 的计算结果为 62.4%。经溶解、冻融和再生后，在 16.5°、22.5°和 34.5°的典型峰仍在存在，只有 14.8°附近的峰不明显。而代表了纤维素链反平行堆砌结晶的 II 型纤维素的特征峰（12.1°）并没有出现在 XRD 谱图中。这个结果与之前的再生纤维素的研究结果（天然纤维素经溶解-再生后，会由 I 型纤维素转换成 II 型纤维素）不一样，是因为实验中的溶解温度（80℃）较低，没有达到木质素的玻璃化转变温度（160℃）。因此，木质素限制了纤维素大分子在离子液体中的溶胀和溶解，使木质纤维素没有完全溶解在离子液体中，还留有部分碎片。再生的过程也是纤维素重结晶的过程，其中分散在溶液中的链状高分子通过物理交联形成网状结构，再生后是无定形态的纤维素；而被木质素紧裹的纤维素链仍基本保持了平行排列，更易结晶成 I 型纤维素。再生后的样品 FT5、NFT5 和 NFFT10 的结晶指数分别降为 45.2%、37.1%和 52.5%，比起原料木粉均有所降低。显然，形成更多网络结构的 NFT5 的结晶指数更低。而 NFFT10 的结晶指数较高是由于纤维素网络过于稀少，不能固定其他的无定形大分子。图 7-10（b）是 NFT5 网络结构的 TEM 图，其中电子衍射微弱模糊的衍射环也显示了再生的纤维素网络是无定形的，与图 7-10（a）中的结果一致。

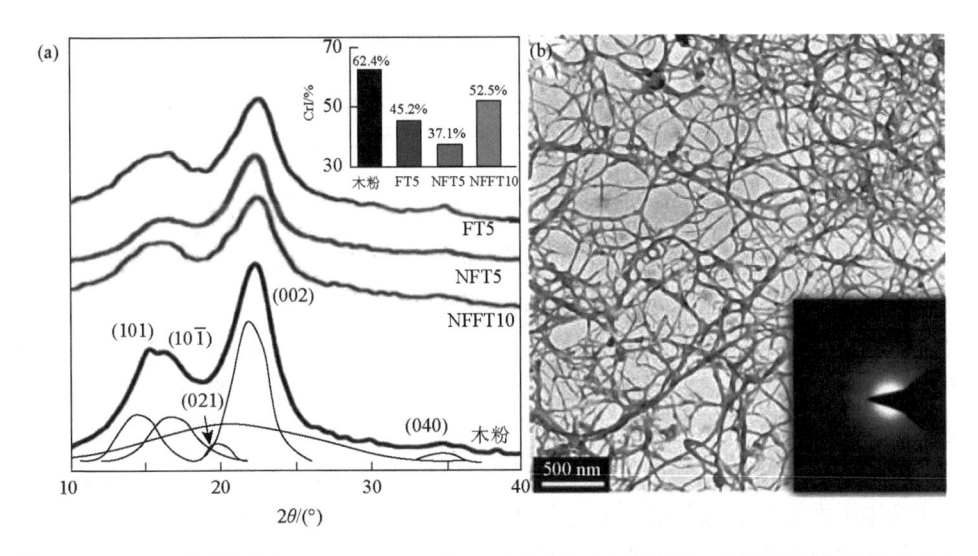

图 7-10 （a）木粉原料、FT5、NFT5 和 NFFT10 的 XRD 谱图，插图是每个样品的 CrI；（b）NFT5 样品的无定形纤维素纤丝网络，插图为衍射环图样

2）非弹性散射。

非弹性散射探测用于研究样品内部的运动。这可以是凝胶过程中的扩散过程或气凝胶骨架的振动特征模式。与弹性散射一样，非弹性散射强度由样品的自相关函数的傅里叶变换来定义。然而，傅里叶变换要同时在空间（$x \rightarrow q$）和时间（$t \rightarrow \omega$）上进行。因此，频率 ω 表征从样品传递到探针的能量（即光子或中子），反之亦然。能量转移发生的概率取决于特征模谱，即样品的状态 $Z(\omega)$ 的振动密度、温度及适用的转变规则。态的振动密度提供气凝胶中固相连通性的信息。声学模式可以通过布里渊光散射来研究，即与声子的非弹性相互作用，而声子/拉曼散射则探测系统中的光学声子。

虽然布里渊散射和拉曼散射在可覆盖的频率范围内非常有限，但非弹性中子散射可以在频率方面探测几个数量级，从而允许确定气凝胶的完整特征模谱，范围从波长远大于气凝胶孔隙的长波声子（频率在兆赫兹范围内）到频率为太赫兹的气凝胶骨干内的分子振动。在此基础上，将几种不同的非弹性中子散射仪器得到的实验数据进行了综合，以覆盖较大的频率范围。之后成功确定了各种不同的相关状态，包括最低频率的德拜状态、分布范围，其中展示了分布在二氧化硅簇中反映的振动谱和粒子状态，揭示了形成气凝胶骨架的粒子的本征模式，最后深入研究了分子振动。需要强调的是，最终预测的分形范围内的模态是相当局域化的。

散射法是一种非常有用的非破坏性技术，可以应用于（空气）凝胶加工和处理的不同阶段。它可以在分钟到小时的时间尺度上进行现场分析。此外，非弹性散射可以用来研究系统中的动力学。虽然非弹性散射通常仍然是烦琐的，并且需要大规模的设备（除了非弹性光散射），但非弹性散射分析已经很好地建立起来，也可以用商业上可用的实验室规模的仪器进行。散射技术的唯一缺点是散射信号不能提供关于结构的明确信息。因此，除非检测到众所周知的气凝胶特征模式之一，否则数据评估并不简单。

(3) 氦体积及比重测定法

氦体积测定法能够探测氦原子无法接近的样品体积。因此，通常利用不同仪器进行体积法测定样品体积。测量后，将样品放置在已知体积的腔室中并用氦气吹扫，直到腔室和样品都只含有氦气；或者，可以对腔室进行抽真空。在第二个腔室（参考腔室）中，同样具有明确的体积，氦气以高于样品腔室的压力引入。基准室达到热平衡后，测量室内气体压力。随后，记录样品室的气体压力，并最终打开一个阀门，使氦气进入样品室进行气体压力平衡。同样，在系统达到热平衡且气体压力无明显漂移后，确定气体压力。通常这种测量连续重复几次，以排除伪影（如样品中的气体解吸、热平衡不足）。

在许多情况下，固相的密度可以通过使用给定化学成分的相应文献值来评估。对于具有相近密度的非大孔样品，总孔隙体积和骨架密度也可以由（脱气）样品的宏观密度和各自的氮吸附等温线确定。当实际应用氦气比重测定法时，必须注意样品已完全脱气，所用的装置在恒定温度下。如果不是这样，可能会导致固相的密度降低50%。另一个注意点是较小孔隙的样品，它们只能缓慢地实现压力平衡。例如，在高于1000℃的温度下处理碳气凝胶或部分烧结的样品，由于气体压力的不充分平衡，可能产生伪影。

(4) 气体吸附孔隙率测定法

气体吸附分析探测气体或蒸气（吸附剂）与吸附剂之间的相互作用。这种相互作用可以是发生在微孔中的吸附，试样内表面的单层和多层吸附，或者当吸附剂孔中凝结时通过液/固相互作用产生的吸附。表征气凝胶最常用的是77.3 K下的N_2吸附。可以覆盖气压从真空到0.1 MPa（1 bar）范围内的各种压力条件。因此，通常可以得到比表面积低至0.01 m^2/g和孔径在0.3～100 nm范围内的信息。

记录等温线意味着抽真空和脱气良好的样品暴露在探测气体压力的变化中。由于与吸附剂的相互作用，样品占用了特定的吸附质。在固定温度下，气体压力（p/p_0表示分压除以饱和压力）对平衡态的吸收变化可用吸附等温线表示。类似地，解吸分支可以通过在随后的步骤中降低气体分压来测量。吸附质吸收或释放主要通过压力法（也称为体积法）或质量法来定量。在体积法中，吸收量分别由吸附/解吸过程引起的气体压力下降/增加计算，而在质量法中，吸附时的质量变化是通过天平测量的。除了常规的逐步测量方法外，吸附等温线还可以通过连续吹过样品的气体浓度变化来确定。为了调节探测气体的不同分压，将惰性载气（如He）

与探测气体以不同体积分数混合。探测气体通过样品前后的浓度可以用气相色谱仪、质谱仪或任何其他对探测气体的浓度敏感的传感器来测定。等温线是基于这样的假设,即所研究的系统由吸附剂、气相和吸附相组成,在每一点都处于平衡状态。研究表明,特别是对于具有巨大比容积的气凝胶,样品往往没有充分平衡,因此在微孔和中孔范围内等温线的形状和高度存在偏差。

图 7-11 显示了木质纤维素气凝胶的多孔网络结构。通过测量孔径和孔容,可以确定原料和成品的介孔结构。在 $-196℃$ 下 N_2 分子的吸附可以给出材料多孔结构的相关信息。图 7-11 显示了 LFT4 的 N_2 吸附-脱附等温线。吸附等温线呈反 S 型,符合吸附 Ⅱ 型曲线,即孔径会大于 10 nm。BJH 法多用于确定孔径的分布。根据表 7-3 中的数据可知,冻融(FT)循环形成了气凝胶中互连的纤丝网络结构,也因此增加了比表面积和孔容,且孔隙率可以高达 97%。

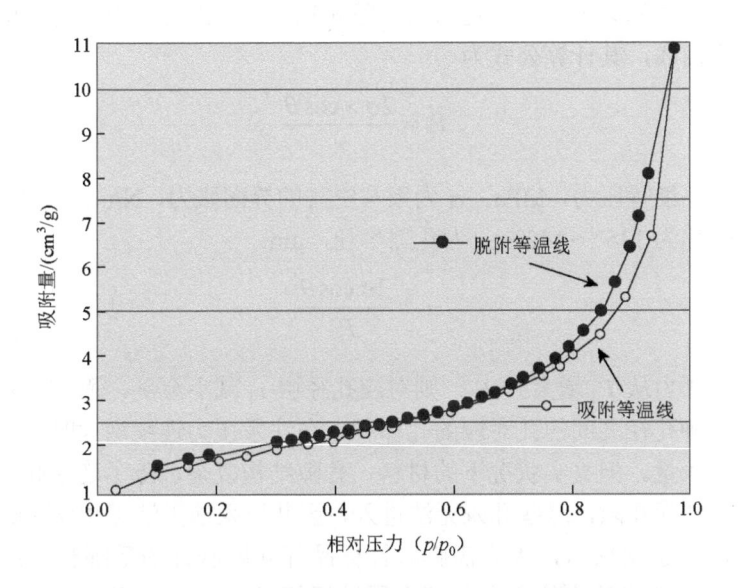

图 7-11 制备的 LFT4 气凝胶的 N_2 吸附-脱附等温线

表 7-3 木质纤维素气凝胶的比表面积、孔容、孔径和孔隙率的数据

样品	比表面积/(m²/g)	平均孔径/nm	孔容/(cm³/g)	孔隙率/%
木粉	2.00	9.60	4.8	—
LFT1	5.28	12.27	16.2	98.56
LFT3	5.92	11.49	17.0	97.07
LFT4	5.91	12.59	18.6	97.79
LFT7	5.91	11.07	17.1	97.85
LFT10	6.12	9.80	15.0	97.65

注:LFT 表示木质纤维素气凝胶,后面的数字表示 FT 循环次数。

（5）压汞法

毛细管压力是指在毛细管中润湿相或非润湿相液体产生的液面上升或下降的凹形或凸形曲面的附加压力。汞对固体表面具有非润湿性，相对来讲，材料孔隙中的空气或汞蒸气就是润湿相，往材料孔隙中注汞就是用非润湿相驱替润湿相。压汞法以圆柱形孔隙模型为基础，是一种能够探测从约 400 μm 到几埃的可达孔径约 6 个数量级的方法。因此只有在压力作用下，汞才能进入多孔材料的孔隙中。根据 Washburn 方程，样品孔径和压力成反比。在给定压力下，将常温下的汞压入材料毛细孔中，毛细管与汞的接触面会产生与外界压力方向相反的毛细管压力，阻碍汞进入毛细管。当压力增大至大于毛细管压力时，汞才会继续侵入孔隙。因此，外界施加的一个压力值便可度量相应孔径的大小。注汞过程是一个动态平衡过程，注入压力近似等于毛细管压力，所对应的毛细管半径为孔隙喉道半径，进入孔隙中的汞体积即该喉道所连通的孔隙体积。不断改变注汞压力，就可以得到毛细管压力曲线，其计算公式为

$$P_c = \frac{2\sigma \times \cos\theta}{r} \tag{7-5}$$

式中，P_c 为毛细管压力，MPa；σ 为汞与空气的界面张力，N/m；θ 为汞与固体的润湿角，变化为 135°～142°；r 为孔隙半径，μm。

$$r = \frac{2\sigma \cos\theta}{P_c} \tag{7-6}$$

当注汞压力从 P_1 增大到 P_2，则对应孔径由 r_1 减小至 r_2，而这一阶段的注汞量则是在两种孔径之间的孔对应的孔体积。在注汞压力连续增大时，就可测出不同孔径的进汞量。但真实状况下的材料，孔隙结构复杂，除了连通孔外，材料中可能还有一些死孔隙，这些孔汞无法进入，因此压汞法无法探测死孔隙。

在低压注汞结束后，汞充满膨胀计样品杯和膨胀计的毛细管。由于汞自身是导电物质，膨胀计内的汞和外部金属镀层相当于电容器两端的金属板；而其毛细管（一般为耐高压玻璃）相当于绝缘板。实验过程中，汞被压入多孔样品，导致膨胀计毛细管中汞柱长度发生变化，从而引起电容器电量发生变化。传感器采集电量信息并转化为汞的变化量，进而测量孔隙特征，模拟相关图谱，计算孔隙率等数据。

（6）热孔隙率测定法

热孔隙率测定法可探测孔隙液体的冻结特性，这些数据可以用来确定孔隙的大小分布和孔隙的形状。该方法对 2～30 nm 范围内的孔隙敏感。与传统的孔隙率测定法（涉及汞或气体吸附）相比，该技术可以应用于凝胶，而且不需要干燥的样品。

热孔隙率测定法是一种研究凝胶或重湿状态下孔径分布（仅限于小介孔）的方法。作为一种稀疏凝胶的表征方法，热孔隙率测定法在讨论中存在争议。目前还不清楚凝胶在表征过程中受损的严重程度，以及微裂纹对结果的影响程度。在冻结和解冻过程中，由纯相交换的孔隙液体可以引入伪像。例如，如果不逐步进行甲醇换水，就会在大样品中产生裂缝。

（7）其他表征方法

除了上述方法外，还有其他不常用的方法也可以用来表征气凝胶的结构特征。这些方法往往由于实验室缺乏可用的仪器或尚未建立良好的数据而无法操作。尽管如此，还是有一些非破坏性技术更适合表征气凝胶结构特征。

1）动态力学分析（DMA）。

用 DMA 测试凝胶为无损定量测定凝胶的有效孔径和力学性能提供了一种极好的工具。该方法主要是利用凝胶体的突然变形，监测变形（在给定载荷下）或力（在给定变形下）随时间的演变。当凝胶孔隙中的不可压缩液体自由移动时，它会流向凝胶内部或周围的其他位置，从而重新建立无负载状态。所需的时间取决于样品的大小和几何形状，以及液体渗透率。渗透率是流体性质、孔隙大小和连通性的函数。

DMA 实验的载荷无需外部装置提供。当吸附质从孔隙中解吸时，会产生显著的压力，导致凝胶变形。因此，也可以用干燥初期的毛细管压力代替外力来建立类似的实验。然而，与重新建立平衡所需的时间相比，毛细管压力（样品周围相对气体压力变化的结果）需要迅速改变。时间的演变可以用膨胀法或通过记录样品附近的相对气体压力来监测。

2）核磁共振成像和弛豫时间分析。

核磁共振波谱是化学分析中一种成熟的工具，用于研究过程步骤的时间演变或样品中化学元素的分子排列，但是却很少应用于探测气凝胶孔隙结构，因为合适的仪器罕见且昂贵。核磁共振成像允许现场考察动态过程，如亚临界或超临界干燥时的流体交换步骤。此外，成像可以应用于局部解析一个样品内的自扩散系数（如用于检测结构梯度）或同时对许多样品的孔隙液体中分子的自扩散系数进行筛选。通过在短时间内施加磁场梯度标记分子的位置，并在定义的时间间隔后用"读取"梯度探测它们的新位置，从而确定自扩散系数。分子在液相中的自扩散系数受扭曲度 τ 的支配。这里，τ 表示了分子由于凝胶骨架所施加的障碍，与它在液体中通过自由布朗运动所走的距离相比，尤其对孔隙可及性敏感。因此，自扩散系数是孔隙连通性的一个特征，对于凝胶来讲，它本身是孔隙率和骨架结构的函数。对于较小的介孔，由于液体分子与孔表面的相互作用，较小的孔体积与表面比可能会导致自扩散系数的额外降低。同样，由短外部磁脉冲取向的自旋对自旋-晶格相互作用敏感，因此对孔径大小敏感。

7.1.3.2 气凝胶的力学特性

为了评价气凝胶的承载能力,需要进行广泛的力学表征,以确定其在实际使用条件下的力学行为。常用的加载条件包括准静态、动态和疲劳加载条件下的拉伸、压缩、扭转、弯曲和多轴应力状态。以下方法通常用于气凝胶的力学特性测试。

(1) 差示扫描量热法、动态机械分析法和纳米压痕法

差示扫描量热(DSC)法允许测量玻璃化转变温度,特别是当气凝胶含有黏弹性成分(如有机聚合物)时。为了确定刚度和温度的函数关系,动态机械分析(DMA)设备在三点弯曲测试配置中,从低温水平(如 100℃)到高温水平(如 300℃),以固定频率(如 1 Hz)或通常在 0.1~20 Hz 之间的不同频率施加振荡载荷。DMA 结果包括存储模量、损耗模量和温度的函数关系。该函数关系给出玻璃化转变温度。潜在的不均匀性是用纳米压头确定的,该压头测量许多不同位置的机械性能(如样品上的 100 个点)。进行纳米压痕的挑战在于试样表面的制备和压痕尖端的正确选择。为了测量气凝胶的有效或平均杨氏模量,需要使用一个球形压头,其尖端半径明显大于气凝胶的孔径。

(2) 张力、压缩和加载-卸载测试

狗骨形试样(例如,遵循 ASTM D638—2014《塑料拉伸性能标准测试方法》)可用于拉伸,而圆柱形试样(ASTM D695—2015《硬质塑料压缩性能的标准试验方法》)可用于压缩。在试样的制备过程中,必须使试样表面光滑,无缺陷。对于用于压缩的圆柱形试样,端面必须彼此平行。压缩需要使用表面高度平行的压缩压板进行。对于脆性气凝胶,轻微的不对准会导致数据的大误差。通常,使用自对准压缩夹具。为了确定由应力-应变曲线包围的面积表示的强度和能量吸收能力,需要在极低应变率下确定直至最终破坏点的完整应力-应变关系。恒定偏转压缩集试验(ASTM D3574—2017《柔性蜂窝材料-板坯、黏合和模制聚氨酯泡沫的标准试验方法》)可以通过圆柱形试样在高温下经受一组压缩应变一段时间后的厚度变化来确定样品的尺寸稳定性。选定的试验也可以在加载-卸载-再加载条件下在几个应变水平下进行(几个百分点到接近破坏,应变增量如 10%),以确定加载循环中的耗散能量密度。这些测试可以在一定温度范围内进行,代表使用温度范围。

(3) 蠕变、松弛和恢复测试

当施加恒定应力时,压缩蠕变试验允许测量应变作为时间的函数。这些可以在不同密度的气凝胶的几个应力水平下进行。在蠕变试验结束时去除载荷,并监测应变作为时间的函数以确定恢复行为。压缩松弛试验可在不同应变水平下进行。

在不同温度下，在同一应变水平下确定的松弛函数可以水平移动，以确定是否可以形成一个主曲线，用于确定长期行为。松弛后的恢复行为也可以通过监测应力作为部分去除阶梯应变后的时间函数来表征。对于含有聚合物的气凝胶，如 X 气凝胶（是美国国家航空航天局开发的一种新型轻质材料，由无机纳米颗粒三维网络的介孔表面与聚合物交联剂反应制成），在使用温度远低于玻璃化转变温度的情况下，需要确定物理老化对机械行为的影响。众所周知，物理老化对聚合物（或其复合材料）的影响显著，使用温度远低于其玻璃化转变温度，因此需要对物理老化进行表征。蠕变和松弛试验应在试件经历不同物理时效时间时进行。由于纳米孔结构对环境介质的吸收，环境条件（如水、湿气和紫外线）对纳米孔结构的性能也起着关键作用。水分浓度的影响应在一个或两个应变水平的松弛中确定。紫外光对材料降解的影响可以通过试样暴露在高强度紫外光下的可变时间段来检验。环境效应的耦合效应可以在循环环境条件下进行评估，如在周期性潮湿暴露、紫外线暴露和温度历史下，以模拟服务环境条件。

（4）在中高应变率下进行测试

材料性能，如屈服应力、强度和断裂韧性，在高应变率下可能与在低应变率下明显不同，因此必须确定气凝胶在动态加载情况下的应力-应变关系。为此，可以使用伺服液压系统、落锤冲击测试机或分离式霍普金森压杆（SHPB）来确定高应变率下的应力-应变关系。为了达到 $200 \sim 3000 \ s^{-1}$ 的应变率和约 80%的压缩应变，可以使用具有较长入射杆（约 10 m）的 SHPB 在长时间内施加缓慢上升的应力波。在 $10^3 \ s^{-1}$ 数量级的应变速率下进行实验时，需要一台帧速率在 10 万帧/s 左右的超高速摄像机来观察变形和破坏行为。

（5）超声回波检测

在试验中，由超声波换能器产生的超声波脉冲被发送到气凝胶板样品中，并测量脉冲在气凝胶中的飞行时间。超声波换能器既充当发射器又充当接收器，产生超声波脉冲并接收其回波。超声波脉冲穿过试样，从相反的方向反射回来，在试样中不断来回反射，其振幅随时间衰减。偶联材料，如甘油，用于在传感器和试样之间提供良好的接触，允许波通过。气凝胶中的声速以试样厚度的两倍除以所观察到的脉冲往返传输时间来表示。

（6）断裂和疲劳试验

气凝胶中经常存在表面和内部缺陷，如微孔和裂纹。这些缺陷会显著降低承载能力。为了评估带有裂纹等缺陷的气凝胶组分的承载能力，可以按照 ASTM 标准（ASTM E1820—2018《断裂韧性测量的标准试验方法》和 ASTM E647—2023《疲劳裂纹扩展速率测量的标准试验方法》）测定带有初始裂纹的试样。对于处于周期性加载条件下的气凝胶，可以在循环拉伸、弯曲或剪切应力下进行疲劳试验，并具有几个最小到最大应力比。可采用两种试样：表面光滑的试样在疲劳加载条件下进行试验，确定其疲劳强度与循环次数的函数关系；缺口试件（具有初始裂纹的试件）可在循环荷载下再次试验，以确定裂纹扩展速率与循环次数的函数关系。结果可以预测裂纹扩展作为时间的函数，并使用缺陷容限分析来确定使用寿命。

7.1.3.3 气凝胶的热性能

自首次将气凝胶应用于多孔材料领域以来，气凝胶的热性能一直是研究的焦点。通常认为气凝胶最重要的热性能是导热性，其次是比热。Kistler 试图开发可靠的方法，以足够精确地了解更多的结构特性，如孔隙大小。建立的气体动力学理论为他提供了气体分子的平均自由程与宏观测量的导热系数之间的线性关系。随着对气凝胶在热传递中的广泛研究，科学家和工程师们很早就认识到这是一种良好的隔热材料。考虑到隔热与建筑物、机器和工业装置的能源效率直接相关，这可能是气凝胶最吸引人的特性。

导热系数是衡量材料保温性能的重要参数，导热系数越小，导热率越低，其保温性能越好。生物质基纤维素气凝胶材料的总导热系数（λ_t）为固体导热系数（λ_s）、气体导热系数（λ_g）和孔隙辐射导热系数（λ_r）三个参数的总和，见式（7-7）。通过 λ_s 和 λ_r 的传热很大程度上取决于气凝胶的密度。密度增大，λ_r 减小，λ_s 增大；而 λ_g 与密度无关，由于中孔有利于克努森（Knudsen）效应，可以通过减小孔径来降低 λ_g。当气凝胶密度减小时，λ 值也减小。与此同时，如果气孔关闭，λ_r 的贡献也会最小，因为气凝胶将是光学不透明的。因此，这种气凝胶具有保温性能。

$$\lambda_t = \lambda_s + \lambda_g + \lambda_r \tag{7-7}$$

固体导热系数（λ_s）：固体导热系数取决于电子和声子。但在保温材料为纤维素的情况下，电子的作用比声子要小。声子基本上与原子晶格振动有关。因此，它与式（7-8）计算得到的键的强度和密度直接相关，其中，ρ 和 ρ_0 分别为生物质基纤维素气凝胶和气凝胶骨架的密度，v 和 v_0 分别为生物质基纤维素气凝胶和气凝胶骨架的纵向声速，λ_0 为生物质基纤维素气凝胶骨架的导热系数。因此，生物质基纤维素气凝胶的密度是影响固体导热系数的关键因素。声子在界面处的散射使固体导热系数减小，即界面热阻和声子的导热系数，可由式（7-9）计算，其中 C_v 为体积比热容，Λ_0 为气凝胶骨架的平均自由程。

$$\lambda_s = \lambda_0 \frac{\rho}{\rho_0} \frac{v}{v_0} \tag{7-8}$$

$$\lambda_0 = (C_v \Lambda_0 v_0)/3 \tag{7-9}$$

气体导热系数（λ_g）：气体导热系数是由气体分子相互碰撞，将热能从一个分子传递到另一个分子而获得。当气体分子之间的接触减少时,相应的导热系数降低。气体热导系数可由式(7-10)和式(7-11)计算。在这种关系中,Knudsen 数(Kn)来自空气分子的平均自由程(Λ_g)对气凝胶孔径(D)的分裂,β 是消光系数。空气分子的平均自由程接近 70 nm。如果材料的孔径等于或小于 70 nm,则气体导热系数会降低到绝缘材料的水平。

$$\lambda_g = \lambda_{g,0} / (1 + 2\beta Kn) \tag{7-10}$$

$$Kn = \Lambda_g / D \tag{7-11}$$

辐射导热系数(λ_r):辐射导热系数与材料表面在红外(IR)波长区域的电磁辐射发射度有关,可由式(7-12)计算得到:

$$\lambda_r = 16n^2 \sigma_B T^3 / [3\rho(E_s/\rho_s)] \tag{7-12}$$

温度在辐射热导率中起着重要的作用。这里,温度(T)与辐射导热系数成正比。式中,n 为折射率;σ_B 为玻尔兹曼常量;E_s/ρ_s 为气凝胶比消光系数。由此可见,当纤维素气凝胶的孔径小于空气分子的平均自由程(约 70 nm)时,空气分子将被限制在孔隙内。这种现象说明位于孔内的气体分子将会撞击孔壁,而不是其他分子。因此,气体导热系数将被阻止,纤维素气凝胶的整体导热系数将降低,这被称为 Knudsen 效应[21]。

7.1.3.4 多尺度建模与动力学模拟

分子建模和模拟技术已广泛应用于材料科学的许多领域。气凝胶在一定长度尺度上具有符合分形行为的质量和表面分布。在足够小的(原子)长度尺度上,气凝胶的结构是由化学因素决定的,因此不是分形的;在足够大的长度尺度上,它们是均匀的。这种结构的演变,以及相应的弛豫、化学动力学和原子配位的影响已经成为建模和模拟研究的特别兴趣。

计算方法可以用来解决一些关于气凝胶结构、制备和性质的突出问题。在计算模型中,物质结构被准确而完整地测出,因此结构/性质关系可以被直接确定和理解。计算研究中首先需要获得模型结构本身,实验表征不能提供足够的信息来完全确定原子尺度上的模型结构,因此必须使用其他方法。应用的技术包括"模型"模拟,使用动态模拟模拟气凝胶的实验制备及重建,其中可用的实验数据用于生成具有统计代表性的结构。在建立了模型结构之后,仿真研究一般集中在结构表征以及气凝胶结构与力学性能的关系上。可以直接从模型结构中计算分形维数、表面积和孔径分布等全局度量,并与实验数据进行比较。微观测量,如键长和键角的分布以及连接到每个硅原子的桥接氧的数量。另外,力学性能,包括模量、干燥收缩率可以确定并与凝胶结构相关联。

像所有其他分子模拟的应用一样，模拟气凝胶的性质需要选择模型和模拟技术。该模型指定了实际的"基本"模拟对象，无论是电子、原子、分子还是溶胶粒子，以及它们通过某种势能函数表示的相互作用。下面讨论的模型既包括原子模拟，其中每个原子被单独处理，也包括粗粒度模拟，处理较大的对象。在原子尺度上，使用的电位有两类。在量子力学势中，原子构型能量的计算是通过确定电子波函数（或在密度泛函理论中的密度）和相关能量来完成的。在经验势（也称为力场）中，能量被建立为不同类型相互作用的总和，如核排斥、键拉伸和弯曲、扭转、库仑相互作用、氢键、色散力等，每一种作用都用一个相对简单的函数来描述，该函数已经根据量子力学结果或实验数据进行了参数化。

一旦指定了一个模型，就可以执行不同的计算。这里特别相关的是动力学计算，它根据指定的运动方程产生轨迹。在最简单的情况下，使用牛顿方程可以修改运动方程以执行恒温和/或恒压条件，这些统称为分子动力学模拟。为了避免溶剂分子的模拟，使用了基于 Langevin 方程（或衍生结果）的随机动力学。在这些技术中，摩擦项和随机脉冲被用来模拟溶质分子与溶剂的相互作用。在稀溶液中，这可以将模拟对象的数量减少几个数量级。在水介质中进行溶胶-凝胶处理的特殊情况下，使用这种"隐性"溶剂是有问题的，因为水本身既是硅氧烷缩合反应的产物，也是催化剂。其他"非模拟"操作包括能量最小化和过渡态定位，主要用于化学反应的量子力学研究。

这些不同的计算和模拟技术可以访问不同的长度和时间尺度。一般，经验方法越少，可以处理的长度和时间尺度就越小。例如，完全量子力学计算可以非常精确，但在大多数情况下，它们只能应用于少数分子。当用于动态计算时，它们只能访问皮秒时间尺度。这些限制是由使用基于波函数或密度泛函理论计算原子集合的总能量的高计算成本造成的。由于这种成本随着系统规模的增加而急剧上升，因此这种方法仅限于相对较小的系统。因为这样的计算所需的时间可能很长，动态模拟需要许多这样的计算的长序列，同样被限制在非常短的轨迹。

(1) 原子论的建模

原子模型和模拟已被用于研究硅溶胶-凝胶过程中的水解/缩合化学，以及对溶胶颗粒甚至凝胶形成的动态模拟。反应机制和能量学的研究已经广泛使用了量子力学方法，而更大的长度尺度和时间尺度的寡聚和凝胶化已经使用经验势处理。

1) 基础化学。

利用密度泛函理论（DFT）和类导体屏蔽模型（COSMO）有效介质溶剂模型研究硅酸单体的缩合反应，考虑了两种可能的反应机制。一种是 S_N2 型亲核攻击，即亲核试剂 [$Si(OH)_4$ 中的氧] 从离去基（水）对面进攻；另一种是侧向攻击，即离去基靠近亲核试剂。研究得出结论，S_N2 路径比横向路径更有利，尽管注意到在溶液条件下也可能存在各种能量和统计上不太有利的机制，这些机制也可能是显著的，所得活化能与实验值基本吻合。研究发现，最有利的中性水解反应将生成两个或三个水分子，并且水解的能垒非常低。最低势垒中性缩合途径也包含两个水分子（除了在反应中产生的）。在酸性和中性条件下研究了水解，而不是缩合，发现水合作用对质子化和去质子化二氧化硅的水解有很大的影响。

Chen 等基于密度泛函理论（DFT）进行了计算模拟，探讨了在环境干燥条件下蒸发过程中 H_2O 与纤维素（Cel）和纤维/膨润土（Cel/BT）的分子间相互作用。计算得出 Cel 与 H_2O 的结合能为 –1.237 eV，约为 Cel/BT 与 H_2O 的结合能（–0.305 eV）的 4 倍，说明 H_2O 与 Cel 的相互作用比与 Cel/BT 的相互作用更强，因此水分子很难从 Cel 表面逃逸。此外，还在图 7-12（a）中展示了电荷密度差，其中黄色区域对应电荷积累，蓝色区域代表电荷耗尽。水分子在 Cel 表面的电荷转移（0.6 e）大于在 Cel/BT 表面的电荷转移（0.2 e），进一步证实了 H_2O 与 Cel 之间的相互作用更强，这也解释了为什么前者的结合能比后者大。此外，还计算了水分子在 Cel 和 Cel/BT 表面的能量变化和扩散能垒，以研究水在 Cel 和 Cel/BT 泡沫中的扩散行为。计算得出水在 Cel 表面扩散的能垒为 0.722 eV，明显大于 Cel/BT 表面的能垒（0.049 eV），这表明水分子在 Cel 表面的扩散限制作用更大。由于 Cel 和 H_2O 之间的强相互作用，因此很难从 Cel 网络中移除 [图 7-12（b）]。根据上述实验和理论模拟结果，证明了 H_2O 容易从 Cel/BT 系统中扩散和逸出；同时，纤维素与膨润土之间的 Al—O—C 配位相互作用保证了 Cel/BT 泡沫在环境干燥过程中保持完整的三维多孔骨架，有利于 Cel/BT 泡沫的常压制备[22]。

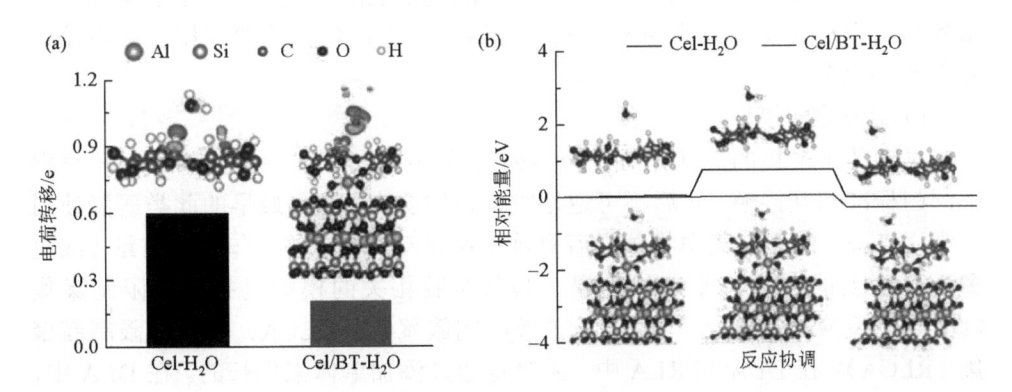

图 7-12 （a）H_2O 在 Cel 和 Cel/BT 上的电荷密度差；（b）水分子在 Cel 和 Cel/BT 表面扩散的几何形状和势能分布

2)低聚和凝胶化的模拟。

尽管前驱体凝胶化的时间尺度和长度尺度相对较长,但一些研究小组已经利用分子动力学模拟和原子势来研究溶胶-凝胶过程和溶胶-凝胶衍生的二氧化硅材料。采用分子动力学模拟研究了由水、硅酸单体和硅酸二聚体组成的溶液。这包括非水分子中 Si—Si、Si—O 和 O—O 相互作用的改进 Born-Mayer-Huggins(BMH)模型,以及水分子中 O—O、O—H 和 H—H 相互作用的改进 Rahman-Stillinger-Lemberg(RSL)势。研究表明,在中性条件下,硅酸(H_4SiO_4)单体的去质子化是导致产水缩合反应的步骤。然而,虽然在模拟中观察到去质子化,但没有发生缩合反应。相反,单体与两个五配位硅原子结合形成稳定的配合物。

(2)粗粒度的模拟

在凝胶化和气凝胶制备的其他方面的大多数实验中涉及的大长度和时间尺度是不能通过分子模拟直接获得的。另一种方法是使用粗粒度模型,以牺牲原子细节为代价来缓解这些规模问题。粗粒度模型的构建在选择模拟的主要对象、它们的相互作用和相关的动力学方面提供了相当大的自由;事实上,多数研究都使用"尽可能简单"的模型,既可以揭示最基本的物理原理,又可以避免费力的、可能不确定的参数化问题。一般,溶胶颗粒聚集成凝胶是聚集现象的一个子类,而从硅中衍生出气凝胶的制备本身就是溶胶-凝胶现象的一个子类。同样,关于聚集的计算机建模的文献比关于溶胶-凝胶材料建模的文献要多得多。硅气凝胶(和其他凝胶)的粗粒度计算机模型可以大致分为两类,这取决于所使用的模拟算法和所包含的相互作用类型。在已被广泛研究的硬球聚集模型中,聚集体是由简单颗粒根据几种程序之一形成的。非键合的粒子像"台球"一样相互作用,没有软的吸引力或排斥力,而键合的粒子在接触点被牢牢地固定在一起。在柔性模型中,类似于原子模拟中使用的运动方程适用于具有更复杂相互作用的对象,包括软非键相互作用及可变形和/或可破碎键。

1)硬球聚集模型。

早期关于聚集的文献介绍了一系列简单的模型,在这些模型中,粒子根据不同的标准相互接触,然后不可逆地刚性地结合在一起。最早的此类研究使用二维"点阵"模型,其中物体沿着点阵坐标移动,随后的工作是在三维(或更多)维度上的点阵和非点阵模型。与气凝胶相关的模型包括扩散限制聚集(DLA)、反应限制聚集(RLA)、扩散限制簇聚集(DLCA)和反应限制簇聚集(RLCA)。在 DLA 和 RLA 中,团簇是通过添加单体来生长的。在 DLA 中,单体加成不存在"反应屏障",因此反应速率受扩散限制;而在 RLA 中,并非每次碰撞都会导致反应。在 DLCA 和 RLCA 中,集群本身是移动的,可以相遇并聚集。

2）灵活的粗粒度模型。

柔性模型考虑了松弛和波动对凝胶结构的影响，已被用于胶体凝胶和食品胶体絮凝的研究。在这些系统中，初级颗粒尺寸通常比二氧化硅气凝胶大得多，颗粒间的相互作用也要弱得多。不同的条件和成键参数导致凝胶结构的"细度"不同。分形维数并不是凝胶网络的"完整"表征，特别是对交联效应不一定敏感，而交联效应会极大地影响流变性能。

将这种方法扩展到二氧化硅气凝胶的情况，提出更复杂的粒子间键的作用，让人想起 Feuston-Garofalini 模型中的一些术语。该模型以 2 nm 硅溶胶颗粒为参数，采用朗之万动力学方法模拟了凝胶过程中的弛豫和力学变形。由于在该研究中，键生成的有效正向速率常数 P 是一个可调参数，因此可以观察到一系列行为。图 7-13 是在不同 P 下生长的凝胶的一系列快照。在这些模拟过程中，观察到聚集体结构中较大的波动和松弛。在所有情况下，最终凝胶结构中的压力都是负的。也就是说，凝胶过程伴随少量应变。这在物理上是合理的，因为聚集体结构的大振幅扩展（呼吸运动）最有可能与其他聚集体接触并形成新键。如果这种行为也发生在实验系统中，它可以解释在实际气凝胶中甚至超临界干燥时观察到的收缩。在足够低的反应活性条件下，键形成速率与凝胶弛豫解耦。也就是说，在放松的集群之间，反应很少发生。因此，进一步降低反应性 P 只会增加凝胶时间，而不会改变凝胶的性质。在较高的反应活性条件下，聚集和弛豫的时间尺度是相当的，团簇生长"锁定"在非弛豫结构中，结果是在零压力下弛豫时，在高 P 条件下制备的气凝胶大幅收缩（按体积计高达 6%），而在低 P 条件下制备的气凝胶仅收缩 2%~3%。同样，低 P 凝胶的分形维数比高 P 凝胶的分形维数更低（更分散）。这些凝胶的体积模量在 1~3 bar 范围内，低于同等密度的真正二氧化硅气凝胶，这被认为是使用参数化的错误。由于粗粒度研究的时间尺度和长度尺度比原子模拟大得多，而原子模拟与这两个尺度密切相关；测量模拟网格单元（75 nm），模拟运行时间长达 2.5 μs。尽管结构特性（分形维数和平均孔径）在这些系统中表现收敛，但在"样品"之间的体积模量的再现性是一个问题，这需要更大的网格单元，或对大量副本进行平均，才能获得可靠的值。

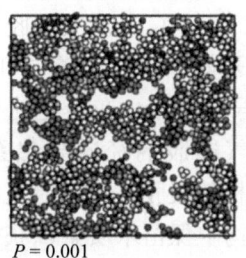

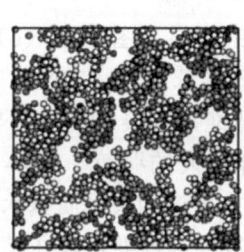

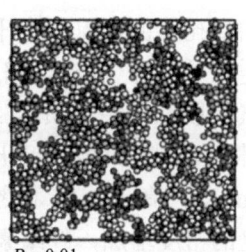

$P = 0.001$ $P = 0.002$ $P = 0.01$

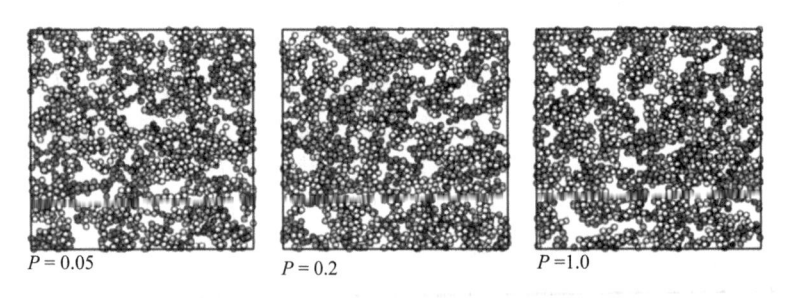

图 7-13　不同 P 值下凝胶模拟的最终构型

P = 1.0 对应于类 DLCA 行为，在适当的接触时总是发生反应；每个模拟细胞只有 15 nm 厚的"板"，粒子按深度阴影显示

7.1.4　应用领域

7.1.4.1　保温隔热

Garemark 等通过一步化学处理将天然木材（NW）制备成可成型的全木材气凝胶。用于气凝胶制备的方法是可延伸的，可以应用到其他木材，包括阔叶材［桦木（Brich）］、白蜡树（Ash）和针叶材云沙（Spruce）［图 7-14（a）～（c）］。木材气凝胶结构因木材种类、密度等不同而不同。巴尔杉木作为一种扩散多孔的阔叶材，由于 IL 的作用，Balsa 细胞壁变薄，从而获得了清晰的网络，而中间的薄片外观完好无损。对于桦树［图 7-14（a）］，观察到在管腔内形成密集的网络，这可能归因于有机 IL 电解质的扩散和溶解后较厚的细胞壁。作为一种环状多孔阔叶材，Ash［图 7-14（b）］表现出更好的样品尺寸保存，管腔中纳米纤维网络密度较低，细胞壁维护良好。针叶树材云杉也在管腔内形成了纳米原纤网络。早期木材和晚期木材之间的细胞差异导致晚期木材区域的纤维分离，因为当细胞壁厚度不均匀时，溶解动力学难以控制［图 7-14（c）］。NW-气凝胶具有多孔结构和良好的力学性能，是一种很有前景的隔热材料。图 7-14（d）为 NW 和 NW-气凝胶的导热系数。NW 区径向导热系数（$\lambda_{径向}$）为 0.091 W/(m·K)，轴向导热系数（$\lambda_{轴向}$）为 0.121 W/(m·K)。NW-气凝胶的 $\lambda_{径向}$ 较低，为 0.042 W/(m·K)。这主要是由于细胞壁的纳米孔改善和腔内的纤维网络。图 7-14（e）比较了 NW-气凝胶与商业绝缘材料［聚苯乙烯（PS）、挤压聚苯乙烯（XPS）、聚氨酯（PU）泡沫和岩棉］、纤维素气凝胶和再生木质素/纤维素气凝胶的径向导热系数。在给定的导热系数下，全木 NW-气凝胶表现出极大的强度。NW-气凝胶的径向导热系数约为 0.16 W/(m·K)，高于 NW 和之前报道的去木质素木材气凝胶，这可能是由于保存的细胞壁的密度增加，纤维素取向高，并可能在结构中保留木质素以获得更好的连通性。保温各向异性（$\lambda_{轴向}/\lambda_{径向}$）约为 4，与文献中高性能各向异性保温材料

相似。NW-气凝胶是一种特殊的材料，结合了低导热系数、高强度和形状记忆功能[11]。将不同纤维素气凝胶材料的保温隔热性能进行对比，如表7-4所示。

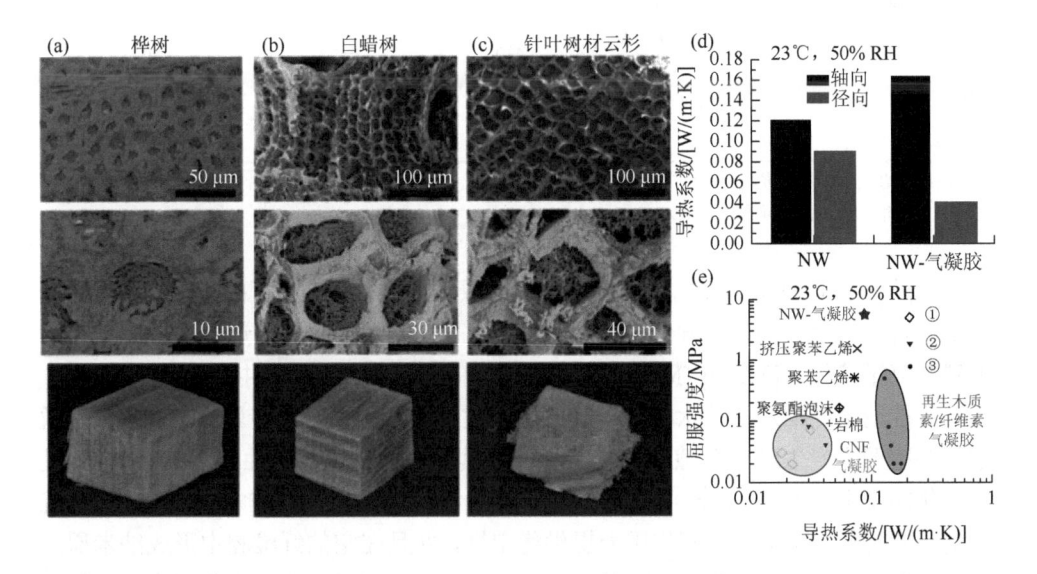

图7-14 Brich（a）、Ash（b）和Spruce（c）的SEM图，第一行：低倍放大的横切形貌图，第二行：细胞壁的高倍放大图像，聚焦于管腔内的纳米纤维填充，第三行：用于SEM分析的每个样品的数码照片；（d）NW和NW-气凝胶在径向和轴向的导热系数；（e）与纤维素气凝胶、再生木质素/纤维素气凝胶和一些商用隔热材料的屈服强度和导热系数的比较[11]

NW-气凝胶通过冷冻干燥法制备，用于热性能测量。①Yuri K, et al. Angewandte Chemie, 2017, 53 (39): 10394. ②Deeptanshu S, et al. Carbohydrate Polymers, 2022, 292: 119675. ③Chao W, et al. Scientific Reports, 2016, 6 (1): 32383

表7-4 不同纤维素气凝胶材料的保温隔热性能对比

材料	合成方法	密度/(kg/m³)	孔隙度/%	导热系数/[mW/(m·g)]
CNF	冷冻干燥	20.3	99.4	25.5
CNF	湿法纺丝	200	85	—
CNF/SBC	冷冻干燥	8.1	99.5	28.4
CNF/AlOOH	水热	2.5	99.85	38.5
CNF/TiO$_2$（3 wt%）	超临界CO$_2$干燥	—	—	21
CNF, h-BN（8vol%）	灌流	—	—	1488
BCF/CNF（20 wt%）	冷冻干燥	46	介孔	23
CNF/BNNS（50 wt%）	三维骨架模板	2400	—	2400
S-CNF/BNNS	冷冻干燥	62	96.10	570
CNF，硅	冷冻干燥	22~34	—	22~24
CNF，MoS$_2$	交联剂	4.73	97.36	28.1

续表

材料	合成方法	密度/(kg/m³)	孔隙度/%	导热系数/[mW/(m·g)]
GO，BC/CNF	凝胶，交联	7~25	>90	15~30
聚苯并噁嗪气凝胶	凝胶、溶剂交换、常压干燥	410	—	50
氟化石墨烯气凝胶	氢氟酸辅助水热法	10	连续大孔隙	2500
FBN/PI 气凝胶	冷冻干燥、热交联	7	宏观多孔开孔结构	9800

注：SBC 表示苯乙烯嵌段共聚物；h-BN 表示六方氮化硼；BNNS 表示氮化硼纳米片；BC 表示细菌纤维素；FBN 表示纤维蛋白；PI 表示聚酰亚胺。

此外，Garemark 等提出了一种可扩展、原位合成、自上而下的方法，直接从木材中制备具有优异的近各向同性隔热功能的强各向异性气凝胶。通过部分脱木素和胍磷基离子液体（[MBD]⁺[MMMP]⁻）处理，制备了纳米结构可控的木材气凝胶。具有可控纳米纤维网络的木材气凝胶的制造过程通常涉及四个步骤：①脱木素，通过在细胞壁中产生纳米孔隙率，使细胞壁更具渗透性和可接近性；②IL/DMSO 处理活化的脱木素木材（DW），其中细胞壁部分溶解并扩散到管腔中；③通过加水沉淀溶解的材料，其中分子间作用力提供稳定性，并且在空的纤维腔中形成纳米原纤网络，产生水凝胶；④使用冷冻干燥或超临界干燥对凝胶状基质进行干燥。木材气凝胶显示出独特的结构，管腔中充满了纳米纤维网络。在管腔中原位形成纤维素纳米纤维网络导致比表面积高达 280 m²/g，并且屈服强度高（>1.2 MPa）。

双介孔结构使气凝胶成为一种高性能的隔热材料。图 7-15（a）显示了木材气凝胶中的热传导。观察到 NW 和 DW 的表观各向异性导热系数［图 7-15（b）］。NW 和 DW 的径向导热系数分别为 0.088 W/(m·K)和 0.051 W/(m·K)，而轴向导热系数分别为 0.134 W/(m·K)和 0.090 W/(m·K)。DW 中较低的值是由于与 NW 相比，体积分数较低导致细胞壁中的固体热传导降低。木材气凝胶中纤维素纳米纤维网络的形成对导热系数有很大影响。在固体体积分数与 DW 相似的情况下，对于木材气凝胶，在径向方向上观察到 0.037 W/(m·K)的值，在轴向方向上获得 0.057 W/(m·K)。这是目前报道的各向异性木材气凝胶的最低轴向值，甚至比各向异性 CNF 基气凝胶和泡沫更低，如图 7-15（d）所示。在相同的相对湿度（50% RH）下，CNF 金属有机框架杂化物和纯 CNF 的径向导热系数分别为 45 W/(m·K)和 53 W/(m·K)。纳米木材和木质海绵［图 7-15（d）］的径向导热系数略低，但相对湿度较低，为 20%。木材气凝胶低导热系数的形成机制如图 7-15（a）所示。导热系数表示为对流、光子辐射、气体和固体传导的总和。与 DW 相比，由于管腔中的纳米纤维网络，木材气凝胶显示出较低的气体扩散［图 7-15（a）］。气凝胶的纳米孔隙率（平均孔径约 20 nm）降低空气的平均自由程（约 50 nm），也称为克努森效应，导致导热系数降低。因此，由于大量的气体/固体界面，固体传导的贡献减少了。此外，由于细胞壁和纳米纤维的吸收和散射减少了这种影响，纳米孔径的孔中不会发生自然对流，辐射也很小。该值是目前报道的各向异性气凝胶的最低值，如图7-15（d）所示。原因是管腔中的纤维素纳米纤维网络是各向同性的，并在两个方向上主导导热系数。

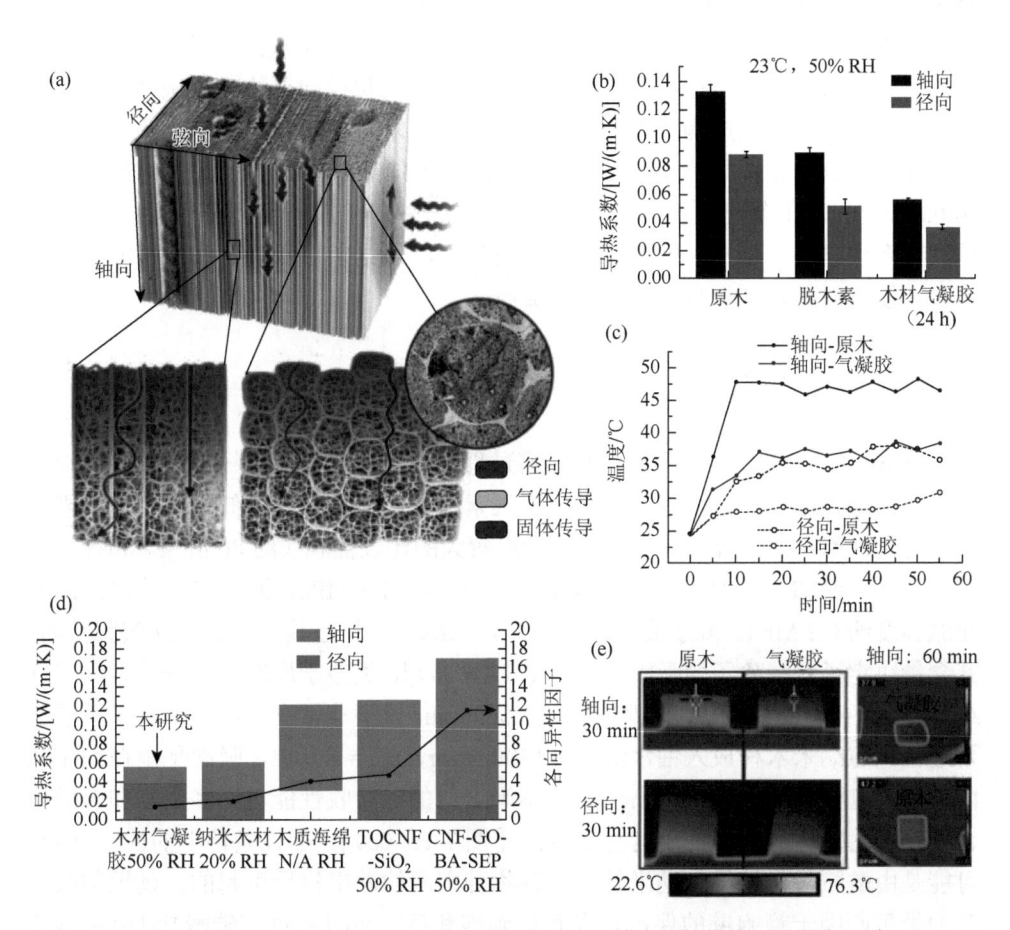

图7-15 （a）木材气凝胶的热传导示意图，下图表示气凝胶内部的热流，附图为经过24 h处理的木材气凝胶的热传导情况；（b）在径向和轴向上，NW、DW和经IL处理24 h的木材气凝胶的导热系数；（c）红外热像仪测量的温度随时间的变化，将NW与放置在70℃热板上的IL处理24 h的木材气凝胶进行比较；（d）与各向异性超热绝缘体相比，木材气凝胶的导热系数；（e）NW和IL处理24 h木材气凝胶的红外图像，右侧显示放置在热板上时从上面取的轴向温差[14]

所有测试样品（NW、DW和木材气凝胶）均通过冷冻干燥获得

为研究木材气凝胶的隔热功能，使用红外热像仪记录了放置在70℃热板上的样品上表面温度随时间的变化［图7-15（c）］。在轴向平行于热流的情况下，

NW 的温度在 10 min 后稳定在约 47℃，而木材气凝胶的稳定时间更长（15 min），稳定温度更低（约 36℃）。即使在 60 min 后，两种材料之间的差异仍然存在，这表明木材气凝胶具有优异的隔热性能。在径向方向上，两个样品在 20 min 后都显示出稳定的温度，气凝胶的温度为约 26℃（NW 的温度为约 35℃）。图 7-15（e）显示了 NW 和木材气凝胶在加热 30 min 和 60 min 后的温度梯度。与 NW 相比，木材气凝胶中的轴向传导受到抑制尤其明显，尽管 NW 和木材气凝胶在径向方向上的温度分布差异已经很明显。木材气凝胶在轴向和径向上的高机械性能和低导热系数相结合，使其成为优异的隔热材料。冻干木材气凝胶的高度介孔结构（平均孔径约 20 nm）导致径向导热系数 [0.037 W/(m·K)] 和轴向导热系数 [0.057 W/(m·K)] 较低，显示出作为可扩展隔热材料的巨大潜力。这种合成路线是具有高纳米结构可控性的节能路线。独特的纳米结构以及强度和热性能的罕见结合，使该材料有别于自下而上的气凝胶。

7.1.4.2 环境保护

Zhang 等[19]通过原位酰胺化和剥离过程，将酰胺化纤维素纤维的气凝胶封装到木质细胞管胞中。在合成过程中，纤维素纤维从木质素含量低的次生壁上剥离并填充到管胞中。合成的纳米木材显示出较大的比表面积（约 80 m^2/g）和优异的机械性能，例如，干燥状态下的压缩屈服强度约 1.3 MPa，湿状态下的横向压缩屈服强度约 0.2 MPa。除了高比表面积外，该纳米木材还具有丰富的酰胺肟基团，其含量决定了对铀离子的吸附能力 [图 7-16（a）]，类似于酰胺肟化纤维素纳米纤维。如图 7-16（b）所示，吸附行为与 Langmuir 模型非常吻合，表明存在单层吸附过程。将纳米木材放入铀水溶液（1500 mg/g，pH = 8）中，吸附平衡在约 12 h 内实现，饱和容量为 1277.5 mg/g。该纳米木材的铀吸收性能与许多生物和合成聚合物基吸附剂相当，或优于这些吸附剂 [图 7-16（c）]。酸性条件下的性能衰减，可能是由酰胺氧化纤维素纳米纤维和铀物种之间的静电排斥引起的，延迟的吸附动力学可归因于管胞壁的保护。吸附达到饱和后，可以通过在碳酸盐-H$_2$O$_2$ 混合物中培养纳米木，在 30 min 内解吸铀酰离子，这是因为形成了稳定的过碳酸铀酰络合物。即使经过五个循环的吸附和解吸过程，吸附能力也得到了保持（洗脱效率＞80%）[图 7-16（d）]。值得注意的是，这种纳米木材对金离子的吸附容量为 2557 mg/g，甚至高于铀离子 [图 7-16（e）]。在天然海水中培养 5 周后，该纳米木材对铀离子的平衡容量仍为 9.6 mg/g，如图 7-16（f）所示。该值远高于其他金属离子的吸附容量，尽管它们在海水中的含量与铀离子（3.3 ppb，1ppb = 10^{-9}）相当或更高，如 Fe^{3+}为 3.4 ppb；Ni^{2+}为 6.6 ppb；Zn^{2+}为 5 ppb；Ca^{2+}为 4.1×10^{5}ppb；Mg^{2+}为 1.3×10^{6}ppb。

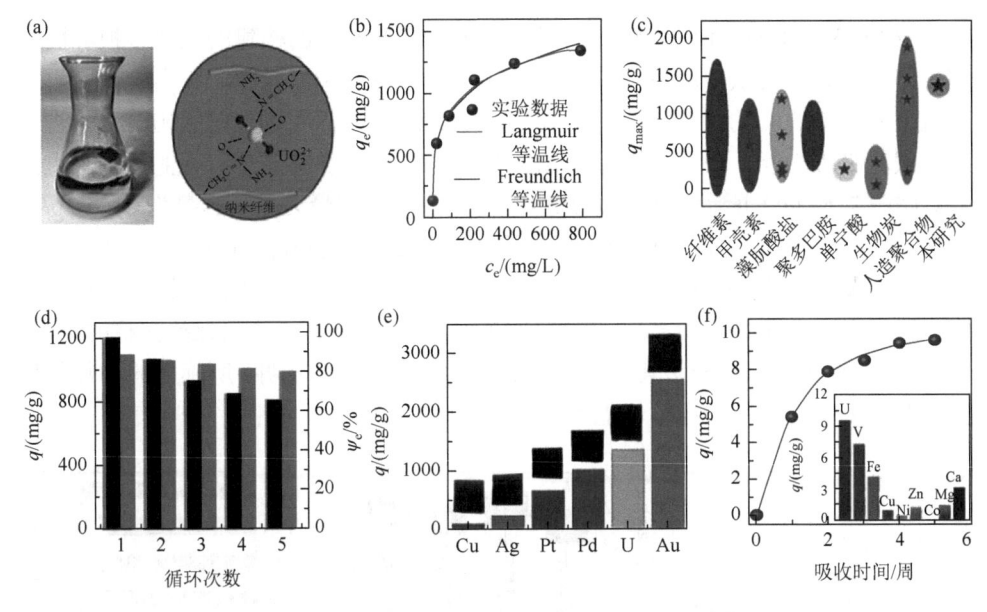

图 7-16 偕胺肟化木材对铀离子的静态吸附[19]

（a）铀酰离子与偕胺肟基团螯合的示意图；（b）吸附等温线拟合 Langmuir 模型和 Freundlich 模型（pH≈8），q_e 为平衡吸附容量，c_e 为平衡浓度；（c）铀吸附性能与各种聚合物吸附剂的比较，q_{max} 为最大吸附量；（d）铀离子循环吸附和解吸过程中的吸附-回收性能，Ψ_e 为平衡洗脱效率；（e）偕胺肟化木材对各种金属离子的最大吸附能力；（f）5 周内天然海水中铀离子的累计吸附量，其他共存离子在天然海水中的吸附量

Chen 等[23]展示了一种自上而下的策略，通过将聚二甲基硅氧烷（PDMS）引入木骨架（WS）中来合成机械强度高的 WS/PDMS 复合材料。为探索 WS 和 WS/PDMS 气凝胶样品的吸附性能，研究了对几种油和有机溶剂的吸附能力。正如预期的那样，WS 气凝胶［图 7-17（b）］由于多孔结构，可以通过毛细管力和范德瓦耳斯力有效吸附有机溶剂和油。然而，不理想的压缩性能限制了 WS 气凝胶的重用能力。此外，WS 在吸附流动性较慢的油时表现出较慢的吸附速率。为此，对 WS 气凝胶进行了表面加热处理，目的是在 WS 表面产生光热界面，这可能会提高其吸附性能。因此，在 WS 气凝胶的横截面上加热 WS 气凝胶以获得表面加热处理的 WS（HWS），然后与 PDMS（1 wt%）结合，得到 HWS/PDMS-1 复合气凝胶。表面加热处理对 WS 气凝胶的影响如图 7-17（a）所示。由于表面加热处理，HWS 气凝胶和 HWS/PDMS-1 复合气凝胶在 600 nm 波长下的光吸收率比 WS 气凝胶（6%）提高到 55%。在光照 1 min 下，WS 气凝胶、HWS 气凝胶和 HWS/PDMS-1 复合气凝胶的吸附容量分别达到(7.83±0.86)g/g、(9.45±1.32)g/g 和 (8.96±1.68)g/g。在光照条件下，WS/PDMS-1 的最大吸附容量达到(8.15±0.77)g/g。

HWS 和 HWS/PDMS-1 吸附性能的提高归因于在 WS 表面构建的光热转换界面。由此产生的光热转换效应将提高 HWS 在光照射下的表面温度，较高的温度可以促进甲基硅油的流动性，从而促进 HWS 和 HWS/PDMS-1 的快速吸附。为了进一步探索其吸附性能，采用 HWS/PDMS 复合材料吸附真空泵油和其他几种有机溶剂。如图 7-17（c）所示，HWS/PDMS-1 对这些溶剂的最大吸附容量为 6~11 g/g。之后，将 HWS/PDMS-1 浸入真空泵油中，并进行 5 次重复吸附和压缩过程 [图 7-17（e）]。吸附容量和相关的压缩应力-应变曲线（40%应变）分别如图 7-17（e）和（f）所示。因此，HWS/PDMS 复合材料的吸附容量为 8 g/g，5 次后保持完整的结构，只有 5%的应力损失，表明其具有良好的吸附性能。结果表明，所施加的加热处理并没有削弱制备样品的压缩性能[23]。

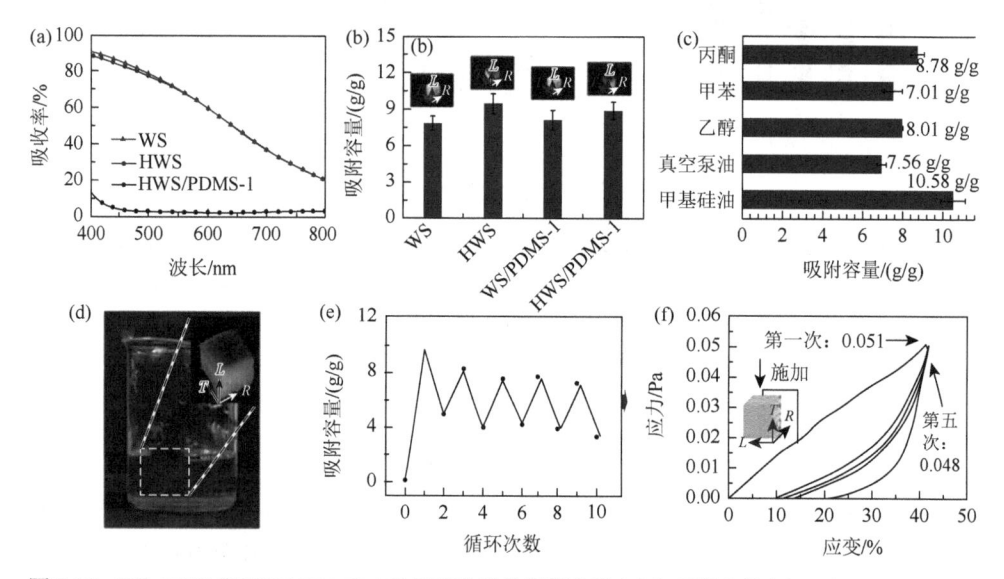

图 7-17　WS、HWS 和 HWS/PDMS-1 对甲基硅油的吸附光谱（a）和吸附容量（b）；（c）HWS/PDMS-1 对不同溶剂的最大吸附容量；（d）HWS/PDMS-1 浸泡在油中的吸附；（e）HWS/PDMS-1 在 5 次吸附-压缩过程中的吸附容量；（f）HWS/PDMS-1 的压缩应力-应变曲线，其中 T 表示弦向，R 表示径向，L 表示轴向

Yang 等[15]利用环保氯化胆碱和草酸组成的 DES 溶剂，成功研制了一种理想的吸油木材。耐水性测试清楚地表明，木材和 DES-脱木素木材表现出亲水性表面 [图 7-18（a）]，而吸油木材表现出疏水性，这是由疏水性 HTDMS 涂层造成的。木材和 DES-脱木素木材的初始水接触角（WCA）相对较低 [图 7-18（b）]，分别为 60.3°和 28.2°。相比之下，吸油木材样品的初始 WCA 为 153.5°，被认为是一种具有优异拒水性的超疏水表面。随着时间的推移吸油木材的 WCA 略微降低到 140.6°并保持不变 [图 7-18（b）]，表明其连续且优异的疏水性。吸油木材的疏水

表面在整个结构中呈现出均匀的疏水改性。这可能是由于 DES 处理后木质素和半纤维素部分消除后的高度多孔结构促进了有效的扩散并将 HTDMS 渗透到木材孔隙中。由于吸油木材的密度（167 kg/m³）低于水，吸油木材很容易漂浮在水面上 [图 7-18（c）]。与其他人造多孔材料相比，木材在丰富的天然可用性、低成本、可生物降解性和环境友好性方面具有优势。天然木材的原始蜂窝状细胞结构允许 DES 部分去除木质素和半纤维素，从而形成高度多孔的木质纤维素骨架结构，细胞壁中的纤维素纳米纤维具有良好的定向性。在实验室规模上对制备的吸油木材在油水混合物中进行了吸油实验。图 7-18（c）和（d）分别说明了吸油木材对硅油和二氯甲烷的吸附。当将一个小的吸油木材样品放置在硅油/水的混合物中时，硅油被选择性地吸收，留下干净的水。结果表明，吸油木材样品可以很容易地吸收油并漂浮在水面上 [图 7-18（c）]，表明其具有良好的油水分离性能，可以清除漂浮的溢油。吸油木材也可以选择性地去除底部的二氯甲烷 [图 7-18（d）]，这可能是由于其疏水性。据测量，吸油木材的吸油能力为 37 g/g，与许多其他报道的吸收剂相当，如木材气凝胶（20 g/g）和脱木素/环氧树脂（15 g/g），以及非常接近木质海绵（41 g/g）。然而，上述吸收剂的制备涉及昂贵的原材料和/或复杂的合成过程，限制了它们的工业应用。这种基于 DES 的方法简单、高效、环保，没有污染废物。为了进一步测试使用吸油木材去除油或有机溶剂的可能性，测试了其对一些代表性油/有机溶剂的吸收能力。图 7-18（e）显示，吸油木材对各种油和有机溶剂的吸附容量在 18~40 g/g 之间。评估了吸油木材在循环挤压和吸收下的吸收能力，以表示吸油木材的可重复使用性和可回收性 [图 7-18（f）]。经过 10 个周期的油压缩吸收实验，发现硅油的吸附容量从 37 g/g 略微下降到 32.8 g/g（保留率为 88.6%），表明吸油木材具有相对稳定的吸收性能和良好的可重复使用性。

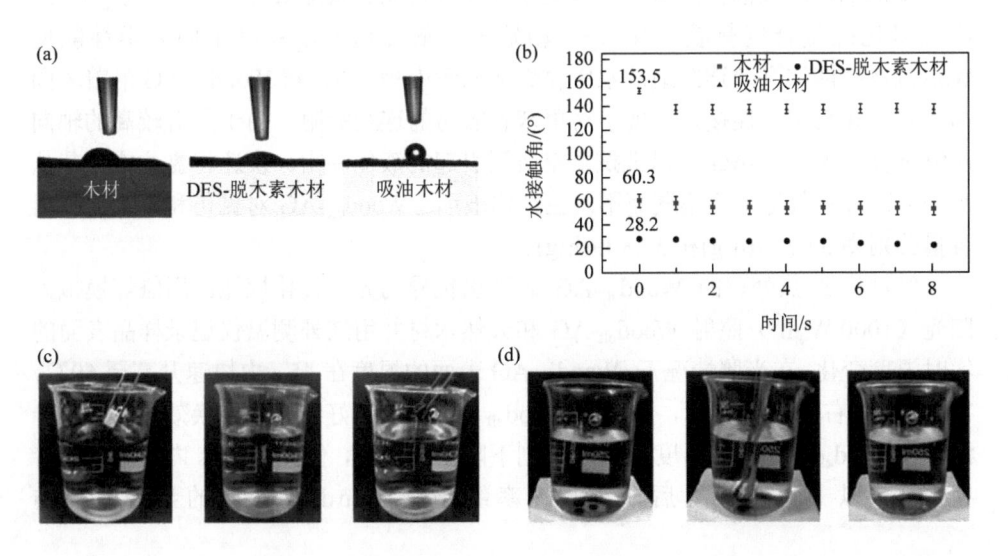

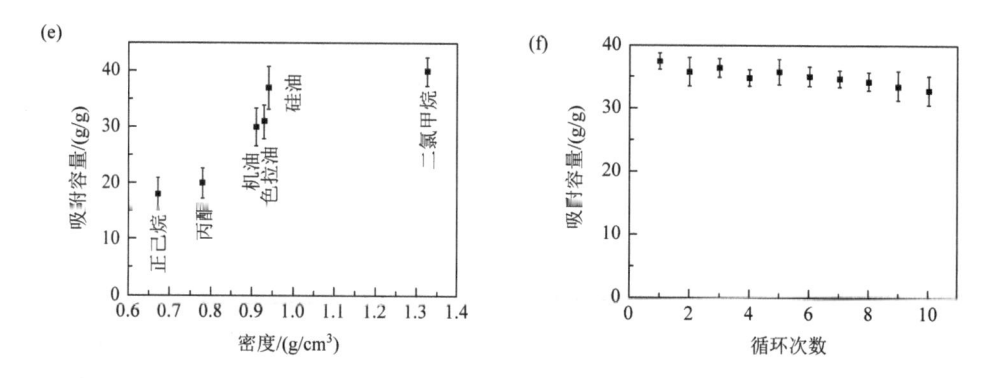

图 7-18　木材、DES-脱木素木材和吸油木材样品的表面亲水性测试：(a) 样品上的水滴示意图，(b) 样品的动态水接触角 (WCA)；吸油木材样品的吸油实验：(c) 从水面吸附硅油，(d) 从水底去除二氯甲烷，(e) 对各种油和有机溶剂的吸收能力，(f) 吸收硅油的可重复使用性

Wood$_{elt}$-AG 中固有的多尺度、多形态的孔道结构结合自疏水和超弹性，使其在油水分离、油性液体回收领域展现了光明的应用前景。Wood$_{elt}$-AG 可以从水中分离并收集一系列油性液体，且由于具有超弹性和高形状恢复能力，可以通过挤压 Wood$_{elt}$-AG 轻松释放被吸附的油性液体。如图 7-19 (a) 所示，挤压时油性液体被释放，去除外力后 Wood$_{elt}$-AG 可以立即恢复到其原始尺寸的 98% 以上。Wood$_{elt}$-AG 对不同油性液体的吸附能力如图 7-19 (b) 所示，材料的吸附容量可达 12~22.7 g/g。Wood$_{elt}$-AG 的可重复使用性对于实际应用至关重要。图 7-19 (c) 显示了 Wood$_{elt}$-AG 对甲苯的循环吸附能力，经过 100 次吸收-挤压循环后材料仍保持了 94% 的初始吸附容量，表明 Wood$_{elt}$-AG 作为吸收材料具有稳定的吸收性能和耐久的机械性能。

Wood$_{elt}$-AG 吸油性能可与一些柔软多孔材料如聚氨酯海绵 (15~25 g/g)、纤维二氧化硅复合气凝胶 (16 g/g) 相媲美。低孔道曲度和高轴向力学性能使 Wood$_{elt}$-AG 能够高效连续地从水中收集油性污染物。通过将 Wood$_{elt}$-AG 沿着轴向与收集瓶和真空泵连接，实现了对甲苯和氯仿的连续吸附。由于具有较高的轴向压缩强度，Wood$_{elt}$-AG 可以抵抗真空负压引起的液体冲击，快速将氯仿或甲苯从水中分离并吸收进入收集瓶而不发生结构破坏。Wood$_{elt}$-AG 对氯仿和甲苯的吸附容量分别为 34.7 L/(h·g) 和 32.8 L/(h·g)。

经过化学-热处理的 Wood$_{elt}$-AG 表现出优异的光热转化性能。用氙灯模拟太阳光 (1000 W/m^2) 照射 Wood$_{elt}$-AG 和天然木材并用红外测温仪记录样品表面的实时温度变化。在光照情况下，Wood$_{elt}$-AG 表面的温度在 45 s 内快速升高至 60℃，在 145 s 左右升至约 80℃，这说明 Wood$_{elt}$-AG 具有良好的光热转换效果。关闭光源后，Wood$_{elt}$-AG 表面温度在 10 s 急剧下降至 57.1℃，但能在 90 s 内将温度保持在 40℃ 以上，这说明后期冷却速率缓慢。Wood$_{elt}$-AG 的显著光热转

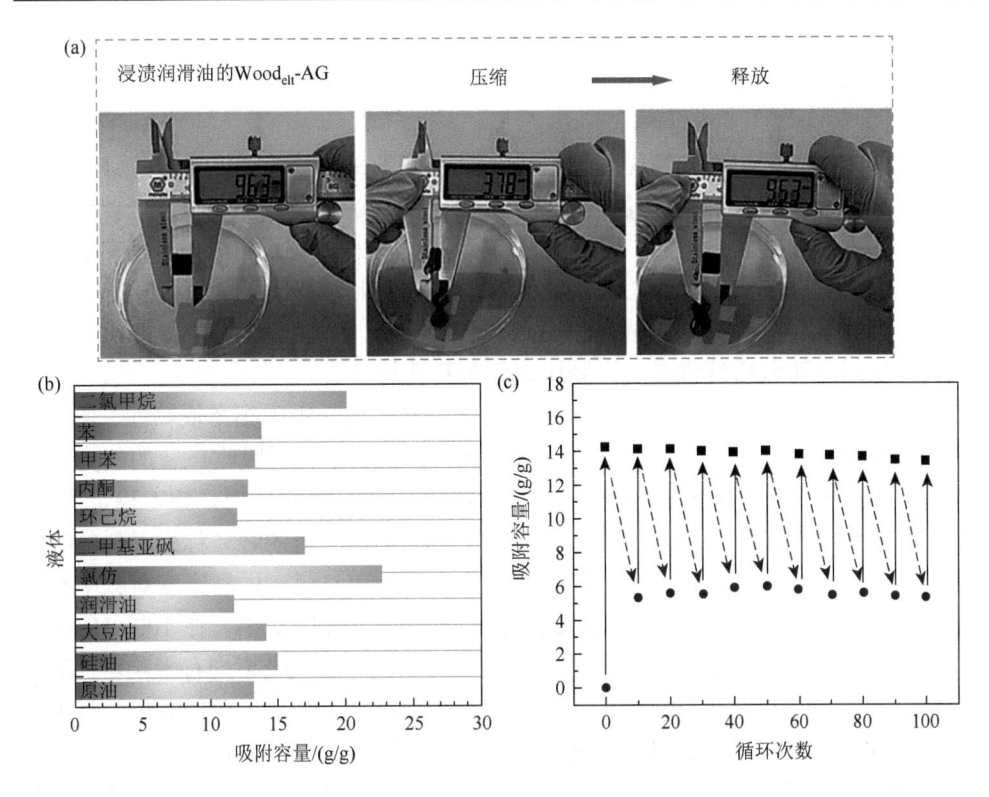

图 7-19 （a）通过压缩释放 Wood$_{elt}$-AG 吸附的油性液体以及形变恢复能力；（b）Wood$_{elt}$-AG 对不同油性液体的最大吸附容量；（c）Wood$_{elt}$-AG 对甲苯的重复吸附性能

化性能可归因于热处理后样品表面的苯环碳骨架（C—C）充分暴露，样品由黄色变为棕黑色，材料吸光度大幅度提高。

利用这种光热效应，Wood$_{elt}$-AG 可用于高黏度原油吸附。原油黏度较大，即使孔隙率超高的气凝胶材料对原油的吸附动力学行为也十分缓慢，这使原油的吸附采收面临巨大挑战。温度升高可以降低原油黏度，这是提高原油吸收的有效途径之一。将一块 Wood$_{elt}$-AG 放在原油上，打开光源后，Wood$_{elt}$-AG 的温度在 60 s 内上升到 62.5℃。随着光照时间的延长，Wood$_{elt}$-AG 将热量传递给下方的原油，使其温度逐渐升高，黏度下降，逐渐被 Wood$_{elt}$-AG 吸收。Wood$_{elt}$-AG 在 160 s 内即可达到原油吸附饱和，其表面温度保持在 77.2℃左右，略低于 Wood$_{elt}$-AG 在非吸附状态下的光照最高表面温度（82.9℃，1000 W/m^2），这是由于吸附过程中 Wood$_{elt}$-AG 和原油之间发生热传递。无光照时，Wood$_{elt}$-AG 需要 30 min 以上才能达到原油吸附饱和。Wood$_{elt}$-AG 在太阳光照射下达到了 8 L/(h·g) 的连续原油吸附量。

7.1.4.3 吸声

李坚院士课题组以阔叶材为原料,以 1-烯丙基-3-甲基咪唑氯化铵(AMImCl)为离子液体(IL),经循环液氮冷冻-解冻(NFT,从 $-196℃$ 到 $20℃$)处理制备了均质介孔木质纤维素气凝胶[24]。NFT 处理后得到的水凝胶用丙酮进行溶剂交换,用液态二氧化碳洗涤,然后在临界温度下释放二氧化碳进行干燥。经 5 次 NFT 处理后得到的气凝胶具有开放结构的 3D 纤维样网络。通过控制 NFT 处理周期,可以调节均质介孔木质纤维素气凝胶比表面积和孔径分布。

图 7-20(a)为不同厚度的 NFT5 木质纤维素气凝胶吸声频率依赖性。所有测试样品均表现出良好的吸声能力。吸声系数(a_n)表示材料吸收声音的能力,在低频时相当低,几乎恒定(均低于 30%);在频率高于 600 Hz 时,频率稳定增加。在 1200~1500 Hz 时,$a_n(f)$ 曲线显示了一个具有最高 a_n 值的峰(称为材料的吸收峰)。因此,NFT5 木质纤维素气凝胶可作为高频吸声材料。样品厚度对频率有明显影响。例如,样本的 a_n 值在 250 Hz 时从 15.2% 上升到 28.5%,在 1000 Hz 时从 82.7% 上升到 85.6%。由此可见,材料的厚度对低频和高频吸声均有影响,且随着厚度的增加,吸声峰值(最大值)向低频移动。从图 7-20(b)可以看出,气隙大小对吸声也有影响。结果表明,2 cm 厚的样品在低频和高频均随气隙增大而增大,吸收峰向高频移动。综上所述,驻波管法测试的木质纤维素气凝胶 NFT5(样品厚度为 2.5 cm,气隙为 0 cm)的平均吸收率为 57.6%。吸声系数在 1000 Hz 中频达到 87.7%,在 2000 Hz 高频达到 76.2%,表现出良好的吸声降噪特性。

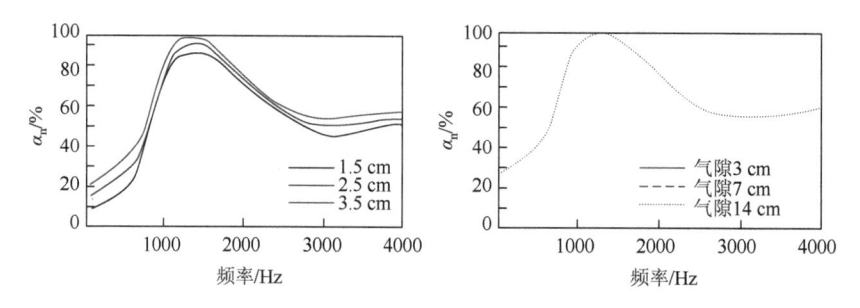

图 7-20 (a)频率和 NFT5 厚度对吸声系数的影响,试样与刚性壁之间的气隙层为零;(b)频率和气隙层对吸声系数的影响,测试样品的厚度为 2 cm

7.1.4.4 能量存储

Li 等[25]成功地制备了一种不去除木质素的新型气凝胶木材。与以前的木材气凝胶相比,新型气凝胶木材不仅在木材微通道中具有大量的纤维素纳米网络,而且还具有高达 222 MPa 的杨氏模量和高达 18 MPa 的屈服强度的惊人强度。在木材微通道（即纤维管腔）的内壁周围与 LiCl 盐形成连续的纳米结构，如蜘蛛网。单台发电机在周围环境中自发产生约 750 mV 的可持续电压，有效电流约 712 μA。为了确认环境湿度是感应电位的来源，在自制的湿度柜中测试了发电机在四种不同湿度条件下的充电性能［图 7-21（a）］。无论是在 90%或 60%的环境湿度下，来自离子木材（完全干燥）的发生器可以在短于 10 h 的时间内产生约 700 mV 的电压。更重要的是，它在较低的环境湿度下显示出独特的湿气诱导发电能力。例如，发电机在 12 h 内在约 33%的极低环境湿度下产生了 630 mV 的电压输出。在低于 10%的极端环境湿度下，它仍然产生相对较高的电压（210 mV），并且即使当环境湿度降低到 0%时也表现出优异的稳定性。实现稳定输出的充电时间随着环境湿度的降低而延长，这证明了环境湿度对新鲜发电机输出性能的诱导作用。图 7-21（b）以更具体的方式显示了发电机在暴露于空气中时从离子木材中宏观放电的过程。当室温为 23.9℃时，离子木材在干燥状态下的质量为 1.1834 g，相对湿度为 81.3%。6 h 后，离子木材变为 1.7988 g。当时，离子木材的吸水率为 52%，产生约 754 mV 的电压。这意味着只需要少量的水分子就可以产生如此高的输出［图 7-21（b）］。为了评估发电机的充放电行为，在 60%左右的恒定环境湿度下进行了 V_{oc}-I_{sc}（开路电压-短路电流）循环测试［图 7-21（c）］。发电机连续放电 24 h 后，其 V_{oc} 仅从 770 mV 降至 512 mV，I_{sc} 从 712 μA 降至 13 μA。值得注意的是，在 60%相对湿度下，电压在 26 min 的短时间内迅速恢复到 720 mV，并进一步保持在(733±2)mV。同时，4 h 后电流逐渐恢复到 418 μA。进行连续 12 h 的二次放电，在 30 min 内快速充电到 720 mV 时，电压降至 583 mV。另一个重要的发现是，最低的稳定电流输出仍然保持着约 10 μA 的相对较高水平，这表明离子木材与空气中的水分子有很强的相互作用。

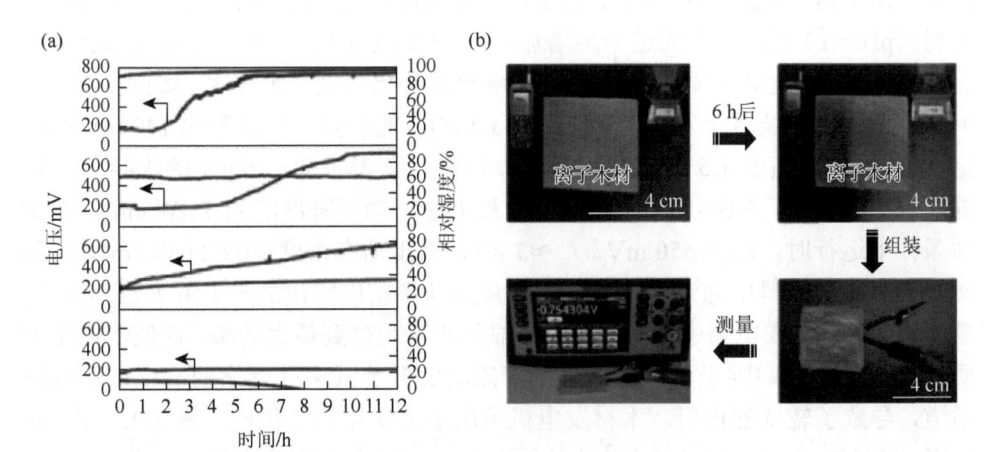

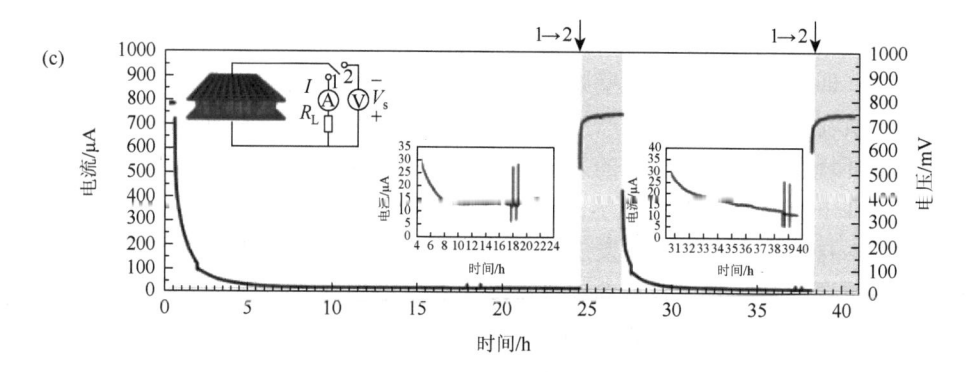

图 7-21 （a）不同相对湿度（蓝色曲线）条件下发电机的实测开路电压（V_{oc}，红色曲线）分别为 0%～14%、27%～47%、59%～62% 和 86%～96%；（b）离子木材在实验室环境中从吸水到排放的宏观全过程；（c）在环境湿度（相对湿度约 60%）条件下，发电机充电（V_{oc}，黑色曲线）和放电（I_{sc}，红色曲线）的行为；插图显示了电路图，其中连接到端子 1 和 2 分别对应于 I_{sc} 和 V_{oc} 测量值[25]

Garemark 等[16]报道了一种基于木材细胞壁纳米工程的高效光伏木材发电机。通过使用氢氧化钠一步处理，制备出具有纤维素网络填充管腔的高度多孔木材，以最大限度地扩大木材比表面积，引入化学功能，并提高细胞壁对水的渗透性。在去离子水中实现了约 140 mV 的开路电压，比天然木材高出十倍以上。进一步调节木材和水之间的 pH 差，由于离子浓度梯度，可以获得高达 1 V 的电位和 1.35 μW/cm² 的显著功率输出。管腔中形成的具有纳米多孔纤维素网络的介孔结构导致高比表面积（SSA，>180 m²/g），并且有益的化学官能团可以对 pH 诱导的电荷解离做出反应。基于纳米工程木材的设备在去离子水中可以达到令人印象深刻的 140 mV 电位。在碱性条件（pH = 13.4）下，获得了约 550 mV 的稳定开路电压（V_{oc}）和约 7 μA 的短路电流（I_{sc}）。随着蓄水池（pH = 13.4）和木材（pH = 1）的 pH 差的进一步增加，V_{oc} 达到约 1 V，导致 1.35 μW/cm² 的显著功率密度。管腔内形成的纳米纤维网络异常转化为大面积样本。如图 7-22（a）所示，在水中组装基于 4 cm×4 cm NBa-NaOH 的装置。记录到约 140 mV 的稳定 V_{oc}，这甚至高于 1.5 cm² 样品的 V_{oc}。同时，获得了大于 6 μA 的优异 I_{sc}。根据功率密度测量，NBa-NaOH 在水中的最大输出功率密度约为 7 nW/cm²。在碱性条件下运行时，V_{oc}≈550 mV，I_{sc}≈7 μA，输出功率密度≈0.62 μW/cm²。这是文献中一系列材料中通过水蒸发产生的最高功率密度输出之一［图 7-22（c）］。需要注意的是，在电路中约 10^5 Ω 的外部负载下观察到最大功率，这低于原生木质设备。这可能归因于具有良好毛细管流动的开放式多孔网络的高电荷和排列通道，导致了较低的内阻。木材发电机可用于为实用设备供电。图 7-22（d）显示了一个 LED，由 6 个 1.5 cm² 的基于 NBa-NaOH 的串联设备可持续供电。

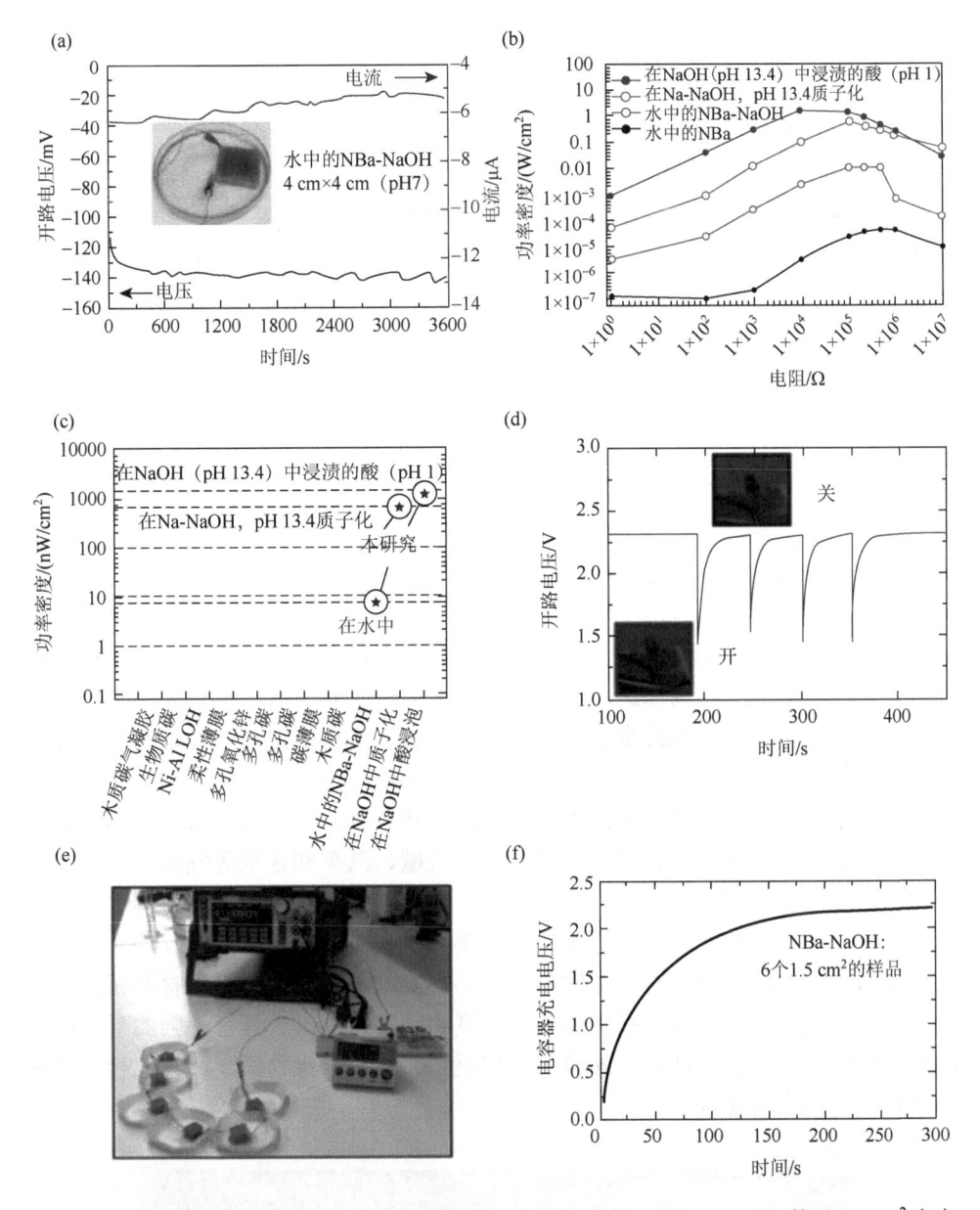

图7-22 （a）基于水中4 cm×4 cm的NBa-NaOH的器件的V_{oc}和I_{sc}；（b）基于1.5 cm²水中NBa和基于1.5 cm²水中NBa-NaOH的器件，pH为13.4的储层中预质子化运行和pH为13.4的储层中酸浸运行的功率密度；（c）NBa-NaOH样品（1.5 cm²）在pH为13.4储层中运行前在去离子水、质子化和酸浸下的功率密度，并与文献报道的比较；（d）在pH为13.4的储层中，以质子化的NBa-NaOH为基础，用6个1.5 cm²的样品接通和断开电路时的LED照明；（e）用6个基于NBa-NaOH的器件串联1.5 cm²的计时器供电；（f）使用6个面积为1.5 cm²的NBa-NaOH样品对电容器充电[16]

该设置还能够为带有 LCD 屏幕的计时器供电，如图 7-22（e）所示，可以连续运行计时器。这些设备还可以为用于能量存储的商用电容器充电。图 7-22（f）显示了使用基于 6 个面积为 1.5 cm² 的 NBa-NaOH 的木材发电机，在 200～300 s 内成功为容量为 1000 μV 至 2.2 V 的商用电容器充电。基于生物质和绿色化学，木材发电机为木末的可持续能源系统提供了潜在的解决方案。通过使用较大的样本或串联连接小型设备，可以很容易地扩大发电规模。这项工作的结果为可持续能源系统的发展铺平了道路，通过可扩展的绿色纳米工程技术使用生物质材料。

7.2 超强木质材料

7.2.1 概述

7.2.1.1 木质纤维素基超强材料

木质纤维素基超强材料是一种新型的超强材料，主要以木质纤维素材料为基础，通过改变材料的结构和组成，实现材料结构和性能的优化和升级，如图 7-23（a）所示。近年来，超强纤维素基材料因可降解、可再生、高强度、质轻等优点而引起学术界和工业界的广泛关注，逐渐成为国内外学术界的研究热点。但目前国内外关于超强纤维素基材料尚无统一的定义和分类方法。超强材料如钢材、合金、陶瓷等通常作为结构材料，广泛应用于机械、汽车和建筑等领域。这些传统的超强材料大多数属于高能耗、高污染产业，且这些材料大多数非可再生且不可生物降解，废弃后给环境带来沉重负担，不利于人类社会的可持续发展。与之相反，使用木质纤维素材料对环境的影响要小得多。与传统的纤维素材料相比，木质纤维素基超强材料具有更高的强度、刚度和硬度，同时还具有超强的耐磨性和防腐蚀性能，这些特征使其在建筑、航空航天、汽车、生物医学和其他相关领域中具有广泛的应用前景。

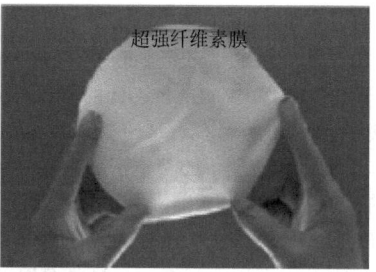

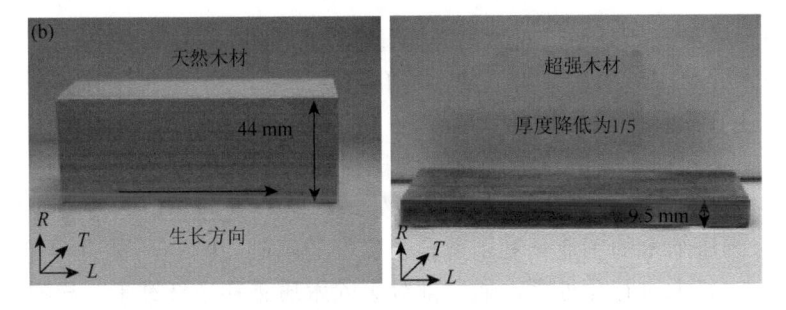

图 7-23 超强纤维素膜（a）与超强木材（b）示例

纤维素是木/竹材中的主要组成部分。纤维素分子链通过氢键平行排列形成纳米纤维素，单根结晶纳米纤维素的拉伸强度可以达到 7.5 GPa。纳米纤维素进一步通过氢键形成纳米纤维素聚集体，进而构成微米级木质纤维，单根木质纤维的拉伸强度介于 0.3～1.4 GPa 之间。木质纤维的高强度为构建更加强大和可靠的超强材料提供了保障。

木质纤维素基超强材料的研究始于 20 世纪 90 年代初，当时主要是在美国和欧洲等国家和地区的一些研究机构中展开。在当时的材料科学界中，研究人员正以传统纤维材料为基础，试图研制出更为高强度和轻质量的新型材料，以满足人们对于材料性能和特性方面的更高要求。最初的纤维素基超强材料制备思路是由制浆造纸为启发，通过机械打浆使纤维细化，降低纤维直径，以增加纤维之间的接触，达到增强力学性能的目的。但人们渐渐地发现，杂乱的纤维分布并不能发挥出纤维素本身的高强度优势，各种纤维定向排列方法开始涌现，进一步提升了木质纤维素基材料的强度。随着复合材料的研发，为了进一步提高纤维材料的力学性能，木质纤维素开始了与其他材料复合。如今，木质纤维素基超强材料的研究已经成为一个全球性的研究热点。从最初的研究和开发到如今的广泛应用，这一领域得到了巨大的发展和进步。木质纤维素基超强材料有着广泛的应用前景，未来可以在许多领域发挥重要作用，从而推动各行业的绿色可持续发展。

7.2.1.2 超强木材

超强木材是对天然木材进行预处理，通过某些物理或化学手段对木材进行增强而制成，并呈现出天然木材所不具备的高强度的一类新材料。超强木材具有广泛的应用领域，包括建筑、制造、家具、交通运输等。其优点在于可以减少木材资源的浪费，提高可持续性，促进环保。

超强木材最开始是通过对木材孔隙压缩来得到的。20世纪初期，德国就有压缩木技术并有成品出售。为了使木材孔隙易压缩，30年代，苏联开展了炉中加热压缩法（简称干法）和蒸煮压缩法（简称湿法）生产压缩木的工艺研究。随着木材工业科研水平的迅速提高，各国学者将木材压缩及其变形固定的研究推向了一个新的高度。冷压、热压、氨处理、蒸汽处理和树脂浸渍等增强方式不断涌现，为压缩木的工业化利用奠定了良好的基础。2018年，胡良兵等用NaOH和Na_2SO_3对轻木进行预处理，通过部分去除木质素和半纤维素，导致细胞壁完全坍塌，并利用热压使天然木材与高度排列的纤维素纳米纤维完全致密化，如图7-23（b）所示。制备的致密木材的比强度高达451 $MPa/(cm^3·g)$，拉伸强度为548.8 MPa。这种化学预处理工艺，为后续超强木材的研发开辟了一条新的途径。迄今为止，有关超强木材的研发成果不断涌现，主要集中于木材预处理和结构增强两方面。

超强木材的应用领域十分广泛，具有高强度、环保、轻量化等特点，在建筑结构、交通、航空航天、包装等领域有着巨大应用潜力，可以替代一些传统材料，成为新的材料选择。

7.2.1.3　与超分子的关系

无论是木质纤维素基超强材料还是超强木材，其增强机制均与超分子作用密切相关。在超强木质材料的制备过程中，超分子作用主要体现在木质纤维素或木材的增强机制中。

以木质纤维素基超强材料为例，它是木质纤维素通过非共价键结合组成的。非共价键结合指的是物质间通过氢键、范德瓦耳斯力等非共价键作用形成的键合。这些结合方式可以形成纤维间的相互作用，增强其抗压强度和抗拉强度等力学性质。非共价键结合还可以改变纤维素基材料的表面特性，使其更加亲水或亲油，从而改善其性能。通过合适的处理方式，可以增加非共价键结合的数量和强度，从而提高材料的力学性能。例如，通过细纤维化、化学键改性等方式可以有效地增加非共价键结合；通过将木质纤维素材料与聚合物复合可以进一步提升材料强度等。

对于超强木材，木材在压缩后能够紧密结合的原因就是木材纤维素间大量且强的氢键作用。而氢键结合属于超分子结合。在超分子层面，通过预处理或改性可以改变木质纤维间的键合数量和键合种类。例如，通过预处理增多氢键的数量或将氢键部分替换为键能更强的离子键等能够迅速提高超强木材的强度，均是超分子层面对木材的增强。

7.2.2 制备方法

7.2.2.1 木质纤维素基超强材料

(1) 木质纤维素预处理

1) 细纤维化。

细纤维化是指通过对纤维进行预处理，使纤维直径减小，甚至达到纳米级。通过细纤维化可以增加纤维的比表面积，暴露出更多的羟基，有利于增强纤维之间的氢键，增加纤维素材料的机械性能。按预处理方式可分为机械预处理、化学预处理、化学与机械结合预处理。

目前，机械预处理使纤维细纤维化的设备有 PFI 磨浆机、盘磨、高压均质机及超声仪等。机械预处理使纤维外层的原纤维与细胞壁分离，发生分丝帚化，并暴露出更多的羟基，有利于增强纤维之间的氢键结合，从而实现增强纤维素基材料力学性能的目的。将木浆通过剧烈的机械研磨得到直径为 20~90 nm 的纤维素纳米纤维，并采用过滤方法可以制备出具有良好力学性能的纸张，其拉伸强度可达到普通打印纸的 2.7 倍。但这种方法制备的纤维素材料的拉伸强度远远低于微米级纤维（0.3~1.4 GPa）和纳米纤维素纤维（1.6~3 GPa）自身的拉伸强度。

化学预处理的方法包括碱处理、酸处理、离子液体处理、酶处理及醚化处理等。溶剂如离子液体、酸/碱溶液等可以将微米级的纤维溶解后再析出，得到纯化的纤维素，制备超强再生纤维素薄膜。例如，利用酸性亚氯酸钠溶液除去木材中的木质素，然后用氢氧化钾除去木材中的半纤维素，再通过机械研磨得到纤维素纳米纤维；将纤维素纳米纤维采用真空抽滤的方法可制备成纤维素薄膜。这种纯化的木质纤维可进一步提升纤维素基材料的拉伸强度，可达 223 MPa。

与纳米纤维素制备的超强材料相比，利用再生纤维素制备的纤维素材料的强度较差，同时，该方法还存在溶剂回收难及残余溶剂等问题。目前，最常采用的是化学预处理与机械预处理相结合的方法。化学与机械结合的方法是先通过化学预处理使纤维发生润胀以弱化分子间和分子内的氢键作用，然后再通过机械预处理使纤维直径变小，通过这种方法制备出来的纤维的直径是纳米级的（3~100 nm），一般称之为纤维素纳米纤维。但通过这种方法制备超强纤维素基材料不仅效率低、工艺复杂，而且并没有充分地将纤维素纳米纤维优异的力学性能转移到纤维素材料中。

2) 纤维定向排列。

将纤维素细纤维化增加纤维的氢键结合能够提高所制备纤维素材料的力学性能，但难以实现纤维素本身优异力学性能的充分转移。这主要是因为通过纤维自上而下的自组装方式制备的纤维素材料，纤维的取向是随机的，并没有充分利用到纤维本身优异的力学性能。纳米纤维素是由多条纤维素分子链通过氢键结合及范德瓦耳斯力相互作用平行堆叠而成,这种独特的结构赋予了纳米纤维素优异的力学性能(1.6~3.0 GPa)。目前纤维取向排列是实现纤维素优异力学性能充分转移到宏观纤维素材料的主要思路。

为了实现这种优异的力学性能的充分转移,研究人员开发了各种方法(如湿拉伸、湿挤压、冷拉伸、电场辅助等)来实现纤维取向排列,制备出超强纤维素基材料。早在20世纪60年代初,就有着人工辅助纤维取向的记录。将纤维对齐排列并放到专门设计的模具中,通过热压干燥的方式实现纤维力学性能的充分转移,制备出的超强纤维素膜的拉伸强度和杨氏模量可分别达到620 MPa和39.7 GPa,比化学预处理的纤维素材料好得多。

而这些方法制备超强纤维素基材料不仅效率低,难以实现规模化制备,而且不适用于尺寸较小的木质纤维及纳米纤维素等。随后人们又发展了机械牵引辅助、流体辅助等多类型辅助方式。

机械牵引是实现尺寸较小的纤维的取向排列,制备超强纤维素基材料的一种有效方法。将纤维素纳米纤维悬浮液通过旋转的方式从注射器中挤出,提高纺丝速度可以将纤维的强度从90 MPa提高到321 MPa。若将纤维素纳米纤维悬浮液通过真空抽滤的方式制成凝胶块之后再通过机械牵引使纤维具有一定的取向,同样能够提升纤维素基材料的力学性能。通过调整拉伸比例,纤维素薄膜的拉伸强度可从185 MPa增加到397 MPa,杨氏模量从10.3 GPa增加到33.3 GPa。

流体辅助纤维取向排列是通过利用流体动力学使纤维素纳米纤维在液体流动方向上实现对齐排列,然后通过离子交换瞬间凝胶化以保持对齐排列结构。将氧化纳米纤维素纤维的悬浮液在纳米纤维素纤维水流的辅助下实现对齐排列,然后与流动的丁烷四羧酸和次磷酸钠溶液发生交联并凝胶化,干燥后得到结构致密的微米级纤维状材料,拉伸强度最高可达1.57 GPa,杨氏模量达88 GPa。

(2)非共价键交联

1)化学键改性。

纤维与纤维之间以及纤维内部之间化学键的相互作用会直接影响纤维素基材料的物理性能。最初的纤维素基材料是通过利用纤维素羟基之间的氢键结合而成。但仅仅依靠纤维素原本基团进行交联,其力学强度往往是不够的。对纤维素进行化学键改性可以有效提高纤维之间的结合强度,从而提高纤维素基材料强度。

氧化法是纤维素化学改性的一种常用方法。纤维素具有多元醇的结构,所以纤维素葡萄糖环上的三个羟基可以被氧化剂氧化。这些氧化剂又分为非选择性氧化剂,如氮氧化物、碱金属亚硝酸盐和硝酸盐、臭氧、高锰酸盐、过氧化物,选择性氧化剂有高碘酸盐、TEMPO（2,2,6,6-四甲基哌啶氧化物）等。在造纸工业中，羰基和羧基在制浆过程中起着决定性的作用，因而对最终的纤维素基材料性能也起着决定性的作用。

将木质纤维素用浓度 5 wt%的过氧乙酸在 85℃下处理 24 h，并用氢氧化钠溶液及去离子水反复清洗；按 TEMPO 与纤维素质量比为 0.6∶1 在室温下反应 12 h；用氢氧化钠调节氧化体系的 pH 在 10~10.5 后继续反应 1 h；最后用去离子水反复清洗及反复透析，最终可获得羧基含量高达 2.2 mmol/g，直径约为 5 nm 的超高羧化纳米纤维素。用 TEMPO 氧化纤维素，通过简单的真空过滤，利用氧化纤维素（TEMPO-CNF）之间的分子间氢键制备的纤维素纳米复合膜，其拉伸强度可达到 114 MPa。

此外，在改性纤维素本身化学键的基础上，还可以通过人为添加可以与改性纤维素发生键合的物质构建木质纤维素间强的非共价键交联，主要有氧化、离子交联、聚合物复合等，如图 7-24 所示。通过在 TEMPO 氧化纤维素纳米纤维中加入聚多巴胺（polydopamine，PDA）和铁离子（Fe^{3+}），利用氧化纤维素上的羧基与铁离子和聚多巴胺的双重交联（配位键和共价键）可获得具有优异机械性能的环保复合薄膜。最终的纳米纤维/PDA/Fe^{3+}三元复合材料可表现出优异的力学性能，强度为 220 MPa，应变为 13.26%，韧性为 17.73 MJ/m³，较纯纳米纤维膜分别提高 113%、149%和 417%。

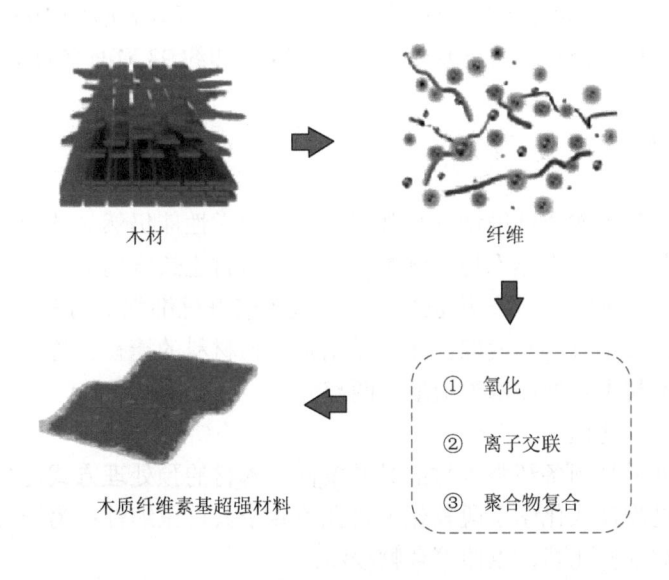

图 7-24 部分木质纤维素基超强材料的非共价键交联处理

2）聚合物复合。

为了进一步提高纤维素基材料的力学性能，人们开始通过将纤维素与其他材料复合制备超强纤维素基复合材料。超强木质纤维素基复合材料最常用到的聚合物是树脂。树脂是一种固体或半固体有机聚合物,具有高分子量、高聚合度、不溶于水但可溶于有机溶剂的特性。常见的树脂有酚醛树脂、环氧树脂、脲醛树脂、聚乙烯、聚丙烯、聚氯乙烯等。

先将木浆纤维通过机械处理制备得到纳米纤维素,采用过滤的方法得到纳米纤维素薄膜,然后将纳米纤维素薄膜浸到酚醛树脂中即可得到纳米纤维素复合薄膜,其拉伸强度可达到 380 MPa。然而,由于纤维素的亲水性,在树脂尤其是疏水性树脂与纤维素的复合过程中,常常涉及纤维素与树脂的界面相容性问题。通常采用的方法是对纤维素进行偶联等化学处理,具体内容将在"7.6 木质透明材料"中详述。

树脂的引入会使得材料废弃后给环境造成负担。除了树脂,近年来也出现了诸多其他超强木质纤维素基复合材料。例如,将 TEMPO 氧化纤维素纳米纤维与长宽比大于 200 的蒙脱土(montmorillonite,MTM)混合制备纳米纤维素复合薄膜。只需添加 5%的蒙脱土,得到的纳米纤维素复合材料的拉伸强度即可达 509 MPa。通过再生纤维素与单宁酸(tannic acid,TA)复合不仅可以提高材料的机械强度,还可以提高耐水性。单宁酸分子的疏水芳香环和单宁酸中心的氢键团簇可以充当交联点和纳米填充剂以加强纤维素基复合材料的强度,最高断裂强度可达 265 MPa,韧性可达 55.2 MJ/m^3。即使在相对湿度为 80%和 100%的环境中存放 7 天后,这种复合膜仍可分别保持约 166 MPa 和约 98 MPa 的断裂强度。

7.2.2.2 超强木材

上述所制备的木质纤维素基超强材料,其力学性能仍然与纳米纤维素纤维的力学性能相差甚远。天然木材中纤维细胞壁在木材生长方向上取向排列,而且在纤维细胞壁的 S$_2$ 层中纳米纤维也按一定角度沿着纤维细胞壁的轴向取向排列。利用木材中纤维素本身的高度取向排列是制备超强材料的捷径。总体来看,超强木材制备分为木材预处理和木模板增强两部分。

(1)木材预处理

木材预处理是制备超强木材的必要条件。木材的预处理方式可分为两方面:一方面是通过物理或化学手段软化木材孔隙赋予其可压缩性;另一方面是通过调控组分来疏解木材孔隙,以便聚合物浸渍。

木材具有一定的刚性,在干燥状态下即使很小的力对木材进行压缩也会导致木材细胞壁破坏,因此在压缩密实前需要对木材进行预处理,使木材充分软化、塑性增强。目前常用的预处理方法有水热预处理、化学脱木素等,每种预处理方法工艺不同,对压缩密实后木材性能的影响也存在一定差异。

水热预处理是出现较早的超强木材预处理方法。木材中水分是一种比较好的塑剂，使木材组分的玻璃化转变温度降低，可以大幅提高木材的塑性变形能力。随着含水率的增加，在热量和水的共同作用下，部分半纤维素和木质素会发生一定的降解呈黏流态，使得纤维素、半纤维素和木质素之间部分失去连接，加大分子链之间的距离，从而使木材软化。例如，将杨木放入 100℃的恒温水浴锅内蒸煮 1 h，使其充分软化，再用 200 t 试验热压机沿着杨木横纹方向进行热压，热压温度为 150℃，通过保压处理，可制备出表面光滑且无裂纹的压缩木，其抗弯强度可达到 66.9 MPa、弹性模量为 7107.27 MPa、硬度为 9.66 N/mm²。

在水热处理过程中，木材含水率是影响预处理效果的重要因素。木材含水率调控步骤如下：首先对木材试样进行浸湿处理，直至所有试样完全水饱和；将上述水饱和试样放入室内进行缓慢蒸发，直到含水率达到设定值；然后，用气密塑料膜将试样紧密包裹后储存在冰箱中，以使水分均匀分布，制得不同含水率的预处理木材。当木材的含水率大于纤维饱和点以后，木材的体积不再继续膨胀，可达到最佳压缩状态。

最先提出化学药剂脱木素预处理制备压缩密实木材的是美国马里兰大学材料科学与工程系胡良兵课题组。该课题组主要通过"两步法"制备压缩密实木材，先将尺寸为 120.0 mm（长度）×44.0 mm（宽度）×44.0 mm（高）的天然木块在 2.5 mol 的氢氧化钠和 0.4 mol 的亚硫酸钠混合的沸腾水溶液中浸泡 7 h，然后在沸腾的去离子水中浸泡数次以去除化学物质；再在 5 MPa 压力，100℃下压制 1 天获得尺寸为 115.6 mm×46.5 mm×9.5 mm 的致密木材[1]。该预处理方法原理与传统的碱性亚硫酸盐制浆法一致，即在碱性亚硫酸盐蒸煮液中，SO_3^{2-} 在碱性条件下与木质素反应，使木质素磺化的同时，还能使各种醚键结合发生断裂。木质素磺化是在苯环侧链上引入磺酸基，使其能够溶于水，达到脱木素预处理效果。利用"两步法"制备的压缩密实木材由于脱除了部分细胞壁成分，压缩率更高，强度、韧性和抗弹力均提高十倍以上且尺寸稳定性强，是一种优异的高性能结构材料。

与水热处理不同，化学处理促使木材结构发生变化，随着木质素的脱去，木材孔隙结构逐渐疏解，孔隙率增大。如图 7-25 所示，脱木素后，天然木材结构变得更加多孔，与原始木材（约 3.5 μm）相比，木材细胞壁显著变薄（约 0.5 μm），从而有助于树脂的浸渍。这种结构的疏解不仅有助于孔隙的压缩，更有助于聚合物负载和填充。以轻木为例：将天然巴杉木单板片在室温下直接浸入商用 5% NaClO 溶液中，然后在去离子水中漂洗三次后用环氧树脂浸渍。将经过预处理和未经预处理的树脂浸渍木材的纵向和径向拉伸强度进行对比，脱木素预处理的木材轴向抗拉强度明显较高，为(143±17.5)MPa，径向拉伸强度为(67±15)MPa。而未经预处理的树脂浸渍木材的轴向和径向拉伸强度仅分别为 45.4 MPa 和 23.38 MPa。

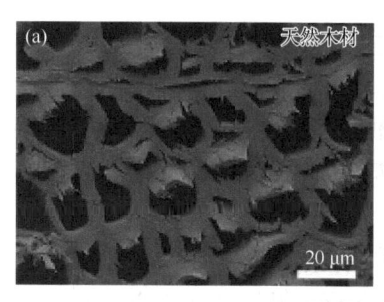

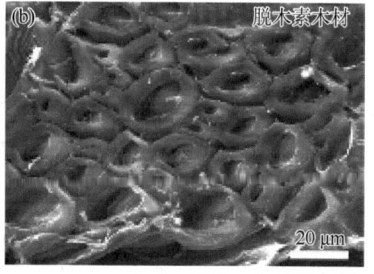

图 7-25　脱木素前后木材孔隙结构变化[26]

（2）木模板增强

1）结构增强。

木模板增强是超强木材制备的关键。目前常用的增强途径主要有两种：一种是通过外力对经过软化预处理的木材细胞腔或者细胞间隙进行挤压致密木材；另一种是通过聚合物负载或聚合物浸渍填充木材的细胞腔或者细胞间隙致密木材，如图 7-26 所示。

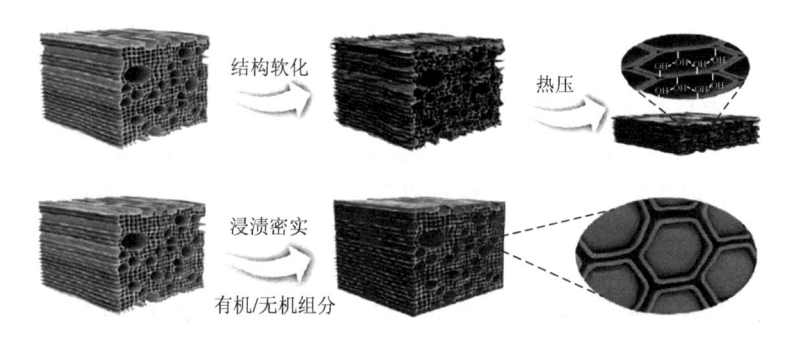

图 7-26　木模板结构增强的两种方式[27]

木材强度不足的原因主要来自其多孔结构。木材的多孔结构会产生较多力学缺陷从而使其力学性能不高。通过对木材孔隙进行加压致密，以消减孔隙对木材强度的负面影响，这是最早的超强木材制备方法。然而木材经过压缩变形后，如果不对其进行变形固定处理，在弹性范围内的变形会发生回复，而超出弹性范围内的变形才会永久保留。因此，在制备压缩木过程中，消除压缩木内部应力是木材压缩变形固定研究的重点。解决方法主要有加热压缩、高温蒸汽压缩等多种密实手段。

1964 年，Stamm 研究发现高温热处理能减小压缩木的内部应力，从而提高其尺寸稳定性。随着研究的深入，人们逐渐认为这种热处理过程影响压缩木的尺寸稳定性主要与木材细胞壁的稳定性有关。这种影响机制共分为五点：热处理降低了半纤维素的吸湿能力，阻碍了水分的进入；在加热过程中纤维素发生降解，聚集在木材内部的应力部分被释放；压缩提高了纤维素的相对结晶度；木材内部产生了某种交联作用。这种相互作用后来被证明为纤维素间的氢键作用。使用SB3651型号液压式热压机对脱木素预处理的木材样品进行热压，具体处理步骤如下：首先根据热压机压力和圆柱底面积来设计热压压力；将预处理的木材放入热压机两钢板之间；按照先低压闭合后高压闭合的顺序进行加压处理；最后设置热压温度，一定时间后取出，得到热压木材。将脱木素木材在 100℃、5 MPa 下热压 1 天，木材的密度可由 0.46 g/cm³ 增大到 1.3 g/cm³，厚度可由 44 mm 降低至 9.5 mm，减少至原来的约 1/4。

高温蒸汽压缩的原理与水煮预处理相似，即在高温高湿环境中，木材中的部分半纤维素易降解，而纤维素无定形区分子链上的羟基容易和水形成氢键，使得纤维素之间的间距增大，相互之间引力降低，在压力作用下容易产生位移，在宏观环境中则表现为木材的塑性提高。采用注汽热压机对木材进行高温蒸汽压缩以提高其强度，具体实验步骤如下。

用于蒸汽注入和排气的孔以 32 mm 的间隔分布在两个压板上；在处理之前首先对两个压板进行预热，温度范围设置在 140～220℃之间；将 700 mm×700 mm 的单板放入压板之间，在 550 kPa 的压力下用蒸汽预处理；然后在 4.5～9.0 MPa 的压力下将木材压缩到目标厚度；热压完毕后，停止蒸汽注入，并通过压板上的孔排出蒸汽；打开压板，得到高温蒸汽压缩处理的超强木材。

在高温蒸汽压缩过程中，提高高温蒸汽预处理温度能显著提高压缩密实木材的尺寸稳定性。利用高温蒸汽喷射热压机对杨木单板进行致密化，随着蒸汽温度的增加，致密化单板的吸湿性明显降低，且致密后的单板布氏硬度提高 2～3 倍，拉伸和弯曲强度也显著提高[28]。

聚合物浸渍是制备超强木材，防止压缩回弹的常见方法，可以提高木材强度并增强压缩木的尺寸稳定性。一般选用低分子量树脂或非甲醛化交联体浸渍木材。树脂增强压缩木结构的原因主要体现在两个方面：①树脂进入木材细胞腔内，将相邻细胞壁胶结在一起，阻止了木材细胞壁发生变形回弹，提高木材尺寸稳定性；②树脂作为填充剂充满了木材细胞壁内，提高木材强度。以水性低分子量酚醛树脂为例，具体操作步骤如下。

首先将水性低分子量酚醛树脂与水混合制备 30%固体含量的溶液；将木材样品浸入树脂溶液中，并在 0.001 Pa 下真空浸渍 30 min；浸渍后，将样品上多余的树脂擦拭干净，并在室温条件下干燥过夜后，将样品在 60℃的烘箱中干燥 24 h，得到树脂浸渍木材；将浸渍完树脂的木材放入装有水冷系统的、30 t 容量的热压机中；将上下压板预热至 170℃、压力设置到 10 MPa 后闭合热压机；当达到目标厚度时，将压缩试样在 170℃下保持 2 min；再将上下压板的温度提高到 200℃，在达到 200℃后立即将两个压板冷却至 60℃，并释放压力，得到树脂浸渍压缩木。

随着树脂处理浓度的增加，压缩木的顺纹抗压强度、表面硬度和耐磨性均有不同程度的提高。利用改性三聚氰胺树脂处理的杨木，在压缩密实化后，处理材顺纹抗压强度大幅度提高，比未处理的杨木平均提高 201.44%，弹性模量增加量也较大，比未处理材平均提高 138.13%。

除了浸渍树脂，填充黏土、水泥、金属或原位负载某些聚合物也可以提高木材强度。以三聚氰胺-甲醛-糠醇共聚物和 1,3-二羟甲基-4,5-二羟基亚乙基脲为交联剂，通过真空浸渍碳纳米管和纳米黏土可以显著提高木材的拉伸强度、弯曲强度、硬度等力学性能。将山毛榉用氢氧化钠溶液处理后，原位生成沸石咪唑盐骨架-8（ZIF-8）可一定程度提高木材的抗压强度，具体步骤如下。

将天然山毛榉木材样品浸入 15%（w/v）的 NaOH 水溶液中 1 h 进行预处理后，用水洗涤 24 h，直到洗涤溶液的 pH 达到 9；将 $Zn(NO_3)_2·6H_2O$（2.4 g）溶解在甲醇（20 g）和去离子水（3 g）中制备 $Zn(NO_3)_2$ 溶液；将预处理的山毛榉木材样品抽真空 1 h，然后加入配制好的 $Zn(NO_3)_2$ 溶液，真空浸渍 2 h；随后将含有 13.2 g 2-甲基咪唑的甲醇（20 g）和去离子水（3 g）溶液加入上述 $Zn(NO_3)_2$ 溶液中，在室温下搅拌 24 h，得到 ZIF-8/山毛榉复合材料；用 50 mL 甲醇冲洗复合材料三次，持续 5 min；然后在 103℃的真空烘箱中干燥 48 h。

2）交联增强。

交联增强直接作用于压缩木的防回弹性和提高拉伸强度方面，主要侧重于树脂与木材的界面改性和增强木材本身纤维之间的交联。树脂与木材界面改性，将在 7.6 节中进行详述。目前关于增强木材本身交联的研究相对较少。纤维素是木材三大组分之一，占木材成分的 40%~50%。纤维素分子链上的大量羟基为增强木材交联提供了着手点。将烘干的轻木（Ochroma pyramidale）在 pH = 4.6 和 80℃下，用亚氯酸钠进行脱木素，直到木质素含量降至 2.0%以下后，用氧化酶进行氧化。氧化后，羧酸盐含量从 0.25 mmol/g 增加到 0.42 mmol/g。羧酸基团之间的排斥使纤维素微纤丝束保持在纳米原纤维状态，并增强纤维之间的相互作用。氧化的轻木单板制成的致密膜可表现出 824 MPa 的超高抗拉强度和 53.5 GPa 的杨氏模量。

在利用木质纤维本身官能团的基础上，添加键能更强的化学键可以进一步提高交联强度。例如，对杨木进行脱木素后，利用 TEMPO 氧化木材中的羟基形成更多羧基，通过添加 Ca^{2+} 与羧基交联形成离子键。利用氢键和离子键将纤维素微纤丝和纳米纤维紧密交联并结合在木板的界面和内层之间，热压后可提高木材力学性能，如图 7-27 所示，具体步骤如下。

首先将 30 块风干杨木单板浸入 4L 含 2.5 mol/L NaOH 和 0.4 mol/L Na_2SO_3 的溶液中，在 100℃持续 7 h。用沸腾的去离子水彻底洗涤除去半纤维素和木质素的木材，以获得脱木素木材。然后配制氧化溶液（100 mL 溶液制备如下：向 90 mL 含 0.05 mol/L 磷酸钠缓冲液中加入 0.016 g TEMPO 和 1.13 g 亚氯酸钠；溶解后加入 0.1 mol/L 次氯酸钠溶液和 0.05 mol/L 磷酸钠盐缓冲液，pH = 6.8）。将脱木素木材放入氧化溶液中，在 60℃下加热 8 h，获得 TEMPO 氧化木材。将氧化的杨木单板在室温下浸入 0.1 mol/L CaCl$_2$ 溶液中 24 h 后，用去离子水冲洗三次。将离子交联木材定向排列、堆叠、层压，并在 150℃、10 MPa 下热压 24 h。叠层致密的 TEMPO 氧化离子交联超强木材有着比天然杨木高得多的比强度［约 196.9 MPa/(cm^3·g)］、更高的拉伸强度（约 246 MPa）、更大的弯曲强度（约 257 MPa）、更强的弯曲模量（约 36 GPa）、更强的冲击韧性（约 42.34 kJ/m^2）、更优异的阻燃性、抗紫外线性、耐水性，以及更高的密度（约 1.25 g/cm^3）。

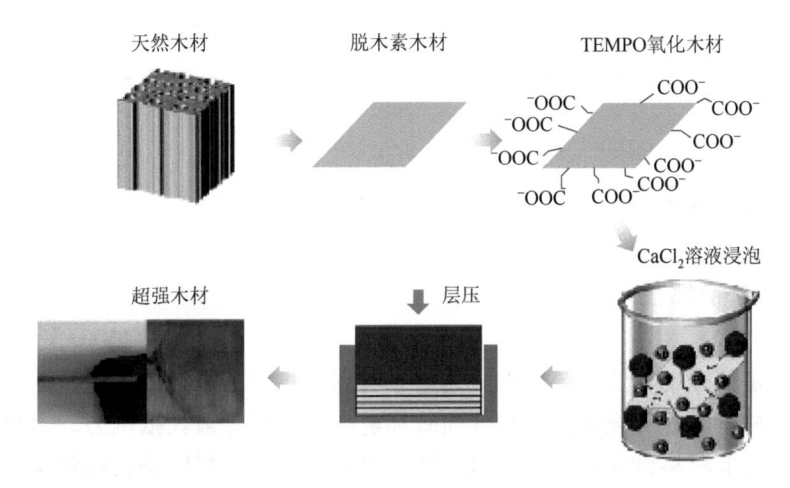

图 7-27　Ca^{2+}交联超强木材的制备[29]

超强木材的制备方法各异，性能随之不同，见表 7-5。总体来看，运用化学处理方式比物理处理方式提升木材强度的倍数较大。最初的冷轧方式性能最低。这是因为木材本身具有一定的刚性，其孔隙结构不易压缩，通过冷轧木材获得的超强木材保留了一定量的木材原始孔隙结构，压缩不充分且易回弹。通过水热软化孔隙并控制水分降低木材回复率可以极大程度提高超强木材的拉伸强度。此外由表 7-5 可以看出，树脂浸渍木材后再压缩可以进一步促进强度的提升，但由于压缩不充分，增强程度不如湿热压缩。在脱木素扩充孔隙后，树脂能够更容易地填充孔隙，其增强倍数也高于物理法填充树脂。化学处理后热压能够充分软化孔隙，并产生更多交联。这使得这种方式制备的超强木材有着高达 608 MPa 的拉伸强度。在利用这种交联的基础上，通过氧化或再用离子交联能够进一步提升木材强度，甚至高达 824 MPa。

表 7-5 不同处理方式超强木材性能对比[26,29-32]

处理类型	处理方式	树种	处理前拉伸强度/MPa	处理后拉伸强度/MPa	增强倍数
物理处理	冷轧	桦木	128.2	164	1.3
	65%相对湿度下，180℃压缩	云杉	88	320	3.6
	直接填充树脂并压缩	云杉	88	166	1.9
化学处理	脱木素并填充树脂	轻木	18.8	144	7.7
	脱木素并热压	轻木	52	587	11.3
	脱木素并热压	橡木	122	608	5.0
	脱木素并氧化	轻木	—	449	—
	脱木素后氧化并热压	轻木	—	824	—
	脱木素后氧化，离子交联后热压	杨木	63	246	3.9
	脱木素后氧化，离子交联后热压	杨木	62	820	13.2

7.2.3 性能表征

7.2.3.1 力学性能

强度是超强木材的主要性能。通常木材强度指的是木材顺纹拉伸强度。拉伸强度是木材承受外力载荷，因拉伸而破坏前产生的瞬时最大抵抗力。木材的拉伸强度可用万能材料试验机进行测试，同时也可以测试木材的杨氏模量及韧性。具体步骤如下。

将木片裁成宽 5 mm、长 100 mm 的条状，并于恒温恒湿箱中放置 24 h，然后将木片固定到试验机上，根据材料强度选择合适的传感器，在钳间距 50 mm，拉伸速率 1 mm/min 条件下测定木材原料的拉伸强度和杨氏模量，每个样品测定 10 次。杨氏模量为弹性变形区的应力-应变曲线的斜率，拉伸强度为样品断裂时的最大应力，韧性为应力-应变曲线的积分面积。

木材顺纹拉伸破坏主要是纵向撕裂和微纤丝间的剪切。因为微纤丝纵向的结合非常牢固，所以顺纹拉伸破坏时的变形很小，通常应变值小于 1%~3%，而强度值却很高。即使在这种情况下，微纤丝本身的拉伸强度也未充分发挥。这是因为木材顺纹剪切强度特别低，通常只有顺纹拉伸强度的 6%~10%，顺纹拉伸时，微纤丝间的撕裂破坏是微纤丝间的滑移所致，其破坏断面常呈锯齿状或细裂片状和针状撕裂。

相对于传统超强材料，如合金、天然纤维甚至其他超强合成聚合物，木质超强材料的优势不仅在于高拉伸强度，还有着天然的高比强度优势，如图 7-28 所示。

在已知木材拉伸强度的基础上，测得木材密度，并用拉伸强度除以密度即可得木材比强度值。

硬度是木质超强材料的重要力学性质之一。木材硬度测量一般是用一定的载荷，将规定的压头压入被测木材，以木材表面局部塑性变形程度来评价其软硬。由于方法原理、压头、载荷、加载速度不同，木材硬度测定方法有多种。国内外标准中常用的硬度测试方法有布氏（Brinell）硬度方法、詹氏（Janka）硬度方法、硬度模量方法、表面硬度方法、Monnin 硬度方法等。我国木材硬度测试采用的是詹氏硬度方法，主要测试步骤如下。

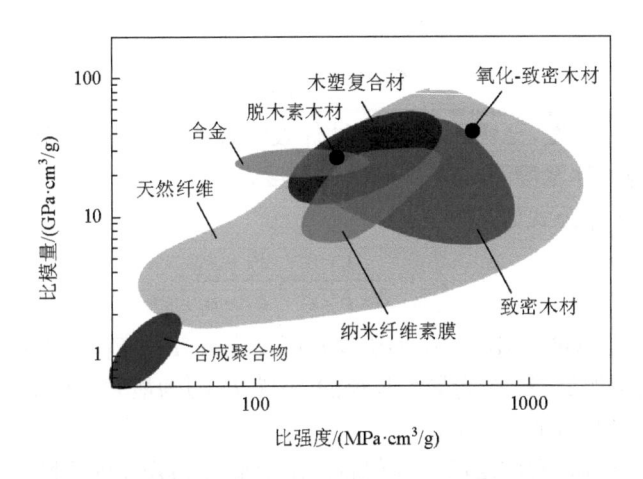

图 7-28　部分木质材料与传统超强材料比强度和比模量对比[30]

规定试样厚度为 50 mm，以静荷载将直径 11.284 mm 的钢半球压入木材深度 5.642 mm（等于钢球的半径）时，压痕的投影面积正好是 1 cm²，测得的最大荷载值即为木材硬度，称为詹氏硬度。

詹氏硬度方法比较简便易行，实验结果一致性好，固定压入深度，无须测量压痕的尺寸，并且人为误差的影响也较小，故被 ISO（国际标准化组织）、中国、美国、日本等标准采用。但是，詹氏硬度实验方法也存在一些不足之处，例如，压头直径较大、压入较深，测试时试样损伤较大；对于较硬的木材，测量时容易开裂等。

超强木材的静曲强度和弹性模量通常采用三点弯曲法进行测试，如图 7-29 所示。静曲强度是确定试件在最大载荷作用时的弯矩和抗弯截面模量之比；弹性模量是确定试件在材料的弹性极限范围内，载荷产生的应力与应变之比。三点弯曲的静曲强度和弹性模量，是在两点支撑的试件中部施加载荷进行测定，主要测试步骤如下。

将试件平放在支座上，试件长轴与支承辊垂直，试件中心点在加载辊下方。选择适当的加载速度恒速加载，在 60 s±30 s 内达到最大实验载荷。

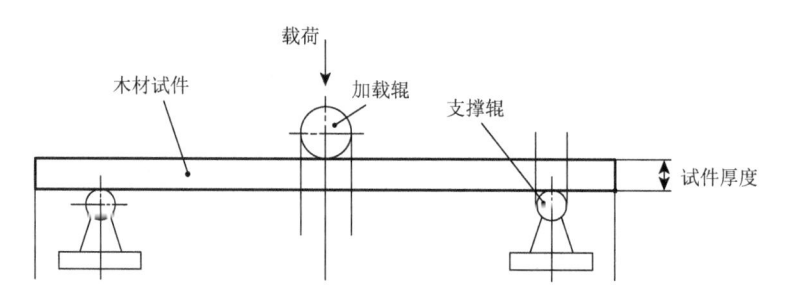

图 7-29 三点弯曲测试示意图

静曲强度计算公式如下

$$\sigma_b = \frac{3 \times F_{max} \times l_1}{2 \times b \times t^2} \quad (7\text{-}13)$$

式中，σ_b 为静曲强度，MPa；F_{max} 为试件破坏时的最大载荷，N；l_1 为两支座间距，mm；b 为试件宽度，mm；t 为试件厚度，mm。

弹性模量计算公式如下

$$E_b = \frac{l_1^3}{4 \times b \times t^3} \times \frac{F_2 - F_1}{a_2 - a_1} \quad (7\text{-}14)$$

式中，E_b 为弹性模量，MPa；l_1 为试件长度，mm；$F_2 - F_1$ 为载荷-挠度曲线中直线段内载荷的增加量，F_1 约为最大载荷的 10%，F_2 约为最大载荷的 40%，N；$a_2 - a_1$ 为试件中部变形的增加量，mm。

超强木质材料具有广阔的应用前景。随着研究和开发的不断深入，其力学性能逐渐得到改进和提高，必将成为未来新型材料领域的重要代表之一。

7.2.3.2 生物特性

在当今全球资源枯竭的世界，可持续发展已经成为人们普遍关注的话题，而材料领域的可再生性和可降解性更是一个至关重要的议题。超强木质材料作为一个新兴的研究领域，其可降解性和可再生性的属性受到了广泛关注。本小节将重点阐述超强木质材料的可降解性和可再生性。

生物可降解性是指材料被微生物降解的可能性。在自然界中，可生物降解材料可通过真菌、细菌等自然界微生物的呼吸作用或化能合成而降解，最终分解为二氧化碳和水。木材是一种易于降解的材料，可以在自然环境中迅速分解。超强木质材料主要是利用可再生木材或木材废弃物进行生产的，因此可降解性较强，在环境中自然分解的时间也比传统的合成材料要短得多。另外，超强木质材料在分解过程中产生的废弃物可以得到有效回收和利用，通过制作肥料、发酵等方式，将废弃物转化为有用的资源，从而减少了环境的损失，提高了可持续发展的水平。

超强木质材料的生物降解性测试步骤如下。

首先将超强木质材料样品切成 50 mm×50 mm 的块状,并放置于两不锈钢的网片上;随后将网片放置在盛有土壤的托盘上;在网片上层覆盖蔬菜叶。薄膜样品通过两个网与土壤和蔬菜分离开,以便于观察材料的形态。将托盘置于实验室室温环境条件下,每天向土壤喷洒自来水以保持土壤湿度;每周相同的时间点对样品进行拍照,记录样品降解程度。

木材是一种可再生材料,可以通过种植新的树木进行再生。大量的森林可以保证全球供应的合理稳定性。此外,超强木质纤维素材料可以通过回收和再加工的方式实现多次再利用,从而减少木材资源消耗。

木质材料的可降解性和可再生性,使其非常适用于可持续发展的低碳建筑和工业应用,使用超强木质材料替代部分超强材料可以有效降低工业对环境的影响。

7.2.3.3 传热特性

超强木质材料属于低导热材料,其导热性通常用导热系数来衡量。导热系数是指在稳定传热条件下,1 m 厚的材料,两侧表面的温差为 1℃时,在 1 s 内通过 1 m² 面积传递的热量。木质材料的导热系数通常用稳态热流法测试。稳态热流法是经典的保温材料的导热系数测定方法。其原理是利用稳定传热过程中传热速率等于散热速率的平衡状态,根据傅里叶一维稳态热传导模型,通过试样的热流密度、两侧温差和厚度计算得到导热系数,如图 7-30 所示。该方法原理简单清晰,精确度高,但测量时间较长,对样品和环境条件要求较高。其主要测试步骤是:对样品施加一定的热流量、压力,测试样品的厚度和在热板/冷板间的温度差,得到样品的导热系数。此过程中样品需要是较大的块体以获得足够的温度差。

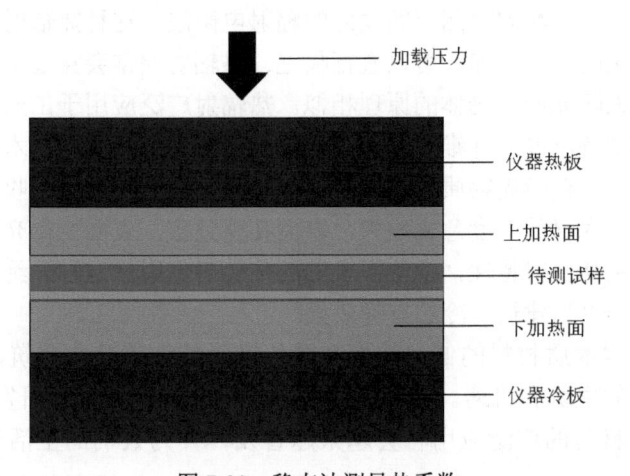

图 7-30 稳态法测导热系数

导热系数计算公式如下

$$\lambda = \frac{Q_\text{h} + Q_\text{c}}{2} \cdot \frac{L}{\Delta T} \qquad (7\text{-}15)$$

式中，λ 为样品导热系数，W/(m·K)；Q_h 为上面传热器的热流输出，W/m²；Q_c 为下面传热器的热流输出，W/m²；L 为样品的厚度，m；ΔT 为样品上下表面的温差，K。

导热系数与材料的组成结构、密度、含水率、温度等因素有关。材料的含水率、温度较低时，导热系数较小。导热性能越好，材料中热能的传递速度就越快。通常将导热系数较低的材料称为保温材料。我国国家标准规定，凡平均温度不高于 350℃时导热系数不大于 0.12 W/(m·K)的材料称为保温材料，而把导热系数在 0.05 W/(m·K)以下的材料称为高效保温材料。

超强木质材料的导热系数较低，热传递能力比传统的合成材料要低得多，这有助于减少能源的浪费和热能损失，见表 7-6。超强木质材料的导热系数一般在 0.13 W/(m·K)以下，相比于传统木材的导热系数 0.1～0.2 W/(m·K)，降低了近 50% 的热量传输量。这就意味着当使用超强木质材料来建造房屋时，它的绝热效果就会大幅提升，对于节能环保有着极大的好处。

表 7-6　木质材料与其他材料导热系数对比　　　　[单位：W/(m·K)]

材料种类	导热系数	材料种类	导热系数
木质材料类	0.05～0.2	碳材料类	1000～5000
金属类	200～300	有机聚合物类	0.01～0.2
黏土矿物质类	0.2～0.3		

热辐射是指从热源向周围空间发射的辐射电磁波。这种热辐射是由分子和电子的热运动产生的能量传递，可以进行隔绝。热辐射通常会穿过空气和真空并到达物体。这与太阳光照射物体的原理相似。热辐射广泛应用于工业热处理，如熔化金属时用来维持温度。纤维素和半纤维素天然对光无吸收，当木材经过脱木素后，失去了作为主要吸光物质的木质素，木材几乎对光不产生吸收。另外，在压缩致密木材后，木材的密度急剧增大，表面孔隙致密，表面变得光滑。这些因素均使得木材产生高反射特性，隔绝了太阳的热辐射作用。这种隔绝热辐射的特性使得木材可以产生为建筑制冷的有趣效果。

总之，超强木质材料的低导热性和隔绝辐射特性使其在建筑、装饰等多个领域带来了新的生机和机遇。随着科学技术的不断进步和材料研发的不断完善，相信超强木质材料的广泛应用将会越来越普及，并为人们的生活带来更多便利和惊喜。

7.2.3.4 其他特性

超强木质材料的制备过程涉及孔隙结构的调控。木材孔隙是影响木材不透明的一大重要因素。通过孔隙的致密或聚合物的填充可以赋予超强木质材料透明特性。具体细节将在 7.6 节中详述。此外，在超强木质材料的制备过程中，聚合物的浸渍可以赋予木材一定的功能化特性，如相变、催化、变色等。

7.2.4 应用领域

7.2.4.1 建筑结构

超强木质材料因具有高力学性能、低导热、可再生等优异性能而在建筑结构领域有着巨大的应用。木质纤维素基超强材料因厚度限制，很少作为结构材料使用。因此，本小节主要针对超强木材在建筑结构的应用进行简述。

天然轻木在经过预处理和结构增强后获得的超强木材的各项机械性能，包括强度、韧性、刚度、硬度、抗冲击性能等，都超出原生木材 10 倍以上；拉伸强度达到 587 MPa，可以和钢材媲美；而比强度高达 451 MPa·cm^3/g，超过几乎所有的金属和合金材料，甚至包括钛合金（244 MPa·cm^3/g）。这种堪比钢材的拉伸强度和优异的比强度使得木材在建筑领域可以替代建筑用钢，建造高强、轻质的建筑结构。

在超强木材的制备过程中，通过脱木素可以部分脱去木质素等吸光物质，而保留本身不吸光的纤维素和半纤维素。利用这种方法，可以制备出能自动降温的超强木质结构材料[33]。这种能够降温的超强木材的机械强度约是天然木材的 8.7 倍，韧性约是天然木材的 10.1 倍，更是超过了钢、铝合金、镁合金、钛合金四大合金。由于保留了原始木材有序排列的微米孔洞和纳米纤维素，超强木材多尺度纤维和通道作为随机和无序的散射单元，这种超强木材对可见光光谱具有强烈的宽带反射。因此，通过大气窗口辐射到宇宙中的热量超过其吸收的太阳辐射能量，这种超强木材无须任何能源输入就可以实现比环境温度更低的制冷效果。其在夜间和白天（上午 11 点至下午 2 点）的平均冷却功率分别为 63 W/m^2 和 16 W/m^2。全天的平均冷却功率约为 50 W/m^2。夜间和白天分别能够实现平均低于环境温度>9℃和>4℃的降温。这种高强且自动降温的特性使得这种超强木材在建筑结构材料上有着巨大潜力，可以在轻质、高强的基础上实现建筑的降温。

除此之外，树脂浸渍超强木材在提高木材强度的同时赋予木材透明性，可替代玻璃等透明建材；通过蒙脱土与木材复合制备的超强木材可以兼具防火性能，作为防火建筑材料；用金属离子增强木材交联制备的超强木材可兼具抗紫外特性，应用到防辐射建筑结构领域等。在这一方面，木质纤维素基超强材料也有着少量研究。例如，用热塑性树脂增强纤维素制备纤维素毡的同时，加入蒙脱石黏土可以赋予纤维素毡紫外线防护特性[34]。但总体来讲，超强木材比木质纤维素基超强材料，在建筑结构领域有着更大的优势与应用前景，如图7-31所示。

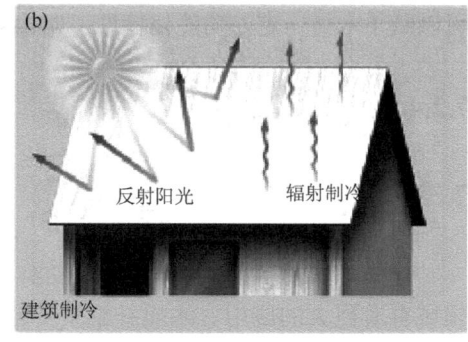

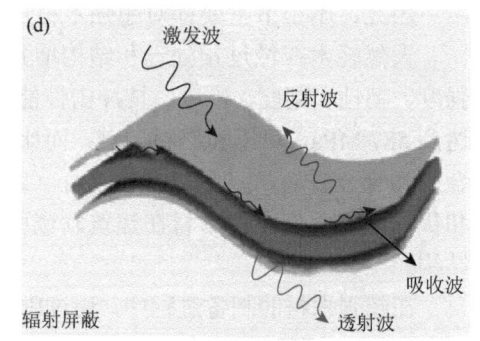

图7-31 部分超强木质材料在建筑结构领域的应用
(a) 超强建筑材料；(b) 制冷建筑材料；(c) 透明建筑材料；(d) 辐射屏蔽材料

总之，超强木质材料的应用可以为建筑提供更加绿色、坚固和美观的外观，创造出更加独特的建筑风格，并可以作为结构材料赋予建筑多功能特性。随着对超强木质材料的研究，这种优势也将会不断扩大，超强木质材料在建筑结构领域有着巨大前景。

7.2.4.2 国防军工

与传统金属材料相比，超强木质材料的比强度、抗拉强度、抗压强度和韧度都更高。在军工领域，超强木质材料的潜在应用非常广泛。这种新型材料可以带来许多优势，如抗冲击性能好、防爆性能强、轻便坚固、防水性能优良等。

  Nature 上报道了一种简单有效的方法可以把原生木材直接处理成为一种超强超韧的高性能结构材料。其中，木材厚度可以减少 80%，密度为原来的 3 倍，从 0.43 g/cm³ 上升至 1.3 g/cm³。这种超强致密木材的拉伸强度（材料产生最大均匀塑性变形的应力）可达到 587 MPa，可以和钢材媲美，但同时其质量仅是钢材的 1/7~1/6。而由于超强致密木材的密度低，其比强度超过几乎所有金属和合金材料，甚至包括钛合金。相比其他金属结构材料，钛合金有几个特点：质量轻、强度高、耐高温、耐腐蚀、无磁性、焊接性能好等。这些特点使其在军事领域有着很大的作用。钛合金可以广泛应用于各种武器装备，如军用飞机、航空发动机、军舰、核潜艇、装甲车辆等。超强木材高达 422 MPa/cm³ 的高比强度在强度上可以替代国防军工中的钛合金。另外，与金属的高密度不同，采用木材替代钛合金作为军用飞机材料不仅能够增加结构强度，还能降低机体质量，改善机动性能，从而提升作战能力和生存性能。

  在武器装备制造方面，超强木质材料可以用来制作防弹板、防炸板等。碳化硅陶瓷是一种广泛应用的防弹装甲复合材料。由于其硬度高、密度小、弹道性能较好、价格较低而广泛用于防弹装甲中，如车辆、舰船的防护以及民用保险柜、运钞车的防护中。但是碳化硅陶瓷在一定程度上存在防护装甲过厚、过重等问题。另外，陶瓷在烧结过程中需要十分高的温度条件，耗能高且易造成环境污染。高强木质材料作为可再生材料，除有着高强度外，制备过程也无需陶瓷制备那样的高温，制备条件相对温和。

  通过对超强木材进行垂直组坯（称为 X-Y-X-Y-X），通过气枪弹道测试发现单层致密木材每单位样品厚度的弹道能量吸收为 (4.3±0.08) kJ/m，比天然木材 [(0.6±0.03) kJ/m] 增加了约 6 倍。X-Y-X-Y-X 致密木材的防弹性能甚至更高，且呈各向同性。射弹可以穿透样品表面，但经过交替方向的相邻木材层之间的增强效应后，最终被困在样品内部而不完全穿孔，产生的弹道能量吸收为 (6.0±0.1) kJ/m，是天然木材的 10 倍，如图 7-32 所示。采用这种材料制造的防弹板会有抗冲击性，能够减少士兵被子弹擦伤和火药燃烧材料的飞溅。同时，这种材料还可以改善武器装备的热传导性能，提高武器的使用效率。在军队作战中，超强木质材料可以保障士兵的安全，减少装备的损坏。

  在军用航空领域，超强木质材料也有着巨大发展空间。航空本身就需要材料具有足够的韧性和强度，因此采用超强木质材料制造飞机和直升机零件，如螺旋桨、机身和机翼等，可以使整机更轻、更坚固。这种材料还可以用于制造轮胎和其他机件，以减轻整个航空器的质量，提高空气动力性能。此外，在船舶制造上同样可以使用超强木质材料。例如，在军舰制造中，超强木质材料可以用于制作甲板、船舱等部位。使用这种新型材料不仅可以减轻整个船体的质量，提高航行效率，同时也可以提高军舰的防破坏能力。军舰在海上遭遇恶劣天气和摩擦冲击时，超强木质材料能够有效保护舰船的完整性，从而增强军舰的战斗力。

总之，超强木质材料的性能及独特的物理和化学特性使其在国防军工领域应用非常广泛。应用这种材料将有助于提高武器装备的性能，减少装备损坏，同时保障士兵的安全。虽然这种材料在实际应用中还需要借助更多技术措施来解决一系列相应的技术问题，但是它的未来发展是非常光明的。

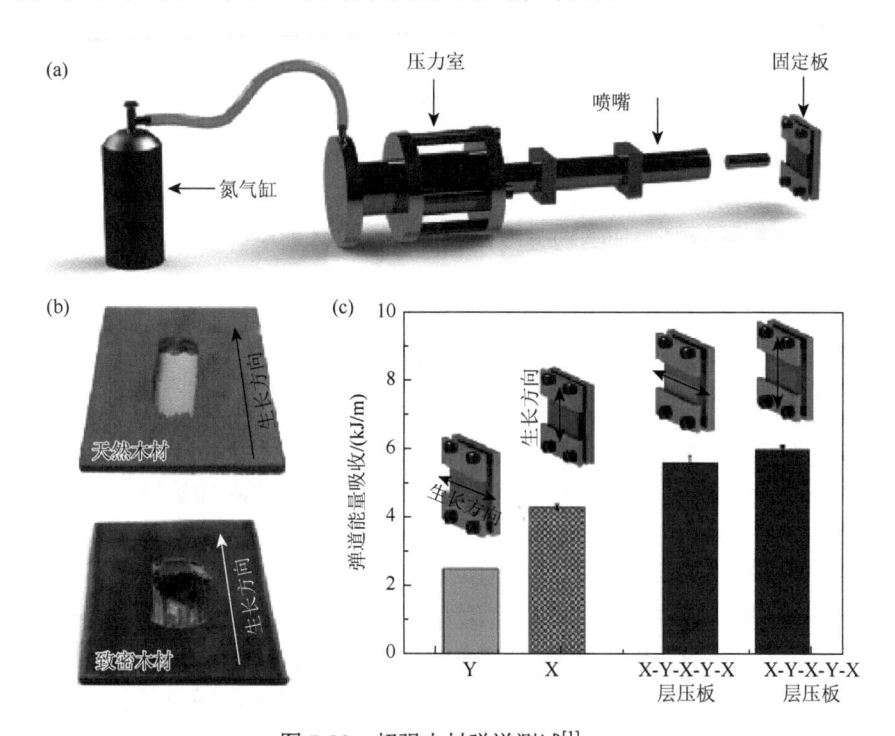

图 7-32 超强木材弹道测试[1]

（a）弹道测试示意图；（b）弹道测试后的天然木材与致密木材照片；（c）单层致密木材和层压致密木材的弹道能量吸收

7.2.4.3 交通工具

随着科技的发展和人们对绿色环保的追求，材料科学的研究逐渐向着一种更加环保、可持续的方向发展。超强木质材料不仅具有木材本身的环保特点，而且具备比传统金属材料更加强韧的物理性能。在交通工具方面，超强木质材料的应用前景越来越广阔。目前，超强木质材料在交通领域的应用主要集中于木/竹复合材料，即通过木质材料与树脂的复合制备。

对于汽车行业，推进汽车内饰件的复合材料开发，实现汽车部件绿色化、轻量化，促进汽车工业的环保升级是汽车产业的重要方向之一。实现汽车绿色化和轻量化的一个重要途径就是使用轻质环保的天然纤维复合材料，从而达到保护环境的目的。作为天然纤维的一种，木纤维的性能优良，具有强度高和可再生的优点，有广阔的应用前景。木纤维与热塑性塑料复合制备的超强木质材料，具备良好的模压性能，应用在汽车内饰件中，不但可实现汽车部件的绿色化和轻量化，也可提高竹材的附加值。

超强木质材料可以替代汽车的一些金属零部件，如车门、车顶等。以车门为例，超强木质材料由于具有更高的压缩强度和抗拉强度，可以有效提高车门的抗碰撞和承载能力。同时，由于木材本身具有较好的吸声、隔热性能，采用超强木质材料制造的汽车车门不仅更轻便、更坚固，而且能够降低车内噪声和温度。马里兰大学的李腾教授展示了一种简单而有效的方法，可将散装天然木材加工成硬化木材。这种硬化木材与天然木材相比硬度增加了 23 倍[35]。将这种硬化木材加工成餐刀，其锋利程度几乎是商用餐刀的 3 倍；制成硬化木材钉，可以达到与钢钉相当的性能，并且可以轻松地钉入天然木板并将它们固定在一起。这种高硬度的超强木材在代替汽车零件上有着巨大潜力。

超强木质材料也可以替代部分金属材料，如飞机机身、螺旋桨等。由于超强木质材料的特殊结构和材料组成，具有比传统金属材料更好的抗氧化、耐磨损、防腐蚀等性能。在飞机制造中，采用超强木质材料制造的机身和螺旋桨可以大幅减轻整个飞机的质量，提高燃油效率和增加飞行距离。此外，超强木质材料可以应用于地铁和铁路，如地铁站墙面、车厢休息区、铁路木质隔音板等。超强木质材料具有极佳的吸震性能，能够减轻地铁和高铁的行驶声音，同时也能增加车厢的舒适性。在轨道交通领域，采用超强木质材料也可以满足绿色环保的要求，让人们更加愿意乘坐轨道交通。

总之，随着超强木质材料技术的不断发展和进步，其在交通工具方面的应用越来越广泛。在保证安全性和环保性的基础上，超强木质材料的应用将会为交通工具的质量、性能和舒适度提供更好的解决方案。

7.2.4.4 体育装备

随着科技的发展和人类对于材料性能的不断追求，超强木质材料在体育装备方面的应用开始受到越来越多的关注。相比传统的金属和塑料材料，超强木质材料不仅具有更高的强度和硬度，而且具有更好的阻尼和舒适性，能够更好地满足运动员的需求。

在冰上运动方面，超强木质材料的应用已经取得了很大的成功。例如，在冰球场上，曾经广泛使用的金属球门已经逐渐被超强木质材料球门所取代。这是因为超强木质材料对于抵抗冲击力的能力更强,且相比金属材料,木质材料的阻尼效果更好,能够起到更好的保护作用。此外,在冰球杆和冰刀等器材方面,也逐渐出现了采用超强木质材料的产品。例如,冰球品牌 BAUER 曾推出了一款采用超强木质材料的冰球杆,这种材料的使用可以提高杆的强度和性能,从而使运动员的运动体验更加顺畅。

在球类运动方面,超强木质材料也发挥了重要的作用。例如,在高尔夫球具方面,传统的金属球杆逐渐被采用超强木质材料制成的高尔夫球杆所取代。这是因为超强木质材料的硬度和强度相比金属材料更高,且同时保持了木材材料的阻尼特性,能够使运动员在打球时产生更好的手感和更好的上手性。此外,在篮球运动中,超强木质材料也得到了广泛的应用。例如,在篮板和篮球架等器材中,超强木质材料都能够更好地承受运动员的碰撞和冲击,增强产品的耐用性和性能。这种材料的应用不仅大大提高了器材的质量,同时也减少了运动员受伤的风险,进一步提高了比赛的安全性。

在户外运动方面,超强木质材料已经成为滑板材料的首选,因为该材料能够更好地承受滑板所需要的加速度和冲击力,同时也具有更好的抗裂性和抗拉强度。另外,在攀岩和滑雪等领域,超强木质材料也常常被用于制造攀爬绳、滑雪板等用品,其材料强度和硬度不仅提高了产品的耐久性,也保证了运动员的安全性。

总之,超强木质材料在体育装备方面的应用已经展现出了巨大的潜力,能够更好地满足运动员对于性能和安全的需求。但是,由于该材料的制造成本相对较高,在现阶段还存在一定的应用局限性。无论如何,随着人们对于材料性能的不断追求和发掘,超强木质材料在体育装备领域中的应用也将会持续拓展和深入,为运动员和广大消费者带来更好的体验和保障。

7.3 木竹电极材料

7.3.1 概述

7.3.1.1 能源存储与转化

电化学催化是一种高效转化、环境友好、符合绿色化学要求的催化氧化和还原方法,对提高电能利用,发展多元化的能源形势,解决生物质的高值化利用问题具有重要作用。在生物质精炼的各种策略中,电化学催化主要通过电子从电极表面转移到反应底物,在阳极和阴极分别发生氧化和还原反应,将生物质衍生物转化为高附加值的产品[36]。近年来,电化学催化技术在生物质转化领域取得了一定的进展。与传统热化学催化相比，电化学催化具有诸多的优势：①电化学反应主要通过反应物在电极上的得失电子来实现。例如，通过 H_2O 的电离来供给氢源和氧源，避免了化石来源的 H_2 或者氧化剂的使用，这是一种清洁环保的反应过程。②在电化学催化反应过程中，催化剂活性中心表面的氢原子或者氧原子直接与反应物相互作用，使得电化学催化通常在低温（<100℃）、常压下进行。③通过控制反应的电极材料，调节电极电位、电流等手段，可以控制反应的速率和产物的选择性，减少副反应的发生。④通过电化学测量和原位光谱等技术可以监测和分析反应的过程。

电化学反应一般在带有隔膜的电解池中进行。典型的电催化设备示意图如图 7-33 所示。在电解池中，阴极是还原反应的工作电极，而阳极为氧化反应的工作电极。电催化的过程是电子从电极表面转移到反应底物。

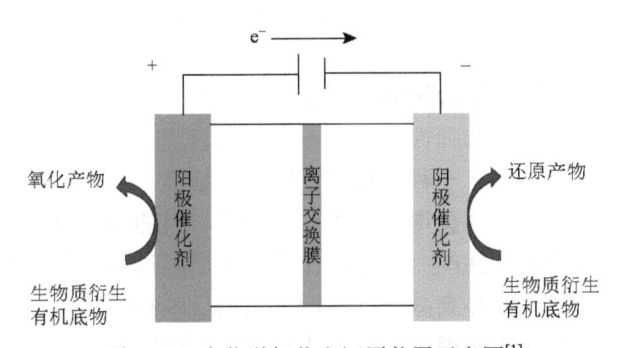

图 7-33　电化学氧化和还原装置示意图[1]

为了充分替代目前的化石能源供应体系，新能源技术的电化学能源转换与存储效率需要持续不断的提高从而增强其市场竞争力。然而，电化学能源转换与存储通常涉及众多错综复杂的化学反应和物理作用。因为这些物理化学过程通常发生在电极与电解液的界面与内部，电极的材料与结构的选择将显而易见地决定着相关物理/化学载体（如电子、空穴、离子、分子）的动力学与运输行为。因此，通过设计电极材料与结构来提高电化学能源转换与存储效率成为长久以来工业界和学术界的重要研究课题。

目前的一个研究领域是超分子组装结构的精确设计。储能器件中使用的超分子组装结构受到几何结构和技术障碍的限制。木材是一种环保材料，具有多尺度的、自然产生的超分子结构。三维拓扑网络结构具有自然的传输优势。大量活性位点（碳自由基）和基团（游离羟基、羧基等）可以在多孔通道的表面上进行各种物理变化和化学反应。木材可以通过与导电材料结合，转化为潜在的绿色木质电极材料，以获得具有优良结构的功能化电极。从有效的传输结构开始，研究天然木材在能量转换领域的特殊魅力。

7.3.1.2 电极材料概述

高性能电极材料是电化学储能器件的核心关键之一。目前，电极材料以炭材料（活性炭、石墨烯和碳纳米管等）和金属化合物为主，但其结构难以精准调控，无法满足电极材料定制化需求。因此，在原子层次对电极材料微观结构进行科学调控，并发展有效合成策略和方法实现结构控制合成，以大幅提升其电化学性能是发展新型电化学储能器件的关键问题之一。研究表明，体系中含杂原子可显著改善电极材料电化学性能，例如，N可提高导电性，O可提供赝电容效应，S可进行多电子转移反应等。高分子材料的可设计性强，利于可控地引入杂原子，从而提升电化学性能。但大部分高分子材料的导电性差，需通过高温炭化的方式改善其导电性。然而，传统高分子材料耐热性差，难以获得高性能的电极材料[37]。

理想电极材料的标准是价格便宜、无毒、稳定、可操作、耐腐蚀，最重要的是，提供高产率和优良的选择性。虽然一些材料表现非常好，符合这些标准中的许多，但很明显，目前没有一种材料满足所有的标准。传统的粉末状电极往往需要黏结剂和导电添加剂，这会增加基底与电活性材料的接触电阻，降低电子传输速率，导致较差的电化学性能。同时，在长时间循环过程中会出现电活性材料从基底脱落等问题使性能明显衰减。这些标准也是反映特异性的，因为成本、选择性和收率必须与产品成本和通过其他方式获得产品的方便性相平衡。用于有机合成的新材料的开发和坚固的电催化剂的设计仍然落后于电化学的许多其他应用，但可能为该领域提供新的机会。电极材料仍然是一个关键的优化参数，拥有很大的机会，以提供新的反应活性和更高的反应效率。

现有电极材料各有优势却也有缺点。因此，如何开发具有高密度、高孔隙率、高比表面积和高体积电化学性能的电极材料，是满足商用超级电容器高能量密度、小体积要求的重要科学课题。在这种情况下，为了解决与能量存储和转换系统中高比表面积容量和能量密度驱动相关的瓶颈，低曲折度的木质厚电极的合理设计被认为是具有成本效益和可扩展的架构。因其直接的优势（如活性物质的大质量负载、高能量密度和高效的离子/电子传输）而不断得到重视，这些优势可以快速实施以满足巨大的需求。

天然木材作为一种可降解、低成本、高产值的材料，通过对内部分子间的调控，可以将其作为新型的绿色生物质能源材料。例如，从木材次生壁中分离的木材超分子聚集体薄层，就是一类天然的有机二维材料，有广阔的应用开发空间，可用作锂金属电池的电解质界面膜，实现锂金属电池性能的突破性优化，使软包电池产品寿命增加75%以上。还可以以木材的天然组分三大素为基础柔性碳骨架材料，利用冰晶导向、二维结构支撑作用等方法制备一系列凝胶固态电解质及自支撑、柔性、可呼吸的全生物质基体相电极，用于金属空气电池、锂离子电池及柔性超级电容器中。

7.3.1.3 木竹电极材料概述

木竹电极是一种新型的电极材料，由于其独特的结构和性质，在电化学领域具有广泛的应用前景。木竹电极是一种由竹纤维和木质素等天然纤维素材料制成的电极材料。基本原理是利用木竹材料的天然纤维素结构，通过化学修饰和物理处理等方法，使其表面具有一定的电化学活性，从而实现电化学反应的发生。

考虑到木材独特的物理化学性质，木材及木质纤维素对复合电极材料的功能贡献大致可归纳为四类：①作为轻质多孔骨架，诱导活性纳米材料定向组装，实现高质量负载并促进离子和电子的转移。②作为支撑电活性物质的柔性基底材料，赋予自支撑电极优异的机械柔性和强度。③用作与导电材料进行超分子交联的绿色、生物相容的黏合剂。④用作优化电极电化学反应动力学的电活性组分。

木材作为一种可再生、可生物降解的天然高分子材料，具有独特的分层次的细胞结构、出色的机械柔韧性和可调节的多功能性，非常适合制备自支撑的炭化木材（CW）电极用于电化学储能。CW 电极继承了炭材料质量轻、比表面积高、导电性良好等优点，保留了低弯曲度的分级多孔的管道结构，能有效降低离子扩散阻力、提高活性材料负载量和整体器件的能量密度。

与其他生物质材料相比，竹材具有生长速度快、纤维强度高等独特优势。其组织结构更是相对简单，主要由薄壁细胞和纤维细胞组成。具有养分储存和运输功能的薄壁细胞紧紧包裹在纤维细胞周围，纤维细胞主要提供机械支撑并促进水和无机盐运输，薄壁细胞上有大量微米级的孔隙。这些天然孔结构为相邻细胞之间的生物量交换提供通道，并促进能量存储。有趣的是，竹材这种组织结构及功能与柔性超级电容器中的电极结构非常相似，其中具有电荷存储功能的活性物质包裹在具有电子传输功能的集流体的表面。此外，竹子中所含的水分类似于柔性超级电容器中所含的电解质。一方面，由于纤维细胞对水具有很强的亲和力，因此它是水性化学镀实现导电性的良好支架。值得注意的是，竹纤维的细胞壁多达 10 层，脱除部分基质后可得到由丰富的微纤丝组成的纤维素骨架，该骨架具有 3D 互连的多孔结构。多尺度网络结构使竹纤维不仅能够负载导电纳米颗粒，并且在受到压缩、弯曲、拉伸和扭转变形时也表现出优异的柔韧性，非常适合用作柔性电极中的集流体。另一方面，具有多壁层结构（有利于蚀刻形成孔隙）和纹孔结构（有利于活化剂完全浸渍）的薄壁细胞非常适合作为柔性电极中活性材料的前驱体材料[38]。因此，功能化后的天然竹材薄壁细胞可以重组成柔性电极材料。

由于木竹材的纤维素、半纤维素、木质素中具有较高的含碳量，并且其中含有为超级电容器的存储离子提供活性位点的各种官能团。木竹材及其衍生材料的生物质能源在储能领域也相继被报道，其中包括电极材料、超级电容器等方面。例如，可以将杨木木屑炭化后制备导电负极，以电沉积 MnO 的木屑碳为正极材料，自组装形成了夹层结构的超级电容器。生物质衍生碳层间限制了 MnO 的团聚现象，使比表面积降低，但是孔径提高。这种与生物炭相复合的材料有着较低的电荷转移电阻和较高的粒子扩散系数，同时还降低了超级电容器的制造成本。还可以设计一种全木结构非对称超级电容器（ASC）。该电容器以活性炭化木（AWC）为负极，以薄木片为隔膜，以电沉积法制备的二氧化锰-木质炭（MnO_2@WC）为正极，充分利用了炭化木多通道、低曲率、高离子和电子导电性和结构稳定性强的优点。除此之外，同样使用炭化木（CW）作为负极，正极则为通过电沉积法制备的 $Co(OH)_2$@CW，全木基 ASC。在电流密度为 1.0 mA/cm^2 和 30 mA/cm^2 时，分级多孔木质衍生电极的面积比电容分别为 3.723 F/cm^2 和 1.568 F/cm^2。将用阴离子交换法制得的金属硫化物空心 $NiCo_2S_4$ 偏心球复合在炭化木的孔道中。通过控制在 $NiCo_2S_4$ 前驱体溶液中加入的炭化木质量，介于炭材料与金属化合物之间的协同作用，制得拥有最佳性能的电极材料。除常规的炭化木外，将轻木脱木素后炭化制备 ASC 的正负极。负极将三维二硒化钼纳米纤维（3D-$MoSe_2$-NFs）和炭化脱木素木材（CDW）复合，正极材料则是使用 MnO_2 与 CDW 的复合材料。利用木材低弯曲度的直通孔隙结构，在木材炭化后或炭化过程中引入合适的赝电容材料，可直接用作自支撑的木炭电极。其不仅可以利用木材丰富的多孔结构来提高电解质中的离子传输效率，还可以利用高容量的赝电容材料提高木材电极的能量密度。

7.3.2 制备方法

木竹电极的制备方法主要包括化学修饰、物理处理和混合制备等步骤。具体包括以下几个步骤：①化学修饰是制备木竹电极的关键步骤之一。常用的化学修饰方法包括酸碱处理、氧化处理、硝化处理等。其中，酸碱处理是最常用的方法之一，主要原理是利用酸碱反应使木竹材料表面的羟基、羧基等官能团暴露出来，增加其表面活性。②常用的物理处理方法包括热压、热处理、冷冻干燥等。其中，热压是最常用的方法之一，主要原理是利用高温和高压使木竹材料表面形成一定的孔隙结构，增加其比表面积和电化学活性。③混合制备是制备木竹电极的最后一步。常用的混合制备方法包括机械混合、溶剂混合等。其中，机械混合是最常用的方法之一，主要原理是将处理后的木竹材料与导电材料（如炭黑、金属等）进行机械混合，形成电极材料。在此基础上通过各项调控方法优化电极性能。

7.3.2.1 传输结构调控

电解质运输离子和电子是基于复杂的内部结构，这不仅仅是一个简单的叠加的纹孔管或管胞，而是三维拓扑结构连接众多的纹孔管或管胞、纹孔、穿孔板。例如，在松树中，连接相邻管胞的管胞腔的纹孔经常成对出现，每个管胞包含几十到数百对边缘的纹孔。木质部中物质循环的主要枢纽由导管、管胞和内部连接元件组成。穿孔板的轴向输运和两个通道分子之间纹孔的径向输运构成了水分子运输的大部分通道，这些通道在木质部网络中具有空间结构。运输速率可受木质部导管（管胞）分子的直径、长度和有效横截面积的影响。2009年评估出22种干旱被子植物，发现大多数类群的导管直径和长度与木质部的导水性呈正相关。管壁产生的摩擦阻力随着管腔直径的增大而增大，管胞长度越小，两个管胞间水传递的摩擦阻力越大。孔的传输速率受孔膜和孔塞的直径、孔隙率和结构的影响。2007年，发现道格拉斯冷杉具有更大的边缘孔直径、更厚的孔塞、更大的塞边缘面积和更高的电导率。因此，最好是增加木质部导管的直径，形成多孔网络拓扑结构，提高内部比表面积，降低运输阻力，以实现木质部内有效的液体流动转移[39]。这种特殊功能的转变与密实化木材孔隙结构，使离子传输限域与具有高电负性的纳米级通道紧密相关。无独有偶，利用阳离子修饰密实化木材细胞壁，研究阴离子高速传输的木材超快离子导体。这些具有高选择性、高传输速率木材离子导体的开发，有利于提高全固态电池的离子传输效率。

7.3.2.2 导电功能调控

实体木材经过简单的炭化/活化处理后得到的一体化多孔炭材料（炭化木）具有较高的比表面积和各向异性的分级孔结构，可直接用作电极材料。由于不同研究者进行炭化木电化学储能性能测试的条件不一样，不易直接进行比较。但通过表7-7可以清晰地看出，不同种类木材衍生的炭化木电极材料的性能参数存在差异，针叶材的综合性能普遍差于阔叶材。这可能是因为阔叶材的孔隙结构复杂，分级的多孔结构可以在很大程度上提高其比表面积。阔叶材衍生多孔炭材料具有的丰富大孔利于传质过程，能增大孔壁上介孔的可达性，进而提升其储能性能。抑或是针叶材的大尺度微观孔隙结构较均一,缺乏分级孔结构;且含有的一些分泌物(如树脂等)可能在炭化时未能充分分解,堵塞部分孔道,使离子输运过程受阻[40]。

表 7-7 不同种类炭化木储能性能比较

树种	炭化温度/℃	活化处理	比表面积/(m²/g)	电解液	电化学储能性能
檀香木 (*S. album* Linn.)	800/N$_2$	800℃/N$_2$	44	2 mol/L KOH	32.9 W·h/kg@200 mA/g
山毛榉 (*Fagus longipetiolata*)			76		39.2 W·h/kg@200 mA/g
松木 (*Pinus* spp.)	750/N$_2$	750℃/N$_2$	38	0.5 mol/L H$_2$SO$_4$	45.6 W·h/kg@200 mA/g
红雪松 (*Thuja Plicata*)	750/N$_2$	HNO$_3$	317	0.5 mol/L H$_2$SO$_4$	115 F/g@3 A/g
柳木 (*S. matsudana*)	600/N$_2$	800℃/KOH	2793	6 mol/L KOH	395 F/g@1 A/g
杨木 (*Populus* sp.)	900/N$_2$	HNO$_3$	416	2 mol/L KOH	234 F/g@5 mV/s

因此,需要对炭化木材进行活化处理,进一步造孔或引入活性基团,从而提升超级电容器的比电容。除了高温炭化以外,表面涂层与填充复合导电材料也是常用的木材导电改性方法。用化学镀铜的方法得到木材-铜电磁屏蔽材料,其表面电阻率和镀铜率分别达到了 175.14 Ω/cm^2 和 21.66 g/m^2,屏蔽效能达到 60 dB 以上。表面涂覆导电材料可以使木材快速获得良好的导电性能,但存在镀层易脱落、二次污染等缺点。还使用 3 种导电粉末(镍粉、铜粉、石墨粉)、2 种导电纤维(铁纤维、铜纤维)作为填料放在落叶松胶合板间层,制得电磁屏蔽胶合板,在 9.0 kHz~1.5 GHz 的范围内屏蔽效能均达到 30 dB 以上,基本具备电磁屏蔽功能。但填充复合型材料存在导电成分分布不均、电导率较低、屏带窄等缺点。最近,将木材或木材衍生薄层与炭材料(碳量子点、碳纤维、石墨烯等)、导电有机聚合物及 MXene 材料复合的报道层出不穷,为解决目前导电木材存在的镀层易脱落、二次污染、导电成分分布不均的问题提供参考。

7.3.2.3 孔隙结构调控

为了激发木材的高能源存储潜力,其多尺度分级孔隙结构的改性和开发迫在眉睫。木材的多尺度分级孔隙结构在宏观层面主要由导管、管胞、纹孔、木纤维细胞腔等。而微观层面的孔隙主要由纤维素聚集而成的微纤丝在细胞壁各层的沉积形成,这些孔隙比表面积大、吸附能力强,且被木质素、半纤维素和抽提物填充。近年来，研究者采取自上而下的方法改性木材的孔隙结构：先化学改性选择性地去除木质素和半纤维素，保留以纤维素为主体的多维骨架结构，制成高孔隙率三维结构材。自下而上细胞壁基元的重组调控也不失为一个有效的孔隙结构调控方法。利用亚硫酸盐将木材木质素磺化，同时利用亚硫酸盐碱性溶液溶解半纤维素和部分纤维素，经 H_2O_2 溶液进一步化学处理后，木材薄细胞壁变得多孔直至完全破碎。经冷冻干燥后，这些破裂的薄壁细胞就近附着在木射线上，形成具有多层堆叠和相连拱形层的高孔隙率三维结构。直接炭化虽然能提高木材的电导率，但对木材微纳孔隙的提升有限。对于快速反应的电化学过程，增加电极材料的微纳米孔隙，既有助于增强电极对电解液的毛细吸附作用，促进电解液的快速传输，又有利于扩大与电解液之间的接触面积，使更多活性位点同时进行化学反应，提高能量转换效率。因此，活化造孔是另外一种常用的处理方法。常见的活化造孔方法有 CO_2 活化、KOH 和 H_3PO_4 活化、$ZnCl_2/ZnAc_2$ 活化等，经过活化处理的炭化木材实现了细胞壁微纳孔数量的进一步增加或引入活性基团，提高了比表面积和表面活性基团数量[41]。

7.3.2.4 活性位点调控

天然木材因原子级分散的孔隙结构和大的比表面积被广泛用作电化学、电催化材料，并展现出非常好的性能，近年来吸引了无数科学家的持续关注。在基于木材的电化学氧化还原反应活性位点的研究中，科学家开发了许多针对活性位点的调制策略，从而助力高效电化学性能材料的构筑。例如，对木材进行异质掺杂：将铜微粒植入炭化木的微通道内，制成负载纳米铜的木基电极。配位优化：通过将轻木脱除部分木质素（TW），在扩大比表面积的同时提高了表面羟基含量，使其在随后的化学沉积过程中更容易吸附镍离子配位，也提高了亲水性。缺陷工程：通过对木质衍生炭材料晶体骨架上的空位/缺陷调控，也可缩短离子传输路径，改善结合位点，降低结合能垒。以木质衍生炭材料为载体，复合超薄 MoS_2 二维纳米材料调节 S 空位浓度，制备具有不同 S 空位浓度多孔木质衍生炭复合材料，表现出优异的电化学性能。结构优化：使用纤维素酶分解桉木中的部分纤维素以形成大量纳米孔道，这有助于最大程度地暴露桉木的内部结构，从而在随后热解过程中能将氮充分地掺杂到炭骨架上。纤维素消解后的桉木炭化后仍具有较强的机械性能，导电性好，内部含有交联网络和离子传输通道，可直接用作一体化的非金属电极材料。异质结构构筑：利用天然木材炭化后三维多通道的结构优势，将 $LiFePO_4$ 填充到炭骨架中制得超级电容器正极材料。由此制成超厚 3D 电极，其厚度达到 800 μm，活性材料负载量为 60 mg/cm^2，比容量为 7.6 mA·h/cm^2，能量密度为 26 mW·h/cm^2。复合：通过化学气相沉积法将碳纳米管附着到炭化木每个管胞的内壁上,制得新型电极材料。该方法可以在不影响炭化木基底导电性的情况下有效增加其比表面积。木材/MOF 因具有比表面积大、活性位点多、孔结构丰富等特点,在电化学储能方面也具有一定的应用价值。炭化处理保留了木材的天然多孔结构,为离子和电子的迁移提供了高速通道,在木材内部均匀生长的 ZIF-8 纳米晶体提供丰富的微/介孔结构和活性位点,具有优异的电化学储能性能[42]。

7.3.3 性能表征

7.3.3.1 微观形貌

对材料的形貌表征最常用的手段是扫描电子显微镜(SEM)和透射电子显微镜(TEM)。有时根据材料形貌的特殊要求,也用到扫描隧道显微镜(STM)和原子力显微镜(AFM)。电池正极材料的形貌分析主要用到的是 SEM 和 TEM。材料在制备生长过程中受动力学和热力学方面的影响形貌会发生变化,对形貌变化的调控和功能性修饰是材料能够得到实际应用的前提。利用电子束扫描样品表面时产生的二次电子或背散射电子进行实时成像,可以在微观尺度上直观地观测电极材料在循环过程中的颗粒大小和形貌变化。因此,通过对循环过程中的电极材料进行实时 SEM 观察,可以实时地监测电极材料在循环过程中的形貌变化,找出电池失效的可能原因,有助于指导电极材料的结构设计和性能优化。从图 7-34 可以看出,CW 电极保留了木材天然管道状的细胞结构。其中,松木、椴木、杨木和榉木等原料因具有畅通的低弯曲度管胞结构,被广泛用于厚电极的制备。

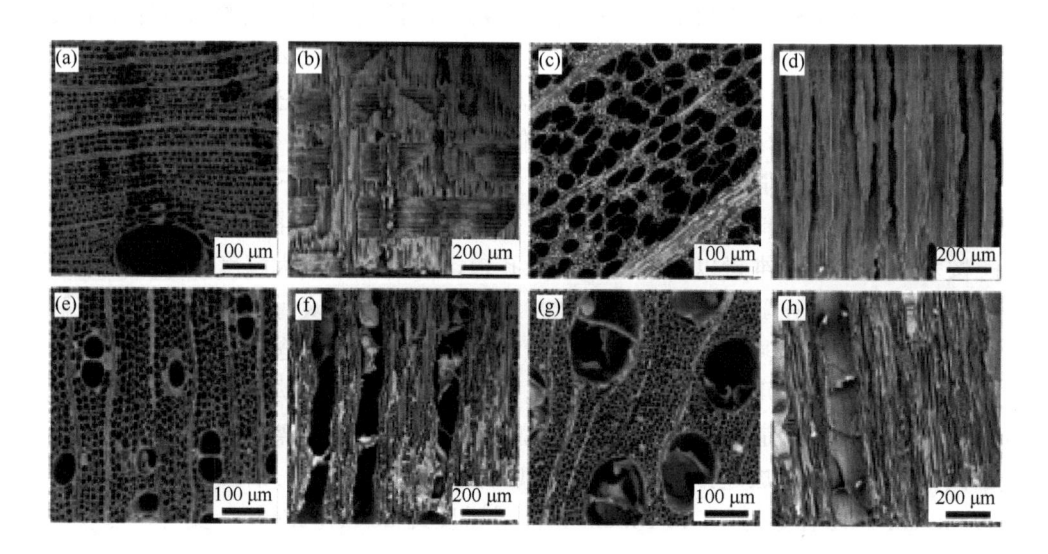

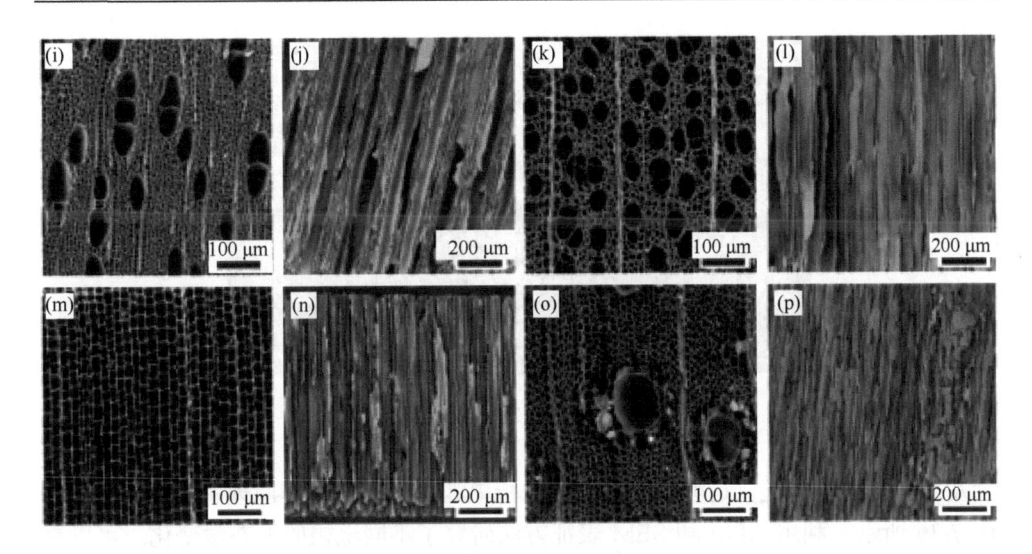

图 7-34 不同 CW 电极的俯视和横截面 SEM 图

(a)、(b) CW-红花梨;(c)、(d) CW-榉木;(e)、(f) CW-白蜡木;(g)、(h) CW-黑胡桃;(i)、(j) CW-杨木;
(k)、(l) CW-椴木;(m)、(n) CW-松木;(o)、(p) CW-桐木

TEM 分辨率更高,可以达到 0.1~0.2 nm,除了对样品进行形貌分析,还可以分析样品的晶体结构。从 TEM 图中可以清晰地看到样品的形貌,同时也可以看出样品结晶度良好。通过结合能量色散 X 射线谱(energy dispersive X-ray spectrum, EDS)还可以进一步分析电极充放电前后的元素组成,对电极界面反应的动态演化规律提供指导。原位 TEM 在提高 TEM 时间分辨率的同时,对薄层或纳米电池系统施加电信号等,可以通过多种不同的模式,如高分辨透射电镜(high resolution TEM, HRTEM)、扫描透射电子显微镜(scanning TEM, STEM)、选区电子衍射(selected electron diffraction)、电子能量损失谱(electron energy loss spectrum, EELS)、能量色散 X 射线谱等,实现从纳米甚至原子层面实时、动态监测电极、固体电解质及其界面在工况下的微观结构演化、反应动力学、相变、化学变化、机械应力,以及表/界面处的原子级结构和成分演化等关键信息,是系统研究固态锂电池充放电过程电化学反应机制及失效机制最具代表性的一种重要表征手段。如图 7-35 所示,经 15 wt%盐酸洗涤后,CW 的垂直通道中存在大量的孔隙。这与磷酸盐去除有关,但容量贡献很小,导致更多的缺陷结构暴露在连续波表面。

目前主要的研究方法是通过传统的电化学循环技术及光谱分析法来对电池的化学特性、组成部件以及电池的整体性能进行分析,但若是能在纳米尺度上表征电池材料,那么还是对电池研究有很大助益的。AFM 以一根探针作为媒介,与样品表面接触发生相互作用,从而得到微纳米尺度上样品的形貌、导电性、分子排

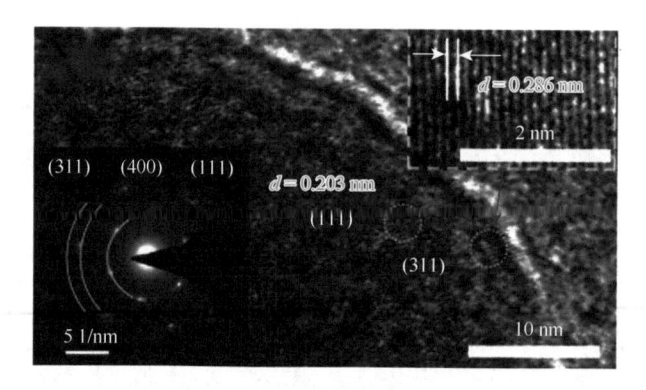

图 7-35　TEM 图[8]

列及力学等各种特性，是可以提供表征分析电池材料及其工作原理的理想仪器。如图 7-36 所示，利用 AFM 和 SEM 表征方法研究了不同电极的形态学变化。可以看出，与初始状态相比，锌箔循环后的表面明显粗糙［图 7-36（a）和（b）］。相比之下，木材@Ni@Zn 表面在循环后仅稍微粗糙［图 7-36（c）和（d）］。

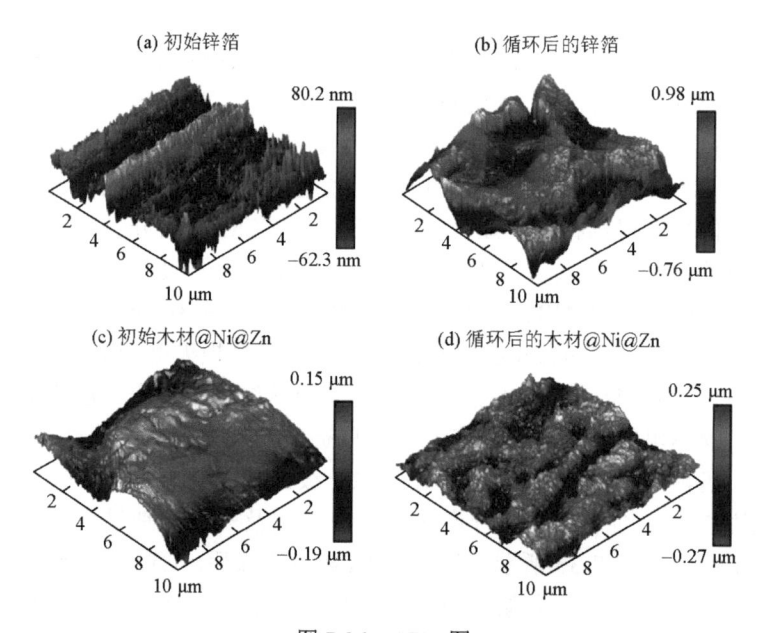

图 7-36　AFM 图

7.3.3.2　物相分析

在实验室和同步辐射设施中进行的 X 射线衍射（XRD），是研究电极材料反应机制的最成熟的操作技术。原位 XRD 表征作为一种 XRD 的衍生测试手段，能够满足非原位 XRD 对晶态材料的物相分析，而且还能够实现对晶态材料、二次电池元器件进行原位高低温、充放电特殊气氛等条件下的晶体结构测试及分析。X 射线的波长和晶体内部原子面之间的间距相近，晶体可以作为 X 射线的空间衍射光栅，即一束 X 射线照射到物体上时，受到物体中原子的散射，每个原子都产生散射波，这些波互相干涉，结果就产生衍射。衍射波叠加的结果使射线的强度在某些方向上加强，在其他方向上减弱。分析衍射结果便可获得晶体结构。在电池充放电循环过程中同时进行 XRD 扫描，观察电极材料的变化机制，主要可用来观察反应过程中所发生的物相转变，是分析电池电极材料的重要方法。通过衍射扫描获得电池在测试过程中的一系列 X 射线衍射花样，通过对 X 射线衍射花样图谱集的分析，得到电池电极材料的物相变化及含量、晶胞参数、晶面间距、晶胞体积变化等信息。如图 7-37 所示，CW 和 CW-P-2.62、CW-P-5.91、CW-P-9.24 的 XRD 谱图显示了与石墨碳(002)和(101)反射相对应的典型无序结构。此外，在位置(002)处的峰值向小角度方向移动，这与 P 掺杂引起的晶格常数的增加有关。

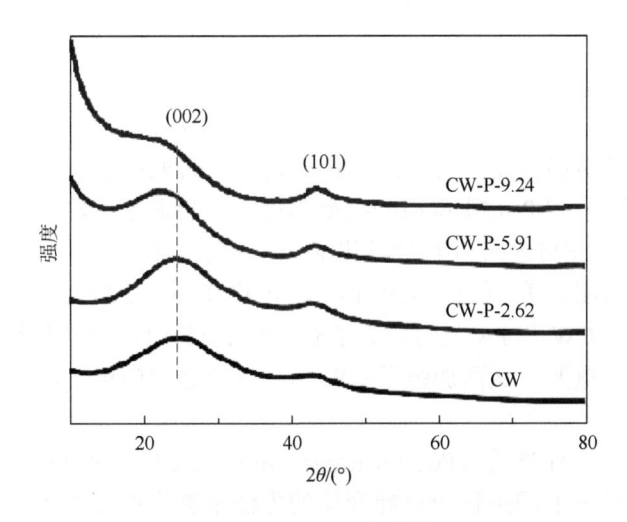

图 7-37　XRD 谱图[43]

在管式炉中在氮气保护下得到磷掺杂的 CW，记为 CW-P-X（X 为掺杂原子 P 的含量，单位%）

XPS 技术通过采用一定能量的 X 射线照射样品表面，与待测样品的表面原子发生作用，测量样品表层中原子的内层电子或价电子束缚能及其化学位移，从而获得元素种类、原子的结合状态及电荷分布状态等信息。当原子周围的化学环境发生变化时，内层电子的结合能也会跟着发生变化，这种内层电子结合能随化学环境变化的现象称为化学位移。XPS 可以测试化学位移，因此也就可以得出样品表面元素所处的化学状态。如图 7-38 所示，通过 XPS 分析研究了 CW 和 CW-P-2.62、CW-P-5.91、CW-P-9.24 电极的表面官能团。XPS 图显示了所有样品中 C 和 O 对应的特征峰。有趣的是，在 CW-P-2.62、CW-P-5.91 和 CW-P-9.24 中出现了一个新的峰，这与磷官能团的引入有关。

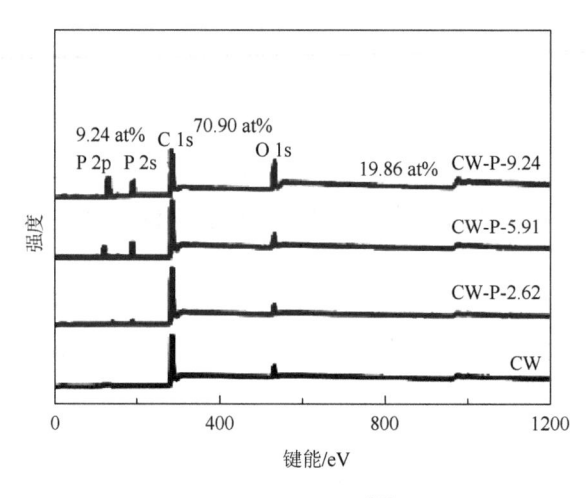

图 7-38　XPS 图[43]

对于电池的负极材料，可以通过拉曼光谱来研究样品表面的组分和结构。如图 7-39 所示，CW-P-9.24 电极的拉曼光谱进一步显示了约 0.998 的最高 I_D/I_G 强度比，表明与 TEM 和孔隙尺寸结果对应的缺陷结构。这一结果与植酸（CA）激活引入磷官能团有关。此外，CW-P-9.24 电极在约 1320 cm^{-1} 处的 D 带峰偏移了 25 cm^{-1}，表明 CW 和 PA 之间形成了 C—P 共价键。C—P 共价键对 CW-P-9.24 电极的结构至关重要，从而加强了 CW 与磷酸盐之间的连接，增加了大量的缺陷位点。

傅里叶变换红外光谱（Fourier transform infrared spectrum，FTIR）是通过测量干涉图和对干涉图进行傅里叶变化的方法来测定红外光谱，是一种将傅里叶变换的数学处理，用计算机技术与红外光谱相结合的分析鉴定方法。傅里叶变换红外光谱仪主要由光学探测部分和计算机部分组成。当样品放在干涉仪光路中，由于吸收了某些频率的能量，使所得干涉图强度曲线相应地产生一些变化，通过数学的傅里叶变换技术，可将干涉图上每个频率转变为相应的光强，从而得到整个红外光谱图，如图 7-40 所示。根据光谱图的不同特征，可鉴定未知物的官能团、测定化学结构、观察化学反应历程、区别同分异构体、分析物质的纯度等。红外光谱的强度 $h(\delta)$ 与形成该光的两束相干光的光程差 δ 之间存在傅里叶变换的函数关系。FTIR 具有检测灵敏度高、测量精度高、分辨率高、测量速度快、散光低及波段宽等特点。FTIR 的主要优点为信号的多路传输，可测量所有频率的全部信息，大大提高了信噪比；多波数精确度高，可达 0.01 cm^{-1}；分辨率高，可达 0.005～0.1 cm^{-1}；输出能量大，光谱范围宽，可测量 10～10000 cm^{-1} 的范围。

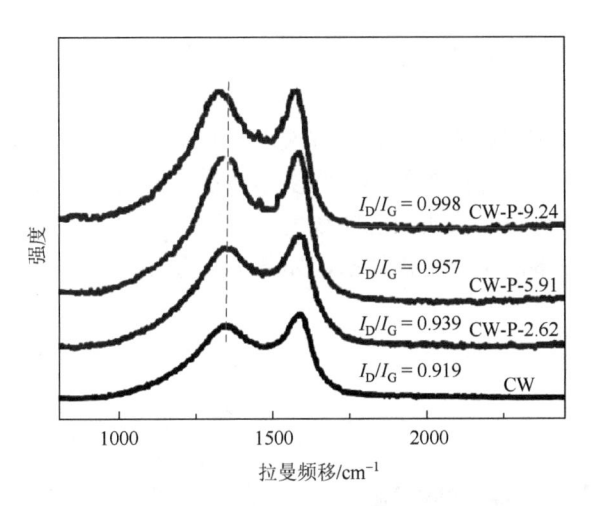

图 7-39 拉曼光谱图[43]

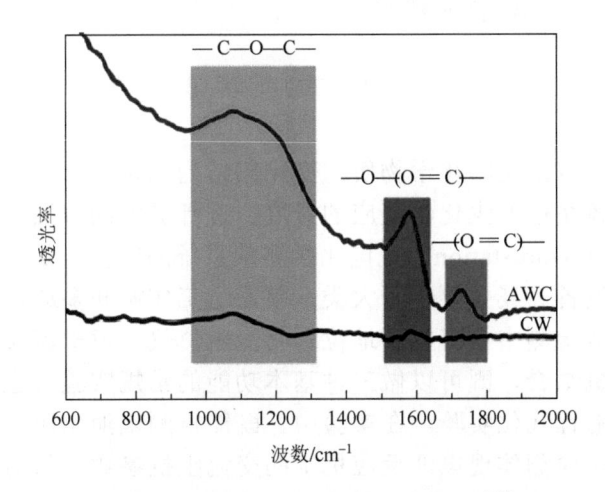

图 7-40 AWC 和 CW 电极的 FTIR 图[43]

7.3.3.3 电化学性能分析

电化学是电与化学作用相互关联的一个化学学科的分支，主要包括通过电流调整化学反应以及通过化学反应产电两种类型。其中就包括了大量的反应现象（电泳、腐蚀等）、各类器件（电致变色智能窗、各类电池、电分析传感器等）及各类技术（金属电镀等）。通过一些固定的输入（如恒电流、恒电压、阶梯电位等）来获取输出的电信号，从而反映出电极材料的界面结构、界面上的电位分布以及在这些界面上进行的电化学过程等，这就是人们常说的电化学测试。

电化学反应是中性物质、带电离子和电子之间的化学反应。与电化学有关的物理现象包括离子电池、燃料电池、腐蚀及电沉积等。电化学反应中的电荷转移通常发生在电极（阳极或阴极）和电解液之间的相界面上。电极是与电解质溶液或电解质接触的电子导体或半导体，为多相体系。电化学体系借助于电极实现电能的输入或输出，电极是实施反应的场所。一般电化学体系分为二电极体系和三电极体系，使用较多的是三电极体系，如图 7-41 所示。

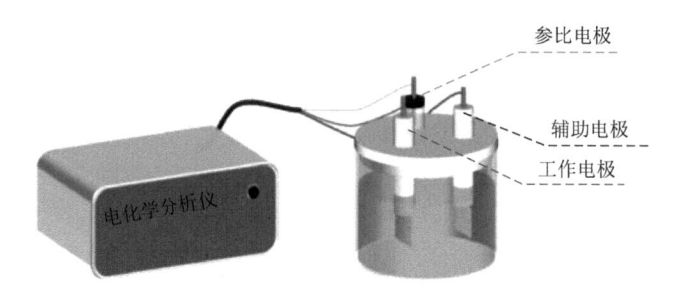

图 7-41 三电极体系图

电化学测定方法是将化学物质的变化归结为电化学反应，以电位、电流或者电量作为体系中发生化学反应的量度，进行测定的方法。电化学工作站（electrochemical workstation）是电化学测量系统的简称，是电化学研究和教学常用的测量设备。其主要有两大类，单通道工作站和多通道工作站。电化学工作站在电池检测中占有重要地位，将恒电位仪、恒电流仪和电化学交流阻抗分析仪有机结合，既可以做三种基本功能的常规实验，也可以做基于这三种基本功能的程式化实验。在实验中，既能检测电池电压、电流、容量等基本参数，又能检测体现电池反应机制的交流阻抗参数，从而完成对多种状态下电池参数的跟踪和分析。电化学工作站主要由以下五部分构成：快速数字信号发生器、高速数据采集系统、电位电流信号滤波器、多级信号电路、恒电位仪/恒电流仪。

电化学测试的方法很多，根据测试的特质可以分为以下几大类：①稳态测试方法；②暂态测试方法；③伏安法；④交流阻抗法等。

(1) 稳态测试：恒电流法及恒电位法

稳态测试是指电化学参量（如电极电势、电流密度、电极界面状态等）变化微小或基本不变的状态。最常用的稳态测试方法包括恒电流法和恒电势法，即在电化学体系中施加恒定不变的电流或电极电势条件。通常使用恒电位仪或电化学工作站来实现这些条件。通过简单设置电流、电势和时间参数，就能有效地使用这两种方法。这些方法主要应用于活性材料的电化学沉积以及金属稳态极化曲线的测定等领域。

(2) 暂态测试：控制电流阶跃及控制电位阶跃法

暂态测试是相对于稳态测试而言的，在一个稳态向另一个稳态的转变过程中，任何一个电极尚未达到稳态时，都处于暂态过程，如双电层充电、电化学反应和扩散传质等过程。常见的方法包括控制电流阶跃法和控制电势阶跃法。控制电流阶跃法又称为计时电位法，即在某一时间点电流突变，而在其他时间段电流保持恒定。同样，控制电势阶跃法也称为计时电流法，即在某一时间点电势突变，而在其他时间段电势保持恒定。利用这些暂态控制方法，通常可以研究电化学变化过程的性质，如能源存储设备充电速率、界面吸附或扩散作用的评估等。计时电流法还可用于评估电致变色材料的变色性能。

(3) 伏安法：线性伏安法和循环伏安法

伏安法在电化学测试中是最常用的方法之一，因为它能够实时监测电流和电压的动态变化，而这正是电化学反应过程的典型特征。一般来说，伏安法主要分为线性伏安法和循环伏安法两种。二者的区别在于，线性伏安法是单向进行电压变化测试，而循环伏安法则是往返进行电压变化测试。线性伏安法观察电流对一定电压变化速率的响应情况，而循环伏安法则在电压从起点到终点再回到起点的循环过程中进行测试。线性伏安法广泛应用于太阳能电池、燃料电池氧还原曲线以及电催化中的催化曲线等领域。而循环伏安法则主要用于研究超级电容器的储能能力、材料的氧化还原特性等。

循环伏安法（cyclic voltammetry，CV）作为一种用以评价未知的电化学体系最为常用的研究方法，主要通过控制电极电位以不同的速率，随时间以三角波形一次或多次反复扫描获得的电流-电位（$i\text{-}E$）曲线。在不同的电位范围内，电极上能够交替发生不同的还原和氧化反应，根据曲线形状可以判断电极反应的可逆程度。根据特定电位范围内反应物的吸附、脱附峰可以用来评价电催化剂的催化活性面积，也可用于获得复杂电极反应的有用信息。在实验室级别或材料研究级别中，循环伏安法是一种精确的技术，可以定性和半定量研究，通过大范围的扫描速率扫描进行动力学分析，决定电压窗口。

(4) 交流阻抗法

交流阻抗法的实现方法是通过小幅度的电流变化控制电化学系统，同时测量电势随时间的变化，从而获取阻抗或导纳的性能，并进行电化学系统的反应机理分析及相关参数的计算。交流阻抗谱包括电化学阻抗谱（EIS）和交流伏安法。EIS 由一个半圆区域、一个 45°的 Warburg 区域和离子扩散区域组成。在高频区，EIS 曲线在 Z' 轴上的截距为等效串联电阻（R_s），包括电解液的欧姆电阻和活性材料与集流体的接触电阻。由于 CW 电极并未使用集流体，因此该接触电阻为 CW 电极与电极夹的接触电阻。图 7-42 显示不同 CW 电极的 R_s 都小于 1.3 Ω，表明 CW 电极的等效串联电阻非常小。半圆的直径是电荷转移电阻（R_{ct}），反映的是电荷通过电极转移到电极界面的电阻，与材料的本征电阻有关。因此，电导率更高的 CW 具有更小的 R_{ct}。不同种类木材 CW 电极的 R_{ct} 都小于 1.0 Ω，表明 CW 电极具有良好的导电性和优异的倍率性能。交流伏安法是在某一特定频率下，研究交流电流的振幅和相位随时间的变化。

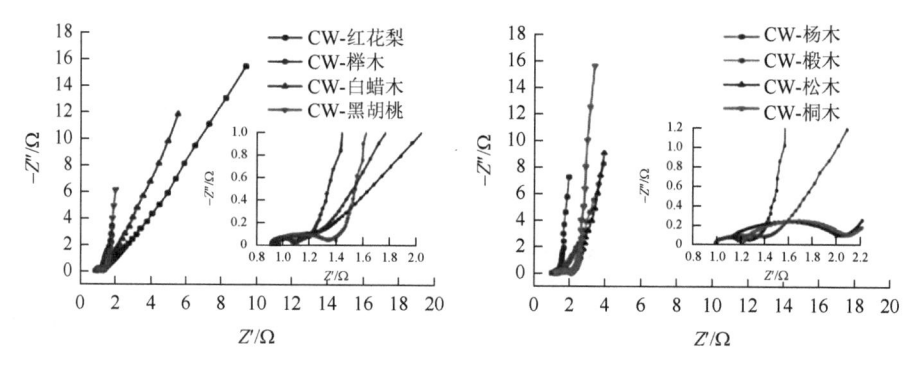

图 7-42 EIS 图

7.3.3.4 电子和离子电导率分析

在电化学储能器件中，电子传导和离子扩散对于电极材料性能的发挥至关重要。以锂离子电池为例，电子通过外电路传输至材料表面，离子通过内电路扩散至材料内部，最终活性材料、电子和离子发生电化学反应，实现电能和化学能之间的相互转换。一般而言，外部电路的电子转移快于内电路的离子扩散，因此需要不断改善材料界面特性来使电荷快速达到平衡，避免材料表面发生净电荷累积，降低快速充放电过程中的极化。总之，离子在材料内部的扩散是重要的反应过程，也是电化学反应的限制步骤，如何准确表征离子扩散对于指导电极材料的设计合成有至关重要的作用。

在电动汽车和便携式设备的全新领域中，传统的电极加工通常面临着获得高能量密度的可充电电池和超级电容器。具体而言，传统电极配置的增厚导致电荷

(即离子和电子)传输距离和阻抗呈比例增加,其中阳极/阴极在金属集电器上涂有导电剂和特殊材料的浆料、黏合剂。高曲折度电极缓慢的电荷转移动力学最终会导致倍率性能下降和循环寿命变差。为了解决与能量存储和转换系统中高面积比容量和能量密度驱动相关的瓶颈,低曲折度整体木质电极的合理设计被认为是具有成本效益和可扩展的架构,以实现传统薄膜电极无法实现的前所未有的功能。在这种情况下,木材厚电极的概念因直接的优势(如活性物质的大质量负载、高能量密度和高效的离子/电子传输)而不断得到强调,这些优势可以快速实施以满足巨大的需求和即将到来的电动时代。

阴极材料的电子和离子电导率往往相对较低,因此必须使用由活性材料、固态电解质(SSE)和电子导电的碳添加剂组成的复合物。理想情况下,如果有一个精细分散的离子/导电的 SSE/碳粒子网络,其中每个阴极粒子都被 SSE/碳所包围,那么离子/电子在到达快速导电的 SSE/碳之前必须只经过一个活性材料粒子。这将提高容量利用率和速率,因为电池的过电位较低,允许在达到电压极限之前利用更多的容量。相反,在分散性差的复合材料中,一些活性材料颗粒与 SSE/碳隔离,电阻会更高,因此容量利用率会下降。因此,在全固态电池(ASSB)系统中使用的混合方法和由此产生的阴极复合材料的形态对于实现良好的电池性能变得至关重要。为了优化阴极复合材料中所有成分的分布和界面接触面积,需要进行周密的形态学设计。也就是说,需要有足够的离子和电子传输来实现更高的电流密度和面积比容量。除了复合电极的总孔隙率外,电解质和阴极颗粒的尺寸等形态参数也应得到优化。

7.3.3.5 电极电化学界面反应分析

界面电化学过程分析是研究电化学反应机制的重要途径,对有机电合成方法的开发、电化学催化剂的设计、能源存储器件的构建及生物代谢途径的研究都具有重要的指导意义。传统的电分析方法,如恒电位法、伏安法、库仑法等只能监测电化学反应过程中的电流、电位等电学参数,无法提供反应过程中的分子信息。而基于光谱、质谱、显微成像等技术的离线分析方法由于缺乏时效性,也难以准确地还原出电极-电解液界面反应的真实过程。需要从表面/界面化学的角度详细考虑用于成型纳米复合材料的木质厚电极的功能化和改性。木质支架需要与电活性成分持续和强烈接触,同时保持界面的可忽略不计的阻抗。另外,电活性物质尽可能均匀地填充到木材孔隙中,是减小电极"死体积"的基本前提。因此,需要通过耦合添加剂(如 CNT、石墨烯、碳纳米点和 MOF)选择、导电涂层来进一步讨论大量合理的设计技巧来操纵相应复合材料的界面微/纳米结构。

典型的电化学反应界面由两相组成：固相电极和液相电解液，而ORR（氧还原反应）作为一种耗气反应，需要固-液-气三相界面分别提供活性位点和电子（固相）、氢离子或水分子（液相）、氧气（气相）。除催化剂本身的活性外，O_2和H^+/H_2O对活性位点的可达性也从动力学角度影响ORR的效率。通过合理调整电极界面的气-液润湿性，可以在耗气反应中形成理想的固-液-气三相界面。在没有任何溶剂进行调节的无溶剂离子液体的碳/离子液体界面，其双电层的结构不同于传统电解液的双电层。传统电解液的双电层电容器，溶剂分子将电极表面电荷和电解液的反电荷进行分离，因此溶剂的性质对双电层的特性有很大影响。考虑到炭材料属于半导体，当碳电极被极化时，电荷分布延伸到炭材料体相内部（空间电荷区），同时在电极上的固体一侧形成双电层。碳电极/离子液体界面还未得到很好的研究，目前研究主要集中在金属/离子液体界面上。尽管如此，假设电活化后的电极附近的离子液体结构并未受到电极的很大影响，那么金属/离子液体界面的研究结果可以外推应用到碳/离子液体界面上。在低电极极化下，界面可以用简单的Helmholtz模型来描述，该模型认为电极电荷完全被距离电极表面非常近的一个单层离子层上的相反电荷所抵消（致密层）。这个模型是基于和频振动光谱及电化学交流阻抗谱提出的，这些测试结果表明，在P/BMIMBF（1-丁基-3-甲基咪唑四氟硼酸盐）界面上的离子仅在一个离子层中排列。此处，离子液体的离子在外电场作用下的排列方向以及它们的立体化学（stereochemistry）在很大程度上决定了双电层的厚度。事实上，通过红外光谱进行的构象研究证明电极正极极化时咪唑类离子液体的咪唑环平面与表面正交，当电极负极极化时咪唑环平面与表面对齐平行。尽管如此，在高电极极化下，高表面电荷密度能够被交变电荷的多层排布所补偿。在某些情况下，如同P/BMIMDCA（1-丁基-3-甲基咪唑二氰酰胺）的情况下，离子液体的本征性质决定了一系列交替离子在多个离子层中的"自我排布"，即使在低电极化下也是如此。甚至目前的计算机模拟研究也暗示金属/离子液体界面形成的双电层是复杂的多层模型。

7.3.3.6 储能机制分析

与物理储能和化学储能相比，电池储能在可扩展性、使用寿命、灵活性等方面具有更多的优势。电池储能以锂离子电池、钠离子电池、锌离子电池、燃料电池、超级电容器和液流电池等储能技术为主，见表7-8。炭化木在金属离子电池上的应用不仅可以满足基本电极材料的要求，同时还绿色环保，可生物降解，既可作电化学储能器件的正极材料又可作负极材料。

表 7-8　储能机制

储能类型	电极	电解液	机制
锂离子电池	正极：木基碳电极、锂离子掺杂纤维素基木材、复合锂化物木基衍生材料 负极：金属锂	六氟磷酸锂	锂离子插层
钠离子电池	正极：木基碳电极、钠离子掺杂纤维素基木材、复合钠化物木基衍生材料 负极：金属钠	六氟磷酸钠	"摇椅式"钠离子脱嵌
锌离子电池	正极：层状材料、框架状材料、多孔材料 负极：金属锌	三氟甲烷磺酸锌、硫酸锌	锌离子插层、沉淀溶解、晶体相变
燃料电池	电极：木材衍生碳材料	生物质燃料	氧化还原
超级电容器	电极：木材衍生碳材料	KOH	离子吸脱附、氧化还原、离子插层
液流电池	电极：木基碳	硫酸氧钒	氧化还原

7.3.4　应用领域

作为地球上储量丰富的天然材料，木材具有可再生、环境友好、可降解的特点。同时，以亲水的纤维素和半纤维素等为基质的木材细胞，在树木的新陈代谢过程中提供了离子、水和氧气的传输通道。复杂有序的木材细胞壁层级结构又赋予了木材优良的机械强度。因此，与其他纳米结构催化剂相比，让天然木材直接转换为电极材料的优势不仅在于其极低的成本和易操作、易处理性，也在于木材分层多级的孔隙结构，包含着天然的离子传输通道和导电子交联网络，且无需聚合物胶黏剂、炭黑等导电添加剂。制备的木材电极材料可以直接用于超级电容器、锂-氧电池、锂-硫电池、电催化氧化还原等领域。

7.3.4.1　电池

在传统电池的电极制备中，随着电极厚度的增加，电极变形、断裂的风险和离子传输困难等问题随之增加。利用具有定向、通直孔道结构的木材作为电池的电极材料，可以有效减小电极的弯曲度，缩短离子扩散的距离。同时，多孔结构可以保证活性物质均匀地生长在木材的孔道壁，并为阴极产物提供生长空间，提升电池的库仑效率和循环性能，保障电池的安全性。目前，木材在电池领域的应用主要包括锂离子电池、锂-氧电池、锂-硫电池等。

据研究,一块如纽扣般大小的电池被丢进水中,可以污染 60 万 L 水,相当于人一生的用水量。如果将电池埋在地下,电池中含有的稀有重金属会渗液流出,污染地下水和土壤。为应对以上问题,寻找新的替代原材料制作新型电池变得刻不容缓。以木材为基础的新型电池成本更低、更环保。由可再生木材制成的具有成本效益的电池阳极,再次将木质电池拉入大家的视野。通过对天然的木材经过物理化学处理,可以得到含有木质素的有机纤维,这种有机纤维可以充当稳定剂的作用,并且无毒、无害、无污染,属于纯绿色环保产品。采用一种简便且可扩展的方法,通过紫外光照射辅助脱木素、化学镀镍和随后的电化学锌沉积来构建 3D 分层木质锌电极。获得的木质@Ni@Zn 电极具有较大的电导率(173.6 S/cm),对水性电解质具有良好的亲和力(40°接触角)和高拉伸强度(33.9 MPa)。在木质@Ni@Zn 电极中,继承自木材的 3D 层次结构可以显著增加 Zn 沉积的活性位点,而纤维素骨架不仅可以作为电解质"储层",还可以与 Zn^{2+} 和水分子发生强烈的相互作用。因此,与使用传统锌箔电极相比,基于木质@Ni@Zn 电极的 Zn//Zn 电池可提供显著改善的循环性能[44]。

目前新能源汽车装备的动力电池中,锂是其中最重要的元素。锂离子电池所需的锂、钴和镍在地壳中的含量仅分别为 17 ppm(百万分之一)、30 ppm 和 90 ppm,且大多数集中在南美洲。与巨大的市场需求相对的是锂元素供应量的减少。来自波兰和瑞典的科学家首先注意到了来自植物体内的木质素,他们将木质素进行氧化,之后与一种称为多吡咯的物质结合,制造出多层聚合物电极。这种电极制作成本低,但其搭载的电荷密度可以达到 70～90 mA/g,相当于或略优于目前的锂离子电池的水平。木质电池将在未来用于纯电动汽车,但其并不是一个全新的概念。在 2013 年研制出了可充电的环保木质电池,最大的亮点莫过于以木头作为主要原材料;还发明了一项新技术,通过从造纸工业的废弃副产品木质素中制备碳,可以使更可持续的钠离子电池取代锂离子电池。在日本,成功地利用木质原料制作出了新型的"木质电池",考虑在未来将这种"木质电池"用于纯电动汽车。随着新能源汽车的普及,纯电动汽车市场需求扩大,为汽车供能的电池也进入了回收报废的高速发展阶段。一方面,电池原材料的供应减少、价格上涨;另一方面,废旧电池的回收技术及对环境的污染问题越来越受到关注。我们期待随着技术的发展,木质电池能够拥有媲美目前锂电池所具有的性能,甚至优于锂电池的能量容量,那么将在人类环保事业蓝图上画上浓墨重彩的一笔。

7.3.4.2 超级电容器

超级电容器是一种储能装置,特点是充放电周期快、循环寿命长、功率密度高，适合各种大功率应用。然而，超级电容器由于低能量密度和高成本限制了其大规模的商业应用，开发一种低成本的厚电极系统变得尤为必要。因此，以一种简单、绿色的方式将厚碳电极设计具有高面积/体积能量密度的储能装置仍具有很大的吸引力，但仍然存在挑战。纤维素是一种来源丰富、成本低廉的厚碳电极前驱体，通常采用化学活化剂和热解途径活化，以获得较高的电化学性能，但还存在活化条件恶劣、多孔结构易坍塌、成本较高等有待解决的问题。

超级电容器作为一种高效的储能器件，因优越的功率密度、快速的充放电速率、长周期寿命和宽的工作温度范围，在过去几十年中引起了学术界和工业界的极大关注。然而，碳基超级电容器有两个重要的局限性：简单地使用纯碳材料会限制其能量密度；活性材料的负载量增加或电极变厚时，电容性能会变差。此外，粉末态电极材料的制备需要很多工序，特别是碳材料的蚀刻、纯化、模板去除等，这大大增加了大规模生产电极的成本。目前，同时实现优异的电化学性能和较厚的电极以及高的活性材料负载量是一个急需解决的问题。木材厚电极的设计可以实现电活性材料的高质量负载，进而提高超级电容器的能量密度。此外，导电剂和黏结剂不仅增加了电极材料的装载量，而且严重影响电极材料的微纳孔结构，不利于构建高能量密度的储能器件。因此，提出一种创新的材料设计满足在高质量负载活性材料的厚电极上实现优越的电化学性能是尤为重要的。要实现高性能的厚电极，本质上需要低弯曲度和优良孔隙结构的大块材料。木材是一种富含纤维素且具有层次结构、孔道垂直排列的天然材料，是用于超级电容器厚电极的良好候选材料[43]。

7.3.4.3 电催化氧化与还原

木材作为储量丰富的可再生资源，在电催化制氢领域有着巨大的发展潜力和独特的应用优势。木材细胞壁含有丰富的活性官能团（如羟基），可通过形成共价键吸附锚定高催化活性的过渡金属离子，有效抑制在后续炭化过程中形成金属颗粒团聚而降低催化性能。此外，木材在热解时能提供充足的碳源，在高温炭化时可被催化形成高导电性的石墨化碳，加速电子的传导与转移。特别值得关注的是，木材具有低曲率、高度有序排列的孔道结构，是树木生长输送水分和养分的天然通道，也为形成不连续三相界面（固体、液体、气体）提供了理想的结构支撑。对于有气体产物析出的尿素电催化氧化反应而言，若电解液未能充分浸润电极，或产出气体无法及时从反应位点脱附，都将限制催化活性位点的利用，阻碍后续催化反应进行，进而造成催化材料性能急剧下降。综上，木材的结构特征和表面特性与涉及气体参与的催化反应体系高度契合，但如何设计兼具高效的催化反应活性与优异的表面润湿性的电催化材料仍具有很大挑战。因此，基于化学计量法和仿生学原理，通过调控木材衍生炭材料内部互穿孔道表面微观形貌，获得了具有超亲水/超疏气特性的电催化材料。木材低曲率有序孔道结构为电催化反应提供了高效传质路径，Ni^{2+}的引入加速了木材衍生炭的石墨化转变，提高催化材料导电性能。木基电催化材料的超亲水特性能够改善对电解质溶液浸润，增强催化活性位点的可达性，超疏气特性驱使反应析出气泡以小尺寸即时脱离电极表面，能有效避免气泡屏蔽效应，抑制催化活性位点失活，保障了其稳定的尿素电催化氧化性能。该方法对于未来开发各种涉及气体参与催化反应的电催化材料具有重要参考意义。

电化学催化是一种环境友好的、符合绿色化学要求的催化氧化和还原方法，对提高电能利用、发展多元化的能源形势，解决生物质的高值化利用问题具有重要作用。相较于传统的加氢催化，电化学催化过程条件温和（常压，温度<100℃），可通过溶剂水的电离来提供氢源或氧源，避免反应过程中氢气或者氧化剂的使用，还可通过调节电极电位或电流等手段控制反应速率和产品的选择性。电催化技术常用于木质素解聚。无论电催化木质素解聚还原反应，还是电催化木质素解聚氧化反应，通常涉及两条电子反应路径：直接电子转移路径和间接电子转移路径。对于直接电子转移路径反应而言，在决定电催化木质素解聚各因素中，电催化剂是最为关键因素之一。例如，经过多年发展，多种多样的电化学氧化木质素解聚催化剂已被开发，包括金属（如 Ni、Cu、Au、Pt 等）、金属合金（如 NiSn、PtRu、NiCo 等）及金属/金属氧化物混合物（如 Pb/PbO_2、$Ti/Sb-SnO_2$、Ti/PbO_2 等）。值得注意的是，这些催化剂中金属（O）活性组分表面在高电压条件下于碱性电解质中不是特别稳定，会发生转化。在此条件下，金属 Ni 电极直接用于电催化氧化木质素解聚生成香草醛时，其表面会演变成 NiOOH。与传统的热催化工艺相比，它具有显著的优势，如反应条件温和、利用可再生电力作为动力提高了可持续性以及同时产生有价值的 H_2 在阴极作为有利产物。尽管如此，电催化木质素氧化的研究仍处于起步阶段，特别是对于选择性 C—C 键裂解。低选择性和低产率是电催化木质素氧化过程中的关键瓶颈[45]。

在实际电解水的过程中，电极表面动力学缓慢，往往需要施加大的电压（大于 1.23 V）克服电化学反应需要的能量壁垒才能使反应进行。近年来，过渡金属及其衍生物因良好的催化性能、较低的成本和优异的稳定性，而被当作 OER（析氧反应）和 HER（析氢反应）良好的电催化剂，在催化电解水上展现出了巨大的潜力。然而，基于过渡金属的电催化剂存在活性位点暴露不足、电导率低和质量传输速率差等缺点，严重限制了催化能力。基于木材的三维层次化多孔结构和低弯曲度特性，可促进离子的高效传输及溢出气体的快速扩散。同时，木材表面有着丰富的羟基官能团，催化剂可以在木材孔道内均匀原位生长，这使得催化剂与反应物充分接触，大大提高了催化剂活性。

7.4 木基弹性材料

7.4.1 概述

7.4.1.1 木基弹性材料定义与结构

木基弹性材料是一种新型木基材料，具有优异的弹性和韧性，可以在受力时发生弹性形变而不会产生破坏。木基弹性材料是通过自上而下的制备方法，使用一些化学试剂和高温高压的处理方法，将木质素和半纤维素选择性脱除，最后经冷冻干燥形成蜂窝状或层状结构，保留了木材原有的多尺度三维孔隙结构，使木材从刚性材料变为弹性材料，从木材直接转化为生物基纤维素骨架。由于木基弹性材料内部结构中的细胞壁与相互连通的纤维网状物可以自由运动，因此，当外部压力消失时，木基弹性材料能够迅速复原，如图 7-43 所示。木基弹性材料既具有较高的孔隙率，又具备较大的比表面积和优异的机械性能，同时还保留了木材良好的生物相容性等特点。对木质纤维素骨架进一步化学修饰，从而赋予木材弹性和韧性以及其他更多的功能，形成一种新的超分子结构，用于水污染和有机物泄漏处理等环境修复领域、可穿戴设备和可充电电池等电子设备领域。

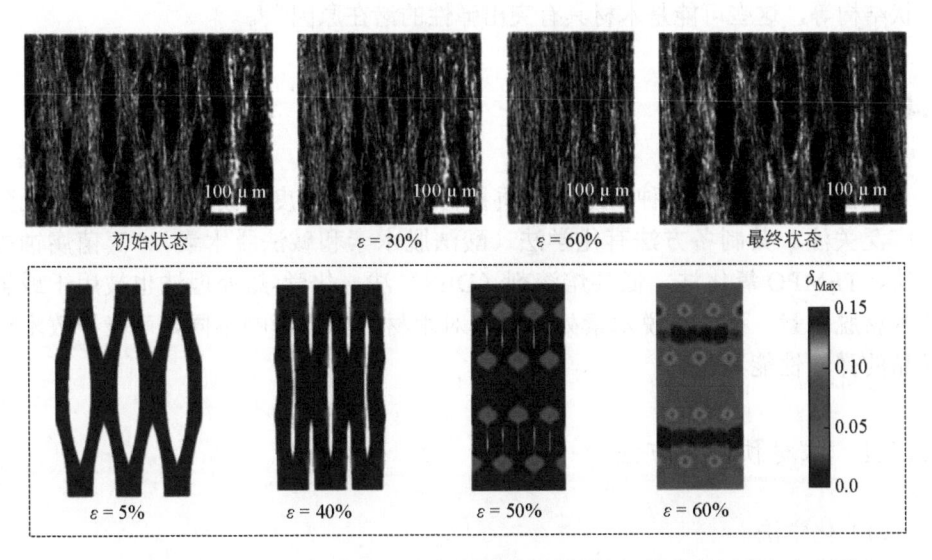

图 7-43 木基弹性材料压缩回弹原位图及有限元模拟随应变增加应力分布图

ε 表示压缩应变

7.4.1.2 木基弹性材料与超分子的关系

木材的多孔各向异性结构是自下而上形成的从分子到宏观尺度的层次结构。木材的原始弹性必然与其层次结构密切相关。木材的层次结构可以概括为分子尺度、细胞尺度和宏观尺度。在分子尺度上,木材的主要结构成分是纤维素、半纤维素和木质素,其中纤维素有助于提高木材的刚度和强度,木质素增加了木材细胞壁的刚度,而半纤维素是将木质素和纤维素连接起来的成分。在外力作用下,木材的弹性变形与纤维素分子链之间化学键的拉伸或滑动有关,但不会断裂。因此,木材细胞壁中这三种成分的含量,以及分子链间化学键的拉伸和滑动,可能是影响木材弹性的分子机制。在细胞尺度上,细胞壁由初生壁和次生壁组成。次生壁由外层(S_1层)、中间层(S_2层)和内层(S_3层)组成。每层的厚度和每层中纤维素微纤丝的排列是可变的。次生壁中的S_2层约占细胞壁总面积的80%,S_2层中的微纤丝角通常小于30°。相对较高的横截面积和较低的微纤丝角使S_2层成为主要的承载部件。因此,可以推测S_2层的厚度和微纤丝角决定了木材在细胞尺度上的弹性。在宏观尺度上,木材是由不同种类的木材细胞组成的,如纤维(或管胞)、射线、导管和薄壁细胞。这些细胞的形态和排列方式都会影响木材的弹性特性。由于早材和晚材之间细胞壁厚度和细胞管腔比的差异,早材和晚材的弹性模量不同。木射线是木材的横向组织,对其横向弹性模量有重大影响。此外,木材的天然多孔结构通过剪裁可以转化为一些新的结构,如层状结构、蜂窝结构、管状结构等,这些可能是木材具有突出弹性的潜在原因[46]。

7.4.2 制备方法

木基弹性材料是一种新型的木质材料,具有高强度和耐久性等优点,受到了广泛关注。其制备方法有化学法(酸法脱木素和碱法脱木素)、真菌腐蚀处理法、TEMPO氧化法、低共熔溶剂(DES)法,化学-热处理法也被用于或辅助木材脱木素。不同的脱木素处理方法对木材结构的影响不同,可能导致木材样品的弹性性能不同。

7.4.2.1 木材预处理方法

(1)化学法

制备木基弹性材料大多数采用两步法进行脱木素,因为可以去除大部分木质素和半纤维素,木材骨架的弹性可以更大。如表 7-9 所示,处理溶液有一些不同的配方。其中,最常见的方式是利用两步法去除木质素与半纤维素。两步法的第一步是酸法去除木质素,即采用一定浓度的亚氯酸钠(NaClO$_2$)溶液去除木质素,使用冰醋酸(CH$_3$COOH)将溶液 pH 调节到 4.6 左右,将原木样品放入溶液中,进行水浴加热脱除木质素,处理后样品由原木色变成白色[47];第二步通常采用氢氧化钠(NaOH)去除半纤维素,即一定浓度的 NaOH 溶液水浴加热一定时间后,用 H$_2$O$_2$ 洗涤样品,将样品冷冻干燥后,即可获得白色纤维素骨架[48]。除上述两步法外,还有一种方法是先采用碱法去除木质素,将木材块浸入含 2.5 mol/L NaOH 和 0.4 mol/L 亚硫酸钠(Na$_2$SO$_3$)的水溶液中,水热处理 12 h;然后将脱木素的样品用去离子水冲洗,以除去残余的化学物质[49];此后,将脱木素的木材在 80℃下用 8 wt% NaOH 溶液处理 8 h,以除去半纤维素;用乙醇和去离子水洗涤处理过的样品,冷冻干燥后获得木质纤维素骨架[49]。当对木质素的去除率要求不高,只需要获得一定弹性的木质骨架时,可采用部分去除木质素和半纤维素的一步法。例如,采用一定浓度的 NaClO$_2$ 缓冲乙酸钠(CH$_3$COONa)一步法制备去木质素木材;冰醋酸和 H$_2$O$_2$ 的混合物也可用于一步去除化学物质,从而产生高度多孔的木质海绵。

表 7-9 木基弹性材料的超分子调控方法

木材类型	方法	调控方案	参考文献
轻木	一步法	NaOH/Na$_2$SO$_3$	[49]
轻木	两步法	NaOH/Na$_2$SO$_3$;NaOH	[50]
轻木	两步法	NaOH/Na$_2$SO$_3$;NaOH/H$_2$O$_2$	[48]
轻木;杨木	两步法	NaClO$_2$;NaOH	[51]
轻木	一步法	NaClO$_2$/CH$_3$COONa	[52]
轻木	一步法	CH$_3$COOH/NaClO$_2$	[47]

当木材经过简单的化学处理去除木质素和半纤维素,再进行冷冻干燥之后,天然木材的晶格结构会变成弯曲的层状结构。随着木质素和半纤维素的去除,木材的薄细胞壁逐渐破裂。在冷冻干燥过程中,破碎的薄细胞壁附着在冰模板下最近的未破裂射线上,由此形成了独特的层状结构。弹簧状的层状结构被认为赋予了木材骨架衍生弹性材料足够的机械压缩性和弹性。这种拱起的层状结构减少了层与层之间的直接接触,在受到压缩时,层状结构的存在使应力分散、受力均匀。片层上均匀的力不会将层状结构压溃,当力消失后,层状结构恢复原状。为提高其弹性和抗疲劳性以适应一定的应用场景,需要对弹性木基骨架进行修饰。最常用的方法是将聚乙烯醇(PVA)、聚二甲基硅氧烷

（PDMS）或其他具有弹性功能的聚合物浸入木基骨架中。通过超分子界面中可逆共价键的构筑，可以形成对特定条件响应的高强弹性体网络。高度缠结的聚合物长链溶液浸渍于纤维素网状结构中，当这些聚合物长链扩散到纤维素网状结构中，特定的条件（如 pH、温度、离子、光等）会触发共价键交联形成一层新的网络。新的网络与原本的聚合物网络和纤维素网状结构的非共价键作用一起，形成非共价键/共价键相互作用。通过交联条件与交联密度的调控，从而产生拉伸强度可控的分子缠结网络。超分子科学中化学键可控构筑的方法，不仅可以解答木材横纵交叉区域界面结构与弹性性能构效关系这一科学问题，而且可以阐明木材分子、离子间键合强度与弹性性能的关系，从而为木材的弹性响应解读提供了新的科学途径，并且在分子水平上为木材"智能"性能开发提供新的科学依据。

经过化学处理得到的具有堆叠拱形层状结构的小木块，在高温炭化后，仍能很好地保存片层结构，如图 7-44 所示。这种层状结构提供了高达 80%的压缩率和在 50%应变下 10000 次压缩循环的高抗疲劳性。为了进一步了解堆叠拱形层结构的机械压缩性，对样品进行了扫描电子显微镜（SEM）观察和有限元模拟分析的方法。通过扫描电子显微镜观察到，在压缩过程中，木基弹性材料的波浪层变直，层与层之间的孔径在压缩下显著减小。在压缩过程中，即使在 80%的高应变压缩变形下，也没有观察到波纹层的明显断裂。当压缩释放时，拉直的层可以完全恢复其原来的波浪形状，进一步证明了木基弹性材料优异的可压缩性。通过进一步的有限元模拟实验，清楚地证实了这些层是弯曲的，因此，一层可以通过曲面上的局部区域与另一层接触，从而减轻应力承受更高的负载并且保持弹性。

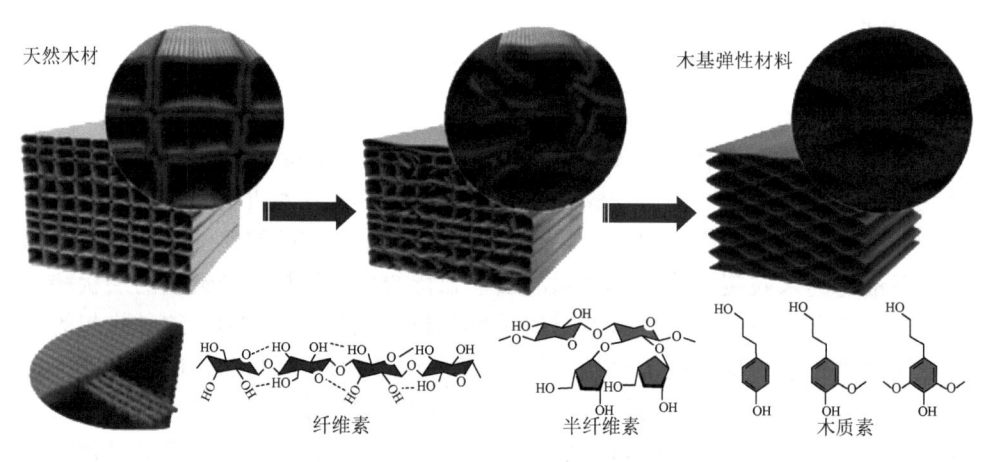

图 7-44 木基弹性材料化学调控方法

（2）低共熔溶剂法

低共熔溶剂（DES）是一种新型绿色溶剂，通常是由 2 种或 3 种高熔点成分经分子间氢键缔合而形成的低熔点稳定混合物，具有热稳定性高、价格低廉、易回收等优点，可用于制备木基弹性材料。采用 1∶1（摩尔比）氯化胆碱和草酸在 100℃下混合 1 h 至溶液变为透明溶液，再将轻木浸入 80℃的 DES 中 2 h，然后使用乙醇和丙酮清洗处理过的样品，以去除样品中多余的化学物质，最终获得木质纤维素骨架。为了进一步加强 DES 脱除木质素的效果，可使用微波加热辅助促进木质素降解，将样品浸入沸腾的 DES 溶液中反应 5 h，再将带有轻木的 DES 溶液以 600 W 的功率进行微波处理，持续时间 20 s，重复 3 次。微波处理完成后，将样品再次浸入 DES 溶液中反应 2 h，反应温度为 80℃。再用去离子水反复清洗样品，最后经冷冻干燥，可获得木质纤维素骨架。微波辅助处理可显著提高 DES 去除半纤维素和木质素的效果，其中木材半纤维素去除率为 27.9%，木质素去除率高达 68.5%。DES 的使用不仅绿色环保，同时也有效去除了木质素与半纤维素，在木基弹性材料的制备方面有着广泛的应用前景。我们期待着在未来的研究中，能够开发出更加高效、环保的方法，为木基弹性材料的制备提供更多的选择。

（3）化学-热处理法

上述通过化学法制备的木基弹性材料的弹性压缩性都是沿着切线方向。采用化学法与热处理法结合将轻木中的射线细胞热解，管胞松弛和射线组织解束，导致切向截面中的板簧状微结构[53]，如图 7-45 所示。射线组织中细胞的壁厚比管胞薄得多，且木质素含量较低，在化学与热处理过程中容易变形。板簧状微结构在切向压缩时赋予木材超弹性，使压缩应变高达 60%。此外，该材料表现出优异的抗疲劳性。经过 1000 次循环后，在卸载时仍能恢复到其原始尺寸的 94.7%，微小的变形可忽略不计。射线组织是板簧状微结构（板簧是汽车中常见的弹性阻尼装置）木基弹性材料实现弹性的主要原因。

图 7-45 板簧结构木基弹性材料示意图

（4）真菌腐蚀处理法

酶解法是相较于化学法更为绿色的处理方法，具有较高的专一性。酶作为一种高效的催化剂，酶辅助转化通常用于生物质精炼，提取纤维素、半纤维素和木质素，以实现生物质全组分利用。以纤维素的酶解为例，由于天然纤维素高分子链具有致密的结晶区和无定形区，在无定形区上葡萄糖单元间的氢键容易被解离，而结晶区内的糖苷键则难以被破坏。由于结晶区与无定形区的区别，纤维素酶解过程中，结晶区纤维素分子链的断裂往往是酶解反应的限速步骤。纤维素酶解通常包括两个阶段，分别是纤维素酶分子对纤维素表面的吸附和水解基元纤丝间的糖苷键。在纤维素酶分子对纤维素表面的吸附阶段，纤维素酶分子与纤维素分子链上的羟基部分形成氢键，使分子链间的氢键断裂，纤维素微纤丝分离。在水解基元纤丝间的糖苷键阶段，纤维素酶分子作用于纤维素分子链上的糖苷键，使其断裂形成可溶性糖。可见，一旦酶解反应开始，如不及时加以控制，将使得纤维素完全破碎成细小单元，从整体上破坏木材细胞壁的完整性，使木材丧失原有骨架结构。但如果在维持木材细胞壁完整的基础上，及时终止酶解反应，纤维素酶不仅能够有效水解部分纤维素基质，在细胞壁上形成大量的气孔，增加表面粗糙度，提高木材的比表面积，还能够提高适宜机械强度。而酶解作用制造的微纳孔隙，使木材在电化学反应中暴露更多的催化活性位点，提高反应速率，即使在高电流密度下也能显著改善其电化学性能。白腐菌是一种对木材有很大危害的菌群，木材很多研究都针对木材防腐进行。但是利用白腐菌对木质素进行选择性分解制备木基弹性材料，如图 7-46 所示，不仅低成本，还具有环保、绿色的特点。因此，这种制备方法在木基弹性材料制备领域具有广泛的应用前景[54]。

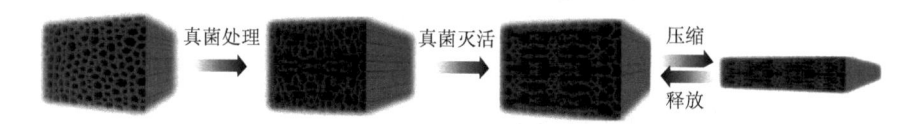

图 7-46 真菌处理木材结构演变示意图

7.4.2.2 功能化方法

（1）木基传感器

柔性可穿戴压力传感器由于在电子皮肤、生理信号监测和人机交互等方面的潜在应用，在过去几年蓬勃发展。采用"自上而下"的方法，可以通过化学或生物处理去除木质素和半纤维素组分，从而制备出高度轻量化、可压缩木基弹性材料。为了增强导电性能，通过在木基弹性材料上负载多种导电材料，如 PDOT：PSS、石墨烯、纳米银离子、纳米银线、MXene 等，不仅提高了木基弹性材料的导电性能，而且使其具备了良好的工作稳定性，适用于多种传感器领域。其中，PDOT：PSS 作为一种常用的导电高分子材料，在导电性能和稳定性方面表现突出；石墨烯则因优异的导电性、机械强度和化学稳定性而备受关注。此外，纳米银离子和纳米银线也是常用的导电材料，其优异的导电性能和强化作用为木基弹性材料的导电性能提供了很好的保障。近年来，MXene 也被广泛研究，其导电性能优异，具有很广泛的应用前景[55]。如表 7-10 所示，采用上述方法获得的导电木基弹性材料制备出具有快速响应时间和良好工作稳定性的柔性压力传感器可以应用于传感器领域。

表 7-10 木基传感器压缩性能比较

木材类型	压缩循环稳定性/次	压缩应变/%	压缩方向	参考文献
轻木	100	25	径向	[54]
轻木	1000	60	弦向	[53]
轻木	10000	60	径向	[55]
轻木	1000	60	径向	[56]

（2）木基吸油材料

近年来，吸油材料在环保领域和工业应用中得到了广泛的应用，但是传统的吸油材料存在吸附能力有限、重复使用性差等问题，需要不断寻找新型的吸油材料来满足市场需求。木基吸油材料作为一种新型的吸油材料，因高吸油量、良好的回收性能和重复使用性能而备受关注。木材具有天然多孔结构，在油水分离应用中极具开发潜力。然而木材的孔隙度有限，渗透性差，不适合直接用作吸油材料，需要通过脱木素方法提高木材孔隙度，且保留木材整体结构及细胞形态。此外，采用环氧树脂、氟硅氧烷、聚二甲基硅氧烷等，可以提升木基弹性材料的抗压强度和弹性模量，使其具有特殊表面润湿性（疏水亲油）和高压缩弹性，大大提升木基弹性材料的吸油能力。例如，如图 7-47 所示，通过化学气相沉积（CVD）法将聚硅氧烷沉积在骨架表面，降低木基弹性材料表面能，获得疏水吸油的特性。这样制成的疏水木基弹性材料的水接触角可达 151°，垂直于纤维方向的截面还显示出 134°的高水接触角，并具有高达 41 g/g 的高吸油量，优于其他吸油材料。另外，采用 5 wt%的环氧树脂与丙酮溶液真空浸渍多孔脱木素木模板，随后在 120℃高温下加热 12 h；将固化的环氧树脂木基弹性材料用丙酮彻底清洗 2 次，以去除多余的环氧树脂，也可获得疏水亲油、表面水接触角为 140°的功能性木基弹性材料，且具有稳定的湿机械性能，即在水面及水下均能够迅速选择性地吸收油滴。针对不同的油和有机溶剂，环氧树脂木基弹性材料的吸收能力范围为 6~20 g/g。木基吸油材料还对硅油、二氯硅烷、甲苯等多种油类及有机溶剂等均有良好的吸附效果，并且具有良好的回收性能和重复使用性能。目前木基多孔吸油材料主要用于吸附低黏度油和高黏度原油。通过对纤维素骨架改性制备出的疏水木基弹性材料，有望用于治理海洋原油泄漏的问题。总之，疏水木基弹性材料作为一种新型的吸油材料，具有诸多优点，它的出现为环保领域和工业应用提供了新的选择，也为木材开发利用提供了新的思路。

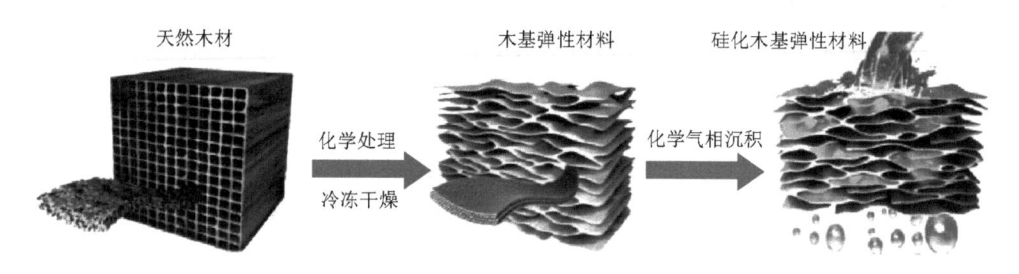

图 7-47 木基油水分离材料的示意图

（3）液相吸附材料

木材与金属有机框架（MOF）结合形成的木材/MOF 复合材料，既具有 MOF 比表面积大、孔隙率高、活性位点丰富的优点，同时木材的多级孔道结构能够为液体的渗透和传输提供有效通道，因此在去除有机染料、抗生素等水体污染物等方面极具潜力。除吸附有机污染物外，木材/MOF 复合材料还可用于水体重金属离子的吸附。通过木材选择性脱除木质素后与 MOF 结合，并在 MOF 晶体中引入特定官能团实现对重金属离子的高效选择性吸附，木材的性能得到了极大提升，为开发高性能污水处理材料提供了新思路，为其在更广泛的领域得到应用提供了可能。

（4）气相吸附材料

木材/MOF 复合材料具有高孔隙率、高比表面积和丰富活性位点等特性，对气体的吸附能力也很强。木材/MOF 复合材料吸附气体的关键在于当气体动力学直径与 MOF 分子筛孔径相近时，气体分子能够被束缚于 MOF 孔隙内，从而实现气体吸附。ZIF-8 的分子筛孔径（3.4×10^{-10} m）与 CO_2 的动力学直径（3.3×10^{-10} m）相近，因此具有优异的 CO_2 选择性吸附能力，这种木材/ZIF-8 复合材料在环境保护和能源领域有着广阔的应用前景。通过 NaOH 预处理法构筑木材/ZIF-8 复合材料，如图 7-48 所示。该复合材料的 CO_2 吸附容量为 48 cm^3/g，与粉末状 ZIF-8 的吸附能力相当（44 cm^3/g）。此外，由于 ZIF-8 分子筛孔径（3.4×10^{-10} m）小于 N_2 动力学直径（3.64×10^{-10} m），该复合材料在分离 CO_2 与 N_2 混合气体过程中表现出优良的分子筛选能力，具有很好的吸附选择性。$Cu_3(BTC)_2$ 含有丰富的不饱和金属位点，是另一种高效的 CO_2 吸附剂。以脱木素轻木为原料，通过 TEMPO 氧化预处理法构筑的木材/$Cu_3(BTC)_2$ 复合材料，比表面积高达 471 m^2/g，常温常

压下 CO_2 吸附容量达 1.46 mmol/g。区别于传统氨基 CO_2 吸附剂存在循环再生后易失活、较高温度下易脱附的问题，木材/$Cu_3(BTC)_2$ 复合材料具有优异的热稳定性和循环使用性能，在吸附/解吸循环 6 次后其吸附容量基本不变。木材/MOF 复合材料在气体吸附与分离方面展现出广阔的应用前景。

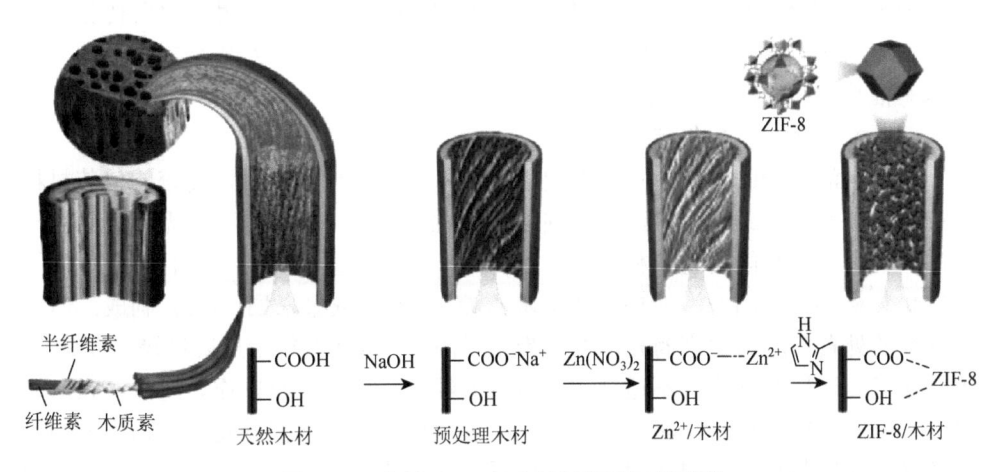

图 7-48 木材/MOF 复合材料用于气相吸附

空气中除气体分子外还存在悬浮颗粒物（particulate matter，PM），PM 引起的空气污染极大地威胁着人类的健康。木材/MOF 复合材料具有高比表面积和不饱和金属位点，是吸附 PM 的理想材料。通过在脱木素木材内部原位生长 ZIF-8 纳米晶体，构筑具有 PM 吸附效用的复合材料。在吸附过程中，木材的有序孔道结构有效地促进了 PM 与 ZIF-8 的充分接触，质量较轻的 PM2.5 颗粒在木材通道中呈现布朗扩散趋势，而质量相对大的 PM10 在重力作用下沉降在细胞壁表面，木材有序孔道结构极大地提升了复合材料的吸附效率。在压强仅为 37 Pa 时，该材料对 PM2.5 和 PM10 吸附率分别达 89.9%和 91.6%。而且，该材料具有优异的稳定性和重复使用性，在吸附/解吸循环使用 6 次后，对 PM2.5 和 PM10 的吸附率仍保持在 85%以上，是一种低成本、环境友好型空气净化材料。

（5）催化反应器

MOF 具有高孔隙率、孔隙结构可调及丰富的催化活性位点等特点，是一种极具应用潜力的催化剂。在木材中负载 MOF 避免了单独使用 MOF 粉末时催化剂团聚的问题，提升了 MOF 催化活性位点的可及性，在催化领域展现出独特优势。苯甲醛和丙二腈能够在 ZIF-8 的催化作用下转化为苯亚甲基丙二腈和水，但催化反应形成的水分会引起 ZIF-8 水解，极大影响了催化剂的稳定性和重复使用性能。通过在木材纤维素骨架中选择性生长 ZIF-8 纳米晶体，构建了一种具有 Janus 结构的木材/ZIF-8 复合材料，用于催化反应。该复合材料在生长 ZIF-8 晶体的一侧呈疏水状态，未生长 ZIF-8 晶体的另一侧呈亲水状态。这种 Janus 结构的润湿性差异使得该复合材料能够及时吸收催化反应形成的水分，避免 ZIF-8 晶体的水解，从而提升了催化性能。当反应时间为 30 min 时，ZIF-8 粉末的苯甲醛转化率低于 40%，木材气凝胶/ZIF-8 复合材料的转化率仅为 53.9%，而具有 Janus 结构的木材气凝胶/ZIF-8 复合材料的转化率达到 71.5%，且重复使用 6 次后转化率仍达 66%。该材料结合 Janus 结构和木材/MOF 的功能特性，为开发具有特殊功能的木基催化器提供了新思路。

（6）木基缓冲吸能包装

随着生活水平的提高，包装材料的需求量逐渐增加。然而，传统的包装材料往往存在着环境污染和资源浪费等问题。因此，寻找一种可再生、无毒且具有适当的结构和强度性能的包装材料成为业内人士的研究重点。现有并且广泛使用的缓冲包装材料主要由发泡或挤塑的聚苯乙烯（EPS）或聚氨酯（PU）制成，但这些材料的处置问题给生产商和消费者带来了困扰。这些材料由于质量轻、体积大，因此搬运和运输成本高，不适合进行可行的经济和环保回收操作。此外，它们不可生物降解，难以进行土壤处理或堆肥处理。这些都是加快开发可生物降解和可持续缓冲应用材料的重要挑战。关于用于缓冲和货物保护的可降解包装，目前使用最多的是瓦楞纸板、蜂窝纸板和模塑纸浆。瓦楞纸板虽然广泛应用于包装中，但用作衬垫纸板还不够柔软，容易磨损包装产品的表面。此外它对水敏感，并表现出弱的过载弹性。蜂窝纸板虽具有良好的缓冲性能，但是总生产成本很高，耐湿性差，限制了其应用范围。模塑纸浆具有良好的缓冲性能，可用于固定产品及其附件并提供保护。但是到目前为止，它的常见应用仅限于包装体积和质量较轻的商品，如智能手机、打印机等，而对于大尺寸的重型产品而言，这些包装材料的缓冲效果不佳。因此，开发新型生物基和可持续包装材料刻不容缓。弹性材料制备技术为包装材料行业带来新机遇。

木材是可再生的、轻质的，具有生物相容性和生物降解性的多层级结构材料。木材在生长过程中发生了细胞的膨化扩张，使木材形成多孔结构。若是能对天然生长过程中形成的多孔结构进行开发，赋予其弹性，即可将木材制备成一种来源广泛的生物基多孔弹性材料。将木材经过简单的化学处理后即可制成木基弹性骨架材料。该材料质轻、成本低并且具有良好的弹性及较低的导热系数，保温性良好。与天然木材相比，木基弹性材料的比表面积大大增加，压缩性能也远远高于天然木材。射线是木材的横向组织，在木材受到压缩时，射线会像弹簧板结构一样产生一个回弹的力；细胞壁的孔隙为木材的压缩提供空间。这使得木材在构造上具有很大的优势，因为它可以在受到压力时缩小，并在压力消失后恢复原来的形状[8]。与纤维素纳米纤维气凝胶相比，木基弹性材料的制备跳过了烦琐的纤维提取和超临界二氧化碳干燥过程。弹性木基包装材料的制备在保证了比表面积、高孔隙率和良好的弹性的同时满足了工艺效率高、成本低，更符合当代绿色生产的需求，更重要的是不破坏基体中微单元之间的强结合键，因此该工艺耗能少，可大规模推广。总之，可再生、无毒且具有适当的结构和强度性能的弹性木基包装材料将会成为未来市场的热门产品。

近年来，研究人员对替代传统塑料的新型环境友好型包装材料进行了广泛的研究和探索。在这方面，纳米多孔纤维素复合泡沫塑料备受关注。这种材料具有优异的绝热性能，能够在食品保温方面发挥重要作用。通过填充低含量的表面改性蒙脱石作为保护层，能够有效减少材料的热传递，从而提高包装材料的绝热性能。同时，这种复合材料的导热系数与商业聚苯乙烯泡沫[0.036 W/(m·K)]相当，具有良好的应用前景。除此之外，以微晶纤维素为基础的纳米黏土生物复合材料有望成为合成泡沫塑料（如发泡聚乙烯、发泡聚苯乙烯等）的替代品。这种生物材料具有天然纤维素的优点，同时加入了纳米黏土，能够提高材料的密度、抗压强度和杨氏模量。与传统的塑料包装材料相比，这种生物材料更加环保。另外，木基弹性材料包装材料的缓冲系数仅为聚苯乙烯（EPS）泡沫的50%、聚氨酯（PU）泡沫的93%，如图7-49所示，且成本低于聚氨酯发泡缓冲包装材料，同时具有可降解、无污染等特点，是塑料缓冲包装材料的可行替代品。因此，这种生物材料的应用前景也非常广阔，未来将会得到更广泛的应用和发展。

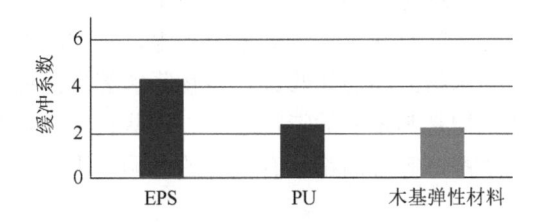

图7-49 木基弹性材料与聚苯乙烯、聚氨酯缓冲包装材料的缓冲系数对比

纤维素材料基于纤维-纤维网络吸附的协同效应和催化活性，表面活性剂能够促进纤维素与材料之间产生更好的交互结合作用，提高纤维素与材料界面附着力，相互掺杂后可制得性能优异的纤维素基食品包装材料。天然纤维素是一种天然的、具有抑菌效果的物质，可与其他物质合成复合材料，用于绿色食品包装材料。这种包装材料具有绿色安全、可降解、高效抗菌等特点，是取代传统以化石原料为基材的包装产品的首选，发展空间非常大。另外，木质纤维素复合材料虽然强度很高，但是存在断裂伸长率较低、韧性低等问题，这些问题限制了其功能化和高值化利用，因此，需要进一步研究木质纤维素复合材料性能提升的方法。目前关于纤维素复合薄膜的制备工艺方法尚停留在初级阶段，多数采用溶液共混法及流延法，加工技术与工艺创新不足，木质纤维素纳米化的高成本和高能耗使

材料难以实现规模化生产。另外,纤维素复合薄膜存在易老化、易吸水等问题,与塑料薄膜优良的综合特性相比仍存在一定的差距。因此,提升木质纤维素复合薄膜性能的制备方法有待进一步研究。需要探索新的加工技术和工艺创新,降低纳米化的成本和能耗,同时改善复合薄膜的老化和吸水问题,以满足未来绿色包装材料的需求。

7.4.3 性能表征

7.4.3.1 孔隙结构表征

(1) 孔隙度

木材具有丰富的多级孔隙结构,其中,沿树干方向紧密排列的细胞通过纹孔相连形成了微米级相互连通的孔道。这些细胞腔或导管腔孔隙是树木生长过程中水分和营养物质的运输通道,是木材孔隙结构最重要的特征。除了微米级别的细胞腔孔隙结构,在木材的细胞壁中还存在着大量纳米级别的孔隙。木材细胞壁中的纳米孔隙主要存在于针叶材具缘纹孔塞缘小孔、单纹孔纹孔膜小孔和润胀状态下的微纤丝间隙。这些孔隙的存在对于木材的力学性能、吸附性能等都有着重要的影响。纤维素作为木材细胞壁的骨架物质,是由纤维素分子链组成的微纤丝交错排列组成的,微纤丝之间存在着大量纳米级孔隙,其中填充着木质素和半纤维素。这些孔隙的存在为木材的功能化修饰、生物降解等方面提供了必备条件。总之,木材的多级孔隙结构是其重要的特征之一。这些孔隙的存在对于木材的力学性能、吸附性能、化学修饰等方面都具有重要的影响。因此,需要对木材的孔隙结构进行精确表征。

用游标卡尺测量试材的长、宽、高,并计算体积,用天平称量其质量,然后按照式(7-16)计算材料密度:

$$\rho = \frac{m}{V} \quad (7\text{-}16)$$

式中,m 为质量;V 为体积。得到材料的密度后,进一步根据式(7-17)计算该材料的孔隙度。

$$P(\%) = \left(1 - \frac{\rho}{\rho_s}\right) \times 100 \quad (7\text{-}17)$$

式中,ρ 为计算得到的材料密度;ρ_s 为质量材料的实质密度,这里纤维素的密度取 1.5 g/cm³。注:密度与孔隙度的测量需要重复 10 个样品并获得平均值和标准偏差。

(2) 微观孔隙结构表征

氮气吸附法是基于液氮温度下氮气的吸附和脱附曲线。对吸附等温线特定部分进行计算以表征多孔固体孔隙结构的方法，适用于测量孔径范围为 0.4～2.0 nm 的微孔及 2.0～100 nm 的中孔和大孔（GB/T 21650.3—2011），可用于表征木材构造单元中的细胞壁孔隙、微纤丝间隙等孔隙结构，已被广泛用于各类木材及其相关制品的孔隙形状、孔径分布、比表面积、孔体积等孔结构参数提取。

氮吸附：处理前木材在 160℃条件下进行脱气处理，然后使用全自动物理化学吸附仪对剥离半纤维素和木质素制成的木质海绵进行氮气吸附-脱附实验，温度 –196.15℃，可分析孔径范围 0.35～500 nm。采用 Brunauer-Emmett-Teller（BET）方法计算材料的比表面积，采用 Barrett and Joyner Halenda（BJH）方法计算材料的孔径分布。

压汞法：将木材真空干燥至恒量，控制压力不同，测量压入孔中汞的体积，得到对应不同压力孔径大小的累积分布曲线或微分曲线，压力范围 3.4～413688 kPa，可分析孔径范围 5～340000 nm。

7.4.3.2 基本特性

(1) 应力-应变

应力-应变是材料力学中的一个重要概念，反映了材料在受力时的变形规律，也是评价材料力学性能的重要指标之一。采用 CMT6104 微机控制电子万能试验机对样品进行静态压缩测试，得到力-位移数据，再参照 GB/T 8168—2008 中的数据处理方式，将力-位移数据按照式 (7-18)、式 (7-19) 计算得到应力-应变数据。

$$\sigma = \frac{F}{A} \tag{7-18}$$

$$\varepsilon = \frac{x}{h} \tag{7-19}$$

式中，σ 为应力；F 为压缩载荷；A 为样品的横截面积（去除样品横截面的空隙）；ε 为压缩应变；x 为压缩位移；h 为试样高度。取其平均值作为材料的力-位移数据，再计算相应的应力-应变数据。应力-应变曲线均呈现为 3 个阶段，即弹性阶段、屈服平台阶段和密实化阶段。

(2) 宽温度范围的力学稳定性

首先将样品切成尺寸为 10 mm×10 mm×8 mm（纵向×径向×弦向）的平整的小方块。在压缩模式下选择氮气氛围，分别测试在–100℃、0℃、25℃、100℃ 和 200℃下的应力-应变曲线。加热速率为 5℃/min。为了保证样品与压缩板之间的充分接触，在实验开始前使用 0.05 N 的预紧力。实验开始前先对机器进行半个小时的预热，确保测试结果的准确性。首先将温度降到-100℃，以 5 N/min 的速率进行压缩，直至压缩应变为 60%，然后释放压力。完成一个温度的测试之后继续升温，循环上述步骤，直到测完所有温度，得到一个随温度连续变化的曲线。之后单独测试 100℃和 200℃下的力学性能，参数设置同上。

（3）压缩回弹性能

压缩回弹性能是评价弹性材料弹性变形能力的重要指标之一。而弹性变形能力是指在受到外力作用时，材料发生变形的能力。弹性材料在发生变形后，经过去除载荷后能够恢复到初始状态，这就是压缩回弹性能的能力。在实际生产和使用过程中，压缩回弹性能的好坏对材料的使用寿命和性能稳定性都有着非常重要的影响。因此，对于弹性材料的生产和使用，必须对其压缩回弹性能进行测试和评价。采用万能力学试验机表征木基弹性材料在压缩及回弹过程中的应力-应变特征，搭载 25 N 传感器，选择多个压缩率（20%、40%、60%）进行测试，记录压缩-回弹过程中的应力-应变曲线；回弹性能通常用回弹率 R 来表示，设置万能力学试验机的压缩回弹次数为 100 次（压缩率为 40%），并记录 100 次循环压缩过程的应力-应变曲线。

$$R = \frac{T - T_\mathrm{e}}{T} \times 100\% \qquad (7\text{-}20)$$

式中，T 为初始厚度；T_e 为压缩后的残留厚度。

（4）能量吸收值

木基弹性材料的吸能性能在很多领域都有着广泛的应用，如汽车、航空、缓冲包装等领域。其吸能性能的大小和变化规律与应力-应变曲线的形状和位置密切相关。具体来讲，木材的吸能性能可用其在单位体积内的吸收形变能来表示。而当木材的应力-应变曲线越平缓时，其吸能性能越高。因此，可以通过在木材中引入不同的孔隙和材料来改变其应力-应变曲线，从而获得更高吸能性能的产品。能量吸收值为单位体积所吸收的能量（应力-应变曲线下所包含的面积）。能量吸收值越大，表示木材的吸能性能越好。其计算公式为

$$W = \int_0^{S_\mathrm{m}} \sigma \mathrm{d}\varepsilon \qquad (7\text{-}21)$$

式中，W 为能量吸收值，MJ/m^3；σ 为压缩应力，MPa；ε 为应变；S_m 为应力-应变曲线下方所包含的面积。

（5）吸能效率

材料吸能性能是指材料在承受外力时能吸收并消耗能量的能力。在工程实践中，减震、缓冲、吸能等都需要用到材料的吸能性能。因此，评价材料吸能性能的方法和标准变得十分重要。首先，材料吸能性能的评价标准是材料最大吸能效率与理想吸能效率之差。理想吸能效率是指压缩到相同应变时，真实材料吸收的

能量与理想材料吸收的能量之比。如果材料最大吸能效率与理想吸能效率之差越大，那么材料的吸能性能就越差；反之，差距越小，说明材料的吸能性能越好。

评价缓冲材料吸能性能的方法是采用吸能效率（E）曲线和理想吸能效率（I）曲线进行比较。通过比较两条曲线的差距，可以判断材料的吸能性能好坏。理想吸能效率曲线是指在同等应变下，理想材料吸收能量的变化情况。吸能效率等于真实材料与理想材料（其压缩应力-应变曲线为水平直线）压缩到同应变时两者能量吸收值的比值，计算公式为

$$E = \frac{1}{\sigma} \int_0^{\varepsilon_m} \sigma \mathrm{d}\varepsilon \qquad (7\text{-}22)$$

$$I = \frac{1}{\sigma_m \varepsilon_m} \int_0^{\varepsilon_m} \sigma \mathrm{d}\varepsilon \qquad (7\text{-}23)$$

式中，E 为吸能效率；ε_m 为压缩过程中任意应变；σ_m 为应变为 ε_m 时所对应的应力。

（6）缓冲系数

材料的缓冲系数是评估材料缓冲吸能功效的关键指标之一。通过静态压缩实验获取的压缩应力-应变曲线和缓冲系数-应变曲线可以有效分析和评价材料的缓冲性能。在缓冲材料应用过程中，缓冲系数主要用于评定其在载荷作用下的缓冲性能，以及在流通过程中对内装物的保护能力。缓冲系数越小，则缓冲效率越高。计算公式为

$$C = \frac{\sigma_p}{W} \qquad (7\text{-}24)$$

式中，C 为缓冲系数；σ_p 为峰值应力；W 为能量吸收值。

7.4.3.3 传感特性

（1）灵敏度分析

灵敏度通常用于衡量传感器在特定范围内的检测能力。灵敏度指在某压力范围内，电信号相对变化量与压力变化量的比值，计算公式为

$$S = \frac{\frac{\Delta R}{R_0}}{\Delta P} = \frac{\frac{R - R_0}{R_0}}{\Delta P} \qquad (7\text{-}25)$$

式中，R_0 为初始电阻；$(R - R_0)/R_0$ 为电阻变化率；ΔP 为压力变化量，kPa；S 为电阻式柔性压力传感器的灵敏度，kPa^{-1}，当 S 大于 $1\ kPa^{-1}$ 时，认为传感器具有优秀的灵敏度。

（2）电导率

对于木基传感器，电导率的测量常用使用 Keithley2400 源测量单元（泰克）

测量传感器的体积电阻（R），并通过式（7-26）计算。电导率（σ）的计算公式为

$$\sigma = H/RS \tag{7-26}$$

式中，H 和 S 分别为样品的高度和横截面积。

（3）重复性

在传感器应用领域，重复性是一个非常重要的性能指标。如果传感器的重复性不好，那么就会影响其在实际应用中的精度和稳定性。因此，在设计和制备传感器时非常注重其重复性，以确保在使用寿命内能够持续稳定地工作。重复性是指传感器在输入量按同一方向做全量程或部分压缩率连续多次变化时，所得的特性曲线不一致程度，常常反映出传感器的耐用性。重复性越高，使用寿命越长。

7.4.3.4 表界面调控

（1）疏水性能表征

水下油接触角是衡量油在水下表面活性的一项指标，对于海洋油污染治理等领域都有着重要的意义。测试水下重油接触角时，首先需要用胶带将样品固定在烧杯底部。然后滴入二氯甲烷，让其充分溶解后再移至接触角测量仪的载物台上进行观测。在测试过程中，需要保证样品表面光滑、平整，以确保测试结果的准确性。而测试水中浮油接触角时，需要先将样品充分润湿，然后轻轻盖在水面上的正己烷油液上。接着，小心地将样品移至接触角测量仪的载物台上进行观测。总之，水下油接触角性能测试可以通过接触角测量仪来实现，其测试方法根据油的种类和状态略有不同，但都需要保证测试过程的准确性和样品表面的平整度。

（2）吸油量

通过测量各种木基吸油材料的吸油量，来评估它们在吸附油污方面的使用效果。用天平称量木基吸油材料的初始质量并记为 m_0，随后将各种油或有机溶剂倒入容器中，再将木基吸油材料放入其中浸泡 10 min 达到吸油平衡后取出，用干净的纸巾擦去表面多余的油，然后用天平称量吸油后木基吸油材料的质量并记为 m。需要注意的是，如果吸附的油黏度较大，需要用玻璃棒擀去材料表面的油，然后再进行称量[5]。根据式（7-27）计算木基吸油材料的吸油量：

$$Q = \frac{m-m_0}{m_0} \tag{7-27}$$

式中，Q 为木基吸油材料针对某种油或有机溶剂的吸油量；m_0 为木基吸油材料吸油前的质量；m 为木基吸油材料吸附某种油后的质量。重复以上步骤，测试多个木基吸油材料的吸油量，并取平均值。

（3）重复使用性能表征

在实际应用中，重复使用性能将进一步提高木基吸油材料的经济性和实用性。

一方面，通过重复使用，可以减少材料的消耗，从而降低成本。另一方面，由于木基吸油材料的使用寿命得到了提升，因此可以减少更换材料的频率，降低使用成本和维护成本。用手直接挤压吸附某种油后的木基吸油材料将绝大部分的油排出，将排油后的木基吸油材料再次放入油中浸泡 1 min 后再次挤压排油，重复 10 次吸油-排油过程，并计算每一次吸油量。在重复使用的过程中，每次吸油量仅有轻微下降。在 10 次循环过后，木基吸油材料的吸油性能仅下降了不到 10%。这表明，木基吸油材料具有良好的重复使用性能，可以在多次使用过程中保持其效果。木基吸油材料的实用性和经济性，为其在油水分离领域的应用提供了有力支持。

7.4.4 应用领域

天然木材是一种刚性材料，难以弯曲和压缩，且易碎，限制了其更多场景的应用。木材的各向异性结构提供最小的弯曲度和良好的机械性能，如抗弯和抗压性能。利用自上而下策略挖掘木材的弹性，通过化学处理直接从天然木材中制备高弹性、各向异性的纤维素材料（称为木基弹性材料），能够为传统的被动木质结构带来广泛的新功能元素。木基弹性材料所展示的弹性、机械强度，结合了天然木材的各向异性细胞结构，可在传感器、电子皮肤、摩擦纳米发电机、环境修复、能量存储等方面找到各种潜在应用。

7.4.4.1 传感器

（1）智能穿戴

随着科技的发展，人类对于电子设备的需求日益增加，但是现阶段大多数电子设备的原料是不可再生的化石资源，因此，环境友好、具备高比表面积和高孔隙率的轻质木基弹性材料成为一种有效的替代品，在可穿戴电子设备中有许多潜在的应用。例如，检测范围广的传感器可应用于质量或压力分布的测量；高精度的传感器可以整合到可穿戴的电子设备中进行人体健康监控。压力传感器能够附着在衣服或人体皮肤上进行人体应变测量，范围从呼吸和心跳、脉搏引起的微小的皮肤运动到身体关节弯曲/拉直的应变。

通过将木基弹性材料切片夹在两片铜片电阻之间制成木基弹性材料压力传感器芯片；压缩能够增加木基弹性材料压力传感器的电导率，并将其连接发光二极管（LED）后，光变得更亮；把它连接到人的手指上，在手指从伸直状态变为弯曲状态的过程中，压力随之变化，带来传感器的相对电流显著增加。可压缩性的木基弹性材料具有分层各向异性的蜂窝状结构和出色的机械弹性，有望在一系列潜在应用中得到应用。木基弹性材料还可制造纳米流体设备，将各种压缩应变下的木基弹性材料浸渍在环氧基质中，并用不同浓度的氯化钾（KCl）溶液浸泡。木基弹性材料在所有压缩状态下均表现出纳米流体效应，即在低浓度的纳米密闭空间中的离子迁移远高于本体溶液的离子迁移，这些富有弹性的木材样品的离子电导率几乎保持不变。当浓度从 1×10^{-4} mol/L 降低到 1×10^{-6} mol/L 时，离子电导率也相同。同时，离子电导率随压缩程度的增加而增加，表明木基弹性材料的离子电导性能可调。这种可调节的高离子导电动态材料在传感器、人造肌肉和能量存储设备中都具有广阔的应用前景。还原氧化石墨烯（RGO）纳米片因独特的二维纳米结构被用作导电材料来涂覆木基弹性材料骨架。RGO 纳米片的引入不仅赋予木基弹性材料高导电性，还赋予其高弹性和优异的抗压缩疲劳性，使其成为压力传感器的有希望的候选者。RGO/木基弹性材料传感器卓越的机械和压阻特性使其能够用作检测各种人体运动和生理信号的可穿戴传感器[56]，如图 7-50 所示。天然木材经过化学处理后转变为层状结构，可制成一种无须插入额外化学材料即可产生有效电力输出的木基弹性材料。与天然木材相比，高度可压缩的木基弹性材料的电输出量超过 85 倍。该木基弹性材料可用作智能压力传感器，可附着在粗糙的皮肤上以监测人体运动，如手指敲击、手指弯曲，也可用作可穿戴传感器。

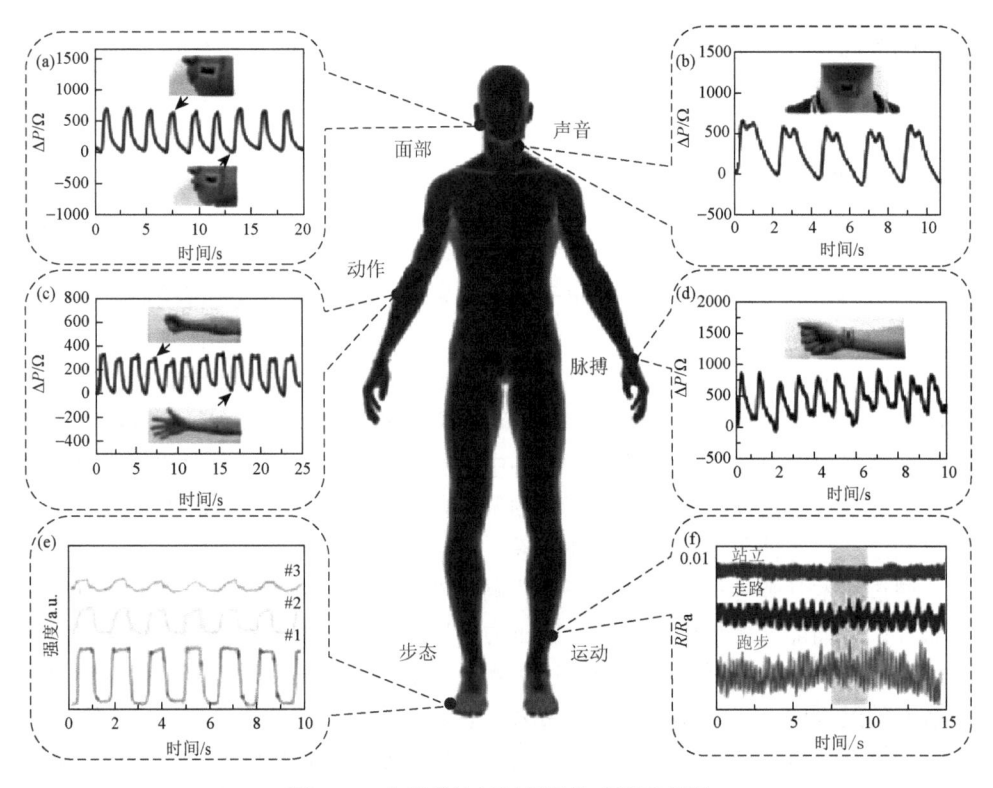

图 7-50　木基弹性材料压阻传感器示意图

（2）智能建筑

随着智能建筑的发展，木基弹性材料作为一种新型材料得到了越来越广泛的应用。木基弹性材料不仅在装饰上能满足建筑风格要求，而且在功能上也给智能建筑带来了相应的发展契机。广泛使用的智能电气材料，包括锆酸钛酸铅（PZT），都具有严重的缺陷，如复杂的合成工艺、较差的机械性能和有毒成分的存在，并带来了环境方面的问题。而木基弹性材料的低成本、可生物降解、生物相容性和高度可压缩等性能，可被用于智能家居的装饰装修方面。木基弹性材料纳米发电设备是木基弹性材料的一种应用，可产生高达 0.69 V 的输出电压，是天然木材输出电压的 85 倍，并且在重复循环压缩大于 600 次后依旧显示出稳定的电热性能。30 个并联的木基弹性材料制成的大型纳米发电机，可产生高达 205 nA 的电流；将 2 块木基弹性材料纳米发电机沿木材径向方向朝上，然后用 2 块 1 mm 厚的薄木贴面覆盖，连接各种便携式低能耗电子设备，如发光二极管（LED）和液晶显示器（LCD）屏幕。人们通过触击木基弹性材料制成的纳米发电机或在其上行走，便能够打开商用 LED 或 LCD 屏幕，如图 7-51 所示。此外，木基弹性材料纳米发电机具有生物可降解性，能够被真菌菌株分解。研究显示，真菌接种木基弹性材料后，其尺寸能在 10 周内减小。可生物降解的木基弹性材料减小了电子废物对环境的危害，为储能材料的可持续性发展提供了一种可能。总之，木基弹性材料作为一种新型材料，将为智能建筑的发展提供新的机遇。木基弹性材料纳米发电设备的出现，也为人们的生活带来了更多的便利和创新。相信随着技术的不断发展，木基弹性材料还会有更广阔的发展前景。

图 7-51　木基弹性材料在智能家居中应用示意图

7.4.4.2 环境净化功能

(1) 油水分离

随着工业污水的大量排出，加之原油在采运过程中不断出现的溢油事件，导致水体污染日益严重，对生态环境产生了重大影响。目前，膜过滤或蒸馏、离心、生物修复、反渗透及电化学等方法已经广泛应用于油水分离，但这些传统方法存在成本高、分离效率低、二次污染严重等问题，制约了其实用化进程。木材具有丰富的多孔结构和各向异性结构，在液体吸附和过滤方面具有独特的天然优势。采用"自上而下"的方法，选择性地去除木材细胞壁中的木质素和半纤维素基质，获得一种低成本、高压缩性、绿色环保的木质弹性材料。这些优势为其在油水分离、含油废水和溢油事故的分离等方面的应用提供了可能性。

木基弹性材料作为一种新型材料，其中疏水木基弹性材料是现阶段功能化的一大热点方向。通过化学方法将木基弹性材料表面的亲水性羟基转化为疏水性烷基，降低木基弹性材料的表面能从而获得疏水性能，可以快速地吸附水体中的油污，并将其分离出来。疏水木基弹性材料不仅具有高效的油水分离能力，而且具有较好的弹性和可重复使用性能。由于木基弹性材料独特的层状结构和多孔结构，还可以在木基弹性材料上原位聚合吡咯单体制备 PPy/木材复合材料。通过原位聚合对基材进行改性，成功制备了具有优异的超亲水性和水下超疏油性、显著的光热转化能力和油水乳液分离效率的木基油水分离材料。有研究表明，通过脱除轻木木质素，然后浸注环氧树脂，构建了疏水亲油的木材/环氧树脂复合材料。由于轻木本身密度低且孔隙度高，在脱除木质素后孔隙度进一步提高，可达到 93.3%，因此疏水木基弹性材料对硅油、二氯甲烷、甲苯等多种油类均有良好的吸附效果，吸附量最高可达 15 g/g[52]。以上研究表明，木材是极具潜力的油水分离材料，且其性能有望进一步提升。选择性脱除木质素，在保留木材细胞结构的基础上，增加木材细胞壁中的纳米孔隙，通过这种方法，木材的孔隙率和比表面积得到了提高，从而增强了木材的吸附能力。特别是针对木基弹性材料，这种方法可以提高其吸油量，进一步扩大其应用范围。

通过 TEMPO 催化的氧化反应将木质海绵表面周围的羟基氧化为羧基，得到羧基化木质海绵，具有出色的水结合能力，可吸收油中的水及油水乳化液中的水，如图 7-52 所示。用其分离原油水乳化液中的水，分离脱水效率高达 99.99%，吸水量约为 15 g/g，同时证明了羧基化木质海绵在强酸和强碱的恶劣环境中依旧能保持出色的吸油性能。总之，木基弹性材料的高孔隙率和良好的机械性能等特性，为解决水污染和生态问题提供了一种新的、有效的方法，使其在水污染处理领域具有广阔的发展前景。

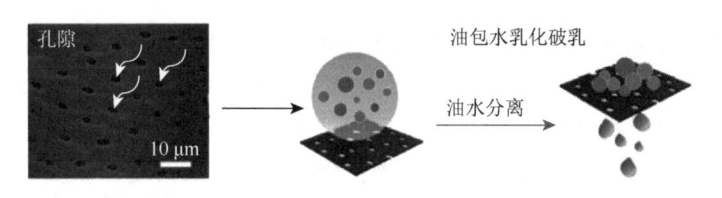

图 7-52 木基油水分离材料的应用

（2）有害离子去除

木质材料是一种天然的环保材料，近年来被广泛应用于环境污染治理领域。研究发现，木质弹性材料可以有效地去除废水中的重金属离子、染料和有机物等污染物，同时还可以去除水中的杂质和悬浮物，且经过多次循环后仍保持较高的去除效率，具有可回收性。在氩气下对尿素浸渍的木质纤维素骨架进行热解，然后采用木素磺酸盐对其进行改性，成功制备出一种新型的重金属吸附木基弹性材料。其表现出对 Pb^{2+}、Cd^{2+} 和 Cu^{2+} 的高吸收能力，分别可达到 659.6 mg/g、329.1 mg/g 和 173.5 mg/g，同时经过 10 次吸附-脱附循环后仍保持较高的去除效率。木基水处理材料具有从污染水中有效去除重金属的巨大潜力，可以作为一种高效、环保的重金属污染治理材料应用于实际生产和生活环境中。

（3）缓冲吸能

木基缓冲吸能材料由天然的木材制成，具有极佳的韧性和弹性。相比传统的弹性材料（橡胶、海绵、泡沫等），木基弹性材料具有更好的生物降解性能，对环境的负担更小。此外，木基弹性材料的制备工艺简单，成本也更低，可以大规模生产。木质弹性材料具有良好的弹性和隔热性能，为其在包装缓冲材料中的应用提供了更大的发展前景。此外，木质弹性材料还有许多未开发的前沿应用，如软体机器人、弹性木质阻尼材料（泡沫铝的有希望替代品）、柔性基体、吸音材料、坐垫、床垫、鞋垫等。随着人们对环保和可持续发展的意识不断提高，木基弹性材料这种新型材料必将得到更广泛的应用。随着科技的不断进步和研究的不断深入，木基弹性材料这种具有天然优势的材料将会在未来的各个领域得到更加广泛的应用，为人类的生活和发展带来更多的便利和福利。

7.5 可塑瓦楞木板

7.5.1 概念

7.5.1.1 木材可塑

材料的形状与其内在特性同样重要，例如，结构组件必须由材料制成，这些材料可以在不牺牲机械强度的特殊情况下进行物理成型以满足特定需求。此外，同样轻质的材料对基于车辆的应用（如汽车、火车和飞机）、物流运输、建筑效率特别有价值，因为减重措施可能是提高燃油效率、降低经济成本的最直接方式[57]。出于这些原因，用于机械支撑的聚合物和金属，具有低密度，以及可由挤压、铸造和注塑等不同方式加工成不同形状和尺寸的轻质结构组件的特点。然而，由于这些聚合物和金属源于化石能源基材料，需要开发更可持续的材料，以降低石化塑料的环境成本和金属的能源成本。

木材作为自然界中产量最大的可再生资源，是一种可持续的结构材料，具有高机械强度、可生物降解、质量轻和成本低等优点，其自然丰富性和内在可再生性使得人们对使用木材作为石油衍生材料和无环境持续性材料的潜在低成本替代品兴趣高涨。事实证明，各种方法包括脱木素、致密化和热处理等，可以改善木材的特性和功能，用于更广泛的应用。尽管如此，与金属和塑料相比，木材的成型性仍然很差，这使得将其加工成复杂形状变得困难。

为了满足特定形状的需要，人们探索了不同的木材成型方法。例如，可以使用传统的减法制造（如雕刻、机床、车削）和传统的木工将木材雕刻成复杂的三维（3D）形状[2]。然而，这些"物理方法"通常是在体积尺度上对木材进行工程处理，不会改变木材固有的微观结构或材料特性，因此无法同时获得高机械强度和良好的成型性，从而限制了木材在高级工程领域的实际应用。

近年来，各种自下而上的方法也被研究出来，在这种方法中，木材被分解成各种组分，然后再加工成所需的形状和用途。例如，木材可以被去纤化成具有特殊机械强度（高达 3 GPa）的纤维素纳米纤维（CNF），然后可以使用高含水率（高达 98 wt%）的浆料将其加工成三维形状。然而，CNF 价格昂贵，而且对于制造大型结构，去除水分所需的能量过于密集，削弱了它们作为可持续材料的优势。此外，这种自下而上的方法是以牺牲木材的自然分层和各向异性结构（即沿着茎的纵向高度排列的通道和纤维）为代价的，而材料的大部分天然强度和功能都来自这些结构。

美国马里兰大学研究团队通过细胞壁工程将硬木平板成型为多功能三维结构的加工策略，结合脱木素处理、水冲击处理和环境干燥等技术制备得到一种可塑柔性木基材料[58]。这种可模塑木材是高度可折叠的，在经过水基脱木素处理和环境干燥后，由于部分木质素和水分的去除，中空导管和纤维这些开孔在收缩的木材中几乎完全闭合，形成高度致密的结构。经过水冲击处理后，可模塑木材会产生独特的部分开放的褶皱细胞壁结构，其中导管部分打开而纤维几乎完全闭合。在水冲击处理过程中，导管重新开放的速度极快（3 s），而较小纤维的形态几乎保持不变。细胞壁结构的这种选择性打开，为部分开放的导管在可模塑木材内部创造了空间，可以以类似手风琴的方式适应压缩和拉伸变形，使材料在折叠时承受剧烈的压缩和拉伸，甚至高达 180°也不会开裂。同时，紧密堆积的封闭纤维也可以提供机械支撑以提高强度。

可模塑木材在干燥和经水冲击过程后，细胞结构中的褶皱细胞壁会更加封闭、接触面积更大，同时细胞壁之间会产生大量的氢键，使材料在折叠过程中不易分层与断裂。例如，Chen 等[59]将部分脱木素的木材样品沿垂直于木质纤维的方向进行压缩，木质细胞壁完全坍塌，纤维素纤维密集平行排列，致使材料结构急剧致密，从而显著促进硬化木材中相邻纤维素纤维之间的氢键形成。因此，木质纤维的卓越柔韧性使得纤维素纤维紧密堆积，并在它们之间形成氢键，从而纤维在机械变形过程中能够遵循折叠的形状。部分打开的、起皱的细胞壁结构使可模压木材具有机械柔韧性。

如图 7-53 所示，通过这种自上而下的方法，木材可以加工成各种形状，同时大幅提高机械强度。然后，这种可模塑木材通过空气干燥来去除剩余的水，可以实现加工成不同的形状和结构，形成最终的 3D 成型木材产品。同时，研究人员发现 3D 成型木材还具有优异的机械性能，力学性能的改善是由于更致密的结构，其特征是微米尺度的细胞壁高度堆积交织在一起，纳米尺度的细胞壁内的纤维素纳米纤维排列良好。3D 成型木材密度低，为 0.75 g/cm^3，比强度是 Al-5052 型的 5 倍左右。3D 成型木材的低密度、高机械强度和优异的成型性为设计和制造大型、轻便、承重的设计提供了广泛的通用性。这种方法扩大了木材作为结构材料的潜力，使可模塑木材有望成为传统结构材料的可持续和低成本替代品，并减少建筑、交通和包装应用对环境的影响。

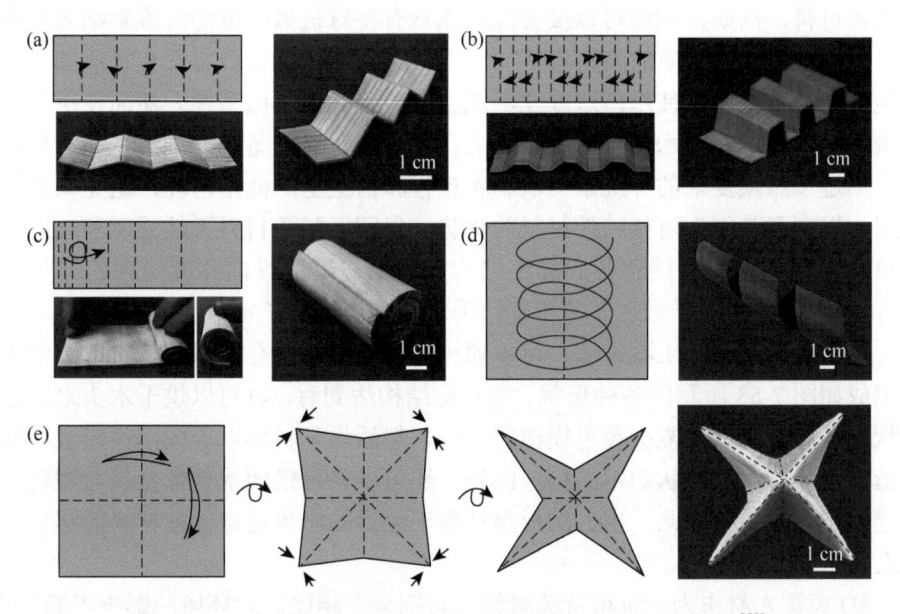

图 7-53 使用细胞壁工程工艺将 3D 成型木材制成各种形状[58]

7.5.1.2 瓦楞木板

可塑瓦楞木板是通过细胞壁工程将硬木平板成型为多功能三维结构的加工策略，结合脱木素处理工艺、水冲击处理、热压成型技术和组装黏合工艺等制备得到的一种低密度、抗冲击、可回收利用和可生物降解的新型木质缓冲包装材料。当前机电产品（大型电器、小型机床类产品）包装的材料制造及运用领域普遍存在问题，例如，重型瓦楞纸箱在物流运输环节存在承重能力差、堆码放置时抗压能力弱及不可回收循环使用等性能缺点；木质包装箱不仅会消耗和浪费大量的森林资源，而且出口面临着绿色贸易壁垒等困境；碳密集型化石能源基塑料和金属作为包装结构材料会加剧气候变化和恶化环境等。因此，研发设计新型高强度缓冲包装材料代替重型瓦楞纸箱、木质包装箱和金属塑料包装等成为一种新思路。

将木板经过简单的化学处理、环境干燥和水冲击处理等工序，通过一种自上而下的方法制备得到可模塑木材，其能形成独特的褶皱细胞壁结构，允许材料折叠并模塑成所需的形状，将硬木平板成型为多功能三维结构。通过这种方法模塑制备的 3D 成型木材具有优异的力学性能，其拉伸强度和压缩强度分别比原始天然木材高出近 6 倍和 2 倍，具有超高刚度可以支撑超过自身质量 5000 倍的质量而不会发生明显变形；可以作为一种轻质结构材料广泛应用在建筑、交通及包装运输流通领域。传统研究工艺中，可以利用木材作为原料制备出常见的一些 3D 成型结构材料，例如，木材可以被去纤化成具有特殊机械强度的纤维素纳米纤维，然后可以使用高含水率的浆料将其加工成 3D 形状；或者，将聚合物添加到纤维素纳米纤维中，通过使用铸造或注塑成型来改善其加工成型性。然而使用自上而下策略制备的可模塑木材与这些传统的自下而上策略制备的纤维素基结构材料相比，略过了烦琐复杂的纤维素提取制备过程和密集型的能量消耗，避免聚合物的使用，提高了其作为可持续性材料的优势，保留了赋予材料天然强度和功能的木材自身具有的自然分层和各向异性结构（即沿着茎的纵向高度排列的导管和纤维），并增强了木质纤维之间的相互作用，进一步提高了木材的机械强度。

使用这种细胞壁工程方法，可以通过机械弯曲、折叠和扭曲等将可模塑木材加工成如图 7-53 所示的各种形状。当目标结构达到后，就可以烘干木头来固定其形状。例如，通过反复折叠可模塑的木片，然后烘干材料以形成刚性模板，从而制造出锯齿形和波纹状的木结构。此外，还可以将可模塑木材像金属与塑料一样卷起后进行扭曲。因此，出色的折叠性和干燥后的出色稳定性使材料能够设计和制造复杂的 3D 结构。

3D 模塑木材作为一种可持续材料，与铝合金相比，对环境的影响可能更小。

当 3D 模塑木材用作车辆和飞机的轻质结构材料时，可以节省大量燃料，并带来相应的环境效益。此外，与塑料和金属相比，木制品具有更大的碳储存能力，这是政府间气候变化专门委员会承认的减缓全球变暖的额外好处。木材细胞壁工程可以大大扩展这种可持续和高性能材料的多功能性，使木材在结构应用中成为塑料和金属的潜在替代品。因此，结合可模塑木材的优异力学性能和成型性，以可模塑木材为基底，可制备得到具有高抗冲击性、良好成型性、优异的抗压强度和环境可持续性的可塑瓦楞木板。可塑瓦楞木板作为一种环境友好型材料，使其代替现有存在发展困境的机电产品包装材料成为可能。因此，面对目前机电运输缓冲包装面临的难题，研究制备抗压性强、缓冲性能好和木材利用率高的新型材料——可塑瓦楞木板，对新型木质包装材料的发展具有重要意义。

7.5.2 制备方法

7.5.2.1 可模塑木材的制备

可塑柔性木材主要是通过水基脱木素工艺、环境干燥、水冲击处理等工艺制备得到。

（1）水基脱木素工艺（碱性处理、酸性处理）

与钢铁、水泥、塑料等传统建筑材料不同，木材具有独特的生物学构造，形成了以纤维素为骨架、半纤维和木质素为填充和胶着物质的三维多孔结构，而且内部存在大量的官能团和空间为木材功能性改良提供了可能。利用木材特有的生物构造和化学性质开发木质复合材料，赋予木材更多的功能逐渐成为研究热点，如木材水凝胶、吸油海绵木、超柔性木材、透明木、形状记忆木等。为提高木材柔性，扩展内部空间和比表面积，提高木材中纤维素的可及度和反应性，实现优良的界面结合，通常在制备前需对木材进行脱木素预处理，处理方法主要有物理预处理、化学预处理和生物预处理。其中化学预处理方法因成本低廉、工艺简单、不需要特殊加工设备被广泛采用。

化学法脱木素是利用木质素具有多种官能团反应能力强的特点。常见的水基脱木素工艺主要有两种化学处理方法，一种是酸式化学法，另一种是碱式化学法，两种方法侧重点各有不同。最常见的脱木素方法为配制一定浓度的亚氯酸钠溶液，用冰醋酸调节溶液 pH 至酸性，将木板浸泡其中，80℃水浴加热。Guan 等[60]使用酸式化学法选择性脱除木质素和半纤维素使天然木材的薄细胞壁破裂，从天然软木中制备出具有特殊弹簧状片层结构的各向异性纤维素基木质海绵。实验效率较高，可较快地制得所需样品。但是酸式溶液会导致脱除的半纤维素和木质素含量较高，从而降低木质纤维间的黏结性，得到的材料大多数会折叠性较差。此外，除了使用酸法脱木素外，也可以使用碱性溶液法，即配制一定浓度的氢氧化钠和亚硫酸钠溶液，将木板放入其中，90℃水浴加热，之后通过使用去离子水冲洗的方式去除木板中的化学试剂。这种碱式化学法处理木材，时间周期会较长，但是能部分脱除半纤维素和木质素这些疏水物质，木材不易开裂，折叠性能好。因此，实验研究中多采用碱性介质配合SO_3^{2-}的方法处理天然木材。

可模塑木材的脱木素工艺是通过化学药品部分和选择性地去除木质素和半纤维素这些疏水成分，从木材的木质纤维素细胞壁中去除约55%木质素和约67%半纤维素，使剩余的细胞壁吸收水分，从而导致木材样品尺寸的软化和轻微膨胀，使得部分脱木素木材的含水率约为 300 wt%。因为保留木材的中空导管和纤维的开孔结构，部分和选择性地去除木质素和半纤维素是软化木材获得可塑木基材料的关键。所以，不同于造纸工业，制备木复合材料的脱木素预处理需要保留木材的生物构造特征，通常采用氢氧化钠与亚硫酸钠混合溶液，在固定的工艺参数条件下对木材进行脱木素处理，对在不同工艺参数下处理材料物理性能影响的研究鲜有报道。因此，采用固定配比的氢氧化钠与亚硫酸钠混合溶液，对不同工艺参数下，如不同的脱木素时间，脱木素处理对木材物理性能的影响进行对比分析。

（2）干燥工艺

模塑成型需要模具和干燥设备共同配合来实现，对于模塑成型加工，除湿干燥是必不可少的工艺环节。根据加工过程中对水分敏感程度的不同，用于成型加工的材料可分为非吸湿性材料、吸湿性材料和对水分敏感材料三种。非吸湿性材料，水分保留在表面，易于清除，而吸湿性材料和水分敏感材料能够从周围环境中吸收水分，原材料很容易吸收外界水分造成过度潮湿，且水分多分布在材料内部，容易在模塑成型过程中造成材料的成型结构不稳定，对成型前的干燥处理工艺要求很高。一旦原材料中的水分含量超标，就会使得产品达不到理想的性能和外观，出现废料。因此，必须使用干燥设备将原材料中的水分带走。同时，适当的干燥处理，不但可以降低原材料中的水分，也可以达到缩短成型周期的效果。因此，尽管原料的干燥是一个相对简单的过程，但却是影响材料成型制品最为关键的步骤之一。从木材制备这种结构材料的常见干燥方法包括冰模板化/冷冻干燥、溶剂交换/超临界干燥、热风干燥和气泡模板化/自然干燥等。

1）自然干燥。

自然干燥是一种传统干燥方法，也是最常用的干燥方法之一。将大量样品材料放在通风、光照充足的环境条件中，使环境温度在25～30℃保持不变，固定时间进行一次翻晾，干燥48 h可得到干燥收缩木材。自然干燥分为排除表面自由水的外控干燥阶段与排除内部结合水及毛细管水的内控干燥阶段两部分。自然干燥的主要缺点是干燥时间较长，干燥过程中的自然条件不可控，不受人为控制，易受环境影响，遇到阴雨天气干燥不及时易导致木材发生霉变，且容易因尘土等造成二次污染。但自然干燥经济成本低廉、无需设备支持。与停留在实验室规模阶段的超临界干燥和真空冷冻干燥相比，自然干燥方法具有生产效率高、能耗成本低、操作简单等优点，为大规模生产制备这种3D模塑木材提供了更大的机会。

2）热风干燥。

热风干燥法即烘干法，主要利用热源加热干燥室内空气，在热空气作用下物料水蒸气不断积累并形成温度梯度和水分梯度，同时流动热风将扩散至表面的水蒸气带走以达到干燥目的。热风干燥技术是利用热空气作为热源去除物料水分的一种干燥方法。它是最传统也是目前应用最广泛的一种干燥方法。其中，热风干燥机是一种通用性强且操作简单的干燥设备，利用风扇来吸收环境中的空气并将其加热到目标温度，通过对流的方式加热物料以除去水分。Moon等[61]在不同温度下对马铃薯进行热风干燥，结果表明，初始阶段温度是影响干燥速率最重要的因素，初始干燥温度越高，干燥时间缩短，而在表层的游离水脱离后，干燥速率开始下降，此时物料剩余含水率对干燥速率的影响比干燥温度更大。

干燥温度是干燥技术中十分重要的工艺参数，温度影响着干燥的效果和成品的理化性质。干燥温度越高，水分蒸发越快，但容易破坏材料中有效成分的活性；相较于空气自然干燥，热风干燥速率较快，条件相对可控。热风干燥是以热空气为干燥介质与材料进行湿热交换，进行热量的传递，物料外周的水分通过表面的气膜向气流主体扩散，物料内部和表面之间产生水分梯度差，物料内部的水分因此以气态或液态的形式向表面扩散，从而去除样品中水分的一种干燥方法，故干燥时间相对较长，复水率较低。但其投资低、成本低、干燥效率较高，在大批量的生产过程中，热风干燥占据一定的地位，已广泛应用于工业中。

3）超临界干燥。

超临界流体（supercritical fluid，SCF）是指温度和压力分别高于临界温度（T）和临界压力（P）的流体，此时流体的密度会随压力的升高而变大。在临界点处有极高的等温压缩性，人们可以利用这一点来提高超临界流体对溶质的溶解能力。超临界流体拥有与液体相近的密度，但其扩散系数要比液体高一百倍。以上特性使超临界流体具备溶解能力特殊、扩散性好、浓度易调节、黏度低、表面张力小等优点。超临界干燥技术就是利用超临界流体的这一特性而开发的一种新型方法，见表7-11。该法具有如下优点：①可以在温和的条件下进行，故特别适用于热敏性物料的干燥；②能够有效地溶解并提取大分子量、高沸点的难挥发性物质；③通过改变操作条件可以容易地把有机溶剂从固体物料中脱去。

表 7-11 几种超临界流体的临界性质[62]

干燥介质	沸点/℃	临界温度/℃	临界压力/MPa	临界密度/(g/cm³)
二氧化碳	−78.5	31.1	7.3	0.468
氨气	33.4	135.2	11.2	0.236
甲醇	64.6	239.4	7.9	0.272
乙醇	78.3	243.0	6.3	0.276
苯	80.1	288.9	4.8	0.302
异丙醇	82.2	235.1	4.7	0.273
正丙醇	92.2	263.5	5.1	0.275
水	100.0	374.1	21.8	0.322

超临界流体干燥（supercritical fluid drying，SCFD）就是利用物质在临界温度和临界压力之上，气体与液体之间没有界面存在，从而没有界面张力来消除材料干燥过程中因表面张力引起的毛细孔塌陷、网络结构破坏而产生的颗粒聚集。例如，Liebner 等[63]以细菌纤维素为原料制备得到的湿凝胶采用超临界 CO_2 干燥，在温度为 40℃，压力为 10 MPa 的干燥条件下，最后得到的纤维素气凝胶保持了很好的骨架结构，收缩率仅为 6.5%，且拥有很好的尺寸稳定性，密度仅约为 8 mg/cm³，可谓是一种新型超轻环保材料，在军工、运输等行业有极大的应用前景。

超临界干燥技术中超临界流体的选择是至关重要的，CO_2 的临界性质相比于其他超临界流体，临界温度接近室温，所以干燥可以在常温下进行，而且 CO_2 易得、不燃、便宜，操作安全。鉴于此，现今纤维素气凝胶的超临界干燥基本上都是超临界 CO_2 干燥。

4）真空冷冻干燥。

真空冷冻干燥（freeze drying，FD）是指将经前处理后的待干燥物快速冻结后，使含水物料冷冻成固态，再通过减小干燥仓中的压强使物料所含水分沸点降低，在高真空条件下将其中的冰从固态直接升华为水蒸气，并通过真空系统将水蒸气去除，从而排除湿物料中的水分，获得干燥制品的干燥方法。由于冰的升华带走热量使冻干的整个过程保持低温冻结状态，这样就有利于保留一些生物样品的活性。真空冷冻干燥简称"冻干"，将可模塑木材预先降温至共晶点温度以下，在真空条件下升温，使物料中水分直接升华排出达到干燥目的。研究人员以甲基三甲氧基硅烷作为改性剂，用 NaOH 溶液与纤维素混合，经溶解、冷冻、凝胶化等处理得到纤维素湿凝胶，再经甲基三甲氧基硅烷改性，然后用离子水置换出湿凝胶内的混合溶剂得到纤维素水凝胶，最后通过真空冷冻干燥成功得到了具有疏水性能的纤维素气凝胶。该材料的接触角可达到 133°，并保持了良好的孔结构；吸附性能极高，对真空泵油的吸附倍率可达到 8.51，在原油泄漏处理方面有极大的发挥空间。

真空冷冻干燥技术和超临界干燥技术一样都能够避免气-液界面的产生，从而减小表面张力或防止表面张力的产生，进而保证材料在干燥过程中三维空间网络结构的完整，避免材料的收缩、坍塌。但是，真空冷冻干燥技术是在低温低压下进行的，而超临界干燥技术是在高温高压下进行的。

真空冷冻干燥生产的样品品质好，复水率高，能更好地保留材料的外观结构，在实际应用中得到了广泛的开发。经过百年的发展、探索和改进，真空冷冻干燥技术已经走向成熟，在生物工程、医药工业、食品工业等行业得到了广泛应用。但相较于其他干燥技术，真空冷冻干燥技术不能灵活控制物料的温度和水分，需通过热传导的方式由隔热板控制物料温度，升华阶段去除了物料中的大部分自由水，解吸阶段耗时长，但只是去掉了少部分结合水。同时，其设备投资大，加工周期长，耗能大，运行成本高，导致冷冻干燥使用范围较为局限，也限制了其实际应用。

5）小结。

几种常见干燥技术的特性对比见表 7-12。将含水率约 300 wt%部分脱木素的木材在环境条件下自然风干，或者通过鼓风干燥箱 80℃的热风干燥以除去水分并形成收缩的木材中间体（约 12 wt%的水）。与停留在实验室规模阶段的超临界干燥和真空冷冻干燥相比，自然干燥与热风干燥方法具有生产效率高、能耗低、操作简单等优点，其中使用热风干燥可大大缩短材料的干燥时间，提高制备效率，为大规模生产制备 3D 模塑木材提供了更大的机会。

表 7-12 常见干燥技术的干燥特性及品质特性对比

干燥方式	干燥特性及品质特性
自然干燥	干燥速率与复水速率趋势平缓，材料内部结构紧密，孔隙率显著降低，干燥后外部水分不易进入，但由于干燥时间长，干燥效率低
热风干燥	干燥速率与热风温度呈正相关，干燥材料结构紧密，干燥时间相对缩短，复水率较低
超临界干燥	适用于热敏性物料的干燥，能够有效地溶解并提取大分子量、高沸点的难挥发性物质，材料骨架可保持比较完整
真空冷冻干燥	复水性良好，收缩率与材料热导率有关，样品可保持良好微观结构，孔隙均匀，但加工周期长，运行成本高

（3）水冲击处理

将干燥收缩得到的木材浸入水中 3 min，该过程称为水冲击过程。该过程可部分地重新膨胀褶皱收缩的细胞壁，并导致可模塑木材的样品尺寸重新膨胀，从而制得可模塑木材（约 100 wt%含水率）。在这个处理过程中，可以观察到导管重新开放的速度极快（3 s），而较小纤维的形态几乎保持不变。这种快速的水冲击过程能够形成独特的部分开放、褶皱的细胞壁结构，其中导管部分打开而纤维几乎完全闭合为压缩提供了空间，并具有支持高应变的能力，使材料易于折叠和成型。

细胞壁结构的这种选择性打开，为木材内部构建了局部开放的导管空间，使其能够更好适应压缩和拉伸变形，即使在强烈压缩或大幅度拉伸的情况下，也能保持不开裂的特性。同时，紧密堆积排列的封闭纤维结构提供了必要的机械支撑，从而显著增强了整体强度。

7.5.2.2 瓦楞芯板模压成型

采用适宜的模压温度和时间，使用自制的瓦楞结构模具，将可模塑木材按要求的结构沿垂直/平行木纤维方向成型加工模制材料；并在室温下环境风干或者高温热风干燥，去除材料中的水分，结合模压成型工艺制备出波浪状瓦楞结构的 3D 成型木瓦楞芯板。

（1）模具制备

模压成型工艺中的模具是由瓦楞纸板压楞工艺中的模具简化设计而来的，设计思路是由两块交错的具有波浪状瓦楞结构的金属块共同夹置一片规定规格的木片，并放入压平机中固定，通过旋转螺丝把手调节夹置木板的紧度，来控制板材的成型。按照瓦楞形状可以分为 U 形、V 形和 UV 形三种，其中综合瓦楞纸板中 UV 形瓦楞综合性能较好，应用最广泛，因此将瓦楞模具设计为 UV 形瓦楞结构。根据瓦楞纸板的不同瓦楞楞型和瓦楞形状，可以绘制出具有不同瓦楞尺寸结构的瓦楞模具，从而模压制备出不同的瓦楞木板。

（2）模压成型

将经过水冲击处理的导管部分打开而纤维几乎完全闭合的不同厚度的可塑木板按照要求结构沿垂直/平行木纤维方向放入模具中并夹紧，采用 25～180℃的温度成型干燥可塑木板，去除材料中的水分，使得纤维在机械变形过程中能够以保角的方式遵循折叠的形状，最终得到 3D 成型木瓦楞芯板。

同时根据制备的不同瓦楞形状的模具，可以得到不同瓦楞结构的芯板，以此来探究不同瓦楞形状的瓦楞木板的力学性能。

7.5.2.3 瓦楞木板的组装黏结

将胶黏剂涂覆在木瓦楞芯板的波峰处，少量地使用胶黏剂使瓦楞芯板与木单板黏结起来，相比于常见的人造板材，较少的用胶量在一定程度上减少了环境污染；在这个过程中可以根据人造板材和瓦楞纸板制造时的热压黏合成型工艺，通过采用适当的温度和黏合压力，将瓦楞芯板与木单板通过手动平板热压机组装黏合，制备得到高性能瓦楞木板。

其中胶黏剂可以采用商业用白乳胶、脲醛树脂胶、酚醛胶等，采用不同种类的胶黏剂涂覆板材，以测量其抗压和抗冲击性能；将模压制备的不同形状的瓦楞芯板与木单板多层黏结组装，可以得到不同结构的材料，如三层单瓦楞木板、五层双瓦楞木板，或者七层三瓦楞木板；或者根据瓦楞轮廓的大小及不同瓦楞规格的型号 A、C、B、E 等，来组合制备如 AB、ABA 和 ABE 型等不同的多层复合瓦楞木板等。

7.5.3 性能表征

7.5.3.1 力学性能

可模塑木材的力学性能不仅明显超过天然木材，而且优于许多其他相关材料。天然木材和可模塑木材的拉伸应力-应变曲线，在破坏前都表现出线性变形行为。此外，加工后的 3D 成型木材具有改进的轻质结构应用的机械性能，包括沿木纤维方向的约 300 MPa 的拉伸强度和 60 MPa 的压缩强度，这些值分别比原始天然木材高出近 6 倍和 2 倍。在工程材料领域，实现强度和韧性之间的平衡仍然是一个挑战，因为这些性能通常是相互矛盾的。然而，随着可模塑木材拉伸强度的提高，其韧性并未随之降低，使得瓦楞木板的弯曲强度高于天然木板和一些人造板材。

（1）抗压强度

瓦楞木板主要采用低速率压缩测量，通过沿垂直复合板材面层方向施加压缩载荷使芯子破坏。瓦楞木板在平压作用下，内部瓦楞发生变形，破坏瓦楞芯板波峰两侧，发生断裂，压力去除后，其变形无法恢复，芯板发生整体性破坏，但板材不会发生整体性破坏与分层。瓦楞木板可以承受成人踩踏，变形量仅为 0.8%。可以从瓦楞木板应力-应变曲线中看出，应力随着应变的增加，先增加再降低，再增加再降低，直到最终瓦楞芯板被压溃至密实阶段，应力不断增加。推测瓦楞木板材料在经过首次压缩破坏后，会首先在瓦楞波峰处发生压缩变形以抵挡压力，因此应力不断增加；随着加压的进行，达到破坏载荷后，瓦楞上下波峰两侧的基点发生形变破坏，材料的应力大幅度下降；当材料继续压缩，随着应力抵抗点在逐渐堆积，应力会再次逐渐增加；直到压缩至瓦楞上下波峰两侧的基点彻底断裂，应力再次降低；此时随着加压载荷的增大，加压至溃实阶段，应力不断增加。因此这种材料区别于普通材料，在经受压缩破坏后会直接丧失保护性能，瓦楞木板具有二次缓冲保护性，以保护内装物免受伤害。

同时，材料不仅具有低速率压缩特性，而且需要进一步研究高应变率压缩特性，如采用主要由子弹、入射杆和传动杆组成的溢出霍普金森压杆（SHPB）系统来实现高速加载，研究材料表现出的速率依赖性行为，表明材料在高速冲击下能够吸收更多的机械能。在初始加载阶段，由于瓦楞木板的瓦楞结构和内部空隙的初步收缩，瓦楞木板经历了具有低加载斜率的弹性变形。随着压缩应变的进一步增加，引发致密瓦楞木板的瓦楞结构抵抗，导致5%~10%阶段下的应力突然增强，这些瓦楞空隙在压缩过程中很容易压实近似线性变形。

（2）抗冲击性

一般，结构材料的宏观力学性能在很大程度上取决于它们的微观结构。例如，通过将材料构造成定向排列，可以获得更高的强度和韧性，采用夹层结构比中空结构具有更好的抗冲击性。因此由夹层结构制备的瓦楞木板，随着应变率的增加，能量耗散密度也随之增加，即应力-应变滞后曲线的面积也逐渐增加，反映了其在抗冲击和能量吸收方面的潜在应用。

通过瓦楞木板具有的波浪状瓦楞结构，推测其可以抵抗机械冲击损伤。因此，为了进一步评估瓦楞木板的抗冲击性，进行了低速冲击实验——落锤冲击动态力学测试。如图7-54所示，其中落锤以非穿透方式从特定高度（h）自由落到试样上，样品可以在冲击过程中产生高阻力，并显著降低锤子的速度和吸收其能量，落锤实验中的吸收能可以通过力-位移曲线计算出来。为了更直观形象化地展示瓦楞木板的抗冲击性能，选择了最具代表性的产品保护和运输的商业缓冲材料——传统缓冲泡沫、瓦楞纸板作为对比，来演示玻璃保护测试。简而言之，从80 cm高处释放落锤并落到一块铺有同等厚度的缓冲泡沫、瓦楞纸板或瓦楞木板的玻璃上。在铺上缓冲泡沫或瓦楞纸板后，落锤仍然很容易穿透保护层并攻击玻璃，对破损程度的缓解作用微乎其微。所有失败的保护结果表明，传统缓冲泡沫无法承受锤子产生的高冲击能量。作为比较，瓦楞木板表现出出色的抗损伤性，因为在冲击区域的瓦楞木板的瓦楞结构能够吸收因震动、冲击传递到产品上的能量，延长内装产品承受冲击脉冲的时间，极大地抵消了锤子的撞击，具有良好的缓冲性能。此外，源自瓦楞木板的交错组装的黏结结构，协同效应单板与芯板的层内开裂和层间滑动能够吸收大量能量，从而更好地避免了玻璃的破损。

通过估计最大冲击力（F_{max}）相对于参考组的衰减百分比，可以知道可塑瓦楞木板表现出的高衰减系数和稳健的冲击耐受性。此外，测试后瓦楞木板的照片显示，由于瓦楞结构在低冲击高度下可恢复的弹性变形，其在10~30 cm处的外观完好无损。当高度进一步增加时，瓦楞木板表现为轻度瓦楞结构变形，伴有木板裂纹和黏结处开裂，但未出现大面积破裂。这种失效方式有效地吸收了大量的冲击能量，这得益于组装黏合的层压结构。相比之下，瓦楞纸板和泡沫材料的抗压性差，出现严重的中心变形和层间分层，瓦楞木板的伤害承受能力强表明了其抵抗高冲击能量方面不可或缺的作用。

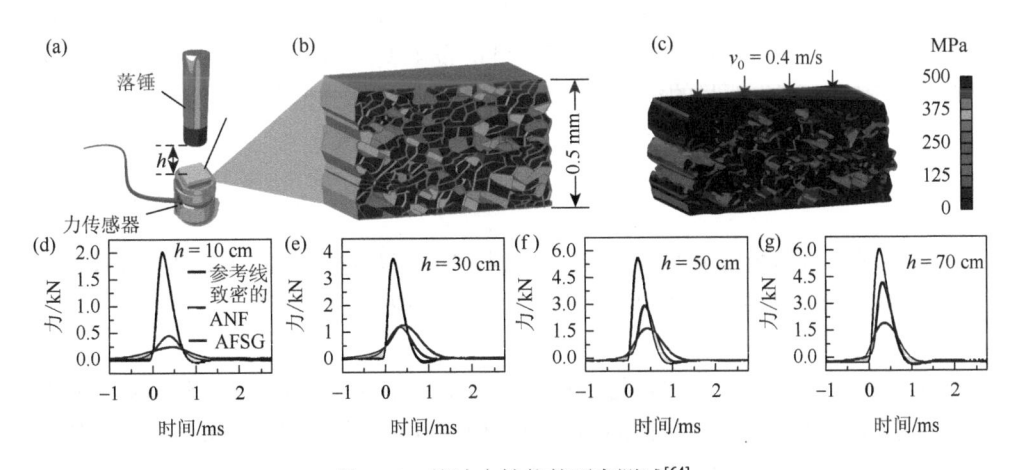

图 7-54　抗冲击性能的研究测试[64]

AFN 表示致密的芳纶纳米纤维；AFSG 表示复合芳纶纳米纤维

（3）抗弯性能

材料弯曲性能测试的参照标准选用《夹层结构弯曲性能试验方法》（GB/T 1456—2021）。实验仪器采用 YG028A 型 SANS 微机控制电子万能试验机，采用三点弯曲测试法，在不同载荷条件下，加载辊位移代表试件的形变。瓦楞木板中的瓦楞芯板具有孔隙结构，并在很大程度上保留了木材固有的各向异性，这有助于承载条件下瓦楞木板发生适应性形变和内应力扩散。瓦楞结构形态、组装条件和胶黏剂种类的差异，会造成力学性能的不同。瓦楞木板在压力作用下，面层较硬，产生向内凹陷，而内部瓦楞芯板有一定的形变能力，可以承受一定程度的弯曲变形。

试件形变主要包括瓦楞木板内部结构变形和整体向下位移两部分，内部结构变形越大其整体向下位移越大。内部结构变形和整体向下位移是瓦楞木板吸收能量的主要方式，在最大载荷条件下试件形变越大，说明试件吸收的能量越多。试件弯曲应变分布呈"V"形，近上下表面区域弯曲应变明显大于芯层区域。平板压缩测试条件下，弯曲应变主要集中于缓冲瓦楞结构的芯层区域。在三点弯曲测试条件下，加载辊对应的试件上下表面的惯性矩最大，压应力与拉应力多集中于上下表面，剪切应力多集中于芯层。由于表面受到更大的弯曲应力，表层弯曲应变也高于芯层。所以，整体弯曲时试件主要取决于上下表面的刚度，内部孔隙压缩时试件易受内部结构密实化程度影响。

所有试件近上下表面区域弯曲应变的变异性比芯层更大。尽管试件表层板材比芯层更加致密厚实,但由于压应力与拉应力多集中于上下表面,这易造成该区比芯层更加致密厚实,但由于压应力与拉应力多集中于上下表面,这易造成该区域结构破坏,且破坏方式多样,如刨花间胶层剥离或刨花断裂。芯层弯曲应变标准差小,说明芯层结构差异对弯曲应变没有明显影响。随着变形的增加,造成芯板在应力处最终断裂破坏,产生明显的裂缝,并且面板受力边缘部分也有轻微的破坏。

7.5.3.2 结构表征

可模塑木材的微观形貌一般可以通过扫描电子显微镜(SEM)、共聚焦拉曼显微镜(CLMS)、傅里叶变换红外光谱(FTIR)等方法进行表征。

(1) 扫描电子显微镜

天然木材具有 3D 分层多孔蜂窝结构,以及许多中空导管和纤维。利用扫描电子显微镜研究了这些木材样品的微观结构,以更好地了解它们的工艺-结构-性能关系。如图 7-55 所示,由于木质素和水分的去除,这些开孔在收缩的木材中几乎完全闭合,形成高度致密的结构。然而,形成可模塑木材的水冲击处理会产生独特的皱纹细胞壁结构,其中导管部分打开而纤维几乎完全闭合。细胞壁结构的这种选择性打开为部分开放的容器在可模压木材内创造了空间,可以以类似手风琴的方式适应压缩和拉伸变形,使材料在折叠时承受剧烈的压缩和拉伸,甚至高达 180°也不会开裂。由于干燥和水冲击过程,细胞结构在可模塑木材的褶皱细胞壁中更加封闭和接触更多,在细胞壁之间产生大量的氢键,以防止折叠过程中的分层,且不容易断裂。因此,木质纤维的卓越柔韧性使得纤维素纤维紧密堆积,

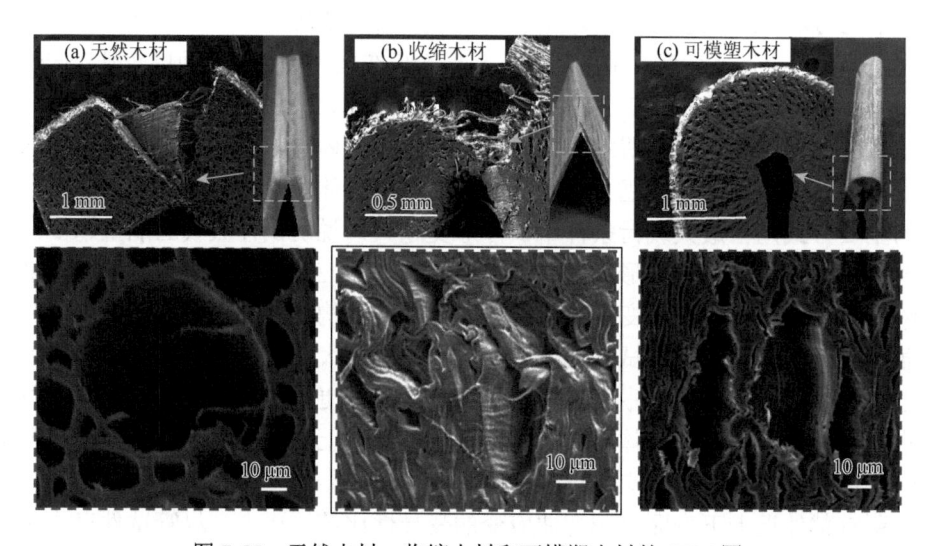

图 7-55 天然木材、收缩木材和可模塑木材的 SEM 图

并在它们之间形成氢键。紧密堆积的封闭纤维可以提供机械支撑以增强强度,使得纤维在机械变形过程中能够以保角的方式遵循折叠的形状。同时,部分打开的、起皱的细胞壁结构使可模压木材具有机械柔韧性。这种细胞壁工程过程保持了木材固有的各向异性结构,并增强了木质纤维之间的相互作用,进一步提高了木材的机械强度。

(2) 红外光谱表征

为了进一步研究可塑木板形成过程中的化学演变,对样品进行了 FTIR 表征。对于纤维素而言,红外光谱能够对具有较低结晶度或者无定形材料进行表征,因此可与 XRD 互补。同时,天然纤维素的红外光谱数据特别强调了氢键的存在。在 4000~600 cm^{-1} 范围内记录 FTIR,测定木材样品的官能团。如图 7-56 所示,与天然木材的特征峰相比,可模塑木材没有出现明显的新峰。通过对比天然木材(杨木)和可模塑木材的 FTIR 发现,可模塑木材在 1735 cm^{-1} 和 1230 cm^{-1} 处峰值强度降低,分别对应于半纤维素的羧基和木质素或半纤维素的羟基和酯基,表明 NaOH/Na$_2$SO$_3$ 处理部分去除了木质素和半纤维素。对比不同化学处理时间的可模塑木材的 FTIR 可以观察到纤维素、半纤维素和木质素含量从天然木材到可模塑木材的演变。结果表明,经过化学处理后,纤维素、半纤维素和木质素被部分去除。

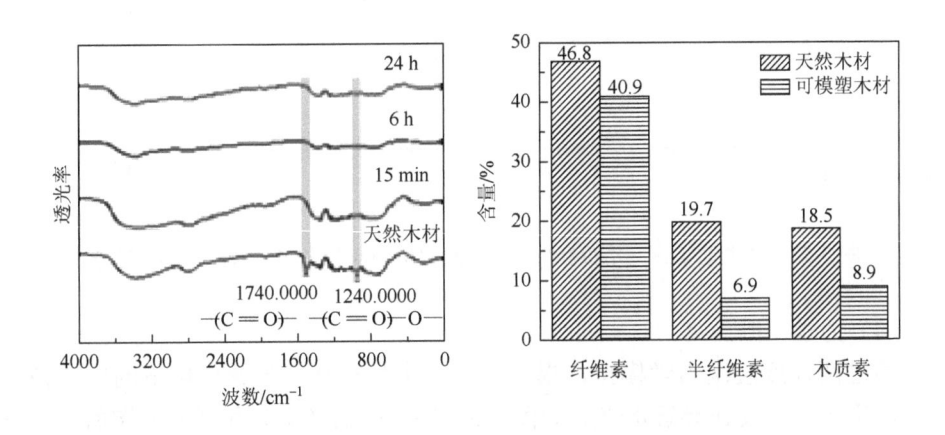

图 7-56 可模塑木材的 FTIR 图和三大素演变

(3) 拉曼光谱

通过共聚焦拉曼显微镜可以观察可模塑木材的细胞壁结构中三大素的存在状态。如图 7-57 所示,拉曼光谱清楚地显示次生壁和细胞角对应的三大素。用于拉曼光谱测量的样品是通过将湿态的截面切割固定在盖玻片下的玻片上制备的。测量使用拉曼显微镜,配备 532 nm 激光器和蔡司 100 倍物镜。在线性扫描模式下选择步长为 300 nm,曝光时间为 0.2 s,激光功率为 50%。结果表明,经过化学处理后，纤维素、半纤维素和木质素被部分去除。对比天然木材和部分去木素木材不同区域包括次生壁和细胞角对应的拉曼光谱，在 378 cm^{-1} 波段上对这两个区域的平均拉曼光谱进行归一化处理。木质素的特征带分别出现在 1266 cm^{-1}、1600 cm^{-1} 和 1658 cm^{-1}。结果表明，次生壁的脱木素程度高，细胞角的脱木素程度低。

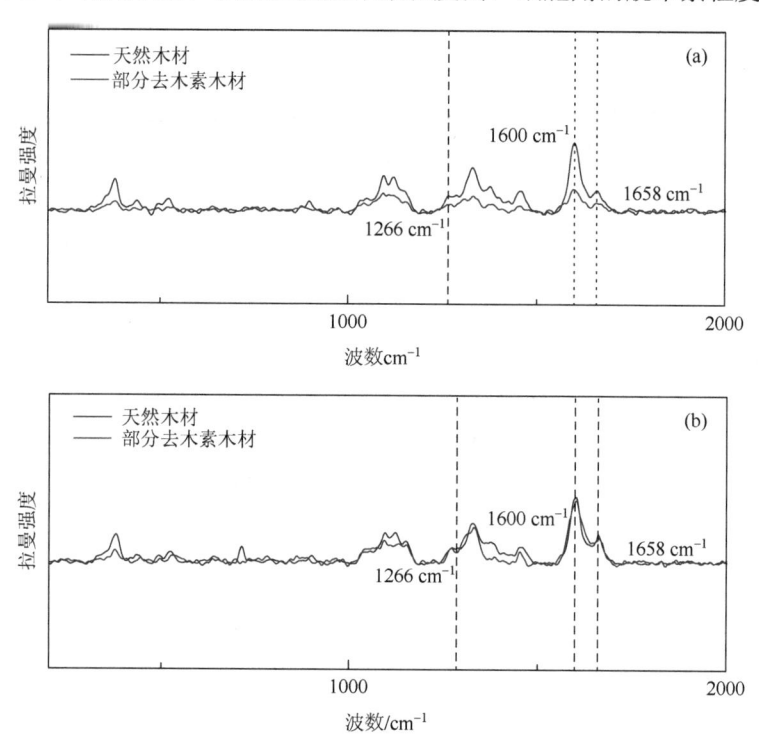

图 7-57 次生壁（a）和细胞角（b）天然木材和部分去木素木材的拉曼光谱

（4）力学模拟

通过两尺度层次力学模拟，揭示了可塑木材在严重折叠作用下的应变减缓机制。第一个尺度在导管水平。如图 7-58（a）中的（i）和（ii）图所示，在这个比例上的建模以可模塑木材为特色，带有一系列圆孔（即导管）。第二个尺度是在纤维层面。如图 7-58（a）中的（iii）和（iv）图所示，该尺度下的建模主要关注相邻导管之间区域纤维结构的中空特性。当可模塑木材遭受严重折叠时，导管和纤维能够以协同方式有效地降低应变水平。图 7-58（b）和（c）显示了可模塑木材（带导管）在其扁平状态下和在材料中点处 180°折叠后的模型。在等高线图中，严重折叠区域的外部处于拉伸状态，内部处于压缩状态，沿可模塑木材厚度方向，靠近中间平面处有一个中性区（零应变）。先前的研究表明，圆形孔可以有效地降低大变形材料的应变水平[62]。如图 7-58（d）所示，在 0°～

180°的所有折叠角度下，有图案的导管阵列似乎也为可模塑木材提供了类似的应变缓解效果。

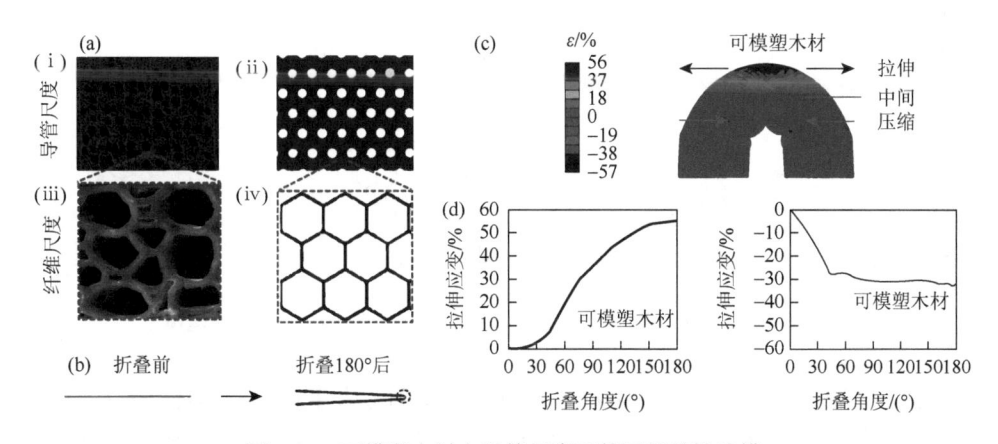

图 7-58 可模塑木材在导管尺度下的可折叠性建模

从纤维尺度上的建模（图 7-59）可以看出，可模塑木材相邻导管之间区域的中空细胞壁结构可以进一步降低细胞壁的应变水平，即使可模塑木材受到严重的折叠。图 7-59（a）绘制了木材制造过程中不同阶段纤维尺度上的有限元建模结果，包括天然木材起始材料、收缩木材中间材料和可模塑木材产品。图 7-59（a）中的颜色表示纤维的最大主应变，并清楚地表明干燥过程会导致收缩，从而导致细胞壁明显屈曲。此外，经过水冲击过程的收缩木材随后的部分膨胀在可模塑木材的细胞壁结构中产生了独特的皱纹。如图 7-59（b）所示，这种部分湿润后皱缩的细胞壁结构可以有效地适应严重的拉伸和压缩。在所有细胞壁[图 7-59（b）的两个右侧面板]中产生的应变水平极低，当可模塑木材受到 60%名义应变时（对应于可模塑木材折叠 180°时外部和内部大部分的最大应变水平），最大拉伸应变和压缩应变分别为 0.23%和 0.31%。这种显著的应变缓解源于皱缩的细胞壁结构，它可以通过细胞壁弯曲而不是单纯的拉伸使细胞壁皱褶变平，从而适应较大的伸长和压缩，导致细胞壁的应变大大降低。

为了进一步研究可模塑木材突出的可折叠性和可成型性，对不可模塑木材（含水率约 100 wt%的部分脱木素木材，不经过水冲击工艺）在拉伸加载条件下进行了对比模拟。如图 7-59（c）所示，不可模塑木材的细胞壁上有可以忽略不计的褶皱。同时，在图 7-59（d）中不可模塑木材的折叠诱导伸长下，细胞壁首先沿伸长方向变直，随着进一步伸长，细胞壁的拉伸应变增大。例如，从图 7-59（d）可以

(a) 可模塑木材建模　(c) 不可模塑木材建模

(b) 应变下的可模塑木材　(d) 应变下的不可模塑木材

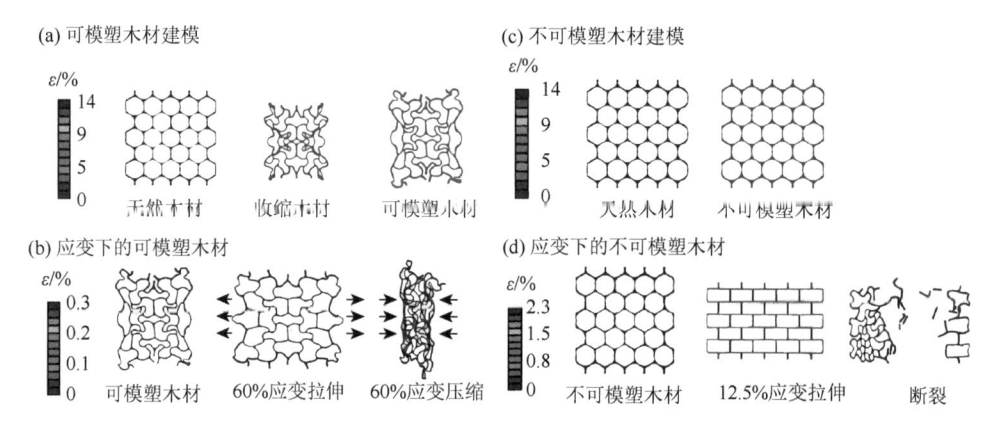

图 7-59　可模塑木材与不可模塑木材在纤维尺度上的可折叠性建模

看出，在 12.5%总张力下，不可模塑木材细胞壁的最大主拉应变高达 2.3%，显著高于可模塑木材在 60%名义应变下的最大主拉应变 0.23%。一旦达到失效应变的阈值，裂纹就会在部分脱木素木材细胞壁的高度应变位置开始萌生，并进一步扩展，导致材料失效。可见，不可模塑木材非常脆，易发生大变形，可以理解为：不可模塑木材具有与天然木材相似的多孔结构，在去木质化和缩短干燥过程后，没有观察到明显的皱缩细胞壁结构。在图 7-59（c）中的容器比例模型中显示，当折叠 180°时，木材同时承受较大的拉伸和压缩应变。因此，多孔的不可模塑木材不能承受明显的拉伸和自然断裂。相比之下，可模塑木材的水冲击过程允许细胞壁自皱，并保留可以容纳大变形的空间。由于这种独特的多孔和褶皱细胞壁结构，可模塑木材可以承受大的名义压缩和拉伸应变。

7.5.3.3　生物特性

（1）可生物降解性

制备的瓦楞木板除了出色的功能外，实验的 3D 模塑木材还直接由生物来源的可再生材料（即硬木种类）制成，与传统的金属和聚合物结构材料相比，潜在地提供了更高的环境可持续性，在自然环境中表现出良好的生物降解性。为了进行比较，掩埋处理了同等规格的瓦楞木板和胶合板材。

瓦楞木板可能是由于微生物（如细菌和真菌）的存在，以及吸收了土壤中的水分，在土壤中埋藏 1 个月后分裂。同时，微生物可以直接攻击和消化板材中的纤维素和木质素大分子。最终，它在被掩埋 4 个月后完全生物降解。相比之下，含胶量较高的胶合板在相同的埋藏时间后保持原来的形状不变，反映了这种具有含量较高的不可生物降解胶黏剂的胶合板对环境的长期负担。这种稳定性和生物降解性之间的良好平衡，正吸引着人们设计下一代可持续的、可生物降解的高性能木质包装材料。

（2）可回收性

当前市场上的大多数包装材料都来源于化石能源基塑料，这些聚合物稳定的长聚合物链，使得其降解需要数百年甚至数千年。据经济合作与发展组织测算，目前全球生产的一次性塑料制品中，仅 10%能被回收利用，12%被焚烧，超过 70%被直接丢弃在土壤、空气和海洋中。中国平均每年产生 300 余万吨的废弃塑料，由于其不可降解性，一般采用焚烧或填埋方法处理，造成了严重的水质、土壤污染。在全球"限塑禁塑"的政策背景下，2020 年 1 月，中国政府颁布了《关于进一步加强塑料污染治理的意见》，研发并推广应用可降解塑料以替代不可回收的塑料包装材料已迫在眉睫[65]。

瓦楞木板表现出良好的可回收性。废弃的瓦楞木板可以通过再次水浸泡处理，将木单板和瓦楞芯板分离，同时，瓦楞芯板在浸泡的过程中可再次恢复至初始形状，使其可以作为回收材料重新使用。此外，还可以通过简单地收集经冲击破坏后的断裂瓦楞木板，来回收可供重复使用的瓦楞芯板，剪切掉其破裂部分单元，可重新模压制备瓦楞芯板。即使在回收后，瓦楞芯板仍保持其出色的抗压和抗拉能力。但对比胶合板材，一旦材料发生破坏，很难再重复利用，只能作为废弃物处理。除了实验样品杨木外，其他阔叶木树种及不同树龄和生长地点的木材也可以通过相同的处理来制造 3D 模塑木材，这表明该处理工艺对硬木具有普遍性，并具有广泛应用的潜力。

7.5.3.4 环境响应性

（1）疏水性

为了取代某些传统的结构材料，3D 模塑木材的长期耐久性是必要的。为了提高整个瓦楞木板的使用寿命，对瓦楞木板整体结构进行一定的疏水处理，以提高形状的保真度和对环境湿度的耐久性，并稳定木材的防潮性能。为了达到这个目的，用棕榈蜡对材料进行浸涂。棕榈蜡是一种生物基蜡，质地坚硬，熔点高（约 83℃）。这种局部的疏水改性被发现可以在最少用蜡的情况下提高整个材料的防水性。

无蜡的瓦楞木板在几秒内就吸收了水滴。相比之下，使用 10%蜡溶液浸泡的泡沫表现出一定的防水性，相应的接触角在 1 min 内从约 110°慢慢减小到约 90°，这可能是由于涂层不完整。将蜡液浓度增加到 20%，可以获得更完整的疏水性涂层来保持水。在另一次滴水实验中，从吸管挤出的水立即被无蜡木板吸收，而涂蜡的木板显示出防水性，因为大部分染色的水滑走并被收集在下面。除了提高防水性，涂蜡的木板也实现了更高的防潮性，这一点从其平衡吸湿量［(7.1±0.5)%］比无蜡的木板［(13.9±0.7)%］要低得多能得到。

为了证明其疏水可靠性和机械稳定性，测量木板表面的接触角（WCA）保持在155°以上，表明它们固有的疏水性可以抵抗机械损伤，还表现出优异的自清洁效果。人工雨小测试时木板表面的水滴弹开，证实了良好的自洁性能[66]。如图7-60所示，水滴在疏水表面滚动，同时去除了吸附的颜料和灰尘。如果将得到的具有自洁功能的瓦楞木板用作建筑围护结构材料并暴露在室外环境中，雨水滴会在疏水表面上滚动，以确保表面保持清洁。总体来讲，这些结果共同证明了涂覆棕榈蜡涂层的瓦楞木板具有良好的防水和防潮性能。

图 7-60 材料的疏水性能研究[59, 66]

HW表示阔叶林

（2）隔热吸音性

在瓦楞木板中填充生物基聚氨酯泡沫，为其附加多种性能。由于瓦楞木板自身的孔隙结构,以及聚氨酯泡沫内部含有大量封闭的细小孔隙,具有良好的保温隔热性能和吸音隔声性能。隔热性能是材料在节能建筑中实际应用的另一个重要指标。结构材料需要出色的隔热性能,以确保设备在极端温度下正常运行并减少强烈热扩散中的能量损失。一般,由于由孔壁和内部间隙组成的热传导介质有限,高孔隙率结构的热导率低于固体结构。聚氨酯泡沫中随机分布的微尺寸空隙有望将核心中的固体传导转换为空隙中的弱气体传导。在这里,一个高度填充瓦楞木板的密度为 0.75 g/cm^3,是通过将聚氨酯泡沫填充到瓦楞木板中以消除残余空隙来制造的。在这项工作中,将高度填充瓦楞木板的热阻性能与空瓦楞木板进行了比较。简而言之,将两个尺寸相同的 25 mm×25 mm×5 mm 铁块放置在瓦楞木板上方的表面上,并由稳定的热源(250℃)加热。由于高度填充瓦楞木板中瓦楞孔隙和聚氨酯泡沫芯体阻挡热传导通道,有效地阻碍了热量的扩散,并导致温差随着时间的推移而增加,这反映了填充聚氨酯泡沫的瓦楞木板更好的耐热性能。采用这种材料作为建筑物墙体及屋面材料,具有良好的节能效果,可以应用在未来的建筑保温节能中,因此这种填充聚氨酯泡沫的瓦楞木板很有可能成为具有可持续性的应用材料。

进一步确定了瓦楞木板和杨木板的导热系数。结果表明,瓦楞木板具有 0.09 W/(m·K)的超低导热系数,仅为杨木[0.18 W/(m·K)]的一半。这可归因于原材料的低导热系数和填充聚氨酯泡沫内部广泛分布的空隙所带来的协同效应。此外,大量的空隙还实现了其轻质特性(0.46 g/cm^3),与杨木相比,留有更多的空气间隙用于隔热。另外,与许多其他材料的热性能进行了比较,发现该材料的导热系数比多孔气凝胶(如 Mxene-ANF 气凝胶、二氧化硅气凝胶)的导热系数略高,属于隔热保温材料。瓦楞木板中隔热和抗冲击性的完美协调得益于分层聚氨酯网络内共存架构的合理设计,这进一步使在极端环境中抵御多物理损伤的巨大潜力成为可能。

7.5.4 应用领域

可模塑木材可以折叠和展开 100 次而不会断裂,其性能可与铝合金等广泛使用的轻质材料相媲美。因此,这种方法大大扩展了木材作为轻质结构材料的潜力,结合可模塑木材模压制备出的瓦楞木板可广泛应用于建筑、交通及包装等领域,并产生更小的环境影响。

7.5.4.1 包装领域

随着电商的兴起和发展,产品的流通和运输愈加频繁,运输包装的需求度和应用性在不断提升。近年来,由于资源危机与防治污染的双重压力,包装材料的环保性越来越受到人们的关注。传统的运输缓冲包装材料的不可回收和不可降解性使环境遭到严重破坏,因此急需一种可生物降解、环境友好并且性能优良的天然材料加以代替。例如,利用天然大分子材料纤维素为原料,采用自然膨胀发泡法或模具发泡法中的任意一种加工方法,制备木质纤维增强阻燃泡沫材料。以杨木纤维为原料制备发泡材料,其材料密度可达 0.12 g/cm³,抗压强度 0.42 MPa,弯曲强度 0.32 MPa,可广泛用于隔热材料、包装材料、隔音和防震材料、建筑材料等领域。

目前,机电行业仍然以木质包装为主,虽然近几年重型纸质包装在"节材代木"和"以纸代木"的相关政策下迅速发展,但其应用范围仍相对较小,且纸质包装本身存在一些弊端。例如,纸质重型包装的强度差,包装和内容物在物流过程中容易出现破损;大多数纸质包装多采用复杂的成型工艺,不合理的包装材料选择和结构设计,包装成本高,以及大多数纸质重型包装经受冲击与震动后包装物产生缓冲作用并伴随着结构塌陷,纸质包装材料不可回收循环利用,这也是当前我国机电产品包装业的当务之急。

从可再生和可生物降解的木材、农作物秸秆等生物质资源中,开发一种更环保的缓冲材料,以替代传统包装材料用于制造运输包装。而通过自上而下策略制备出的 3D 可模塑木材具有低密度、高机械强度和优异的成型性,为设计和制造大型、轻便、承重的设计提供了广泛的通用性。通过沿平行/垂直木纤维方向模制可模塑木材来制造 3D 模塑木质蜂窝结构和瓦楞结构,代替通常由聚合物、金属合金或者纸制品制成的蜂窝结构和瓦楞结构。将模塑制备的瓦楞芯板夹在两层木单板之间,经过组装和黏结工艺形成瓦楞木板。设计制得的瓦楞木板作为机电产品缓冲包装材料可广泛替代实木木质包装、重型纸质包装和某些塑料金属包装的使用。考虑到其低成本、易于操作和扩大规模的潜力,这种低密度、高机械强度、优异的可塑性和可再生生物质原料,用来开发成商业性的木质包装产品具有很大的前景。

7.5.4.2 建筑领域

数千年来,天然木材由于刚度高、密度低、成本低,一直作为建筑、工具和家具结构材料在人类社会得到了广泛的应用。结构材料在房屋建筑与交通领域的使用是无法避免的,而材料的形状与其内在特性同样重要。因为结构组件必须由材料制成,这些材料可以在不牺牲机械强度的特殊情况下进行物理形成以满足特定需求。利用可塑材料的性能特点加工成不同形状和尺寸的轻质结构组件,并通过开发可模塑木材这种可持续的材料,降低石化塑料的环境成本和金属的能源成本。可塑瓦楞木板作为建筑材料具有优异的实用性能,能够让室内的空间和面积得到更好的规划,通过添加聚氨酯泡沫,可以赋予材料更好的保温隔热效果,起到冬暖夏凉的效果,达到节能减排的作用。从施工方面来讲,这种装修材料具有可加工性能,在施工期间操作简单,体积大,质量轻,可以提高施工效率、缩短工期。

而新型绿色环保建筑材料类型很多,采用不同的材质可以满足不同的建筑功能需求,在降低建筑材料采购成本的同时大幅提升了建筑性能,还能减少建筑使用过程中的能源损耗。例如,新型阻尼材料保温隔热性能好,在建筑工程中采用阻尼材料可以起到冬暖夏凉的建筑使用效果,如图 7-61 所示。可塑瓦楞木板具有良好的隔音性能和吸声性,因为瓦楞木板具有多孔结构的设计,使用这样的砖材来装修房间或者搭盖建筑物时,能够给居住的人营造出安静优雅的生活环境。因此,这种具有环保、抗震、使用寿命长、防潮性好等特点的可塑板材,非常适合建筑行业使用。作为多功能节能建筑材料的潜在用途有望改善居住空间的舒适度,即使在极端天气下也是如此。作为概念验证,瓦楞木板用于建筑模型的屋顶、壁板和地板绝缘材料。可塑瓦楞木板是一种新型绿色环保建筑材料,具有可循环再利用的特点,生产过程中对能源及资源的消耗较低,制作工艺简单,且无污染,无放射性,在低碳经济发展中发挥着重要的导向作用,未来在建筑领域可得到广泛的应用。

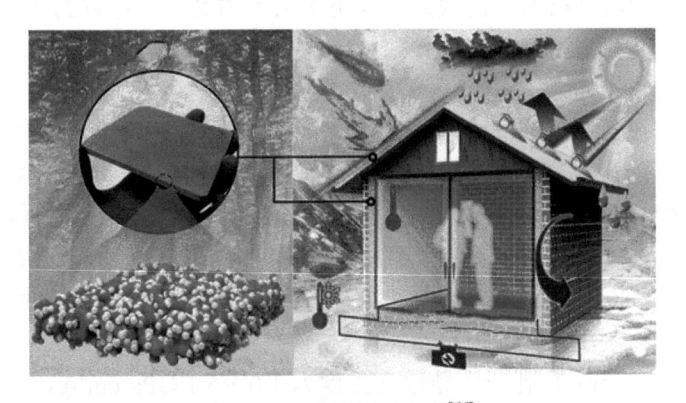

图 7-61　建筑领域应用[66]

7.5.4.3　交通领域

当今全球极度关注能源、环境和安全三大问题,轻量化、节能降耗和降低排放污染已列入三大战略课题。开发安全可靠、节能环保的新型材料,已经刻不容缓。出于这些原因,一些金属材料,如铝具有质量轻、强度高、密度低、抗腐蚀、可回收、易成型等一系列优点,可用于机械支撑,因为它们的低密度和可由挤压、铸造和注塑等不同方式加工成不同形状和尺寸的轻质结构组件,但这些不可持续的化石资源材料会造成环境成本和资源成本的提高。同时,具有优异机械性能的合成结构材料由于大的质量和不利的环境影响或复杂的制造工艺，成本较高（如聚合物基和仿生复合材料），而天然木材的机械性能（强度和韧性）不能满足许多先进的交通领域的工程结构和应用。虽然用蒸汽、氨水或冷轧预处理，然后致密化，可以提高天然木材机械性能，但是现有的方法导致致密化程度不足，缺乏尺寸稳定性，特别是对于潮湿环境，以这些方式处理的木材可能膨胀和变弱。

近几年随着城市规模的扩大，给城市公共交通的运送能力带来了更大的压力。城市轨道交通系统对解决城市公共交通的拥挤问题发挥了很大的作用，但同时使噪声污染更加突出。如何控制城市轨道交通系统的噪声问题，已成为我国目前迫切需要解决的问题之一。因此，同时解决交通领域的噪声问题和运输减重问题是交通应用材料的关键。声屏障是降低地面运输噪声的有效措施之一。吸声是噪声污染控制的一种重要手段，常利用吸声材料吸收声能量来降低室内噪声，吸声材料按吸声机制分为共振吸声结构材料和多孔吸声材料两大类。多孔吸声材料的高频吸声系数大、密度小；共振吸声结构材料的低频吸声系数大，但加工性能差。声屏障的吸声板内多采用多孔吸声材料，泡沫铝和吸音棉是多孔吸声材料在吸声板中应用较多的两种材料；而吸声材料更多采用的是不可降解的塑料材料，造成了严重的水质、土壤污染。

为了解决这一危机，研究人员提出采用来自丰富、可再生、可生物降解和价格低廉的木质纤维素的天然生物聚合物制备绿色环保吸声和结构材料，以取代传统的化石能源基塑料材料。木材及其衍生物的自然丰富性和内在可再生性使得人们对使用木材作为石油衍生材料（如塑料）和其他不可持续材料（如混凝土和钢材）的潜在低成本替代品兴趣高涨。纤维素是木材的主要组成部分（40 wt%～45 wt%），是地球上最丰富的生物聚合物，具有优异的内在机械性能。例如，纤维素的刚度约为 150 GPa，理论抗拉强度为 1.6～7.7 GPa。纤维素的低密度（1.5～1.6 g/cm^3）进一步导致比强度为 1.0～5.1 GPa·cm^3/g，高于大多数工程材料，包括钛合金。这些非常理想的特性表明，将木材转化为高性能结构材料的潜力巨大。

而可塑木基材料同时兼顾成型加工性和优异机械性能，这种轻质的材料对基于车辆的应用（如汽车、火车和飞机）特别有价值，因为减重措施可能是提高燃油效率的最直接方式。车辆高速化的主要措施之一是车辆的轻量化，主要是车体的轻量化。轻量化可减少制动冲击和对轨道线路的静、动载荷，使线路的维修周期和钢轨的寿命大大延长，可降低维修费用和制作费用，延长大修周期。而可塑瓦楞木板空心结构使车体结构设计更加优化，使车体整体强度性能提高，使列车运行性能得到明显提高。因此，同时具有优异的吸声和机械性能的可塑瓦楞木板的研究开发及应用，在交通领域具有巨大的应用前景，如图 7-62 所示。

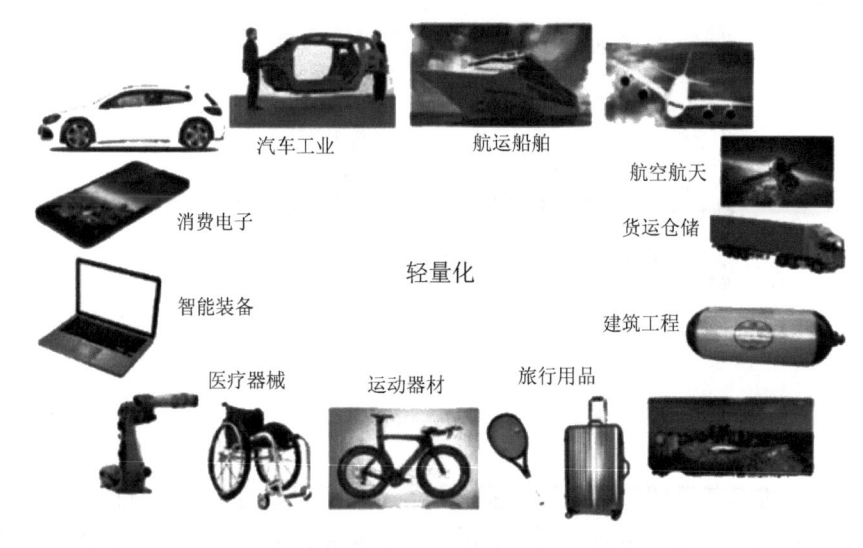

图 7-62 交通领域应用

7.6 木质透明材料

7.6.1 概述

木质透明材料（wood-based transparent materials）是指以木材为原料，通过化学或物理方法，去除木材中产生光学散射的结构或成分，获得的具有优异的透明度的材料。常见的制备方法有脱木素法、溶剂法、接枝法等。木质透明材料作为一种绿色环保的新材料，具有天然、可再生、可降解等优点，同时还可以利用木材的天然结构和纹理，赋予其独特的视觉效果。

木质材料是一种天然、低成本、可再生的材料，木质资源是地球上最丰富的可再生资源之一，自古以来就被人们用于房屋、工具、家具、造纸等方面。然而无论是木/竹材或者木质纤维素，除了其本身对光的吸收，其内部纤维互相交叉层叠产生的孔隙也会导致光的散射，引起材料不透明，阻碍了在一些领域中的应用。近年来，人们采取了各种手段对木/竹材或者木质纤维素进行预处理和改性，从而使其光学性质均一化，生产出了诸多类似于玻璃状透明效果的材料（木质透明材料）。木质透明材料优异的光学性能及其制备与功能应用成为研究热点。

目前，木质透明材料主要分为两大类：一类是利用木质纤维素制备的木质纤维素基透明材料，另一类则是在保持木材原有性质的前提下，通过预处理和光学性质改性的透明木材，如图 7-63 所示。

图 7-63　木质纤维素基透明材料（a）和透明木材（b）

7.6.1.1　木质纤维素基透明材料

木质纤维素基透明材料是指主要成分为木质纤维素且呈透明状的材料，其厚度从微米到毫米不等，主要有纤维素纳米纸、再生纤维素膜、木质纤维素复合透明材料等。木/竹材是木质纤维素基透明材料纤维的主要来源，木质纤维素基透明材料的制备与应用已成为当前生物质基透明新材料的研究热点。

自从 1838 法国化学家 Anselme Payen 在实验室发现纤维素以来，纤维素因优异的性能和结构而广泛应用于人类社会。研究者们发现木材基纤维素可用于制备透明纸。通过纤维素溶解和再生，聚合物浸渍多孔纸或降低纤维直径至纳米级别的方法即可制备透明纤维素纸。对于透明纤维素纸而言，纸页表面光反射效应还是存在，但是入射光进入纸页后，由于成分较为均一，纸页内部的孔隙较少，纸页内部的光散射也比较小。因此，进入纸页的光大部分都能够透过纸页，使纸页产生透明效果。

纤维素纳米纸是以纳米纤维素为基本单元，通过真空抽滤、涂铸等方法制备而成。纤维素纳米纸具有多种优异特性，如高透明度、可折叠、高强度和低导热性等，使其成为太阳能电池、传感器等产品中的理想材料。利用硫酸水解木纤维制备的纳米纸，在 550 nm 处的透明度可高达 91.3%。但是，酸水解得到的纤维素纳米纤维在经过洗涤和透析之后的产率较低，使得制备的纳米纸的强度较差。目前，纳米纤维素可由木质纤维素通过化学处理、机械处理或化学与机械处理相结合的方式制备而成。但通过不同处理方式得到的纳米纤维素的尺寸和形貌都会不同，影响着透明纳米纸的结构和性能。

利用再生纤维素制备的透明纸基材料也称为再生纤维素膜。早在 1857 年，Schweitzer 发现固态的纤维素可以溶解在 $Cu(OH)_2/NH_3$ 溶剂中。这为后来使用纤维素溶液制备再生纤维素膜奠定了基础。1893 年，Cross 等率先利用 $NaOH/CS_2$ 溶液溶解纤维素，并将其制备成透明纸。然而，这种制备过程中使用的溶剂存在环境问题和安全隐患，随后的研究热点开始集中在如何使用简单、环保、经济的方法溶解纤维素。与其他方法制备的木质纤维素基透明材料相比，再生纤维素膜具有较高的透明度和优异的阻隔性，但是强度较差。

随着复合材料的发展，同时为了提升纤维素基透明材料的性能，人们开始将制备的纤维素薄膜，经过干燥，浸渍到透明的热固性树脂（如丙烯酸树脂、环氧树脂或酚醛树脂等）中，使得纳米纤维网络结构中的孔洞被折射指数与纤维素相近的树脂填充，以降低其内部的光散射效应，进一步提高了木质纤维素基透明材料的透明度和强度。

7.6.1.2 透明木材

天然木材为不透光材料，这是由木材天然的分级多孔结构造成的。在木材孔隙结构中，不同的化学成分在细胞壁上具有不同的折射率；木材中不同的发色成分（对光吸收的 80%～95%源于木质素）会产生对光的非均匀吸收。当光与木材相互作用时，会发生反射、折射、吸收和透射的组合。光散射发生在细胞壁（折射率约为 1.56）和空气（折射率为 1.00）之间的所有界面，如图 7-64（a）所示。在细胞壁内部，纤维素（折射率为 1.53）、半纤维素（折射率为 1.52）和木质素（折射率为 1.61）等主要化学成分的折射率不匹配可能导致光散射。通过去吸光物质并填充与木材细胞壁折射率相近的物质或压缩使木材趋于光学性质均一化而制备的透明材料，称为透明木材。不同于纤维素基透明材料，透明木材免除了纤维素提取的过程，通过对木材进行简单的预处理，直接衍生保持木材原本各向异性特征的透明材料。透明木材作为一种新型的木基材料，因具有高透光率和高雾度、低导热性、低密度、各向异性的光学和力学性能等备受社会关注。

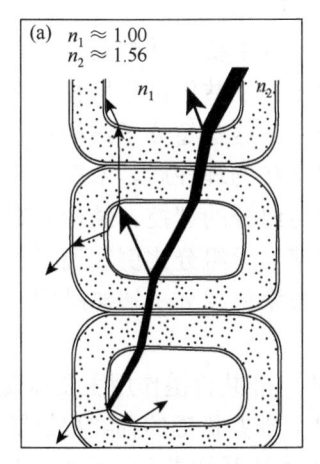

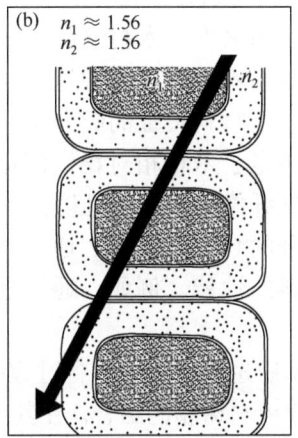

图 7-64　透明木材制备机制[67]

（a）光在天然木材中的传播；（b）光在透明木材中的传播

为了直观地对木材微观结构进行观察，1992 年，Fink 从医学界的人体组织透明切片制造得到启发，通过化学清理（漂白）和物理清理（通过将其包含在折射率 $n \approx 1.56$ 的基质中）而变得几乎透明，最先成功制备出了透明木材。这种方法从理论上证明了在木材中加入适当的介质来使其透明是可能的，并证明透明木材这一概念的适用性，其制备原理如图 7-64（b）所示。但在当时这种方法主要是用来对木材结构进行研究，人们忽略了对这种有趣的各向异性光学材料的研究。

2016 年，胡良兵对木材进行脱木素处理，在保持木材本身的微观结构完整的同时，使聚合物更易浸渍，制备出的透明木材具有高透明度（>85%）、高雾度（>95%）、低导热系数 [0.32 W/(m·K)]，透明木材开始进入人们的视野。随后，人们开始从木材预处理和聚合物浸渍方法着手，致力改善透明木材的透光性和强度，使其适合用于建筑、家具和室内设计等领域。到 2017 年，研究者们受纤维素薄膜的启发，通过脱木素和机械压缩直接从木材中制备各向异性透明膜。所得透明木膜具有将近 90% 的高透明度、高达 350% 的高透射光强度比和 350 MPa 的机械拉伸强度，几乎是纤维素纳米膜的 3 倍。这一类木材直接衍生致密透明木材的诞生，为透明木材在绿色电子和纳米流体技术等领域开拓了新道路。

7.6.1.3 与超分子的关系

木材本身是一种天然的超分子聚合体，无论是木质纤维素基透明材料还是透明木材，其本质均与超分子有着密不可分的联系。

从超分子结构来看，木材的超分子结构主要由纤维素、半纤维素和木质素基质组成。这些基本单元之间通过化学键和非共价键作用相互作用，形成了具有典型有机高分子材料特征的超分子结构。这些超分子结构不仅决定了木材的力学性能，还决定了木材相对稳定的化学和物理性质。木质透明材料的制备过程离不开对木质纤维素和木材孔隙结构与组分的调控。结构与组分的调控必然要打破木材组分的超分子作用，通过调整化学组分比例和调整加工工艺可以优化木质透明材料的性能。例如，通过延长木材超分子解离时间，可以使透明木材透明度增加。

另外，在木质透明材料的制备过程中，非共价键作用主要体现在木质纤维素的交联和木材模板与树脂的结合。在其中，非共价键的种类和数量对木/竹透明材料的力学性能有着决定性影响。例如，在木质纤维素基透明材料制备过程中，通过超分子作用可将纤维素分子链之间的间距扩展，促使木质纤维的分离，从而提高木质纤维素基透明材料的透明度和强度等。此外，木质材料的界面结合也会对其透明度产生重要影响。例如，木质纤维素复合材料和树脂浸渍透明木材的制备过程中，木质纤维与树脂等聚合物之间往往存在界面间隙，在使用疏水性聚合物填充时表现尤为显著。这导致木质透明复合材料的厚度存在限制，因为当厚度增加时，复合界面间隙会增加对光的散射，光学性能大幅度下降。针对这一局限性，在超分子层面，利用非共价键结合可以改善木质纤维复合界面的相容性，以减少界面间隙的影响。

总之，木/竹透明材料与超分子之间存在着紧密的关系。只有深入了解木材的超分子结构和其不同组分之间的超分子相互作用关系，才能有效地实现木/竹透明材料的调控和性能优化，实现其可持续利用。

7.6.2 制备方法

7.6.2.1 木质纤维素基透明材料

（1）木质纤维素预处理

为了防御微生物和动物的攻击，木/竹材料在生长进化过程中形成了复杂的结构，被称为木质纤维素的"抗生物降解屏障"。为了破坏这种"保护性"结构，木质原料往往需要进行预处理，使纤维素充分暴露。木质纤维素预处理对木质纤维素基透明材料的制备至关重要。一般采用机械或化学方法分离细胞壁和纤维素，通过剥离杂质与纤维之间的化学键或溶解纤维素，从而得到纯净的纤维素材料。但通过不同化学处理或机械处理手段会得到不同的纳米纤维素，其尺寸和形貌又会影响材料的各项性能，因此，选择不同方法处理对于纤维素的结构和性能具有重要影响。

1）化学处理。

化学法预处理是纤维素预处理过程中的主要方法。根据采用的化学试剂不同，可以将化学法分为：水热法、酸法、碱法、溶剂法等。纤维素是一种结构复杂的高分子化合物，由许多葡萄糖分子按一定顺序连接而成，形成了分子链和分子层结构。其链长、游离基数量及其取向会影响纤维素基材料的性能，如拉伸强度和玻璃化转变温度等。在化学处理的过程中，化学药剂与纤维素纤维发生反应，改变了纤维素分子的结构，纤维素晶格间距变大，从而起到疏解纤维的作用，这对提高材料的透明度至关重要。

酸法是制备纳米纤维素化学预处理的主要方法之一，主要分为浓酸处理和稀酸处理。1947年，Nickerson等首次利用盐酸和硫酸水解纤维素使无定形区分解，制备出具有结晶结构的宽 10~20 nm，长几百纳米的纤维素纳米晶。用这种方法水解得到的木纤维来制备的纳米纸透光率显著提升。酸水解法处理木质纤维步骤如下：首先将 5 g 纸浆进行研磨，并利用 60 目筛网进行筛选；将过筛的木质纤维放入 200 mL 的含量为 60 wt%的 H_2SO_4 溶液；在 55℃水浴下，搅拌水解 2.5 h；用水洗涤所获得的悬浮液直到 pH 为中性，得到酸处理木质纤维。除硫酸和盐酸外，许多文献还报道了磷酸和混合酸法等。但是，由酸水解纤维素得率较低，使得制备的透明纸强度较差，限制了它的应用范围。

碱处理是指采用碱性溶液如 NaOH、KOH、$Ca(OH)_2$ 和氨水等处理木质纤维素。NaOH 处理法是最常用的纤维素化学处理方法之一。使用 NaOH 对纤维素材料进行处理时，Na^+可将 OH^-吸引到纤维素分子的结构上，使它们取代了部分碳基的羟基，而羟基是阻碍纤维素产生和透明的原因。因此，在 NaOH 处理纤维素材料之后，羟基含量显著降低，从而降低阻抗，提高透明度。木屑通过碱处理法制备纤维素纳米纸的预处理方法如下：首先将 50 g 木屑放入乙酸酐/过氧化氢混合物（1000 mL：1000 mL）中，在 90℃下加热 4 h 得到全纤维素浆；在得到的纤维素浆中加入 5 wt%的氢氧化钾，在 20℃下浸泡 12 h，然后在 80℃下处理 2 h，得到全纤维素纸浆。这种碱处理的全纤维素纸浆的纤维素含量可达到 70%～85%，而木质素含量为 0%。

溶剂法即通过对纤维素进行先溶解后再生，用这种方法制备的材料称为再生纤维素膜，如图 7-65 所示。首先用纤维素溶剂溶解纤维素，得到纤维素溶液；将上述溶液通过铸涂或流延等方式制备出形状可控的湿膜；再选择水、甲醇、乙醇、丙酮等凝固浴再生得到再生纤维素膜。纤维素经纤维素溶剂溶解后氢键遭到破坏，当从溶剂中沉淀出来后几乎可以得到完全的无定形纤维素。常见的绿色纤维素溶剂有 N, N'-二甲基乙酰胺/氯化锂（DMAc/LiCl）溶液、NaOH/尿素溶液、离子液体、N-甲基吗啉-N-氧化物/水等。其溶解机制是溶剂中组分与纤维素上的 OH^-结合形成氢键，从而破坏了纤维素原有的氢键结合，使得纤维素溶解。例如，将纤维素纸浆混合在浓度为 4 wt%的 LiOH/尿素水溶液中（LiOH/尿素/水：4.6 wt%/15 wt%/80.4 wt%）

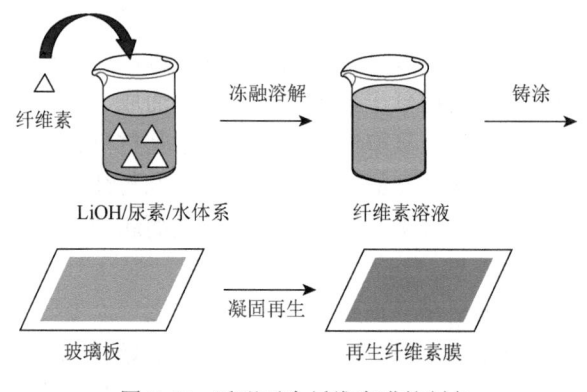

图 7-65 透明再生纤维素膜的制备

中，在-20℃的温度下储存在冰箱中过夜；将获得的纤维素溶液在10℃下，以4000 r/min的速度离心10 min以去除气泡，即得到再生纤维素。在溶剂法制备透明再生纤维素膜的过程中，通过控制不同的纤维素溶剂和不同的凝固浴可调控薄膜的形态或者性能。

2）机械处理。

机械处理也是木质纤维素基透明材料的预处理方法之一。经机械处理后制备出的纤维素基透明纸具有优异的透明度，主要包括研磨、超声处理、冷冻粉碎、蒸汽爆破及微射流处理等方法。这些加工方法通过减小细度、增加比表面积，改变纤维素结构，达到纤维素基透明材料改性的目的。例如，将纤维素浆置于冰浴中，使用超声崩解剂进行超声处理5~60 min；所得凝胶状分散体在室温下干燥，获得透明纤维素膜。随着超声时间的增加，纤维素膜的透明度可显著增加。

对木质纤维进行机械处理不仅可以提高纤维素基透明材料的透明度，还可以对其雾度进行调控。例如，使用配备有球碰撞室的高压喷水系统（微射流处理）对2000 g的0.5 wt%纸浆进行均质；分散体在245 MPa的高压下从直径为0.17 mm的小喷嘴喷出；将60 g纳米纤维分散体（0.4 wt%）用玻璃过滤器和混合纤维素酯膜过滤器（孔径0.2 μm）进行真空过滤；将滤出的纳米纤维片在110℃、0.01 MPa条件下干燥10 min。这种微射流处理使得纤维素纳米原纤化，可获得厚度为40 μm的透明纳米纸。在这种机械处理中，通过控制微流射的次数可对纳米纤维的尺寸进行调控。纳米纸的雾度值随着纤维碎片的增加而增加，与此同时其透明度也不会受到削弱（总透射率从89.3%~91.5%到88.6%~92.1%，而雾度值从4.9%~11.7%提高到27.3%~86.7%）。

经过机械法处理过的木质纤维素基透明材料有着优异的光学性能和机械性能，具有很好的应用前景。但通过机械处理得到的纤维素粒径较宽，且此过程会消耗大量能量，不利于大规模生产。

3）机械与化学结合处理。

为了降低能耗，提高纳米纤维素的得率，机械与化学结合预处理的制备方法逐渐引起人们的重视。通过改变机械-化学处理的强度可以影响木质纤维素基透明材料的性能。例如，用TEMPO氧化纤维素并在不同的功率下进行超声处理，形成1 wt%的纤维素分散液；往上述100 g纤维素分散液中加入50 mL无水乙醇，磁力搅拌20 min，以确保纤维素分散均匀；然后将所得的纤维素分散液通过旋转蒸发到质量为75 g（-0.1 MPa，70℃，80 r/min）；再将20 g纤维素分散液倒入直径为90 mm的玻璃培养皿中，并在温度为25℃、相对湿度为50%的恒温恒湿箱中风干成膜。所制备的纤维素膜的透光率在波长为550 nm处都在80%以上，超声功率从60 W增大至180 W时，纤维素膜的透光率可以达到90%。

（2）非共价键交联

木质纤维素因富含羟基而具有较高的化学反应活性。无论是纤维素纳米纸、再生纤维素膜还是木质纤维素复合透明材料，其本质上都离不开纤维素与纤维素、纤维素与复合物之间的非共价键作用，如图 7-66 所示。

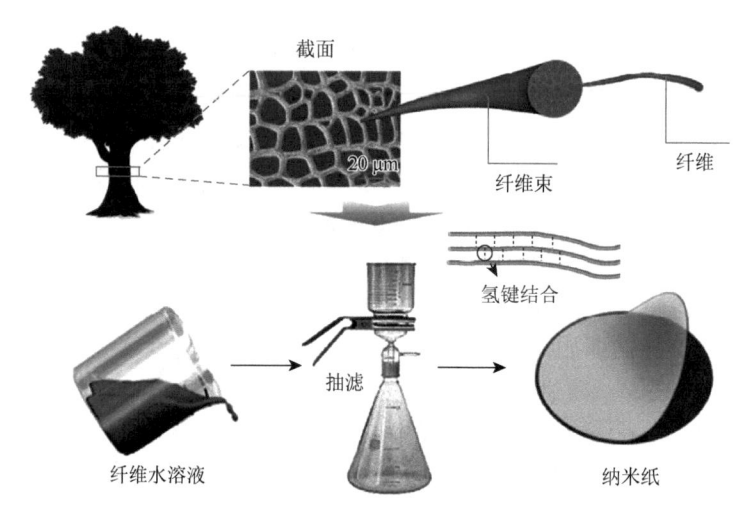

图 7-66 木质纤维素基透明材料的制备

氢键是木质纤维素基透明材料必不可少的非共价键作用。纤维素纤维之间的交错排列能够形成一个复杂的氢键网络。这种氢键网络不仅可以影响纤维素纸的力学性质，还可以影响纤维素纤维与其他化合物的相互作用，从而影响纤维素基透明材料的光学性能。例如，对纤维素进行氧化，氧化的羧基之间相互排斥使得纤维素分离细化，制备的纤维素膜可以表现出更好的透明效果；对木质纤维素表面进行乙酰化，乙酰基的疏水性会导致纤维素纳米膜的不均匀聚集，从而导致光的散射，降低纤维素膜的透明度；然而对于木质纤维素复合透明材料，对木质纤维素进行乙酰化反而会提高纤维素膜的透明度和力学性能。

7.6.2.2 透明木材

木材主要是由纤维素、半纤维素、木质素及抽提物等组分组成的多孔材料。纤维素、半纤维素是无色物质，木质素也是无色或接近于无色的物质。然而，日常生活中见到的木材完全不透明，且不同树种的木材显现不同的颜色，这主要与木材内部构造、木质素以及沉积于细胞壁内的色素、单宁等抽提物有关。透明木材的制备也主要从这两方面来进行调控。

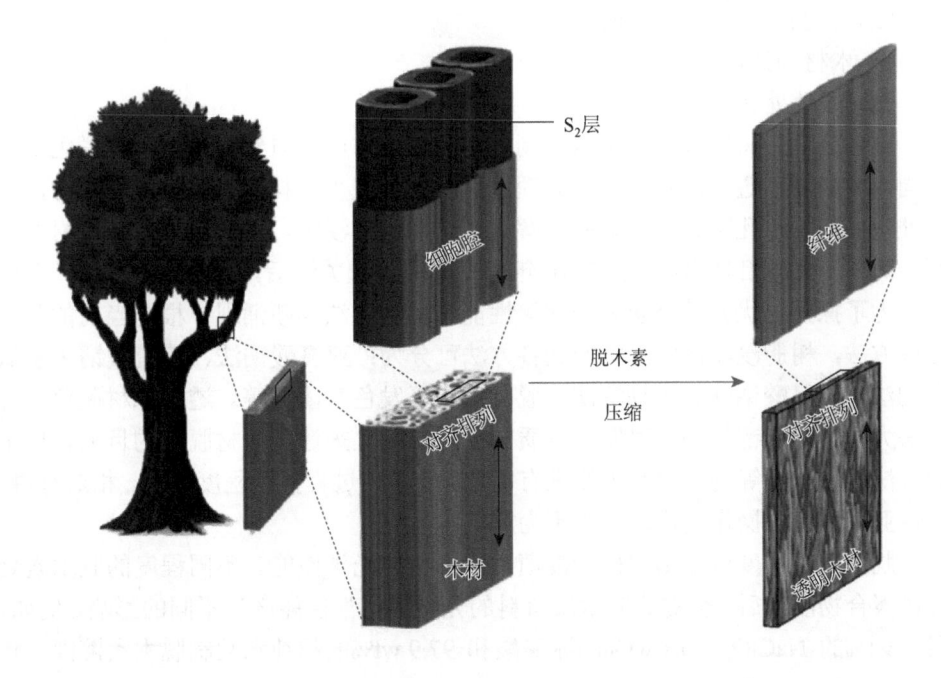

(1) 自致密透明木材的制备

1）木材预处理。

木材对光吸收的 80%～95%源于木质素，而三大组分中纤维素和半纤维素却不存在光的吸收。因此，脱色处理首先就要把木质素除去或者氧化其发色基团。目前，自致密木材的研究相对较少，主要是通过脱木素来减少光的吸收。木材中，木质素作为核壳包裹纤维素和半纤维素，并填充于纤维素与半纤维素之间，起着稳定木材骨架的作用。脱木素后，木材孔隙基本保持完好的同时，木材细胞脱黏，细胞壁变薄，孔隙结构疏松。常用的脱木素方法有：亚氯酸钠法、亚硫酸钠＋氢氧化钠法、次氯酸钠法等。具体方法将在下文 7.2 节中"（2）树脂浸渍透明木材的制备"中详述。

2）非共价键交联。

（a）自密实化。

脱木素处理后的木模板在经过一定工艺的氧化处理后，无须机械压制或加热就可以自致密成具有优异的力学性能和高透光率的薄膜。2020 年，Kai 等在对木材进行 $NaClO_2$ 脱木素和 TEMPO 氧化之后，在环境条件（22℃，30% RH）下 24 h，在没有任何额外压力的情况下，将 2 mm 厚的轻木单板在玻璃板上风干成 80 μm 厚的透明膜，如图 7-67 所示。产生该现象的原因是，当预处理木材水分蒸发时，产生空化现象，产生的负压导致木材结构的坍塌。一旦导管的两侧接触，纤维素微纤丝上丰富的羟基之间就会形成强烈的氢键，因此变形被固定在适当的位置，实现致密化。

图 7-67　自致密透明木材的制备

(b) 热压致密化。

不同于自密实，热压致密化更直接地对预处理后的木材孔隙进行调控，以消除木材多孔结构对光的散射和折射。热压后木材细胞壁能够紧密结合在一起的原因与自密实类似，都归因于木材经预处理后暴露的大量羟基，在热压后纤维间的大量氢键结合。2017 年，胡良兵等首次利用这种方法，制备了具有高透明度（约 90%透射率）和高达 350%的透射光强度比的各向异性膜。保留木材定向纤维的各向异性透明膜具有高达 350 MPa 的机械拉伸强度，几乎是具有随机分布的纤维素纳米光纤膜的 3 倍。对脱木素后的木材进行氧化处理，将纤维表面的游离羟基氧化为羧基。随着纤维素微纤丝束的内聚力受到损害，LPMO 诱导的纤维素微纤丝的个体化使木材细胞壁能够膨胀。酶促纳米原纤化促进了微纤维的融合，并在致密化过程中增强了相邻木纤维细胞之间的黏附力，可以提高薄膜的光学性能和力学性能。并且随着氧化时间的加长，热压密实后，木材的透光性将进一步提高。

(2) 树脂浸渍透明木材的制备

1) 木材预处理。

(a) 脱色处理。

脱色处理是树脂浸渍透明木材制备的重点。与前文自致密透明木材脱色处理相同，树脂浸渍透明木材的脱色处理的目的也是减少木材对光的吸收。同时，脱色处理后的木材孔隙结构会疏松降解，易于树脂的浸渍。树脂浸渍透明木材由于制备简单，性能相对稳定，自 2016 年胡良兵等引起关注后，就一直被人们广泛研究。为了探索更优异的光学和力学等性能，无数方法不断涌现。根据当前的脱色处理方法，树脂浸渍透明木材的制备方法可分为：亚氯酸钠法、亚硫酸钠+氢氧化钠法、次氯酸钠法、生物酶法、脱除木质素发色基团法等。透明木材脱色处理方法大同小异，都是通过对发色物质的去除或氧化来达到木材脱色的目的，但不同方法对木质素等物质的脱去原理有所差异，脱色过程复杂程度不同。相对来讲，酸性亚氯酸钠法操作简便，应用更为广泛。

脱木素的程度可以影响树脂浸渍透明木材的光学性能。不同程度的脱木素处理在聚合物浸渍后，会对透明木质材料的光学和力学性能产生不同的影响。例如，用 2 wt%的 $NaClO_2$、0.1 wt%的冰醋酸和 97.9 wt%的超纯水配制脱木素溶液；将干燥的木材样品浸入，在 80℃水浴振荡器中（振荡频率为 40 r/min）分别处理 30 min、60 min、90 min、120 min 和 150 min；溶剂置换后用聚甲基丙烯酸甲酯真空浸渍，30 min 后关闭真空泵并继续浸渍 60 min；将浸渍的木材样品夹在两片玻璃之间，用铝箔包裹，然后在 70℃加热 5 h。制得的树脂浸渍透明木材随着脱木素时间的加长，透明度逐渐升高，拉伸强度先升高后降低。这种透明度升高，强度反而降低的现象使得透明木材兼顾高透明度和高强度特性受到限制。

为了尽量避免脱木素过程对木材孔隙的水解，人们开发了脱除木质素发色基团、低共熔溶剂法脱木素等方法。然而，尽管脱除木质素发色基团法取得了一些成果，但是对于松木(*Pinus* spp.)、桦木(*Betula* spp.)、白蜡木(*Fraxinus chinensis* Roxb.)等密度较大、结构较密实的木材脱色效果并不好，使用该方法制备透明木材并不多。

(b) 脱水处理。

脱色后的木、竹材内部孔隙中饱含大量水分，不利于后续渗透树脂。因此，需要将脱色后的木材进行脱水处理。为了保证脱水后的木材保持原有形态，且孔道不收缩变形甚至开裂，脱水处理通常使用超临界干燥、冷冻干燥、溶剂置换等方法进行。其中，溶剂置换法相对简单易行，且耗时较短。但是对于溶剂置换法，大多数溶剂都是采用易挥发的且带有一定毒性的有机溶剂。例如，将脱色后的木材模板放入一定量的甲醇中，先利用甲醇对水进行置换；然后将木材放入质量比为 1∶1 的甲醇-丙酮混合物中；最后再以纯甲醇/丙酮进行三步替换脱水。但在选择溶剂时，溶剂的挥发性不宜过大。溶剂的过快挥发会使木材孔隙结构发生收缩、扭曲和变形，从而导致木材孔隙的缩小，影响树脂的浸渍。相对而言，超临界干燥和冷冻干燥对于保持木材孔隙结构效果更好，但在实际操作时，耗时较长且能耗较大。

(c) 界面改性。

脱色脱水后的木材模板具有亲水性，然而用来浸渍的树脂往往具有疏水性，这种不相容会导致树脂浸渍透明木材在复合后出现较大的界面间隙。这种界面缺陷会增加透明木材对光的散射，当木材厚度增加时，累积的界面光散射会使得透明度大幅度下降。针对此类问题，对脱色处理的木材模板进行琥珀酰化、乙酰化、硅烷偶联等处理，可以使脱色后的模板与树脂实现更好的相容性，减少界面缺陷。

下面以琥珀酰化为例简单说明其制备及其结构与性能变化。琥珀酰化步骤如下：厚度为 1.2 mm 的轻木单板脱木素后，用去离子水洗涤样品数次，并用丙酮进行溶剂置换；将脱木素样品与琥珀酸酐在 130℃下反应 0.5 h；反应后，用丙酮在低真空条件下彻底洗涤五次，以去除未结合的试剂；将上述样品在 200℃下搅拌加热，将可再生的琥珀酸转化为酸酐；真空浸渍树脂后得到琥珀酰化透明木材，如图 7-68 所示。琥珀酰化显著改善了界面相互作用，促进了树脂单体的浸渍，木质纤维与树脂之间形成了良好的界面结合。这种界面改性大大提高了产品的透明度，同时较少的光散射效应降低了产品的雾度。此外，强的界面结合也提高了树脂浸渍透明木材的力学性能。1.5 mm 的透明木材的透明度可以从71%提升至81%，雾度从65%下降至51%，拉伸强度从 146.6 MPa 提高到 173.6 MPa。

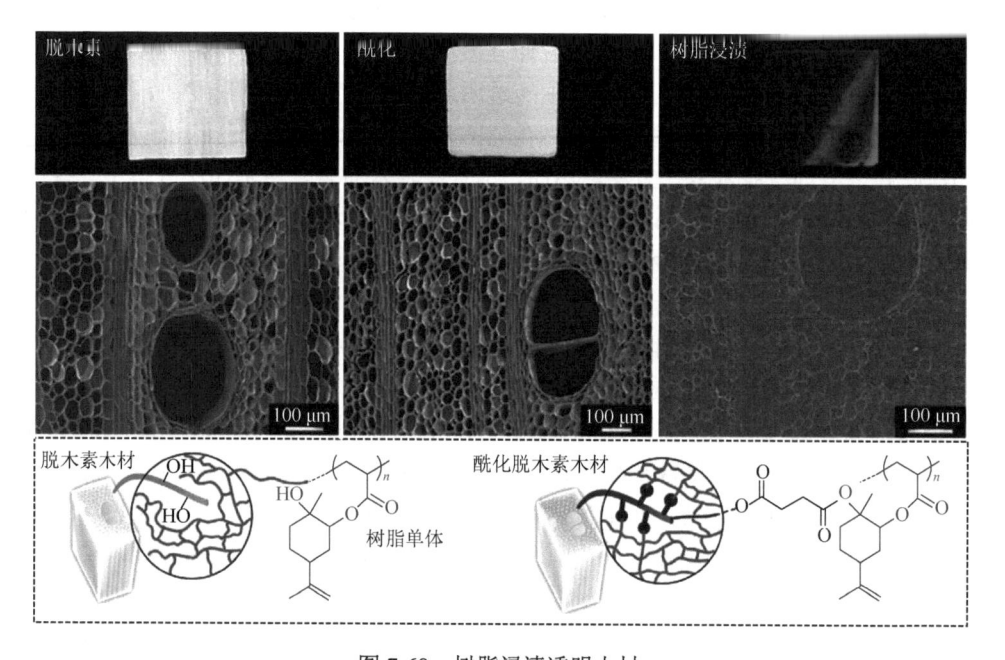

图 7-68 树脂浸渍透明木材

2) 树脂浸渍和固化。

(a) 树脂种类及区别。

"7.6.1.2 透明木材"中提到木材不透光的原因是木材天然的分级多孔结构对光的吸收、折射和散射。脱色处理后，影响木材透光性的因素为木材孔隙结构及孔隙中空气对光折射率的差异（细胞壁折射率约为 1.56、空气折射率为 1.0）。在脱色与脱水处理后的木模板孔隙中填充与细胞壁折射率相近的树脂，以减少对可见光的散射、折射、吸收等，让可见光可以穿透其内部结构，是获得透明木材的关键。

所选树脂的折射率、黏度、聚合过程的收缩率、浸渍效率、与细胞壁的相容性等性能直接影响透明木材的透光率，因此选择的浸渍树脂要求本身透明无光吸收，折射率与木质纤维折射率相匹配，且与纤维有良好的相容性，能够充分填充木材的各个孔道。目前，树脂浸渍透明木材的浸渍所用聚合物可分为疏水性聚合物和亲水性聚合物，常用的有混合树脂、环氧树脂（epoxy resin，EP）、聚甲基丙烯酸甲酯（polymethyl methacrylate，PMMA）、聚乙烯吡咯烷酮（polyvinylpyrrolidone，PVP）等。

疏水性聚合物中，PMMA 与 EP 是目前树脂浸渍透明木材制备中使用最多的两种聚合物。但其与疏水性的木质素相容性较好，与亲水性的纤维素的相容性差异反而较大，从而导致了显著界面间隙，使得制备的透明木材透明度和力学性能降低。亲水性聚合物聚乙烯吡咯烷酮、聚乙烯醇（polyvinyl alcohol，PVA）等对纤维素的润湿效果较好，能够与纤维素之间形成良好的氢键结合作用，与纤维素形成更好的界面结合且与脱色后的木模板折射率几乎相当。亲水性树脂浸渍透明木材的制备无须进行脱水处理，操作步骤相对简单，但对此研究相对较少。

不同树脂的合成方法均不相同。以疏水性树脂 PMMA 为例，首先需要在甲基丙烯酸甲酯（methyl methacrylate，MMA）单体中加入浓度为 0.3 wt%的偶氮二异丁腈（azodiisobutyronitrile，AIBN），AIBN 作为引发剂，在 75℃水/油浴下反应 15 min；对上述溶液进行过滤后加入脱色好的木材，经真空浸渍后固化即得到透明木材。由于疏水性 AIBN 与木材细胞壁间较多的界面缺陷，经这种方法制备的透明木材的透光率为 83%，经界面改性后透明木材透光率可达到 93%。

亲水性树脂 PVA 制备透明木材时步骤相对简单。例如，首先，通过在 90℃下将粉末聚合物溶解在去离子水中来制备浓度为 8 wt%的 PVA 溶液；将干燥的脱色木材放置于塑料盒中，并浸入 PVA 溶液中，深度木材厚度的 15 倍以上；经真空浸渍后固化即得到透明木材。由于 PVA 能与木材细胞壁形成良好的结合界面，减少了界面缺陷的光散射，制备的透明木材透光率可高达 91%，可以与玻璃相当。

(b) 浸渍与固化。

浸渍工艺是影响木材树脂浸渍深度、均匀性、增重率等浸渍效果的另一重要因素，是实现透明木材树脂浸渍改性的关键。常用的浸渍方式主要有真空浸渍、压力浸渍和真空-压力联用法等。其中，真空浸渍是一种常用的工业化生产方式，利用真空将树脂吸入木材毛细孔道和纤维空隙中，使其均匀分布。为了进一步提高改性效果，也有将真空-加压浸渍法与压缩法联用的相关研究。

树脂浸渍透明木材的固化方式主要分为三种：热固化、辐射固化和化学固化。热固化是一种使用热能引发交联反应的固化方式，可以使用热板、炉子、热风枪等设备进行加热。这种固化方式具有速度快、反应完全、强度高等优点。例如，将预处理木模板（1.2 mm 厚）在-0.1MPa 真空下用 PMMA 浸渍 2 h（对于 3 mm 厚的样品为 6 h）；然后将浸渍后的木模板放置在两个载玻片之间，用铝箔包装，在 75℃下聚合 24 h，即得透明木材。辐射固化是利用紫外线、电子束等高能辐射来引发交联反应的固化方式，具有反应速率快、低温固化和环保等优点，但所需设备复杂和成本较高。化学固化是利用固化剂与树脂中的官能团进行反应的固化方式，常用的固化剂有胺类、酸类、羧酸类等。这种固化方式具有成本低、技术成熟、加工环节少等优点。例如，将环氧单体与胺类固化剂按照质量比为 4：1 的比例混合；将预处理后的木材浸入上述溶液；在-0.1 MPa 下，每 30 min 为一次间歇，真空浸渍 2 h

后取出；将浸渍后的透明木材放入两载玻片之间，24 h 后即得透明木材。目前，化学固化和热固化在透明木材中的应用比较多，而辐射固化的应用较少。

总之，树脂浸渍透明木材的制备方法很多，涉及木材预处理方法、树脂浸渍方法、木材/树脂截面改性方法、树脂固化方法等。再加上木材本身性质及预处理木材厚度也不相同，其透明度和雾度也随之不同。表 7-13 总结了不同处理方式下，部分透明木材的光学性质差异。由表可以看出，不同种类木材制备的透明木材光学性质有所差异，这与木材本身孔隙结构有关。对于同种木材，不同木材切面制备的树脂浸渍透明木材的光学性质也随之不同，纵切面透光率比横切面透光率低，但雾度较高，也直接显示出透明木材的各向异性光学特性。随着厚度的增加，木材透光率逐渐降低，雾度逐渐升高，这与前面所讲界面散射效应有关。对于制备工艺，树脂种类对透明木材透光率影响较大，这与树脂的折射率、黏度、与细胞壁的界面结合有关。

表 7-13 不同处理方式下部分透明木材的光学性质[68]

木材/切面	厚度/mm	透光率/%	雾度/%	浸渍树脂	处理工艺
巴沙木/纵切面	1.5	92	50	PMMA	乙酰化
椴木/纵切面	0.7	90	10	环氧树脂	NaClO 脱木素
椴木/纵切面	0.8	90	80	环氧树脂	蒸汽改性脱木素
椴木/横切面	10.0	70	95	环氧树脂	蒸汽改性脱木素
巴沙木/纵切面	2.0	60	95	环氧树脂类玻璃体	树脂改性
巴沙木/横切面	2.0	61.8	>90	环氧树脂类玻璃体	树脂改性
巴沙木/纵切面	1.2	90	30	柠檬烯丙烯酸酯	全生物基树脂
白蜡/纵切面	1.3	84±1.4	74±1.5	硫醇-烯组分	紫外固化树脂
桦木/纵切面	1.1	89±0.6	61±0.5	硫醇-烯组分	紫外固化树脂
松木/纵切面	0.9	90±0.6	60±2.9	硫醇-烯组分	紫外固化树脂
巴沙木/纵切面	3.5	83	80	PMMA	木材垂直交错放置
巴沙木/纵切面	3.5	75	80	PMMA	木材45°交错放置层合法
巴沙木/纵切面	1.0	>90	>60	环氧树脂	太阳能辅助化学涂刷法

7.6.3 性能表征

7.6.3.1 光学特征

木质透明材料的透光性是需要考虑的重要光学特性，通常用透光率来衡量。

透光率是表示光线穿透介质的能力，是透过介质的光通量与入射光通量的百分比。也就是说，一定量的光在经过介质时除去吸收、反射后，透过介质的光通量的百分率。透光率越高，表明该物体表面贯通性越强，光线通过量较多，反之，透光率越低，表明物体表面贯通性越弱，光线通过量越少。

以透明木材为例，其透光率测试步骤如下。

使用 Cary 300 紫外-可见-近红外吸收光谱仪，根据标准 ASTMD1003—2020《透明塑料的透光率的测定方法》，选择测试波长范围为 400～800 nm 进行测试。透明木材的透光率计算公式如下

$$T = \frac{T_2}{T_1} \times 100\% \qquad (7\text{-}28)$$

式中，T 为样品透光率，%；T_1 为样品入射光通量，lm；T_2 为样品透射光通量，lm。

对于木质透明材料，透光率受所用木质纤维质量和制造工艺的影响。透光率越高，材料的质量越好。研究表明，木质透明材料的透光率可达 90%，与传统透明材料相当。透明木材的透光率可以通过简单地调控厚度来改变。随着木材厚度的降低，透明木材的透光率在可见光范围内增大。

光的色散是一种光学性质，可以影响材料的颜色。光的色散是指当光穿过一种物质时，被分离成不同的颜色。透过试样的散射光通量与透射光通量之比，称为雾度，计算公式如下

$$H = \left(\frac{T_4}{T_2} - \frac{T_3}{T_1} \right) \times 100\% \qquad (7\text{-}29)$$

式中，H 为样品雾度，%；T_3 为由设备所引起的光散射通量，lm；T_4 为由样品和设备引起的光散射通量，lm。

透光率与雾度是两个独立的指标。对于木质纤维素基透明材料，其分散性受所用木质纤维化学成分的影响。不同类型的木纤维具有不同的化学成分，这可能导致不同程度的分散。对于透明木材，雾度值取决于木材的微观结构。木材中的纤维细胞具有一定的弯曲度，且细胞壁上的纹孔呈一定角度倾斜，弯曲的细胞及纹孔导致木材在厚度上散射光。木质透明材料的雾度通常用雾度计测试，其工作原理如图 7-69 所示。

多数材料的透明度和雾度成反比，如聚碳酸酯、聚甲基丙烯酸甲酯及玻璃的透明度大于 85%，但雾度均小于 1%。而透明木材却不同。透明木材的透明度可达 90% 以上，雾度在 10%～95% 之间。高雾度的透明木材具有防眩效果，可减弱强光对视觉图像清晰度的影响。高雾度能增加光线的传播路径，适用于太阳能电池的光管理层，提高光电转化效率；低雾度适用于窗户、透光板等对透明度要求较高的场合。但木材厚度与雾度的关系目前还没有定论，部分研究者认为雾度与厚度关系不大；而部分研究者认为雾度对厚度的依赖性很大。

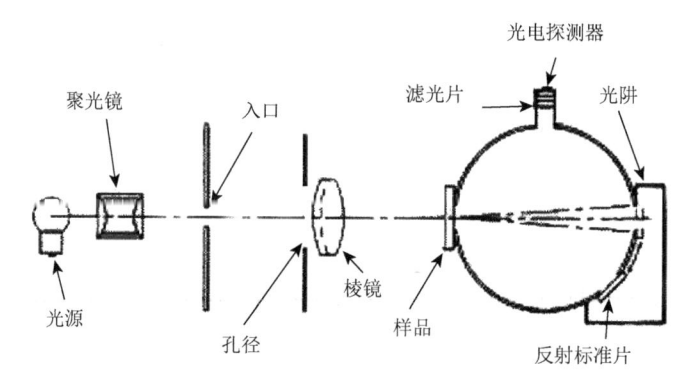

图 7-69 雾度计工作原理

折射率是另一个需要考虑的重要光学性质。折射率是指光通过材料时的弯曲程度。对于木质透明材料，折射率受所用木质纤维密度的影响。密度越高，折射率越高。研究表明，木质透明材料的折射率在 1.45~1.6 之间，与传统透明材料的折射率相当。

保留纤维定向排列的透明木材除了有着与传统透明材料相当的光学性质以外，还有着独特的各向异性光学性质，如图 7-70 所示。透明木材的各向异性光学性质是指透明木材在三个不同方向（横向、径向和纵向）上光学性质的差异。具体来讲，在横向和径向方向，透明木材的光学性质较为相似，但在纵向方向上，透明木材会呈现出显著的光学各向异性，也就是说，光线在不同方向上的传播速度和折射率不同。

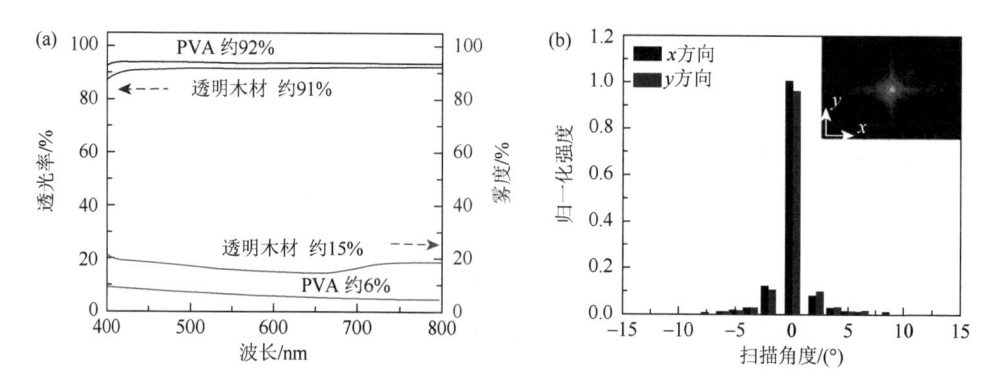

图 7-70 透明木材光学性能

（a）纯聚合物（PVA）和透明木材的光学性能对比；（b）x 和 y 方向上的归一化散射光强度分布（插图为一张散射光点照片）

透明木材的光学各向异性主要与木材成分及其内部结构有关。由于纤维素、半纤维素等主要材料在形成过程中沿木材纵向生长，形成了以纵向为主的各向异性结构。因此，当光线穿过木材时，光线在不同方向上的折射率不同，从而导致透明木材的各向异性光学性质。

综上所述，木质透明材料具有独特的光学性能，使其成为传统透明材料的一个有吸引力的替代品。光的透过率、色散、折射率是研究木质透明材料光学特性时需要考虑的重要光学特性。需要进一步的研究来充分了解这种创新材料的光学特性及其在各个领域的潜在应用。

7.6.3.2 力学性能

力学性能方面，木质透明材料同样表现优异。无论是木质纤维素之间的自交联还是压缩致密透明木材的孔隙压缩，宏观上的透明即说明了其界面间的紧密结合。这种紧密结合必然会带来材料力学性质的提升。此外，对于树脂浸渍木质透明材料，树脂的复合也必然对纤维或者孔隙结构力学性能产生助力。在木质纤维具有高强度且木材结构各向异性的基础上，通过利用氢键、范德瓦耳斯力等结合作用，木质透明材料的力学性质有着不同于传统透明材料的独特优势。

木质透明材料的力学性能优势主要体现在高强度和高韧性两方面。高强度是木质透明材料最普遍的性能，这里的强度指的是拉伸强度。木质纤维素间经过改性、人工辅助纤维定向排列或聚合物复合进行非共价键结合均能够不同程度地提高拉伸性能。透明木材制备过程中孔隙的压缩和填充以及较强的氢键、范德瓦耳斯力等结合作用也对拉伸强度有着巨大贡献。拉伸强度常用万能力学试验机进行测试。如表 7-14 所示，木质透明材料的力学强度远超于大部分典型透明材料。现有透明木材的拉伸强度甚至远远高于蓝宝石。

表 7-14 木质透明材料与典型透明材料的拉伸强度[69-71]

材料名称	拉伸强度/MPa	材料名称	拉伸强度/MPa
PS	31.9～51.7	TPU	36.9～42.9
PET	55～60	石英玻璃	152～168
PETG	49～55	夹层玻璃	33～38
PMMA	48.3～72.4	铅玻璃	23.2～24.4
PEN	46.4～48.8	钛硅酸盐玻璃	29.5～31.1
PC	62.7～72.4	蓝宝石	248～273
PCTG	49～55	透明纳米纸	260.0
COC	62.7～69.3	自致密透明木材	449.1
PMP	19～29	热压致密透明木材	824.0
PA	54.6～57.4	树脂浸渍透明木材	174.0

注：PS 表示聚苯乙烯；TPU 表示热塑性聚氨酯；PET 表示聚对苯二甲酸乙二醇酯；PETG 表示改性聚对苯二甲酸乙二醇酯；PMMA 表示聚甲基丙烯酸甲酯；PEN 表示聚醚酰亚胺；PC 表示聚碳酸酯；PCTG 表示改性聚碳酸酯；COC 表示环氧烷基聚合物；PMP 表示聚对甲苯；PA 表示聚酰胺。

在透明木材中，自致密透明木材和热压致密透明木材的拉伸强度尤为突出。具体原因已在"7.2 超强木质材料"中提到，这里不再详述。

韧性是材料抵抗断裂的能力。材料的韧性可用应力-应变曲线下方的面积表示（即发生断裂前，单位体积材料所吸收的能量），常用万能力学试验机进行测试。

与透明木材相比，木质纤维素基透明材料的力学优势在于其高韧性。这种高韧性归功于纤维间复杂且大量的非共价键结合。例如，Ye 等使用预定向辅助的双重交联方法，控制水凝胶状态下纤维素链的聚集，来构建排列良好的纳米纤维结构，并通过快速引入物理交联永久保留临时排列的纳米结构[72]。在空气干燥中进行结构致密化后，制备得到了高强度的各向异性纳米纤维结构的纤维素膜。该膜的韧性创下了新的纪录，达到了 41.1 MJ/m^3。这几乎高于所有典型的高韧透明材料。

7.6.3.3 导热特性

与传统的透明材料，如玻璃和塑料不同，木质透明材料是由天然的木质纤维制成的，具有独特的导热性能，主要体现在其低导热系数和各向异性导热两方面。

导热系数是衡量一个材料导热性能的指标。导热系数是指单位时间内，经过长度为 1 m、横截面积为 1 m^2 的材料，由单位温度差所传导的热量。导热系数可用导热系数仪进行测试，具体测试方法见"7.2.3 性能表征"。

木材属于热的不良导体，导热系数仅分布在 0.10～0.12 W/(m·K)，远低于玻璃等传统透明材料。对于木质透明材料，其导热系数受到所用木质纤维的密度和层压方式的影响。一般，密度越高的纤维，导热系数越低，反之亦然。研究表明，木质透明材料的导热系数在 0.1～0.3 W/(m·K)之间，与木材[0.1～0.2 W/(m·K)]相当，低于许多传统的透明材料，如玻璃和塑料等，仅为玻璃[1 W/(m·K)]的 10%～30%。Jia 等利用导热系数对比了透明木材和玻璃的升温情况，发现透明木材和玻璃的顶表面与底表面之间温差（ΔT）分别为 11.5℃和 5.1℃，表明透明木材具有优异隔热性能。

纤维定向排列的木质纤维素基透明薄膜和透明木材均有着各向异性导热性，如图 7-71 所示。平行微纤丝方向（顺纹方向）时导热系数为 1.04 W/(m·K)，垂直微纤丝方向（横纹方向）时导热系数仅为 0.26 W/(m·K)，这就使得热量在木材不同方向上的传递能力也呈各向异性。同种木材顺纹方向上的导热系数一般是横纹方向上导热系数的 1.8～3.5 倍，各向异性的性质将有助于热量沿着平行纤维方向扩散，其优异的隔热性能将减少能量的损耗。

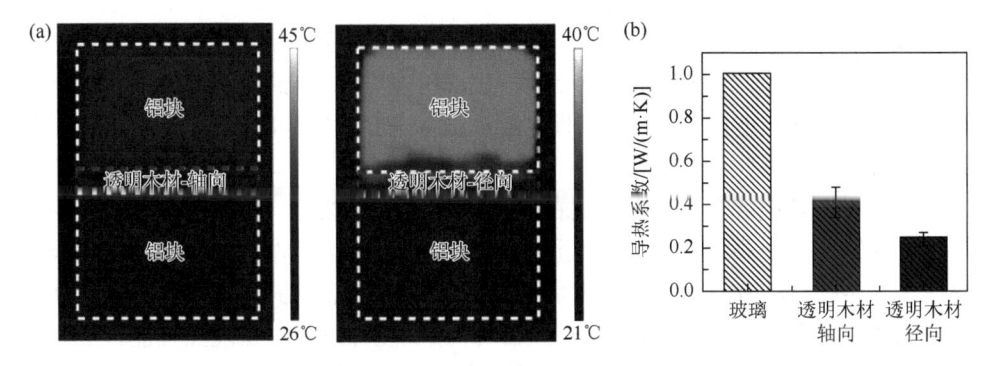

图 7-71 透明木材的各向异性导热性

（a）透明木材轴向和径向的温度分布；（b）透明木材轴向和径向导热系数与玻璃的对比

综上所述，木质透明材料具有独特的导热特性，适用于许多不同的应用领域。该材料的低导热系数、低传热系数和低热扩散系数使其成为一种理想的隔热材料，特别适用于建筑和家具制造业。尽管目前对木质透明材料的研究还处于起步阶段，但特殊的导热特性使其成为一个备受关注的研究领域。未来，研究人员将继续探索该材料的导热特性，以期更好地应用于各个领域。

7.6.4 应用领域

7.6.4.1 节能建筑

近年来，随着科技的发展和人们对环保需求的日益增长，木质透明材料不断涌现。与木竹纤维素基透明材料相比，透明木材本身作为结构材料在节能建筑领域有着巨大潜力。透明木材在保留木材原有结构的基础上，通过压缩和树脂填充，保留了木材作为结构材的优势。特殊光学性能、优异保温性能和高强度等性能使透明木材有望成为新型节能建筑材料，赋予建筑物美观、安全、环保、保温等特性。

与玻璃相比，透明木材由于高散射特性，有利于扩大光线的散射角，照明区域更大，使建筑采光能力更好，室内更明亮。透明木材具有高透光率（超过80%）和雾度可调（可超过70%）的光学优势，可以作为玻璃的替代品。高透明度、高雾度的透明木材能够有效减少光污染并保护室内隐私，同时引导阳光沿着垂直排列的导管进入室内，形成均匀、舒适的自然光照环境。高透明度、低雾度的透明木材能够有效减少室内照明用电的损耗，有望在未来代替玻璃。

在力学性能方面，透明木材作为窗户或结构用材时，更安全、稳定，能够替代易碎、韧性差的玻璃窗户，并能够赋予建筑物独特的外观。使用次氯酸钠

（NaClO）漂白工艺来完全去除木质素和大部分半纤维素，渗透能够进行氢键结合和折射率匹配的聚乙烯醇（PVA）来填充木材孔隙，制得的透明木材的拉伸强度能够达到 143 MPa±17.5 MPa，韧性达到 3.03 MJ/m³，比标准玻璃（0.003 MJ/m³）高 3 个数量级。

保温隔热是现代建筑必须考虑的重要因素之一。然而，传统的保温隔热材料存在一些缺陷，如易损坏、容易吸湿等。透明木材则可以作为一种新型保温隔热材料，其多孔结构和低导热系数等特性可以有效减少热量的传递，使得建筑在炎热夏天和寒冷冬天都可以保持温度适宜，并减少能源浪费。在隔热性能方面，透明木材能够减少室内热量流失，有效减少空调等电器的使用，具有较好的保温性能。使用透明木材建造的房屋，在外界温度为 4℃的条件下，室内温度由 35℃仅下降至 20.1℃，而在相同时间内，使用玻璃建造的房屋，其室内温度则由 35.1℃下降至 9.1℃[73]。

相变储热也是木质透明材料的一个潜在应用领域。相变储热材料可以吸收和释放大量的热能，这是一种具有巨大潜力的新型材料。相对于传统的相变储热材料，如蓄热板材，木质透明材料作为一种新兴材料可以为相变储热材料的应用带来新的视角。在节能建筑领域，木质透明材料可以结合各种相变材料，来实现高效的能源储存和利用，以便在夜间或低峰时段释放储存的热能，如图 7-72 所示。采

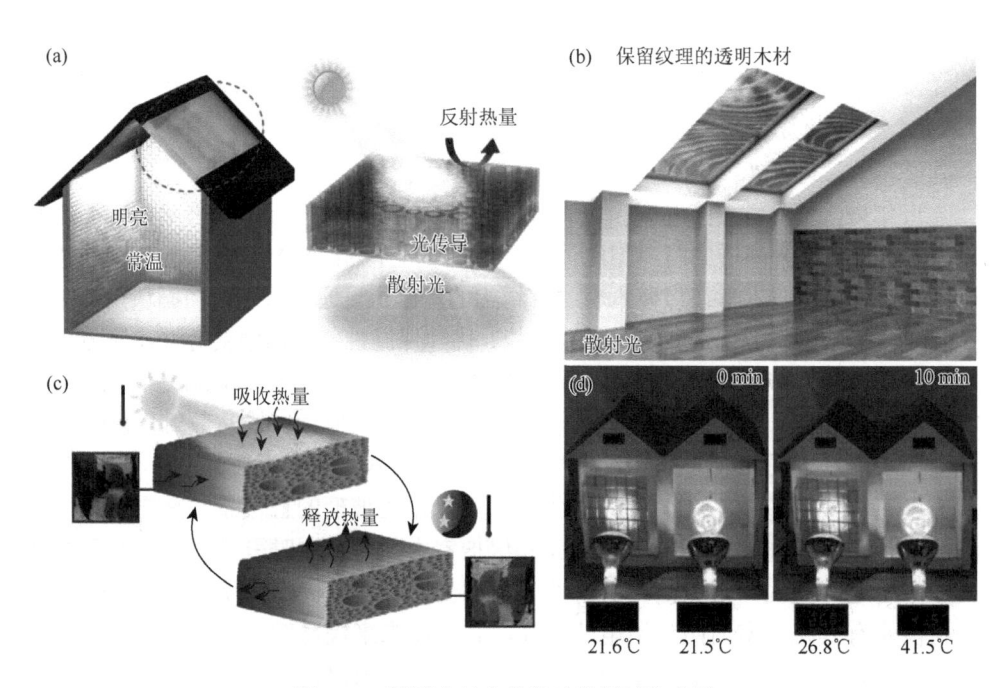

图 7-72 透明木材在节能建筑领域的应用

(a) 建筑结构；(b) 建筑装饰；(c) 相变储热；(d) 保温隔热

用白桦木（*Betula platyphylla*）为原料，用亚氯酸钠法制得脱木素木材，再将脱木素木材浸渍于聚乙二醇（polyethylene glycol, PEG）/低聚合度甲基丙烯酸甲酯（AIBN为引发剂）混合体系中，加热聚合制得储热透明木材。1.5 mm 厚的透明木材透光率达到 68%，潜热值高达 76 J/g，具有良好的储热和保温能力[74]。

与在可见光范围内具有相同高透光率的玻璃相比，透明木材可以屏蔽 100%的 UVC 波长（200～275 nm）和更多的 UVB 波长（275～320 nm）的光。锑掺杂的氧化锡（antimony-doped tin oxide，ATO）粒子具有优良的紫外和近红外屏蔽性能[75]。将改性的 ATO 掺杂入透明木材中，制备的 ATO/透明木材对紫外线的屏蔽效果高达 80%，应用于窗户时能够减少紫外线对人体皮肤的损害。

此外，用于合成透明木材的木单板是通过旋转切割方法切割的，这使得透明木材能够与工业大规模制造技术兼容，对透明木材在节能建筑领域的大规模应用有着极大便利。

总之，木质透明材料是一种新兴的高科技材料，具有多种突出表现，在替代玻璃、保温隔热和相变储热等方面都具有良好的应用前景。但目前木质透明材料在节能建筑领域的应用主要集中于透明木材，木质纤维素基透明材料研究较少。未来，随着科技的发展和材料技术的不断创新，木质透明材料必将在节能建筑领域中得到更多的应用和创新。

7.6.4.2　光伏器件

随着现代科技的不断发展，光伏能源作为新型绿色能源备受关注，因为其具有清洁、可再生、环保等优点，逐渐成为当今社会普及的方向。然而，传统的光电设备材料，如硅、透明导电膜等，存在生产难度大、成本高、使用寿命短的缺陷。为此，研发新型高效的光电转换材料的需求不断增加。在这个背景下，木质透明材料作为一种新型材料，引起了越来越多的关注，在光伏器件领域的应用也日渐成为研究热点。

纳米纸具有优良的力学性能和良好的柔韧性，因此是制造柔性电极的优良基体材料。各种基于透明纸制备的电子器件在过去的几年间不断被开发出来，如透明电极、透明的超级电容等。

基于透明纸的电子器件制备耗时耗力，相较之下透明木材的制备工艺更为简单。透明木材的高透明和高雾度特性，能够在透过大量光线的同时增加光线的传播路径，在光管理方面是有利的。其高效的宽带光管理特性，能够作为光电探测器和太阳能电池的有效光管理涂层。光会长时间滞留在太阳能电池中，收集时间越长，光与活性介质之间的相互作用越好，可提高太阳能电池的效率，这对于许多能量转换器件是至关重要的，如薄膜太阳能电池和光电化学电池等。

太阳能电池板是太阳能发电系统中的核心部分，发电主体市场上主流的太阳能电池板是晶体硅太阳能电池板和薄膜太阳能电池板。其中，单晶硅太阳能板的光电转换效率为15%左右，最高可达24%，这是目前所有种类的太阳能电池板中光电转换效率最高的，但其制作成本很高。多晶硅太阳能电池板的制作工艺与单晶硅太阳能电池板差不多，但是多晶硅太阳能电池板的光电转换效率则要降低不少，为12%左右。非晶硅太阳能电池板是新型薄膜式太阳能电池板，在弱光条件也能发电，但其光电转换效率偏低，国际先进水平只有10%左右。故开发绿色环保、节能、光电转换效率高的太阳能电池板成为科学家们研究的热点。将透明木材放置在GaAs（一种Ⅲ-Ⅴ族化合物半导体材料）薄膜太阳能电池上，太阳能电池整体光电转换效率可以比单层GaAs薄膜太阳能电池提高18%。这是由于透明木材有效的光散射增加了太阳能电池内部的光吸收，从而使太阳能电池的光电转换效率提高。

随着木质透明材料技术的不断发展和研究深入，它的应用领域也在不断扩大和拓展。尤其是在光伏器件领域，木质透明材料的优良特性为光伏器件的研制提供了新的思路和方法。木质透明材料在光伏器件方面的应用仍处于起步阶段，但是它作为一种新兴材料拥有着广阔的应用空间。相信未来，木质透明材料会成为光伏产业不可或缺的一部分。

7.6.4.3 电子皮肤

电子皮肤是一类柔韧、可拉伸、能够自我修复的电子产品，能够模仿人类或动物皮肤的功能。电子皮肤通常具有感知能力，旨在重现人类皮肤响应环境因素变化（如热量和压力的变化）的能力。木质透明材料是一种新型透明材料，其透明度与玻璃相似，但比玻璃更轻、更柔韧，并且具有天然的抗菌性和生物相容性。在电子皮肤应用方面，木质透明材料可以作为电极和基底材料使用。木质透明材料可以将电子器件通过表面处理制备在其上，从而形成高透过率的电子皮肤，同时也能保持良好的柔韧性和生物相容性，这对于电子皮肤的应用非常重要。

当平面内的两根纤维发生交叉时，纤维之间便产生了机械接触，数量众多呈分散状的链状纤维交织在一起便形成了纸张。多孔结构是纸张重要的结构特点之一，这是因为纤维的交织使得纸张的内部出现一定数量的孔洞，其影响着纸张过滤、透气、吸收、平滑等各种性能。凹凸不平的表面是纸张的又一个结构特点，这是由于宏观上纸张体积的不均匀性（如纤维局部的聚集和局部稀疏），以及微观上细小纤维彼此纠缠。内部孔洞结构和凹凸不平的表面纹理不仅使得纸张对电填料有着较强的吸附能力，同时在力作用下优秀的接触电阻效应使得纸张在传感器件领域成为极具吸引力的新型基底材料。使用缺氧钼氧化物（MoOx）纳米线和纤维素基透明材料作为纸电极，可实现超高灵敏度（1%应变下的应变系数高达 220）、高信噪比、快速响应时间（约 50 ms）和极佳稳定性。所制得的电子皮肤适形地附着在人体的各个部位，可以实时检测细微的生理信号和关节运动。

通过调控树脂的种类和处理方式可赋予透明木材良好的柔性。最早的柔性透明木材由中国林业科学研究院郭文静课题组首次提出，是将折射率与纤维素匹配的柔性树脂浸入脱除或者部分脱除木质素的木材中，固化之后得到的柔性透明材料。使用银纳米线和超柔性透明木材（STW）薄膜作为电极组装木质电子皮肤作为刺激反应层。在超过 1500 次弯曲循环后，仍表现出高透光率（91.4%）、小曲率半径（2 mm）和出色的电阻稳定性。这种电子皮肤在 0~150 kPa（人类感到疼痛）的电致发光方面表现出显著变化，并且在较宽的压力范围内灵敏度仍然大于 0.15 kPa^{-1}。其电容在 1.01 kPa^{-1} 的低压力下也表现出高灵敏度。这充分说明了透明木材在高附加值电子皮肤中的潜力[76]。

此外，木质透明材料的抗菌性质也能够有效预防感染，尤其是在电子皮肤被应用于医疗场合时具有重要意义。同时，木质透明材料也有望为电子皮肤的可持续发展提供可靠的环保材料选择。作为一种具有生物相容性和抗菌性的新型材料，木质透明材料将会成为电子皮肤材料的重要选择之一。未来，随着科技的不断进步和人们对电子皮肤的需求不断增加，木质透明材料在电子皮肤领域的应用前景将会愈发广阔。

7.6.4.4 设计装饰

木质透明材料作为一种独特的新材料，不仅具有优异的透明性能，而且还可以利用木材的天然结构和纹理，为设计装饰带来新的可能性和创新。

木质透明材料可以利用木材的天然结构和纹理，形成独特的视觉效果，赋予设计装饰更多的可能性和创新。通过选择性地去除天然木材中的木质素并浸渍树脂可以使木材透明并同时保留其天然纹理。以花旗松为例，由于其低密度早材（EW）和高密度晚材（LW）之间具有明显的结构对比。在短短的 2 h 化学处理后，天然木材被选择性地脱除部分木质素并且保留其原始的纹理。然后将折射率匹配的环氧树脂渗透到纳米级框架结构中，可以使木材透明并保留原始纹理。在室内装饰方面，制作出镶嵌式的木质透明材料可以将室内与室外天然的环境融为一体，同时还能够增加室内的通透性和艺术性。此外，在建筑外墙设计中，利用木质透明材料装饰外墙，可以形成舒适自然的空间氛围，增加建筑的视觉层次感。

作为一种绿色环保的新材料，木质透明材料在设计装饰领域的应用也具有很好的环保性能。首先，木质透明材料的制备过程无需过多的化学品，对环境的污染要远远低于传统的装饰材料。其次，木质透明材料本身具有可再生和可降解的性能，可以有效降低装饰材料的可持续问题。

性能优异的木质透明材料无疑会给设计装饰领域注入新鲜血液。设计装饰领域对于功能型新材料的需求也在日益增加，家具、灯具、装饰墙板等材料都是木质透明材料可能应用的方向，这种新型复合材料的应用将给我们带来全新的生活体验。

7.7 木竹纳米发电材料

7.7.1 概述

7.7.1.1 木竹压电材料

（1）木竹压电材料定义

化石燃料的日益枯竭和严重的环境污染促使人们做出巨大努力，寻找替代性和更可持续的能源。在过去几十年中，人们开发了许多可再生的清洁能源，包括风能和太阳能。然而，这些清洁能源高度依赖于天气和其他环境条件。机械能以各种形式普遍存在，包括声波和人类运动，并且不受恶劣天气的限制。纳米发电机可以从周围环境中获取机械能。压电材料尤其引发了广泛的研究。许多材料已被用于制造这种压电纳米发电机，如聚偏二氟乙烯（PVDF）及其基于三氟乙烯的共聚物。然而，大多数这些材料，如铅锆钛酸盐（PZT）、PVDF，都是含有毒元素（铅）的脆性陶瓷，或者是不可生物降解的。这限制了它们在生物医学应用中的使用。如果将含铅压电陶瓷器件回收加以无公害处理，所需成本远高于当初器件的制造成本。因此，亟需挖掘绿色、低碳的新型发电技术及材料来满足当前低碳、可持续的全新社会发展需求。

木竹材是地球上最丰富的自然资源之一，是可再生的、轻质的、生物相容的和可生物降解的。木材细胞壁主要由纤维素、半纤维素和木质素组成。木材微纤维中的压电性是由于结晶天然纤维素的存在。由于结晶纤维素微纤丝的单轴取向和单斜对称，木材表现为压电材料的特征。压电特性因木材种类及木材的微观和宏观结构而异。

（2）压电定义

压电效应由雅克和皮埃尔·居里于1880年发现。某些电介质在沿一定方向上受到外力的作用而变形时，其内部会产生极化现象，同时在它的两个相对表面上出现正负相反的电荷。当外力去掉后，它又会恢复到不带电的状态，这种现象称为正压电效应。当作用力的方向改变时，电荷的极性也随之改变。相反，当在电介质的极化方向上施加电场，这些电介质也会发生变形，电场去掉后，电介质的变形随之消失，这种现象称为逆压电效应[77]。压电纳米发电机的工作原理是通过压电效应将机械能转化为电能。

描述机械应力和电荷之间关系的基本方程如下：

$$P = dS + \eta E \quad (7\text{-}30)$$

式中，P 为极化强度，C/m^2；S 为应力；d 为压电系数，C/N；η 为介电常数，F/m；E 为电场强度，V/m。

$$\gamma = JS + dE \quad (7\text{-}31)$$

式中，γ 为机械应变；d 为逆压电系数，C/N；E 为电场强度，V/m；S 为应力；J 为弹性模量，Pa。

当一种物质受到应力 S 时，就会产生极化强度 P。同时，电场 E 也是由物质的极化引起的。系数 d 称为压电系数，η 称为介电常数。第二个方程显示了相反的效果。机械应变 γ 由外加电场 E 产生，并伴随有应力 S。逆效应的系数 d 与正效应的系数相同。因此，电极化和机械应力之间的关系通常由以下等式给出：

$$\begin{aligned} P_x &= d_{11}S_x + d_{12}S_y + d_{13}S_z + d_{14}S_{xy} + d_{15}S_{yz} + d_{16}S_{zx} \\ P_y &= d_{21}S_x + d_{22}S_y + d_{23}S_z + d_{24}S_{xy} + d_{25}S_{yz} + d_{26}S_{zx} \\ P_z &= d_{31}S_x + d_{32}S_y + d_{33}S_z + d_{34}S_{xy} + d_{35}S_{yz} + d_{36}S_{zx} \end{aligned} \quad (7\text{-}32)$$

式中，P_x、P_y、P_z 分别代表 xx、yy 和 zz 方向上的极化；S_{yz}、S_{zx}、S_{xy} 分别代表 yz、zx 和 xy 平面上的剪切应力；d_{ij} 为压电模量。

压电模量 d_{ij} 将极化的每个分量与应力的每个分量相关联。一般，d_{ij} 有 18 个分量，它们由压电张量表示如下：

$$\begin{matrix} d_{11} & d_{12} & d_{13} & d_{14} & d_{15} & d_{16} \\ d_{21} & d_{22} & d_{23} & d_{24} & d_{25} & d_{26} \\ d_{31} & d_{32} & d_{33} & d_{34} & d_{35} & d_{36} \end{matrix}$$

（3）木竹压电材料研究现状

然而，低压电输出限制了木材的技术应用。相反，由于纤维素纳米纤维（CNF）和纤维素纳米晶体（CNC）具有高结晶度和更高的偶极矩，因此受到了更多的关注。这些研究主要集中在通过添加功能材料或通过冷拉伸、冰模板和施加电场或磁场来增强 CNF 或 CNC 的排列改善压电特性。有趣的是，已经具有自然排列纤维/原纤维的木材很少用于此类应用。Sun 等[78]报道了通过木材的脱木质化来改善压电特性，制备了轻木能量收集装置并展示了一些实际应用，如压力传感器、可穿戴传感器和为发光二极管供电。通过使用氢氧化钠、液氨或乙二胺处理来调整晶体结构，从而改善了天然木材的压电特性。压电性能的提高归因于在施加机械应力的情况下，与Ⅰ型纤维素相比，Ⅱ型和Ⅲ型纤维素的氢键具有更高的变形能力。来自欧洲的科学家则报道了分级各向异性木材结构的纳米工程，以提高振动传感应用的压电性能。此外，对于不同的纤维取向角（0°和 45°），研究了功能化对振动传感能力的影响。

最初，对于木质组织中的纤维素，只能测量剪切压电效应[通过系数 d_{14}（$=d_{25}$）量化]，而无法观察到纵向（d_{33}）和横向（d_{31}）效应。考虑到木材在径向和切向的结构各向异性，后来报道了非零横向压电效应，使用横向系数 d_{31} 和 d_{32} 量化，这进一步激发了对深入研究的需求。表 7-15 总结了关于木质压电材料的研究现状。

表 7-15 木质压电材料研究进展

年份	作者	研究过程	功能特征	参考文献
1955	Fukada	—	木材中压电效应的发现	[79]
2016	Rajala 等	桦木加压过滤和干燥	测试桦木压电系数为 (5.7 ± 1.2)pC/N	[80]
2021	孙建国等	真菌法脱木素制备木基弹性材料	加剧木材宏观形变，间接加剧纤维素晶体形变	[81]
2020	孙建国等	化学法脱木素制备木基弹性材料	加剧木材宏观形变，间接加剧纤维素晶体形变	[78]
2022	瑞典 KTH 研究团队	木材进行脱木素处理，并在表面修饰不同的 ZnO 纳米结构	添加具有压电性的 ZnO 纳米材料，增加复合材料压电输出	[82]
2022	瑞典 KTH 研究团队	调整具有各向异性的木材层级结构，以改善木材的压电性	天然木材依次通过脱木素、氧化和氟化进行改性	[83]

如图 7-73 所示，可以观察到木材中的压电效应。z 轴代表木材中的纤维方向。如果如箭头所示施加剪切应力，则在垂直于应力平面的方向上发生电极化。当剪切方向反转时，极化值的符号也反转。已知纤维素在相当大的程度上结晶，并且纤维素晶体的晶胞属于单斜对称 C_2。晶体的压电张量由晶格的对称性决

定。当晶格的二重对称轴（分子的纵轴）平行于 z 轴时，该晶体的压电张量可以写成：

$$\begin{matrix} 0 & 0 & 0 & d_{14} & d_{15} & 0 \\ 0 & 0 & 0 & d_{24} & d_{25} & 0 \\ d_{31} & d_{32} & d_{33} & 0 & 0 & d_{36} \end{matrix}$$

然而，测量木材的这些模量和压电系数仍然是一个公开的挑战。因此，需要进一步的研究来更好地了解木材的压电特性。图 7-74 为文献中纤维素报道的压电系数。

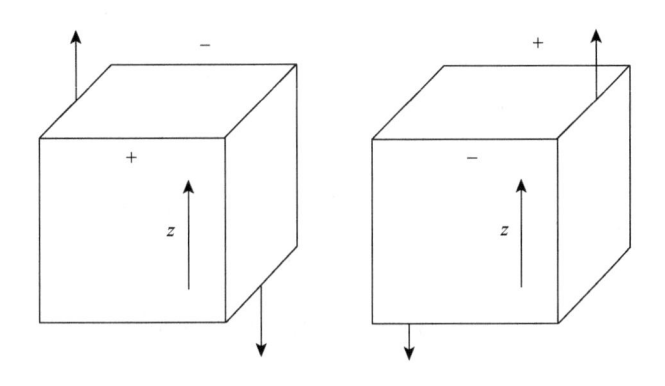

图 7-73 在木材中产生压电极化的一般方案

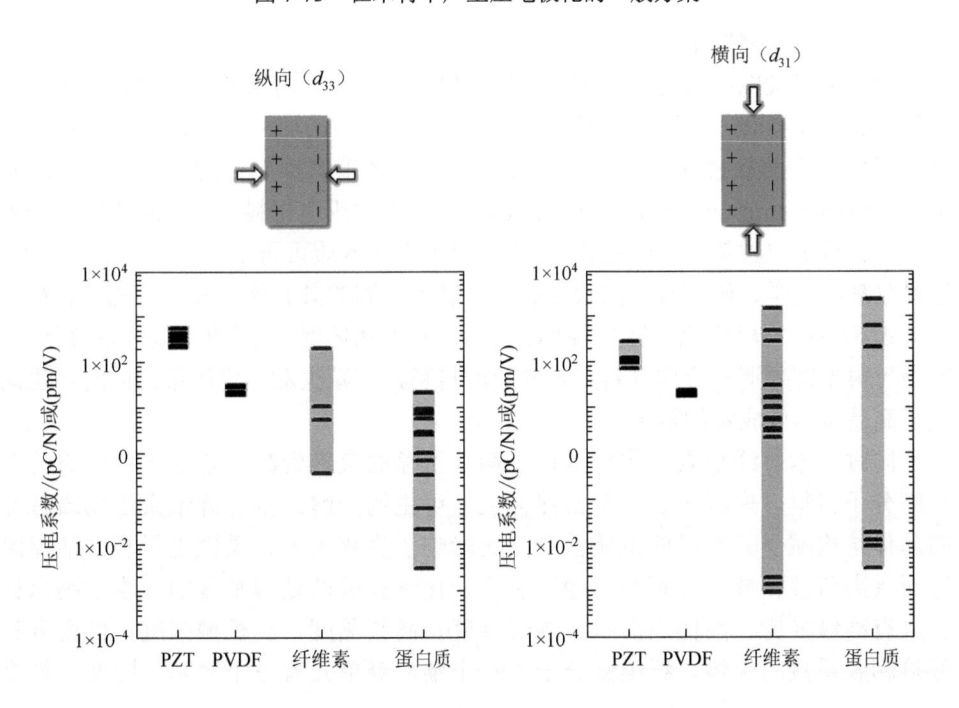

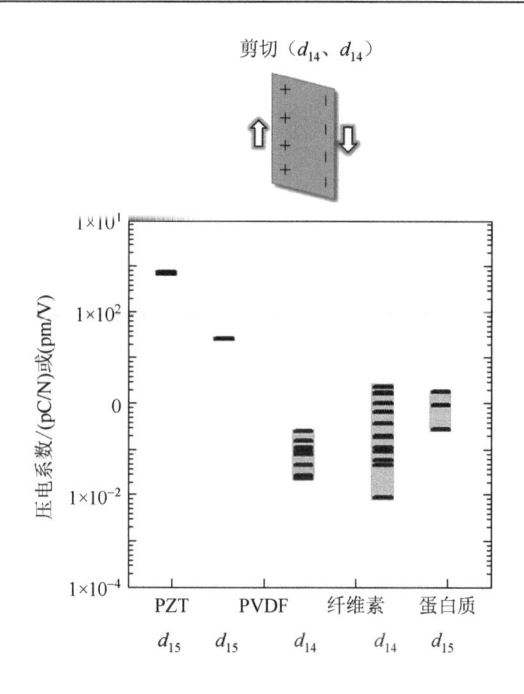

图 7-74 文献中报道的纤维素压电系数[84]

7.7.1.2 木竹摩擦电材料

（1）木竹摩擦发电定义

摩擦纳米发电技术的动力源既可以是风力、水力、海浪等大能源，也可以是人行走、身体晃动、手触摸、下落雨滴等日常环境中的随机能源。2012年佐治亚理工学院王中林教授课题组[85]首次报道了一种基于摩擦起电的新型摩擦纳米发电机（triboelectric nanogenerator，TENG）。与木竹压电材料相似，木竹摩擦纳米发电材料也是一种新型的功能材料，以木竹等天然木质可再生资源作为研究对象，通过物理、化学、机械等方法改性和加工制备得到的具有摩擦发电功能的材料。与传统TENG材料相比，木竹TENG材料具有天然环保、可再生、低成本等优点，甚至可根据需要调控合成具备多重性能的材料，在减少对环境污染的同时，也满足了高品质和低成本的需求。

同时，木竹纤维素生物质是社会赖以生存的宝贵资源。它是一种优质的天然高分子材料，来源丰富，可自然再生，可生物降解。木竹纤维素生物质特殊的晶体结构赋予其良好的机械性能，这影响了生物工程、柔性电子和清洁能源等新兴高科技领域。特别是，通过生物、化学和机械处理制备的纤维素纳米材料具有高纵横比、高比表面积、高聚合度、高结晶度、高机械强度、低密度和低热膨胀系数的优势。纤维素分子中每个葡萄糖单元有三个羟基。因此，纤维素具有良好的化学反应性。这有利于通过化学改性（氧化、磺化、羧基化、乙酰化、硅烷处理、聚合物接枝等）在纤维素分子中引入特定的官能团，从而赋予纤维素新的特性而不破坏其大部分固有特性，如摩擦电性。利用木竹纤维的优势来设计先进的功能材料，将对 TENG 自供电能源设备的绿色化和规模化具有重要的意义。

适当的粗糙表面有利于增加一对摩擦材料的接触面积，从而提高电气性能。木材具有生长方向良好的通道，并且木材表面具有天然的微米级和纳米级粗糙度，这是 TENG 材料重要的基础之一。同时，木质纤维素是具有葡萄糖重复单元的直链多糖，富含氧原子赋予的孤对电子的羟基的存在使得纤维素具有优异的给电子能力。在对绿色材料需求的推动下，更容易失去电子的纤维素作为摩擦电材料在能源采集等领域有着广阔的应用前景。

（2）木基摩擦电材料研究现状

一般，一个完整的 TENG 由一个正摩擦电层、一个负摩擦电层和导电电极组成。用于 TENG 的材料一定要有出色的获得/失去电子能力。现有 TENG 的摩擦电层主要由金属材料（Al、Cu），聚二甲基硅氧烷（polydimethylsiloxane，PDMS）、聚酰胺（polyamide，PA）等合成高分子材料制成。但在研究过程中发现，金属材料在恶劣的环境中容易被氧化或腐蚀，而合成高分子材料作为 TENG 的功能层存在降解难、重塑能力差、回收难度大等缺点，不符合当今提出的环境友好理念，因此开发环境友好的生物质材料应用于 TENG 非常重要。木材作为一种分布广泛的生物质材料，蕴涵丰富的纤维素和发达的孔隙结构以及表面粗糙度，可以作为新的功能层应用于 TENG。

纤维素材料可以有效地起到摩擦层的作用。摩擦电材料产生的表面电荷密度反映了摩擦电性能。基于基本电子云相互作用的电子云/电位模型证明了纤维素摩擦电材料中的摩擦起电（CE）过程。当两种材料与外力接触时，电子云重叠形成离子键或共价键。此时，两种材料之间的势垒减小，一个电子逃离材料所需的最小势能小于该电子所占据的能级；因此，电子从一种材料的原子跳到另一种材料的原子。材料之间电子转移的程度和效率取决于摩擦电材料的"电荷亲和力"（即表面电位差的大小和方向），它受各种因素的影响，如介电性质、原子的电负性、获得或失去电子的能力、表面粗糙度和局部形貌。纤维素具有非常高的摩擦电序列，超过了大多数常见的聚合物，这使其非常适合作为 TENG 的正极材料。木质纤维素纤维是地球上最丰富的天然材料。作为一种可再生、低成本和可生物降解的材料，它已被广泛应用于建筑、储能和柔性电子设备。木质纤维素纤维具有良好的物理性能和化学改性剂，以及可持续发展和产业生态发展的新材料理念，有望成为 TENG 构成材料的理想选择。它可以提高 TENG 的成本效益和环境友好性，并进一步促进其发展。

木材纳米技术涉及纳米纤维素或木质素的提取和使用,以及功能化木材的纳米结构。因此,可以通过简单有效的方式将天然木材转化为力学性能优异的 TENG 摩擦电材料。通过使用水解处理和热压工艺将天然木材转化为柔性木材,开发了一种柔性和耐用的高性能木质 TENG(W-TENG)。该 W-TENG 的转移电荷密度能够达到 36 μC/m²,比基于天然木材 TENG 转移电荷密度高 70%以上。同时,W-TENG 还具有高强度、轻质量(0.19 g)、薄厚度(0.15 mm)和经济效益高的优势。这表明通过调整天然木材的性质来生产高性能的 TENG 成为可能。

除了直接改性和使用天然木材,木材还可以被解构为具有良好的机械、光学和电化学性能的纤维素或木质素材料,并可以被进一步加工以生产功能性衍生材料:一种耐磨且防潮的纤维素基柔性 TENG(FTENG)。在该研究中,将纤维素和聚乙烯醇溶液混合并喷涂在导电柔性基底上,以开发用于 FTENG 中正摩擦电材料的高度多孔和柔性膜。在 3.5 N 和 5 Hz 的条件下,功率密度能够达到 15 W/m²。此外,基于这种材料的 FTENG 质量轻、柔性好、成本低并且具有良好的防潮性。

(3)纳米发电特性与木材超分子的联系

木材的压电效应是由天然纤维素纤维的晶体结构引起的。纤维素具有较高的结晶度和丰富的羟基极性基团,这些羟基极性基团沿着纤维素的不对称单斜晶质和三斜晶质区域排列,形成具有压电活性的轻微不对称的偶极子。I$_\alpha$ 型纤维素和 I$_\beta$ 型纤维素结构中的氢键非常重要,因为它们决定了这些多晶型的稳定性和性质。在 I 型纤维素的晶胞中,链上所有的羟基都可形成氢键,分别处于晶胞内的两个方向上。沿着纤维素线形链侧面的和链面之间的氢键相互作用使链排列成非中心对称的晶体顺序。如图 7-75 所示,通过密度泛函理论(DFT)计算的纤维素氢键的压电响应为 36.4 pm/V、10 pm/V 和 4.3 pm/V,氢键在非中心对称晶体结构中形成了一个网络,而这个网络具有偶极矩,从而负责木质纤维素的压电活动。从而为木质纤维素压电材料制备提供了必要的结构条件。

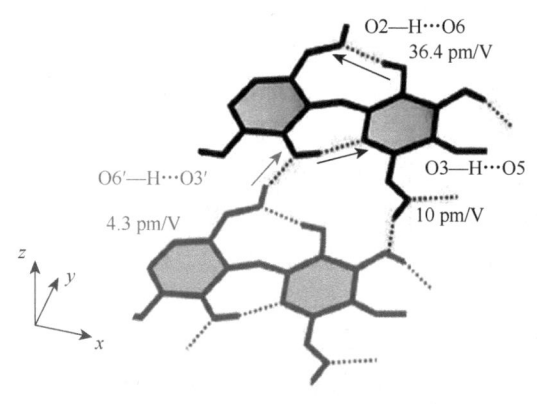

图 7-75 文献中 DFT 计算的纤维素氢键的压电响应[86]

纤维素分子通过 β-1,4 糖苷键将数百个 D-吡喃葡萄糖基相互连接，这种独特的线形构型来自相邻葡萄糖基团的羟基和氧原子之间的氢键。这些氢键赋予的优异的机械性能和网络结构，有利于电荷传输。纤维素分子链的排列根据其规则性分为结晶区和无定形区。规则结晶区和无序无定形区交替分布形成的结构赋予纤维素高柔韧性、热稳定性和机械强度，由于含有丰富的极性羟基，纤维素具有很强的给电子能力，被认为是一种高效的正摩擦电材料。图 7-76 用于描述接触带电过程中纤维素的电子转移。图中的"云和雾"代表原子周围的电子云。纤维素与聚四氟乙烯（PTFE）接触过程中，两者的电子云发生重叠。来自低电负性原子（O）的孤电子跳到高电负性原子（F），导致两种材料之间的电子转移。

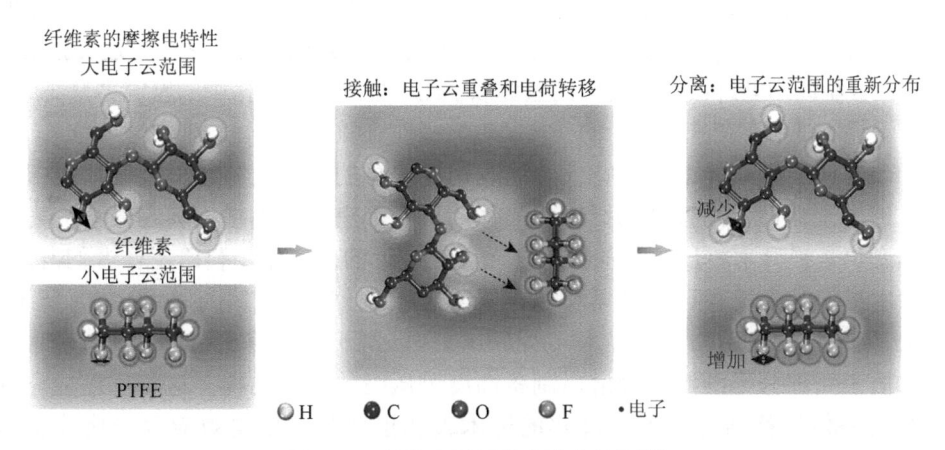

图 7-76 纤维素材料的摩擦电性能[87]

纤维素在接触带电时的电子转移机制，另一个摩擦带电层是 PTFE 作为例子。当两种材料接触时，电子从电负性较小的原子跳到电负性较大的原子的电子云

7.7.2 制备方法

7.7.2.1 木基压电材料

依据压电效应的工作机制，木材中纤维素晶体的结构形变性质是影响其压电特性的根本因素。压电特性因木材种类及木材的微观和宏观结构而异。木材的压电效应早在 20 世纪就被发现，然而木材中大量其他非晶体成分（木质素、半纤维素等）的复杂分布以及纤维素晶体的弱形变特性，严重制约了几十年来对木材压电特性的机制探索和性能提升的研究，并阻碍其实现发电、传感的高值利用。目前提升木材压电特性的研究策略主要包括：利用侵蚀性化学物质（如液氨）来改变纤维素晶格，通过将Ⅰ型纤维素变成Ⅱ型或Ⅲ型纤维素，提升其晶体结构的可变形性，从而增强

木材表面的压电电荷产出；添加其他高性能的压电材料，如氧化锌、锆钛酸铅等。

（1）木材预处理

纤维素晶格变化、外界温度变化均会使木材压电模量发生改变。纤维素中的压电效应是由晶格中的偶极子在外应力作用下的位移产生的。偶极的类型很可能是羟基的类型。众所周知，羟基基团中的氢原子在晶格中形成氢键。因此，氢键状态的任何变化都会影响压电效应。热释电效应是指材料的极化强度随温度改变而表现出的电荷释放现象，宏观的表现是温度的改变使在材料的两端出现电压和电流。热释电效应和压电效应本质上都依赖于晶体学原理，具有热释电效应的晶体一定具有压电效应。在用液氨（NH_3）、氢氧化钠（NaOH）和乙二胺（EDA）等化学物质处理后，压电模量在较高的温度下大大增加。用 NaOH 处理的样品的晶格类型是 II 型纤维素，而用液态 NH_3 和 EDA 处理的样品的晶格类型是 III 型纤维素。上述实验结果表明，II 型或 III 型纤维素晶格中的氢键似乎比 I 型纤维素晶格中的氢键更易变形。也暗示了木材中存在未被揭示的（热释电）极性点群的可能性。

改善纤维素晶体的形变特性，通过调控木材的微观孔隙结构大幅增强宏观木材的可压缩性，间接增强纤维素晶体的可变形空间进而增大其在微小应力下的形变也是提升木材压电性的策略之一。在最近的研究中，科研工作者们发现，去除木材中的木质素可以增强木材的变形能力，增大压电输出。如图 7-77 所示，Long 等[54]将白腐菌与天然轻木（*Ochroma* spp.）一起培养，利用真菌将轻木中的木质素和部分半纤维素分解，制备高度可压缩的木材结构。这种压缩性导致纤维素晶体位移增加，部分降解的轻木表现出增强的压电效应。一块边长为 15 mm 的腐化木立方块在 10 N 的低压力下可产生 0.87 V 的开路电压和 13.3 nA 的短路电流，是天然木材的 55 倍以上。Ingo Burgert 研究团队[78]采用化学脱木素的方法增强轻木的可压缩性，即将轻木放置在由过氧化氢和乙酸混合溶液中加热 48 h 脱除木质素和部分半纤维素后，获得木质海绵，一块边长为 15 mm 的木质海绵在 10 N 压力下可产生 0.69 V 的电压和 7.1 nA 的电流。将 30 个木质海绵（边长为 15 mm）彼此并联连接可以增加最大输出电流，甚至能够驱动 LED 灯等小型用电设备。

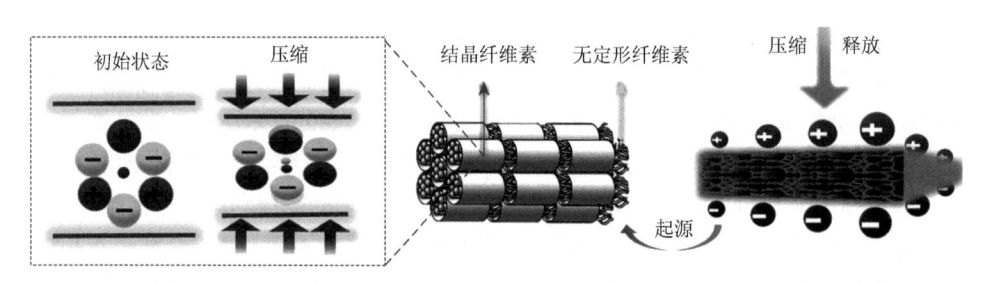

图 7-77 木材压电示意图[81]

木材本身已经具有天然排列的纤维/原纤维，但并未真正加以利用。化学处理对纤维素的衍生化可能产生的影响并未受到太多关注。瑞典 KTH 研究团队[83]以木质单板为原料，通过温和的化学改性，从纳米尺度调整具有各向异性的木材层级结构，以改善木材的压电性能。天然木材依次通过脱木素、氧化和氟化进行改性，同时保留具有压电性能的原纤维素。脱木素作用产生的高细胞壁孔隙率导致氟化后纳米尺度的纤维间距离增加，产生用于改善振动感应能力的更高的局部变形。由于压电性能源于非中心对称排列的羟基产生的净偶极矩，以及木材微纤丝中结晶纤维素羟基之间的层间和层内氢键，随着纤维素含量和纤维间距的增加，氟化作用对压电性能的增强效果最显著，其次是氧化作用，而脱木素作用对压电性能的增强效果最小。当细胞壁受到弯曲时，局部纤维素微纤丝变形非常大（具有增加的压电响应），这与分级木材结构有关。分级木材结构的纳米工程是通过温和的化学处理进行的，这种自上而下的策略是利用木材细胞壁中纤维素微纤丝的取向，这也说明木材在纳米发电材料方面具有潜力。

（2）压电材料复合

木材的压电特性（正压电效应和逆压电效应）来自细胞壁中具有结晶结构的纤维素微纤丝的变形。但由于存在非压电的木质素和半纤维素，木材压电常数较低，限制了其在机械能量收集中的应用。因此，可对木材进行脱木素处理，在扩孔的同时，提升木材压电性能。同时，引入高压电材料也可提升木材压电性能。

通过对木材进行脱木素处理，并在表面修饰不同的 ZnO 纳米结构（纳米棒、纳米线和纳米片），从而制备出木材/ZnO 压电纳米发电机，同时分析了 ZnO 纳米结构的变化对复合材料压电性能的影响[82]。研究者以桦木单板为材料，脱木素处理后将其浸渍于乙酸锌溶液中。脱木素处理会增加木材孔隙率和表面电荷，有助于 Zn^{2+} 的扩散与吸附。随后浸渍于 ZnO 纳米溶胶中，通过控制生长时间，使木材表面生长不同形貌的 ZnO 纳米结构。在 8 N 的力作用下，脱木素桦木产生的最大输出电压为 0.1 V；加入 ZnO 后，复合材料的输出电压提高到 0.2 V；而对于通过水热反应生长的纳米棒、纳米线和纳米片，输出电压分别增加到 1.4 V、1.3 V 和 0.9 V。研究者制备出大尺寸（7 cm²）的压电纳米发电机，将其放置在脚趾下方时，在简单的步行和慢跑期间的最大输出电压分别为 0.7 V 和 2 V。当该器件放置在脚跟下方时，在简单的步行和慢跑过程中，最大输出电压分别为 1.1 V 和 4 V，表明木材/ZnO 纳米复合材料在实际条件下应用的可能性。

通过在木材中加入罗谢尔盐（RS，酒石酸钾钠四水合物）制备了升级的可生物降解的压电复合材料。RS 晶体被称为第一种发现的压电材料，通过将木材浸泡在 RS 饱和水中，在天然具有管状结构的木材微腔中生长。由于木材中的大部分孔洞都是同向排列的，当孔洞被 RS 晶体填充时，压电效应得到了改善。加入 RS 的木材样品显示出有效的正、逆压电效应。该复合材料不需要任何极化，其有效 d_{33} 范围为 10~17 pm/V。

7.7.2.2 木基摩擦电材料

木材是自然界中一种宝贵的生物质资源。其中木质纤维素是一种优质的天然高分子材料，来源丰富，可自然再生，可生物降解。基于其独特的光学、机械和阻隔性能，以及化学修饰和重建的潜力，木质纤维素可广泛用于医疗、传感、催化、柔性电子、超级电容器、电池、能量采集和其他新兴领域。

TENG 主要由摩擦材料、导电材料和基材组成。它们收获环境机械能，具有效率高、结构简单、材料多样的独特优势。为了可持续发展和解决大规模生产的需求，木材的独特性能和良好的加工性能使其适合生产 TENG 电子产品的功能材料，从而促进 TENG 的绿色和大规模生产。然而，天然木材的机械和摩擦电特性对于制造 TENG 来说是不令人满意的。因此，需要一种有效的加工方法，可以调整天然木材的性质，以制造高性能的 TENG，促进发展可持续和生态友好的自供能系统。

（1）木材预处理

目前，提高木基 TENG 性能的研究主要集中在通过改变其材料组成和增加有效接触面积来提高摩擦电荷密度。利用木材进行摩擦纳米发电大致分为两类。第一类是利用木质纤维素，制备木质纤维素纤维基 TENG。纤维素中羟基提供了许多单电子使纤维素成为一种高电子供体材料，与其他材料接触时容易失去电子，从而具有优异的摩擦电性能。通过提取纤维素制作纤维素纳米纤维（CNF）薄膜作为 TENG 正极材料。此外，由于广泛分布的羟基基团和多孔网络结构的存在，易于对木质纤维素纤维进行化学/物理表面改性，基于木质纤维素纤维良好的化学可修饰性，通过改变木质纤维素纤维材料表面的官能团来增强摩擦极性，可以引入不同的官能团（如硝基、氨基、甲基）来提高其电荷捕获能力。此外，使用高摩擦系数材料作为填料，可以与木质纤维材料进行物理复合，也可以增强木质纤维素纤维的电荷俘获能力。

第二类是直接用木材作为摩擦电层骨架，即用木材代替传统的石油基聚合物作为摩擦电层。天然木材由于具有可再生、生物相容、可生物降解等优点，比传统摩擦电层材料更具环境优势，同时木材具有出色的机械性能，表面天然粗糙，改性更为便捷，适当提高表面粗糙度可以增加摩擦电层的有效接触面积，提高摩擦电荷密度从而提高木基 TENG 输出电性能[88]。但是由于木材弱极化性，天然木材的摩擦电效应可以忽略不计，从而限制了其产生表面电荷的能力。在摩擦电材料序列中，从给电子（摩擦正电）到吸引电子（摩擦负电），原生木材几乎位于中间，即接近电中性，并且易碎。因此想要制备纯木基 TENG 就必须对其进行改性。

（2）木材改性手段

1）表面化学成分改性。

在 TENG 操作中，接触电荷的驱动力与材料表面的化学势差密切相关，化学势差决定了材料的摩擦电荷密度。有机物的化学势主要取决于其官能团的电子亲和力。因此，化学表面功能化作为调节材料表面电位的一种重要方式，已被证明是改善材料摩擦学性能的一种有效而直接的方法。

利用 NaOH 和 Na_2SO_3 混合溶液将轻木进行脱木素处理，漂白后热压制备脱木素木材（chemically delignified wood，C-WOOD）。由于 N-(2-氨基乙基)-3-氨基丙基三甲氧基硅烷[N-(2-aminoethyl)-3-aminopropyltrimethoxysilane，AEAP-Si]的—NH_2 表现出给电子特性，十三氟辛基三氯硅烷[Trichloro（1H，1H，2H，2H-tridecafluoro-n-octyl)silane]的 CF_3/CF_2 官能团表现出吸引电子特性，为了提高 TENG 输出性能，利用木材表面纤维素丰富的羟基，AEAP-Si 和 PFOT-Si 与 C-WOOD 可以进行简单的化学接枝硅烷反应，然后 AEAP-Si 作为正极改性材料，PFOT-Si 作为负极改性材料分别对 C-WOOD 进行改性处理，改性后的木材标为 N-WOOD 和 F-WOOD。N-WOOD、F-WOOD 和 C-WOOD 分别两两配对进行摩擦电输出，观察到的输出电压与脱木素木质 TENG 相比，化学接枝硅烷处理木质 TENG 观察到的输出电压可提高约 20.5 倍。

使用等离子体处理来合理地调整木材本身的摩擦电特性。将云杉单板暴露于 O_2 等离子体或混合 $C_4F_8 + O_2$ 等离子体之中，导致表面形态发生变化和化学改性[89]。与相对均匀和光滑的天然木材表面相比，经 O_2 等离子体（在 5 Pa 和 60 W 下 5 min，20 sccm 气体流速）处理的木材样品的表面更加不均匀，具有许多可见的空隙或凹槽，基于 C_4F_8 的等离子体通常用于生长碳氟聚合物膜，少量 O_2 的添加允许引导聚合过程和由此产生的具有富氟基团的表面官能化。然后使用 C_4F_8（18.0 sccm）和 O_2（2.0 sccm）的混合物作为等离子体源，保持其他参数（压力、功率、时间和总气体流速）与纯 O_2 等离子体处理相同。O_2 等离子体处理的木材可以比天然木材的摩擦正性高 10 倍，而当用 $C_4F_8 + O_2$ 等离子体处理时，木材的摩擦负性高 156 倍。当两个木材样品（20 mm×35 mm×1 mm，一个用 O_2 等离子体处理，另一个用 $C_4F_8 + O_2$ 等离子体处理）与低至 40 N 的力接触时，产生 42.3 V 的最大电压和 0.6 μA 的电流。通过增加 W-TENG 的尺寸，可以将输出电压进一步提高一个数量级，证明其在尺寸和性能方面的可扩展性。

2）表面微纳结构改性。

除了通过改变材料成分来提高电荷密度，增加摩擦电材料的有效接触面积也是提高 TENG 输出性能的重要途径。为了提高材料接触效率，可以将木材表面微纳结构进行改性，通过机械研磨或化学氧化产生纳米结构。通过冷冻干燥制备高度多孔的气凝胶，或者对木质纤维素纤维的表面进行涂覆、模制或印刷。

使用水解处理和热压工艺将天然木材转化为柔性木材，将所得柔性木材背部安装 Cu 电极通过导线连接外部负载接地，以单电机工作模式开发了一种柔性和耐用的高性能木质 TENG（wood based friction nanogenerator，W-TENG）。以聚四氟乙烯（polytetrafluoroethylene，PTFE）作为运动物体，通过与柔性木材不断接触分离产生交流电。木材的摩擦电和机械性能，包括抗拉强度、柔韧性、耐磨性和可加工性，在处理后可以大大提高。更重要的是，当使用经过处理的木材制造 W-TENG 时，可以获得比未处理木材约 70%的显著输出性能提升。

一种具有三维微/纳米层状图案结构的高性能生物相容性纤维素基 TENG，使用具有 840 μm 圆柱形喷嘴的直写打印机打印平均孔径为几十微米、平均壁厚为几百纳米的 3D 分层多孔 CNF 垫制备。在相同尺寸和厚度的情况下，3D 分层多孔 CNF 垫的比表面积比平坦微孔 CNF 结构高 1.75 倍。所形成的 TENG 的质量减少了大约 50%，并且其开路电压和短路电流增加。这说明三维微纳分级结构可以有效提高摩擦层的电子传输效率和有效接触面积。全印刷结构不仅在增强电气性能方面发挥了有效作用，而且有助于 CNF 的弹性、机械粗糙度和稳定性，尤其是在 220℃的环境中，这种材料还可以确保 TENG 的稳定运行。

一种以纤维素气凝胶为基础的 TENG，可用于机械能收集器和自供电传感器。纤维素气凝胶是通过无机熔融盐水合物（三水合溴化锂，LiBr·3H$_2$O）作为溶剂溶解并再生制成的，在此过程中，天然纤维素（Ⅰ型纤维素）转化为再生纤维素（Ⅱ型纤维素）。该方法产生的Ⅱ型纤维素气凝胶具有大量的中孔，因而具有更大的比表面积，显著提高了 TENG 的性能。此外，在Ⅱ型纤维素气凝胶的制造过程中均匀地形成了连续的纤维素纤维网络，它具有柔软而坚固的特性。因此，基于Ⅱ型纤维素气凝胶的 TENG 具有出色的机械响应灵敏度和高电输出性能。通过与其他天然多糖共混以引入给电子和吸电子基团，Zhang 等制造了一系列具有各种摩擦极性的Ⅱ型纤维素气凝胶，这可大幅改善 TENG 的电性能。尽管气凝胶可以增加表面电荷材料的密度，但达到一定程度后，表面粗糙度再大也不会带来改善的效果。太粗糙的表面不利于材料的耐久性，还会影响性能的稳定性。因此，需要控制制备的气凝胶的孔隙率和均匀性。

3）TENG 复合材料。

物理掺杂也是改变材料组成的一种简单、直接、有效的方法。在该方法中，高摩擦电系数材料被用作优化材料，其与基础材料结合形成具有改善的电荷俘获能力的复合材料。使用高摩擦系数材料作为填料，与木质纤维材料进行物理复合，也可以增强木质纤维素纤维的电荷俘获能力。例如，钛酸钡和钛酸锶等一些高介电常数材料被用作填料，以提高 TENG 的输出性能。此外，在摩擦带电材料和高介电材料之间添加包括碳纳米管等材料的电荷传输层也已显示出在增加电荷密度方面的有效性，因为它有助于电荷积累。

利用金属有机框架（metal-organic framework，MOF）材料对木材基质进行改性，主要是通过原位生长的方法在云杉（Picea asperata）木材上生长 ZIF-8 纳米晶体[90]。首先用碱液预处理木材以产生核位点，然后通过逐步添加硝酸锌和二甲基咪唑来生长 ZIF-8 纳米晶体，通过调整配体（2-MELM）和金属离子（锌离子）的比例来控制微晶尺寸增加表面粗糙度，该方法赋予云杉更强的摩擦正电性。最后利用旋涂的方法将 PDMS 涂到另一片云杉上增强其摩擦负电性，通过 ZIF-8 和 PDMS 的功能化改性可以大大增强原生木材的摩擦电行为。一对尺寸为 35 mm× 20 mm×1 mm（$L×R×T$）的木块制成的 TENG 可以产生 24.3 V 的最大开路电压 V_{oc} 和 0.32 mA 的短路电流，比原生木材高 80 倍。

受天然竹子"互利共赢"模型的启发，报道了一种简单温和的"三步"制备方法，即通过温和的酸水解体系将天然竹材中的木质素与半纤维素部分脱除并辅以冷冻干燥，然后通过液相变压法浸渍苯胺单体，随后向体系内加入过硫酸铵，以促成苯胺单体在纤维素支架内自上而下的原位聚合[19]，构建了具有连续导电路径的分级多孔竹纤维/聚苯胺摩擦电材料。纤维素骨架可为聚苯胺生成提供丰富的成核位点，而其分层多孔结构使得摩擦电荷不仅分布在接触表面，还能以摩擦纳米发电机模式分布在网络结构表面。得益于材料特殊的分层多孔结构，该纤维素基摩擦电材料在工作面积仅为 1 cm^2 时，便可达到 2.9 μA 的短路电流 I_{sc} 和 1.1 W/m^2 的输出功率，超过了大多数木质纤维基摩擦电材料。更重要的是，它在高温（200℃）、低温（-196℃）和多次热循环冲击（ΔT = 396℃）等极端环境条件后，仍能保持 85% 的能量收集。这是目前合成高分子材料所无法比拟的。这种绿色通用的策略，为摩擦电材料基于生物质资源的构建与应用提供了一种可持续的发展方向。

木质纤维素纤维的分子结构有利于功能化，其纳米形态的结构特征也使木质纤维素纤维成为某些目标填料的最佳载体基体，能够形成优越的复合材料。表 7-16 展示了木质纤维素纤维 TENG 的研究进展，在未来的研究中，在实际应用环境中表现出高的 TENG 输出性能，化学改性和物理掺杂将极大地促进生物质木质纤维素纤维基 TENG 的发展。

表 7-16　木基 TENG 研究进展

材料	研究过程	功能特征	参考文献
天然木材	天然新西兰松木	高强度、多孔结构、可加工性	[91]
轻木	NaOH/Na$_2$SO$_3$ 溶液中天然木材的化学处理	高拉伸强度、柔韧性，摩擦电输出性能提高 70%	[92]
云杉木	ZIF-8 在木材表面原位生长，PDMS 在木材表面旋涂	高性能摩擦电输出 $V_{oc} \approx 24.3$ V $I_{sc} \approx 0.32$ μA	[90]
云杉木	表面等离子体改性	高性能摩擦电输出 $V_{oc} \approx 227$ V $I_{sc} \approx 4.8$ μA	[89]
竹材	苯胺单体原位复合	耐极端环境 $V_{oc} \approx 60$ V $I_{sc} \approx 2.9$ μA	[93]

7.7.3　性能表征

木材由于优异的可再生性、先进的分级结构、良好的机械性能和多功能化的潜力，作为纳米发电材料很有吸引力。由于其高性能、柔性、生物相容性和其他特性，基于木质纤维素纤维的 TENG 已被应用于许多功能，例如，用于获取人类或自然能量的可持续电源，用于医疗的传感器、基础设施、环境监测和自供电可穿戴设备等。并且基于木质纤维素独特的化学修饰和重建的潜力，可根据不同的应用场景赋予木基纳米发电材料不同的性能。

7.7.3.1　纳米发电机制

纳米发电机（NG）是在纳米范围内将机械能转化成电能，是世界上最小的发电机。目前纳米发电机可以分为三类：第一类是压电纳米发电机，是利用特殊纳米材料（如氧化锌）的压电性能与半导体性能，把弯曲和压缩的机械能转变为电能；第二类是摩擦纳米发电机，利用了材料相互接触时得失电子而在外电路产生电流；第三类为热释电纳米发电机，根据暂时的温度波动进行热能收集进而将热能转换为电能。在这里仅介绍压电纳米发电机制和摩擦纳米发电机制。

（1）压电/摩擦纳米发电机

压电纳米发电机（PENG）的工作原理如图 7-78 所示。绝缘体压电材料在其两个表面上覆盖有顶部和底部电极。垂直机械变形导致在材料两端产生压电极化电荷。作用力的增加导致更高的极化电荷密度。极化电荷产生的静电位被通过外部负载从一个电极到另一个电极的电子流动所平衡。这是将机械能转化为电能的过程。

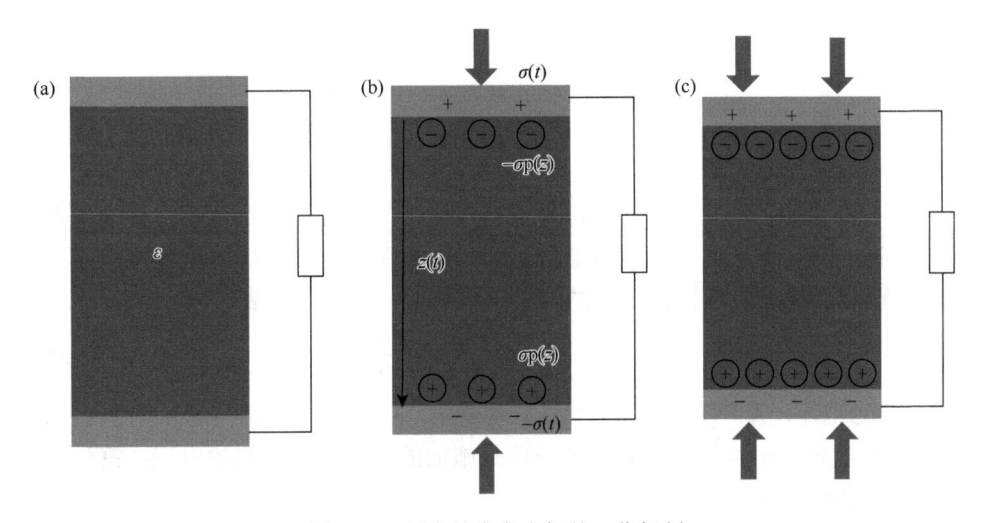

图 7-78 压电纳米发电机的工作机制

如图 7-79 所示，摩擦纳米发电机目前有四种工作模式，分别是垂直接触分离模式、单电极模式、横向滑动模式和独立电层模式。其中，垂直接触分离模式是最常见的一种，可以用来简要解释摩擦纳米发电机的起源。其工作原理是两种不同的材料作为摩擦层，分离时产生电位差，这两种材料的背电极通过负载连接，电位差将使电子在两个电极之间流动，一旦两个接触面再次重合，摩擦电荷产生的电位差消失，从而使电子反向流动。通过不断地接触分离向外输出电流，这就是摩擦起电现象，通过摩擦起电效应和静电感应的结合，TENG 将环境机械能转化为电能[94]。

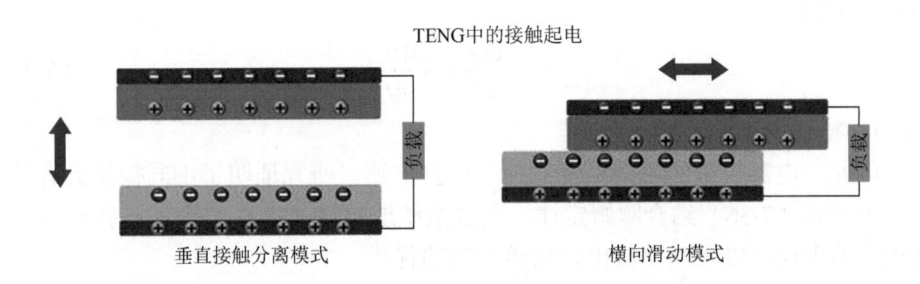

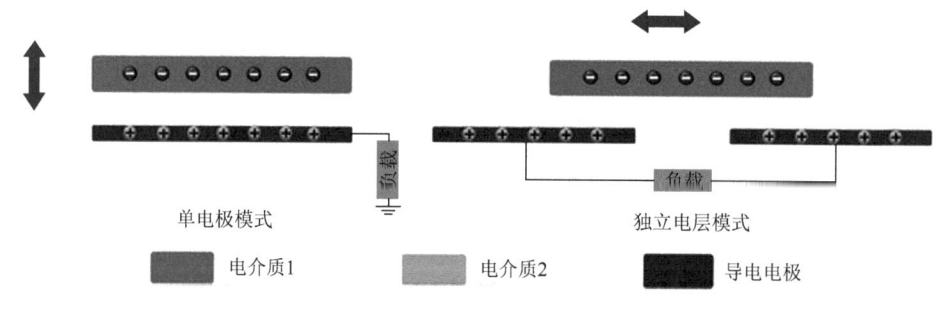

图 7-79　TENG 的四种工作模式[95]

（2）电容模型

压电和摩擦纳米发电机都被称为电容传导，其中位移电流是电力传输的唯一传导机制。电力不是通过电容器电极上的自由电荷流传输的，而是通过电磁波和感应传输的。基于电容器模型，纳米发电机的输出电流可以表示为

$$I = \frac{dQ}{dt} = C\frac{dV}{dt} + V\frac{dC}{dt} \tag{7-33}$$

式中，I 为电流，A；Q 为电荷，C；V 为电压，V；C 为电容，F；t 为时间，s。其中 Q 是电容器中存储的电荷，第一项是施加的电压变化引起的电流；第二项是电容变化引起的电流。

对于 PENG，电容的变化相当小，因为应变引起的晶体尺寸/厚度的变化非常小，所以电流主要是由应变引起的电压的变化：

$$I \approx C\frac{dV}{dt} = \left(\varepsilon\frac{A}{z}\right)\frac{d}{dt}\left(\frac{\sigma z}{\varepsilon}\right) \approx A\frac{d\sigma}{dt} \tag{7-34}$$

式中，A 为电极面积；z 为时间 t 的函数；ε 为介电常数。其中 z 取决于施加力的动态过程。在短路条件下，$\sigma = \sigma_p(z)$，这个结果来自式（7-35）：

$$I \approx A\frac{d\sigma_p}{dt} = A\frac{d\sigma_p}{dz}\frac{dz}{dt} \tag{7-35}$$

式中，I 为电流；A 为电极面积；$\sigma_p(z)$ 为压电极化电荷密度；z 为时间 t 的函数。

至于 TENG，由于差距距离的变化相当大，双方观察到的输出电流在式（7-36）中有所不同。

$$I = \frac{dQ}{dt} = A\frac{d\sigma_i}{dt} \tag{7-36}$$

式中，σ_i 为电流密度。

因此，电容模型的基础是麦克斯韦位移电流。研究证明了不同模型具有等价性。使用式（7-36）结合欧姆定律，可以系统地建立 TENG 与负载连接时所有四种模式的理论，以及功率输出，实验参数的优化。

7.7.3.2 电学性能

（1）电学性能测试方法

从本质上讲，纳米发电机（NG）使用位移电流作为驱动力，有效地将机械能转化为电能/信号。因此，这类基于电荷的器件可以等效为一个电压源和一个电容串联的集总模型。外电路中有限量的电荷往复传递，带动电子元器件工作。基于电阻分压器的传统电压测量方法会导致电荷通过电阻损失。在 NG 的低频运动中，电荷损失会导致电压测量出现较大失真。传统测量方法中存在的问题使得难以正确测量 NG 的信号。静电计可以测量电荷转移的数量和方向，通过测量流经仪器内部电容器的电荷量就可以得出仪器的电压，它不受仪器移动频率的影响。然而，如果静电计的内部电容太大，就会有太多的电荷流过测量电路，导致 NG 的电压下降。目前，NG 的表征一般采用商用 6514 静电计，如图 7-80 所示。

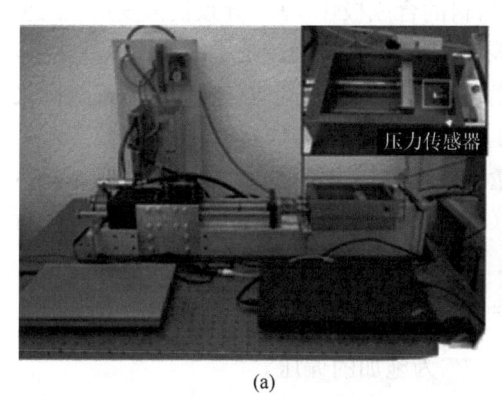

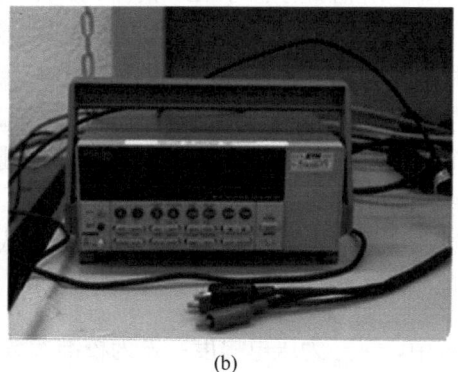

图 7-80　纳米发电测试系统

(a) 直线电机；(b) 吉时利（Keithley）6514

以一个滑动独立式摩擦电层模型 TENG 为例来展示 NG 的测量方法。根据测量原理的不同，可分为两种电压测量方法。一种方法是通过测量分压电阻器的电压来间接获得 TENG 的电压。这种方法作为一种通用技术，在示波器、万用表和数据采集卡中得到了普遍应用。由于 TENG 的电荷量有限，当电介质层滑动时，感应电荷将流过电阻器。根据公式 $V=I\times R$，测得的电压波形与电路中的电流波形相同，这与电荷转移速度有关，因此在 TENG 的低工作频率下，测得的信号严重失真。另一种方法是通过测量流经电容器的电荷量，从 $V=Q/C$ 的关系中导出电压。由于 TENG 和仪器之间的阻抗相似，在 TENG 的电压信号测量过程中，即使在低工作频率下也可以保持高波形保真度。

然而，如果仪器的电容与 TENG 的等效电容不匹配，电压 V_m 的测量值将与实际开路电压 V_{oc} 相差甚远。在实际测量过程中，需要探讨测量仪器对实验结果的影响，以提高表征的准确性。在测量 TENG 开路电压时，仪器的内部电容应尽可能小，以减少对信号的干扰。

(2) 木竹纳米发电材料性能测试

木竹纳米发电材料的电学性能主要由开路电压（V_{oc}）、短路电流（I_{sc}）、功率（W）三个指标进行评价。在发电材料体积一定的情况下，输出电压、电流越高，功率密度越大表明材料的发电效果越优异。电学测试均可用等效静电计进行测试。由于木竹纳米发电材料的输出电压普遍小于其他典型的发电材料（如金属、PTFE 等），因此在测试系统选择时静电计的电容应尽可能小，以减少因为仪器而带来的误差。

材料的压电性能由压电模量或常数决定，定义为每单位力产生的电荷（pC/N）或每单位施加电场的驱动程度（pm/V）。对于木竹压电材料，由于其固有的压电常数难以直接测量，一般采用压电响应力显微镜（PFM）来表征压电性。在施加正偏压时，所施加的电场（E）的排列和压电材料的合成极化（P）导致机械变形（正偏转），这被光电探测器感测到。作为振幅恢复的机械变形/偏转是所施加偏压的函数。所有木材都对所施加的偏压做出响应，当所施加的偏压升高时，它们的幅度也随之增加。压电常数（d_{33}，所施加的负载和 z 轴上的极化）计算为有效压电常数（d_{eff}），它是从压电幅度中推导出来的。所有测量均在接触模式下进行，压电幅度被记录为所施加偏压的函数。为了计算压电常数（d_{33}），利用标称压电系数为 7.5 pm/V 的标准压电周期性极化锂铌铁矿（PPLN）从下面的等式推导校准参数：

$$A_{amp} = \xi dV_{ac} \tag{7-37}$$

式中，A_{amp} 为压电幅度；ξ 为校准参数；V_{ac} 为施加的偏压。

所有木材的压电常数（d_{33}）通过压电幅度与施加的偏压的线性拟合来计算，并使用校准参数进行归一化，它被称为有效压电常数（d_{eff}）。振幅随外加偏压的变化证实了木材固有的压电特性。压电常数表征了木材单板的固有压电性质，并随着木材的微观和宏观结构而变化。通过改性手段可以提高木竹材的压电常数。例如，通过脱木素、TEMPO 氧化、氟化处理，均会提高木竹材固有的压电常数。

木竹摩擦纳米发电材料与传统 TENG 相似，摩擦电性能测试如上文所示，但是由于木竹材本身电阻较大，而测量开路电压的基本条件是仪器的阻抗远大于电压源的内部阻抗。在这种情况下，电路中的电流最小，电源内阻的分压可以忽略，所以测量结果符合普通电源的串并联相关理论。NG 的测量也有类似的限制，以尽量减少电路中转移的电荷，提高测量精度。

关于提高木竹材摩擦纳米发电材料的电学性能的研究，主要集中在通过改变其材料组成和增加有效接触面积来提高摩擦电荷密度。例如，利用等离子体气体

(O_2，$O_2 + C_4F_8$）改性木材，如图 7-81 所示，当两个径向切割的木材样品（$L \times R \times T$：100 mm×80 mm×1 mm），一个用 O_2 等离子体处理，另一个用 $O_2 + C_4F_8$ 等离子体处理，在施加低至 0.0225 MPa 的压力下进行周期性接触和分离时，产生 227 V 的最大电压和 4.8 μA 的电流[93]。

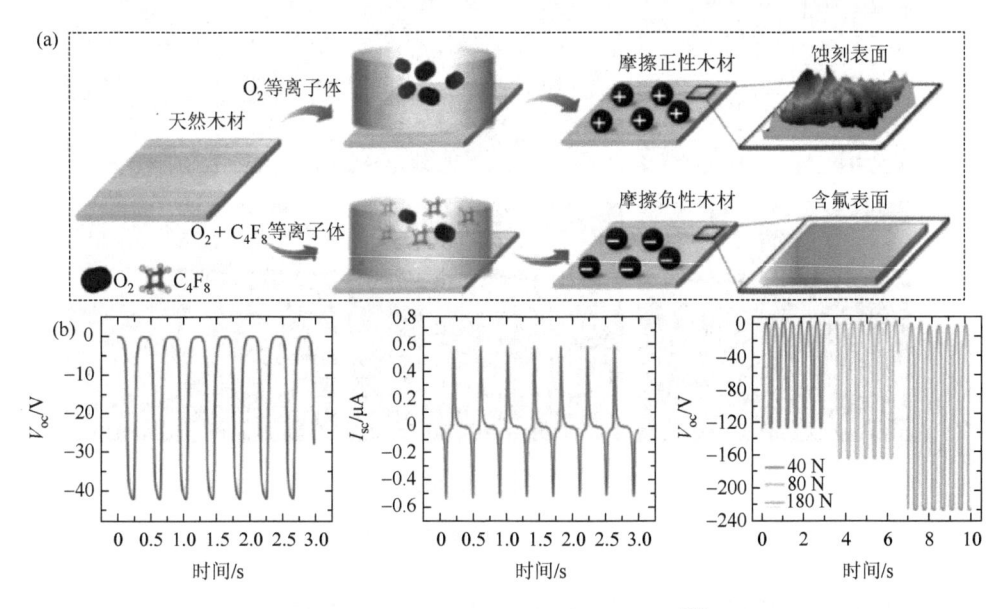

图 7-81 表面改性木材摩擦纳米发电[93]

（a）木材等离子体处理示意图；（b）W-TENG 的开路电压和短路电流，以及较大尺寸等离子体处理 W-TENG（10 cm ×8 cm）在不同力下的开路电压

7.7.3.3 力学性能

木竹纳米发电材料的力学性能同样重要，主要集中在高压缩性和高韧性两方面，无论是木竹压电材料所需的高压缩回弹性能，还是木竹纤维基摩擦电材料所需的高韧性，均对材料的力学性能具有高要求。力学性能的测试常用万能力学试验机进行，材料的拉伸强度和回弹能力均可用应力-应变表示。

对于木竹压电材料，提高压电性能方法之一是提高结晶纤维素的形变，然而由于木材的形变能力有限，间接限制了结晶纤维素的形变。为了提高木材的压缩性能，通过脱木素法制备木质纳米发电机，如图 7-82 所示，大多数细胞壁被破坏，在射线之间形成大的空间。这种结构变化是由于木材的高机械压缩性。与坚硬的天然木材相比，木质海绵具有更高的可压缩性。施加 13.3 kPa（约 3 N 力）的小应力，导致天然木材的应变约为 0.35%，木质海绵的应变高得多，为 45.83%，相当于压缩性增加了 130 多倍。在 50 次加载-卸载循环后观察到小的塑性变形，这表明该木质海绵具有良好的稳定性。

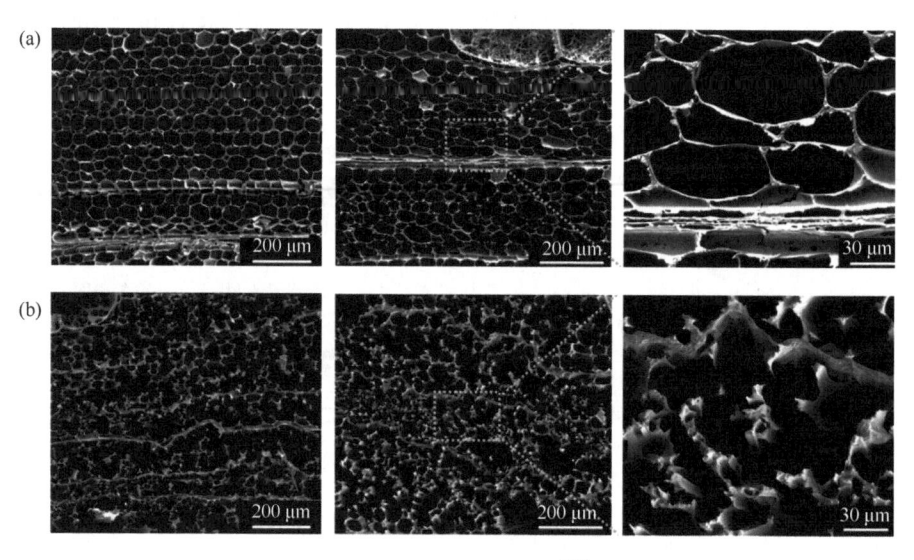

图 7-82 弹性木的 SEM[81]

（a）天然木材；（b）脱木素木材

对于木竹摩擦纳米发电材料，其力学性能优势体现在高韧性，这种高韧性归功于纤维间复杂且大量的非共价键结合。例如，在木质纤维素的生物合成过程中，相邻分子间的范德瓦耳斯力和氢键促进多个纤维素分子链平行堆积，形成基本的原纤维（直径约 5 nm）。这些基本原纤维进一步聚集成更大的微纤维化纤维素（直径 25～50 nm，长度几微米），然后组装成纤维素纤维。链内和链间氢键网络使纤维素成为相对稳定的聚合物，并赋予纤维素微纤丝高度的轴向柔性。例如，通过酶处理、机械研磨和高压均质化从桉树中提取 CNF，并制备了厚度约为 35 μm 的 CNF 薄膜。该薄膜具有高透光率（60%）、拉伸强度（112 MPa）和弹性模量（1743 MPa）。

7.7.4 应用领域

7.7.4.1 智能家居

利用木材构建的天然木质摩擦电自供电传感器（WTSS）可以应用于智能家居领域。通过两步法（化学脱木素、热压技术）制造的 WTSS 具有质量轻、厚度薄、灵敏度高、柔韧性好和稳定性高等诸多优点，可远程控制家用电器和软件的自供电智能家居控制系统。木材除了可以作为传感材料外，还可以制作木基发电设备为小型设备供电。例如，通过将方形框架摩擦纳米发电机（SF-TENG）集成到标准木地板中，展示了一种智能地板。基于两对摩擦带电材料，智能地板有两种工作模式：一种是特意选择的聚四氟乙烯薄膜和铝球，另一种是地板本身和可以摩擦带电的物体，如篮球、鞋底和透明胶带等。利用封装在浅盒中的铝球，智能地板能够收集振动能量，因此，提供了一种非侵入性的方法来检测老年人的突然跌倒。此外，当篮球在地板上反复弹跳时，平均输出电压和电流分别为(364 ± 43)V 和$(9\pm1)\mu A$，可同时点亮 87 个串联的发光二极管。此外，没有铝球的振动，可摩擦充电的物体和地板之间的摩擦也可以在外部电路中感应交流电流输出。正常人在地板上的脚步会产生(238 ± 17)V 的电压和$(2.4\pm0.3)\mu A$ 的电流。因此，这项工作展示了一种内置 SF-TENG 的智能地板，而不会影响标准木地板的灵活性和稳定性，还展示了一种在日常生活中仅通过使用传统摩擦电材料来获取环境能量的方法。

7.7.4.2 智能体育

利用木基摩擦电纳米发电技术制备的木基传感材料可应用于体育领域[91]。利用改性木材制备得到的 W-TENG，其输出性能提升了 70%。另外，W-TENG 还拥有质量轻（0.19 g）、结构薄（0.15 mm）且与聚合物基 TENG 相比成本低等优点。这种 W-TENG 被用作自驱动传感器构建具有多种传感功能的智能乒乓球台，利用乒乓球撞击球台产生的机械能设计了一种自驱动落点分布统计系统和擦边球判定系统。该自驱动系统可同时实现乒乓球的速度传感、路径追踪和落点分布统计，记录的完整数据可用于大数据分析，给运动员的训练提供有效的评估和指导；而且还能准确地判定两种不同的擦边球，辅助裁判员在比赛中做出准确的判罚。这项研究拓展了自驱动系统在智能体育设备和体育大数据分析中的应用，开辟了木基电子器件与自驱动系统相结合的创新研究方向。该研究还可以延伸到如跳远、篮球、羽毛球、网球、排球等多项体育运动的智能分析中。

7.7.4.3 智能可穿戴

随着信息技术的发展，功能性可穿戴电子产品将在人类与其他设备或周围物理环境的互动中发挥越来越大的作用。这些设备广泛用于通信、运动跟踪、健康管理和可穿戴显示器。目前 TENG 中的摩擦电材料大多为合成高分子膜。尽管这些材料具有良好的导电性，但就透气性、舒适性、耐磨性和生物相容性而言，它们可能不是耐磨 TENG 材料的最佳选择。诸如基于木纤维的棉花和大麻之类的材料已被广泛用作服装和工业织物，因为它们易于使用、舒适且耐磨。它们是可穿戴电子产品最有前途的基底材料。

利用木材独特的分层和多孔结构开发可穿戴电子设备，通过表面加工和化学处理制造具有高性能的可持续木质柔性压力传感器。使用表面粗糙的轻木木片作为柔性基板。通过简单脱木素处理，天然刚性木材被转化为可适应曲面的机械柔性木材（flexible wood，FW），然后用还原氧化石墨烯浸涂 FW 以实现高电导率，由于独特的带状表面微结构，所获得的木质压力传感器在较宽的线性范围（0~60 kPa）内表现出 0.32 kPa^{-1} 的高灵敏度，超过 10000 次循环的高稳定性，快速响应时间（120 ms）和低检测限（30 Pa）。木质压力传感器的整体良好传感性能允许准确检测人体运动（如手指运动和声学振动）和生理信号（动脉脉搏）。

基于纤维素纤维的 TENG（CF-TENG），通过构建层状纳米结构，在可佩戴的植入式口罩中实现 PM2.5 去除、抗菌性能和自供电呼吸监测。CNF 被引入微生物燃料电池（MFC）的大孔中以获得理想的纳米孔/微孔结构。银纳米层沉积在 MFC/CNF 纸的顶面上，形成独特的层状 MFC/CNF/银纳米材料。这种纳米材料与多孔氟化乙烯-丙烯共聚物（FEP）膜结合，形成了具有优异机械稳定性和柔韧性的纤维素基 TENG。CF-TENG 的输出值和频率与呼吸强度和频率密切对应，因此，可以被植入到可穿戴式面罩中，用于呼吸监测。此外，MFC/CNF 中纳米孔结构的存在和 TENG 介电层之间的静电相互作用可用于保护人体在呼吸期间免受微米至亚微米颗粒的影响。在 PM2.5 去除过程中，植入 CF-TENG 的这种口罩能够在 60 s 内将 PM2.5 降低，去除效率为 98.83%，比普通棉质口罩高 32.82%。除了呼吸检测和 PM2.5 去除能力之外，基于 MFC/CNF/银层状结构的 TENG 还具有优异的抗菌能力。其对大肠杆菌和金黄色葡萄球菌的杀灭效率在 1 h 内可达到 6×10^7 CFU/cm^2。这是因为银纳米结构提供了高比表面积和大量的抗菌位点。此外，MFC/CNF 基底的高比表面积使得银和纤维素纤维之间能够牢固结合，这可以大大减少银纳米层的沉积时间。这些研究显示了基于木质纤维素纤维的 TENG 在医疗保健领域的可穿戴电子产品中的巨大应用潜力。

7.8　木竹电磁功能材料

7.8.1　概述

7.8.1.1　木竹电磁功能材料的定义

木竹电磁功能材料是一种新型的功能性材料，以木竹等天然木质可再生资源作为研究对象，通过物理、化学、机械等方法改性和加工制备得到的具有电磁功能的材料。与传统电磁功能材料相比，木竹电磁功能材料具有天然环保、可再生、低成本等优点，甚至可根据需要调控合成具备多重性能的材料，在减少对环境污染的同时，也满足了高品质和低成本的需求。木竹电磁功能材料的电磁性能是指其对电磁波的响应能力,一般包括介电常数、磁导率、吸收率、反射率等指标,可以广泛应用于电子通信领域、军事领域、生物医学领域、建筑领域、食品包装领域等行业。在电子通信领域中,可用于改善电磁波的传输和接收;在军事领域中,可用于防止电磁信号的干扰和侦测;在建筑领域中,可用于改善建筑物的隔热和遮阳功能;在食品包装领域中,可用于减少食品的氧化和质量损失。木竹电磁功能材料的开发和应用有望进一步推动新型材料的研究和发展,为社会的可持续发展做出更大的贡献。

木竹电磁功能材料在结构上与木竹超分子有着密切的联系。木竹超分子是一类将天然木竹纳米纤维通过非共价键区分组装成的大分子结构,具有自组装、内部空腔、可调性等特点,常常采用原位聚合、动态生长、自组装等技术来构建超分子结构,能够通过多尺度的组装实现纳米、微米和宏观级别的材料制备。例如,木竹纳米纤维/聚合物复合材料、木竹/纳米金属复合材料、木竹基凝胶材料等,与木竹电磁功能材料在结构上存在相似之处,都具有多孔性、高比表面积、低密度、自组装等特点,并且都可以通过改变组分、溶剂浓度、结构形式、加工方法等调节其性能。木竹电磁功能材料的制备也采用类似的技术,例如,通过溶胶-凝胶法和模板法等技术制备多孔的木竹基材料,并通过改性、涂覆、复合等方法来增强其电磁性能。因此,木竹电磁功能材料可以看作是一种在木竹超分子基础上进一步改性制备而成的新型材料。通过运用木竹这一天然可再生的高分子材料为基础材料,再添加一些导电或磁性的化学成分或构建特殊三维结构,赋予其电磁性能,进而制备高性能的木竹电磁功能材料。

7.8.1.2 木竹电磁功能材料的发展过程

木竹电磁功能材料的发展过程可以追溯到 20 世纪 70 年代初期,当时一些学者开始研究木材及其生物电磁学特性,并在此基础上试图开发出新型的木材电磁波防护材料。随着研究和应用不断深入,人们不断探索和开发如何将木材的天然特性和电磁性能结合起来。在这个过程中,曾尝试加入不同的物质、调节工艺方法和增加其他特殊化学成分等,以提升材料的电磁性能以及实现一些其他特殊功能。在此之后,人们开始探索利用其他天然的可再生资源作为材料基础,其中较有潜力的是木材和竹子。木竹是一种高强度、轻质、寿命长的可再生资源,表现出优越的特性,尤其是竹子还具有高度的抗压和抗弯特性、极小的吸湿性、优异的环保性等。因此,在木竹材种类的选取和材料制备工艺方面都得到了深入探索和发展。随着材料科学和化学技术的发展,木竹电磁功能材料的研发和制备方法也逐渐得到改进和创新。例如,石墨烯、碳纳米管、金属氧化物的引入,推动了材料性能的进一步提高,从而促进了新材料的开发和应用。

目前为止，木竹电磁功能材料已经应用于电子通信领域、军事领域、生物医学领域、建筑领域、食品包装领域等多个领域，能够有效地解决电磁波阻隔、电磁辐射保护、天线、雷达、亚晶体管等问题，并且有望在未来的科学技术领域有进一步的应用。木竹电磁功能材料的研究和应用不仅可以充分发挥天然资源的潜力，还可以推动材料科学和化学技术的进步，并带来对环境和健康方面的积极影响。未来的发展方向可能在于改进制备技术，以提升生产效率和降低生产成本，同时在材料的功能和特性方面加大力度，如引入新的特殊化学成分和材料，设计新的材料结构以及探索和研究更广泛的应用场景等。这一切都将有力地推动木竹电磁功能材料的研究和发展，并有助于实现健康、环保和可持续的发展目标。

7.8.2 制备方法

7.8.2.1 物理处理法

物理处理法主要有填充法、浸渍法、真空过滤自组装法等。填充法通常是将导电物质通过添加胶黏剂的方法填入木竹材内部或贴覆在木竹材表面，往往用来制备具有电磁屏蔽性能的木质单板复合材料。早期，对木竹电磁功能材料的研究大多数集中于制备电磁屏蔽木质复合板材。例如，以脲醛树脂和酚醛树脂为胶黏剂，将导电物质与木制单板复合压制成复合板材，其具有优异的电磁屏蔽效能值，胶合强度也可以达到国家标准。同时，研究也发现导电物质的加入虽然可以提高板材的电磁屏蔽性能，但也会影响胶合强度，所以该复合板材的实际应用中要综合考虑导电物质的导电性及胶合强度两种因素。还有将金属网贴覆在木质基板表面和夹在中间制得木材/金属网复合板材，这种木质电磁屏蔽复合板材的主要屏蔽机制是反射，所以将金属网贴覆在木质基板表面时能获得具备更加优异电磁屏蔽性能的磁性中密度纤维板，电磁屏蔽效能可以达到 60 dB 以上。而在木质板材表面贴覆导电物质之前，对板材表面进行砂光处理可以确保板材表面平整、干净，有利于贴覆层和木质单板的有效结合。有学者以环氧树脂为胶黏剂，在刨花板表面贴覆一层金属铝箔，对刨花板表面进行砂光处理，同时对铝箔进行阳极化处理以提高其表面粗糙度，因此，铝箔和基材刨花板胶合良好，该刨花板也具有优良的电磁屏蔽性能。

浸渍法即直接将预先制备好的导电或磁性颗粒浸入木竹材内部以获得具有电磁屏蔽或吸波能力的木竹材复合材料。1991 年，Oka 课题组首次提出磁性木材后，研究了浸渍型、粉末型和涂层型磁性木材的特性，其中，浸渍型磁性木材是将水基磁性溶液在一定压力下浸渍到雪松边材中，以获得磁性木材。该方法操作简单，但是材料的性能会受到磁性颗粒大小和木材孔隙结构的影响，当颗粒过大或者木材孔隙尺寸太小时，颗粒难以浸入木材内部，从而影响材料的电磁波衰减能力。目前，将木竹材浸渍于导电/磁性组分的前驱体溶液中,再利用化学沉淀原理在木竹材中合成导电/磁性颗粒所制备的木竹电磁功能材料拥有更加优异的电磁屏蔽和吸波性能。

真空过滤自组装技术目前在木质纤维素基薄膜制备工艺中被广泛使用。利用该技术可以自组装多层结构薄膜,充分利用各层成分的特点,在制备木竹电磁功能材料中具有巨大的应用潜力。受大自然启发的影响,越来越多学者设计出仿生结构的木竹电磁功能材料,自然中的一些生物可以通过产生特殊的物质或利用不同的结构来减少对光的吸收、反射和衍射,这与电磁波传输在作用机制上有一定共性。而且,与传统材料的结构不同,仿生材料的结构具有一定的周期排列性或独特性,因此会具有一些更特殊的性能,这可能会对材料的微波吸收能力产生重要影响。例如,含有染料分子的古生物蓝藻可以按照从外到内的特定顺序吸收不同的光,从而实现对光的高效吸收,由此可以设计出具有梯度结构、夹芯结构的气凝胶,入射电磁波可以从外到内一层一层被吸收,也可以构建吸收层与反射层复合结构,电磁波可以经过"吸收-反射-再吸收"过程被有效衰减。真空辅助过滤法是一种简便高效制备梯度多层结构材料的方法。Ma 等[96]通过层层真空过滤的方法制备了具有双梯度结构的多层 CNF/MXene/FeCo 复合薄膜,制备流程如图 7-83 所示。该薄膜由 4 层 CNF/MXene/FeCo 过渡层和 1 层 MXene 反射层组成,FeCo 可以优化过渡层的阻抗匹配,入射电磁波会在过渡层内部和过渡层之间产生介质损耗、磁损耗、多重反射损耗等各种损耗而被吸收或衰减。由于过渡层与反射层之间存在严重的阻抗失配,且反射层具有极高的反射效率,因此反射层可以有效地阻挡电磁波的传输,此时,反射电磁波将再次穿过过渡层,导致二次电磁波损失。当复合薄膜厚度为 340 μm 时,其 SE_T^* 值达到 58.0 dB,而 R^{**} 值降至 0.61,表现出一种以吸收为主导的电磁干扰屏蔽机制。同时,增厚过渡层可以增强电磁波的吸收能力,增厚反射层可以改善电磁屏蔽效能。

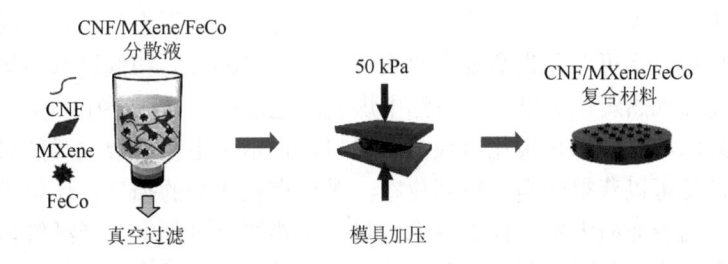

图 7-83 真空过滤法制备 CNF/MXene/FeCo 复合材料示意图

---

* SE_T 是指电磁屏蔽效能,用来描述材料屏蔽电磁波的性能指标,单位为 dB。

** R 为反射系数,是一个无单位的比值,表示电磁波反射的程度。R 值的范围是 0~1,0 表示完全吸收电磁波,而 1 表示电磁波完全被反射。

7.8.2.2 高温热解法

高温热解法又分为直接炭化、水热炭化和微波炭化。在木竹材炭化时，木竹材中的生物大分子（如纤维素、半纤维素、木质素等）和低分子量有机物（如单糖、二糖等）会在高温作用下断裂和重排，产生大量的碳元素。同时，由于温度高，氧气与碳元素之间形成大量的化学键交联，形成具有三维导电骨架结构的多孔炭材料。多孔炭具有高比表面积、低密度、良好的耐久性和优异的介电损耗，是制备吸波材料的重要成分。

直接炭化主要是在管式炉中惰性（氩气或氮气）气氛条件下对木竹材进行炭化，一般需要在高温条件下将木竹材料加热至所需温度数小时。木竹材料中的生物大分子在高温热解的过程中会分解产生水蒸气和各种气体，导致材料中形成微小孔隙，由此可以获得具有三维导电网络骨架的多孔木竹炭材料。在热解过程中，通常有两种制备木竹炭材料的策略，一种是可以通过调节炭化时间、温度、气源等直接炭化，另一种是通过添加一些催化剂或使用不同的气氛从而获得具有特殊结构和优异性能的生物质炭纳米材料。直接炭化法的优点是可以充分保留原始材料的独特结构。但是作为电磁吸波材料使用时，直接炭化后的孔隙利用率不高，因为多孔结构中不同的孔隙尺寸会影响材料的介电常数、阻抗匹配及电磁波吸收性能。已有研究报道，在千兆赫区域中，孔的尺寸远大于入射波长，这使得介孔很难捕获入射微波。相比大孔可以有效捕获电磁波，但也有相当一部分电磁波会直接穿过大孔未被衰减，过大的孔隙也会破坏阻抗匹配。直接炭化时材料的孔隙不可调控，分布不均，由此不具备高效的电磁波吸收能力。

水热炭化是以水为溶剂和反应介质，在一定温度和压力下经水热反应制备得到木竹炭材料，又可以分为高温水热炭化（大于 300℃）和低温水热炭化（小于 300℃）。高温水热炭化是模仿大自然中煤的产生过程。早在 1913 年，Bergius 利用纤维素为原料进行水热炭化合成类煤材料，揭示了生物质合成天然煤的机制。水热炭化过程可以获得较高的炭回收率，避免有机成分的损失，还可以利用其高氧化性获得比表面积大的活性炭。木竹材在水热炭化过程中，半纤维素因无定形结构、低聚合度、易降解而首先分解。随后，纤维素通过脱水、脱羧基、去碳酸基、脱氢及交联反应形成多聚芳环结构，并随着温度的升高，纤维素逐渐芳构化。由于超临界水的高氧化作用，木质素也被降解为芳香族化合物。最后在高温高压过程中，木竹材逐渐形成具有三维多孔结构的炭材料。

除此之外，微波炭化法目前被认为是一种高效节能的炭化方法。微波炭化法与传统炭化法的区别主要在于加热机制的不同。传统炭化法主要是在窑炉或电炉中,利用热传导和热对流进行间接加热,而微波炭化法是诱导材料中偶极子快速运动实现对材料的直接加热。在微波炭化系统中,生物质的特定分子或原子(主要是极性组分)吸收微波能量并发生振荡,振荡的能量通过与邻近分子的碰撞快速转化为热量,因此,微波加热法的加热效率会更高。此外,与传统炭化法制备的炭材料在结构和性能上也有一定差异。在相同温度下,特别是在较高温度下,微波炭化法分解的有机组分较少,由此制备的炭材料的产率高于传统炭化法,而且炭材料比表面积和微孔体积均大于直接炭化法制备的炭材料,而且,微波辐照生物炭比直接炭化生物炭保留了更多的极性官能团,产量更高。高温热解过程中关键的控制因素包括炭化温度、时间和气源等,这些因素会影响碳的有序和还原程度、微观形貌等。例如,有学者研究了碳化温度对纳米碳纤维直径和结构性能的影响,在炭化过程中,纳米碳纤维在高温下释放出大量小分子,直径从 170 nm 和 150 nm 减小到 110 nm。通常随着碳化温度的升高,木竹材料中碳含量会逐渐增加,炭材料的无序结构占比增大,基体结构大量重排会使得碳原子之间连接更加致密甚至形成石墨烯层。

然而仅依靠炭化获得的木竹炭材料很难形成丰富的多孔结构,通常可以采用活化法提高孔隙率。与未经过活化的材料相比,处理后的样品可以显示出大量的微孔、中孔甚至纳米孔隙,不同的孔隙结构对电磁波吸收性能有一定影响。根据反应机制,活化可以分为化学活化和物理活化:物理活化是以可以与碳反应的氧化性气体(如氢气、二氧化碳等)作为活化物,在碳表面产生蚀刻;化学活化是利用化学试剂(H_3PO_4、H_2SO_4、KOH、NaOH、$ZnCl_2$、K_2CO_3 等)与碳原子之间产生化学作用蚀刻碳表面的过程。其中,碱因为活化温度低、效果好而成为活化试剂的首选。以 KOH 为例,KOH 与纤维素的混合物在退火过程中与碳反应生成 K_2CO_3 和 K,K 会继续和剩余的 KOH 反应生成 K_2O,通常当温度超过 700℃时,K_2CO_3 和 K_2O 会进一步和碳反应生成 K 和 CO,释放的 CO 可以提高材料的孔隙率。因此,可以利用 KOH 活化木质炭气凝胶,在炭气凝胶微孔壁上生成纳米级孔隙,使其具有从微米和亚微米到纳米级的分层多孔结构,可以提高电磁波的吸收率。当电磁波入射到材料内部时,丰富的孔隙结构可以使入射光通过漫反射的方式耗散。由此,这种三维多层次孔隙结构可以增加电磁波在材料内部的散射途径,也延长了传播路径,从而有效吸收电磁波,降低电磁波的二次反射污染。

此外,在高温热解过程中掺杂杂原子可以丰富木竹电磁功能材料对电磁波的损耗机制,从而进一步提高电磁波衰减能力。目前,先进的电磁功能材料一般都要求具有质量轻、厚度小、吸收性能强、吸收带宽等特点。与传统导电或磁性材料填充式复合体系相比,杂原子掺杂材料不仅可以具有同样优异的电磁性能,而且还具有轻量化的优势，为实现低密度高吸收的新型木竹电磁功能材料提供了可能。杂原子掺杂通常包括非金属原子（N、B、S、F）或金属原子（Co、Ni、Cu）等。杂原子在原子大小、键长、核外电子数、电子自旋密度等方面与碳原子有一些差异。当杂原子半径与纤维素多孔材料中的碳原子相近时，由于电负性也比较接近，所以可以替换掉 sp^2 杂化的碳原子形成缺陷，破坏了 sp^2 杂化碳原子的连续性，这些缺陷可以作为偶极极化中心，促使偶极极化损耗提升介电性能。而且，杂原子和碳原子之间形成的异质界面也会促使界面极化的形成。另外，当杂原子半径超过碳原子时，会在碳的蜂窝状结构中形成极性官能团，有助于进行极化损耗或与其他材料复合。

不同的杂原子掺杂会使材料具备不同的特性。例如，N 掺杂会提高材料结构中的缺陷密度，产生更多的活性位点，有利于提高材料的传导损耗，同时也可以改善材料表面润湿性。N 原子引入后的化学状态包括吡啶氮、吡咯氮和石墨氮，其中吡啶氮和吡咯氮的电负性和周围碳原子不同，为 π 共轭体系提供孤电子对，增加材料表面的极化中心，从而增强极化弛豫，而石墨氮替代了芳香环中 C 原子的位置，不破坏 sp^2 杂化晶格，可以增加电子运输速率，从而增加电导损耗，所以 N 元素的不同状态都有利于材料内部的电磁波衰减。S 掺杂过程中会出现硫空位，这些硫空位可以产生大量多余的载流子作为电子供体，从而提高电导率，改善传导损失。虽然 S 掺杂能提高材料的导电性，但是 S 通常会以噻吩型结构的形式积聚在边缘和缺陷处，外界高频电磁场可能会导致 S 分布不均匀从而影响材料的电磁性能。因此，不同的杂原子掺杂会表现出不同的特性，在制备材料时，需要注意杂原子的种类和含量对材料物理化学性质的影响。杂原子的存在形态也会影响材料的比表面积和孔体积，对提高材料对电磁波的吸收性能起着关键作用。

7.8.2.3 化学复合法

化学复合法主要包括化学镀法、共沉淀法、共混法等，旨在利用化学作用将电磁功能性粒子分散在木竹材基体中。化学镀法是一种不需要通电，依据氧化还原反应原理，利用强还原剂在含有金属离子的溶液中，将金属离子还原成金属而沉积在材料表面形成致密镀层的方法。该方法具有涂层均匀、成本低、操作简便、节能等优点，已成为在木竹材表面合成纳米级导电或磁性材料的常用方法，通常用来制备具有优异导电性和磁性的电磁屏蔽材料。采用化学镀法可以在木材表面形成均匀连续的镀层，随着镀层时间的增加，材料的电导率和电磁屏蔽性能也会有所提高。此外，木竹材中的纤维素含有丰富的羟基，使无机纳米材料可以通过化学键合存在于木材表面。但是,木材的非金属性质导致其缺乏自催化能力,在化学镀之前,往往需要对材料表面进行活化处理,使后续反应更容易进行。胶体钯是一种常用的活化剂,包括使用 $PdCl_2$-$SnCl_2$ 胶体溶液的"一步法"及使用 $SnCl_2$ 敏化和 $PdCl_2$ 活化的"两步法"。胶体钯活化的缺点是化学镀在基材上的物理吸附较差,会导致镀液分解。而目前新型的离子钯活化是一种不需要 $SnCl_2$ 敏化的活化方式,因而具有稳定性和长期使用能力等优点。例如,以木材为基底,采用离子钯活化法即经过 3-氨基丙基三乙氧基硅烷(APTES)改性、$PdCl_2$ 活化和镍涂层沉积制备的木基电磁功能材料的制备工艺流程如图 7-84 所示。此外,化学镀也可以增大材料的接触角,改善木竹电磁功能材料的耐湿性,使其在电磁屏蔽材料中具有一定竞争力。

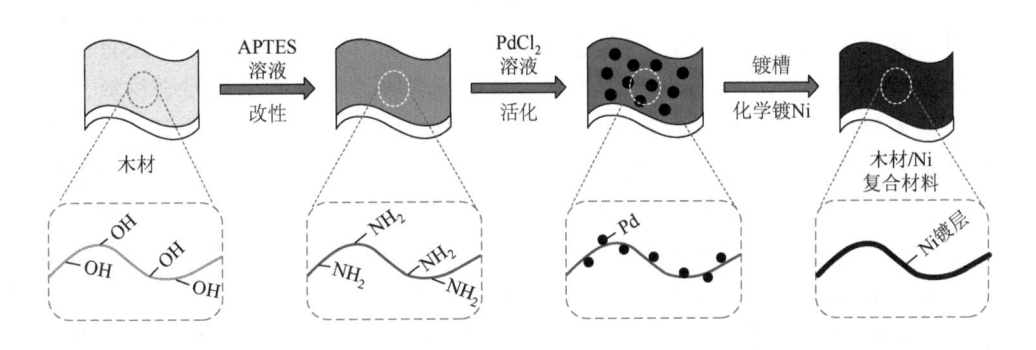

图 7-84 化学镀法制备木材/Ni 复合材料工艺流程图

而对于制备木竹吸波材料,越来越多的学者开始研究直接在木竹材内部原位合成纳米吸波材料的方法。其中,共沉淀法具有成本低、易于精确控制、能耗低等优点,主要是利用溶液中离子之间的相互作用。例如,在含有一种或多种阳离子的可溶性盐溶液中加入适量的碱性或酸性阴离子,其相互反应便会生成氧化物沉淀,经过滤、洗涤、干燥等过程可以制备得到导电/磁性粒子,在木竹材内部负载导电/磁性粒子已成为近年来木竹电磁功能材料的研究热点。目前,许多学者通过原位共沉淀法合成了木竹电磁功能材料。以磁性氧化物为例,通常包括尖晶石铁氧体(如 Fe_3O_4、$ZnFe_2O_4$ 和 $CoFe_2O_4$),其饱和磁化强度为 50~100 emu/g,磁性金属包括 Fe、Co 及其合金,具有较高的饱和磁化强度,范围为 150~230 emu/g。其中,铁氧体无毒害、磁性能优良、化学性能稳定,在电磁屏蔽与吸波领域得到了广泛的应用。原位共沉淀法安全、便捷,是用来制备铁氧体最常用的方法。通常处理的方法是在一定温度和压力条件下,将准备好的木竹材料浸渍到含有 Fe^{2+} 和 Fe^{3+} 的溶液中处理一段时间,然后再将其浸渍到氢氧化钠或氨水溶液中水解,合成的磁性四氧化三铁纳米颗粒会附着在木竹材细胞壁上，由此制备出以磁性吸波材料填充的木竹电磁功能材料。

尽管如此，共沉淀法合成的木竹电磁功能材料目前面临的主要问题是由于木竹材独特的孔道结构，合成的纳米颗粒很难充分进入木竹材细胞中，为此，可通过化学预处理、加热加压辅助等方法促使纳米颗粒充分进入木竹材细胞中。脱木素处理是最常用的预处理方法。脱木素处理会使木竹材结构变松散，孔隙增多，更多的纤维素大分子暴露出来，有利于化学试剂充分浸入木竹材内部并沉积，同时丰富的孔隙结构也有利于电磁波的多重反射，可以提高材料的电磁波衰减能力，选择性地去除木质素和半纤维素，构建具有几乎完全由纤维素组成的分层多孔结构的木材气凝胶。然后，将电磁功能组分原位聚合到木材气凝胶上，得到木材气凝胶的复合材料。电磁组分与木材气凝胶的直接结合不仅具有可持续性，而且形成了强大的氢键连接，延长了材料的使用寿命。还有学者采用简单的真空/压力浸泡方法合成一种具有优异吸波性能的木质复合材料，通过观察木材横截面，可以发现天然木材和加工木材在形态上没有差异，说明木材的自然结构没有坍塌。此外，处理后的木材细胞管壁上附着着更多的 Fe_3O_4 颗粒，这种现象可以归因于真空/压力浸渍处理及高浓度的铁离子，特殊的处理和良好的多孔结构使木质复合材料具有优异的吸波性能。当样品厚度为 2 mm 时，有效吸收宽带为 5.20 GHz，最小反射损耗值为–64.26 dB，这主要归因于材料内部有效的三维导电网络，提高了电子跳跃和迁移。另外，结果表明当在常压和低离子浓度下浸渍时，得到的样品表现出较差的磁吸附（MA）性能，说明压力浸渍方法和铁浓度在直接内合成中起着关键作用[97]。此外，木竹材内部共沉淀合成的纳米颗粒通常会面临团聚现象，这会对材料的电磁波衰减性能产生负面影响，对此可以在处理过程中引入超声场，对木竹材表面进行功能化改性等方法解决。

利用化学交联作用将新型电磁纳米组分和木竹基纳米组分相结合也是目前制备木竹电磁功能材料的热点。例如，碳纳米材料、MXene、AgNWs 等纳米材料由于具有导电性优异、质量轻、比表面积高、纵横比大和化学稳定性好，可以解决传统微尺寸的导电填料面临的挑战，被认为是提高材料电磁屏蔽与吸波性能理想的纳米填料。迄今，用高导电性纳米填料修饰木竹材的研究已得到广泛发展。以 MXene 为例，超薄的 MXene 纳米片具有暴露在表面的金属原子和大量的活性基团（—OH、—F、＝O），可以通过氢键与木竹中的纤维素结合，能够保证材料整体的机械强度和稳定性。将 MXene 纳米片组装到木质三维多孔气凝胶中，MXene 与富含纤维素的气凝胶通过氢键连接，可以获得一种超轻、高压缩性、各向异性的 MXene@Wood 纳米复合气凝胶。随着 MXene 负载量增加，采用该方法合成的材料由于内部的化学交联作用而结构更稳定，性能更优异。

为了获得较强的电磁波损耗能力和良好的阻抗匹配以实现高性能电磁波吸收的木竹电磁功能材料，可以利用各种制备方法的优势将介电/磁性材料的损耗能力结合起来，有利于实现阻抗匹配，从而制备高性能的电磁波衰减材料。例如，以木竹基气凝胶或纸为基底，首先通过化学镀、喷涂等方式在基底表面构建一层导电层，然后在导电层表面沉积一层磁性纳米颗粒，由此在基底表面构建出具有三明治结构的材料，其中导电层和磁性层的协同作用来调控材料的阻抗匹配。电磁波可以轻易进入电磁屏蔽材料内部，一方面在导电层和磁性层的界面处由于界面极化效应而被耗散，另一方面在基底的多孔结构中发生多重反射和散射而被耗散。对于纳米级木竹基材料，通常通过微观结构设计及引入分子尺度掺杂策略提高电磁屏蔽与吸波性能。有学者创新性地提出一种从原子替代、异质结构组合到整体三维结构的多级设计策略（图7-85），首先将 Fe 颗粒沉积到细菌纳米纤维素（BC）上，然后在外层原位包裹一层含硫聚合物，形成核壳纳米纤维复合材料，最后经过一步炭化，形成具有三元核壳异质结构的 SdC@Fe/CBC 复合材料。从原子的角度来看，S 原子以及无定形态 SdC 纳米壳中的缺陷在交变电场中可以作为偶极极化中心，从而增加 SdC 纳米壳损耗电磁能量，S 原子产生的额外电偶极子也可以提高电磁波衰减能力，Fe_7S_8 纳米颗粒的均匀分散也有助于界面极化和磁损耗。其次，电磁波入射到三元异质结构界面处会产生大量电荷积累，可以明显提高界面极化。最后，BC 炭化后衍生的高度交织导电网络结构可以通过多重散射、电导损耗等方式衰减电磁波。所以高度互连的碳纳米纤维结构、三元核壳结构、均匀分布的铁磁纳米颗粒和充足的 S 掺杂原子使 SdC@Fe/CBC 具有优异的吸收性能，在填料负载仅为 5.0 wt%时，复合材料的最小反射损耗值为–64.1 dB，有效带宽可达 8.5 GHz[98]。

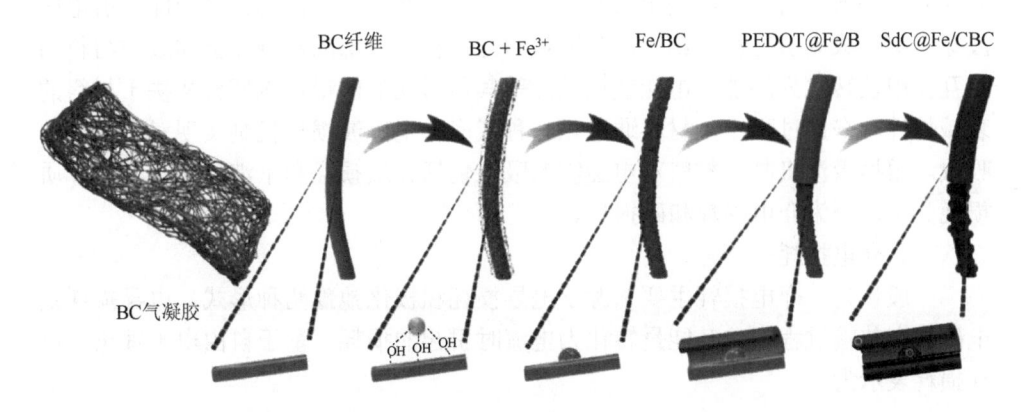

图 7-85　SdC@Fe/CBC 复合材料制备工艺流程图

7.8.3 性能表征

7.8.3.1 吸波机制

电磁波是由同相且互相垂直的电场和磁场在空间中以波的形式移动，其传播方向垂直于电场和磁场构成的平面。电磁波按照频率由低到高可以分为无线电波（3 kHz～1 GHz）、微波（1～300 GHz）、红外线（300 GHz～400 THz）、可见光（400～750 THz）、紫外光（750～1500 THz）、X射线（1500 THz～500 PHz）和伽马射线（300～3000 EHz）等，而目前研究的大多数吸波材料主要集中于1～40 GHz频段范围内，这部分电磁波被单独分段且命名，见表7-17。

表7-17 微波频段的划分及应用

微波频段	频率范围/GHz	主要应用
L	1.0～2.0	卫星导航
S	2.0～4.0	卫星通信、雷达
C	4.0～8.0	广播卫星、小型卫星地面站
X	8.0～12.4	空间研究、通信卫星、广播卫星
Ku	12.4～18.0	卫星之间的通信波段
K	18.0～27	雷达通信
Ka	27～40	卫星通信

材料的吸波机制如图7-86所示，当电磁波从自由空间入射到材料表面时，继续传输路径主要分为三部分：第一部分即电磁波在材料表面直接被反射回自由空间而并未进入材料内，这是由材料的阻抗匹配系数决定的；第二部分即入射电磁波穿透材料成为透射波；第三部分即最后留在材料内部的电磁波会通过与材料的相互作用被转化为热能、电能或机械能等其他形式的能量，这部分取决于材料的衰减特性。在此过程中，材料通常以一种或多种电磁波损耗机制实现对电磁波的吸收。根据吸波机制，材料对电磁波的吸收包括介质损耗和干涉损耗，其中介质损耗又可以分为介电损耗和磁损耗。

（1）介电损耗

一般认为，介电损耗主要来源于电导损耗和极化弛豫两种形式。电导损耗是电磁波在传输过程中，其能量转化为电流时引起的损耗。基于自由电子理论，电导损耗表示为

$$\varepsilon_C'' = \frac{\sigma}{\pi f \varepsilon_0} \tag{7-38}$$

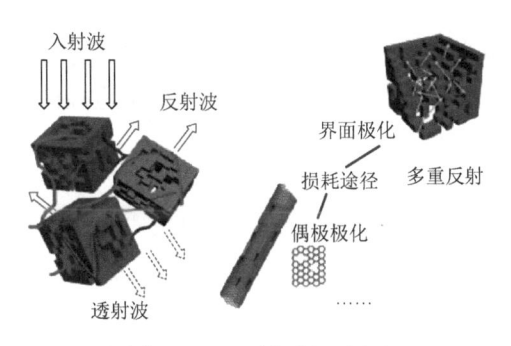

图 7-86　吸波机制示意图

式中，ε_0 为真空磁导率；σ 为电导率；f 为频率。表明材料的电导率是影响介电损耗的重要因素，具有高导电性的吸波材料通常存在导电损耗，但是电导率过大时，材料中会产生连续传导电流，可能造成与自由空间的阻抗不匹配，增大入射电磁波在自由空间与材料界面处的反射率，从而影响材料整体的吸波性能。

极化弛豫主要是当电偶极子在交变电场中的运动跟不上电场频率变化而产生的现象。弛豫大部分来源于电介质在交变电场中的转动和转向，其损耗机制可分为离子极化、电子极化、偶极极化和界面极化四种形式。弛豫过程中电偶极子的反复转向也会损耗电磁波的能量。与介电损耗相比，极化弛豫不会产生逆电场。离子极化和电子极化一般发生在高频（$10^3 \sim 10^6$ GHz）微波区域，电子极化又极易发生在金属合金中，这是由于不同的金属具有不同数目的电子，多以不均匀分布的电荷在外电场作用下产生一定的偶极作用，从而产生电子极化。通常，合金中的金属电子数目差别越大，极化能力越强，对电磁波的损耗作用越大。偶极极化和界面极化一般发生在吸波材料研究的 2~18 GHz 内，所以偶极极化和界面极化是吸波材料研究中常见的极化弛豫形式。偶极极化是指在电场作用下，组成介质的分子的固有偶极矩矢量和不为零时，介质所产生的宏观极化强度。通常晶间缺陷和杂原子掺杂很容易形成偶极极化中心，导致偶极极化。而界面极化是不同组分的物质之间具有不同的极性或导电性，导致电解质中电子或离子在电磁场的作用下在界面处聚集而引起的。而且，对于界面处存在缺陷的材料而言，缺陷越多，界面极化能力越强，对电磁波的损耗作用越明显。

极化弛豫有两种典型现象，即由频率色散效应导致 ε' 值急剧下降和在 ε'' 中出现介电谐振峰。基于德拜理论，记 ε' 和 ε'' 随频率变化的关系曲线为 Cole-Cole 半圆曲线研究极化弛豫，相对复介电常数的实部和虚部分别表示为

$$\varepsilon' = \varepsilon_\infty + \frac{\varepsilon_S - \varepsilon_\infty}{1 + \omega^2 \tau^2} \quad (7\text{-}39)$$

$$\varepsilon'' = \frac{(\varepsilon_S - \varepsilon_\infty)\omega\tau}{1 + \omega^2 \tau^2} \quad (7\text{-}40)$$

式中，ε_s 为静态介电常数；ε_∞ 为高频区相对介电常数；ω 为角频率；τ 为极化弛豫的时间，主要与频率和温度相关。由此可得描述极化弛豫过程的公式为

$$\left(\varepsilon' - \frac{\varepsilon_s - \varepsilon_\infty}{2}\right)^2 + (\varepsilon'')^2 = \left(\frac{\varepsilon_s - \varepsilon}{2}\right)^2 \tag{7-41}$$

ε' 和 ε'' 的关系曲线中每一个 Cole-Cole 半圆对应一个极化弛豫过程，但是当 Cole-Cole 半圆出现扭曲现象时，说明可能存在其他损耗机制。

（2）磁损耗

通常吸波材料的磁损耗形式主要有畴壁共振、自然共振、涡流损耗和磁滞损耗。其中，在吉赫兹频率范围内，只有自然共振与涡流损耗可以对电磁波产生损耗；而畴壁共振一般多发生在多畴材料体系中，且频率范围为 1~100 MHz；磁滞损耗是在强磁场下反复磁化过程中因磁滞现象而被消耗的能量，而微波的磁场强度较小，所以对磁损耗的贡献较小。

自然共振是在无外加电磁场的情况下，物质的磁化强度与易磁化轴有一偏角，磁化方向会沿着易磁化轴的方向以某个频率发生进动，当外加磁场频率与该进动频率相近时，会产生磁矩的共振发生能量损耗，实现对电磁波的衰减。自然共振的频率主要和有效磁场有关，可以表示为

$$f_r = \left(\frac{\gamma H_{\mathrm{eff}}}{2\pi}\right) \tag{7-42}$$

式中，f_r 为自然共振频率；γ 为旋磁比；H_{eff} 为有效磁场。H_{eff} 由磁性粒子的各向异性场决定，当磁性粒子的尺寸减小时，由于受到量子尺寸效应和量子限域效应的影响，粒子产生更强的各向异性场，从而产生优异的吸波性能。

涡流损耗（C_0）一般指磁性材料在交变磁场中产生感应电流（即涡流）时造成的能量的损耗，与材料的磁导率和匹配厚度有关，可表示为

$$C_0 \approx \frac{2\pi\mu_0\mu^2\sigma D^2 f}{3} = \mu''(\mu')^{-2}f^{-1} \tag{7-43}$$

式中，μ_0 为真空磁导率；σ 为电导率；D 为材料的厚度；f 为频率；μ 为相对磁导率；μ' 为磁导率的实部，表示材料对磁场的传导能力；μ'' 为磁导率的虚部，表示磁场的吸收和散射能力。

涡流损耗虽然可以提高材料磁损耗，但是会产生逆磁场，使得入射电磁波透过材料的深度大大降低，从而导致材料整体的吸波性能下降。通常导电性低的磁性氧化物材料比导电性高的磁性金属更有利于材料的吸波性能。

（3）干涉损耗

电磁波在材料与自由空间界面处进行反射时有可能与入射电磁波的振幅相等，相位相反，此时两束电磁波可因干涉作用而相互抵消。对应的干涉损耗机制可由四分之一波长阻抗匹配模型解释。用式（7-44）表示如下：

$$d_{\mathrm{m}} = \frac{n\lambda}{4} = \frac{nc}{4f_{\mathrm{m}}\sqrt{|\mu_{\mathrm{r}}||\varepsilon_{\mathrm{r}}|}} \quad (n=1,3,5,\cdots) \tag{7-44}$$

式中，d_{m} 为匹配厚度；λ 为材料中电磁波的波长；c 为真空中电磁波的速度；f_{m} 为相应频率；n 为干涉级数；μ_{r} 为磁导率的相对值；ε_{r} 为介电常数的相对值。这里的"相对"指的是材料的磁导率及介电常数分别与自由空间的磁导率 μ_0 及自由空间的介电常数 ε_0 的比值，因此反映的是材料对磁场/电场的响应能力。当材料的厚度 d 满足电磁波波长的 1/4 及其奇数倍时，表明材料界面处的入射波和反射波相位差 180°，可以达到干涉效果。

（4）表征及分析方法

吸波材料的吸波性能主要以反射损耗值（RL）和最小反射损耗值（$RL_{\min}$）处对应的有效吸收频段（EAB）两个指标来评价，其中 RL 越小表明材料的吸波强度越强，当 RL＜-10 dB 时，吸波材料可以吸收 90% 以上的入射电磁波，同时，所对应的 EAB 值越宽，材料的吸波性能越优异。

反射损耗的测量方法主要包括直接测量法和间接测量法两大类。直接测量材料对电磁波的反射率或者只需要做简单的计算便可由测试结果得到材料反射率的方法称为直接测量法。常用的直接测量方法有弓形法、同轴法及 RSC 测试法等。直接测量法以弓形法应用最为普遍，是利用发射天线将电磁波照射到具有一定尺寸的样品上，通过接收天线测量反射的电磁波，从而计算出材料对电磁波的反射损耗。弓形法在测试低频段电磁波时对材料尺寸要求较高，不适于实验小样品的测试。同轴法是通过测试电磁波在通过材料后反射的电磁波功率大小来测定材料的吸波性能。RSC 测试法只能在暗室测量。该方法是将吸波材料贴在平整金属板上，然后测试电磁波分别经吸波材料和金属板反射后的反射功率，二者的差值即为该吸波材料的吸波性能。因此，目前的研究中以间接测量法应用更为普遍。

间接测量法则是通过测量吸波材料的电磁参数，然后利用一系列公式计算得出吸波材料的反射率。传输线法是常用的间接测量法，是将待测样品放进密闭空间的传输线内部进行测量，传输线通常是一段同轴空气线或矩形波导。根据传输线类型可将其分为波导法和同轴法。波导法常用于薄片或块体材料测量，测量精度较高，对样本尺寸、表面平整等要求也较高，若要获取 2～18 GHz 范围内的电磁参数，需要进行 4 次测试，且测试所需的样品尺寸各不相同，所获的电磁参数也无法保证完好衔接。同轴法是利用模具将样品与透波材料（石蜡、树脂）的混合物压制成外径 7 mm、内径 3.04 mm 的同轴环并置于同轴线夹具中进行测试，一次测试即可获取 2～18 GHz 范围内的电磁参数，测试便捷高效，对样品需求量少。不同测量方法的测试参数见表 7-18[99]。

表 7-18 不同测量方法的测试参数

	频率范围/GHz	长度/mm	宽度/mm	厚度/mm
直接测量法	1.0~9.0	600	600	Tunable
	9.0~18.0	300	300	Tunable
	18.0~40.0	180	180	Tunable
间接测量法-波导法	1.13~1.72	82.4	164.8	10~35
	1.72~2.61	54.5	108.9	8~12
	2.61~3.95	33.9	71.8	8~12
	3.95~6.0	22.0	47.2	8~12
	5.38~8.2	15.8	34.7	2~6
	8.0~12.4	22.9	10.2	2~6
	12.4~18.0	15.9	8.0	2~4
	18.0~26.5	11.0	4.5	2~4
	26.5~40.0	7.20	3.6	2~4
间接测量法-同轴法	2~18.0	7.00[a]	3.04[b]	2~4

注：Tunable 表示厚度可调。a 表示外环直径；b 表示内环直径。

同轴法也是目前评估粉末样品电磁波吸收与屏蔽效能的最常见方法。矢量网络分析仪的一端口产生电磁信号，经过样品所在的同轴线夹具后，另一端口可测出材料的反射透射参数。利用这些参数，计算机可通过 HFSS 法反算得出材料的复介电常数 ε 和复磁导率 μ（图 7-87）。利用传输线理论公式计算反射损耗 RL（reflection loss，单位 dB）可以表示出吸波材料的吸波能力与电磁波频率之间的关系，可表示为

$$\begin{aligned}
&\mathrm{RL} = 20\lg\left|(Z_{\mathrm{in}} - Z_0)/(Z_{\mathrm{in}} + Z_0)\right| \\
&Z_{\mathrm{in}} = Z_0\sqrt{\mu_{\mathrm{r}}/\varepsilon_{\mathrm{r}}}\tanh\left[\mathrm{j}(2\pi f d/c)\sqrt{\mu_{\mathrm{r}}\varepsilon_{\mathrm{r}}}\right] \\
&\varepsilon_{\mathrm{r}} = \varepsilon' - \mathrm{j}\varepsilon'' \\
&\mu_{\mathrm{r}} = \mu' - \mathrm{j}\mu''
\end{aligned} \quad (7\text{-}45)$$

式中，Z_{in} 为吸波材料的输入阻抗，Ω；Z_0 为自由空间阻抗，$Z_0 = 376.73031\,\Omega$；f 为电磁波振动频率，GHz；c 为光速，$c = (299792.50 \pm 0.01)$km/s；d 为吸波材料的厚度，mm；ε_{r} 为复介电常数；μ_{r} 为复磁导率；ε'、ε'' 及 μ'、μ'' 分别为介电常数实部、虚部及磁导率实部、虚部。

另外，特征阻抗（Z）和衰减常数（α）也是影响材料吸波性能的重要因素。较好的阻抗匹配特性可以使入射电磁波更多地进入材料内部，而不是在表面反射。Z 的计算公式为

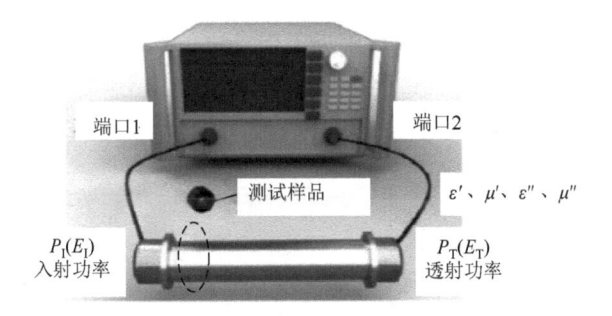

图 7-87　电磁吸收性能同轴法测试示意图

$$Z = Z_{in} / Z_0 = \sqrt{\mu_r \varepsilon_r} \tag{7-46}$$

当 Z 趋近于 1 时，入射电磁波可以完全进入材料内部发生衰减，表明吸波材料的吸波能力较优异。若出现阻抗失配，即使材料具有较优异的介电损耗和磁损耗能力，也会出现不理想的 RL 值。

α 反映的是吸波材料在介电损耗和磁损耗共同作用下将电磁波转换为热能、机械能及其他形式能的能力，可以用于综合分析材料的吸波性能。α 越大表明材料对入射电磁波的衰减能力越强，即材料具有较好的吸波性能。α 的计算公式为

$$\alpha = \frac{\sqrt{2}\pi f}{c} \sqrt{(\mu''\varepsilon'' - \mu'\varepsilon') + \sqrt{(\mu''\varepsilon'' - \mu'\varepsilon')^2 + (\mu'\varepsilon'' + \mu''\varepsilon')^2}} \tag{7-47}$$

7.8.3.2　电磁屏蔽性能

（1）电磁屏蔽机制

电磁屏蔽是指利用屏蔽体以减少或者阻断电磁波的传播。木竹电磁功能材料的电磁屏蔽机制如图 7-88 所示，主要有三个部分：当电磁波到达材料表面时，一部分电磁波会因为屏蔽体表面与空气的阻抗不匹配而被反射；剩余部分的电磁波则会穿过屏蔽体表面继续向前传播，由于屏蔽体对电磁能流具有反射和引导作用，在屏蔽体内部会产生与源电磁场相反的电流和磁极化，故电磁波在传输过程中会被屏蔽体连续衰减，即被材料直接吸收；而没有被直接吸收的一小部分电磁波会移动到屏蔽材料的另一个界面，随后在屏蔽体中发生能量耗散，导致多重反射损失。

通常采用电磁屏蔽效能（SE_T）表示屏蔽体对电磁波的屏蔽能力和效果，用发射功率与入射功率的对数比值表示电磁屏蔽效能值，用式（7-48）表示如下：

$$SE_T = 10\lg\frac{P_I}{P_T} = 20\lg\frac{E_I}{E_T} = 20\lg\frac{H_I}{H_T} \tag{7-48}$$

式中，P_I、P_T、E_I、E_T、H_I、H_T 分别为入射功率、透射功率、入射电场强度、透射电场强度、入射磁场强度、透射磁场强度。

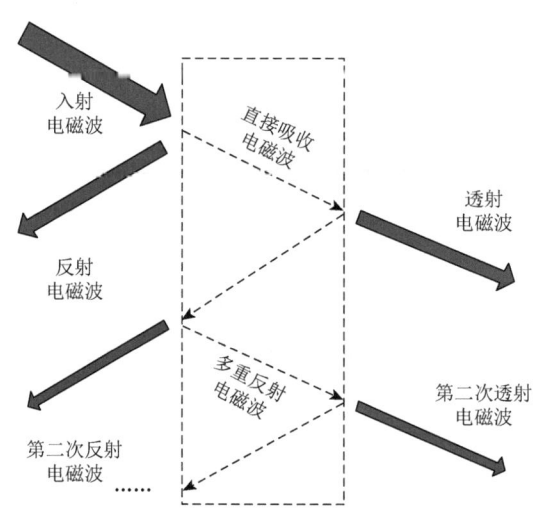

图 7-88　电磁屏蔽机制图

此外，根据 Schelkunoffs 理论，电磁屏蔽效能值是直接吸收（SE_A）、界面反射（SE_R）和多重反射（SE_M）三者之和，因此 SE_T 也可以用式（7-49）表示如下：

$$SE_T(dB) = SE_A + SE_R + SE_M \tag{7-49}$$

值得注意的是，当 $SE_A > 10$ dB 时，SE_M 以热能形式被吸收或消散，可以排除其对 SE_T 的影响。通过电磁波损耗来屏蔽电磁波的机制是反射损耗、多重反射损耗和吸收损耗。对于非磁性介质，在表面形成连续的导电路径，从而导致有效的电磁波损失，介质的带电偶极子和电流路径可以有效地将电磁波的能量转化为热能等其他形式的能量，实现电磁损耗。对于磁性介质，磁偶极子的共振或偏转是导致电磁波吸收损失的主要原因。在具有多个异构界面的介质中，屏蔽材料的屏蔽机制由多重反射损失主导，电磁波在材料内部的多重反射，增大了在介质中的传播途径，使其有效衰减。

（2）界面反射（SE_R）

界面反射是由具有不同阻抗或折射率的空气和屏蔽体之间的界面或表面引起的。对于高导电性屏蔽材料，从正面到背面的反射损失的大小可以用简化版的菲涅尔方程表示为

$$SE_R(dB) = 20\lg\frac{(\eta+\eta_0)^2}{4\eta\eta_0} = 39.5 + 10\lg\frac{\sigma}{2\pi f \mu} \tag{7-50}$$

式中，η 和 η_0 分别为屏蔽材料和自由空间的阻抗；σ、μ、f 分别为屏蔽材料的电

导率、磁导率和入射电磁波频率。显然，SE_R 随着导电性的增加而增加，说明屏蔽材料的导电性必须高才能实现强反射损失。然而，电导率并不是影响反射损失的唯一因素，屏蔽材料的磁导率和入射电磁波的频率也起着一定作用。

（3）直接吸收（SE_A）

入射电磁波在屏蔽材料中传播时，一部分会在屏蔽材料内部被衰减耗散，衰减常数为 α，在厚度为 d 的屏蔽材料中，由于 $E = E_0 e^{-\alpha d}$，电磁波的强度或振幅（E）则会呈指数衰减。材料的 α 值可以表示为屏蔽材料 ω、μ、σ 和 ε 的函数，即

$$\alpha = \omega \sqrt{\frac{\mu\varepsilon}{2}\left[\sqrt{1+\left(\frac{\sigma}{\omega\varepsilon}\right)^2}-1\right]} \tag{7-51}$$

式中，ω 为角频率（$\omega = 2\pi f$）；μ、σ、ε 分别为屏蔽材料的磁导率、电导率和介电常数。若想屏蔽材料具有高吸收损耗能力，需要满足三个条件：首先，以欧姆损耗为主的材料需要高导电性，这样可以增加高电子密度与入射电磁波的相互作用；其次，以介质损耗为主的材料需要具有高的介电常数，这样的材料可以看作是由多个微纳米电容器形成；最后，以磁损耗为主的材料需要具备高的磁导率，由此引起的磁滞损耗和涡流损耗可以将入射电磁波的能量转换为热能或其他形式的能量。

非磁性和导电屏蔽材料的直接吸收损失（SE_A）计算公式为

$$SE_A(\mathrm{dB}) = 20\lg \mathrm{e}^{\alpha d} = 20\left(\frac{d}{\delta}\right)\lg \mathrm{e} = 8.68\left(\frac{d}{\delta}\right) = 8.7d\sqrt{\pi f \mu \sigma} \tag{7-52}$$

式中，σ、μ、f 分别为屏蔽材料的电导率、磁导率和入射电磁波频率；d 为屏蔽材料的厚度；δ 为电磁波透过材料的深度或蒙皮深度，表示为 $\delta = (\pi f \mu \sigma)^{1/2}$。该参数是用于屏蔽的有用参数，表示电场强度衰减到初始入射波强度的 $1/\mathrm{e}$ 处的位置与材料表面的距离。电导率和厚度是影响吸收的主要因素，磁导率和介电常数决定吸收损失的关键因素。

（4）多重反射（SE_M）

未被电磁屏蔽材料直接吸收的入射电磁波在到达材料的另一个表面时，又一次经过屏蔽体与空气之间的界面，然后再次返回材料内部，这种反射被称为多重反射（SE_M），计算公式为

$$SE_M(\mathrm{dB}) = 20\lg(1-\mathrm{e}^{-2\alpha d}) = 20\lg\left(1-\mathrm{e}^{-\frac{2d}{\delta}}\right) \tag{7-53}$$

式中，α 为衰减常数；d 为屏蔽材料的厚度；δ 为电磁波透过材料的深度或蒙皮深度。其中，屏蔽材料的厚度 d 对 SE_M 值有重要影响，当厚度 d 接近或者大于蒙皮深度，或 SE_T 值达到 15 dB 以上时，可以忽略 SE_M 的影响；而当蒙皮深度大于厚度时，在研究材料的屏蔽效果时必须考虑多重反射的影响。

此外，通过在屏蔽材料中引入其他具有电磁特性的组分，可以提高屏蔽能力，二者之间的阻抗特性不匹配时，则会增加更多的内部散射，也称为内部多重反射。内部散射可以延长电磁波在传输时的传播路径，并使屏蔽材料有更多的机会和入射电磁波进行相互作用，从而提高屏蔽体对入射电磁波的损耗能力。屏蔽材料内部增加的界面引起的内部散射会增加屏蔽材料的吸收损耗和总屏蔽效能值，但是屏蔽材料前后表面之间的多重反射会降低屏蔽效果。

（5）表征与分析方法

鉴于材料的测试尺寸和测试精确度的不同，电磁屏蔽的测试标准也不同。根据试样与发射源之间距离的大小，材料的 SE 有远场法和屏蔽室法两种测试方法。当屏蔽材料到电磁辐射源的距离 $d \geqslant \lambda/2\pi$ 时即为远场，该方法对屏蔽材料电磁平面的屏蔽测试较为适用；当屏蔽体与辐射源之间的距离 $d < \lambda/2\pi$ 时便是近场，当需要测试磁偶极子和电偶极子的近场屏蔽时，常采取此方法。当需要探测有无电磁屏蔽材料存在时，通常使用屏蔽室法。该方法利用接收及发射天线对电磁波通过材料后的衰减进行检测来得到屏蔽效能值，其测试频率范围广，但屏蔽室会在特定频率下发生谐振，导致结果误差大。从电磁波导波模式上来看，屏蔽材料电磁屏蔽性能的测试可划分为"同轴法"（TEM 模式）和"波导法"（TE 模式）。波导法是以波导管为传输系统，常用于电磁波测试频率在 1.5GHz 以上的屏蔽材料电磁屏蔽性能的测试。该方法通过检测获得散射参数，然后进行计算得到材料的屏蔽效能。同轴法具有检测迅速、操作简单、测试频段宽等优点，更适合电磁屏蔽材料的测试。

目前，电磁屏蔽能力也通常采用矢量网络分析仪利用波导法测定（图 7-89）。矢量网络分析仪两个端口的入射波和电磁波用 S 参数形式分别表示为 S_{11} 和 S_{21}，由此可以计算屏蔽材料的反射系数（R）和透射系数（T）。因此，屏蔽体的吸收系数（A）、SE_R、SE_A、SE_T 的计算公式分别为

$$\begin{aligned} R &= |S_{11}|^2 \\ T &= |S_{21}|^2 \\ A &= 1 - R - T \\ SE_R &= -10\lg(1-R) \\ SE_A &= -10\lg\left(\frac{T}{1-R}\right) \\ SE_T &= SE_R + SE_A = -10\lg T \end{aligned} \quad (7\text{-}54)$$

式中，R、A、T 分别为反射、吸收和传输的能量系数，反映了电磁波的真实能量损失；SE_R、SE_A、SE_T 分别为反射能力、吸收能力和总电磁屏蔽能力。这两个指标很容易被误解，因为具有高吸收能力（SE_A）的电磁屏蔽材料不一定会吸收电磁波的大

部分能量，因为入射电磁波是经过材料表面反射以后才进入屏蔽体内部。SE_R描述了反射能量与入射能量的比值，SE_A描述了吸收能量与进入材料的能量的比值，显然，在计算 SE_R 和 SE_A 时分母是不同的。一般，屏蔽体屏蔽性能的好坏取决于电磁屏蔽效能（SE_T）的大小，SE_T越大的屏蔽材料，表明拥有越高的电磁屏蔽能力。

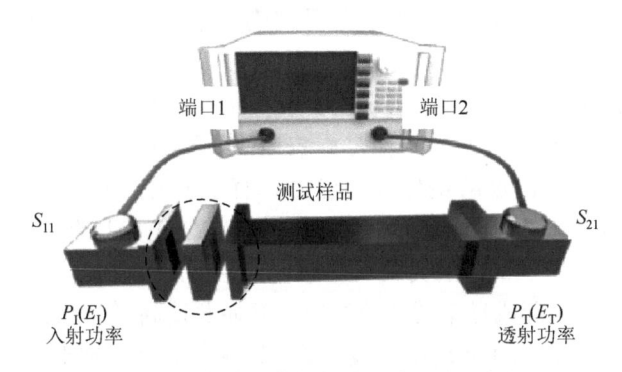

图 7-89　电磁屏蔽性能波导法测试示意图

7.8.4　应用领域

7.8.4.1　电子产品

各类电子产品已经在日常生活中得到了广泛应用，为人们的生活带来了极大的便利，然而，电子产品大量集中使用，通常会伴随着电磁干扰现象的发生，不仅会影响电子产品的正常使用，而且也会对电子产品内部元器件造成伤害。因此，在电子产品中引入电磁屏蔽和吸波技术显得十分重要。但是，电磁波一般是通过热能的形式耗散，这意味着电子设备在使用的过程中会产生大量的热量并持续积累，这可能会对电子产品的使用寿命和可靠性造成影响，所以，具有抗电磁干扰能力的电子器件还应该具有良好的热稳定性。有学者[100]通过冰模板辅助策略构建垂直排列的碳化硅纳米线（SiC NWs）/氮化硼（BN）网络，成功地获得了在垂直平面具有高度增强导热性（TC）和微波吸收能力的纤维素气凝胶（CA）。BN 在纤维素基体中构建的三维导热网络在一定程度上提高了复合材料的整体 TC，也增加了微波反射途径和界面极化效应。另外，引入 SiC NWs 可以作为连接 BN 的导热桥梁。SiC NWs 是一种宽带隙半导体材料，具有很高的介电损耗能力，所以 SiC NWs 和 BN 在功能和结构上良好的协同作用使得最终得到的复合材料在低负载量（16.69 wt%）下的 TC 可以达到 2.2 W/(m·K)，比纯环氧树脂（EP）提高了 890%，RL_{min} 为-21.5 dB，有效吸收带宽为 8.8～11.6 GHz。此外，该复合材料具有良好的电绝缘性，体积电阻率约为 $2.35×10^{11}$ Ω·cm。电绝缘是电子封装材料的基本特性，所以该材料在微电子封装领域也具有很大的应用潜力。

目前，智能电子产品极大地影响着人们的生活，越来越多学者致力于研究智能木竹电磁功能气凝胶，其智能主要体现在具有可调谐的电磁波响应特性，因为材料的孔隙结构与电磁波吸收性能之间有着紧密的联系，所以可以利用不同的干燥方法设计不同的结构，从而调控吸波性能。例如，采用烘箱干燥和冷冻干燥两种不同方式分别得到仿珍珠层结构和丝瓜结构的电磁波吸收材料，当材料由致密的层状结构转化为多孔的丝瓜状结构时，电磁波吸收带可以实现从 X 带向 Ku 带转变。此外，智能可调谐电磁波响应屏蔽材料的另一种可行方法是能够控制导电状态的快速切换材料，因为导电性是影响电磁屏蔽性能的关键参数，高导电性的材料通常具有较好的屏蔽电磁波的能力。有学者通过将导电碳纳米颗粒填充到木质层状碳气凝胶中制备了一种应力驱动开关式电磁屏蔽材料，其工作机制如图 7-90 所示，当施加的压应力使气凝胶内的层间距减小时，附着在上下碳层之间的碳颗粒充分接触形成导电通道使得电导率显著提高，气凝胶的 SE_T 值从 1.5 dB 急剧增加到 25.5 dB，从而实现电磁波传输（即关闭状态）到电磁波屏蔽（即打开状态）的快速切换。因此，通过反复加压、减压，可以实现电磁波传输与屏蔽的可逆转换，在先进多功能可电磁响应的电子设备中具有很大的应用潜力[101]。

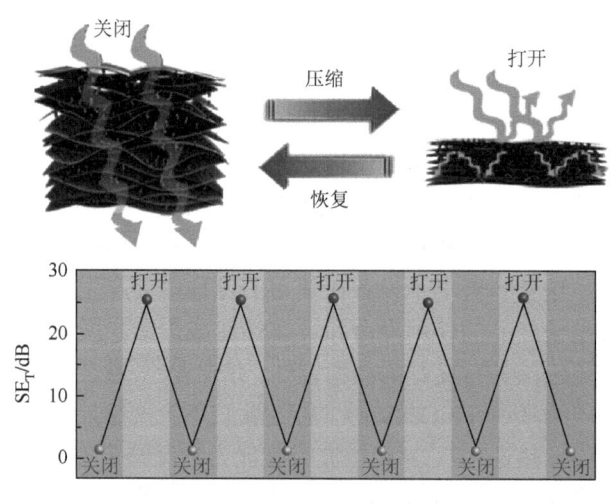

图 7-90 应力驱动开关式电磁屏蔽材料工作机制图

7.8.4.2 隐身材料

在军事领域中，电磁屏蔽和吸波材料已成为现代战争中的秘密武器，随着新型雷达、红外等探测技术的发展，大力发展隐身技术显得十分必要。然而隐身材料不仅需要具备优异的电磁屏蔽和吸波性能，还必须能够适应实际复杂恶劣的环境，所以需要根据实际情况赋予木竹电磁功能材料几种不同的性能。例如，兼具隔热、电磁吸收性能以及较好力学性能的材料可以应用在飞机的关键部位，实现隐身功能。

通常，优异的电磁波吸收性能需要材料能够实现高效的阻抗匹配，在木竹电磁功能材料中则需要兼具磁性和导电组分。例如，具有磁损耗的 Fe_3O_4 纳米颗粒和介质损耗的碳纳米管（CNT）与木竹气凝胶的组装，加上无机-有机的界面极化效应之间的协同作用，可以使材料表现出更优异的电磁波吸收性能。同时，气凝胶骨架结构中填充了大量导热系数很低的空气，使得固相的热传导显著降低，且随机分布的孔隙可以减少辐射换热，所以，有利于电磁波的耗散也有利于隔热。此外，含有丰富含氧官能团（如—OH、—COOH、═O）的纤维素大分子可以和 CNT 末端基团形成氢键，保证材料的均匀性和结构稳定性，这样的吸波材料可以体现出在恶劣环境下的多功能性。有学者采用冷冻干燥的方法制备具有三维骨架结构的纤维素气凝胶，并引入壳聚糖与之交联增加骨架的支撑强度，随着壳聚糖在一定范围内的增加，材料的稳定性也会增加，最后，原位聚合 PANI 为气凝胶提供介电性能和红外隐身性能。该气凝胶具有良好的微波吸收性能，反射损耗达到-54.76 dB，有效吸收带宽为 6.04 GHz，覆盖 Ku 波段的大部分范围（图 7-91）。更重要的是，红外热成像结果表明，负载 PANI 的气凝胶完全绝缘，能够有效地传递温度。所以该气凝胶不仅在结构上具有一定的力学强度，而且是一种具有较好应用前景的多功能红外隐身材料[102]。

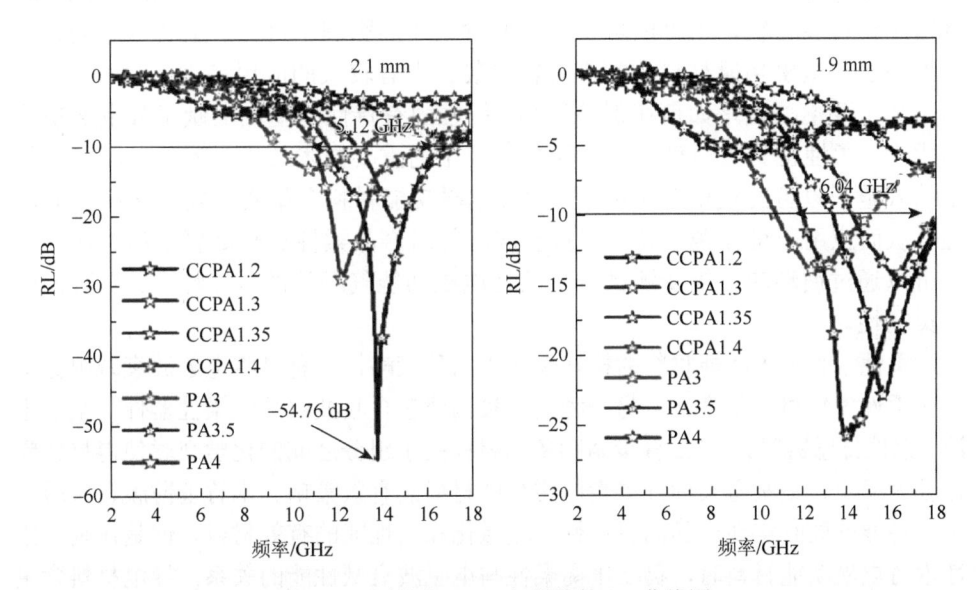

图 7-91 纤维素/PANI 气凝胶的 RL 曲线图

CCPA 表示纤维素-壳聚糖/PANI 气凝胶；纤维素-壳聚糖与 PANI 气凝胶的质量比为 1∶1 命名为 CCPA1；CCPA1 在 20%、30%、35%、40%的不同填充比下的测量样品，分别命名为 CCPA1.2、CCPA1.3、CCPA1.35、CCPA1.4；PANI 的填料比为 30%、35%、40%的样品分别命名为 PA3、PA3.5、PA4

除此之外，材料的裂纹也是隐身武器装备研究中的一个重大问题。裂纹的存在会严重影响吸波基体的性能，这就要求吸波基体具有裂纹自愈合能力。有学者采用溶剂蒸发法制备了以环氧树脂（ER）为芯材，羰基铁粉（CIP）和乙基纤维素（EC）为杂化壁的自愈微胶囊吸波材料（W/SMCs）。该材料不仅在X波段范围内具有良好的吸波性能，而且具有裂纹自愈合性能。微胶囊产生裂纹后，芯部的环氧树脂会释放，与基体中的固化剂发生聚合反应，从而实现自愈合功能。CIP是一种典型的铁磁吸波材料，当电磁波通过材料内部时，会发生涡流损耗、磁滞损耗、铁磁损耗等将电磁能转换为热能、机械振动能等其他形式的能量。其中部分热能可以传递到微胶囊芯部，使芯部温度升高，黏度降低，具有更好的流动性，从而能有效地愈合材料产生的裂纹。此外，吸波过程中产生的机械振动能也可以驱动芯部环氧树脂充分填充基体产生的裂纹，并在一定程度上提高嵌入基体中的微胶囊的自愈效率。具有自愈和吸收电磁波特性的材料也将是结构和功能一体化吸波材料的未来发展趋势[103]。

7.8.4.3 防辐射装备

在各种电磁屏蔽与吸波材料中，防电磁辐射装备也受到了广泛的关注，既可以用作包装材料，也可以防止电磁波对人体的影响。目前，主要以织物、纤维为基质的电磁功能材料在制作防辐射装备中有较大的应用潜力。然而，面临的一个主要挑战就是如何在保持织物、纤维固有特性的基础上赋予其电磁功能和柔性。柔性也是实用型电磁功能材料应用的重要技术要求。随着高度集成化便携式电子设备的使用越来越多，柔性电磁功能材料有望实现轻量化和高灵活性，从而应用于可穿戴设备、可折叠屏幕等对产品柔性有较高要求的领域。一般可以通过循环应力应变测试分析柔性电磁功能气凝胶的压缩特性，从而评估其柔韧性。

柔性木竹电磁功能材料的构建聚焦于两种策略，一种是将电磁波衰减组分填充在柔性木竹材料基底上，另一种是直接构建包含吸波组分的柔性器件（柔性电池、柔性传感器等）。第二种策略制备的材料由于组分之间的化学交联使得材料整体较为稳定，是制备柔性纤维素电磁功能材料的有效策略。木竹基薄膜、气凝胶是一种能够同时实现产品的灵活性、轻量化和高性能的有效材料。但是在制备柔性木竹电磁功能材料时，仍要平衡柔性与电磁波衰减性能的关系。导电材料含量过高会产生聚集从而影响吸波材料的力学性能，过低则无法达到电磁波衰减要求，因此，尽可能选择具有柔性的导电材料构建导电网络，如碳纳米管、导电聚合物、银纳米线等。

棉织物具有良好的保暖性、柔软性和透气性，导电棉织物能够屏蔽电磁波，有望应用于防辐射装备中，然而棉织物的易燃性会限制其实际应用场景。有学者通过溶液浸渍法制备了用于电磁屏蔽的高效阻燃棉织物纳米复合材料，其电磁屏蔽与阻燃机制如图 7-92 所示。其中阻燃性能主要来源于 PEI/APP 涂层，当材料被点燃时，PEI/APP 涂层首先降解，在棉纤维表面形成膨胀的炭层阻止了可燃性气体的燃烧和热量的传递。优异的电磁屏蔽效果是由于 MXene 在棉织物表面构建了良好的导电路径，当电磁波入射到样品表面时，部分电磁波会反射到空气中，剩余的部分电磁波在与高电荷密度 MXene 薄片相互作用后被耗散。此外，少量的电磁波在棉纤维之间多重反射，直到被完全消耗。当 MXene 的负载量为 5.2 mg/cm^2 时，平均 SE_T 可达 31.04 dB。因此，该棉织物复合材料实现了阻燃和电磁屏蔽的双重功能[104]。

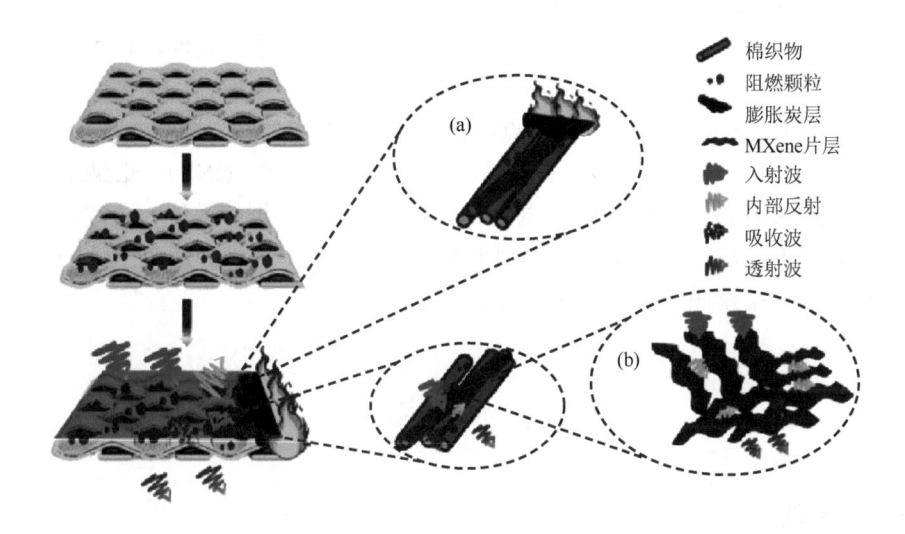

图 7-92　棉织物复合材料（a）电磁屏蔽与（b）阻燃机制图

7.8.4.4　建筑装饰

纤维素基电磁屏蔽与吸波材料在建筑空间内的应用旨在减少电磁污染对人体身心健康产生的危害。生活中各类电子产品及无线通信设备的频繁使用，使得电磁辐射早已充斥在人类的生活空间，长时间处于微波辐射条件下会影响人体内分泌系统、心脑血管系统、中枢神经系统的正常运作，产生各种疾病症状，所以，在建筑空间内使用电磁波吸收材料，可以有效减轻电磁辐射对人体的影响。

一方面，可以通过简单的化学处理去除木材、竹材等木质材料的木质素、半纤维素，只留下纤维素纳米纤维的三维骨架结构。这种方法与一般纳米纤维素的分离和组装相比能源消耗小，工艺简单，且可以保留一定的机械强度，可以应用于建筑结构材料中。此外，也可以进一步通过致密化过程获得多层复合材料，以提升材料的刚度和力学性能。该方法可以避免组装纳米级材料坍塌的制备过程。有学者则使用过氧化氢和乙酸去除竹材中的木质素。与传统亚氯酸钠脱木素法相比，该方法更加环保而且整竹也可以获得完整的纤维素骨架。然后浸渍环氧树脂并通过与 ITO 薄膜的多层叠加，制备得到具有电磁特性的蜂窝板结构状半透明纤维素复合材料。该复合材料在 8.2~12.4 GHz 频段的屏蔽效能值可以达到 46.8 dB，此外，具有较好的透光率和力学强度，当厚度为 6.23 mm 时，透光率可以达到 59.2%，最大抗拉强度为 46.4 MPa。所以，该复合材料在室内照明、家具设计等应用中具有一定的吸引力[105]。

另一方面，具有电磁特性的纤维素纸、纤维素气凝胶等柔性、轻质材料，在建筑装饰材料中也有着巨大的应用潜力。纯纤维素纸价格便宜、柔韧性好、轻薄且具有生物降解性，但也有一些缺点，如高可燃性和绝缘性，影响其使用。因此，纳米填料如碳纳米管（CNT）、石墨烯、纤维素纳米纤维（CNF）、银纳米颗粒和 MXene 已被用于改善纤维素纸的电气、机械和电磁干扰屏蔽性能。通过高效简便的真空辅助浸涂法、水热法等可以制备具有电磁特性、柔性和超疏水性的多功能纸，可以作为暴露在电磁波中的建筑物的墙纸材料。

7.9 木基水凝胶

7.9.1 概述

7.9.1.1 水凝胶

水凝胶（hydrogel）一词最早出现于 19 世纪，用于描述一些无机盐的胶体。随着科学技术的不断发展，水凝胶的定义与最初已经完全不同。直至 1960 年，科学家 Otto Wichterle 和 Drahoslav Lim 使用甲基丙烯酸羟乙酯和乙二醇二甲基丙烯酸酯为原料，交联得到三维的网状结构[106]。这种三维网状结构可以锁住大量的水分子，使整个材料发生膨胀并具有良好的柔韧性。他们发现还可以通过调节两种分子的比例以及水的含量来控制水凝胶的力学性质。这类材料对组织器官的刺激很小，同时性质稳定，在体内很难降解，因此非常适合用于生物医学领域。从此，高分子水凝胶这类独特的材料逐渐被人们重视起来。

自 21 世纪以来，人们要求材料更加绿色环保，且在功能上更加智能多样。相对于金属、陶瓷等其他形式的聚合物，天然和合成的水凝胶具有多样的聚合拓扑结构和化学组成，这使得它们非常适合更广泛的应用。功能性水凝胶在生物医学方面的应用包括组织工程、伤口敷料、药物输送等，同时还可以在柔性设备和软机器人中发挥关键作用，如肌肉状制动器、柔性显示器、皮肤传感器等。水凝胶根据交联方式可以分为化学凝胶和物理凝胶。化学凝胶主要是在光、热、高能辐射、交联剂等作用方式下，分子链通过化学键结合起来形成稳定的三维网络结构，这种网络结构通常是坚韧且不可逆的。物理凝胶是分子通过超分子相互作用（氢键、范德瓦耳斯力、静电作用力）、链的缠结等方式形成的，这种结构通常是脆弱且可逆的。根据材料来源，水凝胶可以分为合成聚合物水凝胶和天然聚合物水凝胶。合成聚合物水凝胶是以亲水性聚合物如聚乙二醇、聚乙烯醇、聚丙烯酰胺、聚丙烯酸交联形成的。合成聚合物水凝胶具有可调节的力学性能、易于控制的网络结构和化学成分。但合成聚合物水凝胶的生物降解性差，对人体和环境存在着潜在威胁。天然聚合物水凝胶是利用甲壳素、壳聚糖、淀粉、纤维素、海藻酸盐等天然聚合物所合成的凝胶，具有无毒、生物相容性好、生物降解性好、成本低等特点，因此可以广泛应用于生物医学、柔性传感器等领域。

7.9.1.2 木材-水凝胶复合材料

木基水凝胶是以天然木材作为基体骨架，通过物理、化学或物理化学相结合的方式与聚合物交联，所制备的具有各向异性、生物相容性和优异力学性能的水凝胶（图 7-93）。天然木材的分层和各向异性结构，使其具有柔韧性好、机械强度高、绿色环保的优势，通过对天然木材进行预处理，使束缚在细胞壁基质中的亲水性纤维素纳米纤维暴露出来，并进一步通过化学处理（酯化、氧化等）对木基纤维骨架进行修饰，增加交联位点，与亲水性聚合物接触后在木材内部原位交联形成具有三维网络的水凝胶。在木基水凝胶中，纤维素纳米纤维作为机械增强相，提供给水凝胶强度和刚度，聚合物网络填充到木材内部中形成相互缠结的交联结构，为木基水凝胶提供韧性。氢键是一类重要的超分子相互作用，在木基水凝胶的形成过程中起到了关键作用。纤维素纳米纤维表面或内部具有大量的羟基，可以与水分子进行相互作用产生氢键，进而吸收和保留大量的水分子。虽然分子之间的氢键不是最强的超分子相互作用，但可以通过提高氢键的数量来增加水凝胶的交联位点和力学强度。

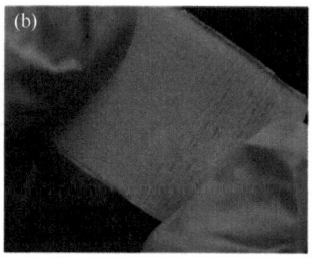

图 7-93 传统水凝胶（a）与木基水凝胶（b）示意图

目前对于全木水凝胶已有相应的研究。例如，通过自下而上的方法将去除细胞壁基质的木材骨架引入聚丙烯酰胺中，制备高强度、高韧性的木材复合水凝胶传感器，可以根据电流变化记录人在手指弯曲或咀嚼运动等细微动作。将高电导性 MXene 与聚乙烯醇溶液混合制备高导电性水凝胶，再将其原位聚合到木材纤维素骨架上，制备得到木基水凝胶电子皮肤在水下隐蔽信号和监视设备具有极大的潜力。与前两者不同，通过去除木材细胞壁基质再与木质素相结合，利用 Hofmeister 效应将聚乙烯醇与木质素分子和纤维素骨架交联，构建了机械可调且可导电的全木水凝胶，并且具有优异的可回收性，为构建可持续的柔性电子材料提供了可能性。

7.9.2 制备方法

7.9.2.1 预处理

木材纤维素被紧密包围在其余细胞壁基质（木质素、半纤维素等）中，导致其暴露的接触面积和可及性较低，限制了木材的多功能改性和应用。通过预处理的方式去除木材中木质素、半纤维素等基质，增加木材中的孔隙结构，以便于聚合物网络渗透到木材内部。通常使用显碱性（NaOH、NaClO$_2$、KOH 等）溶液浸渍脱除木质素和半纤维素，破坏纤维素的部分氢键并释放了游离羟基，从而提高了木材细胞壁的羟基可及性，促进了纤维素与水/聚合物的相互作用。在脱木素过程中，天然木材原有的多层级得到很好的维持，并进一步打开了孔隙结构，同时纤维素表面的羟基暴露出来，与聚合物可以形成稳定的交联结构。

通过将木材纤维素中的羧基经酯化处理并入双键，作为水凝胶随后在木材细胞腔内的锚定点，确保水凝胶在木材支架内的稳定。此外，通过掩盖—OH 的某些功能，使细胞壁疏水并阻碍亲水单体进入细胞壁，将单体限制在腔内。一般，原位接枝聚合物在木结构内的分布主要取决于加入单体与现有溶剂体系及木结构本身相互作用中的亲疏水性能,因此,疏水单体加入亲水细胞壁需要进行疏水预处理。同时,在木材纤维素基团中引入更多的亲水基团有利于形成更多交联位点,提高木基水凝胶的稳定性。例如,通过 TEMPO 预处理将 C6 位置的羟基转化为羧基,在原纤维表面引入负电荷,增加更多交联位点。最常见的 TEMPO 体系是 pH 为 10 的 Tempo/NaBr/NaClO。在该体系中 NaClO 作为主要氧化剂并在氧化过程中被消耗,而 Tempo 和 NaBr 作为催化剂。这种 TEMPO 主导的氧化作用是纤维素纤维转化为纳米纤维最有前途、最高效、最节能的预处理方法之一。

7.9.2.2 聚合物交联

(1) 天然聚合物

天然聚合物指的是纤维素、壳聚糖、胶原、海藻酸钠、明胶等天然形成的一类聚合物(表 7-19)。天然聚合物具有优良的生物相容性、可降解性及易于加工的优点,已经广泛应用于各类凝胶材料的制备[107]。天然聚合物源自动物和植物,包括多种多糖(如葡萄糖)和多肽(如蛋白质)。加入特定的多糖或多肽可以为水凝胶引入所需的特性,包括细胞黏附性和可降解性等。通常需要对天然聚合物重复单元内的各种基团(如胺、羟基、羧酸)进行化学修饰以促进水凝胶的形成。天然聚合物的改性程度、交联程度、天然聚合物的浓度及所用化学交联的类型影响其机械性能。使用共价交联(如自由基链式聚合、点击反应)可制备十分稳定的水凝胶,也可以利用动态共价交联(如席夫碱键、二硫键)将水凝胶的稳定性与自我修复行为之类的特征结合起来。而利用物理交联(如氢键、金属-配体配位)制备的水凝胶较不稳定,会随着时间的推移表现出诸如剪切稀化和分解等特性。各种天然聚合物网络也可以通过结合(如互穿网络)来进一步改善水凝胶的性能,以满足特定应用的需要。

纤维素是一种来源广泛、天然可再生的多糖聚合物,是由 D-葡萄糖通过 β-1, 4 糖苷键连接在一起的大分子多糖(表 7-19)。其分子链上具有丰富的羟基,因此可以通过建立纤维素链分子内氢键或者采用交联剂交联的方式来轻松地实现凝胶 3D 网络的构建。它在生物医学、化工、食品等领域有极大的应用潜力,由于具有良好的柔韧性、生物相容性和生物可降解性而成为非常有前景的药物载体材料,近年来引起了持续的关注。纤维素链上有大量的羟基,它们能够在纤维素大分子的分子内部和分子之间形成氢键,这导致天然纤维的水溶性较差,极大地限制了它的使用范围。因此制备纤维素基水凝胶的方式主要包括两种体系,纳米分散体系和溶解体系。纳米分散体系是通过机械或者化学处理将纤维素分解成纳米纤维素并将其分散到溶液中,制备得到的纤维素晶体结构没有发生改变。溶解体系是通过破坏纤维素的氢键网络结构,将纤维素溶解到某一溶液中,再用于制备水凝胶的体系。该方式会破坏纤维素结晶区，晶型结构也会发生改变。在现有的木基水凝胶体系中较少有采用纤维素水凝胶作为聚合物交联的体系，主要原因之一是纤维素体系水凝胶会破坏木质纤维骨架，降低其力学性能，但通过此方式可以进行木质纤维结构的破坏重组。

表 7-19 水凝胶聚合物类型

天然聚合物	化学结构	合成聚合物	化学结构
纤维素 ($[C_6H_{10}O_5]_n$)		聚乙烯醇 ($[C_2H_4O]_n$)	
壳聚糖 ($[C_6H_{11}NO_4]_n$)		聚丙烯酰胺 ($[C_3H_5NO]_n$)	
透明质酸 ($[C_{14}H_{21}NO_{11}]_n$)		聚丙烯酸 ($(C_3H_4O_2)_n$)	
海藻酸钠 ($(C_6H_7NaO_6)_n$)		聚（N-异丙基丙烯酰胺） ($[C_6H_{11}NO]_n$)	
明胶 ($(C_{12}H_{16}O_{11})_n$)			

壳聚糖是一种阳离子聚合物，由亚基 D-氨基葡萄糖和 N-乙酰基-N-氨基葡萄糖通过 β-1,4 糖苷键连接而成，通过甲壳素脱乙酰化得到，是天然多糖中唯一的碱性多糖（表 7-19）。其物理和机械性能与分子量及脱乙酰度直接相关。壳聚糖可溶于酸性水溶液，而不溶于中性和碱性水溶液。低 pH 条件下，氨基很容易转化为铵基，使其具有良好的 pH 响应性。壳聚糖还具有良好的生物相容性、生物降解性、抗菌性和黏膜黏附性等特性，在伤口愈合、药物靶向、药物输送和组织工程中具有广泛的适用性。此外，可以在壳聚糖的氨基或羟基上进行化学修饰，以生成含有阳离子或其他亲水和疏水部分的衍生物。壳聚糖的衍生化旨在改善其在水性介质中的溶解度，同时增强抗菌性能。壳聚糖作为一种具有优良抗菌性能的阳离子天然聚合物，具有很好的抗菌性能，同时能很好地与海藻酸钠这一阴离子多糖进行阴阳离子结合形成水凝胶。

透明质酸是一种天然多糖，包含交替重复的 D-葡萄糖醛酸和 N-乙酰基-D-葡萄糖胺二糖单元（表 7-19），是细胞外基质（ECM）的主要成分，在细胞生长和维持组织结构稳定性方面发挥着重要作用。透明质酸分子中含有大量的羟基和羧基，这些基团的存在赋予了透明质酸更多的活性位点。它不仅可以与水形成氢键，具有出色的保水性，而且还可以通过化学反应与其他化合物形成新的聚合物。因此，透明质酸作为活性成分广泛用于制药和化妆品领域，特别是作为可注射水凝胶药物载体，可实现局部和持续药物释放。

海藻酸钠（SA）是海藻酸盐的衍生物，也是一种常用的天然多糖。它是一种聚阴离子多糖，在水性介质中具有在多价阴离子存在下形成凝胶的独特性质。其分子由 β-D-甘露糖醛酸（β-D-mannuronic acid，M）和 α-L-古洛糖醛酸（α-L-guluronic acid，G）按（1,4）键连接而成，具有药物制剂辅料所需的稳定性、溶解性、黏性和安全性。M 嵌段和 G 嵌段的含量在聚合物链中的分布以及各嵌段的长度是决定海藻酸盐理化性质及其胶凝性能的重要因素。海藻酸钠具有生物相容性，可在温和条件下凝胶化，并且可以很容易地进行修饰以获得具有新功能的各种衍生物。作为一种天然高分子聚合物，海藻酸钠以其可调节的物理性质、可控的降解性和对药物的保护能力，在药物递送领域具有广阔的前景。

明胶作为一种天然高分子生物材料，主要成分是各种氨基酸，具有优良的生物相容性、细胞相容性。明胶是胶原蛋白经酸或碱水解而获得的蛋白质混合物，通过工艺过程的处理，胶原分子螺旋体变性分解成单条多肽链（α-链）的 α 组分，由两条链组成的 β 组分及由三条 α 链组成的 γ 组分，以及介于其间和小于 α 组分或大于 γ 组分的分子链碎片。近年来，明胶的需求量急剧增加，通常是从胶原蛋白含量高的原料中提取，包括不同动物的皮、骨等结缔组织。目前，有两种比较常见的类型：A 型明胶（酸法明胶）和 B 型明胶（碱法明胶）。与 A 型明胶相比，

B 型明胶具有更多的羧基，使其带负电并降低等电点。明胶可以在高于一定浓度（约 2%，w/v）且低于 30~35℃ 的水中通过物理交联形成水凝胶。在此过程中，明胶分子聚集并经历从无规卷曲到 3 倍螺旋构象的变化。同时，明胶链之间形成分子间氢键。明胶作为一种天然的大分子物质，具有出色的生物相容性、生物降解性、非免疫原性、溶胶-凝胶的可逆转变性、侧基的高化学反应活性和可修饰性，因而通常用于生物医学领域，包括外科手术密封剂、硬胶囊、软胶囊、水凝胶和微球等。

（2）合成聚合物

合成聚合物是指小分子有机化学物质（单体）通过化学反应形成的具有重复单元的大分子有机物。目前用于制备木基水凝胶的聚合物主要有以下几种：聚乙烯醇（PVA）、聚丙烯酰胺（PAM）、聚丙烯酸（PAA）、聚（N-异丙基丙烯酰胺）（PNIPAM）（表 7-19）。这几种聚合物作为木基水凝胶常用的聚合物，具有大量的亲水性基团，可保证：①在水凝胶溶液中均匀分散形成凝胶前驱体溶液；②增加水凝胶体系中聚合物链之间的相互作用；③通过氢键增强水凝胶链与木材表面基团之间的相互作用。

PVA 是一种有机物，呈白色片状、絮状或粉末状固体，溶于水（95℃ 以上），微溶于二甲基亚砜，不溶于苯、丙酮、乙酸乙酯、甲醇、乙二醇等。PVA 作为一种亲水材料，因低毒性、高吸水性、良好的力学性能而引起了人们的广泛关注，特别是近年来在生物医学领域，如药物输送载体、组织工程支架、生物传感器、伤口敷料和软机器人等方面。通过简单的冻融过程会形成具有三维网络结构的水凝胶，并且具有高拉伸性、延展性、黏附性等特性。通过在天然木材的纤维素骨架填充 PVA 溶液并进行原位交联，可以制备具有高韧性和各向异性的木基水凝胶。

PAM 是丙烯酰胺及其衍生物通过各种合成方式聚合而成，具有良好的水溶性。PAM 所含酰胺基团还可以与有机交联剂进行交联形成共价键，其溶于水变为含有羧基的部分水解的 PAM，羧基可与某些金属交联剂交联形成配位键。PAM 基水凝胶通过自由基聚合合成，在应用方面具有近乎完美的弹性。由于 PAM 聚合物网络侧链上酰胺基团的水解，PAM 水凝胶可以从中性水凝胶转变为部分带电水凝胶（聚电解质水凝胶）。由于木材中排列的纤维素纳米纤维（CNF）与 PAM 聚合物之间通过氢键和酰胺键进行强结合和交联，产生较大的应变和力学强度，在软离子电子方面具有巨大的应用前景。聚丙烯酰胺（PAM）渗透入木材骨架，再进行简单的绿色接枝（UV 接枝），形成了 PAM-木材纤维素纳米纤维（CNF）水凝胶，其中 CNF 本身作为引发剂和交联剂。所得到的木基水凝胶（Wood-g-PAM）具有更强的拉伸性能，并可进一步组装成传感器应用的导电器件。

PAA 是一种亲水性较强的聚合物，具有优良的力学性能和生物相容性，被广泛用于制备水凝胶的生物医用材料。PAA 含有羟基，容易形成分子间氢键。PAA 基水凝胶以丙烯酸（AA）为主要单体，经接枝聚合后交联而成，其官能团含量丰富，网络结构稳定，是一类常见的合成有机高分子水凝胶。传统 PAA 基水凝胶因组成结构特点，具备亲水性离子型水凝胶的特性，如良好的 pH 响应性、离子响应性、吸水和吸附性能，常用作保水剂或吸附材料。以木基水凝胶的微观结构为灵感，通过化学交联和离子交联将 PAA 引入木基水凝胶丰富的孔隙中，开发出具有独特的纤维素排列、力学各向异性和良好的柔韧性的木基水凝胶。研究人员将季铵化明胶与交联聚（丙烯酸-共-丙烯酰胺）结合形成半互穿网络，并在柔性多孔木材骨架中原位凝胶化，柔性木材骨架增强了水凝胶并限制了水凝胶的溶胀。此外，季铵基团和柔性木材协同作用，使复合水凝胶电解质具有 5.57×10^{-2} S/cm 的高离子电导率和高比电容。同时，柔性超级电容器在 180°弯曲 1000 次后仍能保持近 90%的电容保持率。这为开发高性能水凝胶电解质和柔性超级电容器提供了可行思路。

PNIPAM 由于对环境温度具有很好的响应性，故又称为温敏性高分子聚合物。PNIPAM 拥有一个低临界溶解温度（LCST），在 30～35℃之间，并且在此范围内 PNIPAM 产生亲水/疏水间的可逆构象变化，进而发生相分离。若加以改性，可以得到拥有可调相转移温度的聚合物，从而进一步加强聚合物材料的温敏性能。PNIPAM 水凝胶作为一种温敏型水凝胶，能够随温度的改变发生体积膨胀或收缩，常被应用于传感器、药物释放、细胞支架等领域。PNIPAM 的单体结构中具有酰胺（—CONH—）和丙基［—CH(CH$_3$)$_2$］部分。当温度较低时，亲水酰胺基团被水分子溶剂化，因此聚合物可以溶解。这种氢键形成了高度结构化的水化壳层。当温度升高时，氢键作用减弱，随后疏水基团［—CH(CH$_3$)$_2$］之间的相互作用变得强烈。这最终会导致水从该结构中释放出来。将 PNIPAM 加入木质纤维通道中，可制备强而透明的木材复合水凝胶，具有良好的光学特性，具备巨大的光学应用潜力。采用激光打孔技术切割木材支架中的孔道，将 PNIPAM 在通道内原位聚合，当超过 PNIPAM 较低的临界温度时，形成具有非均匀微观结构的温度响应性水凝胶开关。木基智能门控膜在加热/冷却条件下具有可逆和稳定的开/闭孔性能。木基智能门控膜在加热/冷却条件下具有可逆和稳定的开/闭孔性能，实现了快速响应和扩大制造规模的可行性，为各种实际应用开辟了场所。

7.9.2.3 交联方式

聚合物中交联方式分为物理交联和化学交联，如表 7-20 所示，以下将重点介绍聚合物的交联方式。

表 7-20　水凝胶交联方式

交联种类	交联方式	交联形成方式
物理交联	静电相互作用	带相反电荷聚合物链或离子间通过可逆静电相互作用形成
	主客体作用	由两个或更多的分子或离子组成的复合物，在满足结构互补和能量匹配的条件下，通过非共价键相互作用选择性结合，形成具有特定功能的超分子的过程
	氢键	利用化合物不同位置的氢供体和氢受体之间的可逆交联构建聚合物网络
	疏水相互作用	在聚合物主链中引入高疏水性的分子链段，通过疏水性链段在水中自发聚集，形成可逆的物理交联点
化学交联	交联剂交联	在聚合物分子链之间形成连接，变为三维结构的不溶性物质
	接枝	在某聚合物主链接上结构和组成不同的支链的化学反应
	自由基聚合	自由基引发，使链增长（链生长）且使自由基不断增长的聚合反应
	高能辐射	使用高能辐射如伽马（γ）射线或电子束辐射进行聚合

（1）物理交联

物理交联水凝胶或可逆凝胶由于相对容易生产及在合成过程中不使用交联剂的优点而变得重要。不同聚合物链之间存在的物理相互作用阻止了物理交联凝胶的溶解。水凝胶类型的选择取决于浓度和pH，可导致多种凝胶结构的形成，目前在食品、药物和生物医学应用中是一个受到相当关注的领域，因为通常避免使用交联剂[108]。

氢键是木基水凝胶交联的主要非共价键相互作用。氢键具备定向性、特异性、可调节性，被称为"超分子化学中的主键相互作用"。在木基水凝胶中，氢键有助于打开纤维素骨架之间的连接，并且促进木材组分与各种聚合物（明胶、PVA、PAM）之间形成高度交联的凝胶网络，赋予木基水凝胶良好的弹性与柔韧性。例如，可以利用 PVA 与木质素和纤维素之间的氢键相互作用制备高韧性木基水凝胶。利用PAM与纤维素骨架之间产生的强氢键结合，可以使木基水凝胶达到增强增韧的效果，且具有良好的光学各向异性和导电性。

静电作用也是常见的非共价键作用之一。带电基团一般具有良好的水溶性，能够产生静电作用。静电作用一般没有方向性和饱和性。带电聚合物与金属离子之间存在静电作用。例如，采用 Ca^{2+} 与海藻酸钠上两个带负电的羧基结合可以构筑高强度的水凝胶材料，并且三价阳离子（如 Al^{3+} 和 Fe^{3+}）同样也能与羧基作用，强度和可逆性要比二价离子高，形成配合物的弹性模量高一个数量级。研究发现，Fe^{3+}-聚丙烯酸酯网络可以用在水凝胶的增强增韧中，被破坏后能够在几小时内重新形成并恢复材料最初的机械性能。聚阳离子和聚阴离子可以形成聚电解质络合物。例如，带负电的海藻酸钠和带正电的壳聚糖在水中形成聚电解质络合物。聚电解质也可以由阳离子和阴离子单体聚合形成，能够构筑非常坚韧的水凝胶材料。静电作用的强弱与电荷分布有关，交替结构表现为弱交联，重复结构为强交联。静电的强弱还取决于阴阳离子对的类型。强作用和弱作用的混合为能量耗散提供了不同的时间范围，从而赋予材料高强度、自愈合和韧性。

主客体作用也应用于超分子水凝胶的构筑。与其他非共价键相互作用相比，主客体作用具有分子结构的高度匹配性，对结构基元的空间构型、亲疏水性和能量的相互匹配有要求，成为一种具有高度识别能力的超分子作用。基于大环分子的超分子水凝胶一般分两种：一种是主体分子穿在聚合物链上形成聚（准）轮烷结构，改变亲疏水平衡或形成分子间氢键构成超分子水凝胶；另一种是以主客体识别为物理交联形成网络结构。例如，采用环糊精和疏水基团的主客体作用制备了两种具有自愈合性能的超分子水凝胶，在水溶液中的客体（丙烯酸正丁酯或金刚烷基丙烯胺）与相应的主体（丙烯酰胺 CDS）之间形成的主客体复合物，得到均匀溶液再进行聚合形成凝胶，所构筑的凝胶破坏后能够充分自愈合恢复初始强度。

疏水相互作用是指彼此靠近聚集以避开水的现象。疏水表面或疏水物在水介质中聚集产生疏水相互作用并形成动态交联网络，该网络结构中疏水缔合的可逆解离和结合作用是自愈合机制形成的主要原因。例如，在十二烷基硫酸钠胶束水溶液中，甲基丙烯酸硬脂基可与亲水单体丙烯酰胺共聚，形成强烈的疏水相互作用。这种强烈的疏水作用可以赋予水凝胶良好的自愈合性能。通过使用纤维素纳米纤维将多壁碳纳米管掺入疏水缔合聚丙烯酰胺水凝胶中，由于纤维素纳米纤维与多壁碳纳米管之间的疏水相互作用及静电排斥等作用，纤维素纳米纤维作为分散剂使多壁碳纳米管在水凝胶中分散均匀，并且提高了水凝胶的力学性能。

（2）化学交联

在化学交联水凝胶中，不同聚合物链之间存在共价键。因此，它们是稳定的，不能溶解在任何溶剂中，除非共价交联点被裂解。物理交联水凝胶的设计灵活性受到限制，因为很难分离变量，如胶凝时间、内部网络孔径、化学功能化和降解时间。相比之下，化学交联导致网络具有相对高的机械强度，并且取决于结构单元和交联中化学键的类型，可以相对延长降解时间。

在化学交联水凝胶中，交联剂如戊二醛、环氧氯丙烷、己二酸二酰肼和聚醛等，广泛用于获得各种合成和天然聚合物的交联水凝胶网络。此外，聚合物链之间的共价键可以通过官能团的反应建立，如胺-羧酸或并氰酸酯-OH/NH$_2$反应，或通过具有互补反应性的席夫碱形成，利用对二醇类化合物的结合作用，形成动态的硼酸酯键等。

水凝胶的制备以接枝为基础，涉及预制聚合物主干上的单体聚合。根据活化引发剂的类型，接枝可分为化学接枝和辐射接枝。在化学接枝中，大分子骨架通过化学试剂的反应而被激活。这种体系的一个例子是在水介质中用高铈离子引发的颗粒状玉米淀粉接枝丙烯。利用高能辐射，如γ射线和电子束引发的接枝称为辐射接枝。在电子束辐照下，羧甲基纤维素与丙烯酸在水溶液中的接枝是辐射接枝的一个例子。用电子束引发了羧甲基纤维素骨架上的丙烯酸自由基聚合。

在交联剂存在的情况下，也可以通过自由基聚合从低分子单体中获得化学交联凝胶。这是最广泛使用的水凝胶制备方法之一。这是一种非常有效的体系，即使在温和的条件下也能快速形成凝胶。这种体系的例子是由自由基（过硫酸铵或过硫酸钾）引发而产生的交联。

不饱和化合物可以通过使用高能辐射（如γ射线辐射或电子束辐射）进行聚合。在γ射线辐射或电子束辐射下，水溶性聚合物被乙烯基团衍生，通过均裂裂解在聚合物链上形成自由基。此外，高能辐射促进水分子形成羟基，这些羟基可以攻击聚合物链，导致化学交联的产生。这些微量聚合物在不同链上的重组导致共价键的形成，从而产生交联型结构。这种方法的优点是可以在温和的条件下在水中进行该过程，而不使用有毒的交联剂。然而，缺点是辐射导致C/C交联物的形成，从而产生不可生物降解的凝胶。这一类包括通过高能γ射线辐射合成聚（乙烯基甲醚）（PVME）和聚（N-异丙基丙烯酰胺）（PNIPAM）水凝胶。

（3）复合交联

复合交联是采用两种及两种以上物理或化学交联以及物理/化学相结合的交联方式构建水凝胶，目前大多数凝胶都采用复合交联的方式。化学交联水凝胶通过化学反应生成的不可逆共价键形成网络，物理交联水凝胶依靠其结构单元间的非共价键相互作用形成网络[109]。当两个网络都是化学交联的双网络（DN）水凝胶在第一次拉伸后，其网络的破坏是不可逆的，且具有较差的抗疲劳特性。为进一步改善水凝胶的抗疲劳性及机械性能，通过将物理交联引入DN水凝胶结构中，形成物理/化学杂化交联水凝胶。物理/化学杂化交联的DN

水凝胶已成为一种制备高强度水凝胶的有效方法,因此发展出许多物理/化学杂化交联的 DN 水凝胶,如细菌纤维素 DN 水凝胶、海藻盐 DN 水凝胶。大量研究发现,将可逆的非共价(即物理交联)网络引入不可逆的共价网络中不仅可以改善水凝胶的机械性能,还能够赋予水凝胶恢复和自愈等性能。例如,通过设计合成了物理/化学杂化交联的琼脂糖(Agar)/PAAm DN 水凝胶,DN 水凝胶第一网络为物理交联的 Agar 网络,第二网络是化学交联的 PAAm 网络,并探讨了物理交联的 Agar 网络对物理/化学杂化交联的 Agar/PAAm DN 水凝胶机械性能的影响。与大多数化学交联的 DN 水凝胶不同的是,Agar/PAAm DN 水凝胶的弹性模量和断裂能随 Agar 浓度的增加而近似线性增加,当 Agar 的浓度在临界值以上时,物理交联的 Agar 网络可以同时增强 Agar/PAAm DN 水凝胶的韧性和强度,从而改善了水凝胶的机械性能。

在物理/化学杂化交联的 k-卡拉胶(k-car)/PAAm DN 水凝胶中,物理交联的 k-car 网络是由冷却过程中 k-car 分链从线圈向螺旋转变,然后由双螺旋聚集而成,化学交联的 PAAm 第二网络是在紫外线引发剂作用下形成的。DN 水凝胶具有较高的弹性模量和断裂能。物理/化学杂化交联的丝素蛋白基 DN 水凝胶不仅具有较好的力学性能(应力和断裂伸长率分别为 0.65 MPa 和 2250%),而且表现出自愈性能等。虽然物理/化学杂化交联的传统 DN 水凝胶可显著提高机械性能,但仍存在两个主要缺点:一是不可逆共价交联形成的第二网络在第一网络损坏后无法承受高负荷,这通常会进一步导致 DN 水凝胶破裂;二是有毒化学交联剂的使用会使 DN 水凝胶的生物相容性较差。

尽管化学交联或物理/化学杂化交联的传统 DN 水凝胶具有较好的机械性能,但由于化学交联网络的不可逆断裂,其依然无法满足高应力下的应用需求,并且化学交联剂常存在毒性,因此使得水凝胶的自愈性及生物相容性变差。而双重物理交联的双网络(DPC-DN)水凝胶具有比物理/化学杂化交联的 DN 水凝胶更好的自愈和自恢复能力。例如,具有物理/化学杂化交联的 PVA/PEG DN 水凝胶,在室温下愈合 1 h 和 48 h 的效率分别为 21% 和 68%,而其缓慢的自愈过程可能是由于化学交联 PEG 的存在,这减少了切口界面上物理交联的数量,还增加了不可逆共价键的断裂。而双重物理交联制备的 Agar/PVA DN 水凝胶具有快速的自愈和高强度恢复的能力,室温下愈合 10 min 后可拉伸至其原始长度的 2.5 倍左右。该水凝胶同时还具有优越的机械性能(机械强度高达 1445 kPa,韧性为 2111 kJ/m^3),拉伸效果和一些传统的化学交联 DN 水凝胶相当,甚至比一些物理/化学杂化交联 DN 水凝胶更好。通过双重物理交联制备的 k-car/PAAm DPC-DN 水凝胶,当 k-car 的浓度最佳时,k-car/PAAm DPC-DN 水凝胶的断裂拉伸应力为 (1320 ± 46) kPa,断裂能为 (6900 ± 280) kJ/m^3,与一些完全化学交联及化学/物理杂化交联的 DN 水凝胶相当。由于 k-car/PAAm 水凝胶具有独特的双重物理交联结构,从而表现出快速自恢复和自愈性能,并且与干细胞呈现出优越的细胞相容性。以海藻酸钠(SA)和k-car为原料,氯化钙为交联剂,采用离子交联方法制备了海藻酸钠/k-car/Ca^{2+} DN 凝胶球。该凝胶球不仅具有低溶胀性能、较好的机械性能(应力为 1.07 MPa,应变为 90%,弹性模量为 1.3 MPa),还具有优异的吸附性能。具有双重物理交联的 PAAm/SA-Ca^{2+} DPC-DN 水凝胶的断裂应力为 1.16 MPa,断裂应变为 2604%,弹性模量为 71.79 kPa,韧性为 14.20 MJ/m^3。动态可逆的物理网络使 DPC-DN 水凝胶具有自愈、抗疲劳等特性,与一些物理/化学杂化交联的 DN 水凝胶相比,其自愈和自我恢复能力明显改善。

双重物理交联不含有额外的交联剂,且对增强 DN 水凝胶的韧性有很大帮助。离子交联是制备坚韧双重物理交联水凝胶的常用方法之一。通常是加入多价阳离子形成离子交联来提高机械性能,天然多糖及其衍生物如壳聚糖(CS)、果胶、羧甲基纤维素等由于独特的化学结构和生物学特性,已成为通过金属配位作用制备水凝胶的常用材料。例如,在水凝胶中引入离子交联成功制备出双重物理交联的果胶基 DN 水凝胶,该水凝胶具有优异且可调节的机械性能(拉伸强度:0.97~1.61 MPa,弹性模量:0.30~2.20 MPa)。采用 CS 分子链作为模板,通过一锅法合成 CS-PAA-Fe^{3+} DN 水凝胶。基于物理交联的水凝胶由于聚合物链间缺乏强相互作用,机械性能弱,因此除氢键之外,还使用 Fe^{3+} 进行离子交联来提高机械性能。CS-PAA-Fe^{3+} DN 水凝胶的压缩应变随 Fe^{3+} 浓度的增加而增加。当水凝胶未添加 Fe^{3+} 时,其压缩应力和应变分别为 13.5 MPa 和 89%;当加入 0.01 mol/L Fe^{3+} 时,应力增加到 21 MPa;当 Fe^{3+} 浓度增至 0.05 mol/L 时,应力又减少至 4.5 MPa。这主要是由于 Fe^{3+} 浓度较低(0.01 mol/L)时,主要与—COOH 发生配位结合。当进一步增加 Fe^{3+} 浓度时,其与 CS 分子链上—NH_2 的配位作用增强,而该键合比与—COOH 形成的配位键弱,从而导致抗压缩能力下降。当 Fe^{3+} 浓度从 0.01mol/L 增加至 0.05 mol/L 时,水凝胶的压缩应变从 89%增加到 98.5%,故 Fe^{3+} 可增加 CS-PAA-Fe^{3+} DN 水凝胶的抗压性能。使用麸质、原花青素(PAC)和 Fe^{3+} 间的物理相互作用可以制备 DN 面筋水凝胶,第一网络由面筋蛋白分子组成,而第二网络由 Fe^{3+} 与 PAC 交联组成。PAC 上的酚羟基和疏水区域通过氢键、疏水相互作用可分别与面筋蛋白上的羰基和疏水区域反应。此外,Fe^{3+} 与 PAC 交联,以及 PAC 中邻苯二酚配体通过氢键和疏水作用与面筋蛋白形成双网络。Fe^{3+} 和 PAC 的相互作用可有效改善面筋凝胶的机械性能,从而获得具有高强度高韧性的 DN 凝胶,其剪切模量比单一面筋蛋白水凝胶高 3 倍。

7.9.3 性能表征

7.9.3.1 基本性质

木基水凝胶不仅保留了天然木材自身的各向异性结构，还具备水凝胶柔性、弹性等基本性质。木基水凝胶的微观形貌一般可以通过扫描电子显微镜（SEM）、共聚焦拉曼显微镜（CLMS）等方法进行表征。图 7-94 为木基水凝胶的 SEM 图。该木基水凝胶是通过霍夫迈斯特效应合成的全木水凝胶[110]，没有使用任何化学交联剂。由纤维素、木质素和半纤维素组成的起始木质材料沿着生长方向具有许多开放纳米通道的细胞结构。使用 NaOH 和 Na_2SO_3 的混合溶液原位提取大部分木质素，然后使用 $NaClO_2$ 溶液（pH≈4.6）进一步去除残余木质素，得到白色木材，暴露出更多的孔隙结构。为了重建木质的疏松多孔结构，该凝胶将可生物降解的聚乙烯醇填充到内部的纳米通道。并且形貌分析进一步验证了全木水凝胶形成过程中纤维素纤维的微观结构完全保持。

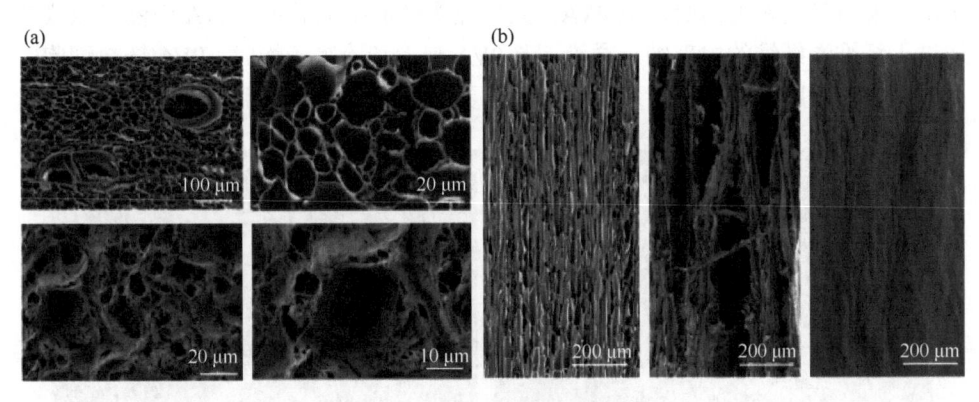

图 7-94　木基水凝胶的 SEM 图

（a）木材横向；（b）木材弦向

傅里叶变换红外光谱（FTIR）及 X 射线衍射（XRD）是研究全木水凝胶形成过程中化学演变的有效手段。例如，在制备的 PVA/木基水凝胶红外光谱图中，与天然木材的特征峰相比，脱木素木材没有出现明显的新峰。制备的全木水凝胶在 PVA 中 CH—OH 拉伸振动的吸收峰为 1261 cm^{-1}，C—OH 拉伸振动的吸收峰为 1102 cm^{-1}，C—H 拉伸振动的吸收峰为 1051～994 cm^{-1}，C—H 弯曲振动的吸收峰为 805 cm^{-1} [图 7-95（a）]，该结果表明体系中形成了交联网络。同时，天然木材、脱木素木材和木基水凝胶的 XRD 谱图与Ⅰ型纤维素晶体结构具有相似的衍射峰，表明经过这些处理后，其保存完好。木基水凝胶的 XRD 谱图不仅保留了Ⅰ型纤维素的晶体结构，而且还出现了 PVA 特征峰，证实了填充良好的 PVA 凝胶进入了木材纳米通道 [图 7-95（b）]。

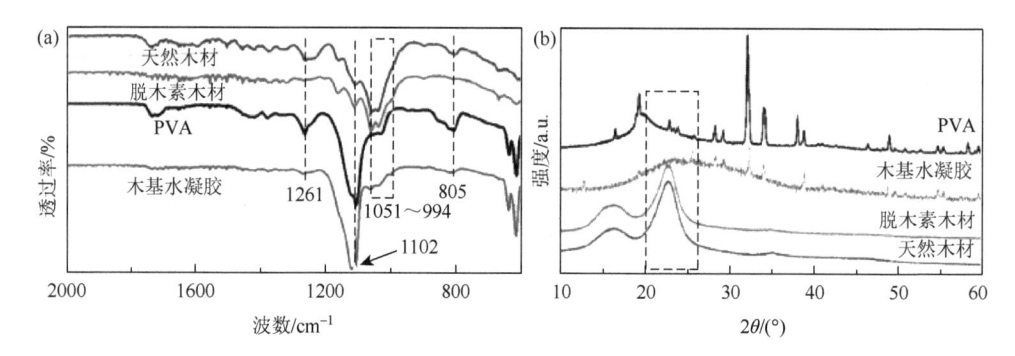

图 7-95 PVA、天然木材、脱木素木材和木基水凝胶的 FTIR 图（a）和 XRD 谱图（b）[110]

通过共聚焦拉曼显微镜可以观察木基水凝胶中聚合物的存在状态，如图 7-96 所示。采用荧光素二钠盐标记 PVA，共聚焦图像清楚地显示，PVA 溶液可以成功地进入纤维素纤维的内部纳米通道。当 PVA 浸泡和冷冻干燥时，PVA 链在细胞腔内成为内部凝胶，这对保持木基水凝胶的灵活性起着关键作用。

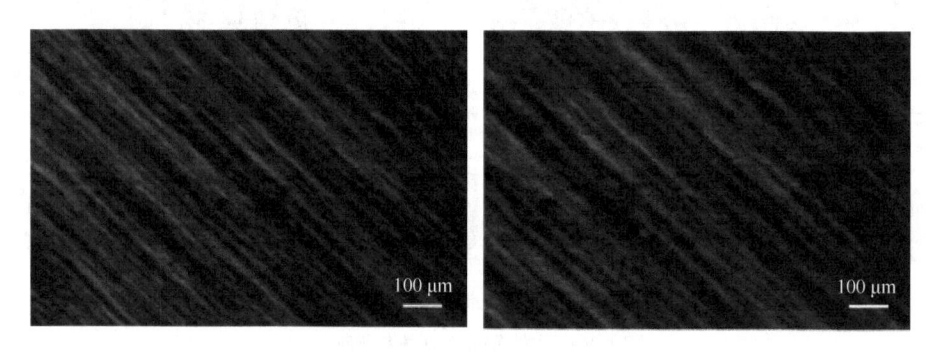

图 7-96 木基水凝胶的共聚焦图像

木基水凝胶保留了天然木材原有的各向异性结构，通过小角 X 射线散射（SAXS）可以进一步证实。如图 7-97 所示，该木基水凝胶具有明显的各向异性结构，这主要是因为纤维素纤维保留了天然木材的原始结构，在凝胶体系中起到了框架作用。

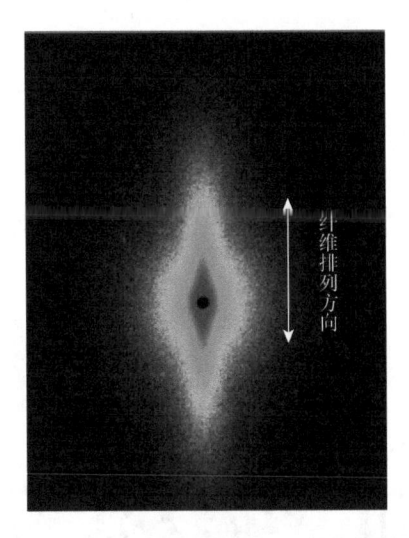

图 7-97 木基水凝胶的小角 X 射线散射图

聚合物与木基纤维骨架形成的交联网状结构为木基水凝胶提供了优异的柔性和弹性。如图 7-98 所示的木基水凝胶经过脱木素和凝胶化过程，凝胶网络中的纤维素纤维膨胀和软化，使全木水凝胶具有很高的柔韧性。木基水凝胶除抗压强度高外，还可弯曲旋转，不发生不同方向的断裂变形，表现出优异的拉伸性能。拉伸的结和卷曲的丝带进一步证实了全木水凝胶的超柔韧性。全木水凝胶优异的力学性能主要是由于纤维素纳米纤维和 PVA 链之间存在较强的氢键、物理缠结和范德瓦耳斯力，以及纤维素纳米纤维的增韧。

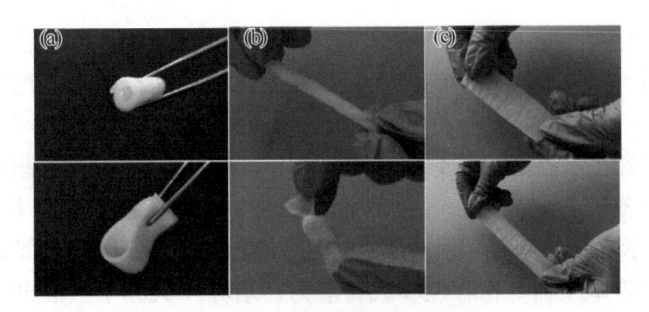

图 7-98 木基水凝胶的柔韧性
(a) 弯曲；(b) 缠结；(c) 拉伸

由于木材中纤维的定向排列结构，木基水凝胶的力学强度存在着明显的各向异性特征。其沿着纤维方向一般具有较高的力学强度，但是产生的应变较小；而垂直于纤维方向具有较弱的力学性能，但可以产生较大的应变。木基水凝胶具有各向异性的原因可以通过纤维素纤维的原始取向来说明（图 7-99）[111]。当聚合物渗透到木材的孔隙中后，与纤维形成密集的交联网络结构。这种交联网络结构也会为木基水凝胶提供一定的弹性。木基水凝胶的各向异性力学性质与木材的结构也具有一定的联系。当沿着木材弦向进行拉伸和压缩时，通常具有较大的应变，这可能与木材独特的射线结构以及木材中的早材细胞和晚材细胞有关。

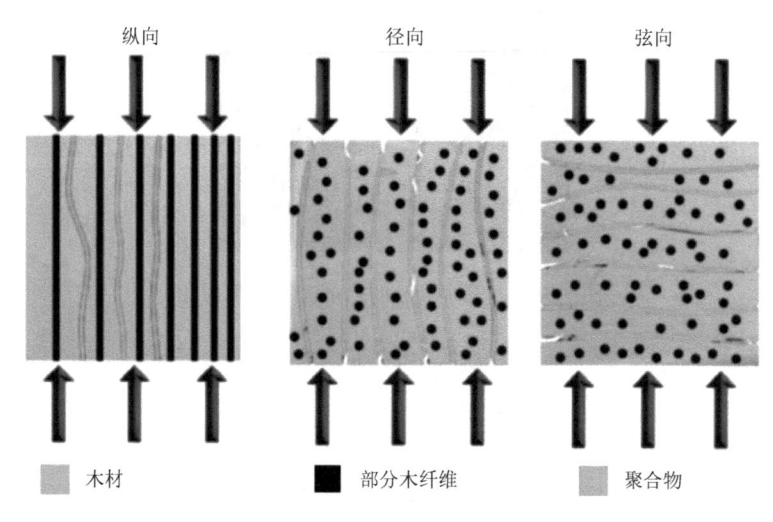

图 7-99　木材水凝胶各向异性力学性能示意图[111]

7.9.3.2　生物特性

水凝胶因与天然细胞外基质（ECM）在结构和成分上的相似性、高含水率、良好的生物相容性以及可调节的生物物理和生化性质而被认为是组织工程有前途的候选者之一。根据木基水凝胶具备优异的生物相容性，受天然骨和木材的启发，通过将生物相容性水凝胶浸渍到脱木素木材中，然后原位矿化羟基磷灰石（HAp）纳米晶体，制备高各向异性、超强和刚性的骨导电性水凝胶复合材料[112]。如图 7-100（a）所示，使用小鼠颅骨来源的 MC3T3-E1（亚克隆 14）成骨前细胞系来评估该水凝胶的体外细胞相容性和成骨潜力。培养 4 天和 7 天后细胞活性值稳定增加，证实水凝胶具有良好的细胞相容性。与原始木基水凝胶相比，矿化木基水凝胶显示出更高的生物活性值，表明原位矿化纳米晶体可以促进细胞增殖。天然椎间盘（IVD）由于发育良好的特殊微结构，表现出独特的各向异性力学支撑和耗散性能。通过对原生 IVD 的两相结构进行整体构建提取天然排列的纤维素框架和原位聚合纳米复合水凝胶，制备了含有弹性纳米复合水凝胶基髓核（NP）和各向异性木纤维素水凝胶基纤维环的完整木质框架。实验研究利用小鼠骨源性间充质干细胞进行生物相容性验证（BMSC）。将纯聚丙烯酰胺水凝胶（PAM）、聚丙烯酰胺-聚多巴胺复合水凝胶（CCH）和木骨架水凝胶（WFH）样品制成小圆盘（$d = 8$ mm），用75%乙醇溶液消毒，在播种前依次浸入PBS和培养基中。将300 μL的BMSC悬液以$5×10^4$ cells/mL的浓度与上述样品在24孔板中共培养5天。利用添加10%胎牛血清、100 U/mL青霉素和0.1 mg/mL链霉素，在孵育期内每天更换。这些样品在37℃和5% CO_2的培养箱中孵育。在第1天、第3天、第5天用CCK-8检测细胞增殖情况。此外，用FDA/PI、Hoechst 33342和FITC phalloidin对细胞进行染色，利用荧光显微镜（Olympus IX71，日本）探索细胞的活力和形态。与PAM相比，CCH和WFH在光密度（OD）值上具有明显的优势，在5天的孵育中均保持了持续稳定的增长，证实了CCH和WFH材料无细胞毒性，显著促进细胞增殖[图7-100（b）]。PAM的细胞黏附能力较低，导致初始阶段细胞黏附能力较低，后续培养时细胞死亡率较高。另外，CCH和WFH的细胞黏附和增殖趋势保持优异，与对照组相比无明显差异，表现出良好的生物相容性，促进了增殖。随后，进一步的Hoechst（细胞核）/phalloidin（肌动蛋白）染色表明，CCH和WFH能够促进细胞扩散，改善细胞结构和形态。与CCH和WFH共培养的细胞均匀分布成不规则的多边形，其肌动蛋白丝随着细胞的生长而延长。相反，与PAM组共培养的细胞呈不扩散的梭形形态，说明纯聚丙烯酰胺不利于细胞的扩张和增殖，细胞核/肌动蛋白面积的统计也证明了这一结论。

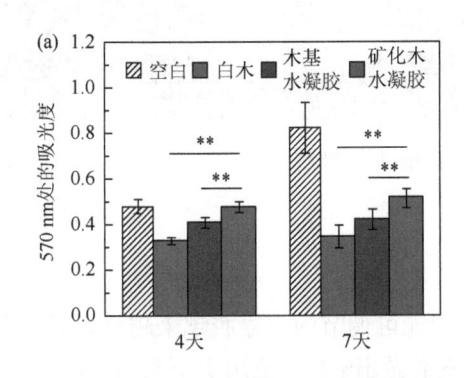

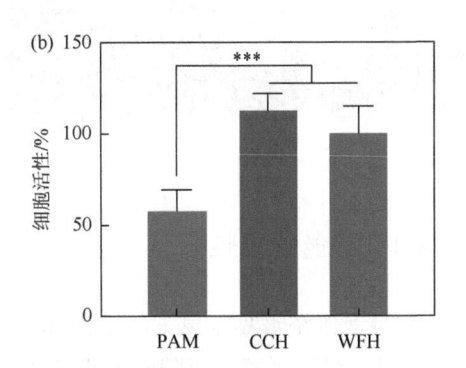

图7-100 木基水凝胶生物相容性测试[112, 113]

（a）矿化木基水凝胶生物活性测试（$n = 5$）；（b）腰椎仿生木基水凝胶生物活性测试（$n = 6$）；$*p<0.05$；$**p<0.01$；$***p<0.001$

木基水凝胶具有良好的生物降解性，如图7-101所示，将PVA/木基复合水凝胶、硅胶（Sil，一种医用凝胶膜）和聚氨酯（PU膜，一种医用凝胶膜）一起埋在5~10 cm深的土壤中。经过一周的自然过程，木基水凝胶在土壤中变软，主要是由于盐离子扩散到土壤中，水凝胶随后降解为脆性残留物，这主要是由微生物腐蚀造成的。最后，木基水凝胶的纤维素和木质素逐渐降解，直到两个多月后它们都消失了。相比之下，在相同的埋藏时间后，Sil 和 PU 膜几乎保持了原来的形状，这表明这些常用的膜是不可生物降解的。此外，PVA/木基复合水凝胶还显示出良好的可回收性。盐渍后的残留物很好地保留了纤维素和木质素，可以用 PVA 再次浸泡，得到一种新的全木基水凝胶，或者直接去弃到自然界中，由微生物降解，也可以将水凝胶浸泡到水中回收 PVA。

图 7-101　木材生物降解性测试[110]

7.9.3.3　智能响应性

相对于传统水凝胶单一的工作环境，智能可调节的水凝胶越来越受到研究人员的关注。这类凝胶可以随着外界环境改变而做出响应，适用于不同的工作环境，具有更加灵活的应用方式。例如，受植物气孔控制启闭的启发开发了一种热响应智能门控木膜［图 7-102（a）］[114]，利用木材骨架及其独特的分层多孔结构来携带热响应水凝胶门。使用激光钻孔在木材骨架上切割通道，使其具有排列良好的孔木膜。在孔隙通道内原位聚合 PNIPAM 形成一个热响应门。智能门控膜在加热/冷却刺激下表现出可逆和稳定的孔开/闭，并实现快速的反应，有望通过调节尺寸应用于各种实际情况。在成功制备水凝胶-木材复合材料后，对其热响应驱动性能进行了表征，如图 7-102（b）所示。当温度从 10℃到 50℃变化时，水凝胶填充的孔隙可以可逆地闭合和打开。通过光学显微镜监测这种动态响应，并计算孔隙开度比作为温度的函数。在50℃下加热10 min后，该复合材料的孔隙完全打开，并保持在打开状态，无进一步变化。随后，通过冷却到10℃ 10 min，孔隙关闭并保持这种状态。5次加热/冷却循环计算的孔隙开度比表明，随着时间的推移，热响应驱动行为是恒定的。

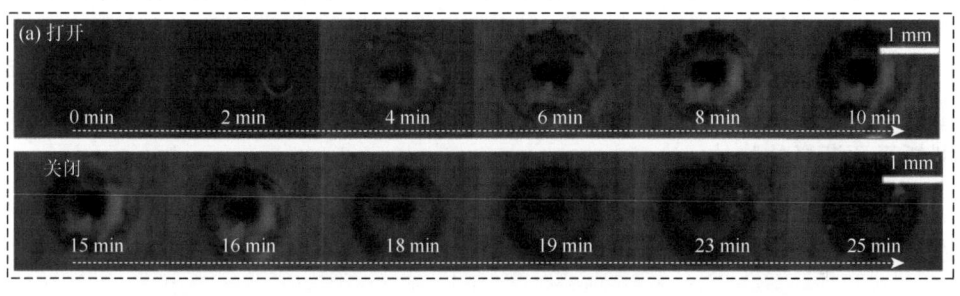

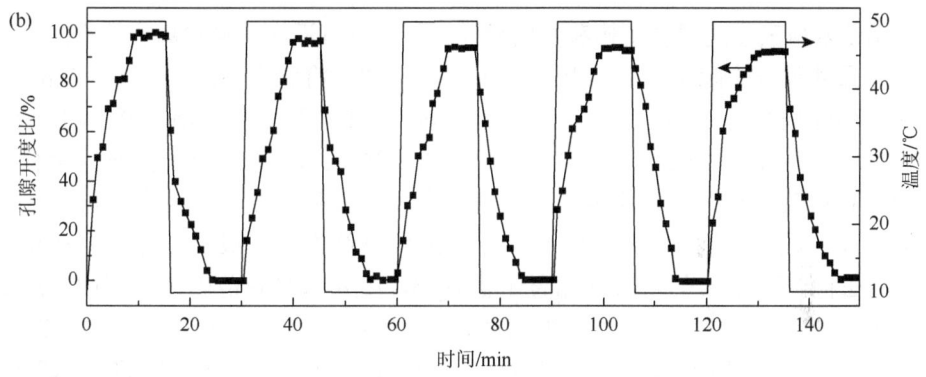

图 7-102 热响应木基水凝胶[114]

通过简单的原位聚合制备的一种复杂变形的高强度热响应木材-PNIPAM复合水凝胶致动器[115]。在这种复合水凝胶致动器中，各向异性的木材和热响应的PNIPAM水凝胶可以一起工作，产生弯曲甚至其他复杂的变形。该致动器完美地实现了良好的力学性能，驱动速度快。此外，通过调节木材的取向方向，该致动器可以实现各种复杂变形。木材纹理的规则排列使木材-PNIPAM复合水凝胶致动器具有各向异性的特点。由此推测，木材纹理方向可以抑制木材-PNIPAM复合水凝胶致动器的复杂变形。将木材-PNIPAM复合水凝胶切成条（9 mm×3 mm×0.5 mm），在40℃温水中测试其复杂变形。当木材纹理垂直于水凝胶条的长边时，该复合水凝胶弯曲成圆环。然后对木材-PNIPAM复合水凝胶进行不同角度的切割（木纹理相对于水凝胶长边分别以30°、45°、60°的角度排列），观察木纹理对复杂变形的控制。从物理照片中可以发现，这三个角度的木材-PNIPAM复合水凝胶条在温水中呈螺旋结构，且倾角越大，节距越短。这与木材纹理取向对弹性模量的影响有关。由于木材的各向异性，平行于纹理方向的弹性模量远大于垂直于纹理方向的弹性模量，这导致了致动器的可控变形。木材不仅赋予了木材-PNIPAM复合水凝胶致动器各向异性，而且赋予了其较高的力学性能。受老鹰捕捉猎物的启发，设计了一个微型抓手来捕捉重物。当微型抓手处于20℃冷水中时，微型抓手处于拉伸状态。随着温度的逐渐升高，水凝胶由亲水状态变为疏水状态。此外，由于木材-PNIPAM复合水凝胶致动器的各向异性，随着温度的逐渐升高，微型抓手开始弯曲以抓取重物。重物的质量可以达到微型抓手本身的30倍。不久之后，当水温缓慢下降到20℃时，微型抓手逐渐释放物体。

7.9.3.4 电化学性质

由于木材天然的层次结构和各向异性，且具有可沿纵向传输离子的行为，通过化学预处理以去除半纤维素和部分木质素。然后将含有AA、PVA、N,N'-亚甲基双丙烯酰胺（MBA）交联剂和过硫酸铵（APS）引发剂（AA、PVA、MBA、APS的含量分别为25/50、5 wt%、1 wt%和1.25 wt%）的水凝胶前驱体混合，得到均相溶液。木材在去除半纤维素和部分木质素后，由于纤维素中可达羟基的解离而变成亲水性。这样，PAA/PVA水凝胶与纤维素形成了良好的生物相容性。将去除半纤维素的木材样品置于盘底部，浸入水凝胶前驱体溶液中，然后真空处理30 min，以去除木材中的气体，并保持水凝胶前驱体在木材中的渗透。最后，将含有木材样品和水凝胶前驱体的培养皿在60℃下静置3 h。将PVA/PAA水凝胶完全交联，制得木材水凝胶膜。再将制备木材水凝胶膜切割成矩形，膜的两端暴露，以确保与钛电极的良好接触。为了评价天然木材和木材水凝胶膜离子电导率的纳米流体行为，将样品浸泡在不同浓度（$1\times10^{-6}\sim 1$ mol/L）的盐溶液中，测量了膜的离子电导率。制备得到的全木水凝胶膜在径向（R方向）和纵向（L方向）均比天然木水凝胶膜强度（52.7 MPa）高3倍，离子电导率高2个数量级。在低盐浓度（10 mmol/L）条件下，巴沙木水凝胶膜沿L方向的离子电导率为1.29 mS/cm，沿R方向的离子电导率接近1 mS/cm。此外，表面电荷控制的离子输运也使巴沙木水凝胶膜能够从盐浓度梯度中获取电能。在1000倍盐浓度梯度下，可获得17.65 μA/m^{2}的电流密度和0.56 mW/m^{2}的输出功率密度，将AA含量从25 wt%提高到50 wt%，可进一步提高到2.7 mW/m^2。这些发现有助于从可持续木材材料中开发能量收集系统和其他纳米流体设备。

7.9.4 应用领域

7.9.4.1 柔性电子皮肤

柔性电子皮肤是指在弯曲、滚动、折叠或拉伸的情况下仍能保持其功能的电路和电子元件。柔性电子学的概念最早是在 20 世纪 60 年代提出的。从那时起，导电聚合物、有机半导体和非晶硅等具有更大柔性和更大加工性的材料的创新逐渐奠定了柔性电子学的基础。柔性电子学是一个新兴的研究领域，涉及多个学科，包括但不限于物理学、化学、材料科学、电子工程和生物学。然而，由于杨氏模量高、生物相容性差和响应性差等诸多限制，柔性电子产品的广泛应用仍然受到限制。水凝胶具有类固体的机械性能和类液体的输运性能，且具备良好的柔韧性、导电性、自愈能力，在电子皮肤研究中受到各国学者的青睐。通过霍夫迈斯特效应，将纤维素纤维、聚乙烯醇（PVA）链和木质素分子交联，构建全木水凝胶。该全木水凝胶的抗拉强度高达 36.5 MPa，在纵向方向上的应变可达约 438%，这远高于其在径向上的抗拉强度（约 2.6 MPa）和应变（约 198%）。全木水凝胶的高机械强度主要归因于木质素分子、纤维素纳米纤维和 PVA 链之间的强氢键、物理缠结和范德瓦耳斯力。由于优异的柔韧性、良好的导电性和敏感性，全木水凝胶可以准确区分各种宏观或微妙的人体运动，包括手指弯曲、脉搏和吞咽行为。还可通过冻融过程将来自天然木材的纤维素支架（CS）与 PVA/MXene 纳米片（PM）网络耦合，具有高韧性和优异的导电性。加入了生物相容性的低温保护剂，智能电子皮肤表现出环境稳定性、防冻性能和保湿能力。三维分层 CS 和 PM 聚合物网络之间的强交联和键合，提高了电子皮肤在特定方向上的机械强度，纵向拉伸强度达到 12.01 MPa。全木水凝胶电子皮肤的强度分别是各向同性纤维素水凝胶和纯 PVA 水凝胶的 75 倍和 23 倍。柔软的 PM 聚合物网络使刚性纤维素骨架具有突出的柔韧性。重要的是，电子皮肤具有出色的机电传感功能，可以实现对人体各种运动的实时监测。此外，电子皮肤还可以实现水上环境下的私人信息传输甚至物体识别。木基水凝胶具有可回收、可生物降解和可调节的机械性能，是一种具有广阔应用前景的多功能软材料，如人体运动监测、组织工程和机器人材料。

7.9.4.2 生物骨架

水凝胶是一种高度水合的聚合物网络，由于其类似于人体软组织的"湿软"特性，以及与天然软组织类似的三维网络结构，因此可以用于人体仿生骨架。天然椎间盘（IVD）组织结构特殊，模拟其层次分明且复杂的结构是一个很大的挑战。IVD 由两个非常独特但紧密相连的组织组成：位于中心且高度水化的胶状髓核（NP）和外围的承重纤维环（AF）。其中，NP 是一种弹性胶状材料，主要由网状纤维结构和蛋白聚糖基质组成。AF 组织由多层排列的胶原纤维和纤维软骨组成，保证了 NP 的形状和位置，并负责整个 IVD 的负荷和吸收机械冲击。由于天然 IVD 特殊的两相结构以及 NP 和 AF 之间的力学差异，要完美地模拟其层次结构是非常具有挑战性的。因此，利用天然排列的木材纤维素骨架结构，原位聚合纳米复合水凝胶材料，制备出一种仿人体脊椎结构的木基水凝胶。这项工作除模仿和构建自然结构外，还具有良好的机械屈曲缓冲特性和生物相容性。

7.9.4.3 高离子电导率材料

水凝胶是一类 3D 交联水合聚合物。利用天然木材丰富的孔隙通道并与水凝胶结合可以构筑具有高离子电导率的材料。研究人员发现将高强度的定向木材纳米纤维与力学强度低但柔韧的聚合物水凝胶结合在一起制备木基水凝胶，可作为一种能够传输离子电子的材料，保持高导电性，且由于其高柔韧性、生物可降解性、绿色环保，在软离子电子材料中有极大的应用前景。通过将聚乙烯醇（PVA）/丙烯酸（AA）水凝胶渗透到木材固有的多孔结构中，可制备离子导电木基水凝胶膜，其在径向和纵向均比天然木基水凝胶膜强度（52.7 MPa）高 3 倍，离子电导率高 2 个数量级。在低盐浓度（10 mmol/L）条件下，木基水凝胶膜沿 L 和 R 方向具有优异的离子电导率（分别为 1.29 mS/cm 和 1 mS/cm）。这为可持续木材在软离子电子领域中的研究奠定了基础。

7.9.4.4 智能响应材料

智能响应材料是可以通过识别一种或多种外界刺激（pH、温度、光、化学物质），并做出一定响应。例如，肌肉会因中性信号而可逆地变硬或变软，变色龙有能力因几种环境触发而改变颜色，含羞草的叶子在机械干扰下会自动关闭。由于从大自然中可汲取诸多灵感，因此具有刺激响应性的生物激发材料在过去十年中引起了相当大的关注。特别是刺激响应型水凝胶，通常被称为智能水凝胶，由于其可逆拉伸性和良好的生物相容性，成为可在外界物理/化学（如光、磁场、热和有机溶剂等）刺激下响应的"智能材料"，已被广泛应用于软机器人部件、生物传感器和药物传递等领域。通过将刺激响应性水凝胶引入天然木材骨架中，可以构筑具有对外界做出智能响应的木基水凝胶。通过利用水凝胶在木材纤维素骨架中的原位聚合这一机制制备了具有复杂形变的高强度热响应木材-PNIPAM 复合水凝胶制动器，可提供弯曲甚至其他复杂的变形，且很好地实现了良好力学性能（约 1.1 MPa）和较快制动速度（约 0.9 s）的结合。相较于其他水凝胶，木基水凝胶具有良好的生物相容性和绿色可降解性，在未来具有良好的发展前景。

7.10 本章小结

木材作为绿色、低碳自然形成的天然生物质材料，具有可再生、可降解的环境友好特性。木材除了用作房屋建筑、家具、造船、器具等传统领域以外，通过生物、化学和物理等方法制备可代替铝合金、塑料、玻璃等材料的木基新型材料是未来的发展趋势。木材超分子科学理论研究为木材超分子绿色新材料的研发提供了理论支撑，通过超分子界面组装与调控构筑木质纤维素气凝胶、超强木质材料、木竹电极材料、弹性功能木材、可塑瓦楞木板、木质透明材料、木竹纳米发电材料、木竹电磁功能材料、木基水凝胶等新型木基超分子绿色新材料，突破木材的应用局限，实现木材跨领域的高价值利用。

木材气凝胶材料是继无机气凝胶、有机气凝胶之后的第三代气凝胶材料，兼具无机气凝胶、有机气凝胶的结构性质，还具有可再生、可降解、可生物相容等环境友好优异特性，在节能建筑、环境净化、隔音吸声等领域具有广阔应用前景。超强木质材料是由天然木材基质和高强度纤维增强材料组成的混合材料，具有优异的力学性能和耐久性能。与合金、塑料相比，有着高强、高韧、高硬等特性，在建筑结构材料、国防军工、交通工具、体育装备等领域有着广阔的应用前景。相比于传统电极材料，木竹材电极材料具有一定的结构优势，具有高比表面积和良好的电化学活性，作为电极材料在能源存储、电化学等领域具有广泛的应用前景。木基弹性材料是一种全新的可持续、可再生的低碳智能材料，将会在压电材料、传感器、电子皮肤、吸能、油水分离等领域具有广泛的应用前景。可模塑木材具有可折叠和可塑性，其性能可与铝合金等轻质材料相媲美，可广泛应用于建筑、交通及包装等领域。

木质透明材料是由木质纤维素或天然木材经过透明化处理而制得的新型透明材料，有着高透明度、可调的雾度、低的导热性等优良特性，在节能建筑、光伏器件、电子皮肤、设计装饰等领域有着极大的潜力。木基纳米发电技术是一种很有前途的能够将机械能或分子间内能转化为电能的发电方法，具有实现木竹材这类生物质材料高附加值应用的巨大潜力。与合成聚合物相比，木质纤维素纤维在化学、结构、介电和光学性能等方面有着许多优势，在纳米发电相关领域具有很大的应用前景。木竹电磁功能材料作为一种绿色环保新型的电磁材料，具有宽频、高强度、低损耗、环保等优异特性，在解决电磁兼容和防电磁干扰等方面展现出广阔的应用前景。木基水凝胶具有各向异性的三维网络结构，具有优异的力学性能和生物学特性，在医学领域、软离子电子领域、穿戴式柔性器件、软体机器人、制动器等方面具有一定应用前景。

参 考 文 献

[1] Zhang Y, Xu W, Wang X, et al. From biomass to nanomaterials: a green procedure for preparation of holistic bamboo multifunctional nanocomposites based on formic acid rapid fractionation. ACS Sustainable Chemistry & Engineering, 2019, 7 (7): 6592-6600.

[2] Zhu Y, Zhu J, Yu Z, et al. Air drying scalable production of hydrophobic, mechanically stable, and thermally insulating lignocellulosic foam. Chemical Engineering Journal, 2022, 450: 138300.

[3] Zhu J, Zhu Y, Ye Y, et al. Superelastic and ultralight aerogel assembled from hemp microfibers. Advanced Functional Materials, 2023, 33 (22): 2300893.

[4] Seantier B, Bendahou D, Bendahou A, et al. Multi-scale cellulose based new bio-aerogel composites with thermal super-insulating and tunable mechanical properties. Carbohydrate Polymers, 2016, 138: 335-348.

[5] Long L Y, Weng Y X, Wang Y Z. Cellulose aerogels: synthesis, applications, and prospects. Polymers, 2018, 10 (6): 623.

[6] Chen B, Zheng Q, Zhu J, et al. Mechanically strong fully biobased anisotropic cellulose aerogels. RSC Advances, 2016, 6 (99): 96518-96526.

[7] Abraham E, Cherpak V, Senyuk B, et al. Highly transparent silanized cellulose aerogels for boosting energy efficiency of glazing in buildings. Nature Energy, 2023, 8 (4): 381-396.

[8] Illera D, Mesa J, Gomez H, et al. Cellulose aerogels for thermal insulation in buildings: trends and challenges. Coatings, 2018, 8 (10): 345.

[9] Tu H, Zhu M, Duan B, et al. Recent progress in high-strength and robust regenerated cellulose materials. Advanced Materials, 2021, 33 (28): e2000682.

[10] Li T, Song J, Zhao X, et al. Anisotropic, lightweight, strong, and super thermally insulating nanowood with naturally aligned nanocellulose. Science Advances, 2018, 4 (3): eaar3724.

[11] Garemark J, Perea-Buceta J E, Felhofer M, et al. Strong, shape-memory lignocellulosic aerogel via wood cell wall nanoscale reassembly. ACS Nano, 2023, 17 (5): 4775-4789.

[12] Rahmanian V, Pirzada T, Wang S, et al. Cellulose-based hybrid aerogels: strategies toward design and functionality. Advanced Materials, 2021, 33 (51): e2102892.

[13] Garemark J, Yang X, Sheng X, et al. Top-down approach making anisotropic cellulose aerogels as universal substrates for multifunctionalization. ACS Nano, 2020, 14 (6): 7111-7120.

[14] Garemark J, Perea-Buceta J E, Rico Del Cerro D, et al. Nanostructurally controllable strong wood aerogel toward efficient thermal insulation. ACS Applied Materials & Interfaces, 2022, 142 (1): 24697-24707.

[15] Yang R, Cao Q, Liang Y, et al. High capacity oil absorbent wood prepared through eco-friendly deep eutectic solvent delignification. Chemical Engineering Journal, 2020, 401: 126150.

[16] Garemark J, Ram F, Liu L, et al. Advancing hydrovoltaic energy harvesting from wood through cell wall nanoengineering. Advanced Functional Materials, 2023, 33 (4): 2208933.

[17] Fu Q, Medina L, Li Y, et al. Nanostructured wood hybrids for fire-retardancy prepared by clay impregnation into

[18] Li Y, Fu Q, Yu S, et al. Optically transparent wood from a nanoporous cellulosic template: combining functional and structural performance. Biomacromolecules, 2016, 17 (4): 1358-1364.

[19] Zhang W, Xu C, Che X, et al. Encapsulating amidoximated nanofibrous aerogels within wood cell tracheids for efficient cascading adsorption of uranium ions. ACS Nano, 2022, 16 (8): 13144-13151.

[20] Feng J, Su B L, Xia H, et al. Printed aerogels: chemistry, processing, and applications. Chemical Society Reviews, 2021, 50 (6): 3842-3888.

[21] Sen S, Singh A, Bera C, et al. Recent developments in biomass derived cellulose aerogel materials for thermal insulation application: a review. Cellulose, 2022, 29 (9): 4805-4833.

[22] Chen L, Wang S, Wang S, et al. Scalable production of biodegradable, recyclable, sustainable cellulose-mineral foams via coordination interaction assisted ambient drying. ACS Nano, 2022, 16 (10): 16414-16425.

[23] Chen C, Wang L, Wang Y, et al. Mechanically strong wood-based composite aerogels as oil adsorbents and sensor. Industrial Crops and Products, 2022, 187: 115486.

[24] Lu Y, Sun Q, Yang D, et al. Fabrication of mesoporous lignocellulose aerogels from wood via cyclic liquid nitrogen freezing-thawing in ionic liquid solution. Journal of Materials Chemistry, 2012, 22 (27): 13548-13557.

[25] Li Y, Cui J, Shen H, et al. Useful spontaneous hygroelectricity from ambient air by ionic wood. Nano Energy, 2022, 96: 107065.

[26] Song J, Chen C, Zhu S, et al. Processing bulk natural wood into a high-performance structural material. Nature, 2018, 554 (7691): 224-228.

[27] 吴义强. 木材科学与技术研究新进展. 中南林业科技大学学报, 2021, 41 (1): 1-28.

[28] Fang C H, Mariotti N, Cloutier A, et al. Densification of wood veneers by compression combined with heat and steam. European Journal of Wood and Wood Products, 2012, 70 (1): 155.

[29] Zhang X, Wang H, Chen Z, et al. Fabrication of ionic wood crosslinked by Ca^{2+} with high strength, toughness, and weather resistance. Journal of Materials Research and Technology, 2022, 21: 5045-5055.

[30] Koskela S, Wang S, Li L, et al. An oxidative enzyme boosting mechanical and optical performance of densified wood films. Small, 2023, 19 (17): 2370110.

[31] Li K, Wang S, Chen H, et al. Self-densification of highly mesoporous wood structure into a strong and transparent film. Advanced Materials, 2020, 32 (42): 2003653.

[32] Mi R, Li T, Dalgo D, et al. A clear, strong, and thermally insulated transparent wood for energy efficient windows. Advanced Functional Materials, 2020, 30 (1): 1907511.

[33] Li T, Zhai Y, He S, et al. A radiative cooling structural material. Science, 2019, 364 (6442): 760-763.

[34] Palak H, Aktürk B, Kayaoğlu B K, et al. Fabrication of montmorillonite nanoclay-loaded electrospun nanofibrous mats for UV protection. Journal of Industrial Textiles, 2022, 51 (3_suppl): 4118S-4132S.

[35] Chen B, Leiste U H, Fourney W L, et al. Hardened wood as a renewable alternative to steel and plastic. Matter, 2021, 4 (12): 3941-3952.

[36] 徐俊明, 翟巧龙, 龙锋, 等. 木质纤维生物质的电化学催化研究进展. 林业工程学报, 2022, 7 (1): 11-22.

[37] 宋子晖, 蹇锡高, 胡方圆. 高分子基电极材料在电化学储能中的应用进展. 高分子学报, 2023, 54(6): 962-975.

[38] Lin Q, Gao R, Li D, et al. Bamboo-inspired cell-scale assembly for energy device applications. npj Flexible Electronics, 2022, 6 (1): 13.

[39] Wei S, Wan C, Wu Y. Recent advances in wood-based electrode materials for supercapacitors. Green Chemistry, 2023, 25 (9): 3322-3335.

[40] 卿彦，廖宇，刘婧祎，等. 木基储能材料研究新进展. 林业工程学报，2021，6（5）：1-13.

[41] 甘文涛，王耀星，肖坤，等. 基于木材细胞壁结构调控的能源存储与转换材料研究进展. 林业工程学报，2022，7（6）：1-12.

[42] 王鑫，管浩，戴鑫建，等. 木材/金属-有机框架复合材料研究进展. 木材科学与技术，2023，37（1）：8-17.

[43] Wang F, Cheong J Y, He Q, et al. Phosphorus-doped thick carbon electrode for high-energy density and long-life supercapacitors. Chemical Engineering Journal, 2021, 414: 128767.

[44] Zhou W, Wu T, Chen M, et al. Wood-based electrodes enabling stable, anti-freezing, and flexible aqueous zinc-ion batteries. Energy Storage Materials, 2022, 51: 286-293.

[45] Yang C, Chen H, Peng T, et al. Lignin valorization toward value-added chemicals and fuels via electrocatalysis: a perspective. Chinese Journal of Catalysis, 2021, 42（11）: 1831-1842.

[46] 卢芸. 木材超分子科学：科学意义及展望. 木材科学与技术，2022，36（2）：1-10.

[47] Zhu Z, Fu S, Lucia L A. A fiber-aligned thermal-managed wood-based superhydrophobic aerogel for efficient oil recovery. ACS Sustainable Chemistry & Engineering, 2019, 7（19）: 16428-16439.

[48] Chen H, Zou Y, Li J, et al. Wood aerogel-derived sandwich-like layered nanoelectrodes for alkaline overall seawater electrosplitting. Applied Catalysis B: Environmental, 2021, 293: 120215.

[49] Song J, Chen C, Yang Z, et al. Highly compressible, anisotropic aerogel with aligned cellulose nanofibers. ACS Nano, 2018, 12(1): 140-147.

[50] Chao W, Wang S, Li Y, et al. Natural sponge-like wood-derived aerogel for solar-assisted adsorption and recovery of high-viscous crude oil. Chemical Engineering Journal, 2020, 400: 125865.

[51] Wang Z, Lin S, Li X, et al. Optimization and absorption performance of wood sponge. Journal of Materials Science, 2021, 56: 8479-8496.

[52] Fu Q, Ansari F, Zhou Q, et al. Wood nanotechnology for strong, mesoporous, and hydrophobic biocomposites for selective separation of oil/water mixtures. ACS Nano, 2018, 12（3）: 2222-2230.

[53] Gao R, Huang Y, Gan W, et al. Superhydrophobic elastomer with leaf-spring microstructure made from natural wood without any modification chemicals. Chemical Engineering Journal, 2022, 442: 136338.

[54] Sun J, Guo H, Schädli G N, et al. Enhanced mechanical energy conversion with selectively decayed wood. Science Advances, 2021, 7（11）: eabd9138.

[55] Huang W, Li H, Zheng L, et al. Superhydrophobic and high-performance wood-based piezoresistive pressure sensors for detecting human motions. Chemical Engineering Journal, 2021, 426: 130837.

[56] Guan H, Dai X, Ni L, et al. Highly elastic and fatigue-resistant graphene-wrapped lamellar wood sponges for high-performance piezoresistive sensors. ACS Sustainable Chemistry & Engineering, 2021, 9(45): 15267-15277.

[57] Taub A I. Automotive materials: technology trends and challenges in the 21st century. MRS Bulletin, 2006, 31（4）: 336-343.

[58] Xiao S, Chen C, Xia Q, et al. Lightweight, strong, moldable wood via cell wall engineering as a sustainable structural material. Science, 2021, 374（6566）: 465-471.

[59] Chen G, Li T, Chen C, et al. A highly conductive cationic wood membrane. Advanced Functional Materials, 2019, 29: 1902772.

[60] Guan H, Cheng Z, Wang X. Highly compressible wood sponges with a spring-like lamellar structure as effective and reusable oil absorbents. ACS Nano, 2018, 12（10）: 10365-10373.

[61] Moon J H, Pan C, Yoon W B. Drying characteristics and thermal degradation kinetics of hardness, anthocyanin content and colour in purple- and red-fleshed potato（*Solanum tuberosum* L.）during hot air drying. International

Journal of Food Science & Technology，2015，50（5）：1255-1267.

[62] 刘双，张洋，江华，等. 纤维素气凝胶干燥方法的研究进展. 纤维素科学与技术，2017，25（1）：75-82.

[63] Liebner F，Haimer E，Wendland M，et al. Aerogels from unaltered bacterial cellulose：application of CO_2 drying for the preparation of shaped，ultra-lightweight cellulosic aerogels. Macromolecular Bioscience，2010，10（4）：349-352.

[64] Wu J，Wang Y，Zhang J，et al. A lightweight aramid-based structural composite with ultralow thermal conductivity and high-impact force dissipation. Matter，2022，5（7）：2265-2284.

[65] 蒋向向，卢芸，丰霞，等. 木质纤维素基包装材料研究进展. 木材科学与技术，2022，36（6）：13-23.

[66] Fan Q，Ou R，Hao X，et al. Water-induced self-assembly and *in situ* mineralization within plant phenolic glycol-gel toward ultrastrong and multifunctional thermal insulating aerogels. ACS Nano，2022，16（6）：9062-9076.

[67] Zhu M W，Song J W，Li T，et al. Highly anisotropic，highly transparent wood composites. Advanced Materials，2016，28（25）：7563.

[68] 徐伟，周季纯. 透明木材界面的基础性研究与应用进展. 林业工程学报，2023，8（2）：1-9.

[69] 任振华. 典型透明材料技术特性研究. 南方农机，2015，46（3）：30-34.

[70] Chen F，Xiang W，Sawada D，et al. Exploring large ductility in cellulose nanopaper combining high toughness and strength. ACS Nano，2020，14（9）：11150-11159.

[71] Montanari C，Ogawa Y，Olsén P，et al. High performance，fully bio-based，and optically transparent wood biocomposites. Advanced Science，2021，8（12）：2100559.

[72] Ye D，Lei X，Li T，et al. Ultrahigh tough，super clear，and highly anisotropic nanofiber-structured regenerated cellulose films. ACS Nano，2019，13（4）：4843-4853.

[73] Wang X，Zhan T，Liu Y，et al. Large-size transparent wood for energy-saving building applications. ChemSusChem，2018，11（23）：4086-4093.

[74] Montanari C，Li Y，Chen H，et al. Transparent wood for thermal energy storage and reversible optical transmittance. ACS Applied Materials & Interfaces，2019，11（22）：20465-20472.

[75] Qiu Z，Xiao Z，Gao L，et al. Transparent wood bearing a shielding effect to infrared heat and ultraviolet via incorporation of modified antimony-doped tin oxide nanoparticles. Composites Science and Technology，2019，172：43-48.

[76] Tang Q，Zou M，Chang L，et al. A super-flexible and transparent wood film/silver nanowire electrode for optical and capacitive dual-mode sensing wood-based electronic skin. Chemical Engineering Journal，2022，430：132152.

[77] Hinchet R，Khan U，Falconi C，et al. Piezoelectric properties in two-dimensional materials：simulations and experiments. Materials Today，2018，21（6）：611-630.

[78] Sun J，Guo H，Ribera J，et al. Sustainable and biodegradable wood sponge piezoelectric nanogenerator for sensing and energy harvesting applications. ACS Nano，2020，14（11）：14665-14674.

[79] Fukada E. Piezoelectricity of wood. Journal of the Physical Society of Japan，1955，10（2）：149-154.

[80] Rajala S，Siponkoski T，Sarlin E，et al. Cellulose nanofibril film as a piezoelectric sensor material. ACS Applied Materials & Interfaces，2016，8（24）：15607-15614.

[81] Azaid A，Zhang F，Zhang Q，et al. Electromechanical coupling in collagen measured under increasing relative humidity. Materials，2023，16(17)：6034.

[82] Ram F，Garemark J，Li Y，et al. Scalable，efficient piezoelectric wood nanogenerators enabled by wood/ZnO nanocomposites. Composites Part A：Applied Science and Manufacturing，2022，160：107057.

[83] Ram F，Garemark J，Li Y，et al. Functionalized wood veneers as vibration sensors：exploring wood piezoelectricity

[84] Chae I, Jeong C K, Ounaies Z, et al. Review on electromechanical coupling properties of biomaterials. ACS Applied Bio Materials, 2018, 1 (4): 936-953.

[85] Frfa B, Zqt B, Zhong L. Flexible triboelectric generator. Nano Energy, 2012, 1 (2): 328-334.

[86] Maturana J C, Guindos P, Lagos J, et al. Two-step hot isostatic pressing densification achieved non porous fully-densified wood with enhanced physical and mechanical properties. Scientific Reports, 2023, 13(1): 14324.

[87] Wei Z, Wang J, Liu Y, et al. Sustainable triboelectric materials for smart active sensing systems. Advanced Functional Materials, 2022, 32 (52): 2208277.

[88] Yun B K, Kim J W, Kim H S, et al. Base-treated polydimethylsiloxane surfaces as enhanced triboelectric nanogenerators. Nano Energy, 2015, 15: 523-529.

[89] Sun J, Schütz U, Tu K, et al. Scalable and sustainable wood for efficient mechanical energy conversion in buildings via triboelectric effects. Nano Energy, 2022, 102: 107670.

[90] Sun J, Tu K, Büchele S, et al. Functionalized wood with tunable tribopolarity for efficient triboelectric nanogenerators. Matter, 2021, 4 (9): 3049-3066.

[91] Hao S, Jiao J, Chen Y, et al. Natural wood-based triboelectric nanogenerator as self-powered sensing for smart homes and floors. Nano Energy, 2020, 75: 104957.

[92] Luo J, Wang Z, Xu L, et al. Flexible and durable wood-based triboelectric nanogenerators for self-powered sensing in athletic big data analytics. Nature Communications, 2019, 10 (1): 5147.

[93] Zhao J, Zhang W, Liu T, et al. Hierarchical porous cellulosic triboelectric materials for extreme environmental conditions. Small Methods, 2022, 6 (9): 2200664.

[94] Wang Z L. Triboelectric nanogenerators as new energy technology for self-powered systems and as active mechanical and chemical sensors. ACS Nano, 2013, 7 (11): 9533-9557.

[95] Zhou J, Wang H, Du C, et al. Cellulose for sustainable triboelectric nanogenerators. Advanced Energy and Sustainability Research, 2022, 3 (5): 2100161.

[96] Ma M, Tao W, Liao X, et al. Cellulose nanofiber/MXene/FeCo composites with gradient structure for highly absorbed electromagnetic interference shielding. Chemical Engineering Journal, 2023, 452: 139471.

[97] Lou Z, Yuan C, Zhang Y, et al. Synthesis of porous carbon matrix with inlaid Fe_3C/Fe_3O_4 micro-particles as an effective electromagnetic wave absorber from natural wood shavings. Journal of Alloys and Compounds, 2019, 775: 800-809.

[98] Huang Y, Xie A, Seidi F, et al. Core-shell heterostructured nanofibers consisting of Fe_7S_8 nanoparticles embedded into S-doped carbon nanoshells for superior electromagnetic wave absorption. Chemical Engineering Journal, 2021, 423: 130307.

[99] Lv H, Yang Z, Pan H, et al. Electromagnetic absorption materials: current progress and new frontiers. Progress in Materials Science, 2022, 122 (127): 100946.

[100] Pan D, Yang G, Abo-Dief H M, et al. Vertically aligned silicon carbide nanowires/boron nitride cellulose aerogel networks enhanced thermal conductivity and electromagnetic absorbing of epoxy composites. Nano-Micro Letters, 2022, 14 (1): 118.

[101] Liu X, Li Y, Sun X, et al. Off/on switchable smart electromagnetic interference shielding aerogel. Matter, 2021, 4 (5): 1735-1747.

[102] Zhang Z, Tan J, Gu W, et al. Cellulose-chitosan framework/polyailine hybrid aerogel toward thermal insulation and microwave absorbing application. Chemical Engineering Journal, 2020, 395: 125190.

[103] Zhu J, Wang X, Wang X, et al. Carbonyl iron powder/ethyl cellulose hybrid wall microcapsules encapsulating epoxy resin for wave absorption and self-healing. Composites Science and Technology, 2021, 214: 108960.

[104] Cheng W, Zhang Y, Tian W, et al. Highly efficient MXene-coated flame retardant cotton fabric for electromagnetic interference shielding. Industrial & Engineering Chemistry Research, 2020, 59 (31): 14025-14036.

[105] Wang J, Wu X, Wang Y, et al. Green, sustainable architectural bamboo with high light transmission and excellent electromagnetic shielding as a candidate for energy-saving buildings. Nano-Micro Letters, 2023, 15 (1): 11.

[106] Wichterle O, Lím D. Hydrophilic gels for biological use. Nature, 1960, 185 (4706): 117-118.

[107] Jiang Y, Wang Y, Li Q, et al. Natural polymer-based stimuli-responsive hydrogels. Current Medicinal Chemistry, 2020, 27 (16): 2631-2657.

[108] Varaprasad K, Raghavendra G M, Jayaramudu T, et al. A mini review on hydrogels classification and recent developments in miscellaneous applications. Materials Science & Engineering C: Materials for Biological Applications, 2017, 79: 958-971.

[109] 糜志远,陈晓雨,姚晓琳,等. 双网络水凝胶形成和自愈机制研究进展. 现代食品科技,2022,38(1): 398-410.

[110] Yan G, He S, Chen G, et al. Highly flexible and broad-range mechanically tunable all-wood hydrogels with nanoscale channels via the hofmeister effect for human motion monitoring. Nano-Micro Letters, 2022, 14 (1): 1-14.

[111] Nie K, Wang Z, Tang R, et al. Anisotropic, flexible wood hydrogels and wrinkled, electrodeposited film electrodes for highly sensitive, wide-range pressure sensing. ACS Applied Materials & Interfaces, 2020, 12 (38): 43024-43031.

[112] Wang X, Fang J, Zhu W, et al. Bioinspired highly anisotropic, ultratrong and stiff, and osteoconductive mineralized wood hydrogel composites for bone repair. Advanced Functional Materials, 2021, 31 (20): 2010068.

[113] Liu J, Wang D, Li Y, et al. Overall structure construction of an intervertebral disk based on highly anisotropic wood hydrogel composite materials with mechanical matching and buckling buffering. ACS Applied Materials & Interfaces, 2021, 13 (13): 15709-15719.

[114] Ding Y, Panzarasa G, Stucki S, et al. Thermoresponsive smart gating wood membranes. ACS Sustainable Chemistry & Engineering, 2022, 10 (17): 5517-5525.

[115] Chen L, Wei X, Wang F, et al. *In-situ* polymerization for mechanical strong composite actuators based on anisotropic wood and thermoresponsive polymer. Chinese Chemical Letters, 2022, 33 (5): 2635-2638.